高等学校规划教材

环境功能材料

李秀芬 主编
王震宇 邹华 副主编

HUANJING
GONGNENG
CAILIAO

化学工业出版社
·北京·

内 容 简 介

《环境功能材料》在借鉴国内外环境功能材料最新研究成果的基础上，结合编者多年在环境功能材料方面的研究成果，以污染物分离与污染物转化、生态修复和清洁生产为撰写线索，对现有环境功能材料包括膜分离材料、絮凝材料、吸附材料、电极材料、催化材料、生物炭、纳米材料、微生物菌剂、酶制剂等的制备及改性、性质与表征、影响因素、应用现状与展望等进行系统描述，并提出进一步研究和工业化的方向。

《环境功能材料》强调知识性、系统性、代表性、先进性和实用性，适用于高等院校环境类、材料类专业本科生和研究生的教学，也可作为环境类和材料类专业技术人员的参考书籍。

图书在版编目（CIP）数据

环境功能材料/李秀芬主编．—北京：化学工业出版社，2021.7（2023.9重印）

高等学校规划教材

ISBN 978-7-122-39229-9

Ⅰ.①环… Ⅱ.①李… Ⅲ.①功能材料-高等学校-教材 Ⅳ.①TB39

中国版本图书馆CIP数据核字（2021）第101823号

责任编辑：陶艳玲 赵玉清　　　文字编辑：师明远 姚子丽

责任校对：宋 玮　　　装帧设计：史利平

出版发行：化学工业出版社（北京市东城区青年湖南街13号 邮政编码100011）

印 装：北京科印技术咨询服务有限公司数码印刷分部

787mm×1092mm 1/16 印张20¼ 字数524千字 2023年9月北京第1版第4次印刷

购书咨询：010-64518888　　　售后服务：010-64518899

网 址：http://www.cip.com.cn

凡购买本书，如有缺损质量问题，本社销售中心负责调换。

定 价：59.00元

前言

环境功能材料主要是指具有独特的物理、化学和生物性能，可消除或少产生环境污染物、修复环境生态的新型材料，是环境科学与工程学科的重要组成部分。其学科基础包括化学、生物学、生态学等学科的基础知识，主要方法则来源于材料科学与工程、化学工程与技术、轻工技术与工程、环境科学与工程、生物工程等学科，其作用是以功能材料为媒介，利用相关学科的基础知识和方法解答环境科学与工程学科的科学和技术问题，进而消除或缓解人类面临的环境污染与生态破坏。

本教材在借鉴国内外环境功能材料最新研究成果的基础上，结合编者多年在环境功能材料方面的研究成果，以污染物分离与转化、生态修复和清洁生产为主线，对现有环境功能材料的制备与改性、性质与表征、影响因素、应用现状与展望等进行系统描述，强调知识性、系统性、先进性和实用性，适用于高等院校环境类及材料类专业本科和研究生的教学，也可作为环境类及材料类专业技术人员的参考书籍。

本教材由江南大学李秀芬教授主编，王震宇教授和邹华教授为副主编。全书共分九章，李秀芬教授、任月萍副教授和江苏理工学院印霞棐老师编写了第一、四、八、九章，邹华教授、丁剑楠副教授和付善飞副教授编写了第二、三、五章，王震宇教授、廉菲教授和陈菲然副教授编写了第六、七章，研究生吕娜、吴施齐、张樊森、刘舒娇、樊沈毅、解众、顾时国、智燕彩等参与了资料收集和整理工作。全书由李秀芬教授统稿。

尽管各位编者全力以赴，但由于水平与经验有限，书中难免有不当之处，恳请使用本教材的教师、同学及其他读者不吝赐教，对本书的意见和建议请发送电子邮件至xfli@ jiangnan. edu. cn。

编者

2021 年 6 月

目录

第一章 膜分离材料

近年来，膜生物反应器（MBR）技术在各国污水处理行业均得到了大规模应用，其应用领域涉及各种污水、废水，包括工业废水和城镇生活污水，总污水处理量已达1000万吨/日。2006年以来，我国大型MBR（万吨/日以上级）工程的数量急剧增加，目前已拥有10万吨级污水厂40余座，单座MBR污水厂最大处理规模达60万吨/日。国内多个污水处理厂将MBR作为传统活性污泥法（主要是厌氧-缺氧-好氧法）的后续处理单元，其出水水质稳定，各项指标均可达到《城镇污水处理厂污染物排放标准》（GB 18918—2002）一级A标准。

膜分离是在20世纪初出现、20世纪60年代后实现重大突破的一门新技术，融合了材料科学、有机合成、化工分离、物理化学、机械工程等学科内容。膜分离技术具有分离效率高、操作简便、易于控制、安全节能等优点，得到各国政府和科学家的高度重视。1987年，国际膜和膜过程会议提出“在二十一世纪多数工业中，膜过程扮演着战略角色”；美国国家工程院院士、北美膜学会会长黎念之博士在1994年访问我国化工部时说：“谁掌握了膜技术，谁就掌握了化学工业的未来”。膜分离技术对许多传统产业的发展起着关键作用，目前已在污水处理、海水淡化、清洁能源、节能环保、医药工业、生物工程、石油化工、食品加工、航空航天等行业得到广泛应用。本章将从膜分离技术、膜分离材料和膜反应器等方面介绍主要的膜过程，并提出膜分离技术的发展前景。

第一节 概述

一、膜技术的发展历程

膜在自然界中广泛存在，人类在早期的生活和生产实践中，就已接触和应用了膜过程。唐代《酉阳杂俎》中提到一种“井鱼”，其头骨可以将海水过滤为淡水。明代李时珍在《本草纲目》中引用西汉著作《淮南子》等著述描述豆腐皮的制法，将人类利用天然食物制备“人工薄膜”的历史提前了1000多年。然而在我国漫长的历史中，没有对膜技术进行深入研究。

在国外，1748年，法国学者Abb Nollet首次发现包裹在猪膀胱中的水可自发扩散到膀胱外侧的酒精溶液中，此后，各国科学家对膜分离理论进行了一系列探索，然而在膜材料方面没有取得突破性进展。自20世纪中叶后，随着物理化学、聚合物化学、工程学和医学等多种学科和现代分析技术的不断发展并趋于完备，科学家们不断开发新型膜分离技术，相继研发出微滤、离子交换、反渗透、超滤、气体分离、渗透汽化等新型膜材料制膜工艺，迅速实现了工业化应用并获得了巨大的经济社会效益。表1-1和表1-2分别列出了膜分离技术和膜工业发展历程中的一些具有里程碑意义的研究成果。

表 1-1 膜分离技术的发展史

阶段	时间	主要内容
第一阶段：观察和认识膜现象	1748	法国学者 Abb Nollet 首次发现包裹在猪膀胱中的水可自发扩散到膀胱外侧的酒精溶液中
	1827	法国植物学家 Henri Dutrochet 提出"渗透"的概念
	1831	英国学者 J. V. Mitchell 用高聚物膜进行了氢气和二氧化碳混合气的渗透实验，首先提出了用膜实现气体分离的可能性
	1854	苏格兰化学家 Thomas Graham 提出了"透析"的概念
第二阶段：膜分离理论探索	1855	德国生理学家 Adolf Fick 发现了扩散定律
	1866	苏格兰化学家 Thomas Graham 提出了溶解-扩散机理
	1886	荷兰理论化学家 van't Hoff 推导出稀溶液的渗透压公式
	1890	德国化学家 W. Ostwald 提出膜通透性理论
	1902	德国生理学家 Julius Bernstein 综合膜的通透性、渗透压、电解质、半透膜和离子浓度差等研究成果，提出"膜学说"
	1911	英国物理化学家 F. G. Frederick George Donnan 提出半透膜平衡理论
	1917	美国学者 Kober 提出"渗透汽化"(pervaporation)的概念
	1930	美国科学家 T. Teorell、K. H. Meyer 和 J. F. Sievers 研究膜电势，为电渗析和膜电极的发明奠定了理论基础
	1930	美国科学家 Karl Sollner 进行了反渗透的研究
第三阶段：膜技术实际应用	1920	德国 Sartoriu S 公司使用硝酸纤维素或硝酸纤维素-醋酸纤维素制备微滤膜，并于 20 世纪 30 年代实现商品化
	1950	美国 W. Juda 制备出离子交换膜，奠定了电渗析的实用化基础
	1960	美国科学家 Sidney Loeb 和 Srinivasa Sourirajan 研制出世界上第一张非对称醋酸纤维反渗透膜，首次用于海水及苦咸水淡化，使膜分离进入大规模工业化应用的时代
	1961	美国学者 A. S. Michealis 发明了可截留不同分子量物质的超滤膜，美国 Amicon 公司将超滤膜商品化
	1963	美国学者 B. R. Bodell 申请了膜蒸馏技术专利，为制备超纯水、浓缩提纯水溶液、处理废水、分离共沸混合物及有机溶液等奠定了基础
	1965	美国学者 G. W. Batchelder 和 D. N. Glew 分别申请了正渗透技术方面的专利，并在海水淡化、废水处理领域进行了试验
	1967	美国 DuPont 公司成功研制出芳香族聚酰胺中空纤维反渗透膜组件
		丹麦 Danisco Sugar 公司成功研制出平板式反渗透膜组件
	1968	美籍华裔科学家黎念之发明了不带有固体膜支撑的新型液膜
	1979	美国 Monsanto 公司建立了用于 H_2/N_2 分离的 Prism 系统，将气体分离推向工业化应用
	1980 年后	德国 GFT 公司率先研制成功渗透汽化膜，对醇类等恒沸物脱水，20 世纪 90 年代初向巴西、德、法、美、英等国出售 100 余套生产装置
	1990 年后	研制出超低压和高脱盐全芳香族聚酰胺反渗透复合膜等，膜性能大幅度提高

表 1-2 国外膜工业的发展史

分离过程	年代	国家	应用
微滤	20 世纪 20 年代	德国	除菌(实验室规模)
渗析	20 世纪 50 年代	荷兰	人工肾(实验室规模)
电渗析	20 世纪 50 年代	美国	脱盐(工业规模)
反渗透	20 世纪 60 年代	美国	海水淡化(工业规模)
超滤	20 世纪 60 年代	美国	大分子浓缩(工业规模)
气体分离	20 世纪 70 年代	美国	氢气回收(工业规模)
渗透汽化	20 世纪 80 年代	德国	有机溶剂脱水(工业规模)

我国对膜分离技术的研发始于 1958 年，膜工业的发展可大致分为四个阶段（见表 1-3）。经过几代研究者的探索实践，在反渗透膜技术、离子膜技术领域取得了重大突破，打破了国外技术封锁，在全球范围内首创的聚氯乙烯合金中空纤维膜技术

填补了国际空白，这说明我国已跨入具有自主进行膜及膜组件研发、设计和生产的国家之列。

表 1-3 我国膜工业的发展阶段

阶段	时间	主要内容
第一阶段：起步（1958 年～20 世纪 80 年代中期）	1958	引进第一套电渗析装置，展开离子交换膜的研究
	1965	探索反渗透技术
	1966	上海化工厂聚乙烯异相离子交换膜正式投产
	1967～1969	全国海水淡化大会战，为反渗透法、电渗析法和蒸馏法等海水淡化技术的应用研究打下了基础
	1976	在上海金山石化总厂建成最大的电渗析工业水处理站
	1982	第一个日产 200t 的电渗析海水淡化站在西沙群岛建成
	1983	研制成功高浓度苦咸水淡化用三醋酸纤维素中空纤维反渗透膜组件
	1984	研究渗透汽化过程
第二阶段：开发（20 世纪 80 年代中期～20 世纪 90 年代中期）	1985	中国科学院大连化物所首次研制成功中空纤维 H_2/N_2 分离器
	1986	沙漠移动苦咸水淡化装置在新疆塔克拉玛干沙漠投入运行
	1989	首套国产工业化反渗透法-离子交换超纯水制备系统在浙江无线电厂投入运行
	1992	清华大学化工系研制的渗透汽化膜——改性聚乙烯醇/聚丙烯腈（PVA/PAN）复合膜通过技术鉴定
		研制成功反渗透法饮用纯净水制备系统
第三阶段：成熟（20 世纪 90 年代中期～2005 年）	1995	中国膜工业协会成立，标志着中国膜工业的发展进入一个逐步规范、有序、快速发展的新阶段
		浙江大学与衢化公司合作进行了年生产无水乙醇 80t 的中试试验
		中国科学院化学所进行了日处理量 260L 的工业酒精渗透蒸发脱水试验，研制成功膜法制备注射用水和大输液用水系统，并应用于北京协和医院和安徽繁昌制药厂
	1997	第一座自主设计的日产 500t 反渗透海水淡化站在浙江嵊山投产
		徐南平院士研制出首套大型陶瓷膜设备，把我国陶瓷膜生产带进世界先进领域，缩小了与国外的差距
	1998	燕山石化建立了我国第一个千吨级渗透汽化脱碳六油中微量水示范工程，为我国渗透汽化技术的工业化应用奠定了基础
		在大连建立膜技术国家工程研究中心
	1999	首套膜法日产 1200t 电镀漂洗液回收镍工程在湖南长沙建成投产
	2000	第一座日产 1000t 海水淡化设备研制成功并分别在浙江嵊泗和山东长岛建成
	2003	最大的日产万吨级反渗透海水淡化示范装置在山东荣成建成一期工程并投产
第四阶段：大发展（2005 年至今）	2005 年至今	国产反渗透膜脱盐率已达到国际最尖端水平的 99.7%
		首创以聚氯乙烯为原料制备中空纤维膜技术，实现了日产 30 万吨净化水装置安全稳定运行，已成为饮用水深度处理的主流技术
		攻克热致相分离法制聚偏氟乙烯中空膜技术，在 2009 年于格兰特公司实现了工业化生产
		中国科学技术大学徐铜文教授及其团队研制成功均相离子交换膜并实现产业化生产，使进口均相离子膜的价格从原来的每平方米 2000～3000 元骤降至 500～700 元，降幅逾 70%
		研制金属有机骨架膜材料用于过滤颗粒物、气体分离等领域
		研制石墨烯基分离膜用于气体分离及水体净化、海水淡化等领域
		研制新型分子筛膜用于气体分离、有机物脱水等领域

经过 60 多年的发展，我国膜产业正进入高速增长期。更严的环保法规、更高的能源和原料价格将进一步刺激膜市场的发展。膜分离过程已成为解决当代能源资源紧缺、环境污染严重等问题的重要高新技术以及可持续发展的技术基础。

二、膜分离过程及其特点

膜分离过程，即利用一张特殊制造的、具有选择透过性的膜，在外界推动力（如压力差、浓度差、电位差、温度差等）作用下，使混合物中的某种组分选择性地透过膜，实现对混合物的分离、提纯和浓缩等。膜分离过程示意如图 1-1 所示，与传统的化工分离方法（如过滤、蒸发、蒸馏、萃取等）相比（表 1-4），膜分离过程具有以下特点：

① 能耗较低。大部分膜分离过程不发生相变化，避免了相变化时的热量损耗。

② 无二次污染。膜分离是一种典型的物理分离过程，无需添加其他药剂，不产生对环境有害的副产品，并节省了材料成本。

③ 操作条件温和，选择性好，应用范围广。膜分离过程通常在常温下进行，不仅可实现有机物到无机物，从病毒、细菌到微粒的广泛体系分离，还适用于许多特殊溶液体系的分离，如溶液中大分子和无机盐的分离，共沸物或近沸点体系的分离等。

④ 装置简单，工艺适应性强。膜分离过程的推动力一般为压力，分离装置简单，可根据用户要求制备、安装适应不同生产规模需要的膜组件，操作维护方便，有利于连续化生产和自动化控制。

⑤ 适合热敏性物质分离。膜分离过程在常温下进行，有效成分损失极少，适用于热敏性物质如抗生素等医药、果汁、酶、蛋白的分离与浓缩。

⑥ 便于回收。在膜分离过程中，分离和浓缩同时进行，便于回收有价值的物质。

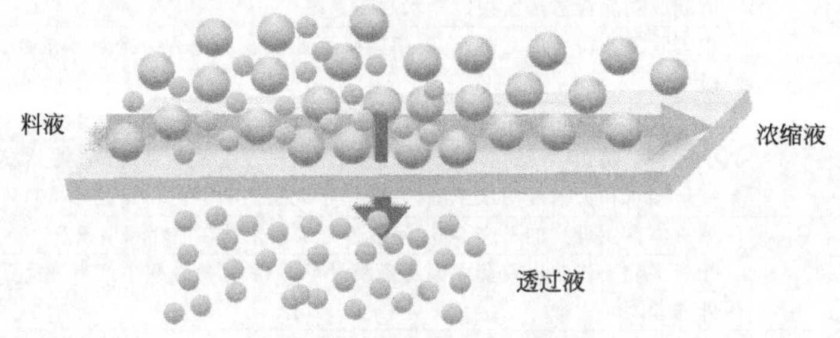

图 1-1　膜分离过程示意

表 1-4　膜分离与传统化工分离方法的对比

分离过程	原料	分离原理	分离材料	分离介质
传统化工分离	混合物	依据处于热力学平衡时两相组成不相等的原理，在处理分离过程时，常简化成多个平衡理论级来处理——平衡级理论	塔器等	热（蒸发、蒸馏等）、溶剂（吸收、萃取、浸取等）、吸附剂（吸附）
膜分离	混合物	利用混合物各组分在膜中迁移速度的差异实现分离，分离效果由各组分通过膜的速率快慢来决定——速率控制理论	具有选择性透过的膜	推动力（压力差、浓度差、电位差、温度差等）

膜分离过程也存在一些不足，如膜使用过程中膜表面滤饼层的形成、浓差极化和污染物造成的膜孔径堵塞均可导致膜污染，频繁的化学清洗会缩短膜的使用寿命，这些问题是影响膜技术进一步商业化应用的主要因素，需要广大膜工作者继续探索解决方案。

三、膜分离过程的分类

根据膜分离过程的推动力，可对膜分离过程进行分类。以压力差为推动力的膜分离过程主要有微滤、超滤、纳滤和反渗透，即在膜两侧施加一定的压力差，可使一部分溶剂及小于膜孔径的组分透过膜，而大于膜孔径的微粒、大分子、盐等被膜截留，达到分离的目的。被分离微粒、分子的大小及对应的膜分离过程如图 1-2 所示。

气体分离膜也是在压力差的推动下，根据混合气体中各组分透过膜的渗透速率不同实现

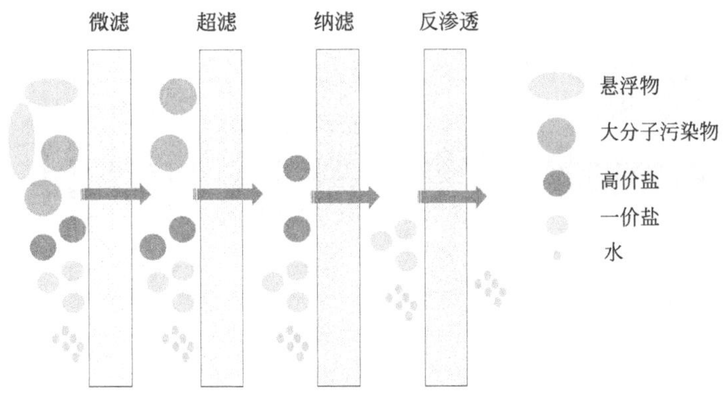

图 1-2 被分离微粒、分子的大小及对应的膜分离过程

混合气体分离、提纯的一种膜。

以浓度差为推动力的膜分离过程主要有渗析和渗透汽化。渗析是利用半透膜对溶质的选择透过性实现不同性质溶质的分离，即利用半透膜能透过小分子和离子但不能透过胶体粒子的性质从溶胶中除掉作为杂质的小分子或离子的过程。渗透汽化是在液体混合物中组分蒸气分压差推动下，利用组分通过致密膜的溶解与扩散速率的差异来实现分离的过程。

以上膜分离过程均在工业生产中得到了广泛应用，随着科技的进一步发展，研究者们聚焦更多新型膜（如智能膜、电控膜、储氢膜、分子印迹膜等）分离过程和膜分离耦合其他技术。

四、膜组件及膜工艺

膜分离过程需要通过膜设备来实现，膜设备由膜组件、动力设备、管件、阀门和测控仪器仪表等组成。膜组件是膜设备的核心部件，通常由膜、隔网、膜壳、接口、连接件等组成。开发膜组件有几个基本要求：流体分布均匀，流道通畅，内部无死角；具有良好的机械、化学和热稳定性；装填密度大，便于拆卸，易于清洗；压力损失小；制造成本低等。已商品化的膜组件主要有板框式膜组件、管式膜组件、卷式膜组件、中空纤维膜组件、特殊膜组件等。

（一）板框式膜组件

板框式膜组件及其流道示意图如图 1-3 所示。板框式膜组件由平板式膜和多孔支撑板组成，多孔支撑板的两侧表面有窄缝，其内腔有供透过液流通的通道。将膜平放于多孔支撑板上，膜之间可夹有隔板，两块装有膜的多孔支撑板叠压在一起形成料液流道。采用密封圈和两个端板将一系列这样的膜组件安装在一起，即构成板框式膜堆。在板框式膜堆中，为防止流体集中于某一特定流道，需设置挡板。

板框式膜组件的优点有：①每两片膜之间的渗透液可单独流出，通过依次关闭各个膜组件来检查操作中的故障，无需使整个膜组件停止运转；②膜填充密度较大，一般为 100～500 m^2/m^3，可通过增减膜片来调整处理量；③开放式流道，结构简单，方便拆卸和清洗膜组件；④膜材料选择范围很广；⑤制作简便，膜面不易受损。

然而，板框式膜组件仍存在一些问题：①膜组件内部及周边密封困难；②截留液经过隔板易被污染，清洗次数多；③内部压力损失较大；④膜组件的流程较短，料液流道的截面积较大，单程回收率较低，循环次数增加，泵的电耗提高；⑤常使用有机材料作为支撑板，长期运行后，可能会出现膜板开裂的问题，影响膜分离效果。

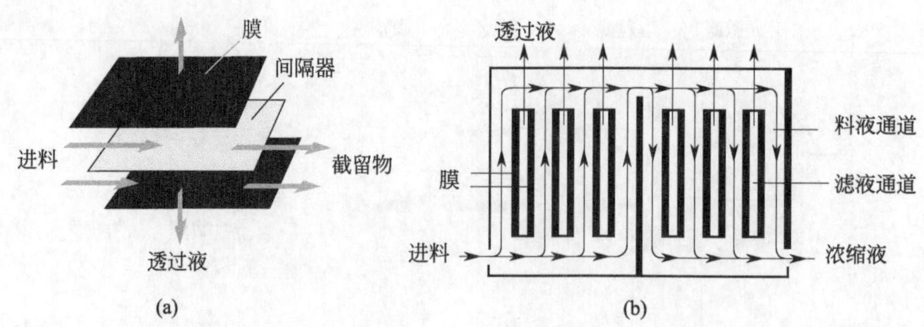

图 1-3　板框式膜组件（a）及其流道（b）示意图

（二）管式膜组件

管式膜组件是将膜附在圆管状支撑体的内侧或外侧而得到的管形膜分离单元设备。支撑体一般为多孔不锈钢管、陶瓷管或耐压的微孔塑料管。按作用方式可分为内压式和外压式，内压式为膜在管内侧，料液在管内流动；外压式为膜在管外侧，料液在管外间隙流动，如图 1-4 所示。按膜材料可分为有机膜和无机膜，管式有机膜一般是将铸膜液直接涂布于内径为 6～25 mm 的多孔支撑管内壁或外壁经相转化法制成，将若干根管式膜并联组装成类似换热器形式或套管式，即形成管式有机膜组件（图 1-5）。

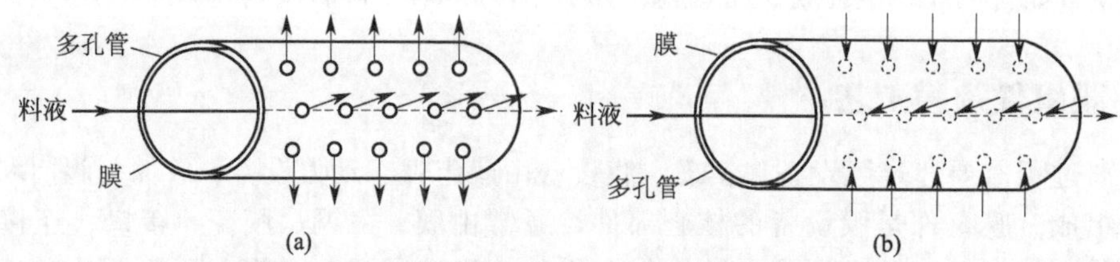

图 1-4　内压式（a）和外压式（b）管式膜组件示意图

管式无机膜主要有管式陶瓷膜和管式不锈钢膜两种，由多支单通道或多通道组装而成（图 1-6）。管式膜组件主要有以下优点：①有效控制浓差极化，流动状态好，可大范围调节料液的流速；②压力损失小，耐较高压力；③结构简单，易于清洗和更换，适宜处理悬浮物含量高、黏度大等易堵塞流道的溶液体系。但是，管式膜组件投资和运行成本较高，管口密封较难，膜的装填密度较低（一般低于 $300m^2/m^3$）。

（三）卷式膜组件

卷式膜组件是将两张平板膜卷制成信封状膜袋，两张膜之间设有多孔性支撑隔网，膜袋有三面是封闭的，第四面（敞开的一面）接到带有孔的渗透物收集管（中心管）上，膜袋上下衬有隔网，将膜、支撑隔网绕中心管卷，再将其装入圆柱形耐压容器内，就构成了卷式膜组件。料液从端面进入，按轴向流过膜组件，而透过液在多孔支撑层中按螺旋形式流进收集管，如图 1-7 所示。组件内膜袋的数目称为叶数，叶数越多，膜面积越大，但料液流程变短。多个卷式膜组件串联于一个膜壳内，可增加膜面积，提高处理量。

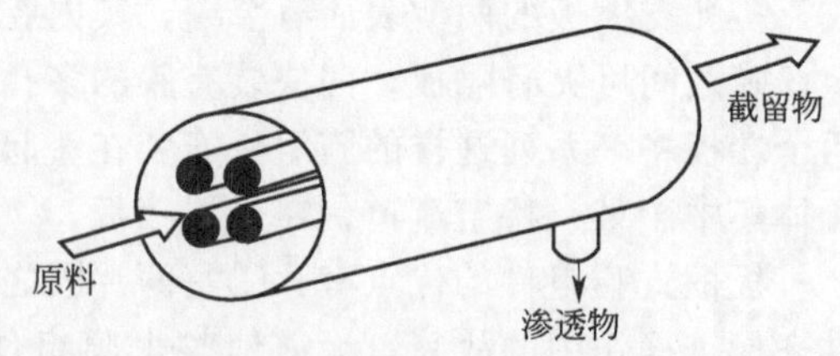

图 1-5　管式有机膜组件示意图

卷式膜组件主要有以下优点：①支撑隔网不仅使膜保持一定的间隔，还能促进物料交

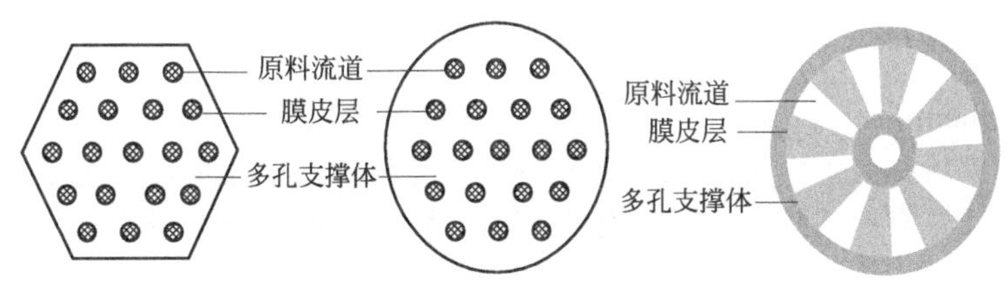

图 1-6 管式无机膜截面示意图

换，在流动速度相对较低的情况下，可控制浓差极化影响；②膜的装填密度比板框式膜组件高，一般为 300～1000 m^2/m^3，这也取决于流道宽度，该宽度由料液侧和透过液侧之间的隔网决定（图 1-8）；③结构简单，可方便地串联于同一根固膜器内，易于实现多组件、大膜面积的膜装备。但是由于流道窄、流速低，更易产生膜污染，因此要对料液进行预处理。

（四）中空纤维膜组件

中空纤维膜组件是由成千上万根外径为 80～2000μm、内径为 40～1200μm 的中空纤维膜组成，一端或两端用环氧树脂胶铸成管板或封头，装入圆柱形耐压容器内构成膜组件。中空纤维膜组件也分为内压式和外压式（图 1-9）。内压式即料液进入中空纤维膜内部经压力差驱动，沿径向由内向外渗透中空纤维膜成为透过液，浓缩液则留在中空膜的内部，由另一端流出。外压式即料液经压力差沿径向由外向内渗透过中空纤维膜成为透过液，而截留的物质则汇集在中空纤维膜的外部。

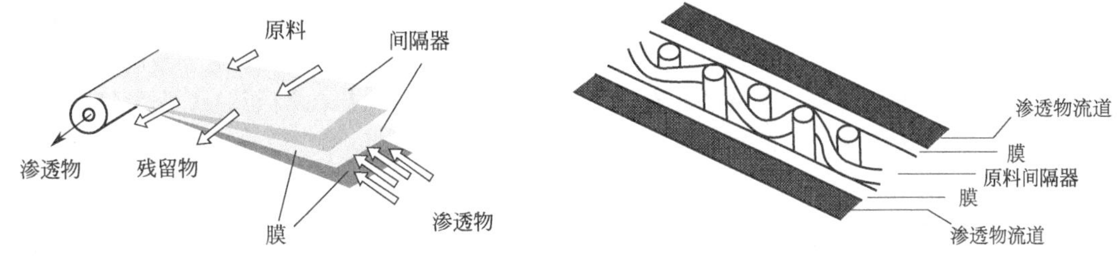

图 1-7 卷式膜组件示意图

图 1-8 装有隔网的料液通道的横截面图

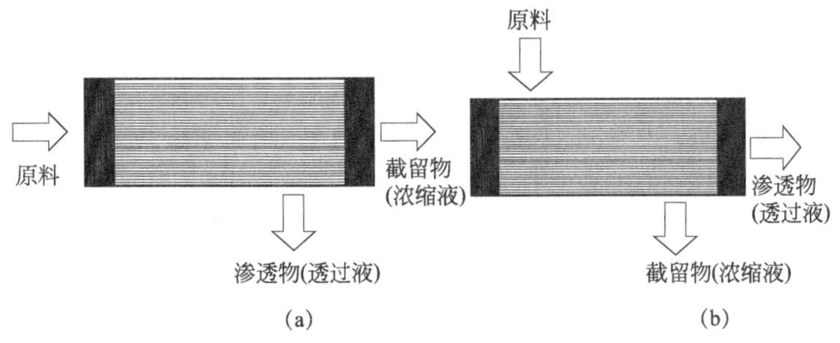

图 1-9 中空纤维膜组件示意图

(a) 内压式；(b) 外压式

中空纤维膜组件主要有以下优点：①膜装填密度大，一般为 16000～30000 m^2/m^3，有效膜面积大，因此处理量大，容易实现大规模生产；②膜组件制备简单，组装方便。但是膜污染情况较严重，只能采用化学清洗而不能进行机械清洗，一旦损坏无法更换。

五、膜反应器的定义和特点

膜反应器（membrane reactor，简称 MR）是将膜分离功能和化学反应或生物化学反应相结合的反应分离单元设备。可定义为依靠膜的功能和特点来改变反应进程、提高反应效率的系统或设备，其具有以下优点：不受化学平衡的限制；耦合连串或平行多步反应，可实现反应、分离、浓缩的一体化；有效控制输入反应物；不相容反应物之间的有效相间接触；调控复杂反应体系中的反应进程；消除快反应中扩散阻力；消除副反应；缓解或消除催化剂中毒；实现热交换和催化反应的组合；易于实现连续自动化控制。

第二节 膜分离材料的基础知识

一、膜的定义

膜是膜分离过程的核心，但膜至今还没有一个精确、完整的定义。一种最通用的定义是两相之间的一个不连续区间称为“膜”。简单地说，膜是分隔开两种流体的一个薄的阻挡层，可阻止两种流体间的水力学流动。广义的“膜”是指分隔两相界面的一个具有选择透过性的隔层，它可与一种或两种相邻流体的相之间构成不连续区并影响流体中各组分的透过速度。因此，膜可以看作是一种具有分离功能的介质。膜的形态可以是均相的或非均相的、对称的或非对称的、固体的或液体的、中性的或荷电性的。

国际纯粹化学和应用化学联合会（International Union of Pure and Applied Chemistry，简称 IUPAC）将膜定义为“一种三维结构，三维中的一度（如厚度方向）尺寸要比其余两度小得多，并可通过多种推动力进行质量传递”。该定义在原来定义（“膜”是两相之间的不连续区间）的基础上强调了维度的相对大小和功能（质量传递）。因而膜可分为气相膜、液相膜和固相膜，或是它们的组合。

二、膜分类

由于膜材料的种类和制备方法多种多样，膜的用途十分广泛，膜的分类方法也有很多种。常用的分类方法主要有按膜材料的组成、形态结构、分离机理、荷电性、亲疏水性等的分类。

（一）按膜材料的组成分类

按膜材料的组成可将膜分为天然膜和合成膜。天然膜有生物膜和天然物质改性或再生制成的膜。合成膜可分为无机膜、高分子膜和无机-有机复合膜。

常用的无机分离材料可分为致密材料和微孔材料。致密材料包括致密金属材料和氧化物电解质材料，主要用于气体分离。气体可通过溶解-扩散或者离子传递机理通过致密材料，达到分离的目的。如，钯在常温下能溶解大量氢，在真空中加热到 100℃时能将溶解氢释放出来，因此如果钯两侧存在氢的分压差，则氢可从压力高的一侧渗透到压力低的一侧。氧化物电解质（如致密的二氧化锆膜）对氧有较高的选择透过性。微孔材料主要包括多孔金属、多孔陶瓷、多孔玻璃、分子筛膜等。金属膜主要通过金属（镍、钛、不锈钢等）粉末的烧结而制成。陶瓷膜是将金属氧化物（氧化铝、二氧化锆、二氧化钛等）与非金属氧化物、氮化物或碳化物结合而制成。玻璃膜（二氧化硅）主要通过对分相玻璃进行浸提而制成。分子筛膜是具有分子分离级别的无机膜，一般采用高温分解法制备。

目前市场上销售的分离膜主要为高分子膜。高分子膜是采用高分子材料制成的膜，可分为无机高分子膜和有机高分子膜，无机高分子膜主要包括聚硅氧烷、聚磷腈等。有机高分子膜材料主要有醋酸纤维素、聚砜类、聚丙烯腈、聚酰胺类、聚偏氟乙烯等。

无机-有机复合膜是含有无机和有机成分的膜，很多文献将无机和有机成分微观混合或化学交联而形成的膜称为“无机-有机杂化膜”，将无机和有机成分明显分层的膜称为“无机-有机复合膜”。另外，有的膜中不同成分之间既有微观混合或化学交联，也有分层，为了避免混乱，将以上几种膜都称作“无机-有机复合膜”。

（二）按形态结构分类

按膜的形态结构可将膜分为均质对称膜、非对称膜和液膜。膜两侧的结构和形态相同，且孔径和孔径分布也基本一致，这类膜称为均质对称膜。均质对称膜包括致密均质膜、多孔均质膜和离子交换膜。致密均质膜一般指结构紧密的膜，其孔径小于1.5nm，膜中高分子以分子状态排列，主要用于气体分离和渗透汽化。多孔均质膜孔径均匀，孔径范围在0.02～20μm之间，根据孔径的大小，可用于微滤、超滤、纳滤、膜蒸馏、膜萃取和膜吸收等过程。离子交换膜是膜状的离子交换树脂，由高分子骨架、固定基团及基团上的可移动离子组成。按照其带荷电种类的不同主要分为阳离子交换膜和阴离子交换膜。阳离子交换膜的膜体中含有带负电的酸性活性基团（如磺酸基、磷酸基、膦酸基、羧酸基、酚基、砷酸基和硒酸基），因此能选择性透过阳离子而阻挡阴离子透过；阴离子交换膜的膜体中含有带正电的碱性活性基团（如伯、仲、叔、季氨基和芳氨基等），因此能选择性透过阴离子而阻挡阳离子透过。

非对称膜是指膜体具有两种或两种以上的形貌结构，比对称膜具有高得多的透过速率，是工业上用得最多的膜类。一般由厚度为0.1～0.5μm的致密皮层和50～150μm的多孔支撑层构成。皮层致密且薄，具有高的选择性，主要起分离作用；多孔支撑层结构具有一定的强度，在较高的压力下不会引起很大的形变，主要起支撑作用。非对称膜中还有一类复合膜，其皮层和支撑层由不同材料构成。皮层的厚度为0.01～0.2μm，可由高交联度或带离子性基团的聚合物构成，一般通过化学或物理法在支撑层上复合制得。复合膜主要用于纳滤、反渗透、渗透汽化、气体分离等过程。

液膜是由膜相、内相和外相组成，膜相包括膜溶剂（水或有机溶剂，占90%以上）、表面活性剂（乳化剂，占1%～5%）、载体（萃取剂，占1%～2%）和膜相物质。内相即接受相或反萃相，外相即待分离料液或被萃取相。根据液膜构成和操作方式的不同，可将液膜分为支撑液膜和乳化液膜。支撑液膜是利用界面张力和毛细管力作用，将膜相附着在疏水多孔惰性支撑体的微孔中制成，膜的两侧是与液膜互不相溶的内相和外相。支撑体通常采用聚丙烯、聚乙烯、聚砜、聚四氟乙烯、聚偏氟乙烯、聚酯等疏水性多孔膜。乳化液膜是利用表面活性剂的乳化作用将两种互不相溶的液相制成乳液，在搅拌的条件下将乳液分散在第三相中得到，乳化液膜的直径约为0.1～0.5mm，膜厚度不超过0.05nm，一般为10μm。

（三）按分离机理分类

按分离机理可将膜分为吸附膜、扩散膜、离子交换膜、选择性渗透膜和非选择性渗透膜，如表1-5所示。

表 1-5 按分离机理分类的膜简表

分离机理	膜	说明
吸附	多孔膜	多孔石英玻璃膜、多孔碳膜、多孔硅胶膜等
	反应膜	催化剂等固定化膜
扩散	聚合物膜	有机聚合物膜(扩散性的溶解流动)
	无机膜	金属膜(原子状态的扩散)、玻璃膜(分子状态的扩散)
离子交换	离子交换膜	阳离子交换膜、阴离子交换膜
选择性渗透	渗析膜	中性微孔膜、离子交换膜
	电渗析膜	一张阳离子交换膜和一张阴离子交换膜组成的膜对
	反渗透膜	高压反渗透膜、低压反渗透膜、超低压反渗透膜
非选择性渗透	非选择性渗透膜	加热处理的微孔玻璃、过滤型微孔膜

(四) 按荷电性分类

按膜所带荷电性可将膜分为荷电膜和非荷电膜。非荷电膜即电中性膜，荷电膜即表面或本体中存在着固定电荷基团的膜，在分离过程中除筛分外还有 Donnan 效应。根据膜材料带电基团的不同，荷电膜可分为荷正电膜（阴离子交换膜）、荷负电膜（阳离子交换膜）及两性膜。两性膜即膜上同时含有阴、阳带电离子基团，改变制膜工艺及操作条件，最终制得的两性膜可能带正电或带负电。

(五) 按亲/疏水性分类

根据膜材料的亲/疏水性可将膜分为亲水性膜和疏水性膜。常用于微滤和超滤的膜材料大多是疏水性的，如聚乙烯、聚丙烯、聚偏氟乙烯、聚醚砜等。由疏水性材料制成的膜为疏水性膜，液滴在其表面形成的接触角大于 90°。疏水性膜易受污染，且膜通量不高。由于疏水性膜不易被水润湿，为了让水透过膜必须进行材料表面改性，使其易被水润湿，易被水所润湿是膜亲水性的一种外在表现。亲水性膜结构内含有极性基团，对水有较大的亲和力，可以吸引水分子，水与其接触角小于 90°。与疏水性膜相比，亲水性膜不仅水通量高、耐污染性好，而且膜一旦受到污染后，很容易通过化学清洗来恢复膜通量。

三、膜缺陷

膜分离是在分子级水平上进行的分离纯化，要实现分子级分离除膜孔径分布范围要窄外，在膜表面或深层不能有缺陷即孔穴存在。膜表皮或深层的孔穴尽管只占全膜面积的百分之零点几或更少，但对膜的整体性能产生严重的影响，进而限制其大规模工业化使用。有研究者对国内几个单位研制的膜进行了观察研究，按照孔穴的大小和形状可分为三个层次、四个类型，如表 1-6 和表 1-7 所示。属于“仪器可见”层次缺陷对膜性能的影响较大，因为在肉眼或灯光下不可见，剪裁时不易避开。

表 1-6 膜缺陷的层次

层次	观察容易程度	孔穴尺寸大小/μm
肉眼可见	清楚地暴露于膜表面,严重影响膜的外观和使用	100～1000
灯光可见	比较隐蔽,但可在灯光下观察到	40～100
仪器可见	很隐蔽,必须借助仪器和其他方法观察	<40

膜孔穴的形成有多种原因，无纺布、膜材料及铸膜液组成、制膜工艺等都与孔穴形成

有关。

表 1-7 膜缺陷的类型

类型	形貌	层次
双眼皮型	穴口长，穴边缘一侧较厚、光滑，另一侧较薄，中间是一条沟，如人的双眼皮	肉眼或灯光可见
鼠洞型	开口向上，穴口较圆，洞弯曲藏于膜表皮下，与纤维相连	仪器可见
筒状型	开口向上，穴口圆形，壁如圆筒由表皮直达纤维	仪器可见
云状型	如小云团布于膜表面，构成一簇	仪器可见

无纺布一般由聚酯纤维制成，由于各厂家的制造工艺、纤维性质（长度、直径、经纬分布）不同，在制膜过程中，铸膜液与无纺布的浸润性差异很大，导致膜结构和性能上的差异。易浸润时，刮制的膜不易形成孔穴，反之则易形成孔穴。

膜材料和铸膜液组成不同时，在同一无纺布上制膜，会生成形貌、尺寸大小不一致的孔穴。如聚砜膜孔穴一般为“筒状型”，聚砜酰胺孔穴一般为“鼠洞型”。显然，这与高分子、溶剂、添加剂等和无纺布之间的作用力有关。

对相转化法制得的膜而言，膜表面致密层仅有 0.1～1μm，膜表面缺陷的生成有多种原因，如气泡、尘埃、支撑材料的缺陷等。有学者指出：当铸膜液蒸发时，其气液界面会形成很大的浓度梯度，并产生界面处的过量分子作用势梯度，对气液界面造成不可避免的随机扰动。若系统稳定，扰动会自动消除，气液界面仍保持平整；若系统不稳定，扰动将增强，在气液界面造成凹凸不平或者孔洞类的结构，当铸膜液固化成膜时，上述孔洞结构也将固化在膜表面，成为膜面的表层缺陷。

第三节 膜分离材料的制备与表征

一、无机膜的制备

无机膜的制备技术主要有：采用专门技术（如电镀、化学气相沉积、压延等）制备致密金属膜；采用固态粒子烧结法制备载体及过渡膜；采用溶胶-凝胶法制备超滤膜、微滤膜；采用化学刻蚀——分相法制备玻璃膜。

（一）致密金属膜

致密金属膜主要指的是钯膜，有以下几种制备方法：

(1) 电镀法　控制直流电压和温度，将金属或金属合金沉积在一级的支撑体上形成薄膜。如钯比较容易在平板和管式支撑体上镀膜，通过控制电镀时间和电流强度，将钯膜的厚度控制在几微米到几毫米之间。然而对于合金膜，由于各种金属离子的沉积速率不同，制备面积较大的膜时，会出现组分分布不均的问题。

(2) 无电镀法　利用控制自催化分解或降解亚稳态金属盐，在支撑体上形成薄膜。制备钯膜常使用的金属盐有镤盐，常用的降解剂（催化剂）为肼或次磷酸钠，对支撑体进行预处理使其带有钯核，从而降低液相自催化反应。该方法可在复杂表面形成厚度均匀、强度较高的膜，但难以控制膜的厚度和纯度，无法避免液相主体的分解反应。

(3) 化学气相沉积法　利用含金属离子盐的高温分解将金属单质沉积在载体上，或者通过气态的金属单质与载体上的成分发生化学反应，从而形成金属复合膜。化学气相沉积必须满足三个条件：在沉积温度下，反应物要有足够高的蒸气压以降低装置成本；反应生成物除需要的沉积物为固态外，其余必须是气态；沉积物的蒸气压要足够低以保证在整个沉积反应过程中能维持在加热的载体上。

（4）物理气相沉积法　固体金属在高真空（＜1.3mPa）下蒸发，冷凝沉积在低温支撑体表面形成薄膜。金属在坩埚中被加热至（或高于）其熔点，蒸气分压足以产生较高的沉积速率，蒸发速率较低，沉积性能较好。然而这种方法制备的膜，其膜层与支撑体的结合强度不高，必须对支撑体进行适当的预处理，提高金属膜的机械强度。

（5）铸造与压延法　过程包括高温熔融、铸炼、高温均质化、热压和冷压，再经多次重复冷压延和退火处理等步骤，直到达到预期的厚度。若熔融体的冷却速率足够快（$10^5\sim10^9$ K/s），可以得到金属玻璃的无定形材料，其具有高机械强度、电导性、催化活性、氢可逆贮存能力、耐腐蚀性。当冷压延时，通常会导致晶格的错位，在错位的应力场，可贮存过量的氢，因此可以提高钯及其合金溶解氢的能力。这种效应将在提高膜操作温度的退火过程中逐渐消失。然而使用压延法制备膜时，随着金属箔厚度的减小，杂质污染问题较突出，微量碳、硫、硅、氯等元素可导致其机械强度显著下降，因而对原料的纯度提出更高的要求。目前使用高纯度钯可制备厚度小于 1μm 的膜。

致密氧化物膜以对称结构为主，常采用挤出和等静压法成型，其制备过程包括粉料制备、成型和干燥烧结三个基本步骤。在致密化过程中，膜伴随着明显的收缩，控制不当会导致膜出现裂纹缺陷。

（二）多孔陶瓷膜

工业上常用的多孔陶瓷膜是由多孔载体、过渡层（也称为中间层）和活性分离层构成的多层非对称结构。多孔载体保证膜的机械性能，要求具有较大的孔径（10～15μm）和孔隙率以增加渗透性，减少流体阻力，其厚度一般为1～2mm。多孔载体一般由氧化铝、二氧化锆、碳、金属、陶瓷、碳化硅材料等制成。过渡层是位于多孔载体和活性分离层中间的结构，可防止活性分离层制备过程中颗粒向多孔载体渗透。过渡层可以是一层，也可以是多层，其孔径逐渐减小以与活性分离层匹配，一般而言孔径在 0.2～5μm 之间，每层厚度小于 40 μm。活性分离层是真正起分离作用的膜，通过各种方法负载于多孔载体或过渡层上，分离过程就是通过这张膜实现的。分离膜的厚度一般为 0.5～10 μm，现已在实验室制备出纳米级厚度的超薄分离层。

采用固态粒子烧结法制备多孔支撑体和过渡层，即将无机粉状颗粒（粒度 0.1～10 μm）与添加剂（包括增塑剂、润滑剂、防龟裂剂、烧结黏结剂等）均匀混合，经过炼泥、陈化、挤出成型后制成生坯并晾干，在 1000～1600℃下进行烧结处理，形成支撑体或陶瓷膜。用烧结法制得的陶瓷膜孔径一般为 0.01～10μm。

1. 多孔支撑体的制备方法

多孔支撑体可分为管式（单通道和多通道）、平板式、多沟槽式、中空纤维等形状，不同构型的膜采用不同的方法成型。

（1）挤出成型法　在水或塑化剂中加入粉料和添加剂，经混合后，炼制成塑性泥料，然后利用各种机械挤出成型。坯体的外形由挤出头的内部形状决定，坯体长度可根据需要截取，物料的性质和陈化过程、挤出机挤出头与花心的设计等有关。该法适合管式多通道膜的制备。

（2）流延成型法　其过程包括浆料制备、流延成型和干燥烧结三个步骤，将粉料分散在液体中，加入分散剂、黏合剂和增塑剂，搅拌得到均匀的浆料，经过加料嘴不断向转动的基带上流出，逐渐延展开来，干燥后得到一层薄膜。该法适合平板多孔陶瓷支撑体或对称膜的制备。

(3) 注浆成型法 基于多孔模具（主要是石膏）吸收水分的特性，将粉料配成具有流动性的泥浆注入多孔模具内，由于多孔模具的毛细管力吸水性，泥浆在贴近模壁的一侧被模具吸水而形成一层均匀的泥层，并随时间的延长而加厚，当达到所需厚度时，将多余的泥浆倾出，该泥层脱水干燥的同时形成具有一定强度的坯体。该法适合管式膜的制备。

(4) 干压成型法 将粉料加少量黏合剂造粒，然后装入模具中，在压力机上加压，使粉粒在模具内相互靠近，并借助内摩擦力牢固地结合，形成一定形状的坯体。该法适合平板式膜、管式膜的制备。

2. 分离层的制备方法

(1) 溶胶-凝胶法 以金属醇盐或金属无机盐为原料，通过醇盐或金属无机盐形成水合金属氢氧化物沉淀，然后胶溶形成稳定溶液，或者通过醇盐或金属无机盐形成聚合分子胶体物后在 90～100℃、pH＜1.1 情况下胶溶形成稳定溶胶，然后涂于支撑体上，在毛细吸力的作用下干燥，溶胶层转变为凝胶膜，进而高温烧结，得到多孔无机膜。该法制备的无机膜孔径可达 1～100 nm，商品化氧化铝膜、二氧化锆膜、二氧化钛膜都是用此法制备。

(2) 阳极氧化法 将高纯度金属箔（如铝箔）置于酸性电解液（如硫酸、磷酸）中进行电解阳极氧化，金属箔片的一侧形成多孔的氧化层，另一侧金属被酸溶解，再经适当的热处理即可得稳定的多孔结构氧化物膜。阳极氧化法制出的膜具有近似直孔的结构，控制电解氧化过程可以得到孔径均一的对称和非对称两种结构的氧化铝膜。

(3) 薄膜沉积法 即用溅射、离子镀、金属镀及气相沉积等方法，将膜材料沉积在载体上制造薄膜的方法。借鉴了传统的物理镀膜的方法，分为两个步骤，一是膜材料的汽化，二是膜材料的蒸气依附于其他材料（多孔陶瓷、玻璃或多孔不锈钢）载体上形成薄膜。

（三）多孔玻璃膜

利用硼硅酸玻璃的分相原理，将位于 Na_2O-B_2O_3-SiO_2 三元不混溶区内的硼硅酸玻璃在 1500℃以下熔融，然后在 500～800℃进行热处理，使之分为不混溶的 Na_2O-B_2O_3 相和 SiO_2 相，再用 5%左右的盐酸、硫酸盐或硝酸提取出 Na_2O 和 B_2O_3，得到连续又相互连通的网络状 SiO_2 多孔玻璃，膜孔径为 0.02～2μm。

使用化学刻蚀——分相法得到的膜孔径分布窄，比表面积可达 500 m^2/g，还可调节膜表面的 Zeta 电位与润湿性，可用于气体分离和膜反应过程。在高温下，玻璃熔融体容易成型，可以制备出纤维膜或管式膜。

二、高分子分离膜的制备

高分子分离膜从形态结构上可分为对称膜（均质膜）和非对称膜两大类。

（一）对称膜

1. 致密均质膜

致密均质膜的厚度较大、渗透通量较小，在工业生产中应用较少，一般在实验室中用于表征膜材料的性质，其制备方法主要有以下几种。

(1) 溶液浇铸　将膜材料用适当低沸点溶剂溶解，制成均匀的铸膜液，将铸膜液倾倒在铸膜板（一般为平整的玻璃板或不锈钢板）上，用特制的刮刀将其铺展成一定厚度的薄层，然后将其置于特定环境中让溶剂完全挥发，最后形成均匀薄膜。

(2) 熔融挤压　将高分子材料置于两片加热的夹板之间，施加 10～40MPa 的压力，保持压延 0.5～5min，可得到一定厚度的均匀薄膜。常用于热塑性和高结晶度聚合物的制膜过程。

(3) 拉伸法　将加热至熔融状态的高分子材料经模具挤出后，经拉伸后制成一定厚度的均匀薄膜。常用于热塑性和高结晶度聚合物的制膜过程。

2. 微孔均质膜

(1) 拉伸法　该方法主要用于聚烯烃类（如聚丙烯、聚四氟乙烯、聚乙烯）材料制膜。首先将聚烯烃类材料在熔点以上的温度条件下挤出并快速拉伸，在迅速冷却后制成高度定向的结晶膜，然后沿垂直于拉伸方向继续拉伸 50%～300%，破坏膜的结晶结构，产生 0.1～25μm 的裂缝状孔隙。

(2) 烧结法　将粉状高分子颗粒物均匀加热，控制温度和压力，使粉粒表面熔融但并不全熔，粉粒间存在一定空隙，从而相互黏结形成多孔的薄层或块状物，再经机械加工成滤膜。烧结不是一个简单的致密化过程，对高分子粉粒进行烧结，粉粒表面必须足够软化，以使大分子链段相互扩散而进入临近的微粒中去。烧结法制得的膜孔径分布范围较宽，其主要取决于颗粒大小和颗粒大小分布，颗粒大小分布越窄，膜孔径分布也越窄，一般在 0.1～10μm 之间，孔隙率为 10%～20%。

(3) 核径迹刻蚀法　通过用高能荷电粒子（强度一般为 1MeV 左右）辐照聚合物材料（一般为聚酯、聚碳酸酯薄膜），使粒子穿过之处的聚合物链节断裂，形成残缺径迹（活性很高的新链端），再将照射后的高分子薄膜浸入一定温度和浓度的化学刻蚀试剂（酸或碱）中侵蚀，刻蚀试剂优先与敏感的残缺端基反应，使径迹继续扩大，最终形成孔径大小均匀的柱状孔，继而形成直通孔膜。薄膜的厚度一般为 5～15μm，膜孔径一般为 0.02～10μm，孔隙率一般为 10%左右。

(4) 溶出法　主要用于纤维素膜、聚丙烯酸膜、聚乙酸乙烯酯膜、聚乙烯膜等的制取。在制膜基材中加入一些可溶出的高分子材料或其他可溶溶剂，或与水溶性固体细粉混炼，制成均质膜后，再用水或其他溶剂将可溶性物质浸提出来，形成微孔膜。

3. 离子交换膜

离子交换膜是电渗析过程中使用的一种荷电的有机高分子均质膜，其主体是树脂相，根据需要还可以加入一些添加剂（如胶黏剂、增塑剂、着色剂、防老剂、抗氧化剂、脱膜剂等）。根据膜中活性基团分布的均一程度，离子交换膜可分为异相膜、半均相膜和均相膜。异相膜是通过胶黏剂把粉状树脂制成片状膜，树脂与胶黏剂等组分间存在相界面；而在均相膜的主体组分中，各成分以分子状态均匀分布，不存在相界面。为保证离子交换膜的强度和稳定性，一般还需要网布作为增强材料，常使用锦纶、丙纶、氯纶、无纺布或玻璃纤维织物等作为网布。

(1) 异相膜　异相膜是把粉状树脂与胶黏剂混合后制成的片状膜，胶黏剂材料有热塑性的线性聚烯烃及其衍生物，聚氯乙烯、聚过氯乙烯、聚乙烯醇等可溶于溶剂的聚合物，天然或合成橡胶。根据胶黏剂的性能，可将异相膜的制备方法分为以下几种。

①延压和模压法。将粉状（约 250 目）的离子交换树脂和惰性胶黏剂按一定比例混合，

在辊压机上混炼，再拉出一定厚度的膜片（约 0.5mm），然后在膜的上下两面各加一层网布，热压成膜。

②溶液型胶黏剂法。先将线性高聚物胶黏剂溶解在溶剂中，制成胶黏剂溶液，再将粉状离子交换树脂分散在胶黏剂溶液中，浇铸后将溶剂蒸发掉成膜。

③离子型交换树脂法。将粉状离子交换树脂分散在仅部分聚合的成膜聚合物中，浇铸成膜后，再完成聚合过程。

由于异相膜树脂与胶黏剂是机械结合，在使用过程中树脂容易发生脱落。

（2）半均相膜　半均相膜的制备有两种方法，一是浸吸（含浸）法，用粒状黏结剂浸吸单体进行聚合，制成含黏结剂的热塑性离子交换树脂，再按异相膜制备法制成膜；二是涂浆法，利用热塑性高聚物粉末在单体中溶胀而不被溶解的性质，用粉状黏结剂浸吸单体、增塑剂等使之成为浆（糊）状液，然后涂在网布上进行热压聚合，再经化学反应，即可得到离子交换膜。一般采用长纤维的氯纶作网布。

（3）均相膜　均相离子交换膜即将离子交换树脂直接热压延或拉伸成膜，由同一种材料构成，不存在相界面，实际就是直接使离子交换树脂薄膜化，将离子交换树脂的合成与制膜工艺相结合，其制造过程可分为四步：膜材料的合成反应过程、成膜过程、引入可反应基团、与反应基团发生作用形成荷电基团。均相离子交换膜的制备方法大致可分为三类。

① 单体聚合或缩聚。其中至少有一个单体必须含有可引入阴离子或阳离子交换基团的结构。如利用酚醛缩合反应制膜，先用浓硫酸磺化苯酚获得对羟基苯磺酸，然后与 38%甲醛水溶液低温（−5℃）反应 30min，再在 80℃下反应数小时后浇铸成膜，在室温下冷却成型，膜中过量单体在水中淋洗除去。

② 制成基膜后引入阴离子或阳离子基团。对于含有反应基团的高聚物可先将其制成基膜后，通过活化反应如辐照接枝等，引入离子交换基团或可产生功能基团的结构，制成离子交换膜。基膜可以是亲水性的纤维素、聚乙烯醇等，其结构中含有类似仲醇性质的多羟基，能进行酰基化和酯基化反应而导入离子交换基团；也可以是聚苯乙烯、聚氯乙烯、氯化聚醚、聚乙酰亚胺、丁苯橡胶、氯醇橡胶等含有特定官能团的亲脂性聚合物。

③ 高分子链中引入阴离子或阳离子基团。如聚砜或聚醚砜经磺化后制成磺化聚砜或磺化聚醚砜，再将磺化聚砜或磺化聚醚砜溶于二甲基甲酰胺中，涂在网布上，等溶剂挥发后即成膜。

4. 液膜

（1）支撑液膜　从溶液中取出支撑膜，用纤维擦拭黏附于膜面多余的有机溶液，由于支撑膜表面有一层很薄的有机溶液，整张膜均匀透明，这样得到的膜称为“湿膜”。将“湿膜”进行再处理，在空气中干燥一段时间，蒸发掉膜面的有机液体，使之成为“干膜”。“湿膜”整个表面都是水相/有机相界面，“干膜”的水相/有机相界面存在于膜孔边缘内。

（2）乳化液膜　采用搅拌、超声波或其他机械分散方式，使含有膜溶剂、表面活性剂、流动载体和膜增强剂的膜相溶液与内相溶液进行混合。为了避免沉降、絮凝、转相、奥斯瓦尔德（Ostwald）熟化等不稳定的现象发生，在制备过程中应在膜相加入表面活性剂及添加剂，表面活性剂的加入方式、加料顺序、搅拌方式是影响乳化的重要因素。表面活性剂的加入方式有剂在水中法、剂在油中法、交替加液法等。搅拌方式直接影响乳状液颗粒的尺寸和稳定性。在强烈的持续搅拌下，将水相加入油相，所形成的 W/O 乳状液颗粒细而稳定。

（二）非对称膜

这里的非对称膜是由一微孔薄层或致密层（起分离作用）与较厚的多孔层（起支撑皮层

作用）组成，微孔层与多孔层都是同一种材料构成的，因此称为整体非对称膜。在大多数的工业应用中，以有机高分子非对称膜为主，一般通过相转化法制备成膜。相转化法是指将预先混合均匀、具有适当黏度聚合物溶液流延成薄膜，经诱导产生相分离，由于聚合物中溶剂和环境中非溶剂的相互扩散引起聚合物凝胶固化，高分子富相形成多孔基体，高分子贫相导致孔的生成。根据非溶剂的状态，相转化法可分为以下几类。

1. 溶剂蒸发凝胶法（干法）

这是干法制膜的一种，是制备纤维素类致密膜最常用的方法。首先将聚合物溶于溶剂中，配制成均匀的铸膜液，然后用浇铸、刮涂、喷涂等方法在适当的支撑材料上流延成薄膜，在一定的温度和气流速度下，在惰性且无水蒸气的环境中使溶剂蒸发，高分子铸膜液逐渐产生相分离，由溶液变成溶胶直至凝胶化，最后得到均匀的致密膜。溶剂通常选用沸点较低、挥发性好、对聚合物有良好溶解性能的液体。挥发性好便于溶剂的快速蒸发，有利于加快凝胶化速度。

2. 控制蒸发凝胶法

这也是干法制膜的一种，是制备纤维素类微孔膜最常用的方法。将聚合物溶解在一个由溶剂和非溶剂组成的混合溶剂中，由于溶剂比非溶剂更易挥发，所以在蒸发过程中非溶剂和聚合物的含量越来越高，形成聚合物凝胶并形成带皮层的膜。

3. 吸入蒸气凝胶法

采用这种方法可以制得无皮层的多孔膜。首先将聚合物溶于溶剂中，配制成均匀的铸膜液，然后用浇铸、刮涂、喷涂等方法在适当的支撑材料上流延成薄膜，然后置于被溶剂饱和的非溶剂蒸气氛围中。由于蒸气相中溶剂浓度很高，防止了溶剂从膜中挥发出来。随着非溶剂向铸膜液中的渗透（扩散），高分子铸膜液逐渐产生相分离，凝胶成膜。

4. 浸渍沉淀法

这是湿法制膜的一种，是制备有机高分子膜最常用的方法。20 世纪 60 年代初，美国科学家 Loeb 和 Sourirajan 在研究醋酸纤维素反渗透膜时，将高分子铸膜液浸入非溶剂中，通过相转化成膜，电子显微镜观察发现，这种膜的皮层薄且致密，多孔支撑层呈海绵状且疏松。后来将这种方法称为 L-S 法，并将其推广应用于其他高分子非对称膜的制备。

与控制蒸发凝胶法一样，浸渍沉淀法的铸膜液也是由聚合物、溶剂、非溶剂和致孔剂组成，在非溶剂凝胶浴中非溶剂与铸膜液中的溶剂相互扩散，导致铸膜液中非溶剂的组成增加，使铸膜液凝胶化。由于铸膜液内部和表面的溶剂向凝胶浴扩散速度的不同，铸膜液与凝胶浴最先接触的部分最先凝胶化，由于表皮溶剂和凝胶浴交换速度很快，并未形成溶剂团聚，因此膜的皮层薄且致密；远离凝胶浴的部分，由于在凝胶过程中溶剂、非溶剂、添加剂与凝胶浴的交换速度慢，易团聚，因而疏松且呈大孔结构。如果非溶剂进入已形成的贫相聚合物的扩散速度超过溶剂向外的扩散速度，有利于大孔的形成。

相转化法制备的膜，其膜孔有时为指状孔，有时为泡状大孔。膜中泡状大孔的存在通常是不利的，因为这会在膜内形成薄弱部位，可采用增大铸膜液中聚合物的浓度、加入交联剂以增加生长着的晶核壁的强度，向铸膜液中加入非溶剂和向非凝胶浴中加入溶剂以减少非溶剂运动前峰与核内晶相聚合物之间的渗透压差，从而防止核壁进一步扩大等措施来助力海绵状膜孔结构的形成。

三、复合膜的制备

复合膜一般是以微孔膜或超滤膜作为基膜，在其表面复合一厚度仅为 0.1～0.25 μm 的致密均质膜作为分离皮层，提高膜的渗透选择性。复合膜的基膜可通过相转化等方法制备，致密皮层的制备方法有以下几种。

(1) 层压法　将预先制备的很薄的致密均质膜层压于微孔或超滤支撑膜上。

(2) 动力成膜法　通过类似过滤的方法，经加压闭合循环流动的方式，使胶体粒子或微粒附着沉积在多孔支撑体表面以形成薄膜，再用聚电解质稀溶液通过加压闭合循环流动的方式，将其附着沉积在基膜上，构成具有溶质分离性能、有双层材料的反渗透复合膜。基膜通常为多孔陶瓷、烧结金属、多孔玻璃、炭等无机材料或者醋酸纤维素、聚氯乙烯、聚酰胺、聚四氟乙烯树脂等有机材料，孔径为0.025～0.5μm。动力成膜材料主要是无机和有机聚电解质溶胶。无机电解质溶胶主要是金属铝、铁、锆、钍、钒、铀等的水合氧化物或氢氧化物，其中锆离子的溶胶性能最好。有机聚电解质主要为聚丙烯酸、聚乙烯磺酸、聚马来酸、聚乙烯胺、聚苯乙烯磺酸、聚乙烯基吡啶、聚谷氨酸等。此外，还可使用一些中性非电解质如甲基纤维素、聚氧化乙烯、聚丙烯酰胺、天然物质（如黏土、腐殖酸、乳清等）作为动态膜材料。

(3) 浸涂法　采用微滤膜或超滤膜作为基膜，将其浸入一定组成的涂膜液中，经过热处理使涂膜液均匀涂敷于基膜表面，形成固定的涂敷层。涂膜液一般由可聚合单体、聚合物或预聚物和溶剂组成，涂敷层厚度约为 1μm。

(4) 旋转涂敷法　这是浸涂法的一种，利用离心力使滴在高速旋转基膜上的胶滴（包括聚合物、聚合单体或预聚物）均匀涂在基膜上，经热处理后形成分离皮层。涂层厚度与溶液和基膜间的黏滞系数、旋转速度和旋转时间有关。

(5) 喷涂法　采用喷枪直接在基膜表面上喷上一层含有可聚合单体、聚合物或预聚物的涂层，经热处理后形成分离皮层的一种涂敷方法。

(6) 界面聚合　利用两种反应活性很高的单体在两个不互溶的溶剂界面处发生聚合反应，从而在多孔支撑层表面形成很薄的皮层。界面聚合所用的单体是一些双官能团或三官能团活性单体，其中能溶于水相的单体有间苯二胺、哌嗪等二胺类及聚乙烯醇、双酚等；能溶于油相的单体有二酰氯、三酰氯等。

(7) 原位聚合　又称单体催化聚合，将支撑膜浸入含有催化剂并在高温下能迅速聚合的单体稀溶液中，取出支撑膜并排出过量的单体稀溶液，然后在高温下进行催化聚合。

(8) 等离子体聚合　这实际是指由等离子体引发的一种自由基聚合反应，将某些在辉光放电下能进行等离子体聚合反应的有机小分子直接沉积在多孔支撑膜上，反应后能得到以等离子体聚合的高分子超薄复合膜。该反应需要使用等离子装置，其是一种高频放电装置，可使进入其内的气体离子化。一般采用负压操作，反应物一进入装置便会气化并迅速被等离子化，进而变成各种自由基引发聚合，生成的聚合物沉淀在基膜上形成复合膜。

四、膜性能的表征

当各种膜制备出来后，需要对其性能进行表征，佐证制膜工艺是否合适。膜的性能通常包括分离性能、透过性能、物理化学稳定性。

（一）分离性能

评价膜的分离性能主要考虑三点：①膜具有分离的能力，即必须对被分离的混合物具有选择透过性。②膜的分离能力要适度。膜的分离效率与渗透通量之间存在矛盾，往往渗透通量大的膜，分离效率低，而分离效率高的膜渗透通量小。需要在保证渗透通量的同时提高分离效率。③膜的分离能力主要取决于膜材料的化学特性和分离膜的形态结构，还与膜分离过程的操作条件有关。

（二）透过性能

膜的选择透过性能是其处理能力的主要标志，一般来说，在达到所需的分离率后，分离膜的透过性能越大越好。

评价膜的透过性能主要考虑两点：①膜材料的化学性能和膜的形态结构；②操作条件，膜的透过性随膜分离过程势位差（压力差、浓度差、电位差等）的增加而增加。操作条件对膜透过性能的影响比其对分离性能的影响要大得多。

不同膜分离过程分离性能与透过性能的表示方法如表1-8所示。

表1-8 不同膜分离过程分离性能与透过性能的表示方法

膜分离过程	分离性能表示方法	透过性能表示方法
反渗透、纳滤	脱盐率	纯水透过速率
超滤	截留分子量、截留率	纯水透过速率
微滤	膜的平均孔径、最大孔径	过滤速率
渗析	溶质透过系数	过滤系数
电渗析	交换容量、脱盐率	反离子迁移数、透过率
气体分离	分离系数	渗透系数、渗透速率、扩散系数
渗透汽化	分离系数	渗透速率

（三）物理化学稳定性

膜的物理化学稳定性是能否制备商业膜的重要关键因素之一，是由膜材料的化学性质决定的，包括耐热性、机械强度、抗氧化性和抗水解性等。

膜的耐热性取决于高分子材料的化学结构，较高的温度可能会引起高分子材料的环化、交联和降解反应，可通过改变高分子的链节结构和聚集态结构来提高膜的耐热性，如在高分子主链中尽量减少单键，引进共轭的双键、三键或环状结构，或使主链成为双链形的“梯形”结构，以此提高高分子膜的刚性，从而提高膜的耐热性。此外，采用各种方法使高分子交联，也可以提高膜的耐热性。

膜的机械强度是高分子材料力学性质的体现。膜属于黏弹性体，在压力作用下，膜发生压缩和剪切蠕变，表现为膜的压密现象，结果导致膜透过速率降低。当压力消失后，再给膜施加相同压力，膜透过速率也只能暂时有所回升，很快又出现下降。这表明膜的蠕变使膜产生几乎不可逆的变形。高分子材料的结构、压力、温度、作用时间、环境介质等都会影响膜的蠕变。对于相转化法制备的不对称膜，蠕变对其各层结构的影响不相同。膜的支撑层容易发生蠕变，但由于它的多孔结构，对水的透过阻力影响不大；膜的表面致密层由于高分子的紧密排列以及微晶的形成，因而蠕变影响也不大；过渡层的高分子会在压力作用下发生应变，产生分子紧密排列的趋势，造成透过阻力的增加。

大多数膜材料由高分子化合物组成，假如膜材料在水溶液中的氧化机理与其在空气中的氧化机理类似，那么如果水溶液中含有次氯酸钠、溶解氧、双氧水、六价铬等氧化剂，会与高分子材料R—H键发生反应，如式(1-1)：

$$R{-}H + X\cdot \longrightarrow R\cdot + H{-}X \tag{1-1}$$

然后高分子材料的自由基与氧气作用进行链转移，如式(1-2)，反应产物不稳定，经过一系列反应由醇变成醛，再转化为酸、二氧化碳和水。

$$R\cdot + O_2 \longrightarrow R—O—O\cdot \longrightarrow R\cdot + R—O—O—H \tag{1-2}$$

为了阻止高分子材料因氧化而产生链的断裂［反应(1-2)的进行］，要求高分子材料中各个共价键有足够的强度，即要有高的键能。因此，要尽量避免键能很低的O—O键、N—N键等，尽可能在高分子材料的主链中引入键能高的双键或三键或芳香族的C—C键。膜在水溶液中的氧化还会使膜的形态结构受到破坏，在光学显微镜下观察到膜的氧化破坏首先出现在膜的多孔支撑层，并产生孔穴的扩大和开裂。在表面皮层上，由于高分子的密集堆积使之呈现出较强的抗氧化性，但是由于长时间的氧化破坏，最终引起膜的色泽加深、发硬变脆。

膜的水解与氧化是同时发生的，膜的水解作用与高分子材料的化学结构紧密相关。当高分子链中具有易水解的化学基团如—CONH—、—COOR、—CN、—CH_2—O—等时，易在酸、碱作用下发生水解降解反应，破坏膜的性能。为了提高膜的抗水解性能，应尽量减少高分子材料中易水解的基团。

第四节 膜分离过程的基本原理

一、浸膜通量和渗透系数

浸膜通量通常用单位时间单位膜面积的渗透物量表示

$$J_W = \frac{Q}{At} \tag{1-3}$$

式中，J_W为透过液（气）通量，L/(m^2·h)；Q为透过液（气）体积，L；A为过滤面积，m^2；t为过滤时间，h。

渗透系数又称水力传导系数，在各向同性介质中，它定义为单位水力梯度下的单位流量，表示流体通过孔隙骨架的难易程度。

$$K = \frac{k\rho g}{\eta} \tag{1-4}$$

式中，K为渗透系数，m/s；k为孔隙介质的渗透率，它只与固体骨架的性质有关，m^2；ρ为流体密度，kg/m^3；g为重力加速度，m/s^2；η为动力黏滞性系数，Pa·s。

二、截留率

对于溶液脱盐、脱微粒和高分子物质的脱除可以用脱除率或截留率表示。

$$R = \left(1 - \frac{c_p}{c_w}\right) \times 100\% \tag{1-5}$$

式中，R（%）为截留率；c_p为膜的透过液浓度，mg/L；c_w为原料液侧膜与溶液的界面处浓度，mg/L。

而通常实际测定的是溶质的表观脱除率R_E（%），定义为：

$$R_E = \left(1 - \frac{c_p}{c_b}\right) \times 100\% \tag{1-6}$$

式中，c_b为原料液的主体浓度，mg/L；R_E可以通过传质系数法换算。

通常，R 值在100%和0之间，即溶质完全被截留截留率和溶质全通过膜截留率之间，截留率等于90%的溶质，分子量为膜的截留分子量。显然，截留率越大、截留范围越窄的膜越好。

三、浓差极化和膜污染

在微滤、超滤、纳滤、反渗透等膜分离过程中，料液中的溶剂在压力驱动下透过膜，溶质（离子或不同分子量溶质）被截留，在膜与本体溶液界面或临近膜界面区域的浓度越来越高；在浓度梯度作用下，溶质又会由膜面向本体溶液扩散，形成边界层，使流体阻力与局部渗透压增加，从而导致溶剂透过通量下降。当溶剂向膜面流动引起溶质向膜面流动速度与浓度梯度使溶质向本体溶液扩散速度达到平衡时，在膜面附近形成一个稳定的浓度梯度区，这一区域称为浓差极化边界层，这一现象称为浓差极化。

浓差极化的危害有以下几方面：①浓差极化使膜表面溶质浓度增高，引起渗透压的增大，从而减小传质驱动力。②当膜表面溶质浓度达到它们的饱和浓度时，在膜面形成滤饼层，增加透过阻力，并改变膜的分离性能。③当有机溶质在膜表面达到一定浓度时，有可能发生膜溶胀或溶解恶化的现象。④严重的浓差极化导致结晶析出，流道堵塞，运行恶化。

在膜过滤过程中，污染物被截留在膜孔内或膜表面，堵塞膜孔，或使膜孔变窄，导致出水通量降低（恒压运行）或者跨膜压差（恒通量运行）升高的现象，称为膜污染。膜污染的成因可细分为浓差极化、溶质或微粒的吸附、孔收缩和孔堵塞、溶质或微粒在膜表面的沉积以及上述所有因素的综合。

缓解膜污染的方法主要包括操作方式的优化、膜组件结构的改善、研制抗污染膜等，最简单的方法是对料液进行预处理，如通过调整料液的pH或加入抗氧化剂防止料液对膜的损害；预先除去料液中的微生物以防止膜的生物污染；采用絮凝、沉淀、吸附、氧化等方式除去料液中的有机污染物、无机污染物等。在膜分离过程中，还可以优化操作方式来缓解膜污染，控制初始膜通量（低压操作、恒通量模式、过滤初始通量控制在临界通量以下）、操作压力、温度、流动方式、流速等。另外最直接的防治膜污染的方法就是研发抗污染膜、改善膜组件结构。现在已开发出具有良好的抗药性、耐酸碱性及耐热性的分离膜。为了防止膜的致密化，还可在耐压性能好的多孔膜支撑体上涂敷具有分离效果的极薄活性层制成的复合膜；或在膜面复合一层亲水性分离层等都可提高膜的抗污染性。此外，还可以设计不同形状的膜组件结构来促进料液的湍流流动，改善膜面附近物质的传递条件，缓解膜污染。

四、膜分离过程中的驱动力

如前所述，当有某种作用力即化学位差（$\Delta\mu$，包括压力差、浓度差和温度差）或电位差（ΔE）作用于体系内各组分时，便会产生膜的选择渗透作用，达到分离的目的。按照化工传递的有关知识，在某种作用力的作用下，分子或颗粒通过膜从一相传递到另一相，作用力的大小取决于位梯度，可近似地用膜两侧位差除以膜厚来表示：

$$推动力(X)=位差(\Delta X)/膜厚(d) \tag{1-7}$$

大多数膜分离过程是由化学位差引起的，等温条件下，压力和浓度对料液中的组分 i 的化学位贡献如式(1-8) 所示，为表示非理想溶液，浓度或组成以活度 a_i 表示：

$$\mu_i=\mu_i^{\ominus}+RT\ln a_i+V_i p \tag{1-8}$$

$$a_i=\gamma_i x_i \tag{1-9}$$

式中，$\mu_i^{\ominus}$为标准化学位（常数）；R 为气体常数，J/(kg·K)；T 为热力学温度，K；

V_i 为摩尔体积，L/mol；p 为操作压力，MPa；γ_i 为活度系数（活度因子）；x_i 为摩尔分数。

对于理想溶液，活度系数 $\gamma_i=1$，因此活度就等于摩尔分数 x_i。

由式(1-7) 可知，化学位差可进一步表示成组成差和压力差：

$$\Delta\mu_i=RT\Delta\ln a_i+\Delta V_i p \tag{1-10}$$

在理想条件下，可认为 $a_i=x_i$、$\Delta\ln x_i\approx\Delta x_i/x_i$，则平均推动力可写成：

$$W_{平均}=\frac{RT}{d}\times\frac{\Delta x_i}{x_i}+\frac{z_i F}{d}\Delta E+\frac{V_i}{d}\Delta p \tag{1-11}$$

式中，z_i 为粒子的电荷量，C；F 为法拉第常数，(96485.33289±0.00059)C/mol。

对式(1-11) 两侧同乘以 $d/(RT)$，将推动力无量纲化：

$$W_{无量纲}=\frac{\Delta x_i}{x_i}+\frac{z_i F}{RT}\Delta E+\frac{V_i}{RT}\Delta p \tag{1-12}$$

进一步对式(1-12) 进行计算，让

$$E^*=\frac{RT}{z_i F} \tag{1-13}$$

$$p^*=\frac{RT}{V_i} \tag{1-14}$$

则式(1-12) 可写成：

$$W_{无量纲}=\frac{\Delta x_i}{x_i}+\frac{\Delta E}{E^*}+\frac{\Delta p}{p^*} \tag{1-15}$$

根据上述公式可以与压力、电位、浓度等几种不同推动力的大小进行比较，通常情况下，$\Delta x_i/x_i=1$，而压力项取决于所含组分的种类（即摩尔体积）。表 1-9 给出了一些常见待分离物质或状态 p^* 的近似值。对于理想气体，$p^*=p$。

表 1-9 常见待分离物质或状态 p^* 的近似值

组分	p^*/MPa	组分	p^*/MPa
气体	p	水	140
大分子	0.003～0.3	液体	15～40

电位大小取决于带电粒子数 z_i，27℃时 E^* 的值为：

$$E^*=\frac{RT}{z_i F}\approx\frac{8.3\times300}{10^5 z_i}\approx\frac{1}{40z_i} \tag{1-16}$$

电位的推动力远远强于压力。浓度推动力项为 1 时，相当于 V/40 的电位（$z_i=1$），而对水传递要获得同样的推动力所需压力为 1.2×10^8Pa，这表明对于致密膜中水的全蒸发，下游压力为零与上游压力无穷大时的压差渗透通量与 V/40 电位差所获得的通量相等。

五、膜分离过程中的传质

膜的分离作用借助膜在分离过程中的选择渗透作用。料液组分从膜的一侧进入另一侧，一般包括以下步骤：

① 高压侧料液中溶质 i 通过对流传递到膜表面溶液中，溶剂透过膜，溶质 i 被截留在边界层中，其浓度由料液主体浓度 c_{i1} 上升到 c_{i2}，即发生浓差极化；

② 边界层溶液中组分 i 溶解或吸附于膜高压侧表面，其在膜内平均浓度 $\bar{c}_{i2}$ 与在边界层中浓度 c_{i2} 之比定义为 k_2；

③ 组分 i 通过扩散透过膜的表皮层，由于表皮层的分离作用，其浓度由 $\bar{c}_{i2}$ 降至 $\bar{c}_{i3}$；

④ 多孔支撑层通常不具有分离作用，仅对渗透过程形成阻力，因此在多孔支撑层中溶质浓度不变；

⑤ 从低压侧表面解吸，因多孔支撑层无选择性，则其分配系数接近于1，在低压侧边界层中也不存在浓差极化现象。

在上述过程中，起分离作用的关键步骤是膜表面的传质过程（步骤①）和膜内传质过程（步骤②和③）。

（一）膜面传质

根据边界层有关理论，当流体流过固体壁面进行质量传递时，由于溶质组分在流体主体中与壁面处的浓度不同，故壁面附近的流体将建立组分 i 的浓度梯度，离开壁面一定距离的流体中，组分 i 的浓度是均匀的。因此可以认为传质的全部阻力局限于固体表面上一层具有浓度梯度的流体层中，该流体层称为浓度边界层，其厚度与流体的流动状况（速度边界层）有关。

在速度边界层内，对于组分 i 而言，既发生由于主体料液的流动而产生的对流传质（通量 Jc_i），又发生由于边界层的浓度梯度而引起的从边界层返回主体溶液的传质（速率 $D\mathrm{d}c_i/\mathrm{d}x$ 以及透过膜的通量 Jc_{i3}），稳态条件下，这些通量满足以下关系：

$$Jc_{i3}+D\frac{\mathrm{d}c_i}{\mathrm{d}x}=Jc_i \tag{1-17}$$

式(1-17) 在以下边界层条件下，

$$x=0, c_i=c_{i1} \tag{1-18}$$

$$x=\delta, c_i=c_{i2} \tag{1-19}$$

积分得：

$$J=\frac{D}{\delta}\ln\left(\frac{c_{i2}-c_{i3}}{c_{i1}-c_{i3}}\right)=k\ln\left(\frac{c_{i2}-c_{i3}}{c_{i1}-c_{i3}}\right) \tag{1-20}$$

式中，k 为膜面传质的对流传质系数，m/s；δ 为浓度边界层厚度，m。

当膜面没有形成凝胶层时，通量随着压差的增大而增加；到一定时候，再增加压差，通量没有明显增大，此时膜面形成凝胶层，通量由压力控制变为由传质控制。

凝胶层控制时，多元体系中 j 组分在膜表面上的浓度超过其饱和溶解度，形成多孔的凝胶层。凝胶层对组分 i 的传质阻力可用下式定义的传质系数 k_{ig} 表示：

$$\frac{1}{k_{ig}}=\frac{\Delta d_g}{\varepsilon D_{ig}} \tag{1-21}$$

式中，Δd_g 为凝胶层浓度，$\mathrm{kmol/m^3}$；ε 为凝胶层孔隙率；D_{ig} 为组分 i 在凝胶层的扩散系数，$\mathrm{kmol/(m^2 \cdot s)}$。

（二）膜内传质

几种有代表性的膜内传质模型有大孔模型、细孔扩散模型、溶解扩散模型、摩擦模型。

1. 大孔模型

该模型适用于微滤和超滤过程，将膜看成一系列垂直或斜交于膜表面的平行圆柱孔，每个圆柱孔的长度等于或基本等于膜厚，并假设所有孔径相同。当流体通过膜孔流动作为毛细管内的层流时，其体积通量 J_V 可以用 Hagen-Poiseuille 方程表示为：

$$J_V=\frac{\varepsilon r^2}{8\eta\tau}\times\frac{\Delta p}{\Delta x} \tag{1-22}$$

式中，ε 为膜表面孔隙率；r 为孔半径，m；η 为溶液黏度，N·s/m^2；τ 为曲折因子（圆柱垂直孔，$\tau=1$）；Δp 为压力差，Pa；Δx 为通过距离，m。

Hagen-Poiseuille 方程描述了由平行孔组成的膜的传质过程，事实上，很少有膜具有这样的结构。大部分膜具有球状皮层的结构，可用 Kozeny-Carman 方程描述：

$$J_V=\frac{\varepsilon^3}{K\eta S^2(1-\varepsilon)^2}\times\frac{\Delta p}{\Delta x} \tag{1-23}$$

式中，ε 为孔体积分数；K 为 Kozeny-Carman 常数，其值取决于孔的形状和曲折因子；η 为溶液黏度，N·s/m^2；S 为内表面积，m^2；Δp 为压力差，Pa；Δx 为通过距离，m。

2. 细孔扩散模型

当膜孔很小时，孔壁会对孔流中的组分扩散产生影响，此时扩散过程不能用 Fick 定律表达。若孔流是液体，体积通量可按照式(1-22) 和式(1-23) 计算，溶质通量的计算要考虑 Knudsen 扩散和非平衡热力学，结果参见下面的摩擦模型。若孔流是气体，可根据 Knudsen 扩散理论计算渗透速率与其分子量的关系：

$$J_i=K(M_iT)^{-\frac{1}{2}}(p_1y_{1_i}-p_2y_{2_i})/d \tag{1-24}$$

式中，J_i 为组分 i 透过膜的渗透速率，kmol/（m^2·s）；K 为决定膜性质的参数；M_i 为组分 i 的分子量，kg/kmol；T 为温度，K；p_1、p_2、y_{1_i}、y_{2_i} 分别为膜上、下游总压和组分 i 在上、下游的摩尔分率；d 为膜厚，m。

3. 溶解扩散模型

这是描述致密膜传质的常用模型，适用于均相、高选择性的膜，如反渗透膜、气体分离膜和渗透汽化膜。假设待分离混合物的各个组分都能溶解于均质的无孔膜表面，然后在化学位梯度下扩散通过膜，再从膜下游解吸，混合物的不同组分因膜的选择性不同而得以分离，这种选择性体现为组分在膜中溶解能力和扩散能力的不同。以下都是在一些特定的情况下进行大量简化后的方程。

（1）反渗透过程。假设溶剂在膜表面的溶解达到平衡，在膜相的扩散服从 Fick 定律，溶剂的渗透通量 J_V 为：

$$J_V=A(\Delta p-\Delta\pi) \tag{1-25}$$

式中，A 为溶剂的渗透系数，kmol/（m^2·s·Pa）；Δp 和 $\Delta\pi$ 分别为膜两侧的压力差和渗透压差，Pa。

（2）气体渗透膜。假设气体在膜中的溶解服从 Henry 定律，在膜中的扩散服从 Fick 定律，可得到组分 i 的渗透通量 J_i：

$$J_i=L_i\Delta p_i \tag{1-26}$$

式中，L_i 为组分的渗透系数，kmol/（m^2·s·Pa）；Δp_i 为组分 i 的分压差，Pa。

（3）渗透汽化膜。假设溶液中组分 i 在膜相的分配系数为常数，在膜内的扩散服从 Fick 定律，膜的透过侧处于高真空状态，可得到组分 i 的渗透通量 J_i：

$$J_i=L_ic_{i1}^{s} \tag{1-27}$$

式中，c_{i1}^{s} 为组分 i 在膜上游主体溶液中的浓度，kmol/m^3。

4. 摩擦模型

当膜孔很小时，溶质分子不能自由通过孔，溶质与孔壁之间、溶剂与孔壁之间以及溶质与溶剂之间会发生摩擦和碰撞，使溶质或溶剂的扩散受阻，阻碍的程度用摩擦系数来衡量，这一模型称为摩擦模型。该模型认为溶质或溶剂通过膜的方式为黏性流和扩散，并将膜作为参照物来讨论溶剂和溶质通过膜的渗透，其截留率的表达式为：

$$\frac{c_f}{c_p}=\frac{b}{K}+(1-\frac{b}{K})\exp(-\frac{\tau l J_V}{\varepsilon D_{sw}}) \tag{1-28}$$

式中，c_f 和 c_p 分别为原料和渗透物中溶质的浓度，kmol/m^3；b 为关联溶质与膜之间的摩擦系数 f_{sm} 和溶质与溶剂之间摩擦系数 f_{sw} 的一个参数，$b=1+f_{sm}/f_{sw}$；D_{sw} 为溶质在稀溶液中的扩散系数，kmol/（m^2·s)；K 为溶质在液相主体和膜孔之间的分配系数；l 为膜厚，m。

第五节 膜分离过程的影响因素

一、膜的结构参数

膜的分离性能与其材料性质、结构相关，它们不仅影响膜的渗透分离性能，更与膜的使用寿命密切相关。膜的选择包括膜材质、膜孔径和膜厚度的选择。

1. 膜材质

膜材质的表面性质对膜分离过程的影响较大，选择适宜的膜材质可以保证透过液的稳定性，同时也可避免料液对膜的水解或氧化所引起的膜破损脱落。根据对水的亲和性可将膜材质分为疏水性膜材质和亲水性膜材质两类，膜的亲水性、荷电性会影响膜与溶质间相互作用的大小，如醋酸纤维素、聚丙烯腈等亲水性膜材料对溶质吸附少，截留分子量较小，但热稳定性差，机械强度、抗化学药品性、抗菌能力通常不高；聚砜等疏水性膜材料的机械强度高，耐高温、耐溶剂，但膜透水性能、抗污染能力较低；无机材料膜的突出优点是耐高温，耐溶剂性能好，不易老化，可再生性强，耐细菌强度高。

此外，同一种膜材料对不同的料液影响也不相同，应根据透过液和截留物的性质选择。例如，用醋酸纤维素膜和聚苯乙烯膜超滤对有机酸类、环烯醚萜苷类、氮苷类、单萜苷类的含量影响比较小，对挥发油成分含量影响明显。而生物碱类成分对超滤膜有较强的选择性，聚苯乙烯膜对生物碱的截留率远远大于醋酸纤维素膜。

2. 膜孔径（或截留分子量）

膜孔径（或截留分子量）的选择是膜分离的关键，选择合适的孔径能有效截留杂质，保留有效成分。虽然膜孔径的选择主要依据被分离物质的分子量，但因实际料液成分较为复杂，通常选择孔径比截留分子稍大的膜。通常被截留分子的大小要与膜孔径有 1～2 个数量级的差别，或者对膜的截留分子量而言，至少要大于被截留物质分子 3～10 倍，才能保证好的回收率。若选择的膜孔过大，杂质去除不完全；若膜孔过小，有效成分的损失就会增大，也极易造成膜孔堵塞。

3. 膜厚度

如前所述，根据膜内传质模型的几种方程可知，膜厚度对分离效率的影响具有双重作用。膜厚度的增加会减少膜通量，但却会使分离效率提高。因此，需要通过试验来选择膜的厚度，从而使膜的分离效率提高同时通量不降低。

二、膜反应器的结构

膜反应器是膜和化学反应或生物化学反应相结合的系统或设备。膜反应器的设计利用了膜的各种功能，包括分离功能、载体功能、分隔功能和复合功能。膜反应器的种类繁多，目前还没有统一的分类方法。

1. 根据反应物及产物在膜反应器中的流动方式分类

膜反应器可分为反应物分布器、产物提取器和催化接触器三种类型。前两种，膜只具有分离功能，催化组分负载于致密膜的表面，膜对反应物或产物有选择透过性，可以对一种反应物或产物的浓度分布进行控制，从而提高反应的选择性或避免一些副反应，实现了分离与化学反应的耦合。后一种，膜作为反应器同时具有催化与分离的作用，在强化传质和消除孔内扩散方面有极大的优势，展示出良好的应用前景。

2. 根据膜反应器功能分类

膜反应器可分为膜化学反应器、膜生物反应器、酶膜反应器等。膜化学反应器是膜与化学反应过程相结合构成的设备，旨在利用膜的特殊功能，实现产物的原位分离、反应物的控制输入、反应与反应的耦合、相间传递的强化、反应分离过程集成等，达到提高反应转化率、改善反应选择性、提高反应速率、延长催化剂使用寿命和降低设备投资等目的。膜生物反应器是一种水处理系统，结合了膜技术与生物反应技术的优点，具体如本章第六节所述。酶膜反应器将酶促反应的高效率与膜的选择透过性有机结合，将活性组分酶固定在膜的表面或膜内，起到强化酶反应过程传质的作用，提高分离效率。

三、膜反应器的工艺条件

（1）膜面流速　膜通量随膜表面流速的增加而增加并会达到一个最大值，流速再增加时膜通量反而下降。一个原因是过高的流速会增大背压（回压），使膜透过压力下降；另一个原因是过高的流速使混合物中溶质离开膜的速率远大于溶质进入膜的速率，导致膜通量下降。因此选择膜面流速时，并不是膜面流速越大越好，当膜面流速超过临界值后，将不会对膜分离效果有明显改善。

（2）操作压力　操作压力对膜分离过程的影响十分重要。用膜分离技术处理废水的过程中存在一个临界操作压力，在达到临界操作压力之前，膜通量随操作压力的增加而增加，当操作压力超过这个临界压力后膜通量就会随操作压力的增加而下降。当操作压力过高时，溶质被挤压变形，造成膜孔阻塞和浓差极化，从而导致膜通量下降。

（3）操作时间　操作时间对膜分离效率的影响也是十分显著的。在膜分离过程中，随着时间的增加，膜通量会下降。这是由于膜表面受到污染或者膜表面出现附着层、膜孔被堵塞。

（4）温度　温度对膜分离过程的影响主要是由于温度对黏性的影响。温度升高时液体的黏滞系数降低，流动性增加，气体则相反，黏滞系数增大。这是因为液体的黏性主要由分子间的内聚力造成的。温度升高时，分子间的内聚力减小，黏滞系数就要降低。造成气体黏性的主要原因则是气体内部分子的运动，它使得速度不同的相邻气体层之间发生质量和动量的变换。当温度升高时，气体分子运动的速度加大，速度不同的相邻气体层之间的质量交换随之加剧，所以，气体的黏性将增大。黏性降低，扩散系数增大，减少了浓差极化的影响，有利于提高膜通量。此外，温度的改变也会影响膜面及膜孔与料液中可引起污染的成分的作用力，这些都会使膜通量下降。

(5) 料液浓度　料液浓度对分离效率也有很大的影响。膜分离过程是一个料液的浓缩过程，存在着浓缩的极限。当料液浓度较小时，膜面不易形成覆盖层，随浓度的增大，膜面阻力增大，膜通量显著降低；当料液浓度较大时，易在膜表面形成薄层覆盖层，阻挡了细小颗粒进入膜孔，减缓了膜阻塞，膜通量基本不变。

四、污染膜的清洗

当膜被污染后，也会降低膜的分离效率。这时需要对膜进行清洗以恢复膜的分离效率。清洗方法可分为水力清洗、机械清洗、化学清洗和电化学清洗。

(1) 水力清洗　主要是反冲洗，适用于微滤膜和疏松的超滤膜，即以一定频率交替加压、减压和改变流向，恢复膜通量。经过一段时间的分离过程，原料侧减压，透过物反向流回原料侧以除去膜内或膜表面上的污染层。

(2) 机械清洗　原本只适用于微滤/超滤管式系统，实际上就是在管状膜组件内放一些海绵球，海绵球的直径略大于膜管直径，在管内用水力让海绵球流经膜表面，去除膜表面的软质污垢，因此特别适用于以有机胶体为主要成分的污染物的清洗。近年来，随着外压式帘式膜的开发，可用刷子或其他软质材料擦洗帘式膜，操作简单，不易损伤膜表面。

(3) 化学清洗　这是减少膜污染、恢复膜分离效率最重要的方法。可采用各种化学试剂清洗膜面污染物，这些化学试剂可以单独使用，也可以组合使用。一般常见的化学试剂有：酸（较强的如磷酸，较弱的如乳酸等）、碱（氢氧化钠、氢氧化钾等）、表面活性剂、酶（蛋白酶、淀粉酶、葡聚糖酶等）、络合剂、消毒剂（过氧化氢、次氯酸钠）、蒸汽和气体（环氧乙烷）等。在使用化学试剂清洗时，要注意试剂浓度和清洗时间对膜材料的影响。

(4) 电化学清洗　对污染膜上施加电场，产生电场动力学现象，包括电泳和电渗透。电泳是指带电颗粒在电场作用下发生定向迁移的现象。电渗透是指带电孔道内（膜面形成的污染层、带负电荷的膜）存在的极性分子向极性相反的电极移动的现象。借助由此产生的电泳及电渗透的协同效应，可使带负电荷的微生物、大分子有机物或胶体向远离膜面方向移动，有效控制污染物在膜面的沉积，缓解膜污染。其次，如式(1-29) 所示，电子与氧气发生二电子还原反应生成 H_2O_2 等氧化剂，可原位氧化膜表面累积的有机物，减少其在膜面的沉积，减轻膜污染，提高膜的分离效率。然而这种方法需要使用导电膜或者需要安装电极，能耗较高。

$$O_2+2H^++2e^-\longrightarrow H_2O_2 \tag{1-29}$$

第六节 膜生物反应器在污水处理中的研究与应用

一、膜生物反应器概述

膜生物反应器（membrane bioreactor，MBR）是由膜分离单元与生物处理单元相结合的一种高效污水处理技术。它以膜分离设备代替传统生物处理工艺中的二沉池，将活性污泥和大分子有机物截留在反应器内，实现高效的泥水分离，在延长污泥停留时间（sludge retention time，SRT）、提高污泥浓度的同时，获得优质出水，是众多污水生物处理技术中可实现污水回用的重要手段之一。表 1-10 列出了 MBR 发展过程中取得的一些具有里程碑意义的成果。

表 1-10 MBR 的发展历程

阶段	年代	工艺
第一阶段	1968 年	Smith 等首次将好氧活性污泥法与超滤膜耦合处理城市污水
	1969 年	Budd 等研发了分离式 MBR
	1970 年	Hardt 等采用完全混合生物反应器与超滤膜组合工艺处理生活污水，COD 和细菌的去除率分别为 98%和 100%
	1971 年	Bemberis 等在实际的污水处理厂进行 MBR 试验，效果良好
	1978 年	Grethlien 等采用厌氧消化池——膜系统处理生活污水，BOD 和 NO_x^- 的去除率分别为 90%和 75%
第二阶段	1983～1987 年	日本有 13 家公司使用好氧 MBR 处理大楼废水，处理量为 50～250m^3/d，处理后的水可作中水回用
	1989 年	Kazuo 等首先构建了浸入式 MBR，建议 MBR 中混合液挥发性悬浮固体浓度低于 30g/L
	1992 年	Chiemchaisri 等构建中试规模的中空纤维膜生物反应器处理生活污水，TN 去除率大于 80%
第三阶段	20 世纪 90 年代中后期至今	MBR 技术在全世界范围内进入实际应用阶段，处理对象从生活污水扩展到难降解有机废水和工业废水
	2006 年	中国第一座万吨/日级的 MBR 工程在北京密云县污水处理厂投入运行

与传统的生物处理技术相比，MBR 具有如下优点。

（1）良好的出水水质 MBR 处理污水时常用的膜组件有微滤膜和超滤膜，可截留悬浮物、细菌、大分子有机物和胶体等污染物，一方面，反应器内可以长时间保持较高的活性污泥浓度，有效去除水中的有机污染物；另一方面，大分子有机物的停留时间延长，降解效果得到提高。出水中生化需氧量（biochemical oxygen demand，BOD）、总有机碳（total organic carbon，TOC）、化学需氧量（chemical oxygen demand，COD）、氨氮（ammonia nitrogen，NH_4^+-N）、总氮（total nitrogen，TN）、总磷（total phosphorus，TP）、浊度、悬浮固体（suspended solid，SS）和病原微生物浓度明显低于二沉池出水，可直接回用。

（2）较低的污泥产量 膜对微生物的高效截留作用使得水力停留时间（hydraulic retention time，简称 HRT）和 SRT 完全分离。MBR 有较长的 SRT，提高了反应器内活性污泥中微生物种类多样性，维持较高的污泥活性。较长的 SRT 会导致较低的污泥有机负荷率（food/microorganisms ratio，F/M），由于进水中的一部分基质用于维持微生物代谢，减少了合成新细胞所需的能量，同时，部分微生物进入内源呼吸降低了污泥增殖速度，总体上减少了污泥产量。

（3）占地面积小 MBR 将传统生物处理工艺中的曝气池与二沉池结合，减少了占地面积，节约了土建投资。

二、膜生物反应器的分类

（一）根据膜在反应器中所起的作用分类

（1）分离膜生物反应器 通过微生物对污水的厌氧或好氧消化去除污染物，通过膜对微生物的截留作用实现微生物与水的分离，微生物可循环使用，可以实现污水连续处理，出水不含微生物等悬浮物，出水水质好，产水量高。

（2）无泡曝气膜生物反应器 如反应器中混合液悬浮固体（mixed liquor suspended solid，简称 MLSS）浓度高，需氧量大，普通的鼓风无法满足微生物对氧的需求，无泡膜生物反应器能很好地解决这一问题。采用中空纤维膜，膜的一端封住，空气在膜的内腔里流动，在浓差作用下向膜外侧的活性污泥传递气体，进入污水中不产生气泡，而且氧的传递效率高达100%。无泡曝气能满足微生物的需氧要求，污染物的去除率很高，使分离膜生物反应器进一步推广应用成为可能。

(3) 萃取膜生物反应器　当废水中含有对微生物有毒害作用的成分（高浓度盐，酸碱度很大、生物难降解的物质）时，不适宜直接用生物处理法。此外，若废水中含有挥发性有毒物质时，采用生物法曝气会发生气提现象，影响处理的稳定性。在萃取膜生物反应器中，污泥与废水不直接接触，废水在膜腔内流动，而活性污泥在膜外流动。一般而言，活性污泥中的微生物是针对废水培养出来的专性细菌，采用的膜为疏水性的硅橡胶膜，可允许挥发性有机物透过而水及无机成分无法透过。污染物在膜中溶解扩散，再以气态形式离开膜进入膜另一侧的混合液中，在混合液中由专性细菌分解为无机小分子。

（二）根据膜组件和生物反应器的相对位置分类

(1) 分置式膜生物反应器　生物反应器内的混合液通过泵的输送进入膜组件，活性污泥、大分子物质等被膜拦截并回流到生物反应器内。膜组件一般为平板式和管式，清洗和更换方便，可根据处理能力随时调整膜面积。分置式MBR具有错流速率大、通量大、膜面污染物少的特点，但是由于采用正压操作，压力较高，能耗较大，泵的剪切力可能破坏微生物细胞，影响微生物活性。

(2) 一体式膜生物反应器　也称浸没式膜生物反应器。膜组件直接置于生物反应器中，占地面积小、设备简单、运行能耗低，但污染膜的更换较为麻烦，且由于采用负压抽吸操作，产水量比分置式MBR小，膜污染较严重，一般需要靠曝气产生的气流湍动或搅拌产生的膜面错流等来减少膜污染。

（三）根据微生物对污染物处理的氧化还原条件分类

根据微生物对污染物处理的氧化还原条件，可将膜生物反应器分为好氧、厌氧和缺氧处理系统。在好氧MBR中，溶解氧是最终电子受体；在缺氧MBR中，硝酸盐中的氧为最终电子受体；在厌氧MBR中，电子受体较为复杂。一般厌氧降解的能耗较低，但处理周期长，需要较大的反应器体积。

三、膜生物反应器去除生活污水中污染物的特性

生活污水富含各种有机物和营养物质（氮、磷等），与传统活性污泥法相比，MBR对有机物的去除率大大提高。MBR对有机物的去除效果来自两个方面，一是生物反应器对有机物的降解作用，二是膜对有机大分子物质的截留作用，增加了有机大分子与微生物的接触反应时间，有助于某些专性微生物的培养，提高有机物的去除效率。其中，膜对溶解性有机物的去除主要来自三个方面，一是通过膜孔本身截留作用，二是通过膜孔和膜表面的吸附作用，三是通过膜表面形成的附着层的筛滤/吸附作用，三种机理协同作用，强化污染物去除效果。

传统的脱氮工艺是建立在硝化-反硝化机理上的，MBR的高效截留作用使微生物完全截留在反应器内，有利于增殖缓慢的硝化细菌的生长和繁殖，由于污泥龄长，对氨氮的去除效果非常好，传统的两级缺氧-好氧、间歇曝气MBR工艺对总氮的去除率较高。

生物法除磷主要通过聚磷菌过量从外部摄取磷并将其以聚合态贮藏在体内，形成高磷污泥，排出系统，达到除磷的目的。因此污泥龄短的系统由于剩余污泥量较多，可以取得较好的除磷效果。但是对于MBR来说，通常具有较长的污泥龄，从这个意义上讲不利于磷的去除。目前大多

数的研究聚焦于缩短厌氧时间、延长好氧时间以提高好氧阶段磷的吸收，达到高效除磷的目的。

传统的城镇生活污水处理出水必须经过消毒工艺，主要是加氯消毒和紫外线消毒，然而加氯消毒会产生致癌物，影响人体健康，紫外线杀菌对粪大肠杆菌的去除效果较差。采用膜过滤消毒，通过不同工艺制备不同孔径的膜组件，可有效截留微生物和细菌。

四、膜生物反应器去除工业废水中难降解污染物的特性

工业废水主要包括食品加工、纸浆、纺织、化工、制药、石油和制造等行业产生的废水，通常含有较高浓度的COD和难降解有机物，对生物具有不同程度的毒性或抑制作用，若使用传统生物法处理，能有效降解这类物质的微生物世代周期较长，难以在常规生物反应器中大量存在，处理效率低。MBR可使SRT和HRT完全分离，有利于某些专性菌，特别是优势菌群的出现，提高生化反应速率和系统对难降解有机物的降解作用。此外，膜的截留作用将大分子的难降解有机物滞留在MBR中，增加了其与微生物的反应时间，有利于难降解有机物的去除。

五、污水处理中的膜污染及其防治

（一）膜污染

膜污染的影响因素可分为三类。

（1）污泥性质　包括MLSS浓度、溶解性微生物产物（soluble microbial products，SMP）、胞外聚合物（extracellular polymer substances，EPS）、颗粒物粒径分布（particle size distribution，PSD）、絮体结构、黏度、微生物群落等。MLSS、SMP和EPS浓度，黏度与膜污染阻力呈正相关关系，污泥粒径与膜污染阻力呈负相关关系。

（2）操作条件　包括进水水质、SRT、曝气强度、温度、操作压力和抽停时间比等。进水有机负荷的提高、温度的降低均导致较高的SMP和EPS浓度，SRT过长会降低微生物活性并提高MLSS浓度，曝气强度过高会导致生物絮体破碎，这些均会导致膜污染加剧。操作压力与膜通量呈正相关关系，高通量下膜孔易被堵塞，低通量下膜面底层微生物活性降低，SMP含量提高，操作压力通过影响流体力学条件和微生物来影响膜的污染过程。过大的抽停时间比会导致水流对膜面污染物冲刷不充分，使膜面泥饼层厚度增加；过小的抽停时间比使水流冲刷过于剧烈，有可能造成不可逆污染。

（3）膜材料自身的性能及膜组件放置方式　膜性能主要包括膜材质、膜孔径、表面亲/疏水性和粗糙度等，膜面疏水性越强，污染物越容易沉积在膜面造成膜污染。较高的膜面粗糙度更容易黏附微生物，但扰动程度的提高会降低浓差极化。膜组件与曝气装置之间的距离决定了膜面剪切力的大小，放置膜组件时要确保在一定的曝气量下尽可能提高膜的装填密度，但过高的装填密度会在膜池内造成部分剪切力较小的死区，加剧膜污染。

（二）膜污染的控制方法

目前控制膜污染的技术主要有化学法、生物法、物理法和膜改性等。

1. 化学法

主要是在运行过程中对进水预处理、投加吸附剂或絮凝剂、对污染的膜组件进行化学清洗等。预处理一般采用格栅拦截大块的悬浮或漂浮的固体污染物，并在其后设置沉淀池以去除砂砾类无机固体颗粒，再设置调节池降低对后续生物处理的冲击负荷。常用的吸附剂有活

性炭，絮凝剂有硫酸铝、硫酸铁、氯化铝、氯化铁等。但是向水中投加化学药剂不仅会增加成本，过量投加还会造成二次污染。膜组件达到清洗要求时，一般将膜组件浸泡在酸（柠檬酸）、碱（氢氧化钠）或氧化剂（过氧化氢）溶液中，去除膜面或膜孔内的大部分污染物，但是残留的有机物会形成不可逆污染，直接影响膜的使用寿命。

2. 生物法

主要是向反应器内投加捕食性微生物或原生动物，如蠕虫等，直接摄食水中的有机物，达到控制膜污染的目的。捕食生物本身参与活性污泥的新陈代谢过程，但是难以控制其在反应器内的生长与分布，选取合适的微生物并以适当的方式投加，保证其在反应器内处于优势地位是急需解决的问题之一。

3. 物理法

主要是通过外力的作用减少污染物在膜孔及膜面的积累。除了曝气与反冲洗（水、气体）外，还包括移动膜组件（旋转和振动膜）、超声波原位清洁等。移动膜组件是通过膜组件本身的运动在膜面形成较高强度的湍流，同时对污泥混合液起到搅拌的作用。但是这种方法降低了膜组件装填密度，大规模应用较难。在 MBR 中使用超声，超声声波在水中产生的机械振动和声空化效应产生的声冲流均会冲击膜面污染层，有利于膜面的污染物质脱落，而且超声可以在膜面的固液边界产生微湍流现象，有效减轻了浓差极化。但是超声频率过高会对膜产生不可逆的损伤，限制了这种技术的推广应用。此外，电场控制膜污染也是物理法的一种，其对膜污染的缓解原理如前所述。

4. 膜改性

目前对膜改性的研究集中于提高膜面的亲水性，第一是表面改性，在膜面负载或接枝亲水性物质（如壳聚糖、纤维素等），或者通过等离子体、臭氧氧化、紫外光辐照及电子束照射等对膜面接枝改性，减小膜面接触角，提高其亲水性；第二是膜本体改性，将亲水性聚合物或纳米无机材料等与铸膜液共混，制备的有机膜也具有良好的亲水性，可有效延缓疏水性污染物质在膜面的附着，减轻膜污染。后者制备的改性膜性能更稳定，在长时间的运行过程中亲水材料不会脱落，容易实现商业化应用。

六、膜生物反应器的应用现状及前景

尽管 MBR 从研发到实际应用的发展速度很快，但目前并未完全取代传统水处理技术的市场地位，因为还存在一些问题未能得到有效解决，如长期运行中，MBR 内微生物活性降低和反应器内不可降解物质的积累；氧的传质效率低；剩余污泥难处理；化学清洗膜的废液会造成二次污染；处理能耗较高；膜污染及其引起的更换维护成本高的问题等。今后的研究重心可放在开发抗污染性强、通量大、耐酸碱和微生物腐蚀、价格低、机械强度高、稳定性好的膜材料，同时，进一步优化操作条件，提高污染物去除效率，降低运行成本。

1. 膜和膜分离过程的特点有哪些？

2. 无机膜、高分子膜的制备工艺主要有哪些？有何不同？
3. 膜组件的种类有哪些？有何特点？如何为一个膜过程选择一种比较理想的组件形式？
4. 什么是膜缺陷？有哪些类型和特点？
5. 膜性能指标有哪些？影响膜分离性能的因素有哪些？
6. 什么是膜污染？如何缓解膜污染？
7. 膜反应器的定义和特点是什么？膜反应器的分类有哪些？
8. 膜生物反应器的污染物有哪些？如何控制水处理过程中的膜污染？

主要参考文献

[1] 王湛．膜分离技术基础［M］．北京：化学工业出版社，2019.
[2] 杨座国．膜科学技术过程与原理［M］．上海：华东理工大学出版社，2009.
[3] 安树林．膜科学技术实用教程［M］．北京：化学工业出版社，2005.
[4] 徐铜文．膜化学与技术教程［M］．安徽：中国科学技术大学出版社，2003.
[5] 黄维菊，魏星．膜分离技术概论［M］．北京：国防工业出版社，2008.
[6] 任建新．膜分离技术及其应用［M］．北京：化学工业出版社，2003.
[7] 陈观文，许振良，曹义鸣．膜技术新进展与工程应用［M］．北京：国防工业出版社，2013.
[8] 刘妹娥．膜分离技术应用手册［M］．北京：化学工业出版社，2001.
[9] 邵嘉慧，何义亮，顾国维．膜生物反应器：在污水处理中的研究和应用［M］．北京：化学工业出版社，2012.
[10] Fane A G，Fell C J D. A review of fouling and fouling control in ultrafiltration［J］. Desalination，1987，62：117-136.
[11] Meng F G，Zhang S Q，Oh Y，et al. Fouling in membrane bioreactors：An updated review［J］. Water Research，2017，114：151.
[12] Bagheri M，Mirbagheri S A. Critical review of fouling mitigation strategies in membrane bioreactors treating water and wastewater［J］. Bioresource Technology，2018，258：318-334.
[13] Park H B，Kamcev J，Robeson L M，et al. Maximizing the right stuff：The trade-off between membrane permeability and selectivity［J］. Science，2017，356（6343）：1138-1148.
[14] Zee Y Y，Thiam L C，Peng W Z，et al. Synthesis and performance of microporous inorganic membranes for CO_2 separation：a review［J］. Journal of porous materials，2013，20（6）：1457-1475.
[15] Kim J，B. van der Bruggen. The use of nanoparticles in polymeric and ceramic membrane structures：Review of manufacturing procedures and performance improvement for water treatment［J］. Environmental Pollution，2010，158（7）：2335-2349.

第二章

絮凝材料

絮凝处理是给水和废水处理中应用得非常广泛的方法。它既可以降低原水的浊度、色度等感官指标，又可以去除多种有毒有害污染物；既可以自成独立的处理系统，又可以与其他单元过程组合，作为预处理、中间处理和最终处理的手段，还经常用于污泥脱水前的浓缩过程。絮凝过程是目前国内外众多水处理工艺中应用最广泛、最普遍的单元操作之一，是废水处理过程中不可缺少的关键环节。絮凝效果决定了后续流程的运行状况、最终出水水质和费用，选择效果好的絮凝剂，对于提高出水水质、降低制水成本有着重要的技术经济价值。

絮凝（混凝）法在用水与废水处理中占有重要的地位。以给水处理为例，首先，人们注意到絮凝法脱除水中的微细颗粒、胶体物质与降低水中COD值密切相关，即絮凝能简单有效地脱除80%～95%的悬浮物质和65%～95%的胶体物质，因而对降低水中COD值有重要作用；再者，对除去水中的细菌、病毒效果稳定，通过混凝净化，一般能把水中90%以上的微生物与病毒一并转入污泥，使处理的水进一步消毒、杀菌变得比较容易而有保证；此外，日益受到重视的水体富营养化、废水脱色等问题，通过采用无机絮凝剂兼有除磷、脱色等作用，比生物法除磷、脱色效果好；污泥脱水问题更是当今废（污）水处理的主要问题。迄今为止，最合理可行的办法是通过投加适当的阳离子高分子絮凝剂，改善污泥性状，便于下一步机械脱水处理。故不同絮凝材料的特性研究显得十分必要。

第一节 絮凝材料的基础知识

一、絮凝的概念

絮凝是指在某些水溶性高分子絮凝剂的存在下，基于架桥作用，使胶粒形成粗大的絮凝团的过程，是一种以物理集合为主的过程。其机理是通过静电引力、范德华力和氢键力的作用，使水溶性高分子聚合物强烈地吸附在胶粒表面，产生了架桥连接，生成粗大的絮团。

二、絮凝材料的分类

絮凝剂种类很多，据目前所知，不少于200～300种。按其化学成分，絮凝剂可分为无机絮凝剂、有机絮凝剂和微生物絮凝剂。无机絮凝剂的品种较少，主要是铝盐、铁盐、水解聚合物等低分子盐类

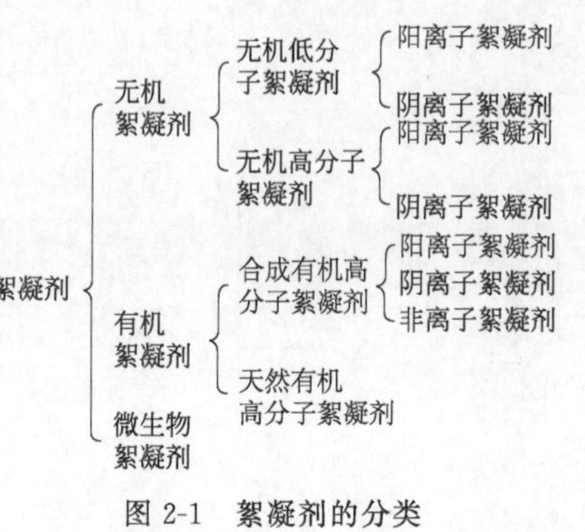

图 2-1　絮凝剂的分类

以及无机高分子等絮凝剂。有机絮凝剂主要有合成有机高分子絮凝剂和天然有机高分子絮凝剂。再根据官能团的性质以及官能团离解后所带电荷的性质，絮凝剂可以进一步分为阳离子型、阴离子型和非离子型絮凝剂。具体分类如图 2-1 所示。

三、无机絮凝剂的作用机理

在水处理中，向水中投加无机絮凝剂后所发生的凝聚作用是一个非常复杂的反应过程，凝聚过程的进行受体系的物理、化学以及动力学等各方面的作用和影响，同时与水中分散介质的性质、絮凝剂的特性、分散介质与各种絮凝剂的相互作用条件以及它们彼此间的一系列反应等有关。过去，将凝聚简单地解释为电中和或胶体吸附。比如，采用铁盐或铝盐时，这些铁盐、铝盐在水中溶解后产生 Fe^{3+}、Al^{3+}，它们和水中的 OH^- 反应，生成了 $Fe(OH)_3$ 和 $Al(OH)_3$。$Fe(OH)_3$ 和 $Al(OH)_3$ 都属胶体物质，它们的表面带有正电荷，而水中的胶体颗粒则带有负电荷，由于相反电性的吸引力作用使胶体颗粒失去稳定性。也有人认为，Fe^{3+}、Al^{3+} 所带的正电荷与颗粒表面所具有的负电荷中和，使水中的胶体颗粒失去稳定性而沉淀，这种简单的解释不能完全说明在凝聚的过程中所发现的问题。

近年来由于胶体化学的发展和高分子聚合物絮凝剂的应用，对电中和胶体吸附有了进一步的研究，因而在凝聚作用的理论上有了较趋向一致的看法，即双电层压缩机理。絮凝剂在水中可以通过数种方式影响微粒的稳定性：①提供反离子而达到压缩双电层厚度并降低 ζ 电位的作用；②溶解产生的各种离子与微粒表面发生特性化学作用达到电荷中和作用；③由水解金属盐类生成的沉淀物发挥卷扫网捕作用而使微粒转入沉淀。

（一）压缩双电层

在溶胶中加入无机絮凝剂，将使扩散层中的反离子浓度增大，部分反离子会被挤入 Stern 层，双电层电位因此而迅速地降低，从而引起 ζ 电位下降和扩散层厚度被压缩。这种压缩作用将改变在胶体附近的双电层斥力分布，并且随着无机絮凝剂电解质浓度增加，胶体表面电势减小使胶体间范德华力的作用大于其相互间的静电斥力，促使颗粒聚集。一种无机絮凝剂的絮凝性能好坏是由絮凝剂中某一离子所带电荷数决定的，根据胶体颗粒电势的高低，起主导作用的离子可能是阴离子，也可能是阳离子，但其电性总是和胶体颗粒电性相反。

由于无机絮凝剂的作用，扩散层厚度的减小，静电排斥作用的范围随之减小，微粒在碰撞时可以更加接近。另外，范德华作用为短程作用力，在短距离处它将变得很大，因而排斥势能显得相对较小，引起综合位能曲线上的势垒左移并降低高度。当势能降低到一定程度时，胶体将失去其稳定性而发生絮凝，图 2-2 很好地说明了这种情况。

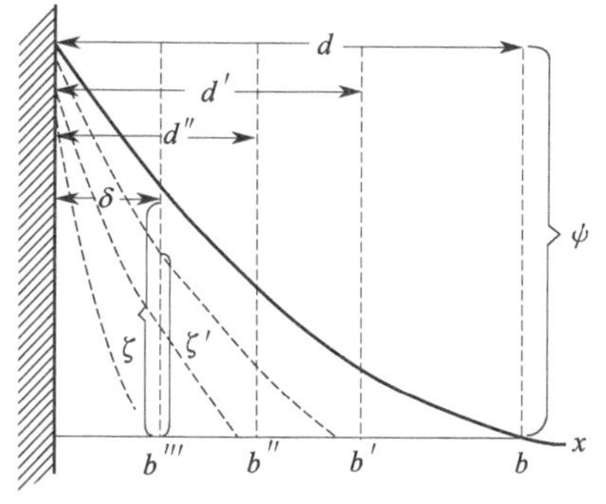

图 2-2 无机絮凝剂电解质对双电层的影响

无机絮凝剂对胶体和微粒的聚沉能力受许多因素的影响，但最主要的影响因素是无机絮凝剂的浓度和离子价态。无机絮凝剂电解质浓度对胶体和微粒稳定性影响如图 2-3 所示：无机絮凝剂电解质浓度较低时，双电层未被压缩，胶体颗粒比较稳定，无絮凝物产生[图 2-3(a)]；无机絮凝剂电解质浓度变大，双电层开始压缩，絮凝缓慢[图 2-3(b)]；无机絮凝剂电解质浓度很大，双电层急剧压缩，迅速絮凝[图 2-3(c)]。

可见，在无机絮凝剂电解质浓度低时，斥力和引力都有一个高能峰值，要使胶体凝聚，就需克服高能峰值。无机絮凝剂电解质浓度高时，双电层被压缩，胶体粒子间斥力消失，胶体颗粒迅速凝聚。

（二）特性吸附作用

所谓“特性吸附作用”，又称“特性作用”“吸附电中和”，是指非静电性质的作用，包括化学键合、表面络合、疏水缔合、氢键作用甚至范德华力作用等。当反离子能与胶粒表面发生“特性作用”时，会使粒子的表面电荷得到中和，同时引起ζ电位降低，通过特性作用吸附造成表面电荷减少与通过压缩双电层使价电子减少的过程机理是不同的。

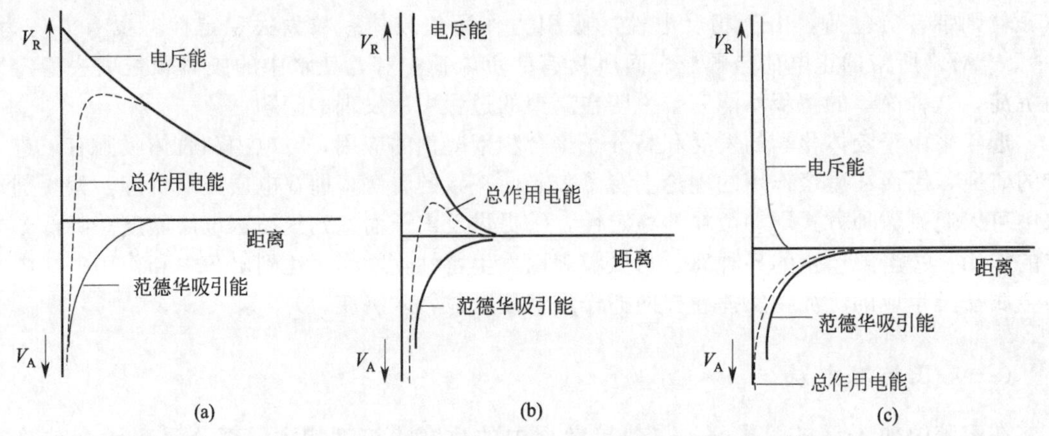

图 2-3　无机絮凝剂电解质浓度对胶体和颗粒稳定性影响

在加入过量无机絮凝剂电解质时，常常发生表面电荷变号的现象，这是特性吸附作用最明显的证据。在特性吸附作用发生的初期，静电吸引起了促进作用；但是当表面电荷变号后，异号离子的进一步吸附是在克服静电排斥下发生的，这证明存在着某种更强的特性吸附作用。特性吸附作用对胶体稳定性的影响实际上是通过对表面电荷的影响而发生的。当足够数量的异号离子由于特性吸附作用而吸附在胶体或颗粒表面上时，可以使粒子电荷减少到某个临界值，这时静电斥力不足以阻止胶体和微粒间的接触，于是发生絮凝。异号离子的进一步吸附不但会使粒子表面电荷变号，并有可能使表面电位变得足够高，以致引起胶体的重新稳定。

由特性吸附作用引起絮凝所需要的反离子在溶液中的浓度也称为临界絮凝浓度，记作 c_{fc}。由特性吸附作用引起重新稳定所需的反离子的浓度称为临界稳定浓度，记作 c_{sc}。再进一步加入无机絮凝剂电解质，又可观察到絮凝的发生，这是由于离子强度的增大而引起双电层的压缩所致，此时所需无机絮凝剂电解质的浓度即是前面所述的双电层压缩临界絮凝浓度 c_f，这和惰性无机絮凝剂电解质情形一样。这些絮凝现象可用图 2-4 进行说明。

由特性吸附作用引起的絮凝一个重要特点是 c_{fc} 和 c_{sc} 依赖于胶体和微粒的浓度，准确地说是依赖于粒子的总表面积。反离子如对表面有很高的亲和性时，c_{fc} 正比于胶体和微粒的浓度，并可用“化学计量关系”描述 c_{fc} 与溶液浓度间的这一线性关系。当反离子在表面吸附较弱时，反离子必须在溶液中达到一定的浓度即所谓“临界吸附密度”，在此“临界吸附密度”以上时，被吸附离子的数目依赖于粒子的浓度，因此 c_{fc} 与粒子浓度间不存在任何简单关系，只有当粒子浓度很高时才存在正比关系。与此相反，对于前面所述的由惰性无机絮凝剂电解质引起的双电层压缩絮凝，临界絮凝浓度与胶体的浓度无关。

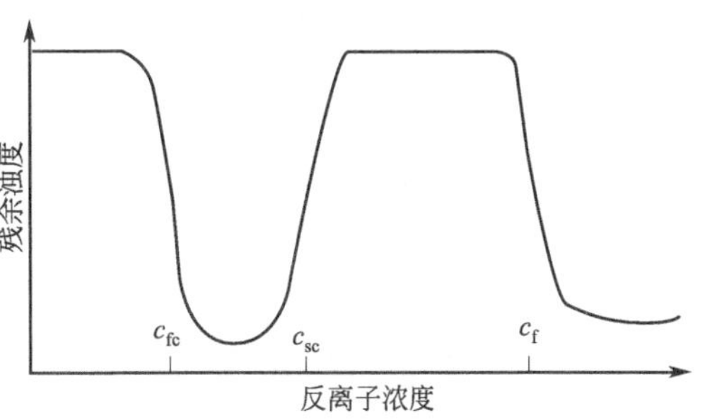

图 2-4 “特性作用”对胶体稳定性的影响

由特性吸附作用引起絮凝的实例很多，一些简单金属离子 Mg^{2+}、Ca^{2+} 等可在多种表面上发生特性吸附引起絮凝。如 Ca^{2+} 能够以非常低的浓度使二氧化锰溶胶聚沉，其 c_{fc} 是它作为惰性无机絮凝剂电解质而起作用时 c_f 的 1/10，其特性吸附的本质可由 c_{fc} 和粒子浓度之间的“化学计量关系”证实；Ba^{2+} 可引起赤铁矿（Fe_2O_3）溶胶的电荷变号，以及重新稳定的发生。

铝离子、钙离子和钠离子的相对凝聚力如图 2-5 所示，离子的价态越高，聚沉效果越好。但是金属离子在水中通常是以水合物形式存在，简单的金属离子如 Al^{3+}、Ca^{2+} 和 Na^+ 实际上并不存在。相反，这些离子总是以含水化合物和羟基配合物的形式存在，水合性好的离子通常不会吸附到胶体表面，而胶体仍保留其双电层。

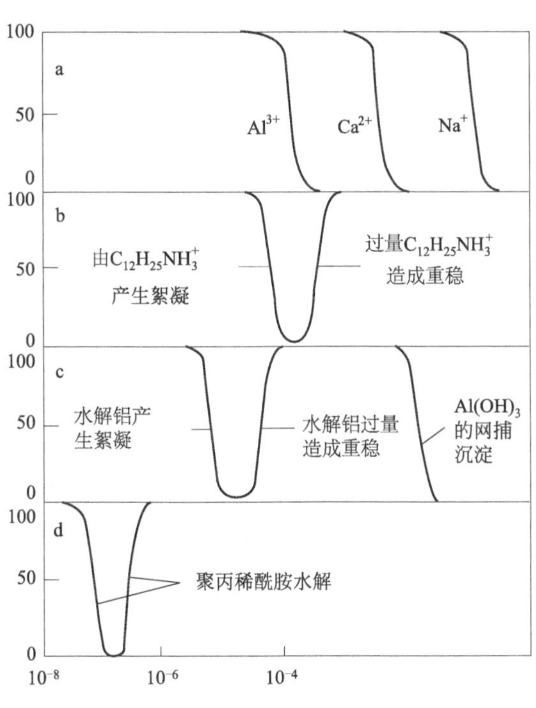

图 2-5 絮凝剂脱稳的不同形式

（三）卷扫絮凝作用

水处理中最常用的絮凝剂是铝（Ⅲ）盐和铁（Ⅲ）盐，如 $Al_2(SO)_3$、$AlCl_3$、$Fe_2(SO)_3$、$FeCl_3$ 等。对水中胶体和微粒进行絮凝时投加铝（Ⅲ）盐和铁（Ⅲ）盐等水解金属盐类絮凝剂，若投量很大，则可能产生大量的水解金属沉淀物，这些沉淀物在迅速沉淀的过程中，水中的胶粒会被其所卷扫（或网捕）而发生共沉降，这种絮凝作用称为卷扫絮凝。要使卷扫絮凝能够发生，除了要有较高的无机絮凝剂投量外，还需较高的碱度。在发生卷扫絮凝时，若胶体粒子的浓度小，则需要投加较多的水解金属盐类；若胶体粒子的浓度较大，则需要投加较少的水解金属盐类。絮凝剂絮凝机理之一是通过形成难溶物质而产生凝聚作用，水中胶体等颗粒将作为这些沉淀物的凝结核或成为沉淀下降时的网捕对象，用这种方法除去胶体称为网捕沉淀。对于铝盐絮凝剂，胶体脱稳和氢氧化铝絮凝沉淀物网捕的“卷扫作用”絮凝机理可用图 2-6 来很好地说明。

四、高分子絮凝剂的作用机理

高分子絮凝剂的分子相当长，例如，常用的聚丙烯酰胺，每个结构单元长度为 2.5Å（$1Å=10^{-10}m$）。如果聚合度为 14000，则每个分子长度可达 3.5μm，超过粒子间范德华力和双电层作用力的作用距离，高分子絮凝剂就能像梁桥一样，搭在两个或多个胶体或微粒上，并以自己的活性基团与胶体或微粒表面起作用，从而将胶体或微粒连接形成絮凝团，这种作用称为桥连作用。高分子絮凝作用机理，是极其复杂的物理化学过程，目前对其尚多局限于定性的解释。“吸附架桥”即“桥连作用机理”受到普遍采用。桥连作用的实质是高分子同时在两个以上的胶体或微粒表面吸附，借助自身的长链特征把胶体或微粒连接在一起。其必要的条件是：①高分子絮凝剂在表面的吸附不紧密，有足够数量的链环、链尾向胶体或微粒周围自由伸出；②高分子絮凝剂在表面的吸附比较稀松，胶体或微粒表面有足够的可供进一步吸附的空位。

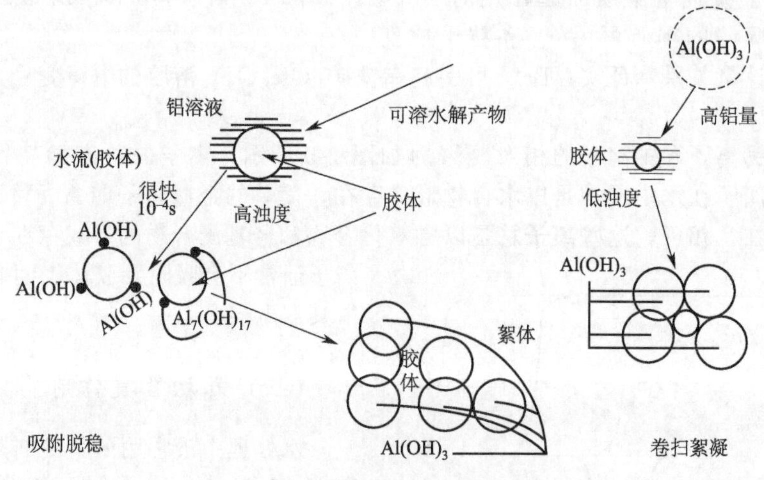

图 2-6　两种主要的絮凝作用机理

（一）不同类型絮凝剂的吸附机理

高分子絮凝虽存在桥连作用，但不同类型的高分子絮凝剂由于分子组成和结构不同，其絮凝机理存在着一定的差别。非离子型高分子絮凝剂分子链上的酰胺基（$—CONH_2$）彼此间主要靠氢键作用相吸引，因而其分子在水中易呈弯曲扭转状态存在。由于它的分子链上没有解离的离子基因，故和胶体或微粒无特殊的静电作用，而是靠搅拌等物理运动与胶体或微粒相互接近，靠酰胺基与胶体或微粒形成氢键而结合。非离子型高分子在胶体或微粒表面多呈环状吸附，当和胶体或微粒接近时，迅速发生桥连而形成絮团（图 2-7）。由于链尾状桥连较少，故胶体或微粒彼此靠得更近些，易形成小而紧密的絮团。

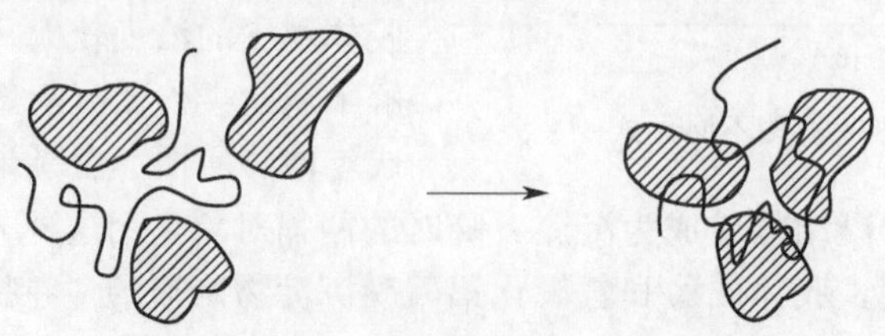

图 2-7　非离子型高分子的随机絮凝机理

虽然非离子型高分子本身不受 pH 和盐类的影响，但胶体或微粒表面的电性对絮凝效果有一定影响。如在高 pH 值时，由于胶体或微粒表面负电荷增加，胶体或微粒间的排斥作用增大，彼此难以接近，而不利于非离子型高分子絮凝剂之间的架桥絮凝。阴离子高分子，由于在非极性高分子链中存在荷负电的阴离子基—COO—（如水解聚丙烯酰胺），靠阴离子基团间的静电排斥作用使分子链展开，并以伸展状态附着在胶体或微粒表面。这种链尾状固着比起链环和链序状固着更易与胶体或微粒接触实现架桥絮凝。但介质 pH 对阴离子高分子絮凝效果有显著影响。图 2-8 表示阴离子高分子絮凝黏土负电颗粒时，在不同 pH 值下的絮凝机理。

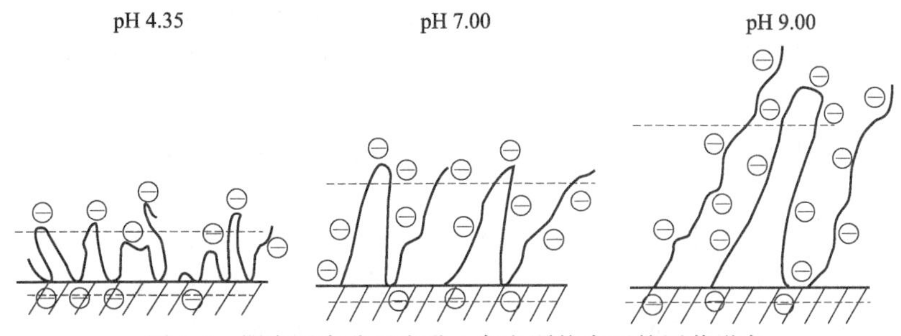

图 2-8 阴离子高分子在黏土负电颗粒表面的固着形态

在 pH＝4.35 时，黏土负电颗粒表面电荷少，高分子絮凝剂的解离也受到限制。因此分子形态卷曲，与表面呈多点接触的链序状吸附，桥连作用不强。pH＝7.00 时，黏土负电颗粒表面负电荷增加，高分子絮凝剂进一步解离，由于静电排斥作用，高分子絮凝剂呈链环状吸附，容易通过架桥形成大絮团。pH＝9.00 时，胶体或微粒和高分子双方的排斥作用增大，胶体或微粒相互难于接近，由于高分子呈伸展的链状吸附，与远距离的邻近胶体或微粒通过弱的桥连作用，形成非常大的、内部含有较多水的易破裂絮团。

pH 还影响高分子絮凝剂的水解和化学特性，故明显影响其絮凝效果。如水解聚丙烯酰胺，因其含有羧基，可通过化学吸附与胶体或微粒相互作用，故其絮凝作用还与水解度有关。阳离子高分子絮凝剂在水中能解离出较多的阳离子基团，它主要以阳离子基团与胶体或微粒表面的负电荷靠静电吸引作用使胶体或微粒与高分子絮凝剂发生絮凝作用，同时以其他特性吸附作用与胶体或微粒相互结合发生絮凝作用（图 2-9）。一部分阳离子高分子絮凝剂首先吸附于胶体或微粒表面，使胶体或微粒电位降低，粒间作用距离缩短，然后与其他未反应的高分子通过桥连而实现絮凝。

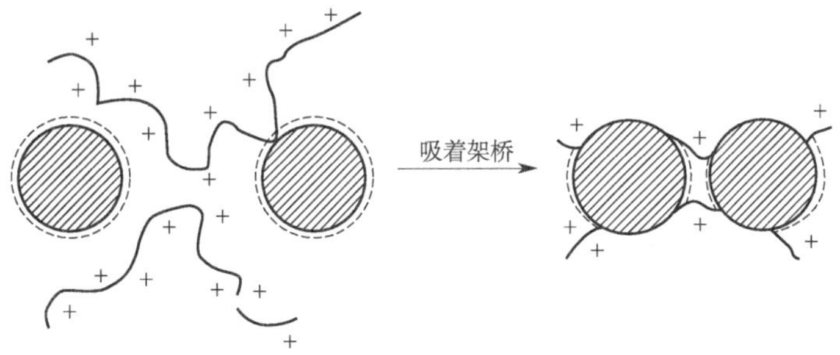

图 2-9 阳离子高分子絮凝剂的絮凝机理

因为阳离子高分子絮凝剂对胶体或微粒的吸附具有降低表面电荷、压缩双电层的作用，所以阳离子高分子絮凝剂引起桥连作用所需的分子长度比非离子型高分子絮凝剂可小一些，即分子量可低些；相反，阴离子型高分子絮凝剂对荷负电的胶体或微粒，由于静电相斥作用，分子量必须要很大才行。

（二）吸附基团的键合作用机理

高分子絮凝剂以本身的活性基团与胶体或微粒发生桥连作用形成絮团时，不论水中胶体和颗粒表面荷电状况如何、势垒多大，只要添加的絮凝剂分子具有可在胶体或微粒表面吸附的官能团，或具有吸附活性，便可实现絮凝。絮凝剂在胶体或微粒表面上的吸附，主要是由三种类型的键合作用引起。

其一为静电键合作用，主要是双电层内的静电相互作用。例如，粒子表面荷正电，则阴离子型高分子絮凝剂可进入双电层发生静电键合作用。由于离子型絮凝剂一般电荷密度高，带有大量荷电基团，所以这种高分子絮凝剂即使剂量很低，也能中和表面电荷，降低粒子的动电位，甚至使表面电荷变号。例如，在 pH＝3.7 时，聚苯乙烯磺酸盐在荷正电的 Fe_2O_3 微粒表面吸附时，可使其电荷降到零，当添加量较大时还可使胶体或微粒带负电。

其二为氢键键合作用，高分子絮凝剂分子中有—NH_2 基团和—OH 基团时，它们与胶体或微粒表面电负性较强的氧原子作用，会失去大部分电子云而形成氢键。单纯的氢键键合作用一般是无选择性的。氢键的键能虽然较弱，但由于絮凝剂聚合度很大，氢键的键合总数亦很大，所以能量也较大。例如，非离子型聚丙烯酰胺与金属氧化物之间主要靠氢键键合，虽然氢键的键合能仅为 21～42 kJ/mol，但如同时有十多个或更多的结构单元与微粒作用，可产生与化学键同数量级的牢固度。当 Fe_2O_3 微粒表面荷负电时（pH＝7.8），阴离子型聚苯乙烯磺酸盐也能在 Fe_2O_3 微粒表面发生吸附，又如，非离子型高分子絮凝剂也能在 Fe_2O_3 微粒表面吸附等，这些都是由于氢键的键合作用。

其三是共价键合作用，即高分子絮凝剂的活性基团在胶体或微粒表面的活性区吸附，并与表面的离子产生共价键作用。这种作用可生成某种难溶的表面化合物或稳定的配合物、螯合物，并能导致高分子絮凝剂的选择性吸附。离子型高分子絮凝剂如能与颗粒表面上的特殊基团生成难溶盐，便可借化学作用力键合。聚丙烯酰胺絮凝高岭土时，与高岭土表面的 Ca^{2+} 生成盐类化合物。由于这种作用，则有可能使絮凝剂絮凝与它带相同电荷的胶体粒子。絮凝剂在胶体或微粒表面上的吸附，在上述三种键合作用中，哪一种起主要作用，取决于粒子-高分子絮凝剂体系的特性和水溶液介质的性质。如果电中和是主要作用的话，絮凝发生于 ζ 电位降低到能消除粒间斥力时。如果是在较高的 ζ 电位下发生絮凝，就意味着这是属于穿过排斥障碍的吸附桥连作用，在有利条件下，可有两种以上机理起主导作用。

五、絮凝过程的影响因素

影响絮凝效果的因素比较复杂，其中包括水温、水化学特性、水中杂质和浓度以及水力条件等。

水温对絮凝效果有明显影响。水温过低，难以获得较好的絮凝效果。主要原因如下：①无机盐絮凝剂水解是吸热反应，低温水絮凝剂水解速率常数降低，水解困难。②低温水的黏度大，使水中杂质颗粒布朗运动减弱，碰撞机会减少，不利于胶粒脱稳凝聚。同时，水的黏度大，水流剪力增大，影响絮凝体的成长。③水温低时，胶体颗粒水化作用增强，妨碍胶体凝聚，而且水化膜内的水由于黏度和重度增大，影响了颗粒之间黏附强度。④水温与水的 pH 有关。水温低时，水的 pH 值提高，相应的絮凝最佳 pH 值也将提高。

水的 pH 对絮凝效果的影响程度，视絮凝剂品种而异，对于铝盐絮凝剂，水体 pH 直接影响 Al^{3+} 水解产物的存在形态。用以去除浊度时，最佳 pH 值在 6.5～7.5 之间，絮凝作用主要是氢氧化铝的吸附架桥和羟基配合物的电性中和作用；用以去除水的色度时，pH 值宜在 4.5～5.5 之间。传统絮凝剂受 pH 影响较大，而高分子絮凝剂的混凝效果受水的 pH 影响较小。聚合氯化铝在投入水中前聚合物形态基本确定，故对水体的 pH 变化适应性较强。从铝盐（铁盐类似）水解反应可知，水解过程中不断产生 H^+，从而导致水体 pH 值下降。

要使 pH 值保持在最佳范围内，水中应有足够的碱性物质与 H^+ 中和。水应有一定碱度，它对 pH 有缓冲作用。

一般情况下，絮凝效果随着絮凝剂用量的增加而增大，但用量达一定值时，出现峰值，再增加用量，絮凝效果反而下降。絮凝剂投加过量，造成胶粒的重新稳定。絮凝剂的用量与溶液中悬浮物的含量有关。从混凝动力学方程可看出，水中悬浮物浓度很低时，颗粒碰撞速率大大减小，混凝效果差。为提高原水的混凝效果，通常采取以下措施：①在投加铝盐或铁盐的同时，投加高分子助凝剂。②投加矿物颗粒（如黏土等）以增加混凝剂水解产物的凝结中心，提高颗粒膨胀速率并增加絮凝体密度。如果矿物颗粒能吸附水中有机物，效果更好，能同时收到部分去除有机物的效果。③采用直接过滤法，即原水投加混凝剂后直接进入滤池过滤，如果原水中悬浮物浓度过高，为使悬浮物达到吸附电中和脱稳作用，所需铝盐或铁盐混凝剂量将相应地大大增加，为减少混凝剂用量通常投加高分子助凝剂，如聚丙烯酰胺及活化硅等。

第二节 人工合成的无机絮凝材料

无机铝盐、铁盐等低分子絮凝剂的使用已有很悠久的历史，并在饮用水和工业用水的净化、废水和污水的处理中得到了广泛的应用。由于无机高分子絮凝剂具有高效、适应性强、无毒、价廉等优点，20 世纪 60 年代后期普通无机盐类絮凝剂逐渐被迅速发展起来的无机高分子絮凝剂（IPF）所替代，并逐步成为主流药剂。当前在美国、日本、西欧、俄罗斯，IPF 都有相当规模的生产和应用，IPF 的生产量已经超过了絮凝剂总量的 50%，生产达到了工业化、规模化和自动化，产品质量相当稳定。我国从 20 世纪 60 年代开始研制和生产聚合氯化铝，80 年代后期又研制和生产了聚合硫酸铁，陆续发展了多种原料和工艺制造方法，基本上结合我国的条件，建立起了独具特色的工艺路线和生产体系，满足了全国用水和废水处理的发展需求。近年来，研制和应用聚合铝、聚合铁、聚合硅等各种复合型絮凝剂成为热点，无机高分子絮凝剂已逐步形成系列产品。无机絮凝剂主要分为无机低分子絮凝剂和 IPF 两大类。无机低分子絮凝剂一般指传统的铝盐、铁盐类化合物；IPF 主要包括铝盐、铁盐的水解-沉淀动力学中间产物，即羟基聚合离子，其他如钙盐、镁盐、活化硅酸等主要作为助凝剂使用。目前传统无机低分子絮凝剂正逐渐被无机高分子絮凝剂所取代。在我国，传统絮凝剂约占 20%，其余均为高分子絮凝剂。

无机絮凝剂有时称无机混凝剂。由无机组分组成的絮凝剂，主要是增加混凝固体的碰撞，使其水解产物附聚、架桥絮凝形成可沉降的或可过滤的絮凝物。在给水、废水处理中常用的有铝盐、铁盐和氯化钙等，如硫酸铝钾（明矾）、氯化铝、硫酸铁、氯化铁，此外还有无机高分子絮凝剂，如聚合氯化铝、聚合硫酸铝、活性硅土等。它们的工业制品有多种规格。

在不同 pH 值时，产生不同的水解、络合产物。pH 值较低时，以产生低电荷高聚合度的无机高分子电解质为主。此外，水温高，亦有利于絮凝作用。硫酸铝可用于造纸、纺织、洗衣厂、含胶态黏土的洗砂以及热电厂燃煤等废水的处理；氯化钙常用于纺织、洗衣及洗羊毛、洗砂等产生的废水，去油脂效果显著。

一、主要无机盐类絮凝材料的性能

铝（Ⅲ）盐和铁（Ⅲ）盐都是传统的絮凝剂。无论从其水溶液化学还是从其絮凝作用来讲，二者具有许多共性，例如水解、聚合、吸附脱稳、卷扫絮凝等。但是它们之间还存在许多差异。这充分体现在铝（Ⅲ）盐和铁（Ⅲ）盐的水解、聚合及沉淀的一系列平衡常数上，例如，$Fe(OH)_3$ 的 K_{sp} 等于 3.2×10^{-38}，远小于 $Al(OH)_3$ 的 K_{sp}(1.9×10^{-33})。

铁（Ⅲ）的沉淀区域远较铝（Ⅲ）的宽广，这说明铁（Ⅲ）盐比铝（Ⅲ）盐具有更强的水解、聚合及沉淀的能力。如果从原子结构上研究其原因，发现铁（Ⅲ）离子和铝（Ⅲ）离子具有不同的电子构型。铝（Ⅲ）离子为惰气型，电荷高而体积小，因而变形性小，按照软硬酸碱理论它属于硬酸，与硬配体 OH^- 生成电价型配合物。铁（Ⅲ）离子也是硬酸，且与铝（Ⅲ）离子具有相同的电荷，但它是过渡金属离子，属非惰气型，具有 $3d^5$ 的电子构型，因而变形性强，极化能力显著，与配体发生较强的相互极化，产生牢固的结合。

铝（Ⅲ）盐和铁（Ⅲ）盐由于容易制得，所以作为絮凝剂有其通用性，得到了广泛的应用，成为传统的絮凝剂。但其共同的缺点是产生的絮体较脆弱，在水中受到扰动时容易破碎，并且沉降速度较小，例如采用硫酸铝时，在快速絮凝沉淀装置中，絮体的沉降速度仅有 2.4～3.6m/h，其更大的缺点是产生的污泥难以进行浓缩和脱水，因而污泥处理的费用就比较高。

铝（Ⅲ）盐絮凝剂在使用中潜在的问题是其对生物体的影响。近年来的研究表明，铝经各种渠道进入人体后，通过蓄积和参与许多生物化学反应，能将体内必需的营养元素和微量元素置换流失或沉积，干扰、破坏各部位的生理功能，导致人体出现诸如铝性脑病（老年痴呆）、铝性骨病、铝性贫血等中毒病症。此外还发现，水中铝含量大于 0.2～0.5mg/L，就可使鲑鱼死亡。世界卫生组织对水中残留铝含量的限制标准为 0.2mg/L，美国定为 0.05mg/L。我国也在 2000 年水质目标中，增加了铝的标准值为 0.2mg/L。利用铝盐净水剂的水厂可造成输送管网内水中残余铝含量的增加和形态分布的改变。美国自来水协会调查统计自来水中残留铝含量的平均值为 0.12mg/L，而我国部分水厂的自来水铝含量的平均值约为 0.29mg/L，其偏高的原因可能与药剂的质量及絮凝过程不完善有关，导致部分铝以氢氧化铝微粒存于水中。要降低自来水中铝的含量，可以采用如下方法：①开发和采用能减少铝投加量的无机高分子絮凝剂。例如使用聚合氯化铝可在同等药耗条件下减少铝投加量，有助于控制出水的铝含量。②通过添加无毒的有机高分子絮凝剂降低铝含量。近期的实验发现，聚合氯化铝（PAC）絮凝处理后的水中铝含量为 0.23mg/L，而以 PAC 和有机絮凝剂复合絮凝处理后水中铝含量降为 0.12mg/L，表明通过高分子絮凝剂的吸附架桥作用，降低了水中的铝含量。③以新型的无铝絮凝剂代替单铝盐、复合铝盐或聚铝盐。铁盐和铝盐在净水过程中起着相似的絮凝作用，它们都能使水中的微细胶体絮凝成较大颗粒后共同沉降，使浑水变清。铁盐比铝盐的絮凝沉降速度快，沉渣量少，pH 值适用范围广。如果能解决铁盐腐蚀性较强和造色的问题，以铁盐代替铝盐是可行的，优质聚合硅酸铁被认为是有应用前景的药剂。④改进絮凝沉淀技术。不同自来水厂的出水中铝含量可能差别很大，这与处理技术有很大关系。应根据实际情况，改进絮凝的工艺和技术，尤其要注意选择适宜的药剂和合理的搅拌速度与时间，促进絮体长大，通过强化絮凝来降低水中残留铝的含量。由于环境医学界关于铝对生物体影响的报道，铁系絮凝剂越来越受到重视。铁系絮凝剂对生物体不产生毒害，且具有在低温下絮凝效果良好的优点，因而水处理厂在冬季常使用它们替代铝系絮凝剂，此外 pH 值的适应范围较广，受原水 pH 值和碱度波动的影响较小。但是铁系絮凝剂对金属的腐蚀性较强，且在絮凝操作条件不佳时，常使出水带有浅黄色，这些都限制了它们的应用。

二、主要无机盐类絮凝材料的生产原理及检测方法

（一）硫酸铝

1. 硫酸分解铝土矿法

将铝土矿石粉碎后，在加压条件下与 50%～60%的硫酸反应，然后经沉降、分离、中

和、蒸发、结晶等过程，制得硫酸铝产品。其反应式和工艺流程如下：

$$Al_2O_3+3H_2SO_4 = Al_2(SO_4)_3+3H_2O \tag{2-1}$$

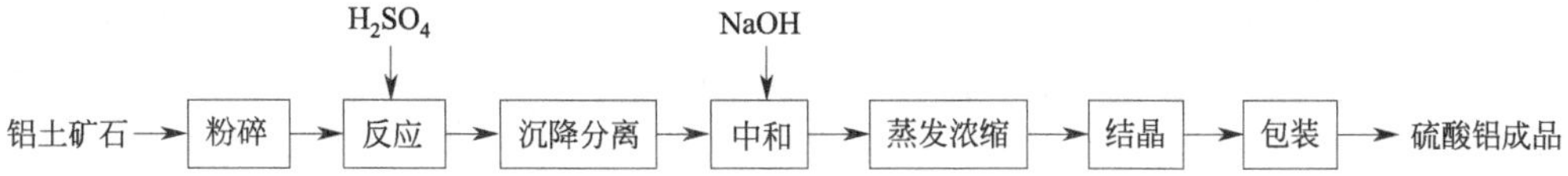

2. 硫酸中和氢氧化铝法

用氢氧化铝与硫酸反应，经过滤、浓缩、结晶等步骤后制得产品。其反应式和工艺流程如下：

$$2Al(OH)_3+3H_2SO_4 = Al_2(SO_4)_3+6H_2O \tag{2-2}$$

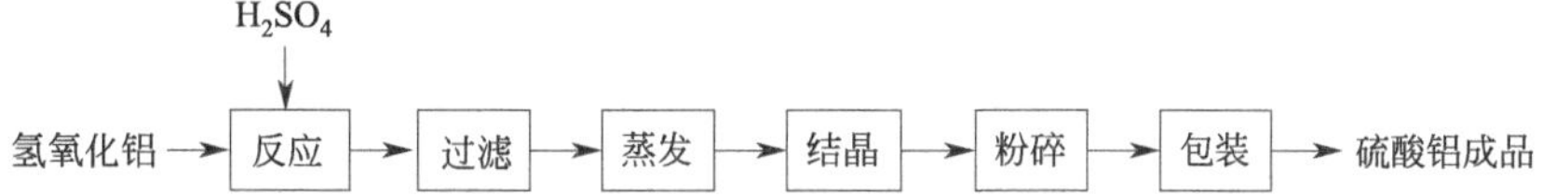

化工部部颁标准 HG 2227—2004 中均规定了铝含量的测定方法，HG 2227—2004 中的方法提要如下：试样中的铝与过量的乙二胺四乙酸二钠（EDTA-2Na）反应，生成配合物。在 pH 值约为 6 时，以二甲酚橙为指示剂，以锌标准溶液滴定过量的 EDTA-2Na。

（二）硫酸铝钾

硫酸铝钾俗称明矾，分子式为 $KAl(SO_4)_2 \cdot 12H_2O$，以天然明矾石（$3Al_2O_3 \cdot K_2O \cdot 4SO_3 \cdot 6H_2O$）为原料制取，工艺流程如下图所示：

天然明矾石 → 破碎 → 焙烧脱水 → 分化 → 蒸汽浸取 → 沉降 → 结晶 → 粉碎 → 硫酸铝钾

（三）氯化铝

氯化铝的分子式为 $AlCl_3 \cdot 6H_2O$，可用铝矾土或煤矸石为原料，与盐酸反应制取，反应方程式和工艺流程如下：

$$Al_2O_3+6HCl+9H_2O = 2AlCl_3 \cdot 6H_2O \tag{2-3}$$

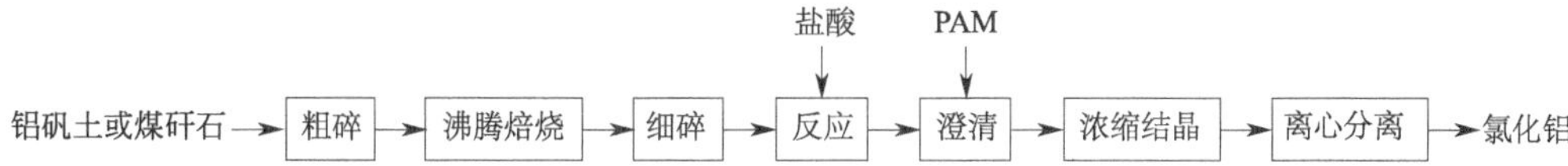

按照国家专业标准 HG/T 3541—2011 所规定的方法测定结晶氯化铝的含量。方法提要为：试样中的铝与已知过量的 EDTA-2Na 络合。在 pH 值约为 6 时，以二甲酚橙为指示剂，用氯化锌标准滴定溶液回滴过量的 EDTA-2Na。

（四）三氯化铁

固体三氯化铁产品采用氯化法、低共熔混合物反应法和四氯化钛副产法制取，液体产品采用盐酸法和一步氯化法制取。

1. 氯化法

以废铁屑和氯气为原料，在立式反应炉内反应，生成的三氯化铁蒸气和尾气由炉的顶部排出，进入捕集器冷凝为固体结晶，得成品。尾气中含有少量未反应的游离氯和三氯化铁，用氯化亚铁溶液吸收氯气，得到三氯化铁作为副产品。生产操作中，三氯化铁蒸气与空气中水分接触后强烈发热，并放出盐酸气，因此管道和设备要密封良好。反应式和工艺流程如下：

$$2Fe + 3Cl_2 = 2FeCl_3 \tag{2-4}$$

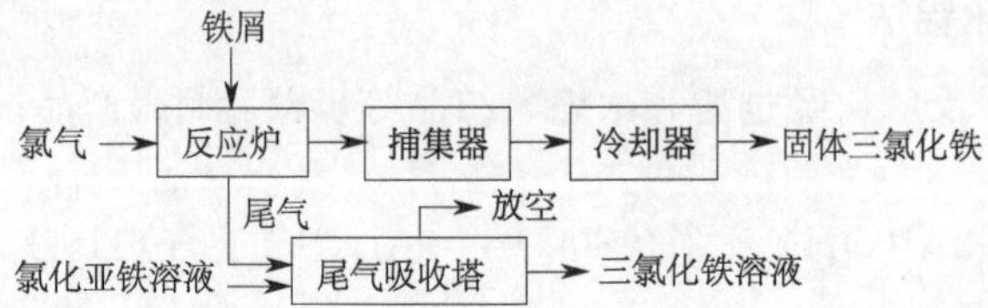

2. 低共熔混合物反应法（熔融法）

是在一个带有耐酸衬里的反应器中，令铁屑和干燥氯气在三氯化铁与氯化钾或氯化钠的低共熔混合物（例如 70% 的 $FeCl_3$ 和 30% 的 KCl）内反应。首先，铁屑溶解于共熔物（600 ℃）中，并被三氯化铁氧化成二氯化铁，后者再与氯气反应生成三氯化铁，升华后被收集在冷凝室中。该法制得的三氯化铁纯度高。

3. 三氯化铁溶液的制备方法

将铁屑溶解于盐酸中，先生成二氯化铁，再通入氯气氧化成三氯化铁。冷却三氯化铁浓溶液，便产生三氯化铁的六水物结晶。中国国家标准 GB/T 4482—2018 的规定使用碘量法测定水中氯化铁的含量。方法提要为：在酸性条件下，三价铁和碘化钾反应析出碘，以淀粉作指示剂，用硫代硫酸钠标准溶液滴定。

（五）硫酸铁

（1）将 Fe_2O_3 溶解于浓度为 75%～80%的沸腾硫酸中：

$$Fe_2O_3 + 3H_2SO_4(浓) = Fe_2(SO_4)_3 + 3H_2O \tag{2-5}$$

（2）以硝酸氧化黄铁矿：

$$2FeS_2 + 10HNO_3 = Fe_2(SO_4)_3 + H_2SO_4 + 4H_2O + 10NO \tag{2-6}$$

可用常规方法测定硫酸根和三价铁离子。

（六）硫酸亚铁

1. 硫酸法

在加热下令硫酸与铁屑反应，经过沉淀、结晶、脱水，制得硫酸亚铁，反应式和工艺流程如下：

$$Fe + H_2SO_4 = FeSO_4 + H_2\uparrow \tag{2-7}$$

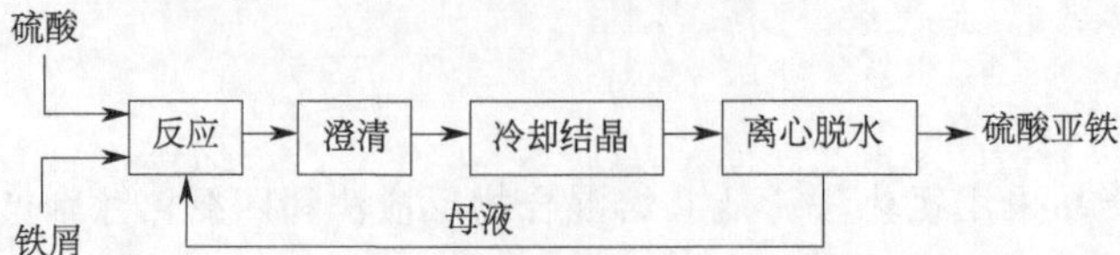

2. 钛白副产法

在硫酸法制钛白（二氧化钛）的过程中硫酸亚铁作为副产物而被制得。其反应方程式如下：

$$5H_2SO_4+2FeTiO_3 = 2FeSO_4+TiOSO_4+Ti(SO_4)_2+5H_2O \tag{2-8}$$

$$Fe_2O_3+3H_2SO_4 = Fe_2(SO_4)_3+3H_2O \tag{2-9}$$

$$Fe_2(SO_4)_3+Fe = 3FeSO_4 \tag{2-10}$$

3. 从酸洗液中制取

酸洗时采用 20%～25%的稀硫酸。酸洗后的废洗液中含有 15%～20%的硫酸亚铁。利用冷却结晶法将硫酸亚铁分离出来，而含硫酸的母液则返回酸洗槽。冷却温度为－10～－5℃。国家标准 GB 10531—2016《水处理剂 硫酸亚铁》中的 4.1 节规定使用高锰酸钾溶液滴定法测定硫酸亚铁的含量，方法提要为：在酸性介质中，用高锰酸钾溶液滴定，使二价铁氧化为三价铁，以滴定液自身指示滴定终点。

三、主要无机高分子材料的制备方法和检测方法

（一）聚合氯化铝的制备方法

从 20 世纪 70 年代开始，聚合氯化铝的实验室制备及工业生产方法得到了迅速的发展，针对不同原料研究出了多种不同的方法。

1. 含铝原料

可用来生产聚合氯化铝的含铝原料很多，按照来源的不同可分为三类。第一类为直接从矿山开采得来的含铝矿物原料，第二类为来自工矿部门的废渣，第三类是化工、冶金产品或半成品。

含铝矿物铝在地球元素中所占的丰度很高，约占地壳总成分的 8.8%，仅次于氧和硅。由于铝的化学性质极为活泼，故在自然界中并无单质铝存在。现已查明的含铝矿物约有 250 种之多，其中各种铝硅酸盐约占 40%。常见的含铝较丰富的矿物是长石、霞石等。常见的铝土矿、高岭土、明矾石、绢云母等则是上述矿物在外力作用下生成的次生矿。

工业废弃物主要是电解铝、铝合金和铝合金熔炼回收时的熔渣，以及氧化铝厂利用电解铝厂的废氧化铝、铝件的酸洗和碱洗废液及分子筛和在采煤过程中的废料煤矸石、粉煤灰。普通燃煤锅炉中，燃烧中心温度高达 1400～1700℃，在此条件下产生的粉煤灰中的铝多以富铝红柱石 $3Al_2O_3 \cdot SiO_2$ 形态存在，因而不易被酸溶出，也不易被碱溶出。用碱石灰烧结法虽可溶出部分氧化铝，但工序较多，原料和能量消耗甚高，目前一般不宜用于聚合氯化铝的生产。化工冶金产品是氧化铝厂以铝土矿为原料，大规模工业化生产出的半成品，所以原材料消耗和成本都很低，产品纯度较高。以铝酸钠或结晶氢氧化铝为原料生产聚合氯化铝，具有流程短、投资少、无废渣、产品纯度高等优点，与目前所使用的各种原料相比，具有技术上和经济上的无可比拟的优越性，从发展方向看很有价值。

2. 实验室制备方法

聚合氯化铝的实验室制备法由各国研究者提出过许多种，现在把各方面的资料综合起来，简要介绍如下。

（1）中合法 方法一：在铝的强酸盐如氯化铝、硝酸铝的浓溶液（0.1～1.0mol/L）

中，按照预定的盐基度徐徐加入浓碱液（4mol/L），充分搅拌，使之不生成氢氧化铝沉淀物。然后在一定温度下进行数小时的聚合反应，使其熟化后得到制成品。该法适合于实验室制备。方法二：以铝灰为原料，使它分别与盐酸和烧碱反应，制备出三氯化铝和铝酸钠，在制得的三氯化铝浓溶液（含3%～15%的 Al_2O_3）中加入制得的铝酸钠（Na_2O/Al_2O_3 值为1.0～2.5）浓溶液，充分搅拌混合，若有少量氢氧化铝生成，则需要在短时间内加热溶解。达到一定的盐基度后，在一定温度下经一定时间反应熟化后，得到制成品。本法亦称为中和法。

(2) 静置溶解法　把金属铝碎屑或者薄片溶于盐酸中，盐酸的总当量数低于铝的总当量数，经过在一定温度下（80～90℃）数小时到十余小时的反应熟化而得到制成品。铝量和酸量的比例不同，制品的盐基度也不同。以上是不足量酸溶法。

(3) 沉淀法　向氯化铝溶液中加入氨水，可以生成氢氧化铝沉淀物，分离出来洗净以后，在盐酸中溶解，盐酸的总当量数应低于氢氧化铝的当量数，以建立适宜的盐基度。溶解液经过反应熟化后可得制成品。

(4) 交换树脂法　制取氢氧化铝的方法同上法。将制得的氢氧化铝分离洗净后，加入氯化铝溶液（1.0mol/L）中，煮沸数分钟，达到溶解，再经反复熟化可得制成品。根据氢氧化铝和氯化铝的不同比例可得到不同盐基度的制成品。或将氯化铝溶液以离子交换树脂处理把氯化铝（0.6mol/L）溶液滤过 R—OH 型阴离子交换树脂，或者把树脂置于氯化铝溶液中反应一定时间（48h）再加分离，树脂把一部分 Cl^- 代换为 OH^- 从而得到聚合氯化铝溶液制成品。

(5) 电解法　在U形管电解槽中装入阴阳离子交换树脂，设铂电极通电，对氯化铝水溶液进行电解。需进行数十小时，在阴极附近所得溶液即为制成品。这种装置中的隔层也可以利用离子交换膜构成。

(6) 加酸法　铝矾土或高岭土等含铝矿石粉碎后，用浓盐酸蒸煮而溶出铝，酸可循环，回流，酸用量应低于可溶出铝的当量，而得到一定盐基度的制成品。盐酸中可加少量（5%左右）氢氟酸，以提高铝的溶出量。再有可用过量的盐酸溶出铝，再加氨中和生成氢氧化铝，分离后以不足量的盐酸溶解而制成成品。

(7) 熟化法　以熔锅或铝加工生产中的废铝灰即熔炼尾渣为原料，洗净后与盐酸（1∶1）进行反应，铝溶出后进行分离净化，适当熟化可得成品。如果酸用量低于可溶出铝的当量数，控制得当，可直接得到一定盐基度的产品或可用稍多量的酸溶出铝后，再加碱液调配到预定盐基度。或将废铝灰洗净后，以浓碱液蒸煮，溶出铝后分离净化，按一定盐基度加盐酸进行调制，经过除盐，进行适当的反应熟化，可得制成品。另外，碱溶铝灰的溶出液也可同酸溶铝灰的溶出液按一定盐基度的比例进行混合调制，这样可以大大降低调制盐酸的用量。

(8) 由炼铝中间液制取　在用铝矿石冶炼生产金属铝的过程中有中间产物如铝酸钠溶液、氢氧化铝沉淀等，其中含有硅等杂质。经过分离净化，再与适量的盐酸反应，可制成聚合氯化铝产品。或由铝电极电解，即以铝板为电极进行电解，溶出铝离子，溶液 pH 值在8左右，经反应可生成铝的聚合物。

（二）聚合氯化铝的检测方法

1. 相对密度的测定

(1) 方法提要　由密度计在被测液体中达到平衡状态时所浸没的深度读出该液体的相对密度。

(2) 仪器设备

a. 密度计(或波美比重计):刻度值为0.001g/cm^3;

b. 恒温水浴:可控制温度(20±1)℃;

c. 温度计:分度值为1℃;

d. 量筒:250~500mL。

(3) 测定步骤 将聚合氯化铝试样(液体)注入清洁、干燥的量筒内,不得有气泡。将量筒置于(20±1)℃的恒温水浴中,待温度恒定后,将密度计缓缓地放入试样中,待密度计在试样中稳定后,读出密度计弯月下缘的刻度(标有读弯月面上缘刻度的密度计除外),即为20℃试样的相对密度。

2. 三氧化二铝的测定

(1) 方法提要 在试样中加酸使试样解聚。加入过量的乙二胺四乙酸溶液,使其与铝及其他金属络合。用氯化锌标准溶液滴定剩余的乙二胺四乙酸,再用氟化钾溶液解析出铝离子,用氯化锌标准滴定溶液滴定解析出的乙二胺四乙酸。

(2) 试剂和材料

a. 硝酸:1∶12溶液;

b. 乙二胺四乙酸:c(EDTA)约0.05mol/L溶液;

c. 乙酸钠缓冲溶液:取乙酸钠272g溶于蒸馏水中,稀释成1000mL,混匀;

d. 氟化钾溶液:500g/L溶液盛于塑料瓶内保存;

e. 硝酸银溶液:1g/L;

f. 氯化锌溶液:$c(ZnCl_2)$=0.0200mol/L标准滴定溶液。称取1.3080g高纯锌(纯度在99.99%以上),精确至0.0002g,置于100mL烧杯中,加入6~7mL盐酸,加热溶解,在水浴中加热蒸发至接近蒸干,然后加水溶解,移入1000mL容量瓶中,用水稀释至刻度,摇匀。

g. 二甲酚橙溶液:5g/L溶液。

(3) 分析步骤 称取8.0~8.5g液体试样或2.8~3.0g固体试样,精确至0.0002g,加水溶解,全部移入500mL容量瓶中,稀释至刻度,摇匀。用移液管移取20mL,置于250mL容量瓶中,加2mL硝酸溶液,煮沸1min,冷却后加20mL乙二胺四乙酸溶液,再用乙酸钠缓冲溶液调节至pH值约为3(用精密pH试纸检验),煮2min,冷却后加入10mL乙酸钠缓冲溶液和2~4滴二甲酚橙指示液,用氯化锌标准滴定溶液滴定至由淡黄色变为微红色为止。加入10mL氟化钾溶液,加热至微沸。冷却,此时溶液应呈黄色,若溶液呈红色,则滴加硝酸至溶液呈黄色,再用氯化锌标准滴定溶液滴定,溶液颜色由淡黄色变为微红色即为终点。

(4) 分析结果 以质量分数表示的氧化铝(Al_2O_3)的含量X_1按下式计算:

$$X_1=\frac{V_c\times 0.05098}{m\times\frac{20}{500}}\times 100=\frac{V_c}{m}\times 127.45 \tag{2-11}$$

式中,V_c为第二次滴定消耗的氯化锌标准滴定溶液的体积,mL;m为试样的质量,g。

3. 盐基度的测定

(1) 方法提要 在试样中加入定量盐酸溶液,再加氟化钾掩蔽铝离子,然后以氢氧化钠标准滴定溶液滴定。

（2）试剂和材料

a. 盐酸溶液：c(HCl) 约 0.5mol/L 溶液。

b. 氢氧化钠溶液：c(NaOH) 约 0.5mol/L 标准滴定溶液。

c. 酚酞：10g/L 乙醇溶液。

d. 氟化钾：500g/L 溶液。称取 500g 氟化钾，以 200mL 不含二氧化碳的蒸馏水溶解后，稀释到 1000mL，加入 2mL 酚酞指示剂，并用氢氧化钠溶液或盐酸溶液调节溶液至微红色，滤去不溶物后贮存于塑料瓶中。

（3）分析步骤　称取约 1.8g 液体试样或约 0.6g 固体试样，精确至 0.0002g，用 20～30mL 水溶解后移入 250mL 锥形瓶中，用移液管准确加入 25mL 盐酸溶液，盖上表面皿，在沸水浴中加热 10min，冷却至室温，再加入氟化钾溶液 25mL，摇匀，加 5 滴酚酞指示剂，立即用氢氧化钠标准滴定溶液滴定至淡红色为终点。同时用煮沸后冷却的蒸馏水代替试样做空白试验。

（4）分析结果　以质量分数表示的盐基度 X_2 按下式计算：

$$X_2=\frac{(V_0-V)c\times 0.01699}{\frac{mX_1}{100}}\times 100=\frac{(V_0-V)c\times 169.9}{mX_1} \tag{2-12}$$

式中，V_0 为空白实验消耗氢氧化钠标准滴定溶液的体积，mL；V 为测定试样消耗氢氧化钠标准滴定溶液的体积，mL；c 为氢氧化钠标准滴定溶液的实际浓度，mol/L；m 为试样的质量，g；X_1 为测得的氧化铝含量，%；0.01699 为 1.00mL 氢氧化钠标准滴定溶液[c(NaOH)＝1.000mol/L]相当的以克表示的氧化铝（Al_2O_3）的质量。

（5）允许差　取平行测定结果的算术平均值作为测定结果，两次平行测定结果的绝对差值不大于 2.0%。

4. 水不溶物含量的测定

（1）仪器设备　电热恒温干燥箱：10～200℃。

（2）分析步骤　称取约 10g 液体试样，或约 3g 固体试样，精确至 0.01g，移入 1000mL 烧杯中。加入约 500mL 水，充分搅拌，使试样最大限度地溶解。然后在布氏漏斗中用恒重的中速定量滤纸抽滤。将滤纸连同滤渣于 100～105℃干燥至恒重。

（3）分析结果　以质量分数表示的不溶物含量 X_3 按下式计算：

$$X_3=\frac{m_1-m_2}{m}\times 100\% \tag{2-13}$$

式中，m_1 为布氏漏斗过滤器连同残渣的质量，g；m_2 为布氏漏斗过滤器的质量，g；m 为试样的质量，g。

（4）允许差　取平行测定结果的算术平均值作为测定结果，平行测定结果的绝对差值，液体样品不大于 0.03%，固体样品不大于 0.1%。

5. 硫酸根（SO_4^{2-}）含量的测定

（1）方法提要　在 0.04～0.07mol/L 的盐酸介质中，硫酸盐与氯化钡反应，生成硫酸钡沉淀，将沉淀灰化灼烧后，称重即可求出硫酸根的含量。

（2）试剂和材料

a. 盐酸：1∶23 溶液。

b. 氯化钡溶液：50g/L。

c. 硝酸银溶液：1g/L。

(3) 分析步骤　称取约 1.8g 液体试样或约 0.6g 固体试样，精确至 0.0002g，置于 400mL 烧杯中，加入 200mL 水和 35mL 盐酸，煮沸 2min，趁热缓慢滴加 10mL 氯化钡溶液，继续加热煮沸后冷却放置 8h 以上，用慢速定量滤纸过滤，用热蒸馏水洗涤至滤液无氯离子（用硝酸银溶液检验），将滤纸与沉淀置于已在 800℃下恒重的坩埚内，在电炉上灰化后移至高温炉内，于（800±25)℃下灼烧至恒重。

(4) 分析结果　以质量分数表示的硫酸根（SO_4^{2-}）含量 X_4 按下式计算：

$$X_4=\frac{(m_1-m_2)\times 0.4116}{m}\times 100=\frac{(m_1-m_2)\times 41.16}{m} \tag{2-14}$$

式中，m_1 为硫酸钡沉淀和坩埚的质量，g；m_2 为坩埚的质量，g；m 为试样的质量，g；0.4116 为硫酸钡换算成硫酸根的系数。

(5) 允许差　取平行测定结果的算术平均值作为测定结果，平行测定结果的绝对差值不大于 0.1%。

（三）聚合硫酸铁的制备方法

1. 直接氧化法

直接氧化法系采用氧化剂直接将亚铁氧化为高价铁，然后进行水解、聚合。该方法采用的氧化剂有过氧化氢、硝酸、次氯酸钠和氯酸钠等强氧化剂。该法工艺简单，操作方便，反应时间短，但氧化剂用量大，价格高。例如当用过氧化氢为氧化剂时，产品成本为催化氧化法的 3～4 倍。因此该法只能用于实验室制备。此外，一些小型净水剂厂及自产自用的厂家，也往往采用氯酸钠为氧化剂生产聚合硫酸铁。

2. 催化氧化法

催化氧化法一般是以亚硝酸钠为催化剂，以空气或氧气为氧化剂将硫酸亚铁氧化为高价铁，然后发生水解、聚合。从热力学上考虑，氧气能够将 Fe^{2+} 氧化为 Fe^{3+}，因此在 pH 值较低时，Fe^{2+} 较稳定，不易被氧化；在 pH 值较高时，Fe^{3+} 较稳定，Fe^{2+} 易被氧化。又从动力学考虑，此反应在酸性条件下非常缓慢。综合热力学和动力学上的原因，为了使 Fe^{2+} 能尽快转化为 Fe^{3+}，似乎应尽可能增大其 pH 值。但是在合成聚合硫酸铁的反应中，由于 Fe^{3+} 的浓度高于 160 g/L，并且其反应是在加热中进行，pH 值过高会促使反应过程中产生的 Fe^{3+} 发生强烈水解，析出热稳定性强且难溶于酸性溶液的黄色沉淀物，所以在合成中必须控制好溶液的酸度，一般控制 pH<1.6。如上所述，在这样低 pH 值的条件下反应很慢，为加快反应，引入了亚硝酸钠催化剂。但制备时仍需长达 17h 的反应时间，难于在工业上得到应用。为进一步加快反应，人们对催化氧化法的工艺进行了不断的改进，反应时间已能够减少到几个小时，甚至 1～2 h。这在节能降耗上取得了很大的成功，并最终使催化氧化法制备聚合硫酸铁（PFS）达到了产业化。

3. 聚合硫酸铁的实验室制备方法

(1) 聚合硫酸铁的过氧化氢合成法

$$2FeSO_4+H_2O_2+(1-n/2)H_2SO_4 = Fe_2(OH)_n(SO_4)_{3-n/2}+(2-n)H_2O \tag{2-15}$$

(2) 聚合硫酸铁的氯酸钾（钠）合成法

$$6FeSO_4+KClO_3+3(1-n/2)H_2SO_4 = 3[Fe_2(OH)_n(SO_4)_{3-n/2}]+3(1-n/2)H_2O+KCl \tag{2-16}$$

(3) 聚合硫酸铁的次氯酸钾(钠)合成法

$$2FeSO_4 + NaClO + 9(1-n/2)H_2SO_4 \longrightarrow Fe_2(OH)_n(SO_4)_{3-n/2} + (1-n/2)H_2O + NaCl \quad (2\text{-}17)$$

(四) 聚合硫酸铁的检测方法

1. 密度的测定

(1) 方法提要　由密度计在被测液体中达到平衡状态时所浸没的深度读出该液体的密度。

(2) 仪器设备

a. 密度计:刻度值为 0.001g/ cm^3。

b. 恒温水浴:可控制温度 (20±1)℃。

c. 温度计:分度值为 1℃。

d. 量筒:250～500mL。

(3) 测定步骤　将聚合硫酸铁试样(液体)注入清洁、干燥的量筒内,不得有气泡。将量筒置于 (20±1)℃的恒温水浴中,待温度恒定后,将密度计缓缓地放入试样中,待密度计在试样中稳定后,读出密度计弯月下缘的刻度(标有读弯月面上缘刻度的密度计除外),即为 20℃试样的密度。

2. 全铁含量的测定

重铬酸钾法:

a. 方法提要。在酸性溶液中,用氯化亚锡将三价铁还原为二价铁,过量的氯化亚锡用氯化汞予以除去,然后用重铬酸钾标准溶液滴定。反应方程式为:

$$2Fe^{3+} + Sn^{2+} \longrightarrow 2Fe^{2+} + Sn^{4+} \quad (2\text{-}18)$$

$$SnCl_2 + 2HgCl_2 \longrightarrow SnCl_4 + Hg_2Cl_2 \quad (2\text{-}19)$$

$$6Fe^{2+} + Cr_2O_7^{2-} + 14H^+ \longrightarrow 6Fe^{3+} + 2Cr^{3+} + 7H_2O \quad (2\text{-}20)$$

b. 分析步骤。液体产品称取约 1.5g 试样,固体产品称取约 0.9g 试样,精确至 0.001g,置于锥形瓶中,加水 20mL,加盐酸溶液 20mL,加热至沸,趁热滴加氯化锡溶液至溶液黄色消失,再过量 1 滴,快速冷却,加氯化汞溶液 5mL,摇匀后静置 1min,然后加水 50mL,再加入硫-磷混酸 10mL,二苯胺磺酸钠指示液 4～5 滴,用重铬酸钾标准滴定溶液滴至紫色(30s 不褪)即为终点。

c. 分析结果。以质量分数表示的全铁含量 X_1 按下式计算:

$$X_1 = \frac{V_c \times 0.05585}{m} \times 100 \quad (2\text{-}21)$$

式中,V 为试样所消耗的重铬酸钾标准滴定溶液的体积,mL;c 为重铬酸钾标准滴定溶液的浓度,mol/L;m 为试样的质量,g;0.05585 为与 1.00mL 重铬酸钾标准滴定溶液相当的、以克表示的铁的质量。

d. 允许差。取平行测定结果的算术平均值作为测定结果,两次平行测定结果的绝对差值不大于 0.1%。

3. 还原性物质(以 Fe^{2+} 计)含量的测定

(1) 方法提要　在酸性溶液中用高锰酸钾标准滴定溶液滴定。反应方程式为:

$$MnO_4^- + 5Fe^{2+} + 8H^+ \longrightarrow Mn^{2+} + 5Fe^{3+} + 4H_2O \tag{2-22}$$

（2）试剂和材料

a. 硫酸。

b. 磷酸。

c. 高锰酸钾标准滴定溶液：$c(1/5KMnO_4)=0.1mol/L$。将高锰酸钾标准滴定溶液[$c(1/5kMnO_4)=1.0mol/L$]稀释10倍，随用随配，当天使用。

（3）仪器设备　微量滴定管：1mL。

（4）分析步骤　称取约5g试样，精确至0.001g，置于250mL锥形瓶中，加水50mL，加入硫酸4mL，磷酸4mL，摇匀。用高锰酸钾标准滴定溶液滴定至微红色（30s不褪）即为终点，同时做空白试验。

（5）分析结果　以质量分数表示的还原性物质（以Fe^{2+}计）含量X_3按下式计算：

$$X_3=\frac{(V-V_0)c\times 0.05585}{m}\times 100 \tag{2-23}$$

式中，V为化学计量点时试样所消耗的高锰酸钾标准滴定溶液的体积，mL；V_0为化学计量点时空白所消耗的高锰酸钾标准滴定溶液的体积，mL；c为高锰酸钾标准滴定溶液的浓度，mol/L；m为试样的质量，g；0.05585为与1.00mL高锰酸钾标准滴定溶液[$c(1/5KMnO_4)=1.0mo/L$]相当的、以克表示的铁的质量。

（6）允许差　取平行测定结果的算术平均值作为测定结果，两次平行测定结果的绝对差值不大于0.01%。

4. 盐基度测定

（1）方法提要　在试样中加入定量盐酸溶液，再加氟化钾掩蔽铁，然后以氢氧化钠标准滴定溶液滴定。

（2）试剂和材料

a. 盐酸溶液：1∶3。

b. 氢氧化钠溶液：$c(NaOH)=0.1mol/L$。

c. 盐酸溶液：$c(HCl)=0.1mol/L$。

d. 氟化钾溶液：500g/L。称取500g氟化钾，以200mL不含二氧化碳的蒸馏水溶解后，稀释到1000mL，加入2mL酚酞指示剂并用氢氧化钠溶液或盐酸溶液调节溶液至微红色，滤去不溶物后贮存于塑料瓶中。

e. 氢氧化钠标准滴定溶液：$c(NaOH)=0.1mol/L$。

f. 酚酞乙醇溶液：10g/L。

（3）分析步骤　称取约1.5g试样，精确至0.001g，置于250mL锥形瓶中，用移液管准确加入25mL盐酸溶液，加20mL煮沸后冷却的蒸馏水，摇匀，盖上表面皿。在室温下放置10min，再加入氟化钾溶液10mL，摇匀，加5滴酚酞指示剂，立即用氢氧化钠标准滴定溶液滴定至淡红色（30s不褪）为终点。同时用煮沸后冷却的蒸馏水代替试样做空白试验。

（4）分析结果　以质量分数表示的盐基度X_5按下式计算：

$$X_5=\frac{\dfrac{(V_0-V)c\times 0.0170}{17.0}}{\dfrac{mX_4}{18.62}}\times 100=\frac{(V_0-V)c\times 0.01862}{mX_4}\times 100 \tag{2-24}$$

式中，V_0 为化学计量点时空白试验所消耗的氢氧化钠标准滴定溶液的体积，mL；V 为化学计量点时试样所消耗的氢氧化钠标准滴定溶液的体积，mL；c 为氢氧化钠标准滴定溶液的浓度，mol/L；m 为试样的质量，g；X_4 为试样中三价铁的质量分数，$X_4=X_1-X_3$ 或 $X_4=X_2-X_3$；0.0170 为与 1.00mL 氢氧化钠标准滴定溶液[c(NaOH)=1.00mol/L]相当的、以克表示的羟基（—OH）的质量；18.62 为铁的摩尔质量 M(1/3Fe)，g/mol。

(5) 允许差　取平行测定结果的算术平均值作为测定结果，两次平行测定结果的绝对差值不大于 0.2%。

5. pH 值的测定

(1) 试剂和材料

a. pH=4 的邻苯二甲酸氢钾缓冲溶液。

b. pH=6.86 的磷酸二氢钾-邻苯二甲酸氢钾缓冲溶液。

(2) 仪器设备

a. 酸度计：精度 0.1 pH。

b. 玻璃电极。

c. 饱和甘汞电极。

(3) 测定步骤　试样溶液的制备：称取 1.0 g 试样，置于烧杯中用水稀释，全部转移到 100mL 容量瓶中，稀释到刻度，摇匀。测定：用 pH=4 的邻苯二甲酸氢钾缓冲溶液和 pH=6.86 的磷酸二氢钾-邻苯二甲酸氢钾缓冲溶液定位后，将试样溶液倒入烧杯，将饱和甘汞电极和玻璃电极浸入被测溶液中，至 pH 值稳定时（1 min 内 pH 值的变化不大于 0.1）读数。

6. 不溶物含量的测定

(1) 试剂和材料

盐酸溶液：1∶49。

(2) 仪器设备

a. 电热恒温干燥箱：温度可控制为 105～110℃。

b. 坩埚式过滤器。

(3) 分析步骤　于干燥洁净的称量瓶中称取约 20g 液体试样，或 10g 固体试样，精确至 0.001g，移入 250mL 烧杯中。对液体试样，用水分次洗涤称量瓶，洗液并入盛试样的烧杯中，加水至约 100mL，搅拌均匀；对固体试样，用盐酸溶液分次洗涤称量瓶，洗液并盛入试样的烧杯中，加入盐酸溶液至总体积约 100mL，搅拌溶解，在（50±5）℃水浴中保温 15min。用已于 105～110℃干燥至恒重的坩埚式过滤器抽滤，用水洗涤残渣至滤液中不含氯离子（用硝酸银溶液检查）。把坩埚放入电热恒温干燥箱内，于 105～110℃下烘至恒重。

(4) 分析结果　以质量分数表示的不溶物含量 X_6 按下式计算：

$$X_6=\frac{m_1-m_2}{m}\times 100 \tag{2-25}$$

式中，m_1 为坩埚式过滤器连同残渣的质量，g；m_2 为坩埚式过滤器的质量，g；m 为试样的质量，g。

7. 砷含量的测定（二乙基二硫代氨基甲酸银光度法）

(1) 方法提要　样品中砷化物在碘化钾和酸性氯化亚锡作用下，被还原成三价砷。三价砷与锌和酸作用产生的新生态氢生成砷化氢气体。通过乙酸铅浸泡的棉花去除硫化氢的干扰，然后与二乙基二硫代氨基甲酸银作用成棕红色的胶体溶液，于530nm下测其吸光度。

（2）试剂和材料

a. 硫酸溶液：1∶9。

b. 硫酸溶液：1∶1。

c. 氢氧化钠溶液：100g/L。

d. 氯化亚锡盐酸溶液：400g/L。称取4g氯化亚锡（$SnCl_2 \cdot 2H_2O$），加盐酸10mL溶解，用水稀释至100mL，加入数粒金属锡粒，贮于棕色试剂瓶中。

e. 无砷锌粒。

f. 乙酸铅溶液：100g/L。溶解10g乙酸铅[$Pb(CH_3COO)_2 \cdot 3H_2O$]于100mL水中，并加入几滴$c(CH_3COOH)=6mol/L$的乙酸溶液。

g. 乙酸铅棉化：取脱脂棉花，用乙酸铅溶液浸泡2h后，使其自然干燥或于100℃烘箱中烘干后，保存于密闭的瓶中。

h. 二乙基二硫代氨基甲酸银-三乙醇胺三氯甲烷溶液（下称吸收液）：称取二乙基二硫代氨基甲酸银，用少量三氯甲烷溶解，加入2mL三乙醇胺；用三氯甲烷稀释至100mL，静置过夜，过滤，贮于棕色瓶中，置冰箱中于4℃保存。

i. 砷标准贮备液：准确称取0.1320g于硫酸干燥器中干燥至恒重的三氧化二砷，温热溶于1.2mL氢氧化钠溶液中，移入1000mL容量瓶中，稀释至刻度。此贮备液每1mL含有0.1g砷。

j. 砷标准溶液：吸取10mL砷标准贮备液于100mL容量瓶中，加1mL硫酸溶液a，加水稀释至刻度，混匀。临用时吸取此溶液10mL放于100mL容量瓶中加水稀释至刻度，此溶液1mL含有0.001g砷。

（3）仪器设备

a. 定砷器。

b. 分光光度计。

（4）分析步骤

a. 准确称取液体试样1.000g或固体试样0.600g，精确至0.0002g，放入定砷器的锥形瓶中，在另一定砷器的锥形瓶中，准确放入5.00mL砷标准溶液，分别加入3mL硫酸溶液b，用水稀释至100mL后，加碘化钾溶液（150g/L）2mL，静置2～3min，加氯化亚锡溶液1.0mL，混匀，放置15min。

b. 于带刻度的吸收管中分别加入5.0mL吸收液，插入塞有乙酸铅棉花的导气管，迅速向发生瓶中倾入预先称好的5g无砷锌粒，立即塞紧瓶塞，勿使漏气。室温下反应1h，最后用三氯甲烷将吸收液体积补充至5.0mL，在1h内于530nm波长下，用1.0cm吸收池分别测样品及标准溶液的吸光度。样品吸光度低于标准溶液吸光度为符合标准。同时，用试剂空白调零。

四、无机絮凝材料在水污染治理中的应用

无机絮凝剂因其成本低而广泛应用，按照分子量的不同可将无机絮凝剂分为高分子系和低分子系两大类，如氯化铝、氯化铁、硫酸铝和硫酸铁等属于低分子絮凝剂，其絮凝速度慢，絮状物小，腐蚀性强，在污水处理应用中效果不理想；如铝盐、铁盐水解产生的聚合氯化铝和聚合硫酸铁等属于高分子絮凝剂，现在市场上无机高分子类絮凝剂销售份额约占

80%以上，其中，聚合氯化铝约占60%～70%，聚合硫酸铁约占6%～8%，其他活化硅酸、钙盐、镁盐等约占2%～5%。其中，聚合氯化铝，又称PAC，相较于传统无机低分子混凝剂，它具有更多的高电荷，所以具有强烈的吸附能力和更强的中和能力，在污水处理中显示出卓越的絮凝效果。除此之外，PAC具有用量少、除浊率高、产生污泥少、对出水pH影响小等优势。刘丹等以聚合氯化铝为混凝剂，采用混凝法处理高浓度涤纶废水，实验结果表明，PAC可有效降低废水的悬浮物及有机物含量和生物毒性，其对浊度、COD、BOD_3和生物毒性的最高去除率分别为99.9%、92.8%、91.2%和99.2%。

目前，絮凝材料水处理技术领域已经取得了广泛的应用，市场调研发现，现今市场上的絮凝剂产品种类繁多，但综合功能良莠不齐，经过调研优选出市场上较为常用的新型复合硅酸铝和传统无机聚合氯化铝（PAC）以及聚合氯化铝铁进行在实际应用中的介绍。

（一）新型复合硅酸铝和聚合氯化铝在黑臭水体治理中的应用

新型复合硅酸铝絮凝剂主要以高纯度自然活性元素与硅酸铝复合形成新型材料，具有絮凝、离子交换、催化、吸附等功能，对有害有机物、富营养化元素、重金属等水体污染都能够起到治理作用。此外，部分新型复合硅酸铝絮凝剂还添加了一定量的稀土元素，能激活酶活性，通过一系列的化学过程、物理过程和生物过程进行综合治理。PAC是一种新兴无机高分子净水材料，由于氢氧根离子的架桥作用和多价阴离子的聚合作用，生产出的聚合氯化铝是分子量较大、电荷较高的一种水溶性无机高分子聚合物，对水中胶体和颗粒物具有高度电中和及桥联作用，并可强力去除有毒物质和重金属离子。同时，聚合氯化铝具有适应水域宽、水解速度快、吸附能力强、出水浊度低和脱水性能好等优点。

研究者在试验区水体中投加了复合硅酸铝和PAC，结果如图2-10所示，分别统计研究了对TN、NH_3-N浓度等的影响。TN的降低同水体中硝化与反硝化的交替作用相关。白天水体中藻类较强的光合作用释放大量O_2，使水体处于好氧状态，夜间藻类较强的呼吸作用消耗O_2，使水体处于缺氧状态；好氧环境下的硝化作用使得NH_3-N转化为硝态氮，厌氧环境的反硝化作用将硝态氮转化为N_2逸出水体，好氧-缺氧环境在水体中的交替使硝化与反硝化交互作用，降低了水体中的TN。NH_3-N浓度的降低可能有以下三点原因：其一，复合硅酸铝水处理剂具有较强的阳离子交换能力，能吸附NH_3-N（NH_4^+）并沉积于水底；其二，复合硅酸铝水处理剂中所含的镧、铈元素能与污染水体中NH_4^+和PO_4^{3-}生成难溶复盐$REE(NH_4)_3(PO_4)_2 \cdot 6H_2O$，水处理剂与复盐发生化学吸附并形成稳定的沉淀固定于水底，从而降低水体中NH_3-N浓度；其三，水体透明度改善后，藻类及微生物快速生长繁殖，消耗了水体中的氮元素，将氮素转化为自身生物量。投加PAC后絮凝效果明显，水体透明度大大增加，有效促进了水体中藻类的光合作用，使得白天好氧微生物快速生长繁殖，硝化作用强烈，晚间水体处于缺氧环境，反硝化作用比较强，如此交替作用使得水体中的NH_3-N含量和TN快速降低。由此可见，PAC与新型絮凝剂对NH_3-N和总氮均有较好的去除能力，天气状况对絮凝剂的使用效果影响很大。

图2-11为絮凝剂投加前后试验区水体COD的变化，可以看出在投加了新型复合硅酸铝后，在随后的六天内COD表现为快速升高，这主要是水体中绿藻的大量繁殖所致，而促使藻类快速增长的原因可能有：其一，新型复合硅酸铝投加后，水体透明度进一步改善，光照充足，藻类的光合作用开始加强，生物量开始累积；其二，新型絮凝剂中含有稀土元素镧和铈，能激活绿藻酶活性，促进绿藻的繁殖与生长；其三，水体富营养化，氮、磷含量丰富。

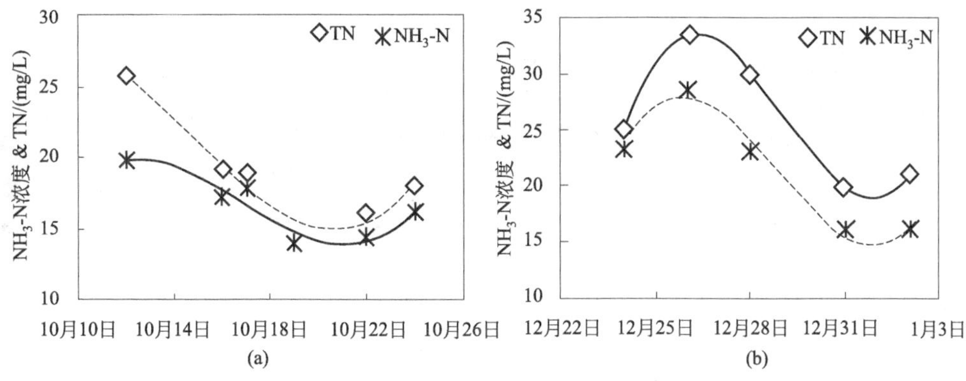

图 2-10 新型复合硅酸铝投加效果（a）和 PAC 投加效果（b）

而投加 PAC 后，试验区水体中 COD 呈明显下降趋势，六天内 COD 的去除率为 38.2%，主要原因是 PAC 有较好的吸附能力，具有较强的絮凝沉淀作用。因此，PAC 比新型絮凝剂更有利于去除试验区水体内的 COD。可以看出，通过投加新型絮凝剂后，试验区水体中 NH_3-N 浓度、TN 等指标显著降低，因为新型絮凝剂中所含的稀土元素还能促进微生物生长，也能与水体中的 N、P 等物质生成难溶的复盐，起到进一步提升水质的作用。此外，所含的稀土元素（镧和铈）能激活绿藻的酶活性，促进绿藻的繁殖与生长，从而有效降低水体 N、P 含量，绿藻的光合作用及呼吸作用在水体中营造出交替的好氧环境和厌氧环境，也有利于微生物的硝化作用和反硝化作用，使得 TN 快速降低。但是在去除水体中 COD 方面效果欠佳。而在投加 PAC 后表现出较强的絮凝沉淀效果，COD 的去除率在几天之内显著增大。故因针对不同区域的水体特性选择合适的絮凝材料，新型复合硅酸铝和 PAC 在处理黑臭水体中都会发挥相应的作用。

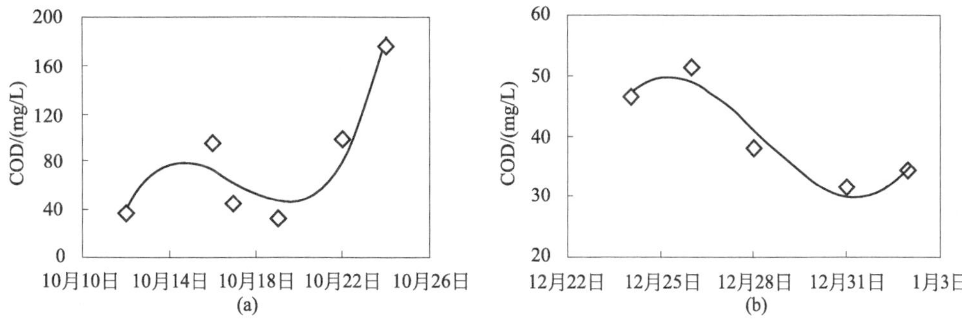

图 2-11 新型复合硅酸铝投加效果（a）和 PAC 投加效果（b）

（二）聚合氯化铝铁絮凝剂在焦化废水深度处理中的应用

焦化废水是煤高温干馏、煤气净化和化工产品精制过程中产生的工业有机废水，其化学成分极其复杂，含有酚类，多环芳香族化合物及含氮、氧、硫的杂环化合物等污染物，是一种典型难降解的工业废水。焦化废水是造成水体污染的重要污染源之一，其处理方法一直是当前有机废水处理行业的研究热点。学者为研究聚合氯化铝铁与其他絮凝剂对比的絮凝效果，取同批焦化废水，COD 为 207mg/L，色度为 100 倍，pH 值为 6.7。分别加入 PAC、PFS、硫酸铝、天然高分子化合物絮凝剂和自制聚合氯化铝铁进行絮凝试验，各絮凝剂投加量均为200mg/L，絮凝效果如图2-12所示。

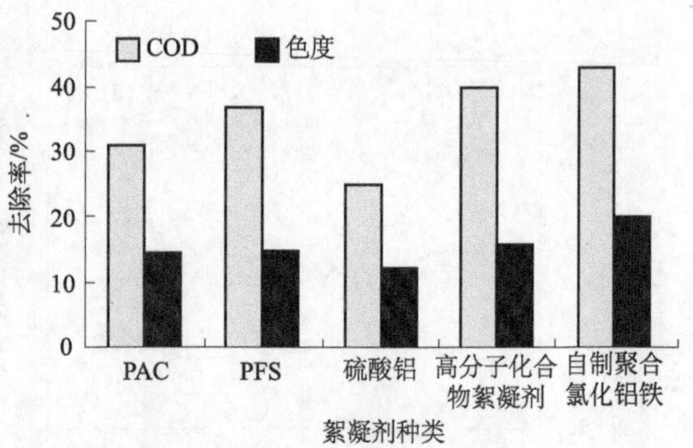

图2-12　不同絮凝剂效果对比

由图2-12可知，自制聚合氯化铝铁絮凝剂对COD、色度的去除效果均优于其他絮凝剂。这是因为自制絮凝剂是在PAC基础上引入铁盐，同时具备了铝盐絮凝性能好、铁盐絮凝剂沉降速度快、絮体密实等优点。另外，絮凝剂的聚合度及分子量是影响絮凝效果的重要因素，随着聚合度及分子量的提高，絮凝剂的吸附架桥能力大大提高。综合分析，自制聚合氯化铝铁絮凝剂中含有铝、铁等元素，在絮凝过程中两种因素协同增效，因此在焦化废水的絮凝处理中表现出优异的性能。

第三节　人工合成的有机絮凝材料

一、有机絮凝剂的结构与性能

（一）合成有机高分子絮凝剂的聚电解质结构特点

合成有机高分子絮凝剂是水溶性聚合物的重要品种之一，其分子量在10^3～10^7之间，由于聚合物分子中带有各种官能团，能溶于水而具有电解质的明显特征。

对于聚合物的平均分子量及分子量的分布而言，所有聚合物都由不同链长的分子组成，一般用平均分子量表征平均链长，其大小与聚合物的凝聚能力有直接关系。而具有相同平均分子量的两种聚合物，由于其分子量的分布情况不同，可能具有不同的凝聚能力。

对于平均离子电荷密度与聚合物的相对活性而言，采用不同离子类型的单体以不同比例混合，通过共聚反应可制备得到各种不同电荷密度的共聚物，该聚合物的离子电荷密度会影响聚合物在微粒上的吸附，即影响其絮凝活性。通过各种聚合反应也可以制备不同分子量、官能团、骨架结构、分子几何形状、构造等的有机聚电解质，使其在固液相分离过程中具有更好的絮凝作用效果。由于聚电解质兼具多种特性，其性质不仅有单一电解质的特性，如导电性，可以与反离子交换结合，它们同时还具有一般高分子的特性，如吸附及流体动力学的性质等。例如，聚丙烯酰胺按离子特性可以分为阳离子型、阴离子型、非离子型和两性型四种，这些聚合物可以是均聚物，也可以是共聚物。阳离子型聚丙烯酰胺主要用于水处理，阴离子型聚丙烯酰胺用于造纸、水处理，两性型聚丙烯酰胺主要用于污泥脱水处理。

（二）絮凝剂活性基团结构对性能的影响

离子型的絮凝剂与水中微粒表面可靠静电力在双电层中吸附，这时微粒表面及絮凝剂离子的电性决定作用行为；絮凝剂极性基的化学活性也决定对微粒作用的选择性和牢固程度；此外在许多情况下絮凝剂的吸附是靠氢键力，这时有关氢键形成的条件也影响作用的强弱。

（三）絮凝剂分子量大小及长链结构对性能的影响

对于分子量大小而言，分子量大的有机絮凝剂，分子量为10^5～10^6，通常分子量愈大，分子链愈长，絮凝效果也愈好。据研究，絮凝剂分子量加大，它在微粒表面的吸附速度加快，降低表面ζ电位的能力也提高。这是由于聚合物链加长后，对微粒作用的范德华力增大，同时所带极性基数目也增多。与此相反，分子量较小的有机聚合物（如分子量为10^4或10^3以下时），在微粒表面吸附后，因链不太长不但不足以发生桥连作用，而且亲水的或多个带相同符号电荷的极性基团朝向微粒外，使微粒间反而产生斥力不能兼并，也就是发生分散作用，在这种情况下，在一定范围内，聚合物的分子量愈小，分散作用愈好。

对于聚合物链弯曲性而言，不但聚合物链的长短对性能有影响，链的可弯曲程度也对性能有影响。对于脂肪烃基长链，即所谓“柔性”长链，在链上的各极性基彼此之间由于氢键的作用使分子卷曲成团状，则降低絮凝剂的作用；对于“刚性”的长链，如纤维素、淀粉等长链，则很少发生这种情况。

二、主要有机絮凝剂的制备方法

（一）聚丙烯酸酯季铵盐型絮凝剂的制备

季铵盐型聚合物是一种一剂多效的水处理剂，不仅具有絮凝作用，而且还有强效的杀菌作用，当分子量范围不同时，该阳离子絮凝剂对污垢也有很好的分散阻垢作用，在酸性条件下对碳钢等材质具有非常明显的缓蚀效果。

$$\underset{\displaystyle COOCH_3}{CH_2{=}CH} + HO{-}CH_2CH_2{-}N\begin{smallmatrix}R^1\\R^2\end{smallmatrix} \xrightarrow{-CH_3OH} \underset{\displaystyle COOCH_2{-}CH_2{-}N\begin{smallmatrix}R^1\\R^2\end{smallmatrix}}{CH_2{=}CH} \xrightarrow{R^3X}$$
$$\underset{\displaystyle COOCH_2{-}CH_2{-}\overset{R^1}{N^+}{-}R^2}{CH_2{=}CH} \xrightarrow{聚合} \underset{\displaystyle COOCH_2{-}CH_2{-}\overset{R^1}{\underset{R^3}{N^+}}{-}R^2}{{+}CH_2{-}CH{+}_n} \tag{2-26}$$

式中，R^1、R^2、R^3均为C_4以下烷基。

（二）聚胺类絮凝剂的合成途径

阳离子絮凝剂对水体中带负电荷的胶体颗粒具有强烈的吸附作用和电荷中和作用，且非极性基团具有一定的疏水作用，明显改变胶体颗粒表面的界面状态和表面能，胶体脱稳能力和沉降性能都显著提高。目前阳离子聚丙烯酰胺、二烯丙基二甲基胺类聚合物以及丙烯酰胺氯化二烯丙基二甲基铵共聚物等是应用最广泛的阳离子合成高分子絮凝剂。

$$nH_2N{-}R{-}NH_2 + nCH_2O \longrightarrow {+}NH{-}R{-}NH{-}CH_2{+}_m$$
$$n\underset{\backslash O/}{CH_2{-}CH}{-}CH_2Cl + nNH\begin{smallmatrix}R^1\\R^2\end{smallmatrix} \longrightarrow {+}CH_2{-}\underset{OH}{CH}{-}CH_2{-}\overset{R^1}{\underset{R^2}{N^+}}{+}_n$$
$$\underset{\displaystyle CO{-}NH_2}{{+}CH_2{-}CH{+}_n} \xrightarrow[NaOH]{NaClO} \underset{\displaystyle NH_2}{{+}CH_2{-}CH{+}_n} \tag{2-27}$$
$$n\,\begin{smallmatrix}R^1\\R^2\end{smallmatrix}N + \begin{matrix}CH_3{-}CH{=}CH_2\\CH_3{-}CH{=}CH_2\end{matrix} \xrightarrow[环合聚合]{引发剂} \left[\text{环状结构：}R^1,R^2\text{连于}N^+\text{，}N^+\text{经两个}CH_2\text{连于}CH\text{与}CH{-}CH_2\text{，两}CH\text{间以}CH_2\text{相连} \right]_n$$

式中，R^1、R^2、R^3 均为 C_4 以下烷基。

（三）部分水解的聚丙烯酰胺

已经商品化并具较强竞争力的阴离子型有机高分子絮凝剂是部分水解的聚丙烯酰胺（PAM），或者称作AM-丙烯酸共聚物。其制备方法一般有两种：一是采用后处理法使PAM部分水解，反应式如下：

$$\cdots\left[\mathrm{CH_2-CH}\left(\mathrm{C{=}O}\right)\left(\mathrm{NH_2}\right)\right]_{m+n}\cdots + n\mathrm{H_2O} \xrightarrow[\text{加热}]{\text{催化剂}} \cdots\left[\mathrm{CH_2-CH}\left(\mathrm{C{=}O}\right)\left(\mathrm{NH_2}\right)\right]_{m}\cdots\ \cdots\left[\mathrm{CH_2-CH}\left(\mathrm{C{=}O}\right)\left(\mathrm{OH}\right)\right]_{n}\cdots + n\mathrm{NH_3}\uparrow \tag{2-28}$$

二是AM与丙烯酸通过溶液、乳液或丙酮水溶液沉淀三种方法，制备AM-丙烯酸共聚物产品。

$$\cdots\left[\mathrm{CH_2-CH}\left(\mathrm{C{=}O}\right)\left(\mathrm{NH_2}\right)\right]_{m}\cdots + \cdots\left[\mathrm{CH_2-CH}\left(\mathrm{C{=}O}\right)\left(\mathrm{OH}\right)\right]_{n}\cdots \xrightarrow{\text{引发剂}} \cdots\left[\mathrm{CH_2-CH}\left(\mathrm{C{=}O}\right)\left(\mathrm{NH_2}\right)\right]_{m}\cdots\ \cdots\left[\mathrm{CH_2-CH}\left(\mathrm{C{=}O}\right)\left(\mathrm{OH}\right)\right]_{n}\cdots \tag{2-29}$$

（四）丙烯酸钠-乙烯醇共聚物制备

该产品是将丙烯酸甲酯和醋酸乙烯酯共聚，然后将合成的共聚物在氢氧化钠的作用下进行水解，生成丙烯酸钠-乙烯醇共聚物，通过调节 m 和 n 的比例来控制共聚物的电荷密度，反应过程如式(2-30) 所示。

$$m\mathrm{CH_2{=}CH}\left(\mathrm{C{=}O}\right)\left(\mathrm{OCH_3}\right) + n\mathrm{CH_2-CH}\left(\mathrm{O}\right)\left(\mathrm{C{=}O}\right)\left(\mathrm{CH_3}\right) \xrightarrow{\text{引发剂}} \cdots\left[\mathrm{CH_2-CH}\left(\mathrm{C{=}O}\right)\left(\mathrm{OCH_3}\right)\right]_{m}\cdots\ \cdots\left[\mathrm{CH_2-CH}\left(\mathrm{O}\right)\left(\mathrm{C{=}O}\right)\left(\mathrm{CH_3}\right)\right]_{n}\cdots \xrightarrow[\text{水解}]{\mathrm{NaOH}} \cdots\left[\mathrm{CH_2-CH}\left(\mathrm{C{=}O}\right)\left(\mathrm{ONa}\right)\right]_{m}\cdots\ \cdots\left[\mathrm{CH_2-CH}\left(\mathrm{OH}\right)\right]_{n}\cdots \tag{2-30}$$

（五）聚苯乙烯磺酸钠的合成

当聚苯乙烯苯环上的氢原子被其他基团取代时，能够形成一系列的衍生物，如聚甲基苯乙烯磺酸钠、聚乙基苯乙烯磺酸钠等，它们都是良好的絮凝剂，合成方法亦相同。聚苯乙烯磺酸钠的制备反应如式(2-31) 所示。

$$\left[\mathrm{CH}(\mathrm{C_6H_5})-\mathrm{CH_2}\right]_m + m\mathrm{H_2SO_4} \longrightarrow \left[\mathrm{CH}(\mathrm{C_6H_4SO_3H})-\mathrm{CH_2}\right]_m + m\mathrm{H_2O}$$

$$\left[\mathrm{CH}(\mathrm{C_6H_4SO_3H})-\mathrm{CH_2}\right]_m + m\mathrm{NaOH} \longrightarrow \left[\mathrm{CH}(\mathrm{C_6H_4SO_3Na})-\mathrm{CH_2}\right]_m + m\mathrm{H_2SO_4} \qquad (2\text{-}31)$$

一般情况下，磺酸基团在乙烯基的对位上，因为在乙烯基的存在下，对位氢原子易发生取代反应，可按需要控制磺酸基团含量，也可以通过苯乙烯和苯乙烯磺酸共聚反应制备较高分子量的产品，并通过原料配比来控制分子中磺酸基团的含量。

三、有机絮凝剂在水污染治理中的应用

（一）丙烯酰胺类絮凝剂

有机絮凝剂因其分子上的链节与水中胶体微粒有极强的吸附作用，絮凝架桥能力较强，因此絮凝性能优异。有机高分子絮凝剂大致分为天然改性类有机高分子絮凝剂和人工合成类有机高分子絮凝剂。天然改性类有机高分子絮凝剂目前研究最多的是淀粉衍生物、木质素衍生物、天然胶衍生物等化学天然改性类高分子絮凝剂，而人工合成类有机高分子絮凝剂目前研究的有阴离子型，包括聚丙烯酰胺（PAM）和聚丙烯酸钠（PAA）；阳离子型，包括季铵盐基、喹啉鎓离子基和吡啶鎓离子基；非离子型，包括非离子型聚丙烯酰胺和聚氧化乙烯（PEO）等。王瑞制备了聚丙烯酸共聚物有机絮凝剂（PAMDX）并对辽河油田污水进行了絮凝性能实验。实验结果表明，PAM、PAC 等絮凝剂使用剂量为 80～120g/mL 时才会有较好的絮凝效果，但是透光率依然较差。而 PAMDX 的使用剂量仅为 7g/mL 左右就可以达到最佳的絮凝性能。并且，COD 去除率、污油去除率都可以达到 90%以上，透光率最高可以达到 70%，污水处理效果十分明显。

聚丙烯酰胺分子中含有 10^5～2×10^5 个—$\mathrm{CONH_2}$ 官能团，它既是亲水基团，又是吸附基团，在水处理中主要用作辅助絮凝剂。其机理是通过分子链中特有的—$\mathrm{CONH_2}$ 官能团与悬浮物发生吸附架桥作用，增大絮体矾花的尺寸，利于其快速沉降而去除；其絮凝效果与聚合物的分子量密切相关。提高聚合物分子量，有利于增加絮凝剂在水相的流体力学尺寸或体积，从而提高絮凝网捕能力，有效降低絮凝剂的使用浓度，提高絮凝效果。

阳离子型聚丙烯酰胺（简称 CPAM）对水溶液介质中的各种悬浮微粒都有极强的絮凝沉降效能，特别是对那些带有负电荷的胶体溶液微粒更显示出其优越性。CPAM 的优良絮凝沉降效能包括以下三个方面：①通过电中和使带负电的悬浮微粒失去分散稳定性。②通过“架桥”作用使悬浮微粒聚集成大颗粒而加速其沉降，且形成的聚集体较无机絮凝剂所形成的絮凝聚集体更加紧密牢固，因而有利于机械脱水。③与带负电荷的溶解物反应，生成不溶物沉淀。

聚二甲基二烯丙基氯化铵（PDMDAAC）和丙烯酰胺的共聚物是一种带有阳离子基团的线型水溶性高聚物，它大分子链上所带的正电荷密度高，水溶性好，絮凝能力强，具有较好的吸附性、抗剪切性、耐温性、耐酸碱性，在污水处理中用量少，不污染环境，所以广泛应用于油田污水处理。唐善法以二甲基二烯丙基氯化铵和丙烯酰胺为原料，采用反相悬浮聚合法合成了DMDAAC/AM絮凝剂，对胜利油田孤岛采油厂孤1-17-718井聚合物驱产出污水进行了试验。从试验数据得出，DMDAAC/AM絮凝剂（JHT絮凝剂）具有很好的絮凝除浊效果，明显优于国产和法国产的聚丙烯酰胺絮凝剂，且对不同的悬浊液体系均具有较好的适应性。

（二）两性离子型高分子絮凝剂

两性高分子絮凝剂是高分子链节上同时含有正、负两种电荷基团的水溶性聚合物，适用于处理带不同电荷的污染物，具有pH值适应范围宽，抗盐性好，絮凝、沉降脱水能力强等应用特点。特别对污泥脱水，不仅有电性中和、吸附桥联作用，而且有分子间的“缠绕”包裹作用，使处理的污泥颗粒粗大，脱水性好，即使是对不同性质的不同腐败程度的污泥，也能发挥较好的脱水助滤作用，因而成为近十年来油田污水处理用高分子絮凝剂的开发热点。目前主要分为两类：化学合成类两性高分子絮凝剂和天然改性类两性高分子絮凝剂。

有机高分子絮凝剂的生产和应用虽然已经取得了较大的进步，但其生产使用过程中的不安全性和给环境造成的二次污染仍应引起人们的重视。有资料表明，目前使用较多的聚丙烯酰胺，虽然完全聚合的聚丙烯酰胺没有多大问题，但其聚合单体丙烯酰胺却具有强烈的神经毒性，并且还是强的致癌物，所以聚合过程中单体的残留仍是一个令人担忧的问题。天然有机高分子絮凝剂以其优良的絮凝性、不致病性及安全性、可生物降解性，正引起世人的高度重视，但其使用量远小于有机合成高分子絮凝剂，原因是其电荷密度小，分子量较低，且易发生生物反应而失去絮凝活性。如果将天然高分子絮凝剂进行改性，则其产品与合成的有机高分子絮凝剂相比较，具有选择性大、无毒、价廉等显著优点。天然有机高分子絮凝剂以其优良的絮凝性、不致病性及安全性、可生物降解性，在水处理的应用中必将拥有广阔的应用前景。

第四节 天然絮凝材料

一、天然无机絮凝材料

黏土矿物是自然界的基本组成单元，并且参与其中的物质循环和自然净化过程。黏土矿物颗粒具有较大的比表面积和一定的离子交换容量，并带电荷。各种黏土矿物已在很多领域被用作吸附剂。

黏土矿物作为一种天然的藻絮凝剂，不仅具有较高的效能，而且来源充足，成本低廉，无毒无污染，对非藻华生物的影响也较小，被认为是一种治理赤潮的天然凝聚剂，在国际上受到高度重视。各国从实验室到养殖场，乃至天然水域均做了大量的实验研究，其中研究和试用最多的是东亚的日、韩、中等国。黏土矿物对赤潮生物的凝聚作用与其种类、结构和表面性质等因素有关，其中蒙脱石的凝聚作用最强。其去除率高低与黏土溶液能否和赤潮生物形成“絮状物”以及形成“絮状物”的大小有关，通常悬浮粒子表面电荷愈多，形成“絮状物”愈大，去除率愈高。

对于黏土絮凝除藻的机理，一般认为黏土-藻细胞絮凝体系具有一般颗粒絮凝体系的特点。根据DLVO絮凝理论，相互絮凝颗粒间的范德华引力和静电斥力是它们能否结合以及结合是否紧密的基本因素（这两种作用力取决于不同颗粒的荷电性等性质，以及溶液的pH、离子强度等条件）。而絮凝颗粒的形状、粒度、密度等性质和絮凝体系的水动力学性质都影响着它们在絮凝过程中的碰撞概率。具体到黏土-藻细胞体系的絮凝机理，各国学者都主要集中在考虑黏土和藻细胞颗粒的电性和粒度性质等方面。

目前黏土絮凝除藻领域中存在的主要问题是：在实际应用时须大量投撒黏土，最低有效投加量仍然太高（>0.1g/L），由此给大面积治理赤潮带来了原料用量和淤渣量过大的问题；有待进一步发现黏土-藻絮凝独特的作用机理，以指导寻找更高效的黏土和更有效的黏土改性方向；研究和应用多集中于海水赤潮，对于淡水水华的黏土絮凝则鲜见报道。总之，黏土矿物絮凝法的优点使之成为目前国际上较为推崇的、很有发展潜力的应急除藻方法，在有关基础性研究的基础上，应进一步开发和应用这种方法。

二、天然有机絮凝材料

有机高分子絮凝剂与无机絮凝剂相比，具有高效、pH 值适用范围广，受盐类及环境因素影响小，污泥量少，处理效果好等优良性能，应用范围十分广泛。有机高分子絮凝剂主要分为两大类，即天然高分子絮凝剂和合成有机高分子絮凝剂。天然高分子絮凝剂由于原料来源广泛、价格低廉、无毒、易生物降解等特点显示了良好的应用前景，可以是纯天然的，但更多的是以天然产物为主的、经化学改性而成的。目前常用的天然高分子絮凝剂的主要品种有纤维素衍生物类、淀粉衍生物类、半乳甘露聚糖类、微生物多糖类及动物骨胶类五大类。除此之外，还有甲壳质、海藻酸钠及单宁等。

（一）纤维素衍生物类絮凝剂

纤维素可以通过改性获得具有特殊性能的纤维素衍生物。纤维素改性产品主要是指纤维素分子链中的羟基与化合物发生酯化或醚化反应后的生成物，包括纤维素醚类、纤维素酯类以及酯醚混合衍生物类。此外还有纤维素的接枝共聚产物、季铵盐醚化产物等。经过改性后的纤维素，其功能的多样性和应用的广泛性都得到了很大提高，并且纤维素功能材料所具有的环境协调性，使其成为目前材料研究中最为活跃的领域之一。

1. 羧甲基纤维素钠（CMC-Na）

CMC-Na 是应用最为广泛的一种纤维素衍生物，作为絮凝剂使用，可用于废水净化处理及污泥处理，其结构如图 2-13 所示。CMC-Na 是以纤维素、烧碱和氯乙酸为主要原料制成的一种高聚合度纤维素醚，化合物分子量从几千到百万不等。CMC 分子呈现出线性结构。衡量 CMC-Na 质量的主要指标是取代度（DS）和聚合度（DP）。取代度是指连接在每个纤维素单元上的羧甲基钠基团的平均数量。纤维素分子上的葡萄糖酐有 3 个醇羟基：1 个伯醇羟基和 2 个仲醇羟基。3 个醇基都能与氯乙酸钠发生反应。伯醇基团反应活性最大，因此取代基首先会取代此基团使反应物分子变长。取代度的最大值是 3，但在工业上用途最大的是取代度为 0.5～1.2 的 CMC-Na。聚合度指纤维素链的长度，决定着其溶液黏度的大小。纤维素链越长，溶液的黏度越大，CMC-Na 溶液也是如此。

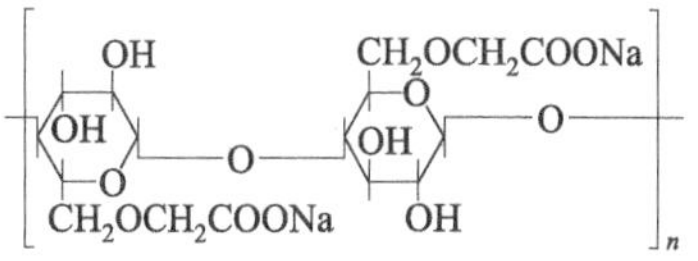

图 2-13 羧甲基纤维素钠（CMC-Na）结构

(1) CMC-Na 的性质　CMC-Na 产品为白色或微黄色纤维状粉末或颗粒。无味、无臭、无毒，具有吸湿性。相对密度 1.60，薄膜相对密度 1.59，2% 溶液相对密度

1.0088，比容 $0.618cm^3/g$，折射率 1.515。加热至 190～205℃时呈褐色，炭化温度 235～248℃。具有润湿性，可溶于水成为透明黏稠的胶体溶液。遇碱金属和铵离子可生成可溶性盐。在硬水中有较大浓度的钙离子存在时，会阻止 CMC-Na 全黏度的发展，从而使它分散呈雾状；在更高浓度时，钙离子可使 CMC-Na 从溶液中沉淀出来。CMC-Na 虽然是一种非常亲水的聚合物，但与许多其他水溶性聚合物相比，更能耐受碱金属盐。

(2) CMC-Na 的制备方法　CMC-Na 是由氯（代）醋酸或氯（代）醋酸钠盐与碱纤维素反应制得，制备过程中主要化学反应为：

$$3[C_6H_7O_2(OH)_3]+nNaOH \longrightarrow [C_6H_7O_2(OH)_2ONa]_n+nH_2O \tag{2-32}$$

碱化，即纤维素与碱水溶液反应生成碱纤维素，碱纤维素与一氯乙酸（或钠盐）进行醚化反应：

$$[C_6H_7O_2(OH)_2ONa]_n+nClCH_2COONa \longrightarrow [C_6H_7O_2(OH)_2OCH_2COONa]_n+nNaCl \tag{2-33}$$

CMC-Na 通常采用淤浆法生产，用短链醇、酮或混合溶剂，如乙醇、丙醇、丁醇、丙酮、或乙醇/丙酮作为稀释剂，以改善多相醚化反应的均匀性。用异丙醇作为反应稀释剂。目前，CMC-Na 工业化生产主要有以下两种方法，即水媒法和溶媒法。

① 水媒法。水媒法是以水溶液为反应介质，工艺流程和设备较为简单。将纤维素在搅拌下与碱液充分混合进行碱化，然后加入氯醋酸钠并升温醚化，再经保温、熟化、烘干、粉碎等步骤，即可得到产品。

② 溶媒法。溶媒法与水媒法相类似，只是溶媒法先将纤维素分散于有机稀释剂中，然后在同一设备里先加碱液进行碱化，再加氯醋酸钠液进行醚化；最后经离心、洗涤、烘干并粉碎而成产品。溶媒法制 CMC-Na 中的有机稀释剂作用是使纤维素碱化和醚化在淤浆中进行，它们能促进药液对纤维素扩散和渗透，加快反应速率，提高主反应速率及产物均匀性、透明度和溶解度。

溶液法是一种均相法新工艺，近年来，可使纤维素溶解又不使其本身发生变化的新的溶剂体系不断涌现，促进了均相醚化反应的研究和开发。20 世纪 80 年代德国和美国的公司分别采用 *N*-甲基吗啉-*N*-氧化物和 *N*,*N*-二甲基乙酰胺/氯化锂溶剂体系制备 CMC-Na，但是目前均相法仍处于实验室研究阶段。

(3) CMC-Na 的应用　CMC-Na 水溶液具有许多优良性质，如化学稳定性好，不易腐蚀变质，对生理完全无害。广泛应用于食品、乳酸奶及酸性饮料，具有良好的增稠、乳化、赋形、膨化、稳定、保鲜等功能。作为絮凝剂使用，主要用于废水的污泥处理，可以提高滤饼的固体含量，与阳离子絮凝剂如聚乙烯亚胺配伍，可进一步降低滤饼中的水分。

2. 黄原酸纤维素

黄原酸盐，又名黄药，是一类具有通式 S═C—SR^1（OR^2）的化合物，其中 R^1 除烃基外还可以是钾或钠。以二硫化碳为基本原料，与乙醇、碱反应即得黄原酸酯 ROC（═S）SM（M═K 或 Na），它继续反应毋须分离，加卤代烃即得黄原酸酯 ROC（═S）SR′。用作有机合成中间物。

(1) 黄原酸纤维素的制备方法　纤维素与二硫化碳形成的酸性酯即黄原酸纤维素。由于二硫化碳的反应速率较慢，一般先将它与 NaOH 反应，生成高反应性能的离子化水溶性物质——二硫代碳酸酯。该酯继续与纤维素反应，生成黄原酸纤维素。主要反应如下：

$$CS_2+NaOH \longrightarrow HCS_2ONa \tag{2-34}$$

$$HCS_2ONa+Cell-OH \longrightarrow Cell-OCS_2Na+H_2O \tag{2-35}$$

$$HCS_2ONa + NaOH \longrightarrow CS_2O^{2-} + 2Na^+ + H_2O \quad (2\text{-}36)$$

溶于碱中的二硫化碳也可以直接与碱纤维素生成黄原酸酯：

$$NaOH + CS_2 + Cell{-}OH \longrightarrow Cell{-}OCS_2Na + H_2O \quad (2\text{-}37)$$

反应的初始阶段，在纤维素的无定形区，黄原酸化非常迅速，而吸附于纤维素结构基元的 CS_2 则以相当缓慢的速度，在纤维素的有序区发生黄原酸化反应。通常的技术条件下，约有 75%的 CS_2 用于黄原酸化反应，而 25%的 CS_2 则消耗于副反应。主、副反应的速率大致相等，当反应液呈橘黄色，即生成三硫代碳酸钠时，便意味着反应已达终点。

黄原酸纤维素钠盐是一种不稳定的中间体，由于 O、S 都是Ⅵ族元素，价电子层分别为 $2s^22p^4$ 和 $3s^23p^4$，具有孤对电子，且 O、S 电负性较强，Na^+ 电荷数少，半径大，离子极化力弱，形成的螯合物不稳定，经过一定时间会发生分解。故作为一种水处理剂，必须进行转型处理，使其钝化。一般采用硫酸镁处理反应生成的黄原酸纤维素钠盐，转型生成镁盐。Mg^{2+} 与黄原酸纤维素中螯合性很强的 O 和 S 原子形成较稳定的螯合物，从而增长了产品的储存期和使用期。

$$2Cell{-}OCS_2Na + Mg^{2+} \longrightarrow (Cell{-}OCS_2)_2Mg + 2Na^+ \quad (2\text{-}38)$$

在我国农村，稻草资源丰富，但基本上仅用于肥田。甘蔗渣作为糖业加工的主要副产品，主要成分为纤维素，一般用于造纸和制纤维板，但利润较低。全世界每年生产甘蔗渣达 2.5 亿吨，我国年产甘蔗渣约 600 万吨。利用稻草或者甘蔗渣制备黄原酸酯，变废为宝用作水处理剂，利润将大大增加，因此引起了人们极大的兴趣。

① 稻草黄原酸酯的制备。取一定量的稻草，切碎后加入氢氧化钠反应废液中，室温下浸泡 1d，压滤后加入一定量的二硫化碳，密封搅拌一定时间，再加入稳定剂，搅拌均匀后放置过夜，水洗至 pH＝8～9，即得湿产品，可用来处理废水。将湿产品真空干燥后即可得到干产品。实验室中将制备的稻草碱化纤维放入三口烧瓶中，加 300mL 10% NaOH 溶液，滴加 15mL CS_2，在 30℃下反应 1.5h，加入 400mL 5%的 $MgSO_4$ 溶液，搅拌 5min，过滤，滤饼用稀镁盐、乙醇洗涤，干燥得稻草黄原酸酯固体。

② 甘蔗渣黄原酸酯的制备。甘蔗渣经粉碎、过筛、洗涤后，其纤维素与一定浓度的氢氧化钠溶液碱化交联，在一定的条件下与二硫化碳进行磺化反应，经转型、洗涤、干燥，可制得镁盐纤维素黄原酸酯。实验室中将制备的甘蔗渣碱化纤维放入三口烧瓶中，加 400mL 10%的 NaOH 溶液，滴加 15mL CS_2，在 30℃下反应 1.5h，加入 400mL 5%的 $MgSO_4$ 溶液，搅拌 5min，过滤，滤饼用稀镁盐、乙醇洗涤，干燥得甘蔗渣黄原酸酯固体。

有人认为，甘蔗渣属多年生植物，质地松软的蔗髓中含有大量的非纤维素细胞，采用通常的蒸煮方法，这些非纤维素物质会与蒸煮液发生化学反应，不仅造成化学试剂浪费，且使后处理复杂、困难。如利用蒸汽闪爆对甘蔗渣进行预处理，经纯化洗涤得 α-纤维素含量较高的处理物，再对其进行黄原酸酯化和钝化处理，则能得到一种高效的、可储存的、可有效处理含金属离子的污水处理剂。闪爆过程即将甘蔗渣加入调节好参数的闪爆器中，通入一定压力的饱和蒸汽达到规定预定值后，进行保压，而后迅速泄压、闪爆、收集、整理、洗涤，最后将闪爆后的物料进行黄原酸酯化及其他处理。研究结果表明，蒸汽闪爆是一种高效的、经济的、无污染的预处理技术，中间产物 α-纤维素含量可提高 20%左右，对含硫量高的纤维素黄原酸酯的制备有利。此方法制得的纤维素黄原酸酯处理含重金属废水效果好，溶液中金属的残余量远低于国家的排放标准，水质变得清澈，可回收再利用，且生产工艺简单，用于废水的处理具有较好的前景。

（2）黄原酸纤维素的应用　黄原酸纤维素是一种高分子水处理剂，用于处理金属废水、回收贵重金属具有较理想的效果。黄原酸纤维素盐的用量、pH 值和反应时间等因素对其处理效果有较大的影响，在使用时应注意这几个因素的控制。处理废水后的黄原酸纤维素残渣可填埋，也可用硫酸或硝酸浸泡，进行重金属的回收，达到资源综合利用的目的。尤其是在我国，稻草、甘蔗渣资源丰富，如能变废为宝，实现稻草或甘蔗渣制备黄原酸纤维素水处理剂工艺，可获得较好的经济效益与社会效益。

黄原酸纤维素钠-镁盐是一种阴离子型低聚合度的高分子絮凝剂，它不仅对金属离子有较好的去除效果，同时对悬浮物、色度也有一定的去除效果。黄原酸纤维素处理废水的最佳pH值为2，pH值为4以下均有较好的处理效果，中性和碱性废水使黄原酸纤维素失去作用。因此，对于酸性废水的处理可降低成本，如化肥、电镀、黄磷等生产废水的pH值一般在4以下，在调节废水pH值时无需消耗过多的盐酸。同时，黄原酸纤维素用于处理实验室分析废水更加简单易行。一般的实验室均备有废水临时贮备桶，当废水积累达桶容积的2/3时，用盐酸调节pH值，再加入适量的黄原酸纤维素钠-镁盐乳液，充分混匀，沉淀后上清液即可排入下水道。黄原酸纤维素的原料来源广泛，生产工艺较简单，是一种廉价的废水处理剂，具有较好的开发应用前景。

（二）淀粉衍生物类絮凝剂

天然淀粉经过化学、物理、生物等处理改变了淀粉分子中某些D-吡喃葡萄糖单元的化学结构，从而改变了淀粉的性质，经过这种变性处理的淀粉通称为变性淀粉或淀粉衍生物。根据淀粉衍生物所带电荷的情况，可以将淀粉衍生物絮凝剂分为阳离子型、阴离子型、非离子型和两性型等几类。

1. 阳离子淀粉絮凝剂

阳离子淀粉（cationic starch）是一类极其重要的化学改性淀粉，是由胺类化合物与淀粉分子的羟基反应生成的具有氨基的淀粉醚。淀粉的醚化反应一般属于SN_2反应历程，在碱催化作用下，淀粉中羟基形成负氧离子，作为亲核反应试剂与活性较强的阳离子醚化剂发生亲核取代反应，环氧结构环被打开，环首端通过C—O—C键以醚的形式结合生成具有阳离子基团的淀粉衍生物。

根据阳离子化功能基团的不同，可分为伯胺、仲胺、叔胺型，季铵型，锍及鏻型，以叔胺型及季铵型阳离子化淀粉的应用最为普遍。

（1）阳离子淀粉絮凝剂的性质　白色粉末，细度100目筛通过率98%。取代度0.03，含氮量0.2%～0.3%，糊化温度50～55℃。具阳离子性。1%水溶液pH值为7。目前工业上常用的阳离子淀粉仍集中在取代度0.01～0.07的低取代度产品，而高取代度的产品尚处于研究开发阶段。取代度达到0.2以上的阳离子淀粉各方面应用性能如絮凝、脱色、染料上色率等均有不同程度的增强。由于带有正电荷的表面活性基团，易吸附纤维、填料、矿物、微生物和污泥等带负电荷的物质，而显示出絮凝、增强、助留、滤水等很多优良性能。

阳离子化淀粉较原淀粉分散性高、水溶性好。若阳离子淀粉中引入疏水基团，水溶性会降低，离子淀粉水溶性易受衍生方法的影响，挤出法产品呈显著的冷水溶解性，半干法产品的冷水溶解性随DS的提高而增大，糊化法产品在冷水中呈高溶胀性，浆化法产品于冷水中不溶。不同的衍生方法对淀粉颗粒结构的破坏程度不同是导致这些差异的主要原因，若阳离子淀粉残留淀粉的颗粒结构，在冷水中就会溶胀或部分溶解；若淀粉颗粒结构完全被破坏，则冷水溶解，而各种衍生方法的产品均溶于热水。不同的衍生方法也影响到阳离子淀粉的流变性。由于阳离子化后相对分子质量都不同程度有所降低，因此阳离子淀粉的黏度都低于原淀粉的黏度。其中浆化法产品下降得最少，糊化法产品的黏度降低得最多，同时黏度还受到水溶性和取代度的影响。

（2）阳离子淀粉的制备方法 阳离子淀粉由于其环氧基具有较强的反应活性，制备比较容易，可以用湿法、干法和半干法制备工艺。

① 干法制备工艺。干法是用少量的水溶解碱与醚化剂，然后喷洒在干淀粉上混合均匀，在一定的温度下反应。具有操作简单、反应效率高、污染小的特点，但它需要高效的混合加热设备。干法合成阳离子淀粉是一种经济的方法，也是人们重点研究的方法。

干法制备阳离子淀粉时，必须严格控制淀粉中水的含量，水量一般控制在反应体系总质量的20%～30%。水量的多少以刚好能和阳离子化试剂溶解为标准。淀粉原料不同，反应体系含水量要求有所不同。干法中一般以GTA（*N*-环氧丙基三甲基氯化铵）为醚化剂。

干法工艺的特点有：阳离子剂不必精制，多余的环氧氯丙烷与副产物沸点比较低，一般在干燥过程中可除去，不必添加催化剂与抗胶凝剂，降低成本；不必进行后处理，工艺简单，基本无“三废”；反应周期短。缺点是反应转化率低，因是固相反应，对设备工艺要求比较高，同时反应温度高，淀粉在较高温度下容易解聚。

② 湿法制备工艺。在NaOH存在下，添加硫酸钠或食盐以防止淀粉膨胀。制备一定取代度的产品，须严格控制氢氧化钠与试剂的摩尔比，较低的温度需要较长的反应时间，试剂与淀粉的浓度均影响转化率。该工艺的优点是反应条件温和，生产设备简单，反应转化率高。但其弊端不少，如阳离子剂必须经纯化处理，否则残余的环氧氮内烷与副产物会影响产品质量；必须用化学试剂，如催化剂、抗胶凝剂等；后处理困难，包括用大量的水洗涤和干燥；“三废”问题突出，后处理时会有大量的未反应试剂与淀粉流失，造成严重的废水污染问题。

③ 半干法制备工艺。利用碱催化剂与阳离子剂一起和淀粉均匀混合，控制反应温度与时间，反应转化率达75%～95%。该工艺的优点很突出，除干法反应的优点外，反应条件缓和，转化率高。

（3）阳离子淀粉絮凝剂的应用 阳离子淀粉是带负电性无机悬浮物极好的絮凝剂，瓷土、无机矿石、矿泥、硅、煤炭、阴离子淀粉、纤维素、污水淤渣以及淤浆悬浮液都可用阳离子淀粉使它们絮凝，与叔胺基或季铵基反应过的交联淀粉（不溶性的），可用于印染废水、油脂废水、石化废水的处理。

2. 阴离子淀粉絮凝剂

（1）淀粉磷酸酯 淀粉磷酸酯是一种阴离子淀粉衍生物，可以作为鱼类加工厂废水、屠宰场废水、发酵工厂废水、蔬菜水果浸泡水、纸浆废水、泥浆的絮凝剂，还可以作为浮游选矿的沉降剂，回收铝矿石中的铝，沉降煤矿洗煤废水中的煤粉。庄云龙等研制的磷酸酯淀粉絮凝剂，对废纸脱墨废水和精细化工厂的工业废水进行处理，探讨了磷酸酯淀粉的加入量、废水的pH值及絮凝时间对絮凝效果的影响，确定了磷酸酯淀粉处理黑液和精细化工厂工业废水的最佳条件；10～30mg/L玉米或马铃薯淀粉磷酸酯具有防垢作用；质量比约为70∶4的磷酸酯淀粉与聚丙烯酰胺配合使用处理洗煤场尾水，收到较好的效果。

（2）淀粉黄原酸酯 淀粉黄原酸酯与重金属离子可进行如下反应，生成难溶性盐类，可用于工业废水中重金属离子的去除，反应式如下：

$$\mathrm{St{-}O{-}\overset{\overset{S}{\|}}{C}{-}S^-\ Na^+ + M^+ \longrightarrow St{-}O{-}\overset{\overset{S}{\|}}{C}{-}S{-}M + Na^+} \tag{2-39}$$

稳定的交联淀粉黄原酸双酯可用于去除电镀、采矿、铅电池制造以及黄铜冶炼等工业废水中的重金属离子，但这类淀粉黄原酸酯多为不溶性物质，对重金属的去除主要依靠吸附作用。近年来，水溶性的淀粉黄原酸酯逐渐引起人们重视。Sanjeev Chaudhari等用可溶性淀粉黄原酸酯（SSX）去除Hg^{2+}、Cu^{2+}、Cd^{2+}和Ni^{2+}，发现重金属的去除率取决于金属离子与SSX之间的化学反应效率和金属-黄原酸酯沉淀物从水相中的分离效果；张淑媛等将ISX用来处理含镍电镀废水，脱除率达到95%以上，达到镍排放标准；张淑媛等还用ISX处理含铬废水，实验表明ISX对于各种价态的铬都能很好地去除。

(3) 用环氧氯丙烷交联的羧甲基淀粉　这类絮凝剂对钙离子的去除效果比葡萄糖酸钠和柠檬酸钠好。汪玉庭等人以可溶性淀粉为基体，经环氧氯丙烷交联，制备了交联淀粉。以Fe^{2+}-H_2O_2为引发剂将丙烯腈单体接枝到交联淀粉上，再经过皂化制得水不溶性接枝羧基淀粉聚合物。它对去除水体中Cd^{2+}、Pb^{2+}、Cu^{2+}、Hg^{2+}、Cr^{3+}等离子有极好效果。全易等将玉米淀粉与环氧氯丙烷交联后与氯乙酸反应，得到在淀粉骨架上含有—CH_2COO—的羧甲基交联淀粉（CCMS），它具有优良的吸附重金属离子的能力。

(4) 丙烯腈接枝淀粉强阴离子絮凝剂　以硝酸铈铵为引发剂，淀粉和丙烯腈为原料在氮气保护下反应，所得产物进行皂化水解得弱阴离子聚合物，再继续羟甲基化、磺化得到强阴离子絮凝剂。宋辉等人利用这类药剂对印染废水和造纸废水的处理发现其絮体成形快，颗粒大，浊度和COD_{Cr}去除率高。

3. 非离子淀粉

(1) 糊精　糊精的分子量为800～79000，主要通过预处理、干燥、热转化和冷却四个过程制得，可用作絮凝剂或抑制剂。在浮选金矿时，加入糊精可降低矿物的可浮性，提高浮选的选择性。煤和焦油砂等矿藏开采时，用糊精作絮凝剂，可使淤泥沉淀下来。

(2) 丙烯酰胺接枝淀粉　淀粉接枝聚丙烯酰胺共聚物是典型的非离子型淀粉，在淀粉上接枝了具有絮凝功能的聚合物侧链丙烯酰胺，可与许多物质亲和、吸附，形成氢键，或者与被絮凝物质形成物理交联状态，使被絮凝物质沉淀下来。可用于净化工业废水、澄清工业和家庭用水。

巫拱生等用Fe^{2+}-H_2O_2作为引发剂合成的产品与$AlCl_3$混凝剂复配用于处理含油污水，可将油的含量从60×10^{-6}g/mL降到8×10^{-6}g/mL；常文越等分别用高锰酸钾和硝酸铈铵为引发剂合成的产品用于处理多种污水，发现具有比PAM300产品更强的捕集、吸附、絮凝能力。

(3) 羟丙基淀粉　羟丙基淀粉是一种新型的非离子淀粉醚，是羟丙氧基葡萄糖的聚合物。低取代度的羟丙基淀粉作为一种重要的添加剂应用广泛，并早已实现工业化。高取代度的羟丙基淀粉具有热致絮凝作用以及良好的耐酸碱和抗电解质性，其起浊点与取代度大小有关。随着取代度的增高，高取代度羟丙基淀粉的起独点反而减少。高取代度羟丙基淀粉絮凝作用机理为化学桥联作用和捕集清扫作用。

4. 两性淀粉

两性淀粉是指在同一淀粉链中同时接有阳离子和阴离子两种基团的变性淀粉，具有阳离子淀粉、阴离子淀粉的双重特性。

两性淀粉是利用淀粉葡萄糖苷中羟基的反应活性，分别用阴阳离子醚化剂进行反应得到的。两性淀粉作为螯合剂对阴阳离子均有很强的吸附能力和吸附容量，可用于矿物或冶金工业提取金属离子或污水处理。

宋辉等人利用反相乳液聚合技术，采用四元聚合法，以淀粉、二甲基二烯丙基氯化铵、丙烯酰胺、甲基丙烯酸等为原料合成了两性絮凝剂，产物接枝率为122.46%，接枝效率为93.84%，阳离子化度为18.7%，阴离子化度达8.6%。

邹新禧采用玉米和红薯淀粉，经环氧氯丙烷交联、醚化剂（氯乙酸和3-氯-2-羟基丙基三甲基氯化铵）阴、阳离子化，制得两性淀粉，实验证明该两性淀粉螯合剂是一种高效的污水处理剂，并且对重金属有很好的吸附作用。

絮凝剂淀粉-丙烯酰胺接枝共聚物（St-g-PAM）用于饮用水及工业用水的净化及污水的处理，用量少、絮凝快、受介质影响小。据报道，用其处理的酒精糟液效果较好；用其浮选矿石、回收洗煤废水中的煤粉，可提高资源利用率。淀粉与 PAM 的 Hofmann 重排产物接枝物与 $FeCl_3$-CaO 混合处理印染废水，对捕集悬浮粒子尤其是超细颗粒特别有效。淀粉接枝型絮凝剂达到使用目的后可自然降解，有利于环境保护。离子吸附剂羟甲基淀粉与 AM 接枝、阳离子化后能选择吸附 Pb^{2+}、Cd^{2+}、Zn^{2+}、Cu^{2+} 等。淀粉-聚丙烯酰胺接枝共聚物（St-g-HPAM）选择吸附性：$Cu^{2+}>Zn^{2+}>Mg^{2+}$，吸附能力受金属离子存在形式的影响。淀粉-聚丙烯酸接枝共聚物（St-g-PAA）选择性吸附 Cr^{6+}，吸附容量为 42.23mg/g，去除率为 71.11%。淀粉-聚丙烯腈接枝共聚物（St-g-HPAN）高容量选择性吸附 Cu^{2+}、Cd^{2+} 且可反复利用。淀粉-丙二醇甲醚醋酸酯接枝共聚物（St-g-PMA）与羟胺共聚后选择吸附一价金属离子如 Na^{+}。这对工矿业废水处理、贵重金属离子回收、海水淡化等意义重大。需要指出的是上述研究主要还是实验室研究结果。

（三）甲壳素及其衍生物

甲壳素又名甲壳质、几丁质，是一种广泛存在于昆虫、海洋无脊椎动物的外壳以及真菌细胞中的天然高分子化合物。壳聚糖是一种储量极为丰富的天然碱性多糖，由甲壳素经浓碱水解脱乙酰基后生成的产物，具有良好的生物相容性和生物可降解性，因此可用作生物材料，甲壳素和壳聚糖具有来源广泛、取材方便等优点。

1. 甲壳素和壳聚糖的结构

甲壳素是一种天然高分子化合物，其学名是 *β*-(1,4)-2-乙酰氨基-2-脱氧-D-葡萄糖，是由 *N*-乙酰氨基葡萄糖以及 *β*-1,4-糖苷键缩合而成。如果把此结构中糖基上的 *N*-乙酰基大部分去掉的话，就成为甲壳素最为重要的脱乙酰化衍生物壳聚糖。壳聚糖是由 D-氨基葡萄糖和适量的 *N*-乙酰-D-氨基葡萄糖以 *β*-(1,4)-糖苷键连接而组成的，其化学名是（1,4)-2-氨基-2-脱氧-*β*-D-葡萄糖，结构类似于纤维素。甲壳素和壳聚糖可看作是纤维素的 C2 位的 OH 基被 CH_3CONH 基（甲壳素）取代的微生物絮凝剂或 NH_2 基（壳聚糖）取代的产物。

甲壳素和壳聚糖是自然界中唯一的碱性多糖，此外还是除蛋白质之外的数量最多的含氮有机物，其含氮量（6.89%）约是人工合成的含氮纤维素衍生物的含氮量（1.25%）的 5 倍。

2. 甲壳素和壳聚糖的性质

甲壳素为白色或灰白色、半透明的片状固体，由于甲壳素大分子具有非常稳定的晶体结构，其分子链的刚性结构及其很强的氢键使得它具有稳定的物理和化学性质。甲壳素不溶于水、稀酸和一般的有机溶剂，但可溶解于某些配位化合物溶剂中，它在碱中不溶胀，在酸中剧烈溶胀，溶解于无机浓酸时主链发生降解。壳聚糖是白色或灰白色、略有珍珠光泽、半透明的片状固体，不溶于水和碱溶液，壳聚糖能溶于低酸度水溶液中，如盐酸、醋酸、苯甲酸、环烷酸等，所以也叫作可溶性甲壳素，在稀酸中，壳聚糖会缓慢水解，溶液的黏度逐渐降低，最后完全水解为氨基葡萄糖，故壳聚糖溶液最好是随用随配，不宜久置。而且壳聚糖一旦遇到碱性溶剂，会立即形成凝胶，且壳聚糖不能在有机溶剂中溶解，给研究和应用带来一些困难。不论甲壳素或壳聚糖，在 100℃的盐酸中完全水解为氨基葡萄糖，在比较温和的条件下则水解成氨基葡萄糖、壳二糖、壳三糖等低分子量多糖。壳聚糖因含有游离氨基，能结合酸分子，是天然多糖中唯一的碱性多糖，因而具有许多特殊的物理化学性质和生理功能。作为有实用价值的工业品壳聚糖，脱乙酰度必须在 70%以上。

3. 甲壳素和壳聚糖的制备方法

为了解决传统生产工艺中原材料单一、污染严重等一系列问题，发展出了微波法、丝状真菌制备法来生产甲壳素和壳聚糖及它们的衍生物。现将两种新方法简介如下：

(1) 微波法　以虾壳作为原料制得甲壳素后，用 NaOH 溶液浸润然后在微波作用下脱去乙酰基和蛋白质制备壳聚糖；将一定量甲壳素加入一定浓度的 NaOH 溶液，浸泡后放入微波设备中，在一定功率（200～500W）下微波处理一定时间即得到壳聚糖产品。

(2) 丝状真菌制备法　甲壳素是绝大多数真菌细胞壁的主要组成成分，是真菌菌丝尖端延长部位的主要组分，甲壳素的生成与真菌菌丝的生长有密切的关系。已有的研究主要是从柠檬酸发酵废菌丝体中提取，另外，也可从青霉素、键霉素等发酵废液滤出菌丝体中提取。近几年来，国内已经研究和开发了直接培养真菌制取甲壳素或直接提取壳聚糖的技术。用丝状真菌生产甲壳素/壳聚糖与从虾、蟹壳等原料中提取相比，具有分离工艺简单、原料来源丰富、产品质量优良，成本低廉等优点。并且用于生产的原料大都是工农业生产的废弃物，可以变废为宝，实现资源有效利用，符合循环经济的要求。

以柠檬酸厂发酵柠檬酸的废菌体（黑曲霉废菌体）为原料制备壳聚糖的工艺流程为：废菌体→预处理→干净菌体→酸处理→碱处理→脱色处理→甲壳素→脱乙酰→壳聚糖。

4. 甲壳素和壳聚糖的应用

以甲壳素和壳聚糖处理废水，安全无毒、可生物降解、无二次污染且效果良好，具有很强的优势，是理想的水处理药剂。壳聚糖对于很多金属离子、酚类化合物、天然与合成聚阴离子都是很好的络合剂，壳聚糖具有很好的吸附作用，非但无毒，且有抑菌、杀菌作用，是食品饮料工业和饮用水净化的理想吸附剂。壳聚糖是自来水厂（使用地表水）净化水质的理想净化试剂，它不但能有效去除水中的悬浮无机固体物，还能除去一些有害的极性有机物，如一些农药、表面活性剂等。由于甲壳素与壳聚糖及其衍生物具有良好的生物相容性、生物降解性和生物活性等优点，并具有特殊的理化性质，在环保领域的应用十分广泛。

（四）海藻酸钠

1. 海藻酸钠的结构

海藻酸钠为 β-D-甘露糖醛酸的均匀聚合物长链，没有分枝。海藻酸的分子式为 $(C_6H_8O_6)_n$，$C_6H_8O_6$ 分子量为 176，n 为聚合度。从实验中计算出海藻酸的分子量约为 15000，推算出糖醛酸聚合度约为 80，其结构与纤维素和果胶酸相似，它也是在第六碳位置的羧基（—COOH）上，接上其他原子后的产物。所以除海藻酸钠外，还可生成钾、铵、二丙醇等衍生物。

海藻酸每一结构单位羧基（—COOH）上的 H^+ 被 Na^+ 所取代而成为海藻酸钠，它的分子式为 $(C_5H_7O_4COONa)_n$。

海藻酸钠是海藻酸的钠盐，是海带、巨藻等褐藻类海藻中的有机高分子电解物之一，与其他一些物质构成细胞膜的主要成分。含有游离羧基（—COONa），从化学结构上看是由甘露糖醛酸和古罗糖醛酸共聚而成的一种链状高分子杂聚物。

2. 海藻酸钠的性质

海藻酸钠，又名藻朊酸钠、褐藻酸钠、褐藻酸。白色或淡黄色粉末，有吸湿性。溶于水，生成黏性胶乳。不溶于醇和醇含量（质量分数）大于 30% 的醇水溶液，不溶于乙醚、氯仿等有机溶剂和 pH<3 的酸溶液。1%水溶液的 pH 值为 6～8。黏性在 pH 值为 6～9 时稳定，加热至 80℃以上则黏性降低。与除镁之外的碱土金属高产结合，生成水不溶性盐。其水溶液与钙离子反应可形成凝胶。纯海藻酸钠的含湿量为 13%，灰分为 23%，粉体颜色乳白，相对密度为 1.59，堆积密度为 87.39kg/m^3，致黑温度为 150℃，碳化温度为 340～460℃，灰化温度为 480℃，燃烧热为 10.46J/g。海藻酸钠溶液的流动性取决于浓度，2.5%中黏性海藻酸钠溶液，特别是在较高的剪切速率下量现假塑性。

3. 海藻酸钠的制备方法

由海带加碱提取，海藻酸盐溶解时加入碳酸钠，温度控制在 60～80℃，反应约 2h。工艺过程见图 2-14。

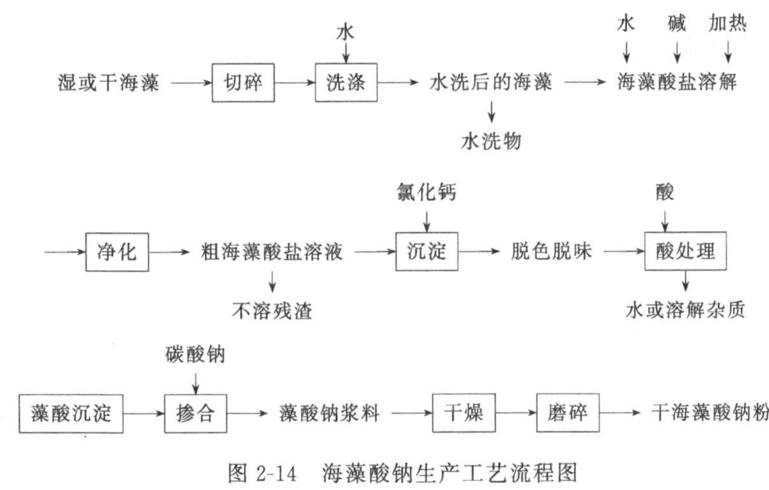

图 2-14　海藻酸钠生产工艺流程图

4. 海藻酸钠的应用

海藻酸钠广泛应用于水处理、食品、纺织、医药、石油等行业，主要用作絮凝剂和增稠剂。

第五节　絮凝材料在环境污染治理中的应用现状

一、应用现状

絮凝处理是给水和废水处理中应用得非常广泛的方法。它既可以降低原水的浊度、色度等感官指标，又可以去除多种有毒有害污染物；既可以自成独立的处理系统，又可以与其他单元过程组合，作为预处理、中间处理和最终处理的手段，还经常用于污泥脱水前的浓缩过程。絮凝过程是目前国内外众多水处理工艺中应用最广泛、最普遍的单元操作之一，是废水处理过程中不可缺少的关键环节。絮凝效果决定了后续流程的运行状况、最终出水水质和费用，选择何种絮凝剂，对于提高出水水质、降低制水成本有着重要的技术经济价值。

絮凝（混凝）法在用水与废水处理中占有重要的地位。以给水处理为例，首先人们注意到絮凝法脱除水中的微细颗粒、胶体物质与降低水中 COD 值密切相关，即絮凝能简单有效地脱除 80%～95%的悬浮物质和 65%～95%的胶体物质，因而对降低水中 COD 值有重要作用；再者，对除去水中的细菌、病毒效果稳定，通过混凝净化，一般能把水中 90%以上的微生物与病毒一并转入污泥，使处理的水进一步消毒、杀菌变得比较容易而有保证；此外，日益受到重视的水体富营养化、废水脱色等问题，通过采用无机絮凝剂兼有除磷、脱色等作用，比生物法除磷、脱色效果好；最后，污泥脱水问题更是当今废（污）水处理的主要问题。迄今为止，最合理可行的办法是通过投加适当的阳离子高分子絮凝剂，改善污泥性状，便于下一步机械脱水处理。

在水处理的生产应用实践中，我们可以看到絮凝应用的重要实例：国内外的冶金、石化、造纸、钢铁、纺织、印染、食品、酿造等多种行业的废水处理，使用絮凝法进行处理的比例占55%～75%，而自来水工业几乎100%使用絮凝法作为净水的必经重要手段。日本环境厅曾对它们国内141种不同业种的废水处理方法进行过调查，发现有70种废水是以絮凝法为主进行处理，41种废水以生化法为主进行处理。

二、问题与展望

由于混凝法在水处理与污泥脱水中具有较明显的技术经济效益，国外高分子絮凝剂的生产与消费在10年前平均每年以12%～15%的速度增长之后，近5年仍保持每年6.5%左右的速度增长。在我国无机混凝剂和有机高分子絮凝剂大体维持在年平均10%的增长速度发展，对照我国的工业高速发展和水污染尚未得到控制的现实情况，絮凝剂的发展现状是未尽如人意的。

由絮凝剂的研究开发现状可以看出：絮凝剂是从低分子到高分子、由无机到有机及由单型到复合型的发展。追求高效、廉价、环保是絮凝剂研制者们的目标；无机絮凝剂当前的一个重要发展方向是开发低残留铝的絮凝剂；降低生产成本是开发新型合成有机高分子絮凝剂的当务之急。复合型絮凝剂以其高效廉价的优势迅速发展。天然高分子絮凝剂则具有高效、无毒、可消除二次污染、絮凝广泛等独特的优点。另外，多功能复合型絮凝剂的开发也具有广阔的前景。

目前，絮凝剂的研究主要集中在高分子絮凝剂方面，但伴随着微生物絮凝剂的深入研究，微生物絮凝剂部分取代传统的无机高分子絮凝剂和合成有机高分子絮凝剂将成为一种趋势。国外对于微生物絮凝剂的研究已很广泛，而国内的研究则还处于菌种的筛选阶段，主要是存在成本较高、处理功能单一、活性保存有困难、难以产业化等缺点，因此今后努力的方向应该是：①对絮凝机理、动力学、絮凝剂的理化性质等的研究。②寻找廉价高效的碳源、氮源，制备价格低廉的高效培养基；优化生产条件，降低生产成本，探索研制新技术、新工艺，选育高效菌种。③拓展絮凝剂的应用范围，利用基因工程技术，将污染物降解质粒引入微生物菌种中，使絮凝、沉降、降解系于一体。④研制微生物絮凝剂和其他絮凝剂的复合品，做到优势互补，增强效能。⑤利用高浓度含氮有机废水及廉价原料进行微生物絮凝剂制备的工艺研究。

1. 絮凝的基本原理是什么？絮凝材料在环境污染控制工程中有什么作用？
2. 絮凝材料可以分为哪几类？它们各有什么特点？
3. 复合型絮凝材料主要有哪些？和传统的絮凝材料相比，它具有什么优势？
4. 天然和人工合成的高分子有机絮凝材料有哪些相似之处和不同之处？

主要参考文献

[1] 徐晓军．化学絮凝剂作用原理［M］．北京：科学出版社，2005.

[2] 常青．水处理絮凝学［M］．北京：化学工业出版社，2003.

[3] 胡为柏．浮选（修订版）［M］．北京：冶金工业出版社，1992.

[4] 严瑞暄．水处理应用手册［M］．北京：化学工业出版社，2003.

[5] Overbeek J. Recent developments in the understanding of colloid stability［J］．Journal of Colloid and Interface Science，1977，58（2）：408-422.

[6] 宁平，朱易，徐晓军．混凝法在滇池蓝藻爆发期净水除藻的可行性研究［J］．上海环境科学，2002，21（3）：160-162.

[7] 卢寿慈．矿物浮选原理［M］．北京：冶金工业出版社，1988.

[8] 魏在山，新型高效气浮絮凝剂及设备的开发应用研究［D］．昆明：昆明理工大学，2002.

[9] Lyklema J. Adsorption of polyclectrolytes and their effect on the interaction of colloid particles，Modern Trends of Colloid Science in Chemistry and Biology［M］．Basel：Birkhauser Verlag. 1985：55-73.

[10] 卢寿慈，翁达．表面分选原理及应用［M］．北京：冶金工业出版社，1992.

[11] Sato T，Ruch R. Stabilization of Colloidal Dispersions by Polymer Adsorption［M］．NewYork：Marcel Dekker Inc，1980.

[12] 张琼，李国斌，苏毅，等．水处理絮凝剂的应用研究进展［J］．化工科技，2013，21（2）：49-52.

[13] 胡玉平，夏璐，张旭东．微生物絮凝剂在废水处理中的应用研究进展［J］．轻工科技，2006（6）：102-103.

[14] 刘丹，张忠国，钱宇，等．聚合氯化铝混凝预处理高浓度涤纶废水［J］．环境科学与技术，2014，37（7）：97-102.

[15] 黎正辉．新型复合硅酸铝与聚合氯化铝在黑臭水体治理中的应用比对研究［J］．中国资源综合利用，2019，37（12）：24-29.

[16] 刘娅琳，吴慧，林玉斌．焦化废水处理技术研究进展［J］．中国环境管理干部学院学报，2008，18（3）：72-74.

[17] 王爱英，武志强，李日强，等．焦化废水的混凝预处理研究［J］．山西大学学报（自然科学版），2008，31（2）：265-268.

[18] 石磊．粉煤灰的综合利用现状与展望［J］．再生资源研究，2006（2）：41-44.

[19] 杨丽芳，胡友彪．粉煤灰处理含 NH_3-N 废水的研究［J］．中国资源综合利用，2006，24（4）：29-31.

[20] 王瑞．PAMDX 有机絮凝剂用于辽河油田污水处理实验［J］．油气田地面工程，2015（4）：11-13.

[21] 唐善法．DMDAAC/AM 絮凝剂的合成与性能评价［J］．精细石油化工进展，2003，4（2）：2.

[22] 华坚．环境污染控制工程材料［M］．北京：化学工业出版社，2009.

[23] 肖锦，周勤．天然高分子絮凝剂［M］．北京：化学工业出版社，2005.

[24] 庄云龙，石荣莹，原义光．磷酸酯淀粉絮凝剂在废水处理中的应用试验［J］．上海造纸，2001，1：42-44.

[25] Chaudhari S，Tare V. Removal and recovery of heavy metals from simulated wastewater using insoluble starch xanthate process［J］．Practice Periodical of Hazardous，Toxic and Radioa，2008，12（3）：170-180.

[26] 张淑媛，李自法．不溶性淀粉黄原酸酯用于处理含镍废水［J］．水处理技术，1991，05：329-332.

[27] 张淑媛，李自法，罗伟．含铬废水的处理［J］．水处理技术，1993，5：49-52.

[28] 常文越，林阳，王英健．淀粉-丙烯酰胺接枝共聚物的合成及其污水絮凝实验研究［J］．环境保护科学，2000，3：9-10.

[29] 宋辉，马希晨．两性淀粉基天然高分子聚合物的合成及其速溶性的影响因素［J］．大连轻工业学院学报，2006，3：193-196.

[30] 邹新禧．阴、阳离子化红薯淀粉螯合剂的制备及吸附性能的研究［J］．湘潭大学自然科学学报，1998，3：3-5.

[31] 李若慧，叶晓，程艳玲．壳聚糖絮凝微藻富集的研究进展［J］．安徽农业科学，2012，40（3）：1626-1628.

第三章

吸附材料

吸附分离是自然界最基本的过程之一。从20世纪开始，人们不断合成人工沸石、树脂等高效吸附材料，使它们在吸附分离领域得到广泛应用。目前吸附分离材料种类繁多、功能齐全，可分为天然和合成材料。吸附技术是去除污染物最为简单和高效的方法之一，在去除重金属和难降解污染物方面有独特优势。如今，这些材料被广泛应用于化学化工、生物医药、分析化学、环境控制等领域的分离过程。其中在环境领域，吸附材料在污水处理、饮用水净化、废气处理和 CO_2 富集等方面都有重要应用。

吸附材料是吸附技术的关键，如何制备出针对环境问题的高效吸附剂一直是研究的热点，如何实现吸附剂的再生和提高吸附剂的选择性是瓶颈。如何在吸附过程中或吸附剂再生过程中实现有机污染物的降解也具有挑战性。随着新兴污染物的出现，需要开发新型高效的吸附材料，阐明吸附特性和机理。针对众多的吸附材料，需要构建全面系统的材料制备和性能评价体系，建立吸附材料结构和效能的关系。这些都决定了吸附环境领域还有很多工作要做。

第一节 吸附材料简介

一、吸附的概念

吸附是指固体物质表面富集周围液体或气体介质中的分子或离子的过程，是自然界普遍存在的一种现象。根据作用力的不同，通常包括物理吸附和化学吸附。吸附也是一种传质过程，具有大比表面积的多孔材料往往具有较强的吸附能力。在环境吸附领域，人们关注污染物的环境吸附过程（污染过程）和吸附控制技术。吸附法是去除环境中污染物最为快速有效的方法之一，受到普遍关注，其中高效吸附材料是最为关键的核心问题。

二、吸附机理及研究方法

（一）吸附机理与作用力

吸附材料种类繁多，既包括多孔的活性炭、树脂、活性铝、沸石，也包括无孔（少孔）的黏土、氧化铁、二氧化钛、纤维等材料（见图3-1），而环境中的污染物（吸附质）也多种多样，既包括铜、铅、汞等重金属，也包括农药、腐殖酸、内分泌干扰物（EDCs）、持久性有机污染物（POPs）、药物和个人护理品（PPCPs）等有机物。目前吸附都是围绕着吸附剂和吸附质之间的一对一、一对多或多对多的研究，阐明吸附特性，揭示吸附机理。

由于吸附剂和吸附质种类繁多、性质各异，吸附特性和机理都有所不同。吸附特性是外在表现，吸附机理是内在控制因子，是掌握吸附的关键。吸附剂和吸附质的基团决定了吸附机理。常见的吸附作用力包括范德华力、疏水作用、静电作用（离子交换）、络合作用、氢键作用、π-π 作用等。

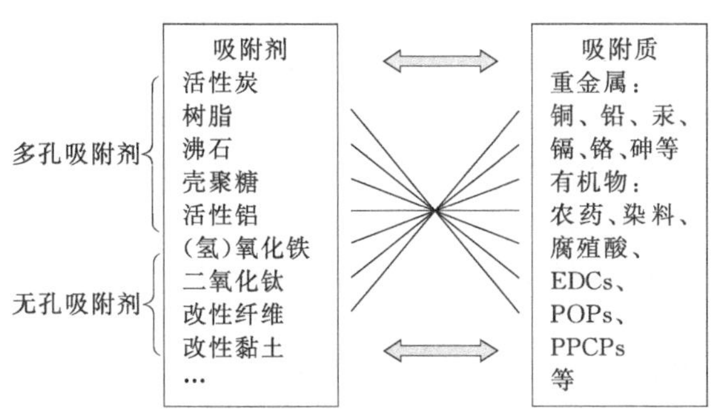

图 3-1 不同吸附剂吸附不同污染物示意图

范德华力（van der Waals forces，又称分子作用力）是分子或原子之间的经典相互作用，可以分为诱导力、色散力和取向力三种作用力。范德华力是一种电性引力，比化学键弱得多。分子的大小和范德华力的大小成正比，通常其能量小于 5kJ/mol。分子量越大，范德华力越大，在吸附剂和吸附质之间同样存在着这样的作用力。除了范德华力之外，由于吸附剂和吸附质之间的基团作用，会产生多种作用力，如图 3-2 所示。吸附剂表面的非极性或弱极性基团可以通过疏水作用吸附非极性和弱极性的污染物；表面含有阴离子基团（羧基、磷酸基、磺酸基等）的吸附剂可以通过阴离子交换吸附水中的阴离子污染物；吸附剂表面的羟基、氨基等基团可以和重金属发生络合反应，同时这些基团中的氢原子可以和污染物上含有氧、氮的基团发生氢键作用；吸附剂表面的苯环可以通过 π-π 作用吸附含有苯环的污染物。

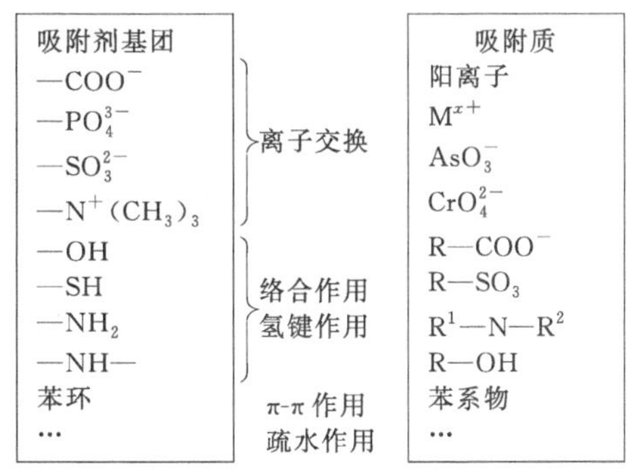

图 3-2 吸附剂和吸附质的不同官能团的吸附机制示意图

（二）研究方法

吸附机理是吸附研究的难点，多数吸附作用力还只能定性分析，目前还做不到定量分析。上述的一些吸附作用力可以通过吸附特性研究、吸附剂和吸附质的性质分析以及各种仪器分析进行分析推断。例如，阳离子交换树脂吸附阳离子重金属，通过分析吸附过程中释放的离子和吸附的重金属的关系，可以判断离子交换是否是唯一机理；通过吸附等温线分析，可以判断疏水作用是否为唯一机理；通过分析吸附剂表面的电性以及污染物在溶液中的物种，可以判断静电作用是否吸附等。仪器分析能够为吸附机理的研究提供可靠的直接或间接证据，目前常用的分析手段包括傅里叶红外光谱（FTIR）、X 射线电子能谱（XPS）、X 射线吸收精细结构光谱（X-ray absorption fine structure，XAFS）、核磁共振光谱（NMR）、紫外-可见吸收光谱（UV-Vis）等。下面介绍几种常用的分析方法及其作用。

1. FTIR 分析

FTIR 是研究吸附剂表面官能团的有效手段，可以通过分析吸附剂吸附污染物前后材料表面有效官能团的特征峰变化来判断参与吸附的基团。吸附污染物后，吸附剂表面官能团特征峰的位置会发生偏移，从而证明污染物通过化学键吸附到吸附剂表面的官能团上。例如，氨化吸附剂通过氨基络合吸附重金属时，氨基的特征峰会发生明显的移动。当吸附剂吸附分子结构复杂的有机物时，吸附后的吸附剂红外光谱由于污染物特征峰的存在而变得复杂，有时甚至难以看出特征峰的变化。FTIR 分析得到吸附质官能团的特征峰时，不能说明发生了吸附，因为吸附质也可以通过物理作用或随溶液残留在吸附剂表面。红外光谱需要找出通过化学作用参与吸附的官能团，从而为揭示吸附机理提供依据。

2. XPS 分析

XPS 不仅可以分析出吸附剂表面的元素及其含量，还可以分析出各元素的价态，判断出同一元素在不同基团中的比例。当吸附质通过化学键和吸附剂发生作用时，由于电子发生偏移，导致吸附剂表面相应基团的元素电子束缚能发生改变，从而判断出参与吸附的基团。另外，分析吸附质相应元素的电子束缚能也会发生变化，如重金属被吸附后，其电子束缚会发生偏移。

3. XAFS 分析

XAFS 包括 X 射线近边吸收光谱（X-ray absorption near-edge structure，XANES）和扩展 X 射线吸收精细结构光谱（extended XAFS，EXAFS）。XAFS 现象只取决于短程有序作用，并且 X 射线吸收边具有元素特征，可以通过调节 X 射线的能量，对凝聚态和软态物质等简单和复杂体系中原子和周围环境进行研究，给出吸收原子近邻配位原子的种类、距离、配位数和无序度因子等结构信息。XAFS 是研究物质局域结构的有力工具之一。XAFS 分析技术在分析无机物的吸附机理方面有广泛的应用。例如，在研究磁赤铁矿吸附 As（Ⅲ）和 As（Ⅴ）的机理时，XANES 证明了 As（Ⅲ）在吸附中没有被氧化，EXAFS 分析出 As（Ⅲ）和 As（Ⅴ）都和磁赤铁矿发生了内层配位，并测出 As、Fe 之间的距离。

4. NMR 分析

NMR 技术是利用具有自旋特性的原子核在外加磁场中吸收射频脉冲能量，在相邻能级发生跃迁，产生共振。核磁共振已成为一种鉴定化合物结构和研究化学动力学的极为重要的方法。在吸附研究中，可以分析吸附剂表面吸附分子的状态，特别是分子筛等材料表面的吸附行为，是研究吸附剂和吸附质之间相互作用的有效方法。例如，在研究芳香族化合物在碳纳米管上的吸附机理时，利用 ^{13}C-NMR 分析高磁场化学位移，为吸附中的 π-π 电子供受体（electron-donor-acceptor，EDA）作用提供了依据。

三、吸附过程的影响因素

（一）吸附剂的性质

吸附主要在吸附剂孔的内表面进行，所以吸附剂的比表面积和孔径分布影响其吸附性能。同一类吸附剂比表面积越大吸附性能越好。孔径分布主要指孔径与吸附质分子间的相对大小。气体类吸附质分子尺寸很小，可以进入吸附剂所有的孔，包括微孔，吸附量也大。当吸附质分子较大时，在吸附剂孔中扩散阻力增大，甚至无法进入孔径很小的微孔，吸附量也大大减小，此即吸附的动力学过程，动力学过程会直接影响最终吸附量。

（二）吸附质的性质

吸附作用降低吸附剂的表面能，越是能降低吸附剂表面能的物质越易被吸附，所以吸附质分子结构等性质会影响其被吸附性能。

（三）介质的 pH

pH 的影响主要是吸附质在不同 pH 值时的形态、大小会发生变化，有时 pH 变化也会影响吸附剂形态及孔结构，当然也对吸附产生影响。例如，水中腐殖酸类物质，在 pH 值低时，结构内的弱酸性官能团解离度很小，分子体积小，溶解度下降，活性炭对它的吸附容量上升，最大可上升 2～4 倍。

对水中有机胺类化合物，降低 pH 值，易形成盐型化合物，溶解度上升，活性炭对它的吸附容量下降。

（四）介质中杂质离子的影响

吸附过程中，已发现 Ca^{2+} 能提高活性炭对腐殖酸类化合物的吸附容量；Mg^{2+} 也能提高活性炭对腐殖酸类化合物的吸附容量，但提高程度仅为 Ca^{2+} 的 1/5；Na^{+} 对活性炭吸附能力基本无影响。

（五）温度

通常，吸附是放热过程，提高温度不利于吸附；相反，降低温度可以促进吸附。加热可以促进吸附的物质解吸，如加热可用于活性炭的再生。

（六）接触时间

吸附速度主要受吸附质扩散速度所控制，所以二者的接触时间直接影响吸附容量，但接触时间太长，工业设备庞大，所以工业上不允许无限增大吸附剂与吸附质的接触时间。例如，粒状活性炭过滤吸附，其滤速为 5～10m/h。如果滤速太快则吸附不完全，出水残余浓度升高；滤速太慢则设备庞大，单位设备处理能力下降。

四、吸附材料的分类

吸附材料可以分为多孔吸附材料和无孔吸附材料，此外，近年来纳米吸附材料也受到广泛关注。多孔吸附材料是最常见的吸附剂，具有多孔隙结构，表面积大，对污染物通常有较高的吸附容量，是一类优良的吸附材料。常见的多孔吸附材料包括活性炭、树脂、活性铝等。无孔吸附材料由于比表面积小，吸附主要发生在外表面，吸附容量通常不高，在实际应用中与多孔吸附材料相比较少。常见的无孔吸附材料包括纤维材料、生物材料和矿物材料等。

纳米材料是近年来的研究热点，是指在三维空间中至少有一个维度处于纳米尺度范围

（1～100nm）的材料，其具有表面效应、小尺寸效应和宏观量子隧道效应，物化性质和微米级材料有显著不同。纳米吸附材料具有较大的比表面积和表面吸附活性，在环境领域具有很好的应用前景。针对纳米材料，环境领域主要研究其环境存在、迁移和归趋以及生物毒性，而作为污染物控制材料的研究相对较少，但有很大的发展潜力。常见的纳米吸附材料包括碳纳米管、石墨烯、富勒烯、二氧化钛纳米管、纳米（氧化）铁等。

五、吸附剂的性能表征

吸附剂的种类繁多、性能各异，通常对吸附剂的吸附量、吸附速率、比表面积等指标进行比较，从而确定吸附剂性能的优良。接下来将对一些常用的评价指标进行介绍。

（一）吸附量与吸附等温线

在吸附研究中吸附量（amount adsorbed）是最重要的物理量，是吸附剂吸附能力的重要指标之一，取决于材料的比表面积和表面官能团密度等因素。在具体应用中，需要针对污染物的环境浓度（吸附的平衡浓度）来比较不同吸附剂的吸附性能。在恒定温度下，吸附量与气体平衡压力（气体在固体表面吸附时）或与溶液平衡浓度（固体自溶液中吸附和气-液界面吸附时）的关系曲线称为吸附等温线（adsorption isotherm）。通过吸附等温线的形状和变化规律可以了解吸附剂的最大吸附量、吸附质与吸附剂的作用强弱以及界面上吸附分子的状态和吸附层结构。由气体在固体上的吸附等温线数据甚至可以得到吸附剂比表面积和孔结构的信息。能描述吸附等温线的方程式称为吸附等温式。各种成功的吸附理论大多是根据一定的理论假设和模型，经过数学推导，得到能描述某种或几种类型吸附等温线的方程式，并且通过对时间数据的处理，求出等温式中的某些常数，这些常数与吸附机制、吸附层结构、吸附剂的宏观表面结构有关。因此，测定和研究吸附等温线是十分重要的。需要特别注意的是，最大吸附量是实验中得到的，在具体应用中，需要针对污染物的环境浓度（吸附的平衡浓度）来比较不同吸附剂的吸附性能。

（二）吸附速率

吸附速率也是评价吸附剂性能的重要指标之一，取决于是否是多孔材料及表面基团。通常认为污染物在多孔材料上的吸附速率慢，在无孔的材料表面吸附速率快。污染物（吸附质）在多孔材料上的吸附通常分为四个步骤完成：①吸附质从液相主体向固体表面液膜的扩散，此过程称为外扩散。②吸附质通过固体表面液膜向固体外表面的扩散，称为膜扩散（film diffusion），液膜是固体表面的滞留边界层，其厚度与搅拌强度或流速有关。③吸附质在颗粒内部的扩散，污染物从吸附剂的外表面进入吸附剂的内部孔道内，然后扩散到固体的内表面，由空隙内溶液中的扩散（pore diffusion）和孔隙内表面上的二维扩散（interior surface diffusion）两部分组成。④吸附质在吸附剂固体内表面上被吸附剂所吸附，称为表面吸附过程。内扩散经常是整个吸附过程的限速步骤，决定了吸附速率。另外，通常认为物理吸附速率快、化学吸附速率慢，化学吸附的速率和吸附剂表面的官能团以及吸附机理都有密切关系。利用动力学模型（如伪二次动力学模型）模拟吸附动力学，可以得到吸附的初始速率，进而判断初始吸附速率的快慢。

（三）比表面积及孔分布

比表面积是多孔吸附剂的重要参数，其定义为单位体积或单位质量固体的表面积，常用

单位为 m^2/g，通常用BET吸附法测得。多孔吸附剂的孔大小和体积分布也非常重要，对于吸附剂上的孔，孔宽度小于 2nm 为微孔（micropores）；孔宽度在 2～50nm 之间为中孔（mesopores）；孔宽度大于 50nm 为大孔（marcopores）。微孔宽度与大多数气体分子和有机小分子的大小接近，在微孔中吸附分子受到周围孔壁的叠加相互作用，其吸附势能比在大孔中的大得多。中孔的宽度较一般分子大得多，在中孔吸附剂上表面与吸附分子的作用限于距表面不远的距离内，在表面上可发生单分子层或多分子层吸附。对于大孔，由于其宽度过大，在孔中不发生毛细凝结，通常大孔只是通向吸附剂中孔或微孔的通道。总的来说，孔大小和体积分布决定吸附质能否进入吸附剂表面同时影响吸附速率。因此，在吸附污染物时，要综合考虑多孔吸附剂的比表面积和孔大小分布的关系，保证污染物能在材料内部扩散。

（四）密度

对于多孔或粉状吸附剂，可采用表观密度、堆积密度和真密度度量物体体积。表观密度 $d_{表}$ 是单位体积吸附剂本体的质量或吸附颗粒的质量与其体积之比，此时，吸附剂体积包括吸附剂物质的体积及其孔隙体积。堆积密度（又称假密度、堆密度）$d_{堆}$ 是指单位体积吸附层的质量。真密度（又称骨架密度）$d_{真}$ 指吸附剂组成（骨架）的密度。不难看出，以上三种密度的大小顺序为：$d_{真}>d_{表}>d_{堆}$。在实际应用中，要考虑吸附剂的 3 种密度是否符合应用条件。

（五）力学强度

吸附剂的工业应用主要有两种形式：固定床和流化床。因而，吸附剂的静态和动态力学强度十分重要。静态时的力学强度主要以吸附强度表征；动态时的力学强度则以吸附剂耐磨性能表征，总体可分为抗压强度、磨碎率和磨损率。

抗压强度是指单个吸附剂颗粒用特殊结构的压力机（有上下可移动的平板）挤压，不断增加负荷，压力计读数增大。当颗粒被压碎时，压力计最大读数为压碎负荷。通常取具有较平端面的颗粒进行试验，取其平均值。抗压强度可由下式计算：

$$\sigma=\frac{P}{\pi r^2}=\frac{P}{0.785d^2} \tag{3-1}$$

式中，P 为压碎负荷，kg；r 为颗粒的平均半径，cm 或 mm；d 为颗粒的平均直径，cm 或 mm；σ 为抗压强度，kg/cm^2 或 kg/mm^2，通常分子筛颗粒的 σ 为 $0.4\sim0.5kg/mm^2$，甚至可达 $1.4kg/mm^2$。

磨碎率表征动态负荷条件下粒状吸附剂的力学强度。测定磨碎率时，将吸附剂经干燥、过一定数目的筛子除去粉末并称重后，倒入磨耗转筒中。经过一段时间（如 30min）磨耗后，用相同目数的筛子过筛，除去磨耗形成的碎粉。根据磨耗前后吸附剂样品的质量差计算磨碎率，即

$$磨碎率(\%)=\frac{磨耗前后质量差}{磨耗前样品的质量}\times100 \tag{3-2}$$

磨损率是对流化床吸附剂力学强度的表征，在流化床工艺中吸附剂磨损主要来源于高速气流的冲击。测定磨损率时，将吸附剂置于气体提升管中，该装置有一种结构为内有下端略粗的玻管，外有前玻管同心的粗玻璃外罩管，外罩管下端装在钢制锥形体上，锥形体端部有细喷嘴，在外罩管上端下部装有冲击板。高压气体从喷嘴中喷出，冲击吸附剂颗粒，沿玻管向上运动，撞击冲击板后返回。如此反复冲击数小时后，将吸附剂过筛，计算小于某尺寸的粒子的质量占大于该尺寸的吸附剂质量的百分数，该数值即为磨

损率（或称磨损指数）。

吸附剂的力学强度影响着吸附效果以及吸附剂的使用寿命，故在实际应用中，要结合具体情况选择吸附剂，以保证吸附剂的力学强度能够满足应用要求。

（六）选择性

吸附剂的选择性在实际应用中非常关键。当环境介质中的目标吸附质浓度低时，高浓度的污染物往往会降低吸附剂的吸附能力。吸附剂的选择性取决于材料的特异基团和专一性位点。例如，吸附剂表面的巯基（—SH）对 Hg 有很强的专一吸附性；利用分子印迹技术制备的吸附剂含有目标污染物的专一空间，能够高选择性分离污染物。在环境污染分析和控制过程中非常需要选择性吸附剂来处理污染物，因此，在实际应用中要充分考虑吸附剂对于污染物的选择性，以发挥最大性能。

（七）再生性

在污染控制中，吸附剂不仅要有优异的吸附性能，而且要有良好的再生性能，可以重复使用。吸附剂再生是污染物的脱附过程，通常采用酸、碱、盐溶液和有机溶剂对吸附剂进行再生。吸附剂再生后进行吸附实验，可以评价吸附剂的重复吸附效果。如果吸附效果不断降低，多次吸附-再生后吸附剂就将失效，无法继续使用，故在实际运用中要充分考虑吸附剂的再生性能。

（八）经济性

吸附剂的成本直接决定吸附剂的实际应用价值。同时吸附剂的再生性能也影响着吸附剂的经济性。虽然通过改性可以提高吸附剂的吸附效果，但也提高了吸附剂的制造成本。因此，在实际应用中要综合评价吸附剂的多种指标，选择性价比适合的吸附剂。

六、吸附剂的再生方法

目前，对于吸附特性的研究较多，但吸附剂再生方法的研究却很少，是吸附研究中的瓶颈。吸附剂如果不重复利用，既浪费资源又污染环境。对吸附剂进行再生处理，恢复其吸附功能，则可重新使用。由于吸附剂和吸附质都具有多样性和特异性，再生方法和效果都不同。常见的再生方法包括热再生法、无机溶剂再生法、有机溶剂再生法、化学降解再生法等。下面将对这些方法进行详细阐述。

（一）热再生法

热再生法是目前工业上应用最广泛也是最成熟的一种再生法，适用于吸附有机污染物活性炭的再生。热再生法大多是把吸附饱和的活性炭放入再生炉中加热，通入蒸汽活化再生。热再生过程分为干燥、炭化和活化三个阶段。干燥阶段主要去除活性炭上的可挥发成分；高温炭化阶段是在惰性气氛下加热到 800～900℃，使吸附的一部分有机物沸腾、汽化脱附，一部分有机物发生分解反应，生成小分子烃而脱附，残余成分在活性炭空隙内成为“固定炭”；活化阶段需要通入 CO_2、水蒸气等气体，以清理活性炭微孔，使其恢复吸附性能，活化阶段是整个再生工艺的关键。

热再生法能够分解有机吸附质，再生彻底，重复使用效果好，一直是活性炭主流的再生方法，在实际生产中得到广泛应用。活性炭热再生后吸附能力可以恢复90%左右，但存在不能现场再生（往往需要运输到活性炭生产厂家）、再生成本较高、能耗大等问题，特别是由于磨损和高温再生时的烧失，活性炭会损失近10%，其应用存在局限性。近年来，人们又发展了一些热源不同的新热再生技术，包括高频脉冲再生、红外加热再生、直流电加热再生、弧放电加热再生、微波再生、超声波再生等，但这些技术多处于实验阶段。

（二）无机溶剂再生法

无机酸、碱和盐溶液都可以用来再生吸附剂，通过改变吸附平衡，将吸附质从吸附剂上脱附下来，一般通过改变污染物和吸附剂的化学性质，或使用对吸附剂的亲和力比污染物更强的物质进行置换来实现。无机酸（硫酸、盐酸等）或碱（氢氧化钠等）溶液经常用来再生吸附剂，一方面酸、碱改变了溶液pH，可以增大吸附质的溶解度，从而使吸附的物质洗脱出来；另一方面，溶液pH的变化也能改变吸附剂表面官能团的质子化状态，发生静电作用力的改变或发生竞争吸附，从而破坏吸附平衡，达到脱附的目的。例如，吸附剂表面的氨基络合吸附重金属，用酸性溶液脱附，过量的氢离子会置换重金属发生脱附；如果氨基发生质子化，可以通过静电吸引吸附阴离子污染物，在碱性条件下再生，由于氨基失去质子，静电作用消失，导致脱附的发生。对于通过离子交换发生的吸附，吸附剂可以在盐溶液中再生，如阳离子交换树脂可以在氯化钠溶液中再生。

（三）有机溶剂再生法

针对吸附有机污染物的吸附剂，可以利用甲醇、乙醇、丙酮等有机溶剂进行再生。这些有机溶剂对污染物有很强的溶解能力，可以萃取出被吸附的污染物。溶剂萃取再生中，脂肪族化合物的再生率高，而芳香族化合物的再生效果受极性官能团的影响大。例如，硝基苯、苯甲酸等芳香族化合物具有吸电子基团（—NO_2、—COOH、—CHO等)，用乙醇萃取再生率高；另外，带有给电子基团（—NH_2、—OH、—$CONH_2$等）的芳香族化合物，乙醇萃取再生率低。因此，根据有机物质表面基团的电子效应，大体上能判断溶剂再生性能。用有机溶剂再生的方法可以回收有用吸附质，使用比较方便，但污染物进入再生液后难以分离，容易造成二次污染，成本也较高，使其应用受到限制。近年来，超临界萃取技术受到关注，具有无毒、不可燃、不污染环境等优点。二氧化碳是超临界流体萃取技术应用中常用的萃取剂。

（四）化学降解再生法

针对吸附了有机污染物的吸附剂，可以采用降解的方法彻底去除污染物，以恢复吸附剂的吸附活性。吸附剂生物再生法适合于易生物降解的有机物，但存在条件苛刻、周期长等问题。近年来化学降解再生法受到关注。电化学再生法是目前正在研究的一种方法，其工作原理是在外加电场的作用下，吸附质通过扩散、电迁移、对流及电化学氧化还原而被去除，具有条件更温和、再生效率较高、可在线操作等优点，但实际运行中存在金属电极腐蚀、钝化、絮凝物堵塞等问题，有待研究探讨。湿式氧化再生法是利用氧化剂氧化污染物，可用于处理毒性高、生物难降解的吸附质。后来又引入了催化剂，也就是湿式催化氧化法，以提高氧化反应的效率。湿式氧化再生法处理对象广泛，反应时间短，再生效率稳定，再生开始后无需另外加热。另外，光催化氧化和试剂氧化也被用来降解吸附剂上的有机物，但再生效果普遍不高。开展吸附剂降解再生可以实现吸附的污染物完全矿化，但也要注意吸附剂被氧化的问题。

在吸附剂的再生研究中，需要选择合适的再生方法，研究污染物脱附动力学和脱附效果，并通过再吸附评价吸附效果，经过多次吸附-再生循环可以明确吸附剂的长期有效性。采用溶剂法再生吸附剂，要注意尽量用少量再生液达到所需再生效果，并设法解决含有高浓度污染物再生液的处理问题。吸附剂的再生是难点问题，决定了吸附剂能否重复使用，特别是对于价格昂贵的吸附剂尤为重要。

第二节 活性炭

在众多炭质吸附材料中，应用时间最长、最为广泛的是活性炭。活性炭具有发达的孔隙结构、比表面积大、选择性吸附能力强。在一定的条件下，对液体或气体中的某一或某些物质进行吸附脱附、净化、精制或回收，实现产品的精制和环境的净化。活性炭的应用可以追溯到3600年前古埃及将炭用于医疗目的和2200年前中国马王堆汉墓用炭作防腐剂。Rapheal von Ostrejko于1900年申请了英国专利B. P. 14224和B. P. 18040，首次研究开发了CO_2或者水蒸气活化反应生产具有吸附能力的活性炭，并且成功应用于防毒面具中。1911年，奥地利的Fanto公司和荷兰Norit公司首先生产糖液脱色用粉状活性炭。时至今日，活性炭已广泛应用于军工、化工、食品、轻工、制药、环保和水处理等工业和生活的各个领域。随着科学技术的发展和人们生活水平的提高，活性炭已经成为现代工业、生态环境和人们生活中不可或缺的炭质吸附材料。本节将对活性炭理化性质、化学制备方法以及在环保领域的应用进行详细介绍。

一、活性炭理化性质

（一）活性炭的化学组成和物理性质

元素分析结果表明，活性炭的化学组成约90%以上为碳，其他主要有氧、氢、氮和灰分等。次要组分的含量可因原料、制备方法、后处理条件不同而异。表3-1列出了部分活性炭的元素组成。活性炭的次要组分有时在吸附作用和催化剂作用中有很重要的意义。如活性炭自非极性溶剂中吸附极性有机物时，某些表面含氧基团起主要作用；有时灰分在吸附器中可以是某些反应的催化剂（如含灰活性炭吸附硫化氢时可能会生成硫酸；含灰活性炭吸附的乙醇在较高温度脱附时脱附物中乙醛含量增加）。

表3-1 部分活性炭的元素组成 单位：%

活性炭	C	H	O	S(N)	灰分
水蒸气炭	93.31	0.93	3.25	0.00	2.51
氧化锌炭	93.88	1.71	4.37	0.00	0.04
氧化锌含硫炭	92.20	1.66	4.89	1.21	0.04
无灰炭F	93.40	0.70	5.30	0.60	0.00
无灰炭S	94.00	1.00	4.70	0.30	0.00

活性炭的物理性质涉及其密度、比表面积、孔径及孔径分布、比孔容和力学强度等，这些性质常与制备活性炭的原料、方法，后处理条件，活性炭的形状、粒度等因素有关。因此，活性炭的各种物理性质在一定范围内变化。表3-2列出了一般活性炭的物理性质。

表 3-2 一般活性炭的物理性质

项目	数值	项目	数值
真密度/(g/mL)	1.9～2.2	孔隙率/%	33～43(粒状)
颗粒密度/(g/mL)	0.6～0.9		45～75(粉状)
堆积密度/(g/L)	300～600(粒状)	比热容/[J/(g·℃)]	0.67～0.83
	200～400(粉状)	热导率/[kJ/(m·h·℃)]	0.62～1.00
比表面积/(m^2/g)	500～1800	磨碎率/%	68～89(粒状)
平均孔半径/nm	1～2	丙烷吸附能力/(g/100g)	9～14.2(粒状)
比孔容/(mL/g)	0.6～1.1	正庚烷吸附能力/(g/100g)	16.2～26.1

(二) 活性炭的微晶结构

在碳素材料中，金刚石、石墨为结晶碳，有明确的晶体结构。由有机物热解所得的活性炭、炭黑、碳分子筛等为无定形碳，没有宏观晶体结构，但在极小区域内有与石墨结构类似的微晶结构。已知石墨是由排列成正六角形的碳原子组成的平行层面结构，各层面间距为0.335nm，层面完全沿共同垂直轴定向排列（见图 3-3）。

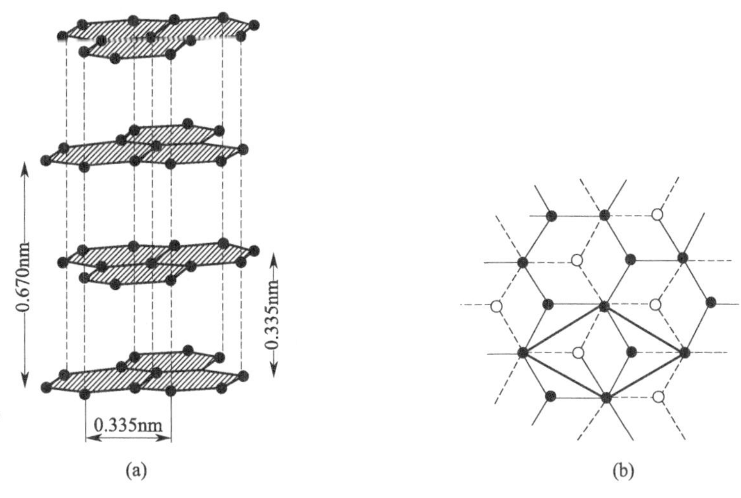

图 3-3 石墨的结构

自 20 世纪 30 年代人们就开始研究活性炭的微观结构。至今已提出两种结构模型。

1. 乱层结构模型

该模型认为活性炭由基本微晶构成，其二维结构与石墨相似。虽然活性炭由排列成六角形的碳原子平行层面构成，但这些平行层面与石墨不同，在垂直于层平面方向上不重合，而是彼此间无序平移，呈不规则重叠状。活性炭中这些基本微晶的大小与炭化温度有关，随炭化温度升高，基本微晶增大。常见的基本微晶大小为：高 0.9～1.2nm，直径 2～2.3nm。

2. 不规则交联碳六角形空间晶格结构模型

该模型认为，在活性炭的基本微晶中，石墨层平面呈扭曲状态。这种结构可能是由于杂原子存在而形成的，因为有实验证明，用氧含量较高的原料制备的活性炭中多有这种结构。

随着炭化温度的升高，基本微晶增大，即炭的乱层结构向石墨结构转化。这种转化的难易和转化的程度与原料的性质和热处理条件有关。

根据对煤、焦炭、活性炭、聚合物等含碳材料在不同温度下处理后产物基本微晶的 X 射线衍射分析研究，可将这些材料分为难石墨化炭（nongraphitizing carbon）和易石墨化炭（graphitizing carbon）两类，前者也称硬炭（hard carbon），后者也称软炭（soft carbon）。石油和沥青、聚氯乙烯和蒽等炭化后属于软炭，硬炭有纤维素、呋喃树脂、聚偏二氯乙烯等炭化后的产物。

难石墨化炭和易石墨化炭的基本区别在于两类炭中基本微晶结构的有序化程度。难石墨化炭的基本微晶排列杂乱无序，相邻基本微晶间强烈交联，形成不易变动的结构，高温处理后可得到微孔发达的产物。易石墨化炭在炭化开始时基本微晶就发生变动，基本微晶间交联较弱。由这种炭得到的产物孔隙不发达，含有较大量平行排列的石墨层微晶，如图 3-4 所示为炭的非石墨化结构和石墨化结构示意。

含碳原料在高于 1000℃处理时，先消耗无序碳，更高的温度下可使碳化物基本微晶中石墨层的层数和直径增大。但是，易石墨化炭和难石墨化炭在高温下这些石墨层的层数和直径增大的幅度很不相同：易石墨化炭中微晶石墨层的层数和直径随温度升高增加很多，而难石墨化炭则变化小得多。表 3-3 给出了利用 X 射线衍射法得到的聚氯乙烯碳化物中基本微晶平行石墨层层数和直径与处理温度的关系。由表中数据可知，以聚偏二氯乙烯制成的炭，在温度高达 3000℃时平行石墨层层数仅为 7.7 层，层的直径仅为 5.0nm，还不能说形成三维结构；而以聚氯乙烯制成的炭在 1720℃时石墨层层数已达 33 层，层的直径达 6.3nm。这些结果说明，聚偏二氯乙烯为难石墨化材料，而聚氯乙烯为易石墨化材料。

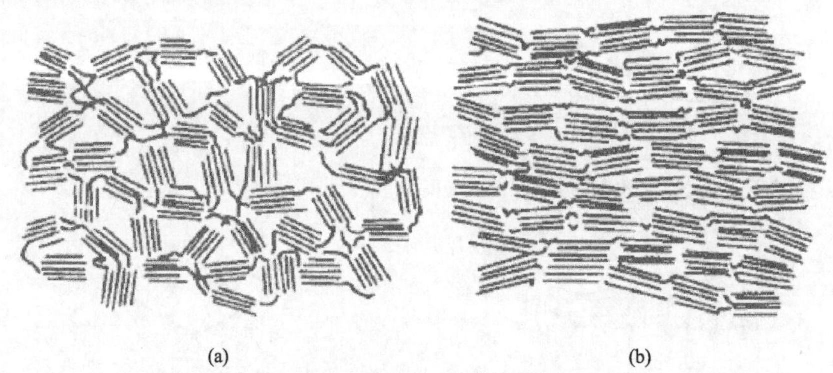

(a) (b)

图 3-4 炭的非石墨化结构（a）和石墨化结构（b）示意

表 3-3 炭化的两种聚氯乙烯中基本微晶的平行石墨层层数 n 和直径 d 与处理温度的关系

原料	处理温度/℃	n/层	d/nm
聚偏二氯乙烯	1000	2.0	1.6
	2000	2.4	2.2
	2140(2h)	3.8	3.8
	2160	4.1	3.5
	2700	5.6	4.0
	3000	7.7	5.0
聚氯乙烯	1000(2h)	4.5	1.8
	1000(13h)	4.9	2.7
	1220	8.8	3.0
	1480	15.5	4.0
	1720	33	6.3

上述两种原料炭石墨化难易不同，除与它们的基本微晶的有序程度不同有关外，还与这些原料中氧和氢的含量有关。当原料中有氧存在或氢量不足时，易形成使微晶交联强的非石墨化结构。例如聚偏二氯乙烯分子中的氢原子数与氯原子数相等，炭化时可以 HCl 的形式放出，在 220℃时即可得到孔隙发达的产物。而在聚氯乙烯中，所含的氢比氯多，在炭化时

可形成焦油，有助于致密的石墨化结构形成。在原料中过量氧的存在会阻碍基本微晶中平行石墨层数目的增加，不利于石墨化结构的形成。

（三）活性炭的微孔结构

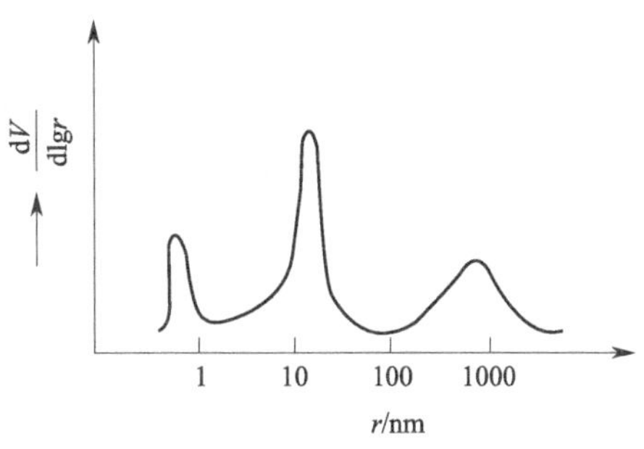

图 3-5 一般活性炭的孔径分布示意图

活性炭具有发达的孔隙结构。活性炭既有大量的微孔，又有一定量的中孔和大孔，这就保证了活性炭具有良好的吸附能力。活性炭的孔隙是在活化过程中形成的。在活化时，炭结构中基本微晶间的有机物和无序碳被除去，同时也烧失了部分石墨层中的碳，从而形成了各种形状和大小的孔隙。

通常，活性炭的微孔、中孔和大孔的孔径分布是三分散的，即孔体积 V 随孔半径 r 的变化率与 r 的关系有三个分立的峰（图 3-5），三种孔的半径在一小范围内变化。

一般活性炭的微孔半径约为 0.6～0.8nm，这一大小与普通小分子为同数量级，对这些小分子的吸附无选择性。微孔比孔容约为 0.15～0.6mL/g，微孔的比表面积可占总比表面积的 95%以上。中孔的大小约为 2 至几十纳米，比孔容约为 0.02～0.1mL/g，甚至可达 0.5mL/g，比表面积约为每克几十平方米或更高。活性炭大孔的半径多在 500～2000nm 之间，比孔容约为 0.2～0.8mL/g，比表面积为 0.5～2m^2/g。大孔直接与吸附剂外表面相通。

Dubinin 等根据在低相对压力（$\frac{p}{p_0}<0.2$）时活性炭对蒸汽的吸附性质将活性炭分为两种结构类型：第一种结构类型主要含微孔，第二种结构类型含有较大的孔。这两种活性炭的吸附规律不同。表 3-4 列出了这两种活性炭和碳分子筛中不同孔大小的比孔容分布。

实践证明，活性炭的实际应用常与其不同大小孔隙的比例有关。例如，微孔活性炭适用于自混合物中吸附低浓度的蒸汽或气体，也可用于自液体中吸附低分子量的溶质。脱色用活性炭主要是含较多大孔的第二种结构类型，显然这类活性炭对较大分子染料的吸附有利。回收用活性炭为混合类型，即既含有大量微孔和大孔又含有一定量中孔的活性炭。这是因为在用于回收时，既要求活性炭对中等浓度的蒸汽（1～30mg/L）有较大的吸附能力，又利于脱附的进行。

表 3-4 不同分类的活性炭和碳分子筛中不同孔大小的比孔容分布

分类	微孔（d<2nm）	中孔（d=2～50nm）	大孔（d>50nm）
大孔型活性炭	0.1～0.3	0.6～0.8	约 0.4
微孔型活性炭	0.6～0.8	约 0.1	约 0.3
碳分子筛	约 0.25	约 0.05	约 0.1

（四）活性炭表面化学性质

活性炭的吸附性能除与前述的比表面积、孔径分布等因素有关外，还受其表面的疏水性和表面基团所制约。

活性炭在制备过程中有些非碳元素（如氧、氢、硫等）可与碳形成化学键，其中特别是氧和碳可形成多种类型的表面基团。这些碳原子成键的元素构成活性炭化学结构的一部分。

形成活性炭（及其他碳素材料）的碳氧表面化合物的主要方法有两种。

1. 氧化性气体处理法

常用的氧化性气体有氧、水蒸气、二氧化碳、氧化氮等。在活性炭制备过程中炭化和气体活化时都导致氧表面络合物的形成。

2. 氧化性溶液处理法

常用的氧化性溶液有酸化的高锰酸钾溶液、硝酸、硝酸与硫酸的混合液、氯水、次氯酸钠溶液、过硫酸铵溶液、氢氟酸等。炭表面除含有氧络合物外，也有氢、氮、卤素的络合物，只是它们的含量比氧络合物少得多。

碳表面络合物是一个含义相当模糊的术语，也有人称为碳氧表面化合物、表面氧化物、化学吸附的氧等。碳氧表面络合物的稳定性随其形成机理而变化。例如用水蒸气活化法制备活性炭，可以有下述反应：

$$H_2O+C \longrightarrow H_2+(CO) \tag{3-3}$$

$$(CO) \longrightarrow CO \tag{3-4}$$

$$H_2O+(CO) \longrightarrow H_2+(CO_2) \tag{3-5}$$

$$(CO_2) \longrightarrow CO_2 \tag{3-6}$$

$$H_2+(CO) \longrightarrow H_2O \tag{3-7}$$

以上各式中圆括号内表示的是碳氧表面络合物。有人认为，在低温时式(3-3)～式(3-6)的反应是主要的，因为碳氧络合物有一定的热稳定性，并且不与氢反应。在温度约为600～1400℃时，所有上述反应均是重要的，但若氢的量不足，式(3-7)的反应就不重要了。若水蒸气分压低，只有式(3-3)和式(3-4)的反应可以进行。

活性炭表面氧化物主要有三种类型：酸性型、碱性型和两者混合型（中性型）。在较低温度（如低于100℃）下，气态氧和活性炭表面反应生成表面氧化物，水合作用后形成羟基和其他碱性基团。在较高温度（如300～500℃）下，氧与炭表面反应形成表面氧化物，水合作用形成酸性基团。根据活性炭自溶液中吸附酸和碱的量可以推论，在炭表面两种类型的氧化物中，碱性氧化物覆盖表面的2%，而酸性氧化物覆盖约20%。

采用常规的或近代的各种物理化学方法（如滴定法、中和作用、甲基化作用、红外光谱、极谱法、XPS等）对活性炭表面进行研究，结果表明，活性炭表面有多种含氧基团。这些基团主要有羧基、酚羟基、醌型羰基、内酯基、羧酸酐基、环状过氧化物基等（见图3-6）。当然，对于某种具体的活性炭，这些基团是否都有，以及它们的含量多少与制备原料和方法有关。在上述基团中，羧基、酚羟基、酯基和羧酸酐基均为酸性表面氧化物基，在真空条件下约250℃处理，这些基团开始被破坏。碱性表面氧化物为吡喃型（或色烯型）结构。这种结构带有 $>CH_2$ 或 $>CHR$（R为烷基）的含氧杂环。在炭表面上的不饱和键上不可逆吸附氧可形成中性表面氧化物，形成的 $-\overset{|}{\underset{|}{C}}-O-O-\overset{|}{\underset{|}{C}}-$ 在高温下抽真空分解为 CO_2。中性表面氧化物较酸性表面氧化物稳定，500～600℃才会分解。

化学吸附水也可以使炭表面有氢存在。氢与碳原子直接成键得到C—H。氢在石墨上，在室温下即可发生化学吸附，但在高纯的活性炭上，低于200℃尚不能测出有效的化学吸附氢存在。碳氢表面络合物较碳氧表面络合物稳定，对于炭黑，加热到近1000℃方能使氢脱附，而使氢完全脱附则需加热至大于或等于1200℃，甚至1600℃。

在活性炭中，除氧和氢以外，还有氮、硫、氯等杂原子。实验证明，碳氮络合物很稳定，加热至900～1200℃方可使氮脱附，但同时会有少量的氰化氢、氰和氨生成。碳硫络合物也特别稳定，甚至用2.5mol/L的NaOH溶液加热回流12h也不能使炭黑中的硫完全除去；热处理至1100℃仍有43%的硫未能除去。碳氟和碳溴络合物比较稳定。在活性炭表面的氯不能用稀碱液洗去，但在NaOH溶液中回流可部分除去。碳溴络合物不如碳氯络合物稳定，用热浓 NaOH 溶液处理即可除去。

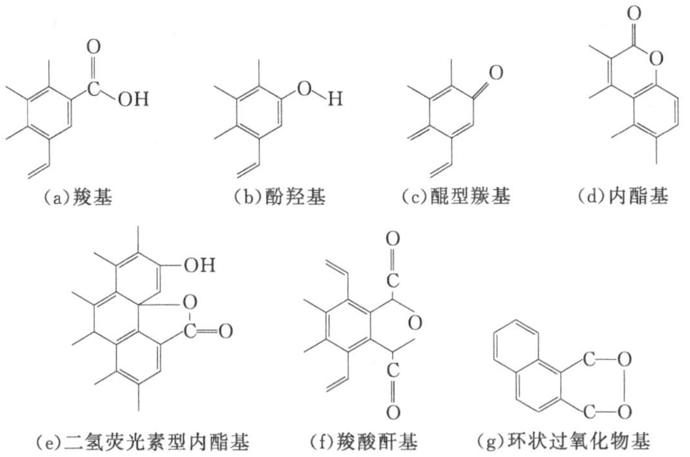

(a)羧基 (b)酚羟基 (c)醌型羰基 (d)内酯基

(e)二氢荧光素型内酯基 (f)羧酸酐基 (g)环状过氧化物基

图 3-6 活性炭表面的含氧官能团

活性炭表面存在不同的基团，可使其具有不同亲水性（或疏水性）、酸（或碱）性等，有时在不同 pH 的介质中还可有不同的表面电性。这些性质有时可明显影响活性炭的吸附性质。

二、活性炭的化学制备方法

通过将各种含碳原料与化学药品均匀地混合（或浸渍）后，在适当的温度下，经历炭化、活化、回收化学药品、漂洗、烘干等过程制备活性炭的一种方法称为化学药品活化法，简称化学法。化学法所用的活化剂最常用的有磷酸、氯化锌和氢氧化钾。

（一）磷酸法制备活性炭

1. 原材料准备

在国内，磷酸法生产活性炭的原料主要是木屑，针叶材木屑优于阔叶材木屑，杉木屑优于松木屑。如果将新鲜的松木屑存放一段时间，让松脂挥发成分自行挥发、分解和氧化后再使用更为有利。木屑原料的工艺要求见表 3-5。

表 3-5 木屑原料的工艺要求

项目	工艺要求
品种	松木屑、杉木屑、各种杂木屑
粒度	0.425～3.35mm
纯度	不含板皮、木块、泥沙和铁屑等
含水率	相对含水率为 15%～20%

最近十几年，国内外关于活性炭生产使用的原料开发在不断加强，通过研究发现，玉米芯、芦苇叶、可可壳、甘蔗渣、葵花子壳、烟秆等都可以作为磷酸法活性炭生产原料。

2. 活化机理

根据相关文献报道，磷酸法制备活性炭的过程中，磷酸与木质纤维素原料的作用机理可分为以下几个方面。

（1）润胀作用　在低于 200℃的温度下，磷酸的电离作用能使木质纤维素类原料中的生物高聚物发生润胀、胶溶以至于溶解，活化剂渗透到原料内部，溶解纤维素而形成孔隙。与此同时，还会发生一些水解反应和氧化反应，使高分子化合物逐渐解聚，形成一种部分聚合物与磷酸组成的均匀塑性物料。

(2) 加速炭活化过程　炭活化需要在一定温度下进行，磷酸药品从根本上改变了木材的热解历程，显著降低了活化温度；同时由于磷酸对生物高聚物的润胀作用，能渗透到原料颗粒内部，使原料受热均匀。

(3) 高温下具有催化脱水作用　木质纤维素原料在炭化时生成大量的焦油而降低碳的得率。经磷酸浸渍的物料，由于磷酸具有很强的脱水作用和催化有机化合物的羟基消去作用，杉木屑在高温分解前其中的氢和氧首先发生脱水反应，以水的形式脱除，使更多的碳得以保留，活性炭的得率较高。同时磷酸能抑制焦油的产生，并导致残留的碳有较高程度的芳构化。

(4) 氧化作用　磷酸具有氯化锌所没有的氧化性质，它能进一步氧化已形成的炭，起着进一步氧化作用，侵蚀炭体而造孔，形成微孔发达的微晶结构。

(5) 芳香缩合作用　纤维素是木材的主要成分之一，在质子的催化作用下发生纤维素的解聚、木质纤维素脱水、芳香环状结构的形成、磷酸盐基团的去除等系列反应。当温度升高时（100～200℃），与酸催化乙醇脱水的机理一样，通过磷酸脱水作用和催化有机化合物的羟基消去作用，使碳材料获得较高程度的芳构化；在较高的温度（＞300℃）和无水气氛条件下，磷的氧化物（P_2O_5）能作为路易斯酸，反应形成 C—O—P 缔合结构，获得大量 P-O 网状结构、微孔发达及比表面积高的活性炭。在磷酸盐的位置，H 的存在形成不饱和缔合，从而去除网状炭上的磷酸盐，其机理如图 3-7 和图 3-8 所示。

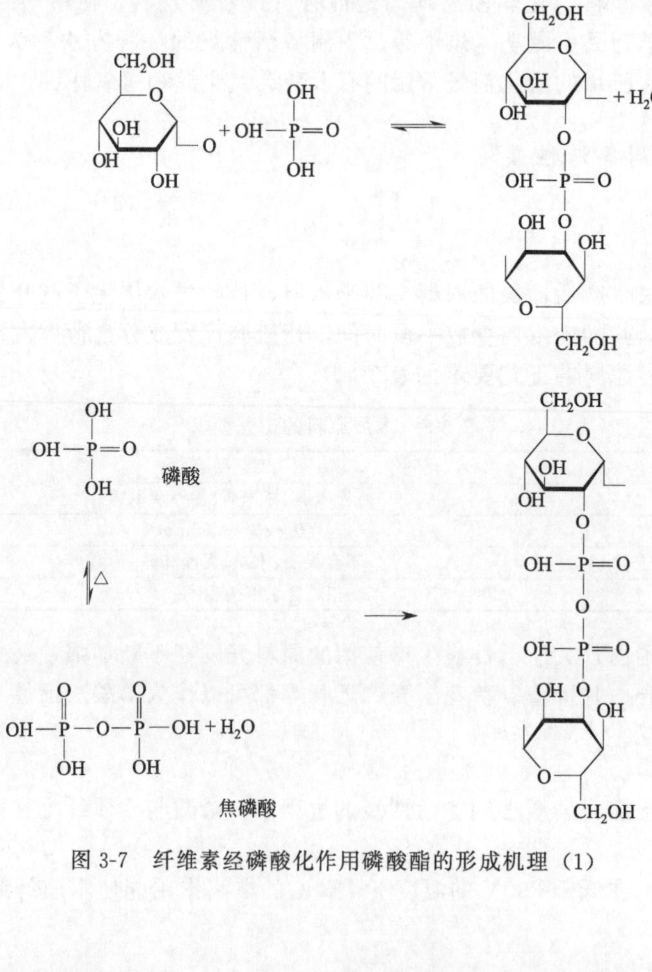

磷酸

焦磷酸

图 3-7　纤维素经磷酸化作用磷酸酯的形成机理（1）

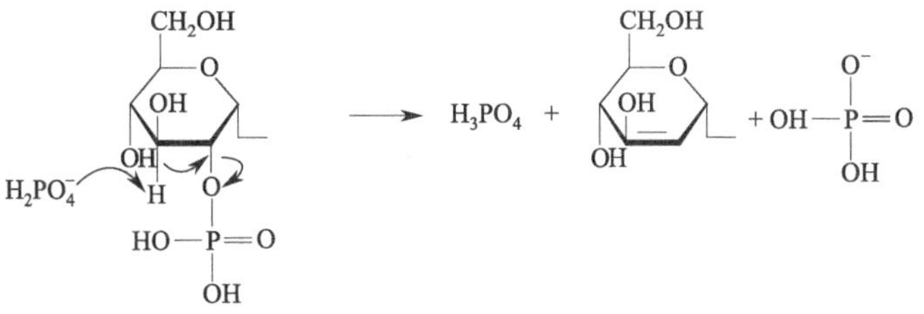

图 3-8 纤维素经磷酸化作用磷酸酯的形成机理（2）

（6）炭化时骨架作用　磷酸在炭化时起骨架作用，在原料被炭化时能给新生的碳提供一个骨架，让碳沉积在骨架上面；新生的碳具有初生的键，对无机元素有吸附力，能使碳与无机磷元素结合在一起。当用酸和水把无机成分溶解洗净后，碳的表面便暴露出来，成为具有吸附力的活性炭内表面，这种作用最明显地体现在：活性炭的孔隙总容积总是随着浸渍比的变化而呈规律性的变化。当浸渍比大时，可制得过渡孔比较发达的活性炭，浸渍比小时，可制得微孔发达的活性炭。

3. 工艺流程

磷酸法连续式生产粉状活性炭的工艺流程，一般由木屑筛选、木屑干燥、磷酸溶液配制、混合（或浸渍）、炭活化、回收、漂洗（包括酸处理和水洗）、离心脱水、干燥和粉碎等工序组成。另外附设专门的废气处理系统，以回收烟气中的磷酸和硫酸，减少对环境的污染。常用的生产工艺流程见图 3-9。接下来将对各流程进行简单的介绍。

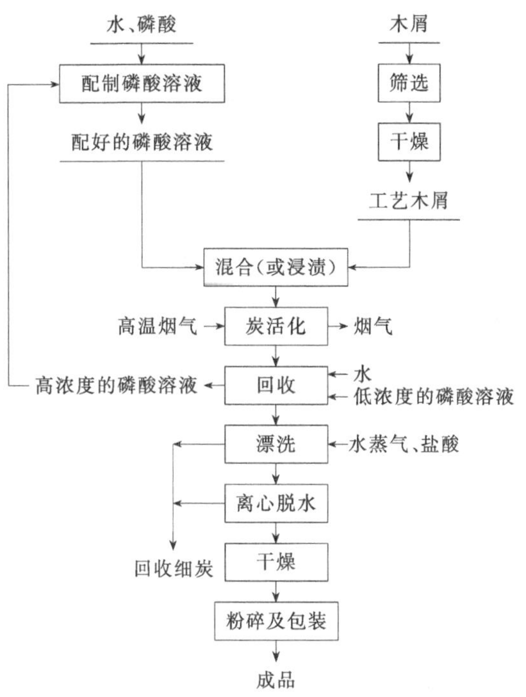

图 3-9 磷酸法连续式生产粉状活性炭的工艺流程

（1）木屑的筛选与干燥　为了保证产品的质量和工艺操作的稳定，用振动筛或滚筒筛对木屑进行筛选，选取 0.425～3.32mm 的木屑颗粒，除去杂物（如泥沙等），以免造成堵塞，增加回收、漂洗工序中的负荷，影响产品质量。筛选后木屑含水率一般在 45%～60%，需要干燥。

（2）磷酸溶液的配制　磷酸溶液的配制是否符合工艺规定的要求是关系磷屑比的一个重要因素。工艺磷酸溶液是将高浓度工业磷酸溶液（85%，质量分数）用水稀释至所需浓度，达到工艺要求的波美度。磷酸溶液的波美度与温度有一定的关系，当质量分数一定时，随着温度的升高，波美度会相应地降低。所以对于磷酸溶液的波美度，必须注明溶液的温度。磷酸溶液的波美度、密度和质量分数的关系见表 3-6。

（3）混合（或浸渍）　混合的目的在于将木屑与磷酸溶液反复搅拌揉压，使混合均匀，加速磷酸分子向木屑生物组织内部渗透。

表 3-6 磷酸溶液波美度°Bé与密度和质量分数的关系（20℃/4℃）

波美度/°Bé	密度/(g/mL)	质量分数/%	波美度/°Bé	密度/(g/mL)	质量分数/%
0.6	1.0038	1	16.3	1.1263	22
1.3	1.0092	2	17.8	1.1395	24
2.8	1.0200	4	19.2	1.1529	26
4.3	1.0309	6	20.7	1.1655	28
5.8	1.0420	8	22.2	1.1805	30
7.3	1.0532	10	25.8	1.2160	35
8.8	1.0647	12	29.4	1.2540	40
10.3	1.0764	14	32.9	1.2930	45
11.8	1.0884	16	36.4	1.3350	50
13.3	1.1008	18	39.9	1.3790	55
14.8	1.1134	20	43.3	1.4260	60

(4) 炭活化　炭活化是制取活性炭的一个关键过程。在炭化和活化时，必须根据活化料的落料情况很好地控制加热温度。温度太高，会增加磷酸的消耗量。因此，在保证活性炭质量的前提下，应尽量降低活化温度，这样酸耗量就低，同时也可以减少对环境的污染。

(5) 回收　在活化料中，含有大量的磷酸以及在高温条件下形成的磷酸高聚物（主要包括焦磷酸、偏磷酸等），据测定，其含量高达75%左右，因此必须回收，这是降低“酸耗”的关键。同时，在工艺上也要求对活性炭进行后处理，以除去这些磷酸高聚物和杂质。磷酸的回收操作基本上属于萃取范畴。

磷酸是一种非挥发性酸，当其加热到200～300℃时，失水变成焦磷酸：

$$2H_3PO_4 \longrightarrow H_4P_2O_7(\text{焦磷酸}) + H_2O \tag{3-8}$$

而温度进一步升高至300℃以上时，磷酸失水转化成三聚磷酸：

$$3H_3PO_4 \longrightarrow H_5P_3O_{10}(\text{三聚磷酸}) + 2H_2O \tag{3-9}$$

如果温度达到白热化，磷酸失水转化成多聚偏磷酸：

$$4H_3PO_4 \longrightarrow (HPO_3)_4(\text{多聚偏磷酸}) + 4H_2O \tag{3-10}$$

多聚偏磷酸在高温下只会升华而不分解。无论是焦磷酸、三聚磷酸还是多聚偏磷酸，溶解于水中均转化为正磷酸。制备活性炭的过程中，活化温度较低，只能出现焦磷酸、三聚磷酸或多聚偏磷酸形态。也就是说，在活化的额定温度（450～500℃）下，磷酸是不挥发的。因此回收时向装有活化料的回收桶内加入不同浓度的磷酸溶液。

磷酸溶液在回收、混合的过程中反复使用多次，每次都溶解和积累了一些钙盐、镁盐类。有些金属氧化物与盐酸作用生成可溶性盐类，也溶于磷酸溶液中。随着循环使用次数的增加，杂质含量也增加。这种磷酸浑浊瘠液浓度较高，用密度计测量时会呈现“假波美度”现象，即不能测得磷酸溶液的真实浓度，若不经处理继续使用这种磷酸溶液，必然发生严重影响产品质量的现象。

(6) 漂洗　漂洗工序一般包括酸处理和水处理两个步骤。漂洗的目的是除去来自原料和加工过程中的各种杂质，使得活性炭的氯化物、总铁化物、灰分等含量和pH值达到规定的指标。

漂洗过程的前期，主要是加盐酸除去铁类化合物等，因此称为酸处理（或叫“煮铁”）；在后期是加碱中和酸、除去氯离子，并用热水反复洗涤，故称水处理。

在漂洗时要注意防止细炭粉的流失，对流失的炭必须进行回收，回收炭经漂洗、干燥等处理可作为混合炭成品。

(7) 离心脱水　漂洗后的炭带有很高的水分，为了降低物料水分，减小干燥负荷和降低热量消耗，必须进行脱水，除去炭中的一些水分。目前，许多活性炭的企业已采用板框过滤机进行湿炭脱水，也有使用离心机进行前期脱水处理的。

(8) 干燥　干燥的目的是使离心脱水炭的含水率降低到10%以下。在这种情况下，活性炭的干燥速度主要取决于炭内部水分的扩散速度。适合这种条件的改造设备有回转炉、沸腾炉、强化干燥设备等。操作时，要根据炉温控制加料量，防止干炭出现火星。刚出炉的具有一定温度的干燥炭最好装在密闭的容器内，待料冷却后再进入下道工序。

(9) 粉碎和包装　干燥后的活性炭颗粒度不均匀，应采用各种类型的粉碎装置磨成细粉，一般要求粉状活性炭的粒度在不影响其最大吸附力和过渡速度的情况下越细越好。目前，生产规模大的厂采用雷蒙磨，加工量大，全程密闭负压运行，自动化程度高，生产环境优良，生产工艺稳定。经过磨粉达到客户所需粒径之后进入混料机，与不同批次磨粉的产品混合均后进入包装机进行包装，由于粉状炭较轻，容易产生粉尘，所以包装要求密封，并注意防潮。

（二）氢氧化钾法制备活性炭

KOH 活化法是20世纪70年代兴起的一种制备高比表面积活性炭的活化工艺，与磷酸活化工艺相似，活性炭成品也受到活化温度、活化时间、活化剂用量等因素的影响。

1. 原材料准备及制备工艺

目前，采用 KOH 法生产的活性炭主要的工业化应用是超级电容器领域，采用的主要原料是椰壳。当然，采用其他生物质原料经 KOH 活化后用于超级电容器及其他应用领域的研究开发也较多。

Teo 等将稻壳先使用 NaOH 溶液浸渍 24h，经过过滤后再通过烘箱热处理 24h，烘干料在400℃下炭化4h后再次使用 NaOH 溶液常温下浸渍 20min 除去稻壳炭化料中的痕量硅，获得较纯净的稻壳炭化料。按照绝干质量浸渍比为5∶1（KOH∶稻壳炭化料）将 KOH 与稻壳炭化料混匀，于850℃活化1h，获得了 BET 比表面积为 $2696m^2/g$ 且总孔容积为 $1.496cm^3/g$ 的高性能活性炭。将此碳材料用于超级电容器领域，在 6mol/L KOH 电解液中可获得 147F/g 的比电容和 5.11W·h/kg 的能量密度。研究还认为，此碳材料表现出较低的电阻率，主要是因为炭结构中丰富的 C═C 键和较低的氧含量。

Acosta 等采用 KOH 来活化废旧轮胎提油后的热解残炭制备活性炭，来处理水体中的抗生素类药物四环素。动力学研究数据表明，此类活性炭吸附四环素属于伪二阶动力学模型。制备的活性炭去除四环素的能力优于商业活性炭，吸附能力可达 312mg/g。因此，将废旧轮胎提油残炭制备的活性炭产品用于其他领域，可以增加此行业的经济附加值。

2. 活化机理

将原料炭，如木炭、果壳炭、合成树脂炭、石油焦、竹炭等，与数倍炭质量的氢氧化钾或氢氧化钠混合，并在不超过500℃下脱水，然后再在不高于850℃下煅烧若干时间，冷却后将物料用水洗涤至中性，即可得到活性炭。

关于氢氧化钾的活化机理，有相关文献资料给出了如下的反应式：

$$KOH \longrightarrow K_2O + H_2O \tag{3-11}$$

$$C + H_2O \longrightarrow H_2 + CO \tag{3-12}$$

$$CO + H_2O \longrightarrow CO_2 + H_2 \tag{3-13}$$

$$K_2O + CO_2 \longrightarrow K_2CO_3 \tag{3-14}$$

$$K_2O+H_2 \longrightarrow K+H_2O \tag{3-15}$$

$$K_2O+C \longrightarrow K+CO \tag{3-16}$$

这一观点认为，在500℃以下发生了氢氧化钾的脱水反应［式(3-11)］和水煤气反应［式(3-12)］以及水煤气的转化反应［式(3-13)］，式(3-12)和式(3-13)反应均可以看作在氢氧化钾存在下的催化反应。所产生的CO_2几乎都按式(3-14)转化为了碳酸盐。因此，在反应过程中可以观察到主要产生了氢气，而只有很少量的一氧化碳、二氧化碳和甲烷以及焦油状的物质。可以认为，活化过程中消耗掉的碳主要生成了碳酸钾，从而使产物具有很大的比表面积。同时，在800℃左右活化时，金属钾（沸点762℃）析出，通过上述式(3-15)和式(3-16)的反应，氧化钾被氢气或碳还原。所以可以认为，在800℃左右温度下，金属钾的蒸气不断进入碳原子所构成的层与层之间进行活化。

（三）氯化锌法制备活性炭

1. 原材料准备

木屑是氯化锌法生产活性炭的主要原料，针叶材木屑优于阔叶材木屑，杉木屑优于松木屑。在活性炭生产中，是将松木屑存放一定时间，让松脂挥发成分自行挥发、分解和氧化后再使用。果核壳类农林加工剩余物也可作为氯化锌法制备活性炭的生产原料，如油茶壳、桃核、核桃壳、开心果壳等。木屑原料的工艺要求见表3-5。

2. 活化机理

关于化学药品对木屑的炭活化机理目前还不十分清楚，只能根据现象和推论加以说明，下面以氯化锌的活化作用为例，将前人的一些见解、推论概述如下。

(1) 氯化锌的润胀作用　木屑等生物质原料中总纤维素含量可达60%～70%。在低于200℃的温度下，氯化锌的电离作用能使木屑等植物原料中的纤维素发生润胀，并将持续到纤维素分散成胶体状态为止。与此同时还会发生一些低分子化水解反应和氧化反应，使高分子化合物逐渐解聚，形成一部分解聚化合物与氯化锌组成的均匀塑性物料。

(2) 氯化锌的脱水作用　通过TG-DTG（热重分析-微商热重分析）研究可以发现，氯化锌的添加改变了生物质原料在炭活化过程中的反应历程，炭中的氢和氧以水的形式脱除，而不是按通常的热解反应形成各种酸类、醇类、酚类等含碳有机挥发物。同时还能抑制焦油的产生，更多地保留了原料中的碳素。

(3) 加速炭活化过程　炭活化需要在一定温度下进行，原料炭化和气体活化即使直接加热也是通过烟道气、空气或水蒸气作为热载体的，这些气体的热导率过低，比液态氯化锌的热导率要低很多，比固体氯化锌低得更多。此外，由于氯化锌对木屑的润胀作用，它能渗透到原料颗粒内部，使原料受热均匀。

(4) 改变了炭化反应历程　木质原料炭化时，除了产生低分子化合物，如乙酸、甲醇及其他酮、醛、酯外，还产生大约占原料10%～15%的木焦油，炭化产生的气体呈赤橙色，冷凝后得到黑褐色黏稠液体。木焦油元素组成见表3-7。

表3-7　木焦油元素组成

木焦油名称	元素组成/%		
	C	H	O
松根焦油	81.15	8.82	11.03
气化焦油	79.37	5.45	12.18
溶解焦油	52.54	5.29	41.26

由表 3-7 可知，木质原料在炭化时生成大量的焦油而降低了碳的得率。浸渍过氯化锌的木屑料炭化时，产生少量的焦油。有人曾把添加或不添加化学药品的杉木屑分别进行炭化，其结果见表 3-8。

表 3-8 杉木屑在添加或不添加化学药品进行干馏时产生气体的温度和馏出液的颜色

药品种类	产生气体的温度/℃	馏出液颜色	
不加药品	250～350	赤	橙
加 $CaCl_2$	250～350	赤	褐
加 $ZnCl_2$	150～300	接近无色	黄
加 P_2O_5	100～280	接近无色	黄
加 NaOH	170～350	赤	褐

从表 3-8 可以看出，木屑浸渍 $ZnCl_2$ 和 P_2O_5（H_3PO_4）后，炭化温度大大降低，焦油颜色明显变浅，说明氯化锌改变了木屑的炭化反应历程。

（5）氯化锌的芳香缩合作用　对氯化锌活化法初期所生成的产物进行分析测定，结果认为一部分原料是在液相炭化而形成了炭的结构，称这种作用为芳香缩合。用木屑或纤维素作原料，以 15%～65%的氯化锌水溶液在 140℃下浸渍，然后将溶剂抽出物用紫外吸收光谱法进行分析测定，结果发现有葡萄糖、戊醛糖、糖醛酸和糖酸等一些分子量约为 160～240 的物质。这些物质在更高的温度（300℃以上）下炭化成炭的组成部分。由此推测，木屑原料最初被 $ZnCl_2$ 溶液水解并低分子化。接着催化脱水，并促进中间产物糖醛酸和醛糖缩合成缩醛，受热后进一步芳香环化，这种凝缩类炭在氯化锌溶液中不溶解，而在活化过程中形成炭的乱层微晶结构。

（6）氯化锌的骨架作用　研究者们认为氯化锌在炭化时形成骨架，给新生碳提供沉积的骨架。新生碳具有初生的键，对无机元素有吸引力，能使碳与无机元素牢固地结合在一起，就像用含碳物质烧锅炉一样，吸附在锅炉壁上的炭很难用机械方法除去。当用酸和水把无机成分溶解洗净之后，碳的表面便暴露出来，成为具有吸附力的活性炭内表面。

3. 工艺流程

连续法的回转炉是目前生产氯化锌粉状活性炭的主要设备，回转炉法具有生产能力大、产品质量较稳定等优点，是目前国内外氯化锌法制备活性炭的主体设备，工艺难点在于尾气处理和氯化锌回收方面，国内尚未有成熟的工艺，日本已实现环保排放达标生产。

连续法生产粉状活性炭的工艺流程，一般由木屑筛选和干燥、氯化锌溶液配制、配料（或浸渍）、炭活化、回收、漂洗（包括酸处理和水洗）、脱水、干燥与磨碎等工序组成。另外附设专门的废气处理系统，以回收烟气中的氯化锌和盐酸，减少对环境的污染。整个流程与磷酸法制备活性炭类似。常见的生产工艺流程见图 3-10。

三、活性炭的物理制备方法

物理法通常指气体活化法，是以水蒸气、烟道气（水蒸气、CO_2、N_2 等的混合气）、CO_2 或空气等作为活化气体，在 800～1000℃的高温下与已经过炭化的原材料接触进行活化的过程。在这个过程中，具有氧化性的活化气体在高温下腐蚀炭化料的表面，使炭化料中原有闭塞的孔隙重新开放并进一步扩大，某些结构因选择性氧化而产生新的孔隙，同时焦油和未炭化物等也被去除，最终得到活性炭产品。由于物理法通常采用气体作为活化剂，工艺流程相对简单，产生的废气以 CO_2 和水蒸气为主，对环境污染小，最终得到的活性炭产品比表面积高，孔隙结构发达。在活性炭生产厂家中，70%以上都采用物理法生产活性炭。下面对物理活化法的机理、方法等进行阐述。

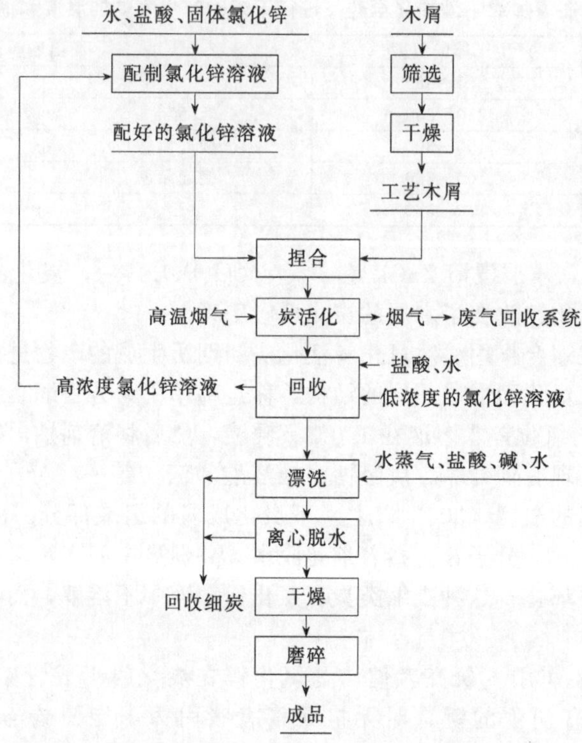

图 3-10　氯化锌法连续式生产粉状活性炭的工艺流程

（一）气体活化法过程简述

物理法制备活性炭需要先将原料在 400～600℃下进行炭化处理，使原料中碳元素以外的主要元素（氢、氧等）以气体形式脱除，通过 CO_2、CO 的形式也可使部分碳元素释放出去，残留的碳元素则多数以类似石墨的碳微晶形态存在。然而和石墨晶体不同的是，这些碳微晶的排列是杂乱无章的，因此形成了具有活性炭原始形态的结构。但是仅仅经过炭化处理，碳微晶的周围以及碳微晶之间的缝隙仍被热解所产生的焦油或者无定形碳堵塞，因此需要进一步活化处理，除去这些堵塞孔隙的物质才能得到具有孔隙结构的活性炭。

在炭化的中间产物进行活化期间，首先是基本碳微晶以外的无定形碳与活化气体反应并以气体形式脱离，使微晶表面逐渐暴露。之后微晶发生活化反应，但与碳网平面平行的方向活化反应的速率大于垂直碳网平面的方向。有观点认为，在碳微晶边角和有缺陷位置上的碳原子由于其化合价未被相邻的碳原子饱和，化学性质更为活泼，往往更易与活化剂反应，这些碳原子即构成所谓的“活性点”。这些“活性点”与活化剂反应后以 CO 和 CO_2 等形式逸出，使新的不饱和碳原子又暴露出来继续参与反应，因此微晶外表面碳元素的脱离与微晶的不均匀气化反应共同形成了新的孔隙结构，这是活化的第一阶段，即造孔阶段。随着活化反应的进一步进行，得到的孔隙进一步扩大加宽，或者是相邻微孔之间的孔壁被烧蚀使微孔合并形成中大孔，这是活化的第二阶段，即扩孔阶段。随着活化反应进行到第三阶段，即造孔阶段，尽管会不断产生新的微孔，但由于扩孔效应影响更大，中大孔数目越来越多，因此比表面积及微孔容积仍会逐渐减小。从这种活化方式看，孔隙的结构与气化损失率密切相关。此外也有不少研究表明气体活化过程中活性炭表面的官能团会发生一定的改变。

（二）水蒸气活化法

水蒸气活化的反应式如下所示：

$$C+H_2O \longrightarrow H_2+CO \tag{3-17}$$

$$C+H_2O \longrightarrow H_2+CO_2 \tag{3-18}$$

该反应是吸热反应，实际上该反应需要在800℃以上才能进行。炭表面吸附水蒸气之后，水蒸气分解释放出氢气，接着吸附的氧以一氧化碳的形式从炭表面脱离。该反应可能按如下过程进行：

$$C+H_2O \longrightarrow C(H_2O) \tag{3-19}$$

$$C(H_2O) \longrightarrow H_2+C(O) \tag{3-20}$$

$$C(O) \longrightarrow CO \tag{3-21}$$

$$C+H_2 \longrightarrow C(H_2) \tag{3-22}$$

式中，( ) 表示结合在炭表面上的状态。

一般认为在这个过程中氢气会有一定的妨碍作用，但一氧化碳不影响反应进行，这可能是因为生成的氢气被炭吸附，堵塞了其中的活性点。同时，生成的CO与炭表面上的氧发生反应变成CO_2，见式(3-23)。此外吸附在炭表面上的水蒸气可按式(3-24) 进一步发生反应：

$$CO+C(O) \longrightarrow CO_2 \tag{3-23}$$

$$CO+H_2O \longrightarrow CO_2+H_2 \tag{3-24}$$

目前已知炭材料中所含的金属元素对该反应有较为明显的催化作用，使得反应速率明显加快。

（三）二氧化碳活化法

炭与二氧化碳反应的速率比与水蒸气反应的速率慢，而且该反应需要在800～1100℃的较高温度下进行。一般而言多采用主要成分为二氧化碳的水蒸气的烟道气作为活化气体，很少单独使用二氧化碳气体进行活化。已知该反应受一氧化碳和反应混合物中氢的妨碍。

该反应机理一般有两种观点：

$$C+CO_2 \longrightarrow C(O)+CO \tag{3-25}$$

$$C(O) \longrightarrow CO \tag{3-26}$$

$$CO+C \longrightarrow C(CO) \tag{3-27}$$

$$C+CO_2 \rightleftharpoons C(O)+CO \tag{3-28}$$

$$C(O) \longrightarrow CO \tag{3-29}$$

从反应式中可看出，观点一认为二氧化碳与碳之间的反应是不可逆反应，生成的一氧化碳将吸附在碳的活性位点上阻碍反应进行，而观点二则认为二氧化碳与碳发生的是可逆反应，一氧化碳浓度增加时可逆反应达到平衡状态，反应即不能继续进行。

（四）氧气活化法

$$C+O_2 \longrightarrow CO_2 \tag{3-30}$$

$$C+O_2 \longrightarrow 2CO \tag{3-31}$$

这两个反应均是放热反应，因此反应时控制合适的温度极为不易。此外很难避免局部过热，不易得到活化均匀的产品，而且该反应反应速率非常快，气化不仅生成了孔隙，而且在炭颗粒表面也产生了很大的气化损失，同时采用该法所制得的活性炭表面有非常多的含氧官能团，因此该法在活性炭的生产工艺中极其少见。

（五）混合气体活化法

在活性炭的实际生产过程中最常使用的活化气体是以 CO_2、H_2O 和 O_2 为主要成分的烟道气。H_2O 与碳的吸热反应可有效防止碳与 O_2 反应时温度急剧升高而产生局部过热的现象，反过来碳与 O_2 的反应又可以维持活化温度。因此只要混合气体里各成分比例合适，便可以有效地稳定活化温度，使活化反应均匀进行。此外也有观点认为原料中含有不同的活化位点，这些活化位点对于不同的活化气体反应活性也不一样，有的更易与水蒸气反应，有的更易与 CO_2 反应，因此采用混合气体更有利于制备高性能活性炭。

（六）热解活化法

中国林业科学研究院林产化学工业研究所活性炭研究室开发出了原料热解自活化的新工艺。该工艺的基本原理是在密闭反应容器中，原料在高温下热解产生出大量气体，这些气体即可作为活化反应的气体，同时由于体系的压力增高，椰壳组织细胞内的气体强制逸出时，会对椰壳组织结构产生一定冲击，这种冲击作用可以改善椰壳组织结构，从而促进高温自活化时活性炭微孔的形成与发展。该工艺与传统工艺制备的活性炭性能比较如表 3-9 所示。

表 3-9 新工艺与传统活化工艺的比较

制备方法	工艺过程		活化时间/h	能耗	活化剂消耗	气、液相污染
热解自活化工艺	椰壳-热解-活性炭	工艺简便	4	低	无活化剂	无气、液污染
物理法工艺	椰壳-炭化-活化-活性炭	工艺复杂	8	高	消耗大量水蒸气等气体活化剂	粉尘污染
化学法工艺	椰壳-炭化-粉碎-与活化剂混合-活化-洗涤-活性炭	工艺复杂	6	高	消耗数倍的磷酸、氯化锌、氢氧化钾	气、液污染大

与传统物理或化学活化法相比，这种新工艺非常方便，大大缩短了生产周期，提高了效率，节约了能耗，此外该工艺在生产过程中不使用任何化学试剂，降低了环境污染和制备的成本，具有非常良好的工业应用前景。

（七）基本工艺流程

物理法制备活性炭的基本工艺流程见图 3-11，其中图 3-11（a）是粉状活性炭生产流程，图 3-11（b）是无定形活性炭和成型活性炭生产流程。由此可看出，物理法活性炭生产工艺大致包括以下主要工段：原料预处理工段、活化工段、后处理工段和成品工段。

1. 原料预处理工段

由于制备活性炭的原料种类很多，有木质原料、煤质原料、人造材料和工业废料等，不同原料有不同的物理化学性质，包括不同的粒径、粒径分布和灰分、挥发分含量等，因此针对不同原料也需要进行不同的预处理。预处理的目的有三个，第一是可以使得原料的外观和粒度较适合炭化设备、活化设备，并满足使用者对产品的要求；第二是可以除去大部分对活化反应和产品性能不利的杂质；第三是可以尽可能减小原料发生石墨化的趋势，从而有利于得到吸附性能优良的活性炭产品。为得到合适粒度的原料并除去杂质，可采用破碎、筛分、扬折和除铁等工艺过程，并根据不同原料（矿石、粮食或者饲料）的特性选用相应的加工设备。以煤作为原料时宜选择特定煤层的原煤或经过洗煤处理的煤。

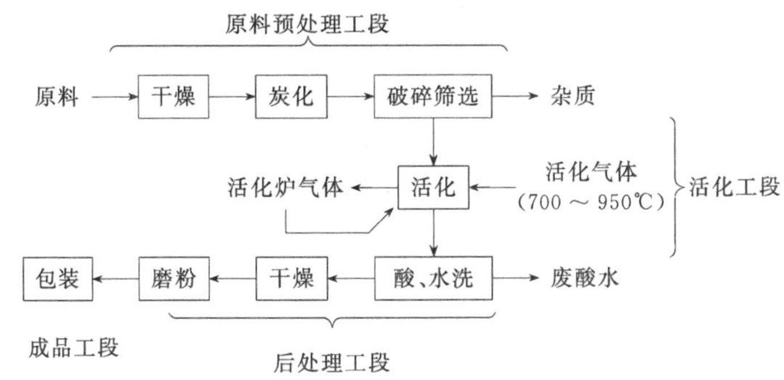

(a)物理法制备粉末活性炭工艺流程

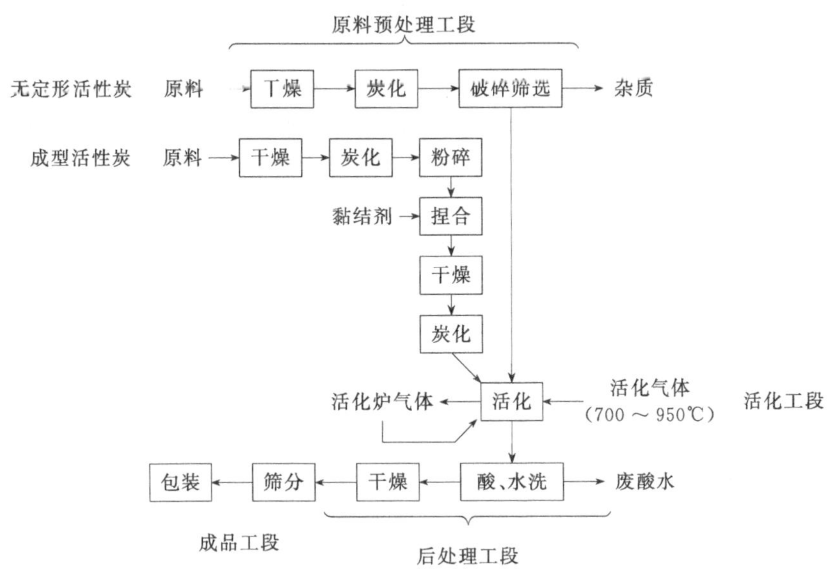

(b)物理法制备无定形活性炭和成型活性炭工艺流程

图 3-11 物理法制备活性炭工艺流程

2. 活化工段

活化工段是决定活性炭质量和生产成本最重要的工段，需要根据原料的特性采用最适合的设备和活化条件。可分为焖烧炉活化法、移动床活化法和流动床活化法。每种方法都有其优缺点，可按照实际情况进行选取。

3. 后处理工段

后处理是活性炭生产中产品的精制和均质过程，通常包括酸洗和干燥这两个过程，目的是去除活性炭产品中的灰分、铁及重金属。一般气体活化法制备的气相吸附用活性炭和废水处理用活性炭可不进行后处理，但生产对杂质含量要求高的产品则需要进行此过程。

酸洗一般用盐酸，加入量一般是炭质量的 10%～30%，在加入至沸腾且充分搅拌的条件下进行。待样品杂质含量达到质量要求后再进行多次充分水洗以除去盐酸。为保护环境，酸洗中排出的酸雾和酸性废水均需进行中和处理方可排放。

干燥的目的是控制产品的含水率。干燥设备主要有烘房式干燥器、回转干燥炉等。在干燥过程中，尤其是粉炭的干燥过程应重视粉尘的收集，这样既可降低产品损失，又可消除粉尘污染。

4. 成品工段

成品工段对颗粒炭产品而言包括筛分和包装两个步骤，对粉炭产品而言包括磨粉和包装两个步骤。在生产粉炭过程中亦应注意加强对粉尘的控制和收集。

四、活性炭在环境保护中的应用

（一）活性炭在水处理中的应用

活性炭在水和废水处理方面有广泛的用途。能被活性炭吸附的物质有很多，有机的或无机的、离子型或非离子型。活性炭对于水中溶解性的有机物有很强的吸附能力，而且对水中有些难以用生化法或化学法去除的有机污染物，如除草剂、杀虫剂、洗涤剂、合成染料、胺类化合物以及其他许多人工合成的有机物，有较好的吸附能力。目前活性炭广泛应用于废水处理以及给水处理，接下来将对活性炭在给水和废水处理上的应用进行简单介绍。

1. 自来水厂的深度处理

20世纪60年代以前，臭氧氧化法被当作与加氯消毒相应的一种消毒方法。水厂采用氯消毒时，氯与水中有机物会形成三氯甲烷，带来危害；用臭氧氧化法时，臭氧量不足时会出现对人体有害的诱变剂和致癌物。国际上较普遍采用臭氧技术，广泛应用此技术的当属法国。投加臭氧的位置有两种，一种是在滤池之后，主要作消毒剂使用；另一种是在原水中投加一次，在普通滤池之后活性炭滤池之前再加一次。第一次投加作为消毒剂用，第二次投加起生物活性炭的作用。

由于臭氧法和加氯消毒存在一定的问题以及对饮用水水质的要求提高，自来水厂的处理工艺在常规水处理基础之上向深度处理发展。活性炭因其强吸附性能而应用于自来水的深度处理，很多国家的水厂都采用了此项工艺，例如法国 Mery Snoisee 水厂、法国莫桑水厂、英国低色度水慢滤池工艺水厂、瑞士苏黎世水厂、德国的 Mulheim-Rubr 水厂等工艺流程中都有活性炭处理工序。

我国水厂逐步开始应用臭氧与活性炭滤池联合使用的生物活性炭法。臭氧与活性炭联合应用工艺，不仅能够去除水中有机物，降低 UV 吸附值和 TOC、COD，还可以降低水中三氯甲烷前体、铁、锰、酚等含量，使 Ames 试验为阳性的水呈阴性。生物活性炭法是当前去除水中有机物的方法中较为有效的一种深度处理方法，但因其耗电量较大而使其应用受到限制。

用于自来水处理的活性炭主要分为粒状活性炭和粉状活性炭。

粉状活性炭有如下几种投加方式：可在沉淀以前投加或者紧接在进入快滤池之前投加，都必须使水与活性炭有足够长的接触时间；也有的分别由两个或更多的投加点投加；也有使用流化床装置的。在较大的装置中，可用尘埃控制干加系统投加活性炭，也可用水加炭的炭浆投加，投加量控制在5～50mg/L。粉状活性炭的使用通常是一次性的，虽然粉炭便宜，但如消耗量大，考虑到经济效益和环境污染，也有必要回收利用。

粒状活性炭的使用日渐增多，其再生损耗不超过5%。但也有的使用强度差、便宜的粒炭。用过的废炭有可能重新加工成粉炭。粒炭以装在净化工序之后为佳，其好处是：一些有机物质已由混凝和沉淀工艺除去，减轻了活性炭的负担，延长了操作寿命；降低活性炭被颗粒状杂质和混凝剂絮体堵塞的程度。

2. 去除卤代甲烷

饮水中使用氯杀菌处理时带来了微量的卤化烃，尤其是三卤甲烷（THM）。氯仿是由氯和地面水中的天然有机物（如腐殖质和灰黄霉素类）反应而成。研究表明，水中含有 10mg/L 的有机物，如单宁酸、腐殖酸、葡萄糖、香草酸，会与 10mg/L 的氯发生氯化反应，生成约 90% 的氯仿。水中存在的卤代甲烷必须引起重视。美国曾对 30 个大城市和 11590 个城镇的给水进行调查，指出引用经氯化消毒后的地表水，可能对人体健康造成潜在的危害。国内研究发现，长期饮用加氯消毒的水的人比不饮用加氯消毒的水的人，死于消化系统和泌尿系统癌症的危险性更大。活性炭可有效去除三卤甲烷，粒状活性炭，在 pH＝7，温度为 24℃，接触 24h 后，对氯仿的吸附量为 16.5μg/g，对三溴甲烷的吸附量为 185.0μg/g。

3. 饮用水的净化

水源污染的程度不断加大，质量不断下降，引起了世界各国的密切关注，饮用水水质标准也随之不断进行修改和增订。吕锡武、严熙世在 1986 年《生活饮用水卫生标准》（GB 5749—1985）的基础上提出“优质饮用水水质准则”建议稿，水质指标有 52 项，其中 35 项为 GB 55749—1985 中的项目，增加的项目有：1,2-二氯乙烷、1,2-二氯乙烯、四氯乙烯、三氯乙烯、五氯酚、2,4,6-三氯酚、艾试剂-狄氏剂、氯丹、七氯和七氯氧化物、六氯苯、林丹、甲氧 DDT、炭氯仿萃取（CCE）和致突变试验（Ames 和 SOS 试验）以及两项口味指标（二氧化碳和温度），并指出至少有 26 中元素是人体必需的，其中 11 种是主要元素，15 种是微量元素。

高质量的饮用水有益于人类的健康，实现饮用水的高质量必须采用先进的水质深度处理技术。目前，由于饮用水总量有限，如果将采用高成本获得的饮用水不分用途和不分水质地使用，成本较高。所以，结合城市自来水使用分配的实际情况，采用合理的解决方法；城市水厂继续以常规工艺提供满足一般用途的自来水，居民用户另行采用小型、高效，且能去除致癌、致突变、致畸等污染物的净化装置，以自来水为原料做更深度的加工，保证饮用水的高质量。这样既确保了居民的健康，又在居民经济承受能力范围之内。

活性炭可作为净化饮用水的手段之一，其优点有：对三氯甲烷、农药、异臭味、有机物去除有特效；对细菌、氯、镁、沉淀物能部分去除；对钙、铁、钾等对人体有用元素不去除；降低色度；成本低。在饮用水处理方法中，一般情况下，离子交换树脂是无法和活性炭相媲美的，如果要达到一定程度的有机物标准时，活性炭和大孔型阴离子交换树脂的联用技术是非常有效的。

4. 含汞废水处理

1953 年发生在日本的水俣病事件，就是含甲基汞工业废气污染水体，使水俣湾大批居民发生神经性中毒的公害大事。

在活性炭上引入聚硫脲有利于提高对汞的吸附能力。将椰壳炭吸附聚胺和二硫化碳后，继续反应，可获得固定有聚硫脲的活性炭。当分子量为 1800 的聚胺在活性炭上的固定率为 11.8%时，该活性炭对汞吸附能力最佳，超过 11.8%时，对汞吸附能力急剧下降，因为固定率越高，活性炭的比表面积就急剧下降。

某厂含汞废水经硫化钠沉淀，以石灰调整 pH 值，加硫酸亚铁作混凝剂处理后，含汞量为 1～3mg/L，远高于 0.05mg/L 的允许排放标准。如果再以活性炭处理，采用两个 $40m^3$ 静态间歇吸附池，装 1m 厚的活性炭，交换工作。吸附池的废水近满时，以压缩空气搅拌 30min 后，静置 2h，该厂每天废水量约为 1～$2m^3$，经活性炭处理后的出水含汞量符合排放标准。

粉状活性炭可以用于处理低浓度的含汞废水，为我国生产水银温度计工厂所采用，通过饱和炭加热升华、冷凝回收汞。

载有盐酸的活性炭，其最好为微孔半径＜80nm，用＜30％的水蒸气活化。适用于去除液相烃类化合物中含有的汞或汞的化合物。

活性炭去汞效率与活性炭性质和活化工艺有关。由木材、椰子壳和煤通过蒸汽法活化制备的活性炭在 pH 值低于 5 的溶液中去汞量高，如 pH 值提高，去汞量降低；由木材通过氯化锌法活化制备的活性炭去汞量较高，甚至在 pH 值大于 5 时仍有较高的去汞量。

活性炭去汞效率与溶液中加入添加剂有关。加入鞣酸或乙二胺四乙酸（EDTA）螯合剂少到 0.02mg/L 就可使吸附汞从 10％增至 30％，依溶液的 pH 值和炭的用量而定，其中鞣酸的效果更好；加入硝酸则低效；加入钙离子也能提高汞的吸附量，钙离子浓度从 50mg/L 增加到 200mg/L 时，汞的吸附量增加 10％～20％；钙离子浓度和鞣酸同时存在时，使用较少的活性炭，去汞量几乎增加一倍；以金属硫化物浸渍处理的活性炭选择吸附汞也非常有效。

5. 含铬废水

铬是电镀中应用较多的金属原料，在电镀废水中含有大量的六价铬。活性炭有发达的微孔和巨大的比表面积，吸附能力强，可以有效地吸附废水中的铬离子。同时，活性炭表面存在着丰富的含氧官能团，比如羟基、羧基等，可以对铬离子发生化学吸附。活性炭处理含铬废水的过程是活性炭对废水中铬离子物理吸附、化学吸附等作用的过程。研究表明，当溶液中的铬离子浓度为 50mg/L、pH＝3、吸附时间为 1.5h 时，活性炭对废水中的铬离子吸附效果最佳。活性炭处理含铬废水，处理后的水能够达标排放。

6. 含氟废水

摄取含有氟化物的水对健康影响的课题科技工作者已进行过很广泛的研究。饮用水中添加适量的氟化物有利于人的身体健康，而且有助于防止牙齿腐蚀。但是，如果水中氟化物的含量过高也会导致饮用者产成牙斑。研究者认为水中的氟化物会污染环境。去除饮用水中过量的氟化物可使用化学沉积、离子交换树脂、反渗透、电渗析和活性铝土吸附等方法，其中以活性铝土吸附最为常用。浸铝炭是一种新型吸附剂，它是将活性炭的大比表面积性能和铝对氟化物高吸附容量相结合，以此获得的浸渍炭吸附效率比普通活性炭大 3～5 倍，达到饮用水氟化物的标准含量。

浸铝炭的制备：首先，将活性炭浸渍在硝酸铝溶液中，溶液的最佳 pH 值是 3.5（在 pH 值低于 3.0 时，活性炭没有吸附铝，在 pH 值高于 4.0 时，因铝沉淀不可能浸渍）。待浸渍一定时间后，将浸渍炭在氮气中煅烧一定时间，最佳煅烧温度为 300℃，煅烧明显改变了浸铝炭对氟化物的吸附容量。

（二）活性炭在大气处理中的应用

1. 痕量杂质的去除

利用变温吸附法可以去除痕量杂质。变温吸附法或变温变压吸附法是根据待分离组分在不同温度下的吸附容量差异实现分离。由于采用温度涨落的循环操作，低温下被吸附的强吸附组分在高温下得以脱附，吸附剂得以再生，冷却后可再次于低温下吸附强吸附组分。填充活性炭的吸附柱经常在室温时被用来从空气或其他工业气体中选择吸附除去痕量或低浓度的有机杂质、溶剂蒸气、有臭味的化合物，可容易地生成杂质含量低于 10^{-7} 的洁净流出液，被吸附的杂质通过加热吸附柱和用惰性气体或蒸汽逆吹解吸。图 3-12 为从惰性气体（B）中去除痕量杂质（A）的传统三柱变温吸附流程。一部分经纯化的惰性气体被用来连续地冷却与加热其中的两个柱子，同时第三个柱子从新添气中吸附杂质 A。

因具有相对憎水性，活性炭在这类吸附中吸附性特别优良，即使原料气湿度很大，活性炭对杂质亦具有很大的吸附容量。

2. 变压吸附制氢气

变压吸附法精制或分离是根据恒定温度下混合气体中不同组分在吸附剂上吸附容量或吸附速率的差异以及不同压力下组分在吸附剂上的吸附容量的差异而实现的。普通的制 H_2 法是用水蒸气催化重整天然气或粗汽油。由联合炭公司开发的多柱子变压吸附过程可由这种原始蒸汽生产纯度高达 99.999%的 H_2，H_2 的回收率达到 75%～85%。

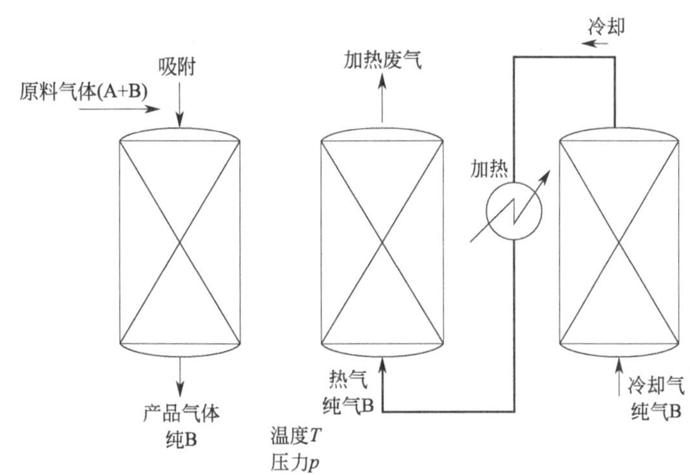

图 3-12 用变温吸附除去痕量杂质流程示意图

3. 去除空气中痕量 VOC

通常，空气中痕量烃杂质经加热或催化氧化燃烧方法生成 CO_2 和 H_2O 而除去，这需要大量的燃料。通常吸附-反应（SR）循环过程可使净化空气所需的能量大幅度地降低。图 3-13 给出了这一流程的示意。该体系包括两个平行的吸附柱，内部填充经物理混合的活性炭与氧化性催化剂，吸附柱含有列管换热器，从而吸附剂-催化剂混合物可被间接加热。典型的 SR 循环包括：①室温下活性炭吸附痕量烃直至杂质穿透为止；②通过间接或直接加热吸附剂-催化剂混合物到 423K 对烃进行原位氧化；③对吸附剂-催化剂混合物进行直接或间接冷却至室温，并排除燃烧产物。仅对吸附容器和它的内部物质加热至反应温度，就可使脱除和降解烃所需的能量大幅度降低。

4. 精制氢气

活性炭难以吸附氢气。因此，精制时使用活性炭从原料气体中吸附氢以外的气体，把未吸附的氢气作为产品取出。吸附槽的结构是下部充填除去水的氧化铝，中部是沸石，最上部

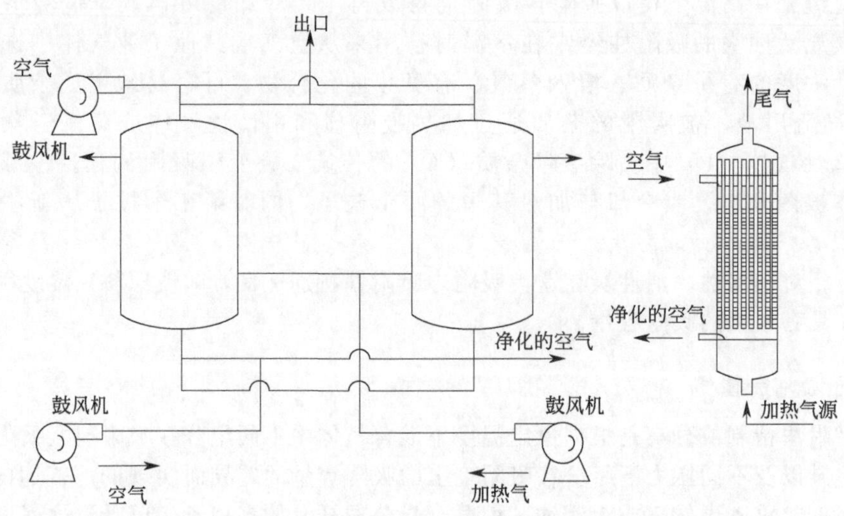

图 3-13 通过 SR 过程从空气中除去痕量杂质的流程示意

是活性炭。标准吸附周期是 5min。

在羰基合成气体的场合，反应副产物尽管微量，但在反应过程中成为阻碍反应的物质，作为吸附剂保护床的形态设置的预期处理装置活性炭槽，将吸附除去这种反应副产物，所以，结果能够提高反应得率和催化剂的寿命。

5. 精制氦气

氦气与上述的氢气一样是难以被活性炭吸附的气体，因此，氦气的精制也是用活性炭从原料气体中吸附氦气以外的气体后，把未吸附的气体作为产品收集起来。氦气是稀有气体，价格很贵。氦气精制主要是吸附除去氦气在循环使用过程中以杂质形态混入的空气，提高再次循环使用的纯度。通常含在原气体中的空气量为 5%～10%，用压力回转吸附装置将空气含量降低到 10^{-7} 以下，吸附槽至少有 2 个，吸附周期为 5min，由于要避免压力太高，吸附压力多数小于 $10kgf/cm^2$ （$1kgf/cm^2=98kPa$）。

（三）活性炭在环境催化中的应用

1. 烟气脱硫

二氧化硫的氧化反应是活性炭在氧化反应催化中应用的典型反应。活性炭烟气脱硫是一种高效资源化的烟气脱硫工艺，它不但可以消除烟气 SO_2 的污染，而且还可以回收硫资源，是当前研究开发的重要脱硫方法。

活性炭法烟气脱硫是一个物理吸附和化学吸附同时存在的过程，在活性炭的表面上存在着一系列的化学反应，但由于活性炭表面状况十分复杂，吸附机理众说纷纭，长期以来，活性炭脱硫机理有很多种说法，占主流观点的有两种，一种认为：活体在 O_2 和少量水蒸气的存在下即可脱除 SO_2。SO_2 在表面被吸附后，被催化氧化成 SO_3，SO_3 再与水作用生成 H_2SO_4；在过量水的存在下，H_2SO_4 从表面脱除，从而空出 SO_2 吸附的活性位，使 SO_2 的吸附、氧化、水合及 H_2SO_4 的生成和脱附的循环过程得以连续不断地进行。

此外，还有离子交换吸附机理和电层吸附机理。离子交换吸附机理认为，气相液滴中溶解了铵盐，如 $(NH_4)_2SO_4$，其中 SO_4^{2-} 与活性炭作用时滞留在活性炭微孔内壁的活性中心上，这种活性中心（称氧化位点）能释放出阴离子并与 SO_4^{2-} 进行离子交换反应，从而使

SO_4^{2-} 吸附在活性炭上。电层吸附机理认为，气相液滴与迁移离子如 NH_4^+ 产生定向吸附，并与 SO_4^{2-} 形成双电层，从而形成双电层吸附。

活性炭吸附催化氧化脱硫工艺，主要适用于低浓度二氧化硫烟气治理，可应用于热电厂、化工厂等企业的尾气处理。活性炭法烟气脱硫包括吸附和脱附两个环节。在吸附过程中，吸附质 SO_2 依靠浓度差引起的扩散作用从烟气中进入吸附剂活性炭的孔隙，从而达到 SO_2 脱除的目的。而孔隙中充满吸附质便失去了继续吸附的能力，必须对其进行脱附。脱附包括加热和洗脱两种方式，加热法是靠外界提供的热量提高分子动能，从而使吸附质分子脱离吸附位，在较高的温度条件下完成对活性炭的深度活化。但是深度活化所需能耗大，而且会使活性炭烧损，兼之冷却过程太长，因而无法应用于连续操作工艺；而洗脱法是将脱附介质通入活性炭层，利用固体表面和介质中被吸附物的浓度不同进行脱附。总的来说，活性炭用于烟气脱硫的应用前景良好。

2. 活性碳纤维（ACF）作为催化剂

ACF 的基本结构单元是石墨带状层面，石墨层面中的 π 电子具有一定的催化活性。边缘及表面缺陷处的碳原子所具有的不成对电子也可在催化中发挥作用，表面含氧官能团也是呈现出固体酸、碱的催化作用。ACF 的表面自由基还能促进脱 HCl、烷烃脱氢等反应，ACF 也可直接用作催化剂。高温处理的沥青基在乙烷的热解过程中，在与常规法的 100～200℃温度条件下获得高选择性产物乙烯相比，该纤维在室温下就能催化氧化 H_2S。

3. ACF 用于制备载体催化剂

活性碳纤维还可用来制备载体催化剂。活性碳纤维导热性能好，掺入催化剂中，能有效地提高催化剂的传热性能，有效防止放热剧烈反应引起的烧失。用它制备的负载型催化剂，可用于化工、冶金、选矿以及汽车尾气的治理等。负载某种金属（如 Cu）的活性碳纤维，可在一定条件下将 NO_x 还原为 N_2，将 CO 在室温下就能转化为 CO_2 等。负载金属氢氧化物如 α-FeOOH 和 β-FeOOH 的活性碳纤维也是良好的催化剂，可将 NO 还原为 N_2。单纯的沥青基活性碳纤维不能吸附乙烷中的正丁硫醇，但负载钴盐后，可用于脱除硫醇。

第三节 吸附树脂

一、吸附树脂的定义

吸附树脂是一类以吸附为特点，对有机物具有浓缩、分离作用的多孔性高分子聚合物，其吸附特性主要取决于树脂表面的化学性质、比表面积和孔径。由于大孔吸附树脂的基质是合成的高分子化合物，因此可以通过选择各种适当的单体、制孔剂和交联剂合成不同孔结构的树脂，同时还可以通过化学修饰改变表面的化学状态，因此，吸附树脂的品种丰富、性能优异。

按照树脂的表面性质，吸附树脂可分为非极性吸附树脂、中极性吸附树脂和极性吸附树脂三类。

非极性吸附树脂主要是苯乙烯-二乙烯苯体系的树脂，单体本身的偶极矩很小，并且不带任何功能基。这类树脂比表面积很大、孔表面疏水性较强，与有机物质上的疏水部分作用较强。因此，最适合于极性溶剂（如水）中吸附非极性物质。

中极性吸附树脂主要含有酯基，常见的是丙烯酸酯或甲基丙烯酸酯与双甲基丙烯酸乙二醇等交联的一类共聚物，其表面疏水性部分和亲水性部分共存，因此，既可用于极性溶剂中吸附非极性物质，又可用于非极性溶剂中吸附极性物质。

极性吸附树脂是指含酰氨基、氰基、酚羟基等含氮、氧、硫极性功能基的吸附树脂。它们通过静电相互作用和氢键等进行吸附，用于从非极性溶液中吸附极性物质。

二、吸附树脂的结构与性质

采用不同单体、交联剂聚合的吸附树脂，有不同的骨架结构，不同化学成分和空间结构的骨架结构决定了树脂的物理性质，吸附性能，耐酸碱、耐氧化、耐热等性能。非极性吸附树脂为以 C—C 键相连的三维空间化学结构，有非常高的化学稳定性，中极性及极性吸附树脂，由于酯基或极性基团的存在，热稳定性稍差。

吸附树脂主要性能参数包括比表面积、孔径大小、孔结构、官能团种类、吸附容量、溶胀度和选择性等，其中比表面积、孔径大小及官能团种类和密度直接影响树脂的吸附容量和选择性。

吸附树脂的比表面积一般在 $100\sim1500m^2/g$，内部孔径分布较均一。根据树脂合成条件的不同，孔径可在几十埃至上万埃，孔结构也比较稳定。树脂的交换容量是指单位质量或者单位体积的树脂所能交换的离子的物质的量，直观反映了离子交换树脂的交换能力。实际工作条件下的交换能力往往小于理论上的树脂饱和交换能力，水质条件是影响交换容量的重要因素。选择性是吸附树脂的重要性能指标。实际应用中，离子交换树脂的交换能力主要依赖于对不同离子的亲和力，又称为选择性。选择性受树脂交联度、基团性质、溶液的离子浓度及其组成等影响，大体规律是：原子序数大者优先；大尺寸离子优先；多价离子优先。

三、吸附树脂的制备和改性方法

吸附树脂是以单烯类单体（如苯乙烯、甲基丙烯酸甲酯）与作为交联剂的双烯类单体（二乙烯苯、二元不饱和酸酯等）通过悬浮共聚反应得到。非极性吸附树脂聚合的交联剂为二乙烯苯；中极性吸附树脂的交联剂一般为双（α-甲基丙烯酸）乙二醇酯或多元醇的多丙烯酸酯。为了获得多孔结构的树脂，在聚合时使用不带双键、不参加共聚反应、又能与单体混溶使共聚体溶胀或沉淀的有机溶剂作为制孔剂，如汽油、苯、甲苯、脂肪烃、石蜡、醇类等，在带有分散剂的水中，搅拌加热反应。

在引发剂的作用下单体聚合生成高分子，高分子链增长到一定程度便会从混合体系中析出。最初分离出的聚合物形成 5～20nm 的微胶核，微胶核又相互聚集在一起形成 60～500nm 的微球。随着聚合反应的继续进行，微胶核与微胶核、微球与微球等都互相连接在一起，形成几百微米的树脂小球。把树脂球内部的制孔剂用蒸馏或溶剂提取等方法去除，便会产生大孔、中孔和微孔吸附树脂。不同单体和制孔剂，在不同的聚合反应条件下，可以得到适合不同要求的树脂。

（一）悬浮聚合法

最普通的吸附树脂是用二乙烯苯经悬浮聚合制成的，Amberlite XAD-2、XAD-4、X-5 均属此类。

例如先将二乙烯苯、甲苯和 200 号汽油按 1∶1.5∶0.5 的比例混合，再加入 0.01 份的过氧化苯甲酰，搅拌使其溶解。此混合物称为油相。在三口瓶中事先加入 5 倍于油相体积的纯水，并在水中加入10%（质量分数）的明胶，搅拌并加温至45℃使其溶解。将油相投入水相中，调整搅拌的速度使油相分散成合适的液珠（搅拌越快分散成的液珠越小）。然后加温至80℃，并在此温度下保持2h。在此期间液珠逐渐聚合、成型。然后再缓慢升温至90℃，使珠体固化，4h后再升温至95℃，使二乙烯苯聚合完全。之后，将聚合球体滤出，用水洗净，装入玻璃柱中，用乙醇淋洗，除去甲苯和汽油，便可得到多孔聚合物。用湿筛的方法可得到粒径合适的球体。用此法合成的多孔树脂，比表面积在600m^2/g左右，是一种性能良好的非极性吸附树脂。

以丙烯酸酯类为单体，用二乙烯基苯或甲基丙烯酸甘油酯作交联剂，用悬浮聚合法亦可制得中极性吸附树脂，Amberlite XAD-7、Amberlite XAD-8等即属此类。

（二）后交联法

二乙烯基苯工业品的实际含量一般在50%～55%，用悬浮法制备吸附树脂时，交联度（单体中DVB的含量）对孔结构的影响是很大的。用50%的工业DVB制成的吸附树脂，比表面积只有500m^2/g左右。用高含量的二乙烯基苯（大于60%）制备更高比表面积的吸附树脂，目前仍处于实验阶段。因此，高比表面吸附树脂的制备必须采用特殊的方法。

1. 自交联法

该方法是先用苯乙烯和少量DVB以悬浮聚合制成凝胶（不加致孔剂）或多孔性（比表面积不大）的低交联（0.5%～6%）的共聚物，再用氯甲醚进行氯甲基化反应。

2. 双官能团交联剂后交联法

这类交联剂包括二氯甲基联苯、二氯甲基苯和含双酰氯的芳香化合物等。此类交联剂可使线型或低交联聚苯乙烯进行后交联，得到交联桥分布均匀、网孔较大的多孔树脂，比表面积可达500～1000m^2/g。

3. 极性吸附树脂的合成方法

极性吸附树脂依极性基团的不同可由多种方法合成。

（1）含氰基的吸附树脂 可由悬浮聚合法合成。如将DVB与丙烯腈共聚，得到含氰基的树脂。

（2）含砜基的吸附树脂 用低交联度聚苯乙烯，以二氯亚砜为后交联剂，在无水三氯化铝催化下于80℃下反应15h，制得含砜基的吸附树脂，比表面积在136m^2/g以上。

（3）含酰胺基的吸附树脂 将含氰基的吸附树脂用乙二胺氨解，或将含仲氨基的交联大孔聚苯乙烯用乙酸酐酰化，都可得到含酰胺基的吸附树脂。

（4）含氨基的强极性吸附树脂 像阴离子交换树脂的合成一样，将大孔吸附树脂与氯甲醚反应，引入氯甲基—CH_2Cl，再用不同的胺胺化，便可得到不同氨基的吸附树脂。这类树脂的氨基含量必须适当控制，否则会因氨基含量过高而使其比表面积大幅度下降。

4. 树脂的改性方法

树脂改性方法主要分为化学改性和物理改性。物理改性多是在树脂制备过程中进行的，如共混改性是将两种或两种以上的高聚物共混，在一定条件下发生反应，来制得兼具这些高聚物特性的混合物。共混可改变树脂的抗低温冲击性能、热稳定性、韧性等。化学改性方法包括共聚改性、接枝改性和交联改性等，如共聚改性是将树脂本身的结构单元（如聚丙烯树脂的丙烯）或者树脂表面基团（如环氧基）与其他活性基团或物质在引发剂作用下发生聚合反应，生成接枝或嵌段的共聚物。在树脂表面进行化学改性，可以使树脂表面生成官能团—COOH、—SO_3H、—OH、—NH_2、—$N^+(NH_3)_3$ 等，从而提高吸附性能。

四、吸附树脂的应用

吸附树脂在环境工程中有很广泛的应用，而水处理是其主要应用领域，可以从污水中回收有价值物质，也可吸附去除水中微量的污染物。在水质软化方面，离子交换树脂对水中钙、镁等硬水离子有很好的去除效果。硬水离子的存在使锅炉容易生成水垢，导致锅炉的导热性下降，不仅增加能耗，而且局部受热不均匀，易发生爆炸。通常采用钠型阳离子交换树脂作为交换剂，当水体通过树脂时，水中的钙、镁等离子被钠离子所交换而截留在树脂上，从而去除水中的钙、镁等离子。

在废水处理方面，非离子型吸附树脂对工业废水中的有毒有机物质（如芳香磺酸类、芳香羧酸类、脂肪羧酸类、酚类、芳香硝基类、苯胺类等）有良好的去除能力，且吸附的有机物质可以回收利用；离子型交换树脂对水中的重金属（如 Cr、Pb、Cu、Zn 等）有很强吸附性和选择性，已得到广泛应用。相对于其他方法，离子交换法去除重金属离子具有选择性强、去除率高、可回收金属、工艺简单等优点。

与常用的活性炭相比，树脂具有孔径可控、机械强度大、官能团多样、使用寿命长等优点，但存在成本高的问题，因此树脂多用于可回收有用物质的污水处理，可长期再生使用。

第四节 活性氧化铝

一、活性氧化铝的结构与性质

用作吸附剂、干燥剂、催化剂及其载体的多孔性氧化铝，称为活性氧化铝。它是一种多孔性、高分散度的固体物质，有很大的比表面积和丰富的孔结构、较好的热稳定性和一定的表面酸性，广泛用于炼油、制化肥、石油化工等领域。

就分子式 Al_2O_3 而言，氧化铝似乎是一种简单的氧化物，但它的晶型却多达 9 种（χ-、β-、γ-、δ-、κ-、θ-、ρ-、η-、α-）。即使是同一种晶型，制备方法不同，比表面积、孔结构、密度等性质也有很大差异。在 9 种氧化铝中只有 γ-Al_2O_3 和 χ-Al_2O_3、η-Al_2O_3、γ-Al_2O_3 的混合物是活性氧化铝。

构成活性氧化铝的粒子有初级粒子和二次粒子之分，活性氧化铝就是由这些不同大小的粒子堆积而成，这些粒子间的空隙即为活性氧化铝的孔。活性氧化铝孔的大小与形状由构成粒子的大小、形状、堆积方式等因素决定。活性氧化铝的孔一般有三种：1～2nm 大小的平行板间缝隙的脱水孔；初始就存在的小粒子内的孔；粒子之间几十纳米的孔。

活性氧化铝也是具有一定酸碱性的物质，在吸水或脱水过程中会产生 L 酸中心、B 酸中心和碱中心。由于活性氧化铝表面有酸碱中心，并有相当多的表面羟基，吸水后或者在水溶液中便会带一定的电荷。活性氧化铝的表面酸碱性及表面电荷性质对其吸附性能、催化性能都有影响。

活性氧化铝也是极性吸附剂，较大的比表面积和丰富的孔隙结构，较多的表面羟基以及表面带电性质，使活性氧化铝对极性气体或蒸气（特别是水蒸气）具有良好的吸附能力，对空气的干燥能力优于硅胶。

二、活性氧化铝的制备方法

活性氧化铝的结构对活性影响大，α-Al_2O_3 活性低，而 γ-Al_2O_3 或 η-Al_2O_3 活性高。制备氧化铝的方法不同，得到的氧化铝结构也不同。在制备中控制溶液的 pH，可以生成一水合氧化铝，老化后变成 $Al_2O_3 \cdot H_2O$，这是生成 γ-Al_2O_3 的唯一途径。尽管制备方法不同，但必须制备出氧化铝水合物（氢氧化铝），再经过高温脱水生成活性氧化铝。脱水条件不同会生成不同晶形的活性氧化铝，如 1200℃加热，所有晶形的氢氧化铝都会变成 α-Al_2O_3。以铝盐、金属铝等为原料，都可以制备出活性氧化铝。例如，工业上生产氧化铝常以偏铝酸钠为原料，将其放入酸性溶液中分解，生成沉淀物氢氧化铝，然后加热脱水得到活性氧化铝。

实际上，起始水合物的形态（晶型、粒度）、加热的气氛与快慢、水的残余含量、碱金属和碱土金属等杂质的含量等均会对氧化铝的形态有很大的影响。

三、活性氧化铝的应用

活性氧化铝属极性吸附剂，对水有很强的吸附能力，故它可以用于气体和液体的干燥。例如，在鲁姆氏法的乙烯装置中，原料气采用大型活性氧化铝吸附塔来干燥。活性氧化铝中的 γ-Al_2O_3 能够吸附气体，并活化许多化学键，如 H—H、C—H 键等，吸水、脱水后能产生酸、碱中心，故活性氧化铝可作为酸、碱催化剂或催化剂中的活性组分。活性氧化铝具有多孔结构，物理化学性质较稳定，能够作为催化剂的载体，把贵金属等负载到活性氧化铝中，能用于石油裂解反应或汽车尾气的净化，并能提高催化剂的热稳定性和机械稳定性。

在废气处理方面，活性氧化铝表面极性较强，有很强的吸水性，所以工业上多用来干燥气体。由于其孔隙结构发达，适合作催化剂的载体来处理汽车尾气，既可为尾气处理催化剂提供固着位点，又可吸附尾气中的金属、有机污染物等。另外，活性氧化铝也能脱硫、脱氮，用浸渍过的氧化铝圆球为吸附剂同时吸附 NO_x 和 SO_2，其对 NO_x 的处理率可达 70%，对 SO_2 的去除率可达 90%。

在水处理方面，活性氧化铝在水中表面羟基化活性高，对重金属和部分有机物都有较好的吸附效果，且可以用酸或碱液进行再生，价格较为低廉，所以在重金属废水的处理、饮用水去氟、水体除磷等方面有非常广泛的应用。

活性氧化铝对工业废水中的砷、硒、铬、铜等重金属都有较好的去除效果，其吸附性能受离子价态和 pH 影响。随着 pH 值增加，活性氧化铝对砷的去除率下降，对 As(Ⅴ) 的去除效率明显高于 As(Ⅲ)，所以除砷时需要进行预氧化，将 As(Ⅲ) 氧化为 As(Ⅴ) 后再处理；对铜的去除主要是通过专性吸附和沉淀作用，随着 pH 值增加，活性氧化铝对其去除率增加，As(Ⅴ) 的存在对铜的去除具有一定促进作用。可见，活性氧化铝在去除重金属时要充分考虑废水的 pH 和离子价态，以达到更好的吸附去除效果。

活性氧化铝是目前常用的地下水除砷、除氟吸附剂，有广泛的应用。尽管活性氧化铝具有价格低等优点，但也存在吸附量不高、溶出铝影响健康等问题。目前已经开发出铁基、钛基等高效除砷、除氟吸附剂。

活性氧化铝对水中的磷酸根也有很好的去除效果，且较水体中氯离子、硫酸根离子、硝酸根离子等有更高的吸附选择性，因此活性氧化铝可用于去除自然水体中的磷。当 $pH>8$ 时，水中 Ca^{2+} 和 Mg^{2+} 可以通过共沉淀作用增加其吸附量，但有机物的存在会与磷竞争活性氧化铝表面吸附点位，降低磷的吸附。

第五节 其他吸附材料

一、硅胶

硅胶是无定形结构的硅酸干凝胶，有丰富的孔结构和大的比表面积，属极性吸附剂，可自非极性或弱极性溶剂中吸附极性物质，主要应用于气体干燥、蒸气回收、有机液体脱水、石油精制等，也常用作色谱载体、多相催化剂载体。

（一）硅胶的结构与性质

硅胶的化学简式为：$m\mathrm{SiO_2}\cdot n\mathrm{H_2O}$，基本的结构单元是硅氧四面体。硅氧四面体以不同的方式联结、堆积形成硅胶的骨架，进而形成空间网状多孔性固体，而 SiO_2 胶粒联结、堆积时产生的空隙就是硅胶的孔隙来源。与结晶型的二氧化硅相比，硅胶有更多的边、棱、角、弯曲的部分和空穴，处于这些位置的原子可能有不饱和的价键和特殊的作用力，形成较大的比表面能，能够更强地吸附外来分子。

硅胶与水相互作用时，水分子先与硅胶表面的硅原子形成硅羟基，这时的吸附属于化学吸附。在硅羟基上可以以氢键的形式与水分子发生物理吸附，由于表面硅羟基与第一层水分子形成的氢键结合能同第二层以上的吸附水分子之间的氢键结合能没有太大的区别，所以，水可以在硅胶表面发生很多分子层的物理吸附。硅胶的表面和空隙中吸附的“水”分三种：自由水、表面物理吸附和空隙中毛细凝结的水、化学吸附的水（硅胶表面羟基）。一般认为，硅胶中孔、大孔中的自由水和物理吸附的水，在110℃左右脱附；微孔内的吸附水、凝聚水必须在150～170℃才脱附。将脱附温度加到600℃，硅胶开始脱去各种硅羟基，表面积降低和细孔缩小，这就是烧结现象。不过，不同的硅胶脱去表面水的温度不完全一样，这可能与硅胶的纯度、孔的大小、加热时间有关。可以认为，较高温度可使水除得干净，但难免有部分羟基被破坏；较低温度虽可使羟基不受影响，但水不易除尽。

硅胶表面被各种硅羟基覆盖，具有氢键、极性和弱电转移吸附位。由于硅胶属不定形二氧化硅，其表面的硅原子不是很有规律地排列，因此，硅胶表面的羟基类型多种多样，它们在吸附或化学反应中的性质也有差别。Hair 认为硅羟基实际上主要是三种类型：孤立的自由硅羟基、连接在同一个硅原子上的双生硅羟基和彼此生成氢键的连生缔合硅羟基。

自由硅羟基在 $3478\mathrm{cm^{-1}}$ 存在一个很尖锐的红外光谱峰，在热处理和化学处理不改变表面结构的情况下，自由硅羟基的表面密度大约为 3 个/$\mathrm{nm^2}$。自由硅羟基是硅胶的活性吸附位，水、氨、醇和其他分子因与自由硅羟基形成氢键而被吸附，形成第一吸附层。如果吸附质是水，在第一层吸附的基础上，还能形成第二、第三等多分子层吸附。自由硅羟基还能以一个质子对一个离子价的比例与金属离子发生交换，还原被交换的金属离子可形成金属原子簇，称为耐酸型负载催化剂。

连生缔合硅羟基都有氢键形成，在 $3500\mathrm{cm^{-1}}$ 处有很强的红外光谱吸收峰，分为粒间缔合硅羟基和表面缔合硅羟基两种。前者被认为是聚合物粒子凝聚的原因，水热处理和热处理使粒子间缔合硅羟基脱水缩合变成硅氧烷键，粒子间缔合硅羟基减少，硅胶的机械强度增加；后者因不能形成锯齿状氢键链，使表面溶解度降低，使硅胶表面难发生离子交换和烷氧基化反应。

硅胶物理化学性质稳定，耐酸不耐碱，能大范围调节表面极性、比表面积、细孔孔径、细孔容积和粉末粒径。硅胶对气体的吸附，有些是物理吸附，有些是物理吸附、化学吸附同时发生。如氨、吡啶在硅胶上的吸附，一定温度下是不可逆的，即部分是物理吸附，部分是化学吸附。极性有机分子、芳香族气体分子、碱性化合物在硅胶上的吸附都与硅胶表面的硅羟基有关，这些物质能与硅羟基形成氢键而吸附。中等相对压力时气体和蒸气在硅胶上吸附的等温线多为Ⅳ型，发生毛细凝结，有滞后环出现。非极性分子在硅胶上的吸附以范德华力的作用进行，并且也可以发生毛细凝结，等温线为Ⅴ型。碱性化合物的蒸气在硅胶上的吸附与碱性强弱有关，碱性较弱时，与硅羟基形成氢键；碱性较强时，与硅羟基形成盐。

硅胶在溶液中的吸附比对气体的吸附要复杂，涉及硅胶、溶剂和溶质三者本身和它们之间的相互关系。硅胶自非水溶液中吸附极性有机物质时，吸附质分子的极性基团可与硅羟基形成氢键，它与硅胶表面的作用力比溶剂与硅胶表面的作用大很多。比如硅胶自庚烷中吸附乙醇、自非极性溶剂中吸附脂肪酸等，乙醇上的羟基、脂肪酸中的羧基都能与硅胶表面的硅羟基形成氢键而被吸附。硅胶自水溶液中吸附极性有机分子时要考虑三种作用：有机分子与硅胶表面形成氢键络合物、溶剂水与表面的作用、溶剂水的 pH 值对表面带电性质的影响。

（二）硅胶的制备方法

硅胶的制备方法主要有：碱金属硅酸盐酸化形成无定形氧化硅的沉淀法；碱金属硅酸盐与易水解盐的混合法；硅卤化合物的水解法；硅有机化合物或四氯化硅的热解法；硅溶胶法等。

工业上常用第一种方法，主要有以下几个步骤：原料配制、成胶（胶凝）、老化（熟化）、干燥、活化等。原料配比，凝胶时的 pH 值，老化作用时的速率、时间、浓度、介质的 pH 值，洗涤液的成分和温度，活化的温度等都影响二氧化硅粒子的大小和堆积密度，进而影响硅胶的孔径、比表面积、比孔容、孔径分布等宏观参数。不同的制备方法和条件，可得到细孔、中孔和粗孔等不同的硅胶。

（三）硅胶的应用

(1) 干燥剂　硅胶在湿度较高时吸附量大，具有防止高湿和保持干燥的作用，可用于产品、食品和医药等的干燥保存，像美术品、衣服和乐器等的保存，地板、壁柜的干燥、防虫等。

(2) 选择性吸附剂　可用于工业生产中有机液体的脱水，蒸气的回收，食品中有害成分的去除。

(3) 色谱分离柱　用一些物质对硅胶表面进行化学处理，使表面具有不同程度的憎水性和碱性，这样控制其表面的亲水性质，可用于选择吸附并分离各种混合物。

(4) 催化剂及其载体　把硅胶制成粒状或微粉末状，可以直接催化化学反应或者在硅胶表面负载活性金属后作催化剂。

二、沸石分子筛

沸石分子筛是天然或人工合成的含碱金属和碱土金属氧化物的结晶硅铝酸盐。天然矿物沸石通常空隙中充满水，加热时因水析出起泡沸腾，因而叫沸石；人造沸石，有严格的结构和空隙，孔径大小跟一般分子差不多，所以叫分子筛。二者的化学组成和结构并无本质差别，通常混称沸石分子筛。沸石分子筛属微孔极性吸附剂，特点是具有与分子大小差不多的均匀孔径，有分子筛分作用。沸石分子筛主要用于气体、液体物质的分离、干燥、净化、脱水、回收等。因含有可交换的阳离子，故可用于离子交换、海水淡化和多相催化剂的制备。

（一）沸石分子筛的结构与性质

沸石分子筛的化学组成通式为：$M_{2/n}O \cdot Al_2O_3 \cdot xSiO_2 \cdot yH_2O$。式中，M 为金属（通常为钠、钾、钙、锶、钡）阳离子，n 为这些阳离子的价数；x 为沸石的硅铝比，一般 n 在 2～10 之间，特殊的可达 20 以上。

沸石分子筛的结构由硅氧四面体和铝氧四面体单元通过氧桥连接而成。在这种四面体中，中心是硅（或铝）原子，每个硅（或铝）原子周围有四个氧原子，多个这样的硅（或铝）氧四面体可连接构成多种形状的立体骨架结构。在铝氧四面体中，因为铝为+3 价，所以铝氧四面体显负电性，分子筛化学组成式中的金属离子起到中和铝氧四面体负电荷的作用。

由几个硅（铝）氧四面体通过氧桥相互连接在一起，形成首尾相连的环。4 个四面体可形成四元环，5 个四面体可形成五元环，以此类推，可形成不同环数的多元环。多元环的中间有一孔，孔的大小因成环的元数不同而异，元数越多，孔径越大。硅（铝）氧四面体通过氧桥形成的多边形环，多数情况下并不在同一平面上，并且它们还可以通过氧桥连接成三维空间结构的笼。由这些多元环、笼进一步排列，就构成沸石分子筛的骨架。这些硅（铝）氧骨架结构具有许多排列整齐的晶穴、晶孔和孔道，这是沸石分子筛结构的根本。为了中和硅（铝）氧四面体负电性的金属阳离子，就处在孔道中，但远未充满整个孔道，且与硅（铝）氧骨架结合力很弱，易与其他阳离子发生交换，并且这种交换不改变其晶体结构，这是沸石分子筛可作为离子交换剂的基础。

沸石分子筛是优良的吸附剂，主要表现在对水等极性小分子有强烈的吸附能力，对于临界直径、形状、极性、不饱和度等不同的分子有选择性吸附能力，其性质特点如下：a. 孔径小且均匀，孔径大小与一般分子直径相近，只有小于或者近似等于孔径大小的分子才可能被吸附；b. 有大的比表面积和微孔体积，吸附质分子在孔内易发生微孔填充；c. 空穴内有可交换的金属阳离子，对某些分子的吸附有特殊的作用。

（二）沸石分子筛的制备方法

合成沸石分子筛的主要原料是含硅的化合物（如水玻璃、硅溶胶、卤代硅烷、无定形黏土矿物等）和含铝的化合物（如各种氧化铝水合物、偏铝酸钠等铝盐）以及碱等。

水热合成法是将由原料形成的水凝胶在一定温度和压力下晶化。欲制备的分子筛类型决定晶化温度，这种方法可得到较高纯度的沸石分子筛。

水热转化法是在过量碱存在下，将某些含硅和铝的黏土矿物水热转化为分子筛。这种方法成本低，但因原料纯度难以控制，所得产物纯度较低。

有机分子模板法是一种较新的合成方法，该方法是：先以某些有机分子（主要是表面活性剂）在一定条件下形成具有一定结构、形状的超分子有序聚集体（称为模板），然后将硅酸盐、硅铝酸盐或其他可能形成分子筛的凝胶体在模板剂存在下水热晶化，除去模板剂就可以得到一定形态和结构的分子筛。模板剂可与凝胶的无机物相互作用，达到实现电性匹配和结构导向的作用，从而控制合成分子筛的结构、形状、孔的大小。

（三）沸石分子筛的应用

沸石分子筛有很强的选择吸附能力，主要通过两个方面体现。

（1）依吸附质分子的大小选择吸附　沸石分子筛的孔径大小由分子筛的结构和可交换阳

离子的性质决定，不同的沸石分子筛有各自的孔直径，并且孔径大小均一，只有那些直径比孔直径小的分子才能进入沸石分子筛的空穴被吸附，而常用的吸附剂（活性炭、硅胶、吸附树脂等）孔径分布较宽，对于常见吸附质分子不分大小均可发生物理吸附。例如汽油中含有烷烃、烯烃、环烷烃、芳烃等不同种类的烃，其中正构烷烃的辛烷值最低。但是正构烷烃与其他烃的沸点较近，通过分馏难以分离。正构烷烃的临界直径为 0.49nm，其他种类的烃直径大于 0.5nm，采用 5A 沸石分子筛进行吸附处理，很容易除去汽油中的正构烷烃。

（2）依吸附质分子的极性、不饱和度等的大小选择吸附　沸石分子筛表面有金属阳离子，分子筛骨架带有电荷，因此，沸石分子筛为极性吸附剂，它对极性强和不饱和的分子有更强的吸附能力；即使是非极性的分子，极化率大的分子比不易被极化的分子更易被吸附。例如，4A 沸石分子筛对分子临界直径均小于 0.4nm 的乙炔、乙烯和乙烷吸附时，乙炔因为有大的四极矩易被极化而有强烈的被选择吸附现象。烯烃在沸石分子筛上的选择吸附能力介于炔烃和烷烃之间，这是因为烯烃中的 π 键与分子筛阳离子作用有关。

沸石分子筛对水的吸附特点表现在：沸石分子筛在水蒸气浓度很低的情况下就有明显的吸附；在较高温度时仍然有较高的吸附能力；对水的吸附速率快。所以，沸石分子筛是性能非常优异的干燥剂，可用于深度干燥处理。

三、天然黏土

（一）硅藻土

硅藻土是海洋或湖泊中生长的硅藻类残骸在水底沉积，经自然环境逐渐形成的一种以 SiO_2 为主要成分的非金属矿物。硅藻土是良好的天然吸附剂，有相当的比表面积和一定的孔结构，表面含有大量羟基，在中性水中表面带一定的负电荷，可用于吸附有机物、金属离子和某些气体。

从矿物成分上讲，硅藻土由蛋白石组成，杂质为黏土矿物、水云母、高岭石等，其主要化学成分是 SiO_2，含有少量的 Al_2O_3、Fe_2O_3、CaO、MgO 和有机质。SiO_2 的含量是硅藻土的重要量度标志之一，优质的硅藻土色白，含杂质多时可呈灰白、黄、绿、黑等颜色，所呈颜色与杂质的成分有关，其微观形貌也因硅藻细胞形状的不同而有圆盘状、针状、筒状、羽状等。

国内产硅藻土的比表面积为 $19\sim65m^2/g$，平均孔径为 $50\sim800nm$，孔容为 $0.45\sim0.98mL/g$。用酸洗处理的方法精化天然硅藻土，可提高其比表面积，增大孔体积。不同种属的硅藻土经焙烧处理，比表面积、孔体积的变化不同。

与硅胶相同，硅藻土表面也有大量的自由羟基和缔合羟基，这是硅藻土表面具有吸附能力的主要原因。这些表面羟基可与某些有机分子的羟基、氨基、酮基、羧基等形成氢键而使其在表面吸附，在不同 pH 值的介质中硅藻土可以带正电或负电，通过异性电荷相吸引而发生吸附作用。

硅藻土具有孔结构丰富、微孔发达、堆积密度小、热导率低、活性好等优点，并且分布广泛，成本低廉，可用作废弃物的吸附剂、催化剂的载体、聚合物材料、涂料的填料和增强剂、化工的助滤剂、表面活性剂等。

（二）膨润土

膨润土是另一种硅酸盐类黏土矿物，我国产量较高，颜色多为白色或褐色，其主要成分为蒙脱石［化学通式 $(Na,Ca)_{0.33}(Al,Mg)_2Si_4O_{10}(OH)_2 \cdot nH_2O$］。蒙脱石每个单位晶体上层和下层均为氧硅四面体晶片，中间夹有一层氧铝八面体晶片。天然膨润土的比表面积一般在 $300 \sim 900m^2/g$，比纯的蒙脱石略低。孔径范围较广，天然膨润土的平均孔径一般在十几埃到几十埃。膨润土有很强的吸水性，性质与树脂有许多相似之处，膨润土的溶胀倍数（膨胀倍数）高达几十倍。

因为蒙脱石晶体上下层中正四价的硅离子和中间晶片中的铝离子容易被镁离子置换，所以其表面易产生过剩的负电荷，为了中和这些负电荷，晶体需要吸附层间的钠离子、钾离子、钙离子等水合阳离子。被吸附的阳离子与晶体之间的结合力弱，容易被外来的阳离子置换，导致膨润土具有离子交换性能。膨润土的阳离子交换容量（CEC，pH 值为 7 的条件下所吸附的 K^+、Na^+、Ca^{2+}、Mg^{2+} 等阳离子总量）是判断膨润土质量和划分膨润土属型的主要依据，CEC 值越大表示其带负电量越大，其膨胀和吸附能力越强。

膨润土的类型根据其层间阳离子种类不同分为钠基膨润土、钙基膨润土、氢基膨润土（俗称活性白土）和有机膨润土。阳离子金属基膨润土可以用来吸附去除水中的重金属阳离子，而有机膨润土由于含有机胺盐，对有机污染物具有较强的吸附能力。有机化改性后的膨润土不仅可以通过季铵离子的非极性脂肪链来吸附极性较弱的有机物，而且吸附的有机物分子会扩大蒙脱石晶体层层间距，加大了吸附空间，有利于进一步吸附有机物。

第六节 吸附材料在环境污染治理中的应用

一、饮用水处理中的吸附技术

在给水处理中，为了提高水质，需要在工艺末端增加活性炭过滤工序，去除水中的微量污染物（如 PPCPs、PFCs）等和消毒副产物。随着水质标准的提高，越来越多的污染物被关注，这些污染物的性质各异，对活性炭的要求会更高。因此，需要研究不同活性炭和其他吸附剂对这些污染物的吸附特性和机理，为现场应用提供可靠的吸附剂。

当采用含砷、含氟地下水作为饮用水源时，吸附技术是有效去除水中砷和氟的主要方法。地下水除砷、除氟是吸附技术在环境污染治理领域应用的主要方面，需求量较大。目前在该方面，重点还是开发新型高效吸附剂，提高吸附剂的吸附能力，特别是在低浓度下吸附剂对砷或氟的吸附量：开发适合同时去除 As(Ⅲ) 和 As(Ⅴ) 的吸附剂，同时去除砷和氟的多功能吸附剂。中国科学院生态环境研究中心开发出高效的 Fe-Mn 负荷除砷吸附剂，并在实际中得到了应用。在除砷、除氟吸附剂再生方面，还需要继续研究，寻找原位易操作的安全再生方法。

二、污水处理中的吸附技术

吸附技术常用于处理含有重金属的污水，不仅可以去除污水中的重金属，而且可以回收贵金属，产生经济效应。在污水处理中，常用离子交换树脂、活性炭、壳聚糖、无机矿物以及廉价生物质等吸附去除水中的铬、铅、铜、镉、锌等重金属。廉价的吸附剂吸附量往往不高，而高效的吸附剂价格过于昂贵。因此，在具体应用中应综合考虑吸附剂的性价比。

目前，有关各种吸附剂吸附不同有机污染物的研究报道很多，主要是在单一组分的模拟污水中阐明吸附特性和机理。实际污水中往往含有多种有机物，传统吸附剂没有选择性，吸附效果会大大降低，在实际中很难应用。另外，吸附剂的再生目前仍是瓶颈，在效果和经济性方面都还不理想，需要不断完善。

在突发的环境污染事件中，地表水常常会被严重污染，吸附技术具有快速、高效去除污染物的特点，被广泛应用。例如，粉末活性炭可以高效地去除水中多种有机污染物，在2005年硝基苯污染松花江事件和2007年太湖蓝藻污染事件中发挥了很大的作用。在污染源处，活性炭可以快速吸附高浓度的有机污染物，防止其扩散。

三、空气污染处理中的吸附技术

废气中的污染物（如VOC、SO_2、NO_x、Hg等）都可以通过吸附法去除。针对传统的VOC、SO_2、NO_x 等污染物的研究已经成熟，现在开始转向吸附温室气体（CO_2、CH_4、CF_4、C_2F_5 等）和微量高毒性有机物（二噁英等）。在工业燃烧烟气中，希望在同一吸附过程中将这些污染物同时去除，对多功能吸附剂的要求高，需要开发高效吸附剂，并结合催化氧化等技术才能将污染物完全去除。

目前，室内空气污染越来越受到人们的重视。室内污染物包括燃气烹饪产生的CO、NO_x、SO_2、PM_{10}、油烟、多环芳烃等；建材装饰家具和家用电器产生的甲醛、苯、甲苯、氨、氡、多溴联苯醚（PBDE）、六溴环十二烷（HBCD）等；以及日用化学品，如化妆品、除蚊剂等。吸附技术是控制室内污染的重要方法，常见的包括用活性炭吸附甲醛等有机物，也有很多基于活性炭吸附的空气净化器产品。开发高效专一的吸附剂是吸附法去除室内空气污染物的难点，同时也要设法解决活性炭等吸附剂吸附饱和后的释放污染物问题。

四、固相萃取预处理技术

固相萃取（SPE）技术因其高效、可靠及耗用溶剂量少等优点而广泛应用于空气、水样和生物样品中痕量有机化合物的萃取富集。固相萃取是一个简单的色谱分离过程，吸附剂作为固定相，水样作为流动相。当流动相与固定相接触时，水样中的目标物保留在固定相中，用少量的选择性溶剂洗脱固定相，即可得到富集和纯化的目标物。用于SPE的吸附剂种类繁多，常见的包括正相吸附剂（硅藻土、硅胶、氧化铝、硼酸镁等强极性化合物）、反相吸附剂（C_8、C_{18} 等非极性烷烃类）和离子吸附剂（基质材料以聚苯乙烯/二乙烯苯类树脂为主的离子交换剂）。

但是，由于多数SPE吸附剂选择性不强，开发针对不同种类污染物的选择性专一的吸附剂是长期任务。特别是随着越来越多的新型污染物被发现，需要更多专一的固相萃取吸附剂。

1. 影响吸附过程的因素有哪些？
2. 描述吸附剂的性能指标有哪些？
3. 活性炭的制备方法有哪些？
4. 吸附剂在环境污染治理中的应用有哪几方面？

主要参考文献

[1] 邓述波，余刚．环境吸附材料及应用原理［M］．北京：科学出版社，2012.

[2] 赵振国．吸附作用应用原理［M］．北京：化学工业出版社，2005.

[3] Deng S，Ting Y P. Fungal biomass with grafted poly（acrylic acid）for enhancement of Cu(Ⅱ) and Cd(Ⅱ) biosorption［J］．Langmuir：the ACS journal of surfaces and colloids，2005，21（13）：5940-5948.

[4] 王其武，刘文汉．X射线吸收精细结构及其应用［M］．北京：科学出版社，1994.

[5] Morin G，Ona-Nguema G，Wang Y H，et al. Extended X-ray absorption fine structure analysis of arsenite and arsenate adsorption on maghemite［J］．Environmental science & technology，2008，42（7）：2361-2366.

[6] 韩秀文，张维萍，包信和．固体催化剂的研究方法：第七章 原位 MAS NMR 方法（下）［J］．石油化工，2000，29（12）：955-963.

[7] Chen J Y，Chen W，Zhu D Q. Adsorption of nonionic aromatic compounds to single-walled carbon nanotubes：effects of aqueous solution chemistry［J］．Environmental science & technology，2008，42（19）：7225-7230.

[8] 张颖，李光明，陈玲，等．活性炭再生技术的发展［J］．化学世界，2001，42（8）：441-444.

[9] 翁元声．活性炭再生及新技术研究［J］．给水排水，2004，30（1）：86-91.

[10] 刘守新，王岩，郑文起．活性炭再生技术研究进展［J］．东北林业大学学报，2001，29（3）：61-63.

[11] 孙康，蒋建春．活性炭再生方法及工艺设备的研究进展［J］．生物质化学工程，2008，42（6）：55-60.

[12] Berenguer R，Marco-Lozar J P，Quijada C. Comparison among chemical，thermal，and electrochemical regeneration of phenol-saturated activated carbon［J］．Energy Fuels，2010，24（6）：3366-3372.

[13] Muranaka C T，Julcour C，Wilhelm A M，et al. Regeneration of activated carbon by（photo）fenton oxidation［J］．Industrial & Engineering Chemistry Research，2010，49（3）：989-995.

[14] Park S，Chin S S，Jia Y，et al. Regeneration of PAC saturated by bisphenol A in PAC/TiO_2 combined pH otocatalysis system［J］．Desalination，2010，250（3）：908-914.

[15] 郭坤敏，谢自立，叶振华，等．活性炭吸附技术及其在环境工程中的应用［M］．北京：化学工业出版社，2016.

[16] Kienle H，Bader E. 活性炭材料及其工业应用［M］．魏同成，译．北京：中国环境科学出版社，1990.

[17] 炭素材料学会．活性炭基础与应用［M］．北京：中国林业出版社，1984.

[18] 侯万国，等．应用胶体化学［M］．北京：科学出版社，1998.

[19] Cheremisinoff P，Ellerbusch F. Carbon Adsorption Handbook［M］．Michigan：Ann Arbor，1978.

[20] Smisek M，Cerny S. Active Carbon［M］．Amsterdam：Elsevier Publishing Compang，1970.

[21] Puri B R. In：Chemistry and physics of carbon［M］．New York：Dekker，1970.

[22] Zhu G Z，Deng L，Hou M，et al. Comparative study on characterization and adsorption properties of activated carbons by phosphoric acid activation from corncob and its acid and alkaline hydrolysis residues［J］．Fuel Processing Technology，2016，144：255-261.

[23] Hasan S，Fuat G. High surface area mesoporous activated carbon from tomato processing solid waste by zinc chloride activation：process optimization，characterization and dyes adsorption［J］．Journal of Cleaner Production，2016，113：995-1004.

[24] Liu D C，Zhang W L. A green technology for the preparation of high capacitance rice husk-based activated carbon［J］．Journal of Cleaner Production，2016，112：1190-1198.

[25] Islam M A，Tan I A W，Benhouria A，et al. Mesoporous and adsorptive properties of palm date seed activated carbon prepared via sequential hydrothermal carbonization and sodium hydroxide activation［J］．Chemical Engineering Journal，2015，270（11）：187-195.

[26] Karagöz S，Tay T，Ucar S，et al. Activated carbons from waste biomass by sulfuric acid activation and their use on methylene blue adsorption［J］．Bioresource Technology，2008，99（14）：6214-6222.

[27] Irem O，Selhan K，Turgay T，et al. Activated Carbons From Grape Seeds By Chemical Activation With Potassium Carbonate And Potassium Hydroxide［J］．Applied Surface Science，2014，293：138-112.

[28] Cheng C，Zhang J，Mu Y，et al. Preparation and evaluation of activated carbon with different polycondensed phosphorus oxyacids（H_3PO_4，$H_4P_2O_7$，$H_6P_4O_{13}$ and $C_6H_{18}O_{24}P_6$）activation employing mushroom roots as precursor［J］．Journal of Analytical and Applied Pyrolysis，2014，108（7）：41-46.

[29] Liu H，Dai P，Zhang J，et al. Preparation and evaluation of activated carbons from lotus stalk with trimethyl phosphate and tributyl phosphate activation for lead removal［J］．Chemical Engineering Journal，2013，228.

[30] 汪坤．玉米芯糠醛渣制备活性炭的研究［J］．轻工科技，2010，26（4）：8-9.
[31] Xu J Z，Chen L Z，Qu H Q，et al. Preparation and characterization of activated carbon from reedy grass leaves by chemical activation with H_3PO_4 [J]. Applied Surface Science，2014，320：674-680.
[32] Pereira R G，Veloso C M，da Silva N M，et al. Preparation of activated carbons from cocoa shells and siriguela seeds using H_3PO_4 and $ZnCl_2$ as activating agents for BSA and α-lactalbumin adsorption [J]. Fuel Processing Technology，2014，126（126）：476-486.
[33] Liou T H. Development of mesoporous structure and high adsorption capacity of biomass-based activated carbon by phosphoric acid and zinc chloride activation [J]. Chemical Engineering Journal，2009，158（2）：129-142.
[34] Li W，Peng J H，Zhang L B，et al. Investigations on carbonization processes of plain tobacco stems and H_3PO_4-impregnated tobacco stems used for the preparation of activated carbons with H_3PO_4 activation [J]. Industrial Crops & Products，2008，28（1）：74-88.
[35] 朱光真．化学法木质颗粒活性炭的制备工艺与机理及其孔结构研究［D］．北京：中国林业科学研究院，2011.
[36] Teo E Y L，Lingeswarran M，Eng-Poh N，et al. High surface area activated carbon from rice husk as a high performance supercapacitor electrode [J]. Electrochimica Acta，2016，192：110-119.
[37] Govind S，Abdelhamid S. Activated carbon with optimum pore size distribution for hydrogen storage [J]. Carbon，2016，99：289-294.
[38] Acosta R，Fierro V，Martinez de Yuso A，et al. Tetracycline adsorption onto activated carbons produced by KOH activation of tyre pyrolysis char [J]. Chemosphere，2016，149：168-176.
[39] Yang T，Lua A C. Characteristics of activated carbons prepared from pistachionut shells by potas simu hydroxide activation [J]. Microporous and Mesoporous Materials，2013，63（1-3）：113-121.
[40] 立本英机，安部郁夫．活性炭的应用技术——其维持管理及存在的问题［M］．高尚愚，译．南京：东南大学出版社，2002.
[41] 国家林业局职业技能鉴定指导中心．木材热解与活性炭生产［M］．北京：中国物资出版社，2003，230-282.
[42] 杨国华．炭素材料（下册）［M］．北京：中国物资出版社，1999.
[43] Smisck M. 活性炭［M］．国营新华化工厂设计研究所，译．1981.
[44] 蔡琼，黄正宏，康飞宇．超临界水和水蒸气活化制备酚醛树脂基活性炭的对比研究［J］．新型炭材料，2005，20（2）：122-128.
[45] 程乐明，姜炜，张荣，等．超临界水活化褐煤制取活性炭［J］．新型炭材料，2007，22（3）：264-270.
[46] Montane D，Fierro V，Mareche J F，et al. Activation of biomass-derived charcoal with supercritical water [J]. Microporous and Mesoporous Matcrials，2009，119：53-59.
[47] 古可隆，李国君，古政荣．活性炭［M］．北京：教育科学出版社，2008.

第四章 ▶▶

电极材料

第一节 电极与电催化

一、概述

电化学是研究化学能和电能之间相互转化的一门学科，电化学与环境科学相结合形成了环境电化学的研究领域，在环境监测、环境污染治理、清洁能源生产等方面都取得了较大的发展。电极材料是电化学环境治理技术实施的关键部件，其物理化学特征、催化活性、耐久性等是影响污染物去除效果的重要因素。通常，理想的电极材料应具有优异的导电性、良好的物理化学稳定性（如耐酸碱腐蚀、耐污染）、高催化活性和长期使用的稳定性。环境领域涉及的电极材料主要可以分成电催化氧化电极、电催化还原电极和电容去离子电极。本章将重点介绍这三类电极的工作原理、材料分类，并详细介绍各种电极材料的研究和应用进展。

二、电催化的基本原理

电催化一般是在外加电压或电流的条件下，以催化材料作为电极或电极修饰物活化反应分子或离子，降低反应活化能、提高反应效率的一种电化学过程。通常，电催化反应可以分成两类：

① 反应物通过电子传递过程在电极表面产生化学吸附中间体，随后经过异相化学反应或电化学脱附生成稳定的分子。例如，氧气还原反应（oxygen reduction reaction，ORR）就具有上述特征。氧气（O_2）在电极表面可以通过四电子途径生成水［H_2O，方程式(4-1)和式(4-2)］，或者通过两电子途径生成过氧化氢［H_2O_2，方程式(4-3)］。

$$O_2+4H^++4e^- \longrightarrow 2H_2O \tag{4-1}$$

$$O_2+2H_2O+4e^- \longrightarrow 4OH^- \tag{4-2}$$

$$O_2+2H^++2e^- \longrightarrow H_2O_2 \tag{4-3}$$

$4e^-$ ORR 途径会形成三种中间体（$^*OOH$、$^*O$ 和 $^*OH$），这些中间体会吸附在电极材料表面，经过进一步还原转化为 H_2O。然而在某些电极材料表面 O_2 首先通过 $2e^-$ ORR 途径被还原为单一中间体 $^*OOH$，由于 $^*OOH$ 与电极表面的作用力较弱，极易溶解到电解液中形成 H_2O_2。

② 反应物首先在电极表面上进行解离式或缔合式化学吸附，随后中间产物或吸附反应物进行电子传递或表面化学反应。NO_3^- 在 Cu 电极表面的还原则属于第二种电催化过程。首先，NO_3^- 吸附到 Cu 原子表面形成（$Cu^*NO_3^-$），电子由 Cu^* 转移给 NO_3^-，将其还原为 NO_2^-，自身转化为［$Cu(OH)_2$］$_{ads}$。随后，［$Cu(OH)_2$］$_{ads}$ 接受来自外电路的电子被还原

为 Cu。

$$Cu+NO_3^- \longrightarrow [Cu^* NO_3^-]_{ads} \tag{4-4}$$

$$[Cu^* NO_3^-]_{ads}+2H_2O \longrightarrow [Cu(OH)_2]_{ads}+NO_2^- \tag{4-5}$$

$$[Cu(OH)_2]_{ads}+2e^- \longrightarrow Cu+2OH^- \tag{4-6}$$

三、电催化的影响因素

通常，电极电位是影响电催化反应速率的重要因素：①电催化反应发生在电极电解液界面，电极电位的改变会影响电极表面的电荷密度，影响反应分子和离子的吸附和溶剂的取向；②影响中间吸附产物的生成速率及电极与吸附物种之间的电子传递；③影响电极表面吸附物种的脱附。因此，通过改变电极电位可以对电催化反应的速率和选择性进行调控。

电极是电催化反应发生的载体，一般需要具有良好的导电性，并对电化学反应具有优异的催化选择性。根据电极表面发生的是氧化反应还是还原反应，可以将电极分成电催化氧化电极和电催化还原电极。

四、电极及其性质评价方法

（一）循环伏安法

循环伏安法（cyclic voltammetry，CV）是电极材料表征中应用最广泛的电化学测试方法。通常，根据 CV 曲线的形状可以观察电极反应的可逆程度、反应活性，判断电极反应的控制步骤和反应机理。如图 4-1 所示，CV 测试过程是控制电极电势以不同的速率、随时间以三角波形变化进行扫描。伴随着单次扫描的进行，电极表面会进行一个氧化和还原过程的循环，过程中电极反应产生的电流则被记录下来，形成电流-电势曲线，即 CV 曲线。图 4-1 中，当电势从正向负扫描时，电活性组分在电极表面发生还原反应，称为阴极支，其峰电流为 i_{pc}，峰电位为 E_{pc}。相反，当电势由负向正逆向扫描时，电极表面的还原态物质发生氧化反应，称为阳极支，其峰电流为 i_{pa}，峰电位为 E_{pa}。通过 CV 曲线可以了解电极反应的相关信息和机理。

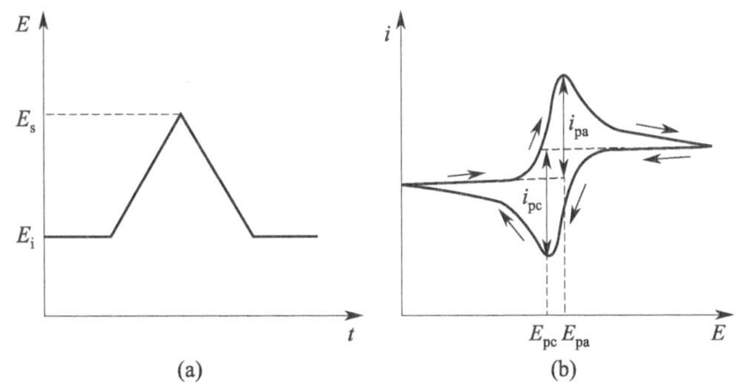

图 4-1 三角波扫描电压（a）和可逆体系 CV 曲线（b）

1. 判断电极反应的可逆性

对于可逆的电极反应，CV 曲线的上下两部分是对称的，即：

峰电流：

$$|i_{pa}|=|i_{pc}|$$

峰电位：

$$\Delta E=E_{pa}-E_{pc}=2.22\frac{RT}{nF}$$

式中，R 为气体常数，8.314J/(mol·K)；T 为热力学温度，K；n 为电子转移数；F 为法拉第常数，96485C/mol。

对于不可逆体系，E_{pa} 和 E_{pc} 的关系不满足上式，即 $|i_{pa}|\neq|i_{pc}|$，两者差值越大，体系不可逆程度越高。

2. 判断电极反应控制步骤

一般，i_{pa} 或 i_{pc} 与扫描速率成正比，表明电极过程主要受动力学控制。如果 i_{pa} 或 i_{pc} 与扫描速率的平方根成线性关系，电极过程主要受扩散控制。

3. 电极反应机理研究

通过 CV 曲线还可以进行反应机理的研究。图 4-2 是对氨基苯酚的 CV 曲线图。从图中起点开始，电势正向扫描得到阳极峰 1，反向扫描得到阴极峰 2 和 3，重新进行阳极支扫描得到阳极峰 4 和 5，并且阳极峰 5 和阳极峰 1 的峰电位相同。其中峰 1 是对氨基苯酚的氧化峰，对氨基苯酚被氧化为对亚氨基苯醌［式(4-7)］。对亚氨基苯醌在峰 2 处被还原为对氨基苯酚［式(4-8)］，此时部分对亚氨基苯醌在电极表面发生化学反应生成对苯醌［式(4-9)］。苯醌在峰 3 处被还原为对苯二酚［式(4-10)］，随后对苯二酚在峰 4 处被氧化为苯醌［式(4-11)］。

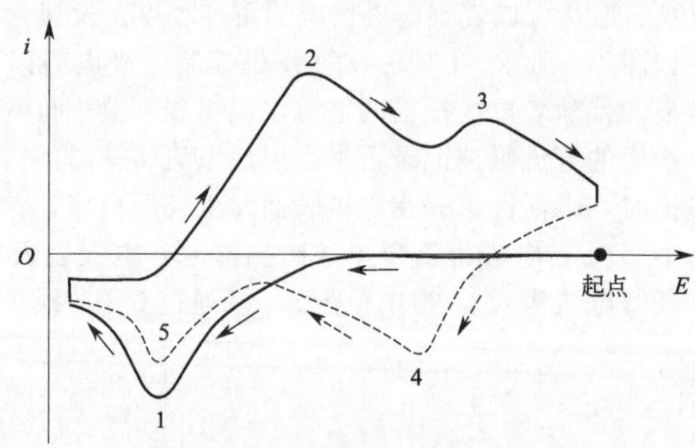

图 4-2 对氨基苯酚的 CV 曲线

$$\text{HO-C}_6\text{H}_4\text{-NH}_2 \rightleftharpoons \text{O=C}_6\text{H}_4\text{=NH} + 2H^+ + 2e^- \tag{4-7}$$

$$\text{O=C}_6\text{H}_4\text{=NH} + 2H^+ + 2e^- \rightleftharpoons \text{HO-C}_6\text{H}_4\text{-NH}_2 \tag{4-8}$$

$$\text{O=C}_6\text{H}_4\text{=NH} + H_3O \rightleftharpoons \text{O=C}_6\text{H}_4\text{=O} + NH_4^+ \tag{4-9}$$

$$O=C_6H_4=O + 2H^+ + 2e^- \rightleftharpoons HO-C_6H_4-OH \qquad (4\text{-}10)$$

$$HO-C_6H_4-OH + 2H^+ + 2e^- \rightleftharpoons O=C_6H_4=O \qquad (4\text{-}11)$$

（二）线性扫描伏安法

线性扫描伏安法（linear sweep voltammetry，LSV）是对电解池施加一快速线性变化电压（如图 4-3），所施加电压（E）与时间（t）的关系为：$E=E_i-vt$。

式中，E_i 为起始电压，V；v 为电压扫描速度，mV/s；t 为扫描时间，s。

LSV 测试所获得的曲线形状如图 4-4 所示。

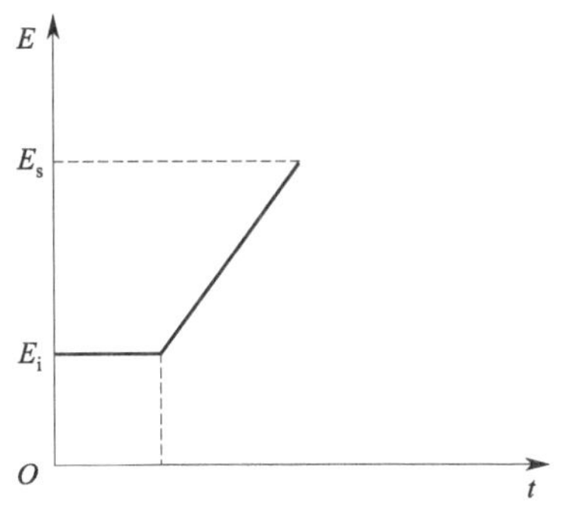

图 4-3　LSV 电压-时间曲线

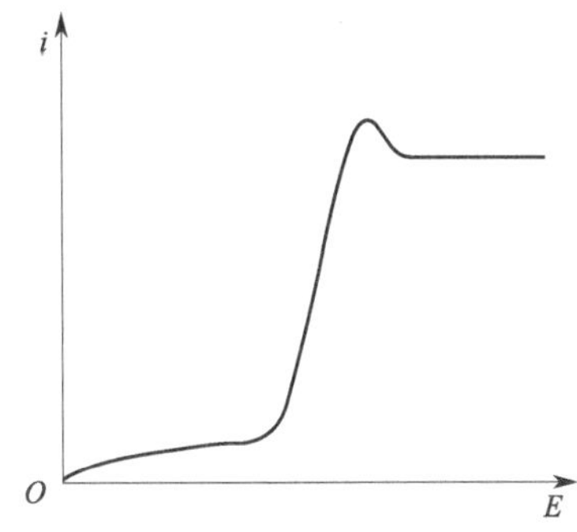

图 4-4　LSV 曲线

LSV 方法在氧气还原反应测试过程中应用较为广泛。一般采用旋转圆盘电极进行 LSV 测试，可以揭示 ORR 反应活性和反应过程中的电子转移数。

（三）塔菲尔曲线

1905 年，塔菲尔（Tafel）在研究氢超电势时，发现在一定范围内，过电势（η）与电流密度（i）可以用式(4-12) 表示：

$$\eta = a + b\lg|i| \qquad (4\text{-}12)$$

式中，a、b 为塔菲尔常数。

如果以 η 为横坐标，$\lg|i|$ 为纵坐标绘图，则可以得到一条直线，即 Tafel 曲线（图 4-5），它表示为了达到一定的电流需要改变电极电势的程度。Tafel 曲线由阳极支和阴极支两部分组成，阳极支与阴极支斜率的交点所对应的电流密度被称为交换电流密度（i_0）。当电极反应处于平衡时，相应的按两个反应方向进行的阳极反应和阴极反应的电流密度绝对值即为 i_0。i_0 一个电极反应自身的性质，是一个热力学的概

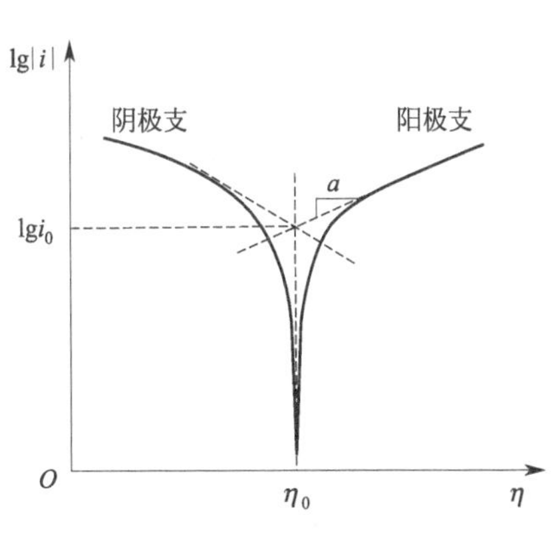

图 4-5　Tafel 曲线

念，与外界条件是无关的，可以用来描述一个电极反应得失电子的能力及电极反应进行的难易程度。

（四）电化学阻抗谱

电化学阻抗谱（electrochemical impedance spectroscopy，EIS）测试是给电化学系统施加一个频率不同的小振幅的交流电势波，测量交流电势与电流信号的比值（此比值即为系统的阻抗）随正弦波频率 ω 的变化，或者是阻抗的相位角 Φ 随 ω 的变化，进而可以分析电极反应动力学、双电层电容和扩散阻抗等。

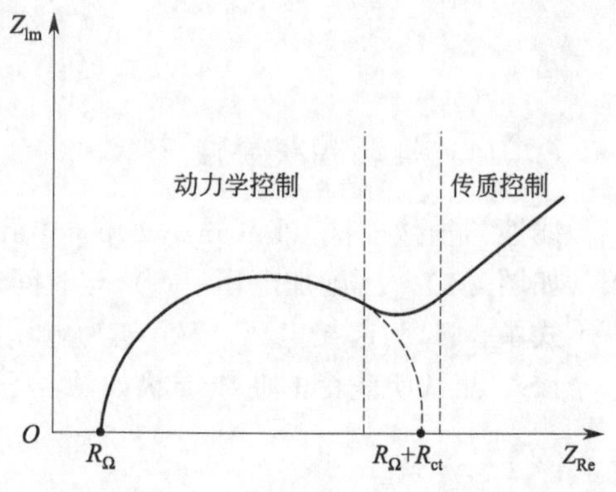

图 4-6　EIS 谱 Nyquist 曲线图

典型的 EIS 谱 Nyquist 曲线如图 4-6 所示，由半圆弧和直线段组成，分成高频区和低频区。高频区为电荷转移主导的动力学控制区域，低频区是受物质转移控制。半圆弧左端与横坐标的交点为体系的欧姆内阻（R_Ω）。通常，R_Ω 的大小与电解液电导率、电极材料导电性等因素有关。拟合半圆弧形成的弧线右侧与横坐标的交点为 R_Ω 与电荷转移内阻（R_{ct}）之和，由此可以得到电极反应的 R_{ct}。一般，R_{ct} 越小，电极反应的电子转移速率越快，反应活性越高。除了 R_Ω 和 R_{ct} 之外，采用 Zview 等软件可以对 Nyquist 曲线进行等效电路的拟合，还可以得到电极电容值、韦伯阻抗值等。

（五）旋转圆盘电极测试

电极反应过程的各个分步骤中，电解液中的传质步骤往往比较缓慢，常常成为反应的限速步骤。这种缓慢的液相传质过程会引起电极表面附近反应物浓度的变化，使得电极电势偏离理论值，这一现象被称作浓差极化现象。在电化学测试过程中，电极表面的电流密度分布往往是不均匀的，使得电极表面各处的极化情况各不相同，使测试数据的处理变得复杂。为了减少或消除上述问题，电化学研究人员开发出了一种能够高速旋转的电极，即旋转圆盘电极（rotating disk electrode，RDE)，它是一种研究电极反应动力学的重要工具。

ORR 催化体系是 RDE 电极应用最多的研究领域之一。一般通过测试催化剂修饰 RDE 电极的 LSV 曲线，可以获得 ORR 的起始电势（E_{onset}）和极限电流值（j_L）［图 4-7(a)］。E_{onset} 和 j_L 数值越大，ORR 的催化反应活性越高。ORR 反应的电流（j）可以用 Koutechy-Levich 方程表示，简称 K-L 方程［式(4-13)］。j_k 是 RDE 动力学控制电流，一般为常数；j_L 可以用式(4-13) 表示。

$$\frac{1}{j}=\frac{1}{j_k}+\frac{1}{j_L} \tag{4-13}$$

$$j_L=0.62nFAC_0D^{2/3}\omega^{1/2}\upsilon^{-1/6} \tag{4-14}$$

式中，n 为电子转移数；F 为法拉第常数，96485C/mol；A 为电极面积，cm^2；C_0 为溶液中 O_2 浓度，$mmol/cm^3$；D 为 O_2 的扩散率，cm^2/s；ω 为 RDE 转速，rad/s；υ 为溶液的动力学黏度，cm^2/s。

将 $0.62nFAC_0D^{2/3}\upsilon^{-1/6}$ 记为常数 K，则式(4-13) 可以式(4-15) 表示：

$$\frac{1}{j}=\frac{1}{j_k}+\frac{1}{K\omega^{1/2}} \tag{4-15}$$

因此，相同电压下，j^{-1} 和 $\omega^{-1/2}$ 呈直线关系，其斜率为 K^{-1}，通过 K 可以进一步计算得到电极反应的 n 值。

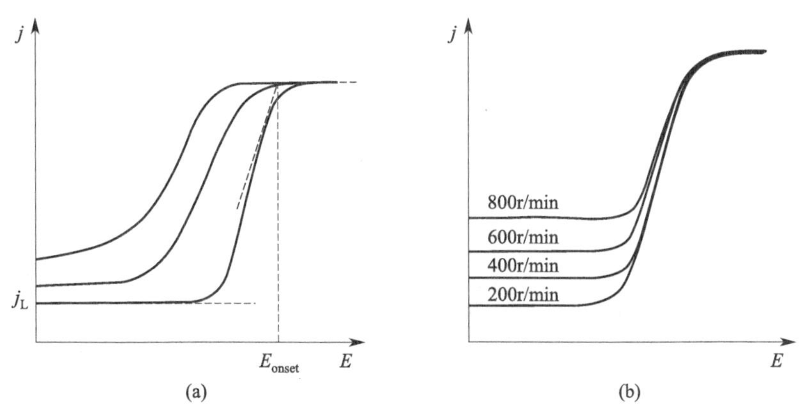

图 4-7　采用 RDE 测试的不同催化剂的 LSV 曲线（a）和不同转速下同一催化剂的 LSV 曲线（b）

第二节　电催化氧化电极

一、电化学氧化

电化学氧化分为直接氧化和间接氧化两种。如图 4-8 所示，直接氧化即为有机污染物在电极表面直接失去电子被氧化的反应。间接氧化是指利用电极表面产生的强氧化性物质与有机污染物发生的氧化反应。

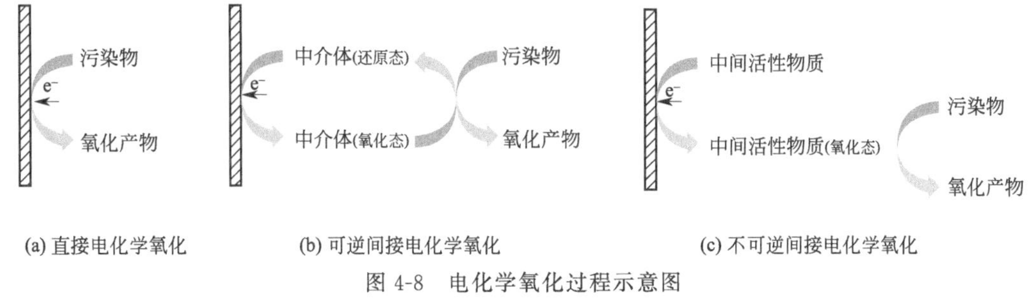

图 4-8　电化学氧化过程示意图

根据污染物氧化程度的不同，直接电化学氧化法又可以分为电化学转化和电化学燃烧。电化学转化即有机物未被完全矿化成 CO_2 和 H_2O 等无机物，而是被转化为无毒或低毒的物质。电化学燃烧则是指有机物被完全地矿化。

根据电极表面产生的具有氧化活性的物质是否具有可逆性，间接电化学氧化分为可逆间接电化学氧化和不可逆间接电化学氧化两种。可逆间接电化学氧化反应一般借助可逆的氧化还原电对来实现。例如，MnO_2 中的 Mn 可以首先在电极表面被氧化成高价态，随后这些高价态金属氧化物可以与有机污染物发生氧化反应自身被还原为 Mn^{4+}。不可逆电化学氧化产生的强氧化性活性物质主要包括 $\cdot OH$、$HO_2\cdot$、O_3、H_2O_2 和 ClO^- 等，它们与污染物发生反应后自身被消耗，无法循环再用。

二、电催化氧化电极

在电化学系统中，不管是直接氧化还是间接氧化，所有反应都是在电极表面发生的，因此电极材料是电催化氧化的关键影响因素。目前，电催化氧化电极主要包括以下几类：

（一）碳电极

碳电极的基材主要包括石墨和碳纤维，其中石墨又分为石墨纤维毡、石墨棒和石墨片等，碳纤维又分为碳纤维丝、碳纤维布和碳纤维毡等（图 4-9）。碳电极具有物理化学稳定性优异、导电性良好、加工较容易、电化学窗口宽等优点。

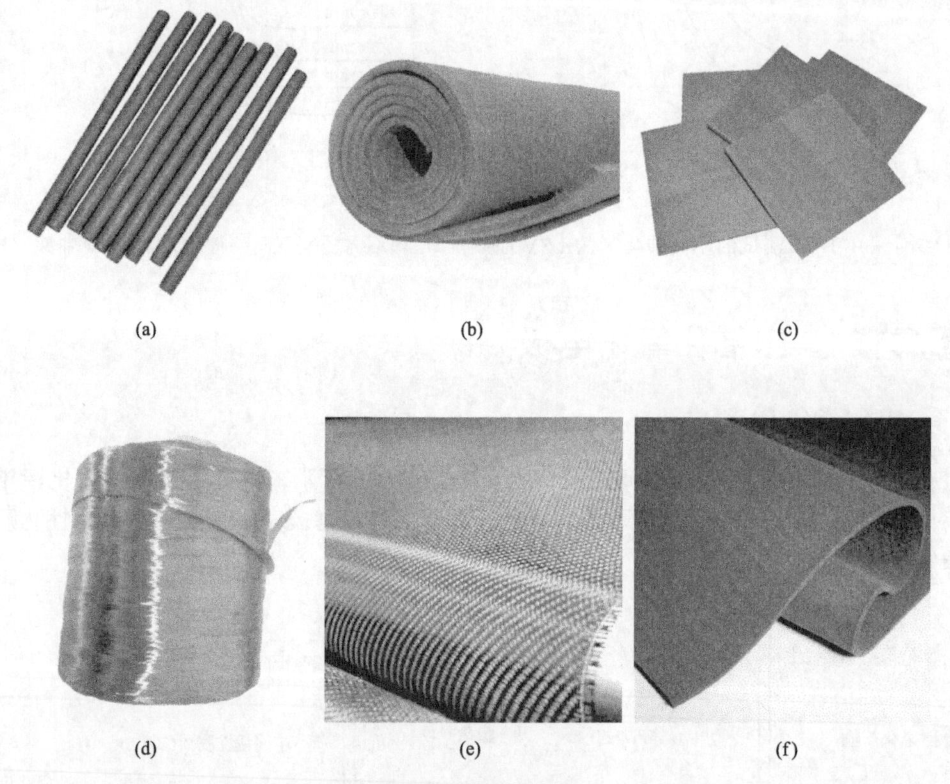

图 4-9 常用碳电极

(a) 石墨棒；(b) 石墨纤维毡；(c) 石墨片；(d) 碳纤维丝；(e) 碳纤维布；(f) 碳纤维毡

（二）金属电极

金属单质一般具有高导电性和催化能力，因此被广泛用作电极材料。贵金属（如 Pt、Au、Ir 和 Ru 等）具有优良的导电性、较高的化学稳定性和良好的耐腐蚀性。其中，Pt 电极的析氧电位高且氢过电位低，是贵金属电极中应用最为广泛的。然而，价格昂贵是限制贵金属电极大规模应用的重要问题。

（三）形稳电极

形稳阳极（dimensionally stable anode，DSA），又被称为钛基涂层电极或金属氧化物阳极。1964 年荷兰人 H. B. Beer 首次发明了钛基氧化钌（RuO_2）电极，于 1968 年由意大利

DeNora 公司用于氯碱生产。DSA 的问世，解决了传统电极所存在的物理化学性质不稳定以及易溶解等缺点。近年来，除了氯碱工业，以 DSA 电极为核心的电解技术在难降解废水处理中得到了广泛发展，电催化氧化能够降解废水中有机污染物，提高废水的可生化性。

DSA 电极一般由金属基体、中间惰性涂层及表面活性涂层组成。金属钛（Ti）是 DSA 电极最常用的基体材料，起到支撑和导电的作用。中间惰性涂层一般是由氧化锡（SnO_2）和氧化钌（RuO_2）等一种或多种氧化物组成。中间涂层的存在可阻断电解液及活性氧物质向电极基体的迁移，提高电极的稳定性和耐久性。表面活性涂层是电化学反应的催化层，一般由氧化铱（IrO_2）、五氧化二钽（Ta_2O_5）、二氧化铅（PbO_2）、五氧化二锑（Sb_2O_5）、氧化铬（Cr_2O_3）等金属氧化物中的一种或多种组成。

DSA 电极的制备方法主要包括浸渍法、热分解法和溶胶-凝胶法、电沉积法。

1. 浸渍法

浸渍法是将预先处理好的电极基体材料浸入含有金属盐和有机溶剂的浸渍液中，达到吸附平衡后将其取出干燥，如此反复多次。最后在一定温度下进行热处理使得电极基体材料表面的金属盐发生分解并被氧化为金属氧化物。

2. 热分解法

热分解法是将含有活性成分的涂覆浆料涂刷或喷涂到电极基体表面，干燥后置于马弗炉中焙烧，高温条件下，金属离子被转化为高价金属氧化物晶体。

3. 溶胶-凝胶法

溶胶-凝胶法（Sol-Gel 法，简称 SG 法）是一种条件温和的材料制备方法。以金属有机或无机化合物为前驱体，溶解于水或有机溶剂中，通过水解、缩合等化学反应，形成稳定的溶胶，再经陈化以及胶粒间缓慢聚合形成具有三维空间网络结构的凝胶。凝胶经过干燥、烧结固化制备出所需材料。采用溶胶-凝胶法制备的 DSA 电极表面氧化物涂层的分散性较好，电流效率较高。

4. 电沉积法

电沉积法制备 DSA 电极的过程中，金属基体既可以被用作阴极也可以被用作阳极。阴极电沉积一般以石墨电极为阳极，金属基体为阴极，接通外电路后电解液中的金属离子向金属基体表面迁移，在其表面得到电子，被还原为吸附状态的金属原子，随后这些吸附在金属基体表面的单原子不断增多，发生结晶，形成电沉积层。阴极电沉积过程中，控制好外加电压和电流密度可以对金属基体表面沉积层中晶核的生成和晶粒生长的速度进行调控。当晶体成核速度大于其生长速度时，电极表面形成的活性位点数目较多，所制备电极的催化活性较强。反之，如果晶体成核速度小于其生长速度时，电极表面会形成很多颗粒较大的晶粒，使得活性层与电极基体之间的结合力较弱，所制备电极的催化活性一般较差。电沉积时间也是影响 DSA 电极结构和性能的重要参数。电沉积时间过短，电极表面活性层很薄，电极的使用寿命较短，反之，如果电沉积时间过长，沉积层过厚，会影响沉积层与电极基体之间的结合力，导致电极稳定性较差。因此，选择合适的外加电压/电流密度并且控制合适的电沉积时间对制备结构和性能稳定以及高催化活性的 DSA 电极十分关键。阳极电沉积是以电极基体作为阳极，在外加电压和电流作用下，电解液中的低价金属离子在阳极直接被氧化为高价的金属氧化物，沉积在电极基体表面形成致密的活性层。

第三节 电催化还原电极

电化学还原反应即为反应物在电极表面得到电子被还原为低价产物的过程。废水处理过程中典型的电化学还原过程包括重金属的电还原反应和氧气还原反应。

一、重金属的电沉积

重金属是指密度大于 4.5g/cm^3 的金属，环境中的重金属污染物包括铜（Cu）、汞（Hg）、铅（Pb）、镍（Ni）、镉（Cd）、铬（Cr）的离子及氧化物，主要来自电镀、冶炼、化工、造纸、染料等行业。重金属在环境中具有持久性、积累性和迁移性，并且能够在食物链中传递和富集，对生物体和人体健康产生毒害作用。

（一）电沉积的工作原理

电沉积是去除废水中重金属离子的有效方法。电沉积工作原理如图 4-10 所示。电场中，废水中的重金属离子 M^{n+} 在电场力作用下迁移到阴极表面，得到电子被还原为金属单质（M）而沉积在电极表面，从而达到去除和回收的目的。

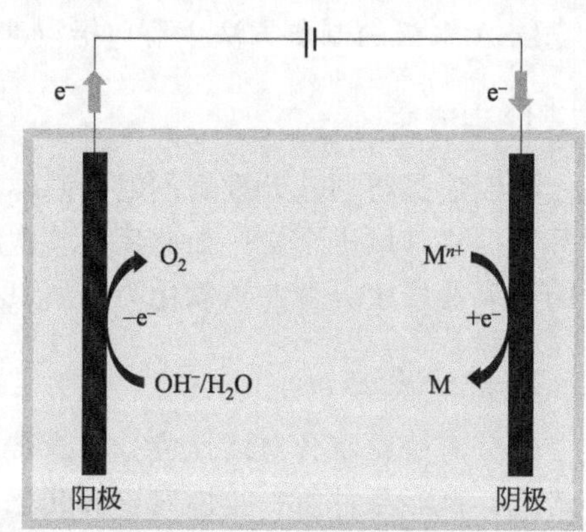

图 4-10 电沉积工作原理

事实上，接通外电源后，电解池阴极表面也存在其他副反应［式(4-16)～式(4-19)］。

$$2H^+ + 2e^- \rightleftharpoons H_2 \tag{4-16}$$

$$2H_2O + 2e^- \rightleftharpoons H_2 + 2OH^- \tag{4-17}$$

$$O_2 + 4H^+ + 4e^- \rightleftharpoons 2H_2O \tag{4-18}$$

$$2O_2 + 4H^+ + 2e^- \rightleftharpoons 2H_2O_2 \tag{4-19}$$

阳极反应产生的 O_2，阴极还原反应产生的氧化性产物(如 H_2O_2)都可能与阴极表面沉积的 M 反应将其重新氧化为高价态的 M^{n+} 或中间产物[式(4-20)]。

$$4M + nO_2 + 4nH^+ \rightleftharpoons 4M^{n+} + 2nH_2O \tag{4-20}$$

这些副反应的发生会消耗电荷，影响阴极重金属的析出，并且会降低电沉积过程的电流效率。

（二）电沉积过程的传质机理

电沉积反应包括电荷转移和质量转移两个过程。电荷转移过程中电极表面电流密度与电极电势之间的关系可以用巴特勒-福尔默（Butler-Volmer）方程进行描述［式(4-21)］。

$$i(t) = i_0(t)\left\{\exp\left[\frac{\alpha F(E-E_0)}{RT}\right] - \exp\left[\frac{-F(1-\alpha)(E-E_0)}{RT}\right]\right\} \tag{4-21}$$

式中，$i(t)$ 为电流密度，A/m^2；$i_0(t)$ 为交换电流密度，A/m^2；E 为电极电势，V；E_0 为平衡态电势，V；T 为电解液温度，K；α 为电荷转移系数；F 为法拉第常数，96485C/mol；R 为通用气体常数，8.314J/(mol·K)。

电解槽中活性物质沿水平方向向电极表面的传质过程可以由 Nernst-Planck 方程来表述：

$$J(x)=-D\frac{\partial c(x)}{\partial x}-\frac{zF}{RT}Dc\frac{\partial \phi(x)}{\partial x}+cv(x) \tag{4-22}$$

式中，$J(x)$ 为距离电极表面 x 处活性物质的摩尔通量密度，mol/(s·cm^2)；D 为扩散系数，cm^2/s；c 为电解液中活性物质的浓度，mol/cm^3；$\partial c(x)/\partial x$ 为浓度梯度；$\partial\phi(x)/\partial x$ 为电位梯度；z 为电荷量，C；$v(x)$ 为电解液循环流速，cm/s。

上述 Nernst-Planck 方程中，$-D\frac{\partial c(x)}{\partial x}$、$-\frac{zF}{RT}Dc\frac{\partial \phi(x)}{\partial x}$和 $cv(x)$分别代表电解槽中扩散过程、迁移过程和对流过程对传质总通量的贡献。

（三）电沉积阴极

电沉积阴极主要有金属电极（铜、铝）、碳质电极（石墨、碳）和不锈钢电极等。例如，Tran 等采用 DSA 电极（Pt 涂层钛板，5cm×5cm）为阳极，碳纤维布为阴极，在外加电压为 10V，pH 值为 6.8 的条件下在阴极表面先后沉积 Cu 和 Ni［式(4-23)、式(4-24)］。

阴极反应：

$$Cu^{2+}(aq)+2e^- \longrightarrow Cu(s) \qquad E_0=0.34V \tag{4-23}$$

$$Ni^{2+}(aq)+2e^- \longrightarrow Ni(s) \qquad E_0=-0.26V \tag{4-24}$$

此外，阴极表面也存在析氢反应：

$$4H_2O(aq)+4e^- \longrightarrow 2H_2(g)+4OH^- \tag{4-25}$$

阳极反应：

$$2H_2O(aq) \longrightarrow O_2(g)+4H^++4e^- \tag{4-26}$$

研究发现，电极间距对 Cu 和 Ni 的回收率有一定的影响，当电极间距由 2cm 增加到 5cm 和 10cm 时，沉积 10h，Cu 的回收率分别为 67%、73%和 70%，Ni 的回收率分别为 23%、29.3%和 24%。减小电极间距会增大电极间的电场力，加快金属离子的电迁移，强化体系的传质。但是电极间距过小的情况下，阳极反应产生的 O_2 向阴极表面的扩散加快，O_2 会氧化阴极表面沉积的金属单质，使其发生溶解，降低体系的能量效率。相反，电极间距过大，电场力减弱，金属离子的迁移速率减慢，影响阴极表面金属的电沉积速率。电沉积时间对重金属的回收率影响很显著，电极间距为 10cm 的条件下，当电沉积时间由 10h 增加到 20h 时，Cu 和 Ni 的回收率分别显著地增加到 98%和 55%。

电沉积过程中，平板电极体系的传质速率较低，当溶液中重金属离子浓度较低时平板电极体系金属回收率一般较低。针对这一问题，近年来研究者们开发了一系列三维阴极（如旋转填充电池、多孔石墨、网状玻璃碳、流动床电解池、钢丝棉），这些电极具有更大的比表面积，可以为重金属提供更多的沉积位点，并且可以缩短离子到电极的传质距离，最终提高体系的电流效率。

Chang 等以不锈钢板为阳极、钢丝棉为阴极，通过电沉积的方法回收含 Cu 表面活性剂废水中低浓度的 Cu^{2+}（2mmol/L）。以不锈钢板为阴、阳极的电沉积系统中，180min 后 Cu^{2+} 的回收率仅为 50%。然而以钢丝棉为阴极时，电沉积 9min 后 Cu^{2+} 的回收率达到 93%，相应体系的电流效率也由 1%提高到 55%。当钢丝棉阴极的电流密度由 0.5A/m^2 增加到 1A/m^2 和 2A/m^2 时，9min 后 Cu 的回收率由 62%增加到>99%。此外，钢丝棉阴极还被用于电沉积重金属 Cd 和 Pb。Elsherief 以不锈钢丝球为阴极，通过阴极电沉积回收重金属 Cd，在电流密度为 400μA/cm^2 条件下，起始浓度为 500mg/L 的 Cd^{2+} 在电沉积 75min 后的回收率达到了 99.95%。Gasparotto 等以钢丝棉为阴极，在外加 −0.90V 电压下，90min 后溶液中 Pb^{2+} 浓度由 50mg/L 降低到 1mg/L，去除率达到 98%。

二、氧气还原反应

氧气还原反应是指 O_2 在阴极表面接受电子被还原的过程。ORR 存在两种反应途径，四电子（$4e^-$）途径和二电子（$2e^-$）途径。$4e^-$ 途径是指 O_2 直接在阴极表面得到四个电子被还原为 H_2O 或 OH^-［式(4-27)和式(4-28)］。$2e^-$ 途径是指 O_2 在阴极表面得到两个电子被还原为 H_2O_2［式(4-29)和式(4-30)］。

$4e^-$ ORR 过程：

碱性条件：$O_2+2H_2O+4e^- \longrightarrow 4OH^-$ $\qquad E_0=0.401V$ (vs. NHE) (4-27)

酸性条件：$O_2+4H^++4e^- \longrightarrow 2H_2O$ $\qquad E_0=1.229V$ (vs. NHE) (4-28)

$2e^-$ ORR 过程：

碱性条件：$O_2+H_2O+2e^- \longrightarrow HO_2^-+OH^-$ $\qquad E_0=0.065V$ (vs. NHE) (4-29)

$HO_2^-+H_2O+2e^- \longrightarrow 3OH^-$ $\qquad E_0=0.867V$ (vs. NHE) (4-30)

$$2HO_2^- \longrightarrow O_2+2OH^- \tag{4-31}$$

酸性条件：$O_2+2H^++2e^- \longrightarrow H_2O_2$ $\qquad E_0=0.67V$ (vs. NHE) (4-32)

$H_2O_2+2H^++2e^- \longrightarrow 2H_2O$ $\qquad E_0=1.77V$ (vs. NHE) (4-33)

$$2H_2O_2 \longrightarrow O_2+2H_2O \tag{4-34}$$

通常，在某些电极或催化剂表面，$2e^-$ ORR 过程在碱性溶液中产生的 HO_2^- 可以进一步被还原或分解为 OH^-［式(4-30)和式(4-31)］；在酸性溶液中产生的 H_2O_2 可以进一步被还原为 H_2O［式(4-33)］或分解为 O_2 和 H_2O［式(4-34)］。

（一）四电子 ORR

1. 反应机理

O_2 在阴极表面的还原反应可以用结合和解离机制来解释［式(4-35)和式(4-36)］，还原过程是按照 $4e^-$ 还是 $2e^-$ 途径进行取决于化学吸附的 O_2 在质子化前后是否发生 O—O 键的断裂。

$$\frac{1}{2}O_2+* \longrightarrow {}^*O \xrightarrow{e^-+H^+} {}^*OH \xrightarrow{e^-+H^+} H_2O+* \tag{4-35}$$

$$O_2+* \xrightarrow{e^-+H^+} {}^*OOH \xrightarrow{e^-+H^+} H_2O+{}^*O \xrightarrow{e^-+H^+} {}^*OH \xrightarrow{e^-+H^+} H_2O+* \tag{4-36}$$

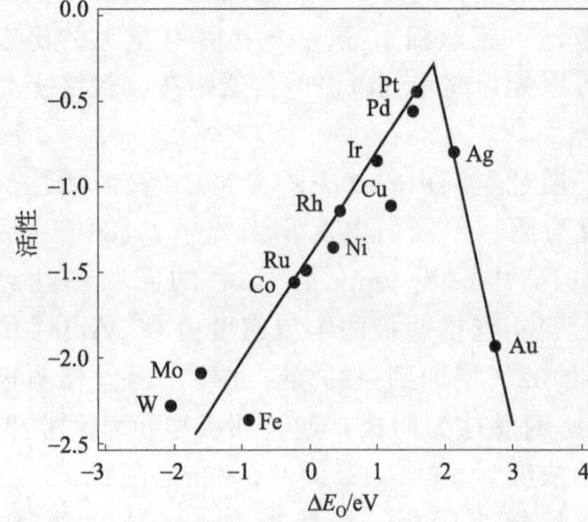

图 4-11 $4e^-$ ORR 反应活性与 ΔE_O 之间的关系

式中，* 代表电极或催化剂表面的活性位点。

$^*O$ 和 $^*OH$ 是 $4e^-$ ORR 过程中形成的吸附中间体，ORR 反应活性被认为与 O 和 OH 在催化剂表面的吸附能（ΔE_O 和 ΔE_{OH}）密切相关。吸附作用过弱会阻碍 O_2 的吸附及其后续解离形成 $^*O$ 的过程，吸附作用过强则会限制 $^*O$ 和 $^*OH$ 质子化之后从催化剂表面的脱附过程。Nørskov 等通过密度泛函理论（DFT）计算得到了 O 和 OH 在多种金属催化剂表面的 ΔE_O。由图 4-11 可见，贵金属 Pt 和 Pd 显示出了较高的 $4e^-$ ORR 活性

和适中的 ΔE_O。

2. 基于 4e⁻ ORR 的空气扩散阴极

微生物燃料电池（MFC）技术是采用电活性微生物如 *Geobacter* 和 *Shewanella* 为催化剂，降解污水或污泥中的有机/无机污染物产生电子，电子通过外电路传导到阴极与电子受体反应完成产电过程。MFC 体系常用的阴极电子受体包括铁氰化钾｛$K_3[Fe(CN)_6]$｝、金属离子（Cu^{2+}、Fe^{3+}、$Cr_2O_7^{2-}$）、偶氮染料分子和 O_2 等。很显然，O_2 来源广泛，还原终产物为 H_2O，不存在二次污染的问题，是更为理想的阴极电子受体。MFC 运行过程中 O_2 的补给主要通过向阴极室进行曝气（空气或纯 O_2），或者使用空气扩散阴极让 O_2 自发扩散到气-固-液三相界面进行阴极 ORR 反应。采用曝气的方式充氧会增加体系的能耗，因此在 MFC 运行过程中空气扩散阴极的应用更加广泛。

空气扩散阴极，简称空气阴极，一般是由气体扩散层、集流体和催化层组成（图 4-12）。空气阴极的制作方法主要分为涂布法和辊压法两种。Pt/C 空气阴极的制作一般是采用涂布法。碳纤维布是最常用的 Pt/C 空气阴极基材，起到电流集流体的作用。疏水聚合物，如聚四氟乙烯（PTFE）、聚偏氟乙烯（PVDF）、聚二甲基硅氧烷（PDMS）等，一般被用来制作碳纤维布表面的疏水涂层。

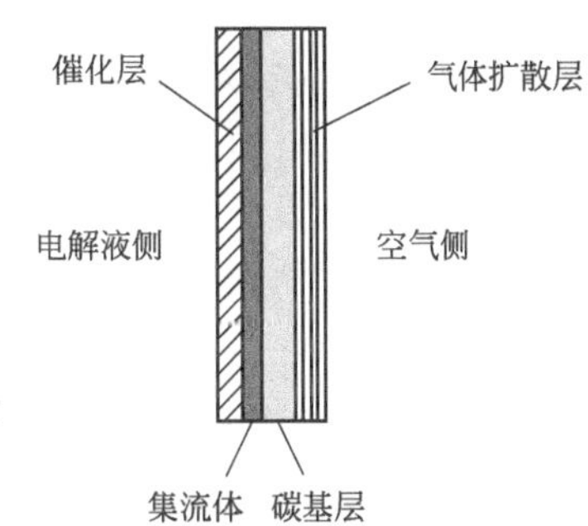

图 4-12 空气扩散阴极的结构

Zhang 等在碳纤维布表面分别刷涂 1～4 层 PTFE 层，运行 MFC 发现，刷涂 1 层 PTFE 的空气阴极 MFC 体系水损失很快（1～2mL/d），而涂有 2～4 层 PTFE 的空气阴极水损失不明显。然而，在碳布表面刷涂过多的 PTFE 层会阻碍氧气向电极内部的扩散，并且降低电极的导电性。因此，MFC 体系的最大功率密度（P_{max}）随着 PTFE 层数的增加由（1427±28）mW/m^2 降低到（855±19）mW/m^2。为了增加气体扩散层的孔隙率和导电性，一般在碳纤维布与气体扩散层之间刷涂或喷涂一层由炭黑（CB）和疏水聚合物组成的碳基层。Pt/C 催化层一般直接与阴极电解液接触，由 4e⁻ ORR 催化剂和黏结剂（如 Nafion 和 PTFE 等）按照一定比例混合制成浆料，刷涂或喷涂到碳纤维布气体扩散层的背面。活性炭空气阴极的制作一般以不锈钢网或钛网为集流体，将 CB 和 PTFE 形成的膏状混合物辊压到集流体的一面，经高温处理形成多孔空气扩散层。随后将催化剂活性炭粉末与 PTFE 混合成膏状并辊压到集流体的另一面，干燥后形成催化层。

3. 4e⁻ ORR 催化剂

商品化 Pt/C 催化剂具有优异的 4e⁻ ORR 催化活性，是制作空气阴极最常用的催化剂。然而，Pt/C 催化剂的价格较高，并且在使用过程中易失活。近年来，过渡金属氧化物，如 MnO_2、Co_3O_4、MnO_2/r-GO 和 Co_3O_4/NCNT 等非贵金属，酞菁铁（FePc），四甲氧基苯基卟啉钴（CoTMPP），以及氮掺杂碳材料，如 N-石墨烯、N-CNT、N-多孔碳等催化剂，研究和开发受到了越来越多的关注。

（1）Pt 系催化剂　Pt 系催化剂是研究和应用最广泛的一类 ORR 催化剂。Pt 是面心立方（fcc）型晶体，晶格参数为 3.93Å（1Å=0.1nm）。研究发现，Pt 表面 ORR 反应动力学与电解质中阴离子在其表面的吸附有关。$HClO_4$ 电解液中，ClO_4^- 在 Pt 单晶表面的吸附力较弱，O_2 在不同晶面上的反应活性顺序为 Pt(100)＜ Pt(111)＜Pt(110)。然而，在 H_2SO_4 电解液中，SO_4^{2-} 对单晶 Pt(111) 晶面的吸附力大于 Pt(100)，减少了（111）晶面上有效 Pt 活性位点数。

因此，O_2 在不同晶面上的反应活性顺序为 Pt(111)＜Pt(110)＜Pt(100)。与低指数晶面相比，Pt 高指数晶面具有更高密度的原子台阶和缺陷，因此在酸性条件下也显示出更高的 ORR 催化活性。例如，Yu 等发现表面暴露（510）、（720）和（830）晶面的凹面纳米 Pt 立方体的 ORR 催化活性是 Pt 立方体和截端立方体的 3.1～4.1 倍和 1.9～2.8 倍。

Pt 与 3d 过渡金属（Fe、Co、Ni）形成的合金纳米颗粒也具有较好的 ORR 催化活性。0.1mol/L $HClO_4$ 溶液中，Pt_3Ni 单晶（111）晶面比活性是 Pt(111) 晶面的 10 倍，同时是商品化 Pt/C 催化剂的 90 倍。Pt_3Ni 单晶最外三层的性质是决定 ORR 活性高低的关键。最外层中 Pt 占比 100%，中间层 Pt 和 Ni 的比例分别为 48%和 52%，第三层中 Pt 和 Ni 的比例分别为 87%和 13%。与 Pt 单质相似，Pt_3Ni 不同低指数晶面对 HO^* 和 O_2 的吸附作用各不相同，因此，各晶面比活性各不相同，大小顺序为 Pt_3Ni(100)＜ Pt_3Ni(110)＜Pt_3Ni(111)。合金中原子组成也是影响催化剂活性的重要因素。例如，$PtCo_x$ 和 $PtCu_x$ 合金的 ORR 活性高低顺序为 PtCo＜Pt_3Co＜$PtCo_3$ 和 Pt_3Cu＜PtCu＜$PtCu_3$。PtNi 催化剂（Pt_4Ni、Pt_3Ni、Pt_2Ni、$Pt_{1.5}Ni$ 和 PtNi）中，$Pt_{1.5}Ni$ 的 ORR 活性最高。

（2）过渡金属氧化物　与贵金属相比，过渡金属氧化物廉价易得，具有多种阳离子氧化价态，更适合商业化应用。过渡金属 Mn、Co 和 Fe 等形成的氧化物都显示出良好的 ORR 活性。

锰氧化物（MnO_x：MnO_2、Mn_2O_3 和 Mn_3O_4）是报道较多的具有 ORR 活性的催化剂，但与 Pt 系催化剂相比，这些氧化物一般具有较高的过电位和较低的电子转移数（n）。因此，近年来的研究工作主要集中在通过形貌调控、缺陷态控制和杂原子掺杂等方式提高锰氧化物的 $4e^-$ ORR 催化活性。Ghosh 等采用微波加热的方法制备了非化学计量的 MnO_2 纳米棒。微波加热的高温使得 MnO_2 表面的 Mn^{2+} 和 Mn^{3+} 被氧化为 Mn^{4+}，纳米棒表面 Mn^{4+} 的比例由 30.5%增加到 31.8%。氧气在非化学计量 MnO_2 表面的还原过程往往伴随着 MnO_2 向 MnOOH 的转化（即 Mn^{4+} 转化为 Mn^{3+}），随后电子再由 Mn^{3+} 转移给 O_2。因此，MnO_2 表面较高比例的 Mn^{4+} 可以加快 $Mn^{4+} \rightarrow Mn^{3+} \rightarrow O_2$ 过程，最终提高催化剂的 ORR 活性。通过旋转圆盘实验测试发现非化学计量 MnO_2 纳米棒的 ORR 电子转移数在 0.05～0.90V 范围内均大于 3.9。Liu 等比较了 Mn_3O_4 纳米颗粒、纳米棒和纳米片的 ORR 催化活性，发现 $^*OOH$ 的形成是氧气还原反应的限速步骤，然而 DFT 计算发现 O_2 和（001）晶面具有更强的相互作用，从热-动力学方面考虑，相比于（101）晶面，$^*OOH$ 在（001）晶面上的形成过程更容易发生。Mn_3O_4 纳米棒和纳米片暴露的主要晶面分别为（101）和（001），因此，Mn_3O_4 纳米片显示出更高的 ORR 催化活性。MnO_x 的导电性较差会限制 ORR 过程中的电子转移速率，因此将 MnO_x 与具有优异导电性的碳材复合是提高其催化活性的重要途径。Hazarika 等将 Mn_2O_3 与 XC-72R 型炭黑一起研磨形成 Mn_2O_3/C 复合物，实验发现 Mn_2O_3/C 的 ORR 活性明显高于 Pt/C 和 Pd/C 催化剂。Guo 等以导电性能优异的还原氧化石墨烯（r-GO）为载体，制备了 MnO_2/r-GO 纳米片，实验发现，在 −0.8～−0.4V 范围内，该催化剂表面 ORR 过程的电子转移数为 3.5～3.85。

Co_3O_4 也是一种重要的 ORR 催化剂，价廉易得，结构多变，在碱性介质中显示出优良的催化活性和稳定性。Zeng 等将介孔 Co_3O_4 作为 ORR 催化剂涂覆于碳质表面制作了空气阴极运行 Li-O_2 电池。纯炭黑阴极的放电容量为 6.4mA·h/cm^2，放电电压平台为 2.6V。介孔 Co_3O_4 催化剂阴极的放电容量和放电电压平台分别为 8.2mA·h/cm^2 和 2.7V，说明该阴极具有更高的 ORR 催化活性。Shen 等采用 CNT 为载体，将 Co^{2+} 吸附于 CNT 表面后加入二甲基咪唑原位组装 Co-MOF 形成 ZIF-67-CNTs，随后在 350℃下热处理形成三维连通

的 Co_3O_4-CNTs 催化剂。与 CNTs（810mV）和 Co_3O_4（680mV）相比，Co_3O_4-CNTs 的 ORR 起始电位明显增高（890mV），显示出更高的 ORR 催化活性。Co_3O_4-CNTs 起始电位和极限电流密度与 Pt/C 催化剂相差不大，并且氧气还原过程的电子转移数为 3.92，说明 Co_3O_4-CNTs 是一种性能优异的 $4e^-$ ORR 催化剂。

铁氧化物，如 Fe_2O_3、Fe_3O_4 和 FeOOH，也被证明是有效的 $4e^-$ ORR 催化剂。Fu 等比较了 α-Fe_2O_3、α-Fe_2O_3@PPy 和 α-Fe_2O_3@N-C 准纳米立方体的 ORR 催化活性。与 α-Fe_2O_3 相比，表面聚合 PPy 的 α-Fe_2O_3@PPy 显示出更高的 ORR 起始电位和峰电流，而将 α-Fe_2O_3@PPy 碳化处理形成的 α-Fe_2O_3@N-C 起始电位由 0.76V 进一步增加到 0.80V。三种催化剂表面 ORR 过程的电子转移数分别为 2.93～3.15、3.03～3.22 和 3.46～3.79。因此，单纯 α-Fe_2O_3 表面的 ORR 过程同时存在 $2e^-$ 和 $4e^-$ 途径，而 α-Fe_2O_3@N-C 表面则以 $4e^-$ 途径为主。Lee 等将 β-FeOOH 负载到氧化石墨烯 r-GO 表面形成 β-FeOOH/r-GO，实验发现负载后催化剂的 ORR 起始电位由 0.69V（纯 β-FeOOH）增加到 0.76V，电子转移数为 3.6～3.9。

（3）过渡金属大环化合物　过渡金属（Fe、Co、Ni 和 Cu 等）大环化合物的 π 共轭结构赋予其优良的电子传输能力，大环的孔道结构又能为催化反应提供大量的反应活性位点，因此在电催化领域受到了广泛的关注。常见的过渡金属大环化合物为金属卟啉和金属酞菁，相应结构式见图 4-13。金属卟啉和金属酞菁已经被证明具有良好的 ORR 催化活性，中心配位金属离子被认为是 ORR 反应的活性中心，对 ORR 催化活性起到了关键的作用。但是，目前哪一种过渡金属大环化合物的 ORR 活性最优仍然存在争议。Morozan 等将酞菁 Fe（Ⅱ）、四叔丁基酞菁 Co（Ⅱ）、八乙基卟吩 Co（Ⅱ）和四（4-对叔丁基苯基）卟啉 Co（Ⅱ）负载于导电 CNT（单壁、双壁和多壁）表面。通过电化学测试发现，与其他三种大环化合物相比，酞菁 Fe（Ⅱ）显示出最高的 ORR 催化活性。以多壁 CNT 作为载体形成的催化剂活性要明显高于以单壁和双壁 CNTs 为载体形成的催化剂。最终，多壁 CNT 负载酞菁 Fe（Ⅱ）形成的催化剂 ORR 催化活性与 Pt/C 催化剂不相上下。

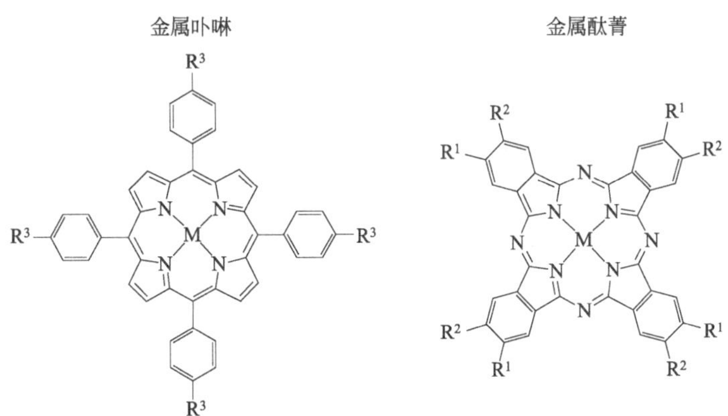

图 4-13　金属卟啉和金属酞菁的结构式

（4）碳材料　碳基 ORR 催化剂根据结构和组成的不同可以分为三类：活性炭（AC）、杂原子（N、S、P、F 等）掺杂碳材料、含有 M-N-C 结构（M：Fe、Co、Ni）的碳材料。

活性炭，是由多孔碳质材料，如煤炭、木材、果核、坚果壳和有机聚合物等，通过燃烧、部分燃烧和热分解制得。AC 外观呈黑色粉末状，由 C 和杂元素（H、N、S 和 O）组成。AC内部孔隙结构发达，由微孔（<2nm）、介孔（2～50nm）和大孔（>50nm）组成（图4-14），比表面积和孔体积最高可以达到$1700m^2/g$和$1cm^3/g$。AC颗粒丰富的微孔和介孔结构可以为ORR提供众多的反应活性位点。以沥青、椰壳、酚醛树脂、硬木为起始原料制作的AC和超级电容AC在−0.2V的ORR电子转移数为2.4～3.6，说明O_2在AC表面的还原既存在$2e^-$途径也存在$4e^-$途径。近年来，在MFC的运行过程中，AC通常被用作ORR催化剂通过辊压法制备空气阴极（图4-15）。尽管与Pt/C空气阴极相比，AC空气阴极的ORR催化活性稍逊，但其制作成本（50～70美元/m^2）远低于Pt/C空气阴极（碳布约1000美元/m^2，Pt/C 140～700美元/m^2）。KOH溶液（3mol/L）处理可以进一步提高AC的比表面积、孔体积和导电性，以碱处理AC制作的AC空气阴极欧姆内阻和电荷转移内阻显著降低，说明碱处理进一步提高了AC的ORR催化活性。最终，相应MFC体系的P_{max}由$(804\pm70)mW/m^2$升高到$(957\pm31)mW/m^2$。低浓度H_3PO_4溶液（<1mol/L）处理也可以增加AC的比表面积，增强其ORR催化活性，然而当H_3PO_4溶液浓度增加到2mol/L时，反而会降低AC的比表面积和孔体积。通过HNO_3溶液（5%）回流处理和NH_3热处理等方式向AC结构中掺杂N原子也可以显著提高其ORR催化活性。Watson等将泥炭AC、椰壳AC、硬木AC和沥青AC在NH_3气氛（5%NH_3 vs. 95% He）、700℃下热处理1h后，ORR催化活性显著提高。其中，以沥青AC阴极运行的MFC体系P_{max}达到了$(2450\pm5)mW/m^2$，比Pt/C空气阴极MFC的P_{max}高16%。

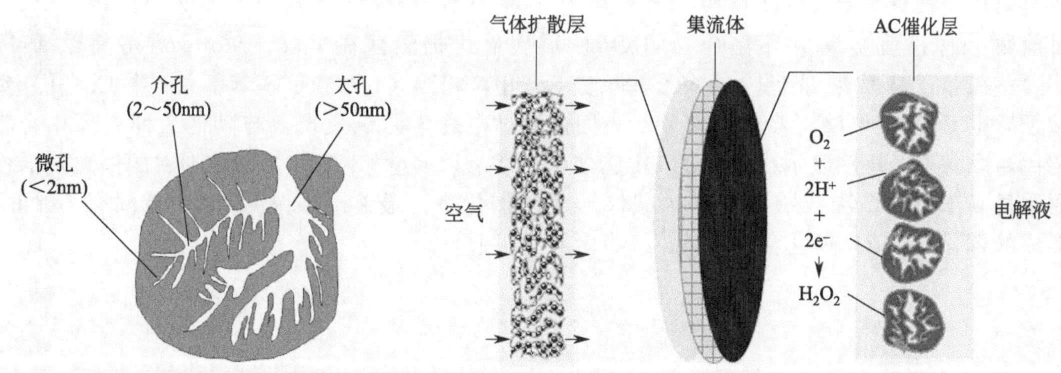

图4-14　AC结构示意图

图4-15　AC空气阴极结构示意图

1964年，Jasinski等发现过渡金属卟啉和酞菁具有ORR催化活性，随后高温热解含有过渡金属、碳和氮前体成为了制备高活性的ORR催化剂的通用方法，并且一致认为过渡金属是高催化性的原因，直到Dai等发现去除Fe后的N掺杂CNT（N-CNT）依然显示出较高的ORR催化活性。这一发现在当时引起了研究者们广泛的兴趣。各种N-掺杂碳材料，如CNT、石墨烯和多孔碳等，被开发出来用于替代Pt/C催化剂。根据DFT计算，由于N原子具有较高的电负性，与其相连的C原子电子云发生偏移，密度降低，有利于O_2在催化剂表面的吸附。当O_2以Yeager模式吸附在催化剂表面时，O—O键更容易发生断裂，即O_2通过$4e^-$途径形成H_2O或OH（图4-16）。

如图4-17所示，N原子掺杂到碳骨架中的成键形式主要包括吡啶氮（pyridinic N）、吡咯氮（pyrrolic N）和石墨氮（graphitic N）。目前，关于上述三种N成键形式对ORR催化活性的贡献还存在争议。例如，Lu等通过将热解温度由800℃提高到1000℃增加了N掺杂石墨烯（N-G）结构中石墨氮的比例，催化剂的ORR活性也相应提高，因此确定石墨氮的存在可以促进氧气还原过程按照$4e^-$途径进行。Guo等则发现与吡啶氮相连的C原子是

ORR 的催化活性位点。近年来除了 N-CNT 和 N-G，以金属有机框架（MOF）和生物质等为前体制备的双杂原子或多杂原子掺杂的 3D 多孔碳（N-PC）也被证明是优异的 ORR 催化剂。例如，Yang 等以双配体 MOF［Zn(tdc)(bpy)］为前体，通过碳化处理得到了 N 和 S 共掺杂多孔碳。实验发现，所得多孔催化剂显示出与 Pt/C 催化剂相当的 ORR 催化活性和更好的长期稳定性。Mao 等以明胶和植酸为前体，在 800～1000℃下通过热处理得到含 N 和 P 的 3D 多孔碳催化剂。实验发现，N、P 的掺入也可以改变 C 的电子环境，促进 ORR 反应的进行。

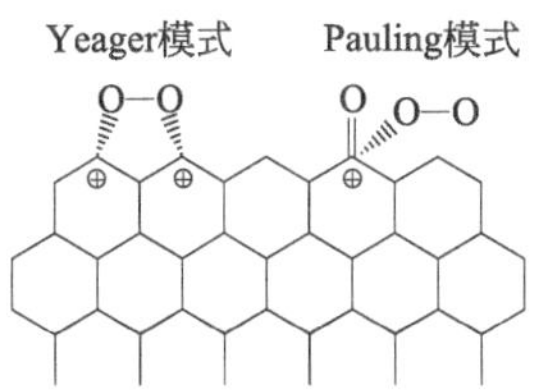

图 4-16　O_2 在碳材料表面吸附模式的示意图

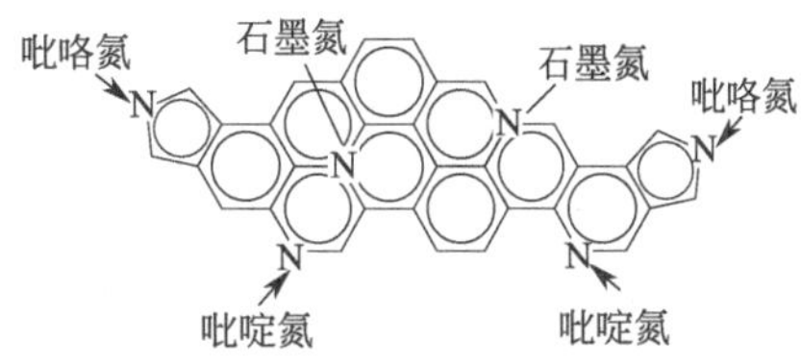

图 4-17　N-掺杂碳材料 N 原子成键形式

过渡金属-氮-碳材料（M-N-C）也具有 ORR 催化活性，通常是以过渡金属（Fe 和 Co）、氮源和碳源为前驱体经热处理制得。酸性条件下，M-N-C 的 ORR 催化活性顺序由高到低为：Co＞Fe＞Mn＞Zn＞Cu＞Ni，并且含有两种或多种金属的 M-N-C 催化剂具有更高的 ORR 催化活性。

（二）两电子 ORR

按照 $2e^-$ ORR 的反应历程［式(4-37)］，O_2 吸附在催化剂活性位点上，与 H^+ 和 e^- 反应形成 $^*OOH$，与 $4e^-$ 反应途径不同的是，$^*OOH$ 中的 O—O 键未发生断裂而是继续结合 H^+ 和 e^- 形成 H_2O_2。$2e^-$ ORR 是电 Fenton 技术的核心反应，可以在线产生 H_2O_2，既节省了药剂的投入，又免除了 H_2O_2 长途运输的潜在危险。电 Fenton 技术的工作原理是在外加电场作用下，O_2 在阴极表面通过 $2e^-$ ORR 途径生成 H_2O_2，与阳极反应在线产生的或外加的 Fe^{2+} 反应，生成具有强氧化性的羟基自由基（·OH），降解污水中的有机污染物。

$$O_2 + * \xrightarrow{e^- + H^+} {}^*OOH \xrightarrow{e^- + H^+} H_2O_2 + * \tag{4-37}$$

目前，电 Fenton 阴极基材主要有石墨板、石墨毡、碳毡和活性碳纤维、炭黑空气阴极等。然而，这些碳基材表面对 O_2 的吸附和催化还原能力较弱，ORR 动力学缓慢，H_2O_2 产量不高。近年来的研究发现将具有优异 $2e^-$ ORR 活性的催化剂负载到阴极基材表面可以显著提高体系中 H_2O_2 的在线生成效率。常见的 $2e^-$ ORR 催化剂可以分成以下几类：①贵金属合金；②炭黑；③介孔碳；④N 掺杂碳材料。

贵金属纳米合金，如 Pt-Hg 纳米粒子和 Au-Pt-Ni 纳米棒，是良好的 $2e^-$ ORR 催化剂，H_2O_2 的选择性分别为 96%和 95%。然而，高成本是贵金属合金类催化剂在实际应用中的主要阻碍。

炭黑，是一种无定形碳物质，由含碳物质（煤、天然气、重油、燃料油等）在空气不足的条件下经不完全燃烧或受热分解而得的产物。按照生产方法的不同分为灯黑、气黑、炉黑和槽黑。按照用途不同，分为色素用炭黑、橡胶用炭黑和导电炭黑。其中导电炭黑是常用的电极材料。O_2 在炭黑表面的还原过程以 $2e^-$ 途径为主导，因此，炭黑一般被用作催化剂制作电-Fenton 体系的空气阴极。Zhang 等发现将乙炔黑在马弗炉中 600℃条件下加热 1h 后，乙炔黑表面被氧化，含氧官能团 C═O 和 C—O 的比例由 0.47%和 0.70%增加到 1.59%和 2.49%。含氧官能团（OH 或 COOH）的增加一方面可以增加催化剂表面的亲水性，有助于 O_2 向催化剂表面传质；另一方面，C═O 的存在有助于 O_2 通过 Pauling 模式吸附到催化剂表面（图 4-16），通过 $2e^-$ ORR 途径被还原为 H_2O_2。

除了表面官能团，孔隙结构也是影响碳材料表面 H_2O_2 生成的重要因素。微孔和介孔结构的存在可以大大提高碳材料的比表面积，为 O_2 的吸附和还原提供更多的活性位点。然而，相比于微孔，介孔中生成的 H_2O_2 向本体电解液中的传质阻力更小，大大缓解了 H_2O_2 的进一步还原和分解。Park 等以介孔二氧化硅为模板，通过浸渍的方法将（1-甲基-1H-吡咯-2-基）甲醇（MPM）和糠醇（FFA）吸附在其表面，在 850℃下碳化处理后，以 NaOH 刻蚀形成介孔碳。其比表面积为 $1152m^2/g$，孔径为 3.4～4.0nm，H_2O_2 的选择性达到了 90%以上。Liu 等以 Zn^{2+} 和对苯二甲酸（H_2BDC）为中心离子和有机配体，通过水热处理制备得到了多孔 MOF-5，在 H_2 气氛中，1100℃下热解 5h 得到多孔碳催化剂（HPC），其比表面积高达 $2130m^2/g$，介孔和大孔体积占比为 78%。酸性条件下（pH 1.0 和 pH 4.0），0.1～0.5V 范围内，HPC 表面 ORR 电子转移数为 2.10～2.38，H_2O_2 的选择性为 80.9%～95.0%。

N 掺杂碳材料在 $2e^-$ ORR 反应中也可以起到催化作用。Zhang 等以含氮 MOF（ZnP-DA：锌吡啶-2,6-二羧酸二甲酯）为前体，1000℃下，N_2 气氛中碳化 5h 制备得到了氮掺杂多孔碳（NPC-1000）。NPC-1000 表面 ORR 电子转移数为 2.21，H_2O_2 选择性为 96.4%，−0.5V（vs. SCE）条件下，H_2O_2 的在线产生速率为 478.7mmol/(L・h)。目前关于吡啶氮和石墨氮对 $2e^-$ ORR 的影响机制仍存在争议，有待进一步研究。

第四节 电容去离子电极

电容去离子（capacitive deionization，CDI）技术又称为电吸附技术，是一种基于双电层理论的脱盐技术。CDI 的概念最早是由 Blair 和 Murphy 在 1960 年提出的。CDI 的工作原理是在正、负电极之间施加一定电压，溶液中的离子在电场力和浓度梯度作用下向两极迁移，吸附于电极表面形成双电层，此时溶液中的离子被脱除。当电极上离子吸附达到饱和后，停止施加电压或施加相反电压，被吸附的离子就会从电极表面解吸下来，电极材料得到再生，可以进行重复利用。表 4-1 总结了几种常用脱盐工艺的优缺点，与传统反渗透（RO）和电渗析（ED）技术相比，CDI 技术的优势十分明显。CDI 技术具有环境友好、成本低、能耗低、电极方便再生、操作简单、易于自动化控制等优点，可以从各种废水中去除离子，是一种较为理想的废水脱盐技术。

表 4-1 常用脱盐工艺对比

项目	RO	ED	CDI
处理后水质/(μS/cm)	>1	<1	<1
能耗/{kW・h/[t(H_2O)]}	4	5	<2
水利用率/%	40～75	40～60	60～90
供电	AC 220V,380V	DC > 30V	DC 1.2～3.0V

一、双电层电容器原理

（一）固液界面的双电层电容现象

在溶液中，固体表面常因表面基团的解离或自溶液中选择性地吸附某种离子而带电。由于电中性的要求，带电表面附近的液体中必有与固体表面电荷数量相等但符号相反的多余反离子，此带电表面和反离子即构成双电层。双电层结构模型由 Helmholtz 提出，随后又由 Gouy、Chapman 和 Stern 等逐步研究完善。

1. Helmholtz 模型

Helmholtz 认为固体的表面电荷与溶液中的相反离子构成平行的两层，如同一个平板电容器。整个双电层厚度为 δ，固体与液体总的电位差即等于热力学电势 φ_0，在双电层内，热力学电势呈直线下降。Helmholtz 模型过于简单，电解液中离子存在热运动，不可能形成平板电容器（图 4-18）。

2. 扩散双电层模型

Gouy 和 Chapman 认为，由于正、负离子静电吸引和热运动两种效应的结果，溶液中的反离子只有一部分紧密地排在固体电极表面附近，相距约一二个离子厚度称为紧密层；另一部分离子按一定的浓度梯度扩散到本体溶液中，离子的分布可用 Boltzmann 公式表示，称为扩散层。紧密层和扩散层构成扩散双电层。当电极与电解液发生相对移动时，滑动面（AB）不是固液界面，而是有一层溶液牢固地附着在固体表面，并随之运动，此滑动面处的电势为电动电势或 ζ 电势（图 4-19）。

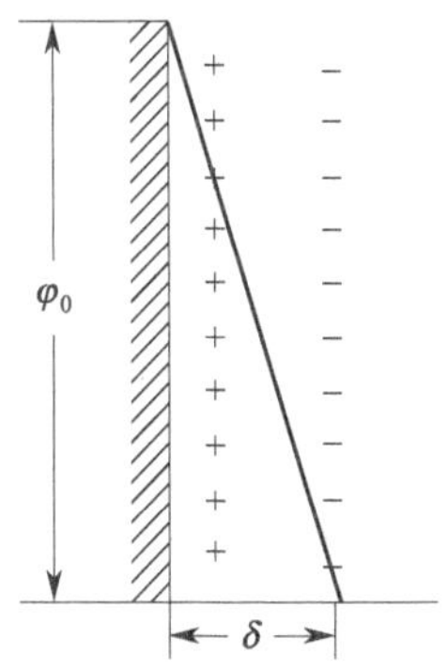

图 4-18 Helmholtz 模型

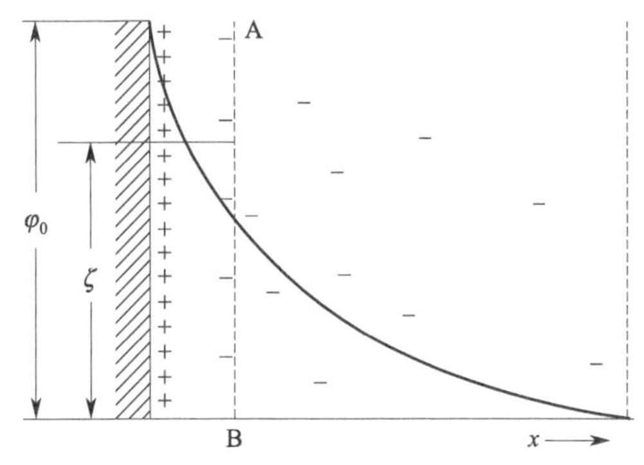

图 4-19 扩散双电层模型

3. Stern 模型

1924 年，Stern 将 Helmholtz 模型和 Gouy-Chapman 模型结合起来，其将电极表面吸附的离子和扩散层的离子进行区分。Stern 认为，固体表面因静电引力和范德华力而吸引一层反离子，紧贴固体表面形成一个固定的吸附层，这一吸附层被称为 Stern 层或紧密层。Stern 层的厚度由被吸附离子的大小决定。吸附反离子的中心构成的平面称为 Stern 面（图 4-20）。

（二）赝电容现象

赝电容（pseudo capacitance）又称法拉第准电容(Faradaic pseudo capacitance)，是在电极表面或体相中的二维或准二维空间上，电活性物质进行欠电位沉积，发生高度可逆的化学吸附、脱附或氧化还原反应，产生和电极充电电位有关的电容。赝电容不仅在电极表面，而且可在整个电极内部产生，因而可获得比双电层电容更高的电容量和能量密度。在相同电极面积的情况下，赝电容可以是双电层电容量的10～100倍。

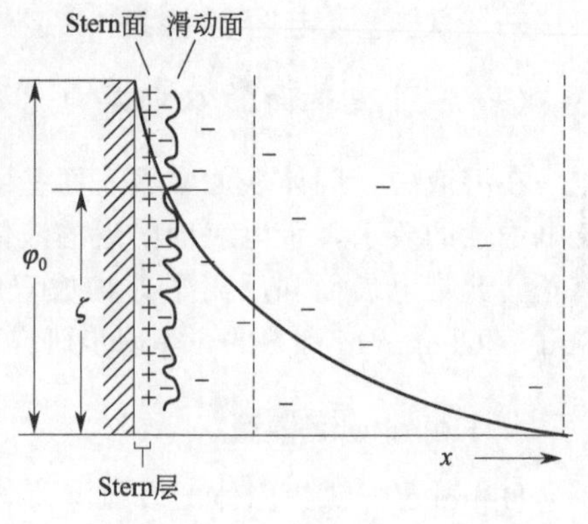

图 4-20　双电层的 Stern 模型

二、电容去离子反应器

通常，CDI 反应器由集流体、隔膜和电极三部分组成。其中，集流体的作用是为电子传递提供通道，常用材料包括 Ti 片、泡沫镍、石墨箔等具有良好导电性的材料。隔膜的作用是避免电极之间的直接接触导致的短路，并且为溶液中离子的扩散和迁移提供通道。常用的隔膜材料有尼龙膜、聚乙/丙烯膜和无纺布等。电极是实现脱盐的核心部件，活性炭、碳纤维、碳气凝胶、CNT、石墨烯等碳材料是常用的电极材料。

CDI 反应器的构型如图 4-21 所示。平行流经式 CDI（flow-by CDI）是最常见的 CDI 构型［图 4-21(a)］，进水方向与极板平行。这种构型结构简单，易于串联装配，水流对电极表面的冲击力较弱，系统可承受的进水流速较高。垂直流通式 CDI 的进水方向与电极垂直，水溶液中的离子在穿透电极的过程中被极性相反的电极材料吸附［图 4-21(b)］。这种 CDI 构型的水流通道不受极板间距的影响，溶液中的离子与电极材料的接触面积大大增加，因此离子吸附速率是平行流经式 CDI 的 2～10 倍。但是，这种构型的 CDI 电极受水流冲击力较大，进水流速一般较低。膜 CDI（membrane CDI，MCDI）是在平行流经式 CDI 的基础上将阴阳离子交换膜插入阳极和阴极之间［图 4-21(c)］，利用离子交换膜选择性地透过离子，避免被吸附离子在水流作用下发生解吸，以及再生过程中脱附离子被二次吸附于对侧电极。然而，膜污染问题是 MCDI 运行过程中要解决的重要问题。流动电极电容去离子 CDI（flow-electrode CDI，FCDI）是在 MCDI 的基础上，将碳电极材料制备成浆液循

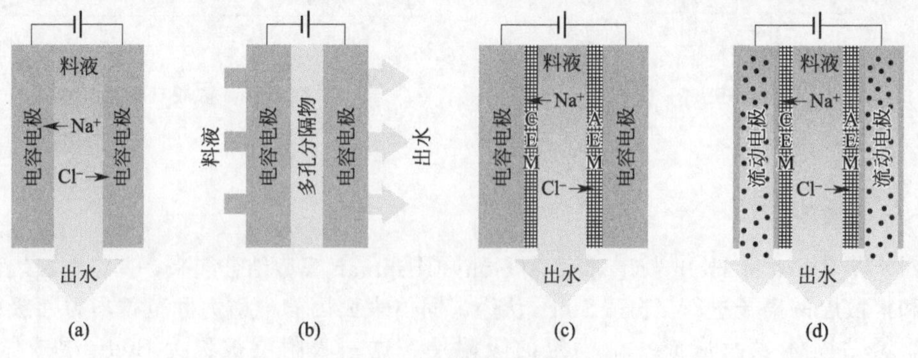

图 4-21　典型 CDI 构型

(a) 平行流经式 CDI（flow-by CDI）；(b) 垂直流通式 CDI（flow-through CDI）；(c) 膜 CDI（membrane CDI）；(d) 流动电极 CDI（flow-electrode CDI）

环流经电极室，实现盐离子的脱除［图 4-21(d)］。FCDI 可以实现连续脱盐，并且碳电极材料的再生可以独立进行，通过增加碳电极材料浆液可以很简单地实现 FCDI 的脱盐效率和规模。

三、电容去离子电极材料

高性能电极材料是 CDI 实现高效脱盐的关键。理想的 CDI 电极材料要满足以下几方面：

① 高比电容：确保电极具有较高的电吸附容量；

② 优异的导电性：高导电性有利于提高系统的电流利用率，节省能耗；

③ 高比表面积：为离子吸附提供大量位点；

④ 物理化学稳定性好：在一定的水力冲击、外加电压和 pH 等变化条件下保持结构和性能的稳定；

⑤ 丰富的孔隙结构：有利于吸附过程中离子的移动；

⑥ 良好的亲水性：有助于离子向电极表面的传质；

⑦ 良好的抗污染性；

⑧ 易于加工；

⑨ 价廉易得。

综上，碳材料是目前最理想的 CDI 电极材料，包括活性炭（AC）、活性碳纤维（activated carbon fiber，ACF）和碳纳米纤维（carbon nanofiber，CNF）、碳纳米管（CNT）、石墨烯（graphene）和碳气凝胶（carbon aerogel）等。

（一）活性炭

AC 是 CDI 系统使用最广泛的一种多孔碳电极材料。Choi 等将 AC 粉末与聚偏氟乙烯（PVDF）混合后涂于集流体表面制成 CDI 电极，电容为 $0.47F/cm^2$。由该电极组装成的平行流经式 CDI 装置在 1.5V 外加电压和 20mL/min 流速的条件下，起始浓度为 200mg/L 的 NaCl 溶液脱盐率达到了 77.8%。Sufiani 等以经过 HNO_3 处理的 AC（NTAC）为电极材料制备 CDI 电极，NTAC 电极的比电容为 381.7F/g，是未经处理的 AC 的 3.6 倍。经 NTAC-CDI 处理后，出水电导率由 12.0μS/cm 降低到 1.6μS/cm。赝电容材料是在电极表面能够发生快速可逆的法拉第反应产生确定电容值（$C=dQ/dV$）的材料，如 MnO_2、RuO_2 等。相比于双电层电容材料，赝电容材料一般具有更高的比电容值。Ma 等将赝电容材料 RuO_2 电化学沉积到 AC 表面制作 RuO_2-AC 电极。实验发现，RuO_2-AC 复合物的比电容值为 60.6F/g，明显高于 AC（31.1F/g）。RuO_2-AC 电极在 1.2V 条件下，对 5mmol/L NaCl 溶液的电吸附量为 11.26mg/g，是 AC 阴极的 3.7 倍。

（二）活性碳纤维和碳纳米纤维

在电极的制作过程中，粉末状电极材料需要与高分子黏结剂混合制成浆状物涂覆于集流体表面。常用的高分子黏结剂，如 PTFE 和 PVDF，具有较高的疏水性，并且不导电，会增加离子向电极表面的扩散阻力，降低电极的导电性。此外，长期使用后，表面涂层很容易与集流体发生脱离。然而，ACF 和 CNF 材料具有自支撑作用，可以免除黏结剂带来的上述问题。

ACF 是以碳纤维为前体经过高温活化使其表面产生纳米级的孔隙结构。因此，ACF 具有较高的比表面积和丰富的表面含氧官能团，是一类离子扩散阻力小、电吸附容量高的 CDI 电极材料。Wang 等以 ACF 为电极材料（比表面积约为 $700m^2/g$）组装了 MCDI，起始浓度约为 1000mg/L 的 NaCl 溶液在 1.2V 下经 MCDI 处理后，脱盐率达到 60%。Wu 等以 6mol/L HNO_3 将 ACF 表面部分 C 氧化成—COOH，组装 N-ACF-CDI，起始浓度为 5mmol/L 的 NaCl 溶液在 1.2V 下，电吸附量由 8.0mg/g 增加到 12.8mg/g。CNF 的直径为纳米级大小，与 ACF 相比具有更高的比表面积和比电容值。Chen 等以酚醛树脂（PhR）为前体通过电喷和碳化处理制备了自支撑的 CNF 电极，在 1.2V 条件下，CNF 电极对浓度为 2000mg/L 的苦咸水的脱盐容量达到 50.1mg/g，是目前文献中报道的最高脱盐容量（图 4-22）。

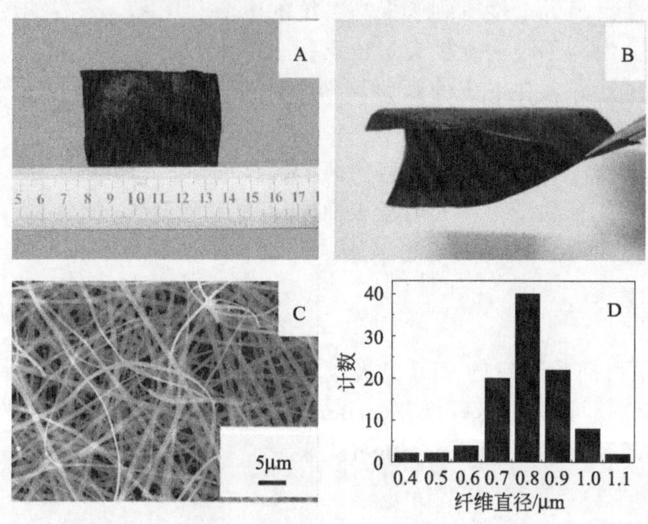

图 4-22　自支撑 CNF 网络电极数码照片（A、B）、SEM 图（C）、直径（D）

（三）碳纳米管和石墨烯

按照形状不同，CNT 可以分成单壁 CNT（SWCNT）、双壁 CNT（DWCNT）和多壁 CNT（MWCNT）。Li 等通过实验发现，SWCNT 电极的脱盐效果要优于 DWCNT 电极，外加 2.0V 电压条件下，SWCNT 和 DWCNT 电极对初始浓度为 390μmol/L 的 NaCl 溶液的脱盐容量分别为 12.79μmol/g 和 9.35μmol/g，但均高于石墨烯电极（7.87μmol/g）。Xie 等将 AC 电极浸入含有 Ni $(NO_3)_2$ 和环六亚甲基四胺的溶液中，130℃下干燥 2h，随后在 800 ℃条件下采用化学气相沉积（CVD）的方法原位生长 CNT，形成了具有 CNT-AC 网络结构的 CDI 电极，其对于 NaCl 的吸附容量达到 15.5mg/g。El-Deen 等以 $MnSO_4$ 和哌啶为前体，以 H_2O_2 为氧化物通过微波加热一步法制备了 MnO_2 纳米棒-石墨烯复合物，其比电容值为 292F/g，对 NaCl 的吸附容量为 5.01mg/g。

（四）碳气凝胶

碳气凝胶（carbon aerogel）是一种轻质、多孔、非晶态块体纳米碳材料，其连续的三维网络结构可在纳米尺度控制和剪裁。碳气凝胶的孔隙率高达 80%～98%，比表面积高达 $600～1100m^2/g$，是一种理想的 CDI 电极材料。Jung 等以间苯二酚甲醛气凝胶为前体，在 800℃下 N_2 气氛中热解制备得到的碳气凝胶具有高比表面积（约 $610m^2/g$），高比电容（约 220F/g）、80%的孔隙率，低密度（约 $0.50g/cm^3$）和高电导率（约 13.2S/cm）。由此碳凝胶组装成的 CDI 单元在 1.5V 和 1.7V 下，对 50mg/L NaCl 溶液的脱盐率分别为 92.8% 和

97.6%。Liu 等以壳聚糖凝胶为前体，在 800℃下 N_2 气氛中热解 2h 后得到含氮碳气凝胶(N-HPCA)。N-HPCA 的比表面积高达 2405m^2/g，比电容为 263F/g，对 500mg/L NaCl 的电吸附容量为 17.9mg/g。

第五节 电极材料与环境保护

当前，环境污染和环境保护问题日益受到全社会的关注。伴随着过去几十年间工业化进程的发展和社会生活水平的显著提高，环境中出现了越来越多高风险的新兴污染物。这些污染物大多呈现出较高的化学稳定性和较高的毒性，甚至有些污染物如抗生素，很难被常规以微生物为主的污水处理工艺降解，并诱发产生抗性基因。电化学方法的引入，为这些难降解新兴污染物的处理提供了更多的可能。电催化氧化电极系统可以直接在阳极表面氧化降解新兴污染物，在染料废水、制药废水、化工废水等难降解工业废水的处理过程中可以很好地提高废水的 B/C 比值，保证后续生物处理工艺的高效开展。近年来，采用 $2e^-$-ORR 催化阴极在线产生 H_2O_2 的电-Fenton 系统也已经被成功应用到染料、抗生素、内分泌干扰物、农药等难降解污染物的降解矿化过程中，取得了很好的效果。此外，阴极电沉积也已经被应用于污水中有毒重金属污染物的还原与去除。除了环境污染物的去除，CDI 电极材料在污水和海水等脱盐方面的研究和应用逐渐兴起。近年来，研究者们已经对电极材料进行了优选和改进、对装置构造和系统操作条件进行了优化。目前，中国、美国、加拿大等已有多家公司将 CDI 系统进行了工程应用，在海水淡化、苦咸水处理、高纯水制备、工业水软化等方面已经获得了良好的水脱盐效果。

然而，电极材料污染和长期稳定性问题是上述电化学处理体系面临的主要问题。如何防止电极材料的污染失效，延长电极使用寿命，并且进一步降低电极材料的制作成本是未来该领域要解决的重要问题。

1. 电催化过程如何分类?
2. 环境中的重金属污染物有哪些? 它们的去除方法有哪些?
3. 氧气还原反应（ORR）途径有哪些? 不同 ORR 途径的影响因素有哪些?
4. CDI 技术涉及的双电层电容理论模型有哪些?

主要参考文献

[1] Kulkarni A, Siahrostami S, Patel A, et al. Understanding catalytic activity trends in the oxygen reduction reaction [J]. Chemical Reviews, 2018, 118 (5): 2302-2312.

[2] Badea G E, Electrocatalytic reduction of nitrate on copper electrode in alkaline solution [J]. Electrochimica Acta, 2009, 54 (3): 996-1001.

[3] Alberto C, Huitle M, Rodrigo M A, et al. Electrochemical water and wastewater treatment [C]. 2018: 165-192.

[4] Massa A, Hernández S, Lamberti A, et al. Electro-oxidation of phenol over electrodeposited MnO_x nanostructures and the role of a TiO_2 nanotubes interlayer [J]. Applied Catalysis B: Environmental, 2017, 203: 270-281.

[5] Bai P, Bazant M Z. Charge transfer kinetics at the solid-solid interface in porous electrodes [J]. Nature Communications, 2014, 5: 3585.

[6] Malvadkar S B, Kostin M D. Solutions of the Nernst-Planck equations for ionic diffusion for conditions near equilibrium [J]. Journal of Chemical Physics, 1972, 57 (8): 3263-3265.

[7] Yang F, Jiang L, Yu X, et al. Hydrogen evolution behavior of aluminum cathode in comparison with stainless steel for electrowinning of manganese in sulfate solution [J]. Hydrometallurgy, 2018, 179: 245-253.

[8] Tran T K, Chiu K F, Lin C Y, et al. Electrochemical treatment of wastewater: Selectivity of the heavy metals removal process [J]. International Journal of Hydrogen Energy, 2017, 42 (45): 27741-27748.

[9] 于栋，罗庆，苏伟，等. 重金属废水电沉积处理技术研究及应用进展 [J]. 化工进展，2020，39 (5)：1938-1949.

[10] Orhan G, Gürmen S, Timur S. The behavior of organic components in copper recovery from electroless plating bath effluents using 3D electrode systems [J]. Journal of Hazardous Materials, 2004, 112 (3): 261-267.

[11] Chang S H, Wang K S, Hu P, et al. Rapid recovery of dilute copper from a simulated Cu-SDS solution with low-cost steel wool cathode reactor [J]. Journal of Hazardous Materials, 2009, 163 (2-3): 544-549.

[12] Elsherief A E. Removal of cadmium from simulated wastewaters by electrodeposition on spiral wound steel electrode [J]. Electrochimica Acta, 2003, 48 (18): 2667-2673.

[13] Gasparotto L, Bocchi N, Rocha-Filho R, et al. Removal of Pb (II) from simulated wastewaters using a stainless-steel wool cathode in a flow-through cell [J]. Journal of Applied Electrochemistry, 2006, 36 (16): 677-683.

[14] Tian X, Feng X, Bao L, et al. Advanced electrocatalysts for the oxygen reduction reaction in energy conversion technologies [J]. Joule, 2020, 4 (1): 45-68.

[15] Nørskov J K, Rossmeisl J, Logadottir A, et al. Origin of the overpotential for oxygen reduction at a fuel-cell cathode [J]. Journal of Physical Chemistry B, 2004, 108 (46): 17886-17892.

[16] Zhang X, Sun H, Liang P, et al. Air-cathode structure optimization in separator-coupled microbial fuel cells [J]. Biosensors and Bioelectronics, 2011, 30 (1): 267-271.

[17] Zuo Y, Cheng S, Logan B E. Ion exchange membrane cathodes for scalable microbial fuel cells [J]. Environmental Science & Technology, 2008, 42 (18): 6967-6972.

[18] Li X, Hu B, Sui S, et al. Electricity generation in continuous flow microbial fuel cells (MFCs) with manganese dioxide (MnO_2) cathodes [J]. Biochemical Engineering Journal, 2011, 54 (1): 10-15.

[19] Ge B, Li K, Fu Z, et al. The addition of ortho-hexagon nano spinel Co_3O_4 to improve the performance of activated carbon air cathode microbial fuel cell [J]. Bioresource Technology, 2015, 195: 180-187.

[20] Zhang C, Liang P, Yang X, et al. Binder-free graphene and manganese oxide coated carbon felt anode for high-performance microbial fuel cell [J]. Biosensors and Bioelectronics, 2016, 81: 32-38.

[21] Liu Y, Yang L, Xie B, et al. Ultrathin Co_3O_4 nanosheet clusters anchored on nitrogen doped carbon nanotubes/3D graphene as binder-free cathodes for Al-air battery [J]. Chemical Engineering Journal, 2020, 381: 122681.

[22] Harnisch F, Wirth S, Schröder U. Effects of substrate and metabolite crossover on the cathodic oxygen reduction reaction in microbial fuel cells: Platinum vs. iron (II) phthalocyanine based electrodes [J]. Electrochemistry Communications, 2009, 11 (11): 2253-2256.

[23] Zhao F, Harnisch F, Schröder U, et al. Application of pyrolysed iron (II) phthalocyanine and CoTMPP based oxygen reduction catalysts as cathode materials in microbial fuel cells [J]. Electrochemistry Communications, 2005, 7 (12): 1405-1410.

[24] Zhang L, Xia Z. Mechanisms of oxygen reduction reaction on nitrogen-doped graphene for fuel cells [J]. Journal of Physical Chemistry C, 2011, 115 (22): 11170-11176.

[25] He Y R, Du F, Huang Y X, et al. Preparation of microvillus-like nitrogen-doped carbon nanotubes as the cathode of a microbial fuel cell [J]. Journal of Materials Chemistry A, 2016, 4 (5): 1632-1636.

[26] Han Y, Wang Y G, Chen W, et al. Hollow N-doped carbon spheres with isolated cobalt single atomic sites: superior electrocatalysts for oxygen reduction [J]. Journal of American Chemical Society, 2017, 139 (48): 17269-17272.

[27] Lv H, Li D, Strmcnik D, et al. Recent advances in the design of tailored nanomaterials for efficient oxygen reduction reaction [J]. Nano Energy, 2016, 29: 149-165.

[28] Yu T, Kim D Y, Zhang H, et al. Platinum concave nanocubes with high-index facets and their enhanced activity for oxygen reduction reaction [J]. Angewandte Chemie International Edition, 2011, 50 (12): 2773-2777.

[29] Wu D, Shen X, Pan Y, et al. Platinum alloy catalysts for oxygen reduction reaction: Advances, Challenges and Per-

spectives [J] . ChemNanoMat, 2020, 6: 32- 41.

[30] Xu K, Lin X, Wang X, et al. Generating more Mn^{4+} ions on surface of nonstoichiometric MnO_2 nanorods via microwave heating for improved oxygen electroreduction [J] . Applied Surface Science, 2018, 459: 782-787.

[31] Liu J, Jiang L, Zhang T, et al. Activating Mn_3O_4 by morphology tailoring for oxygen reduction reaction [J]. Electrochimica Acta, 2016, 205: 38-44.

[32] Guo D, Dou S, Li X, et al. Hierarchical MnO_2/rGO hybrid nanosheets as an efficient electrocatalyst for the oxygen reduction reaction [J] . International journal of hydrogen energy, 2016, 41 (10): 5260-5268.

[33] Zeng J, Francia C, Amici J, et al. Mesoporous Co_3O_4 nanocrystals as an effective electro-catalyst for highly reversible Li-O_2 batteries [J] . Journal of Power Sources, 2014, 272: 1003-1009.

[34] Shen J, Gao J, Ji L, et al. Three-dimensional interlinked Co_3O_4-CNTs hybrids as novel oxygen electrocatalyst [J]. Applied Surface Science, 2019, 497: 143818.

[35] Fu Y, Wang J, Yu H Y, et al. Enhanced electrocatalytic performances of α-Fe_2O_3 pseudo-nanocubes for oxygen reduction reaction in alkaline solution with conductive coating [J] . International Journal of Hydrogen Energy, 2017, 42 (32): 20711-20719.

[36] Lee S, Cheon J Y, Lee W J, et al. Production of novel FeOOH/reduced graphene oxide hybrids and their performance as oxygen reduction reaction catalysts [J] . Carbon, 2014, 80: 127-134.

[37] Rigsby M L, Wasylenko D J, Pegis M L, et al. Medium effects are as important as catalyst design for selectivity in electrocatalytic oxygen reduction by iron-porphyrin complexes [J] . Journal of the American Chemical Society, 2015, 137 (13): 4296-4299.

[38] Morozan A, Campidelli S, Filoramo A, et al. Catalytic activity of cobalt and iron phthalocyanines or porphyrins supported on different carbon nanotubes towards oxygen reduction reaction [J] . Carbon, 2011, 49 (14): 4839-4847.

[39] Ioannidou O, Zabaniotou A. Agricultural residues as precursors for activated carbon production-A review [J] . Renewable and Sustainable Energy Reviews, 2007, 11 (9): 1966-2005.

[40] Pastor-Villegas J, Pastor-Valle J F, Rodríguez J M M, et al. Study of commercial wood charcoals for the preparation of carbon adsorbents [J] . Journal of Analytical and Applied Pyrolysis, 2006, 76 (1-2): 103-108.

[41] Dong H, Yu H, Wang X. Catalysis kinetics and porous analysis of rolling activated carbon-PTFE air-cathode in microbial fuel cells [J] . Environmental Science & Technology, 2012, 46 (23): 13009-13015.

[42] Zuo Y, Cheng S, Logan B E. Ion exchange membrane cathodes for scalable microbial fuel cells [J] . Environmental Science & Technology, 2008, 42 (18) : 6967-6972.

[43] Wang X, Gao N, Zhou Q, et al. Acidic and alkaline pretreatments of activated carbon and their effects on the performance of air-cathodes in microbial fuel cells [J] . Bioresource Technology, 2013, 144: 632-636.

[44] Chen Z, Li K, Zhang P, et al. The performance of activated carbon treated with H_3PO_4 at 80 degrees in the air-cathode microbial fuel cell [J] . Chemical Engineering Journal, 2015, 259: 820-826.

[45] Shi X, Feng Y J, Wang X, et al. Application of nitrogen-doped carbon powders as low-cost and durable cathodic catalyst to air-cathode microbial fuel cells [J] . Bioresource Technology, 2012, 108: 89-93.

[46] Watson V J, Delgado C N, Logan B E. Improvement of activated carbons as oxygen reduction catalysts in neutral solutions by ammonia gas treatment and their performance in microbial fuel cells [J] . Journal of Power Sources, 2013, 242: 756-761.

[47] Jasinski R. A new fuel cell cathode catalyst [J] . Nature, 1964, 201: 1212-1213.

[48] Gong K P, Du F, Xia Z H, et al. Nitrogen-doped carbon nanotube arrays with high electrocatalytic activity for oxygen reduction [J] . Science, 2009, 323: 760-764.

[49] Wu G, Dai C, Wang D, et al. Nitrogen-doped magnetic onion-like carbon as support for Pt particles in a hybrid cathode catalyst for fuel cells [J] . Journal of Materials Chemistry, 2010, 20 (15): 3059-3068.

[50] Lu X, Wang Da, Ge L, et al. Enriched graphitic N in nitrogen-doped graphene as a superior metal-free electrocatalyst for the oxygen reduction reaction [J] . New Journal of Chemistry, 2018, 42 (24): 19665-19670.

[51] Guo D, Shibuya R, Akiba C, et al. Active sites of nitrogen-doped carbon materials for oxygen reduction reaction clarified using model catalysts [J] . Science, 2016, 351 (6271): 361-365.

[52] Li Y, Xu H, Huang H, et al. Facile synthesis of N, S co-doped porous carbons from a dual-ligand metal organic framework for high performance oxygen reduction reaction catalysts [J] . Electrochimica Acta, 2017, 254: 148-154.

[53] Mao X, Cao Z, Chen S, et al. Facile synthesis of N, P-doped hierarchical porous carbon framework catalysts based on gelatin/phytic acid supermolecules for electrocatalytic oxygen reduction [J]. International Journal of Hydrogen Energy, 2019, 44 (12): 5890-5898.

[54] Galiote N A, Oliveira F E R, Lim F H B. FeCo-N-C oxygen reduction electrocatalysts: Activity of the different compounds produced during the synthesis via pyrolysis [J]. Applied Catalysis B: Environmental, 2019, 253: 300-308.

[55] Siahrostami S, Arnau V, Mohammadreza K, et al. Enabling direct H_2O_2 production through rational electrocatalyst design [J]. Nature Materials, 2013, 12: 1137-1143.

[56] Zheng Z, Ng Y H, Wang D W, et al. Epitaxial growth of Au-Pt-Ni nanorods for direct high selectivity H_2O_2 production [J]. Advanced Materials, 2016, 28 (45): 9949-9955.

[57] Zhang H, Li Y, Zhao Y, et al. Carbon black oxidized by air calcination for enhanced H_2O_2 generation and effective organics degradation [J]. ACS Applied Materials & Interfaces, 2019, 11 (31): 27846-27853.

[58] Park J, Nabae Y, Hayakawa T, et al. Highly selective two-electron oxygen reduction catalyzed by mesoporous nitrogen-doped carbon [J]. ACS Catalysis, 2014, 4 (10): 3749-3754.

[59] Liu Y, Quan X, Fan X, et al. High-yield electrosynthesis of hydrogen peroxide from oxygen reduction by hierarchically porous carbon [J]. Angewandte Chemie International Edition, 2015, 54 (23): 6837-6841.

[60] Zhang D, Liu T, Yin K, et al. Selective H_2O_2 production on N-doped porous carbon from direct carbonization of metal organic frameworks for electro-Fenton mineralization of antibiotics [J]. Chemical Engineering Journal, 2020, 383: 123184.

[61] Choi J H. Fabrication of a carbon electrode using activated carbon powder and application to the capacitive deionization process [J]. Separation and Purification Technology, 2010, 70 (3): 362-366.

[62] Sufiani O, Tanaka H, Teshima K, et al. Enhanced electrosorption capacity of activated carbon electrodes for deionized water production through capacitive deionization [J]. Separation and Purification Technology, 2020, 247: 116998.

[63] Ma X, Chen Y A, Zhou K, et al. Enhanced desalination performance via mixed capacitive-Faradaic ion storage using RuO_2-activated carbon composite electrodes [J]. Electrochimica Acta, 2019, 295: 769-777.

[64] Liang P, Yuan L, Yang X, et al. Coupling ion-exchangers with inexpensive activated carbon fiber electrodes to enhance the performance of capacitive deionization cells for domestic wastewater desalination [J]. Water Research, 2013, 47 (7): 2523-2530.

[65] Wu T, Wang G, Dong Q, et al. Asymmetric capacitive deionization utilizing nitric acid treated activated carbon fiber as the cathode [J]. Electrochimica Acta, 2015, 176: 426-433.

[66] Chen Y, Yue M, Huang Z, et al. Electrospun carbon nanofiber networks from phenolic resin for capacitive deionization [J]. Chemical Engineering Journal, 2014, 252: 30-37.

[67] Li H, Pan L, Lu T, et al. A comparative study on electrosorptive behavior of carbon nanotubes and graphene for capacitive deionization [J]. Journal of Electroanalytical Chemistry, 2011, 653 (1-2): 40-44.

[68] Xie J, Ma J, Wu L, et al. Carbon nanotubes in-situ cross-linking the activated carbon electrode for high-performance capacitive deionization [J]. Separation and Purification Technology, 2020, 239: 116593.

[69] El-Deen A G, Barakat N A M, Kim H Y. Graphene wrapped MnO_2-nanostructures as effective and stable electrode materials for capacitive deionization desalination technology [J]. Desalination, 2014, 344: 289-298.

[70] Jung H H, Hwang S W, Hyun S H, et al. Capacitive deionization characteristics of nanostructured carbon aerogel electrodes synthesized via ambient drying [J]. Desalination, 2007, 216 (1-3): 377-385.

[71] Liu X, Liu H, Mi M, et al. Nitrogen-doped hierarchical porous carbon aerogel for high-performance capacitive deionization [J]. Separation and Purification Technology, 2019, 224: 44-50.

第五章

催化材料

第一节 概述

催化反应是化学工业的基石，选择催化反应材料可以实现反应进度、反应位置和立体结构方面的控制。它不仅可以提高原料的利用率，而且还可以降低废物的生成量，减少二次污染。在能量利用方面，催化反应材料可以降低反应的活化能、反应所需的温度以及能耗。

催化反应材料的发展历史表明，每一种新型催化反应材料的开发和应用都对工业生产起到了革命性的作用并直接导致先进技术的出现，同时伴随产生巨大的经济效益。据统计，90％以上的化学反应与催化剂有关，同样，日益严重的环境污染、能源枯竭等问题的解决在很大程度上依赖于催化反应材料及催化反应工艺。事实证明，催化技术是解决环境污染问题行之有效的方法，而催化反应材料发挥着关键性的作用。代表性的产品有：整体式块状催化材料、二氧化碳催化反应光催化材料、非晶态合金催化反应材料、杂多酸材料、纤维催化反应材料、分子筛材料、纳米催化反应材料、生物催化材料、碳化物材料和离子液体材料。

一般情况下，催化反应材料在反应过程中既不被消耗也不出现在最终产品中，只改变反应途径和加速反应的进行。因此，在环境污染治理的过程中，催化反应工艺往往较其他处理方法更为简单、能耗更低和二次污染更少。如果要满足更加严格的环保法规要求，往往通过改进催化反应材料的活性和选择性就可以实现，不必从工艺上进行大的变动，并且催化反应工艺往往能达到其他工艺无法达到的目的。

环境催化是一个非常重要的概念。环境催化是指利用催化剂来控制造成环境污染的化合物排放的化学过程，它包括那些应用催化剂生产污染少的产物及能减少废物和无副产污染物的新的化学过程。从这一概念上来看，环境催化包括污染预防和污染末端治理两方面的催化技术的应用。

环境污染控制催化反应材料指用直接或间接的方式方法处理有毒有害物质，使之无害化或减量化，以保护和改善周围环境所用的催化材料。例如，汽车尾气净化催化反应材料能将汽车运行过程中排放的有害废气直接转化成无害的二氧化碳和水，这种催化反应材料就属于环境污染控制催化反应材料。再如，挥发性有机废气催化燃烧的催化材料虽然并不直接对有机废气进行净化处理，但是可以通过催化材料改变有机废气燃烧的工艺条件，达到去除有机废气的目的，所以该催化材料也属于环境污染控制催化反应材料。

除了环保催化材料，还存在着绿色化学工艺催化材料这种说法。这两者之间密切联系，各有特点。绿色化学工艺催化材料的主要特点在于：绿色化学工艺催化材料往往要求催化材料本身也必须是无毒的。因此，绿色化学工艺催化材料又称为绿色催化材料或环境友好催化材料，该类催化材料也应归属于环境污染控制工业环保催化材料两大类，一类包括汽车尾气、柴油机车尾气和摩托车尾气等各种车用型尾气净化催化材料，另一类包括工厂烟道气脱硫和脱硝用催化材料、硝酸尾气处理催化材料、挥发性有机化合物催化燃烧的催化材料和废水湿式氧化处理催化材料等。

随着人们对环境保护重要性认识的提高和深入，环境催化材料的概念也在发生变化。广义来讲，凡能够改善环境污染的催化材料都可归属于环境污染控制催化反应材料的范畴。因此，催化净化室内空气的一些催化材料，也属于这个范畴。

催化反应材料在环境保护中扮演了一个重要的角色，通过改进和选择新催化反应材料可使合成过程在更加友好的环境条件下进行。因此，催化反应材料是一个重要的研究方向。

第二节 催化材料的作用机理

催化剂是一种能改变化学反应达到平衡的速率而反应结束后其自身不发生非可逆性变化的物质。催化剂可以加速反应速率，也可以延缓反应速率，但通常工业上使用的催化剂，往往都是加速某个反应的速率。可以这样理解催化剂和催化作用：一个热力学上允许的化学反应，由于某种物质的加入而使反应速率增大，在反应结束时该物质并不消耗，这种物质被称为催化剂；它对反应施加的作用称为催化作用。需要注意的是，催化剂能改变反应达到平衡的时间，但不能改变反应的平衡常数，因为反应的平衡常数是由热力学决定的。

根据催化剂和反应物所处物相的不同，催化作用可以分为均相催化（homogeneous catalysis）和非均相催化（heterogeneous catalysis）。均相催化是指催化剂和反应物处于相同的物相状态；非均相催化是指催化剂和反应物处于不同的物相状态。在环境催化中，催化剂和反应物往往处于不同的物相状态，因此一般为非均相催化。比较常见的是催化剂处于固相、反应物处于气相的气-固催化反应和催化剂处于固相、反应物处于液相的液-固催化反应。

均相催化的催化剂一般为酸、碱、盐，非均相催化中由于催化剂和反应物分子不在同一相中，催化反应机理比较复杂，至今尚未建立成熟的非均相催化反应理论。非均相催化中催化剂一般处于固相，所以非均相催化也可以认为是固体表面上发生的物理和化学过程。

事实上，绝大多数固体表面或多或少都会有选择性或非选择性的催化作用。这是因为，固体表面上必然存在由于体相结构终止而造成的表面原子不饱和键，或称剩余价键。正是由于剩余价键的存在，吸附在表面上的分子可以解离成活性的表面新物种，或者分子发生化学或物理吸附而或多或少地削弱了吸附分子原有的化学键。这些过程一般都会促进吸附分子自身的反应或与其他分子间的反应（图 5-1）。一般地，催化剂表面反应过程遵循 Langmuir-Hinshelwood（L-H）机理或 Eley-Ridea（E-R）机理，图 5-1 仅以 L-H 机理为例对催化过程的本质进行了描述。

当然，图 5-1 远远不能反映固体表面发生催化作用的物理和化学过程的复杂性。现代超高真空技术和随之而来的现代表面表征技术给我们在分子和原子水平上研究表面上发生的物理和化学过程提供了技术条件。事实上，精确地研究表面的结构和组成以及表面上物质的吸附、扩散、反应和脱附已经发展成为自成体系的表面科学。既然非均相催化是一个固体表面的物理和化学过程，对这一表面过程的分子水平上的表面科学研究，已经在很大程度上帮助我们理解了现有的催化作用机理，也必定会帮助我们最终设计出实用的催化剂。

催化剂的种类繁多，工作环境不同，因此对催化剂的要求也不尽相同，但能在工业上实用的催化剂必须符合一系列条件。而实验室研究中对催化剂的主要评价标准是活性、选择性和稳定性。一个优良的催化剂必须具备高活性、高选择性和高稳定性。在环境催化领域，催

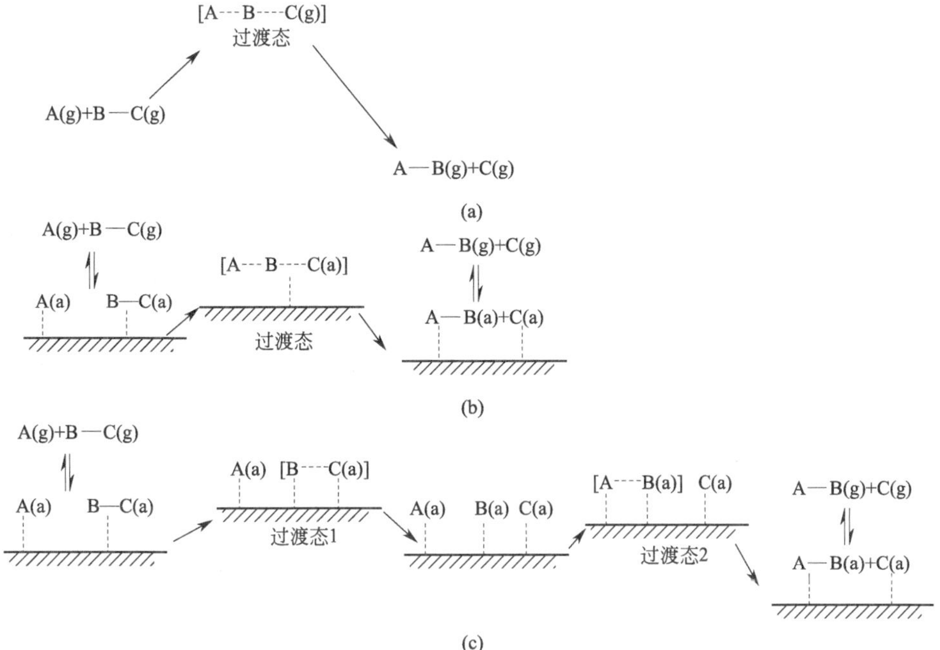

图 5-1 气相反应（a）与没有发生解离吸附，仅仅削弱了吸附反应物分子化学键的催化反应（b）和发生了解离吸附的催化反应（c）

化剂的使用条件要苛刻得多，例如要求反应温度窗口宽，空速大，反应物浓度处于 10^{-9}～10^{-6} 的水平，且浓度随时间而改变，这对催化剂的活性、选择性和稳定性提出了更高的要求。

一、活性

催化剂的活性是衡量催化剂加快化学反应速率程度的一种量度，即催化剂对化学反应促进作用的强弱。换句话说，催化剂的活性是指催化反应速率与非催化反应速率之间的差别。但是，由于通常情况下非催化反应速率小到可以忽略，所以催化剂的活性就是催化反应的速率。

（一）反应速率

根据 1979 年国际纯粹化学和应用化学联合会的推荐，反应速率的定义为：

$$v=\frac{d\xi}{dt}(\text{mol/s}) \tag{5-1}$$

式中，ξ 为反应进度，mol。由于反应速率还与催化剂的体积、质量、表面积等有关，所以引入比速率的概念。

$$\text{体积比速率(voluminal rate)}=\frac{1}{V}\times\frac{d\xi}{dt}[\text{mol/(m}^3\cdot\text{s)}] \tag{5-2}$$

$$\text{质量比速率(specific rate)}=\frac{1}{W}\times\frac{d\xi}{dt}[\text{mol/(g}\cdot\text{s)}] \tag{5-3}$$

$$\text{面积比速率(areal rate)}=\frac{1}{S}\times\frac{d\xi}{dt}[\text{mol/(m}^2\cdot\text{s)}] \tag{5-4}$$

其中，V、W、S 分别表示固体催化剂的体积（m^3）、质量（g）和表面积（m^2）。因为反应是在表面上发生的，所以这 3 种表达中以面积比速率最能反映催化剂的本征活性。

（二）转化率

对于活性的表达方式，还有一种更直观的指标，那就是转化率，常被用来比较催化剂的活性。转化率的定义为：

$$\chi_A = \frac{\text{反应物 A 转化的物质的量}}{\text{反应物 A 起始的物质的量}} \times 100\% \tag{5-5}$$

采用这种参数时，必须注明反应物料与催化剂的接触时间，否则就没有速率概念了。为此在实践中引入了空速（space velocity）的概念。在流动体系中，物料的流速（体积/时间）除以催化剂的体积就是体积空速，单位为 s^{-1} 或 h^{-1}。空速的倒数为反应物料与催化剂接触时间，有时也称为空时（space time）。环境催化往往要求催化剂在保证一定转化率的条件下承受较大的空速。以用于大型燃煤电厂烟气 NO_x 选择性催化还原的催化剂为例，由于要处理的烟气量十分巨大，所以不仅要承担较高的空速，还要求催化剂材料必须廉价。由于车载限制的原因，用于汽车尾气净化的三效催化剂也必须在很高且变动的空速下工作。

（三）速率常数

用速率常数比较活性时，要求温度相同。在不同催化剂上反应，仅当反应的速率方程有相同的形式时，用速率常数比较活性大小才有意义。

（四）活化能

从催化理论上说，催化剂使得反应物转化为产物的过程中所要经过的能量壁垒——活化能降低了，从而提高了反应的速率。式(5-6) 表示的是阿伦尼乌斯在前人工作基础上结合自己的实验得出的经验公式，即阿伦尼乌斯公式。其中 k 指反应速率常数，E_a 称为反应的实验活化能或阿伦尼乌斯活化能。从式(5-6) 可以看出，在一定温度下，速率常数 k 值由指前因子 A 和活化能 E_a 两个参数决定。

$$k = A\exp\left(-\frac{E_a}{RT}\right) \tag{5-6}$$

对于基元反应，E_a 可以赋予明确的物理意义。分子间相互作用的首要条件是它们必须“接触”。虽然分子彼此碰撞的频率很高，但并不是所有的碰撞都是有效的，只有少数能量较高的分子碰撞后才能起作用。E_a 表征了反应分子能发生有效碰撞的能量要求。而对于非基元反应，E_a 就没有明确的物理意义了，它实际上是总包反应的各基元反应活化能的特定组合，这时 E_a 称为总包反应的表观活化能。一般来说，一个反应在某催化剂上进行时活化能高，则表示该催化剂的活性低；反之，活化能低时，则表明催化剂的活性高，通常都是用总包反应的表现活化能作比较。但由于存在指前因子 A 的影响，

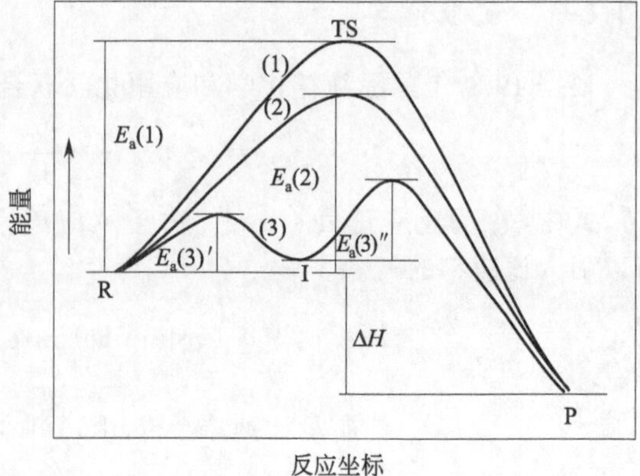

图 5-2　催化和非催化反应的基元反应坐标示意图

经常可以见到例外。

图 5-2 所示为有催化剂存在和无催化剂存在条件下的基元反应坐标，图中 R、P、I 和 TS 分别为反应物、产物、反应中间体和过渡态。无催化剂存在的体系（1），其活化能为 $E_a(1)$。有催化剂存在时，一种可能是反应机理并没发生变化，但由于活化能降低了，即 $E_a(2)<E_a(1)$，反应速率增大，这种情形可以用图 5-2 中体系（2）途径示意表示；另一种可能是虽然反应过程的反应物和产物相同，但通过反应中间产物 I 的形成使反应的微观机理发生了变化，而速控步骤的活化能 $E_a(3)'$ 或 $E_a(3)''$ 远远低于非催化反应的活化能 $E_a(1)$，使得反应速率增大，这种情形可以用图 5-2 中体系（3）途径示意表示。

有一个反应可用来说明催化剂如何降低反应的活化能，这就是在环境催化中很重要的 CO 转化为 CO_2 的反应：

$$CO+1/2O_2 \longrightarrow CO_2 \tag{5-7}$$

当无催化剂时，实验研究表明，反应的速控步骤是 O_2 热解为 O 原子的过程，反应的活化能约为 40kcal/mol（1cal＝4.184J），这个反应要在 700℃时才能进行。而在铂和钯都存在的情况下，因为 O_2 在金属表面极易活化，很容易解离为 O 原子，这样，吸附在催化剂上的 CO 与 O 的反应便成为新的速控步骤，活化能降为 20kcal/mol，从而使得反应在 100℃时就能发生。因此，催化剂改变了反应的速控步骤，并为产物的生成提供了一条活化能较低的反应途径。

对于图 5-2 所示的反应途径（1）、（2）、（3）中，由于反应物和产物完全相同，所以对于从反应物 R 到产物 P 的过程中，催化剂既没有改变始态和终态的能量，也没有改变反应平衡时的物质组成，所以，反应焓 ΔH 并不因催化剂的存在而发生变化。由此可见，催化反应不能改变一个反应的平衡常数。

（五）起燃温度

起燃温度表示达到某一转化率所需要的最低温度，一般用达到 50%的转化率的最低温度表示。一般来讲，起燃温度越低，催化剂的活性越好。如前所述，环境催化往往要求催化剂有较好的低温活性和在较宽的温度区间内保持较高的活性。例如汽车尾气净化催化剂，既要适应发动机启动时的低温尾气条件，又要在发动机高速运行的高温尾气中正常工作。而室内空气净化催化剂则要求尽可能地在室温条件下催化净化污染物。

（六）周转数

周转数是指单位时间内每个活性中心转化反应分子的数目，即给定的催化反应体系的反应速率与参与反应的活性中心数目的比值。周转数反映的是催化剂活性中心的本征活性，它的测定要求研究者必须首先对催化剂活性中心结构和浓度有清楚的认识。

二、选择性

某些反应在热力学上可以按照不同的途径得到几种不同的产物，选择性（selectivity）是指能使反应朝生成某一特定产物的方向进行的可能性。催化剂可通过优先降低某一特定反应步骤的活化能，从而提高以这一步骤为限速步骤的反应速率继而对反应的选择性产生影响。由于不能像工业催化那样对反应物进行分离和纯化，选择性对于环境催化具有更加重要的意义。以 NO_x 的 SCR 催化剂为例，无论是应用于燃煤电厂烟气净化还是应用于柴油机、稀燃汽油机尾气净化，都要求催化剂在大量氧存在的条件下，利用有限的还原剂选择性地还

原排气中少量的 NO_x（10^{-4}～10^{-5} 数量级）。

催化反应的选择性可以定义为：

$$S=\frac{所得目标产物的物质的量}{已转化的某一反应物的物质的量}\times 100\% \tag{5-8}$$

从某种意义上说选择性比活性更为重要。在环境催化中，选择性倾向于指反应产物对环境不造成新的污染。

如果反应中有物质的量的变化，则必须加以系数校正。例如，有反应：

$$a\mathrm{A}+b\mathrm{B}\longrightarrow e\mathrm{E}+f\mathrm{F} \tag{5-9}$$

则

$$S_{\mathrm{E}}=\frac{M_{\mathrm{E}}/e}{(M_{\mathrm{A0}}-M_{\mathrm{E}})/a}\times 100\% \tag{5-10}$$

式中，M_{E} 为产物 E 的物质的量，mol；M_{A0} 和 M_{A} 分别为反应前和反应后反应物 A 的物质的量，mol。

也可以用速率常数之比表示选择性。例如假设某个反应在热力学上有两个反应路径，其速率常数分别为 k_1 和 k_2，则催化剂对第一个反应路径的选择性为：

$$S_{\mathrm{R},1}=\frac{k_1}{k_2} \tag{5-11}$$

三、稳定性

催化剂在制备好以后，往往还要活化。活化的目的在于使催化剂，尤其是它的表面，形成催化反应所需要的活性结构。活化方法视需要而定。常常要在高温下用氧化性或还原性气体处理催化剂。活化好的催化剂便可投入使用。从开始使用到催化剂活性、选择性明显下降这段时间，称为催化剂的寿命。催化剂的寿命长短不一，长的有几个月、几年，如汽车尾气净化用 TWC 催化剂就要求有很长的寿命（使用 1.6×10^5km 以上）；短的只有几分钟，如像裂化催化剂那样。

根据催化剂的定义，一种理想的催化剂应该可以永久地使用下去。然而实际上由于化学和物理的种种原因，随着使用时间的延长，催化剂的活性和选择性均会下降。当活性和选择性下降到低于某一特定值后催化剂就被认为失活了。

催化剂稳定性通常以寿命来表示。它是指催化剂在使用条件下，维持一定活性水准的时间（单程寿命）或经再生后的累计时间（总寿命）。也可以用单位活性位上所能实现的反应转换总数来表示。催化剂的稳定性关系到催化剂能否工业化应用，在催化剂开发过程中需要给予足够重视。催化剂稳定性包括对高温热效应的耐热稳定性，对摩擦、冲击、重力作用的机械稳定性和对毒化作用的抗毒稳定性。

（一）耐热稳定性

环境催化往往需要催化剂具有较高的耐热稳定性。高温反应是常见的环境催化反应，例如机动车尾气的出口温度可达 600℃，甚至在一些特殊情况下会达到上千摄氏度。因此，一种良好的催化剂应能在高温的反应条件下长期具有一定的活性。然而大多数催化剂都有自己的极限温度，这主要是高温容易使催化剂活性组分的微晶烧结长大、晶格破坏或者晶格缺陷减少。金属催化剂通常超过半熔温度就容易烧结。当催化剂为低熔金属时，应当加入适量高熔点、难还原的氧化物起保护隔离作用，以防止微晶聚集而烧结。改善催化剂耐热性的另一种常用方法是采用耐热的载体。

（二）机械稳定性

机械稳定性高的催化剂能够经受颗粒与颗粒之间、颗粒与流体之间、颗粒与器壁之间的摩擦与碰击，且在运输、装填及自重负荷或反应条件改变等过程中能不破碎或没有明显的粉化。一般以抗压强度和粉化度来表征。环境催化往往需要催化剂具有较高的机械强度。例如，用于燃煤电厂烟气脱硝的挤压成型 V_2O_3-WO_3/TiO_2 催化剂，必须有很高的机械强度以承受来自烟气中大量粉尘的机械冲刷。汽车尾气净化的陶瓷蜂窝载体涂覆的三效催化剂也必须能够承受汽车运行带来的机械冲击和温度剧烈变化带来的收缩和膨胀的冲击。

（三）抗毒稳定性

由于有害杂质（毒物）对催化剂的毒化作用，催化剂的活性、选择性或寿命降低的现象称为催化剂中毒。催化剂的中毒现象本质是催化剂表面活性中心吸附了毒物或进一步转化为较稳定的没有催化活性的表面化合物，使活性位被钝化或被永久占据。由于环境催化的特殊性，不能像工业催化中那样对反应物进行纯化和精制，所以反应体系中往往含有大量对催化剂有毒化作用的物质，如 SO_2、O_2、CO_2、H_2O、重金属等。因此，抗毒稳定性是环境催化剂最重要的性质之一。

衡量催化剂抗毒的稳定性有以下几种方法：

① 在反应气中加入一定量的有关毒物，让催化剂中毒，然后再用纯净原料气进行性能测试，看其活性和选择性能否恢复。

② 在反应气中逐量加入有关毒物直至活性和选择性维持在给定的水准上，测试能加入毒物的最高量和维持时间。

③ 将中毒后的催化剂通过再生处理，看其活性和选择性恢复的程度。

中毒一般分为两类：第一类是可逆中毒或暂时中毒，这时毒物与活性组分的作用较弱，可通过撤除毒物或用简单方法使催化剂活性恢复；第二类是永久中毒或不可逆中毒，这时毒物与活性组分的作用较强，很难用一般方法恢复活性。以用于碳氢化合物选择性催化还原 NO_x（HC-SCR）的催化剂为例，水蒸气导致的中毒就是可逆中毒，撤除水蒸气，催化剂的活性立即可以得到恢复；而 SO_2 中毒导致催化剂表面物种的硫酸盐化就是不可逆中毒。汽车尾气净化三效催化剂的铅中毒也是不可逆中毒，事实上，三效催化剂的大规模推广应用也是汽油无铅化的重要原因之一。虽然净化反应体系、脱除毒物可以预防催化剂中毒，但这对于环境催化很难实现。

第三节 金属催化材料

一、金属催化材料简介

金属催化剂主要指活性组分为零价的金属元素或合金的多组分催化剂，种类较多，大致可分为以下几类：块状金属催化剂，指不含载体的金属催化剂，属于非负载型催化剂，通常以骨架金属、金属丝网、金属颗粒或粉末、金属屑片和金属蒸发膜等形式应用，如骨架镍催化剂、铂网催化剂等；合金催化剂，由两种或两种以上金属组成的多金属催化剂，如金属组分之间形成合金，称为合金催化剂，广为应用的是二元合金催化剂，如 Cu-Ni、Cu-Pd、Pd-Ag、Pt-Au、Pt-Cu、Pt-Rh 等，其催化剂的活性可通过调节合金的组成来实现；近期出现的非晶态合金催化材料大多是过渡金属和类金属（如 B、P、Si 等）组成的体系，类似于普通玻璃结构，俗称金属玻璃；负载型金属催化剂，指将金属组分负载在载体上的催化剂，负载在载体上的金属不仅使催化剂有合适的孔结构及机械强度，还可使多种金属形成二元或多元的金属原子簇，使活性组分的有效分散度大大提高。

几乎所有的金属催化剂都是过渡金属，这与金属的结构、表面化学键有关。金属适合于作哪种类型的催化剂，要看其对反应物的相容性。发生催化反应时，催化剂与反应物要相互作用（除表面外），不深入体内，此即相容性。例如，过渡金属是很好的加氢、脱氢催化剂，因为 H_2 很易在其表面吸附，反应不在表层以下进行。但一般金属不能作氧化反应的催化剂，因为在反应条件下很快被氧化，一直进行到体相内部，只有“贵金属”（Pd、Pt、Ag）在相应温度下能抗拒氧化，可作氧化反应的催化剂。故对金属催化剂的深入认识，要了解其吸附性能和化学键特性。金属的吸附性能在前文已做了相应的描述，此处不再重复。

二、金属和金属表面的化学键

研究金属化学键的理论方法有三种：能带理论、价键理论和配位场理论，各自从不同的角度说明金属化学键的特征。

（一）金属电子结构的能带模型

根据量子力学的原理分析，金属晶格中每个电子运动的规律，可用“Bloch 波函数”描述，称其为“金属轨道”。每一个轨道在金属晶体场内有自己的能级，由于有 N 个轨道，且 N 很大，这些能级靠得非常紧密，以至于它们形成了连续的带，如图 5-3 所示。电子占用能级时遵循能量最低原则和 Pauli 原则（即电子配对占用）。故在热力学温度零度下，电子成对地从最低能级开始一直向上填充，电子占用的最高能级称为 Fermi 能级。

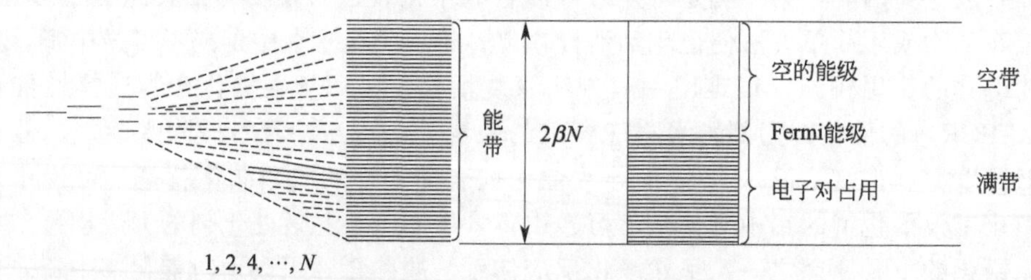

图 5-3　能级示意图

s 轨道组合成 s 带，d 轨道组合成 d 带。因为 s 轨道相互作用强，故 s 带较宽，一般由 6～7eV 至 20eV；d 轨道相互作用较弱，故 d 带较窄，约为 3～4eV。各能带的能量分布是不一样的。s 带随核间距变大时能量分布变化慢，而 d 带则变化快，故在 s 带和 d 带之间有交叠。这种情况对于过渡金属更是如此，也十分重要，如图 5-4(a) 所示。

能带内各能级分布的状况可用能级密度 $N(E)$ 表示。$N(E)\,\mathrm{d}E$ 表示单位体积能级位于 E 与 $E+\mathrm{d}E$ 之间的数目。带顶与带底的 $N(E)$ 为零，两带之间的区间称为禁带，它是电子波能量量子化的反映［因为波长 λ 不能连续，故 $\lambda=h/(2mE)^{1/2}$ 中的 E 值也是不连续的，如图 5-4(b) 所示。

s 能级为单态，只能容纳 2 个电子；d 能级为五重简并态，可以容纳 10 个电子。故 d 带的能级密度为 s 带的 20 倍。d 带图形表现为高而窄，而 s 带图形则矮而胖，如图 5-4(c) 所示。Cu 原子的价层电子组态为：$3d^{10}4s^1$，故金属 Cu 中的 d 带是为电子充满的，为满带；

而 s 带只占用一半。

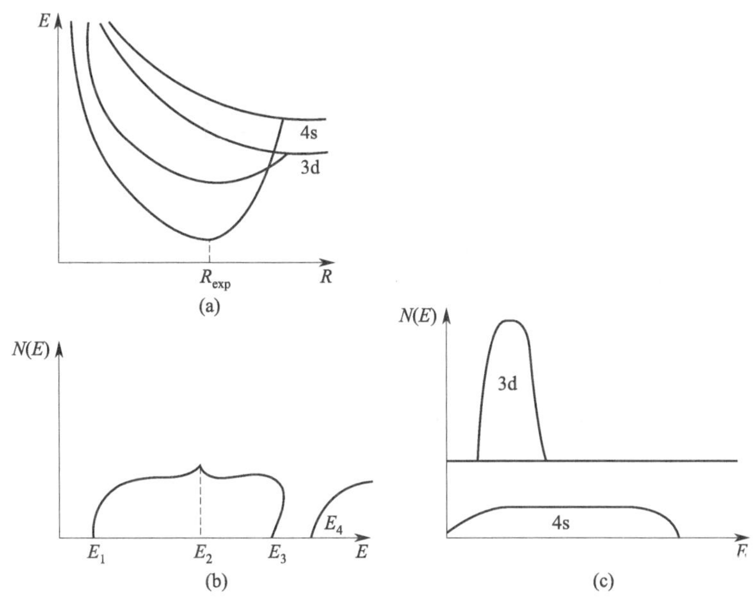

图 5-4 (a) 多种能带的能量分布随核间距 R 的变化情况 (R_{exp} 为实测值);(b) 能级密度 $N(E)$ 随能量 E 变化的情况反映有禁带存在，即在某些 E 值时 $N(E)$ 为零;(c) d 带能级密度和 s 带能级密度的特征面貌

(二) 价键模型

价键理论认为，过渡金属原子以杂化轨道相结合，杂化轨道通常为 s、p、d 等原子轨道的线性组合，称为 spd 或 dsp 杂化。杂化轨道中 d 原子轨道所占的百分数称为 d 特性百分数，以符号 d% 表示，它是价键理论用以关联金属催化活性及其他物性的一个特性参数。金属的 d% 越大，相应的 d 能带中的电子填充越多，d 空穴就越少。d% 与 d 空穴是从不同角度反映金属电子结构的参量，且是相反的电子结构表征。它们分别与金属催化剂的化学吸附和催化活性有某种关联。就为应用的金属加氢催化剂来说，d% 在 40%～50% 之间为宜。

(三) 配位场模型

这里所说的配位场模型，是借用配合物化学中键合处理的配位场概念而建立的定域键模型。在孤立的金属原子中，5 个 d 轨道是能级简并的，引入面心立方的正八面体对称配位场后，简并的能级发生分裂，分成 t_{2g} 轨道和 e_g 轨道。前者包括 d_{xy}、d_{yz} 和 d_{xz}；后者包括 $d_{x^2-y^2}$ 和 d_{z^2} 能带以类似的形式在配位场中分裂成 t_{2g} 能带和 e_g 能带，e_g 能带高，t_{2g} 能带低。因为它们是具有空间指向性的，所以表面金属原子的成键具有明显的定域性。如图 5-5 所示，这些轨道以不同的角度与表面相交，这种差别会影响轨道键合的有效性。例如，空的 e_g 金属轨道与氢原子的 1s 轨道在两个定域相互键合，一个在顶部，另一个与半原子层深的 5 个 e_g 结合，如图 5-5(b) 所示。利用该模型，原则上可以解释金属表面的化学吸附。例如，图 5-6 所示为 H_2 和 C_2H_4 在 Ni 表面上的化学吸附模式。不仅如此，它还能解释不同晶面之间化学活性的差别、不同金属间的模式差别和合金效应。

上述金属键合的三种模型，都可用特定的参量与金属的化学吸附和催化性能相关联，它

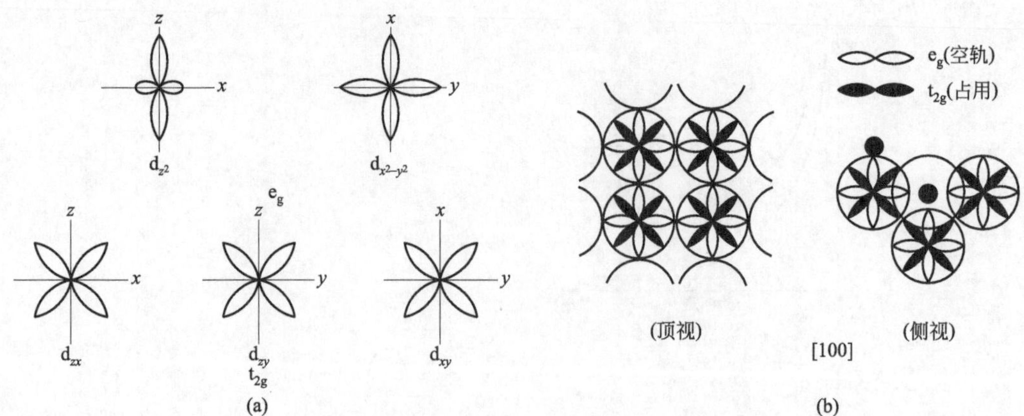

图 5-5　d 轨道的配位场分裂（a）和表面原子的定域轨道（b）

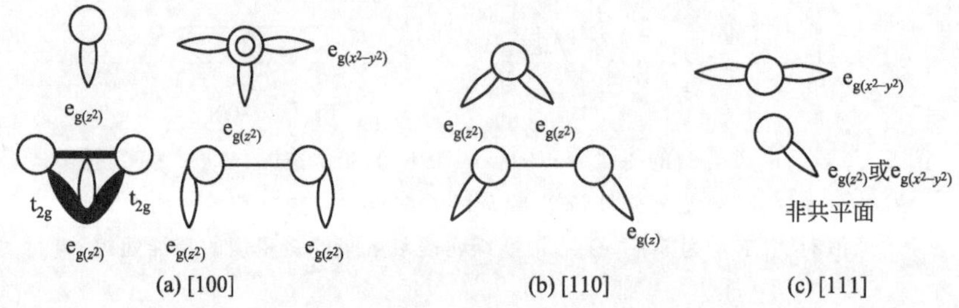

图 5-6　H_2 和 C_2H_4 在金属 Ni 表面吸附的模式

们是相辅相成的。

三、金属催化剂催化活性的经验规则

（一）d 带空穴与催化活性

金属能带模型提供了 d 带空穴概念，并将其与催化活性关联起来。一种金属的 d 带空穴越多，表明其 d 能带中未被 d 电子占用的轨道或空轨越多，磁化率越大。因为磁化率与金属的催化活性有一定关系，随金属和合金的结构以及负载情况不同而不同。从催化反应的角度看，d 带空穴的存在使其有从外界接受电子和吸附物种并与之成键的能力。但也不是 d 带空穴越多其催化活性就越大，因为过多可能造成吸附太强，不利于催化反应。例如，Ni 催化苯加氢制环已烷，催化活性很高，Ni 的 d 带空穴为 0.6（与磁矩对应的数值，不是与电子对应的数值）；若用 Ni-Cu 合金作催化剂，则催化活性明显下降，因为 Cu 的 d 带空穴为零，形成合金时 d 电子从 Cu 流向 Ni，使 Ni 的 d 带空穴减少，造成加氢活性下降。又例如，用 Ni 催化苯乙烯加氢制乙苯，有较好的催化活性。如用 Ni-Fe 合金代替金属 Ni，加氢活性下降。因 Fe 是 d 带空穴较多的金属，为 2.22，合金形成时 d 电子从 Ni 流向 Fe，增加 Ni 的 d 带空穴。这说明 d 带空穴不是越多越好。

（二）d%与催化活性

金属的价键模型提供了 d%概念。尽管如此，此 d%主要是一个经验参量。d%与金属催化活性的关系，可用下式说明：

$$D_2 + NH_3 \xrightarrow{\text{金属催化}} NH_2D + HD \tag{5-12}$$

实验研究测出，不同金属催化同位素交换反应速率常数的对数与对应金属的 d%有较好的线性关系，如图 5-7 所示。

d%不仅以电子因素关联金属催化剂的活性，而且还可以控制原子间距或格子空间的几何因素去关联。因为金属晶格的单键原子半径与 d%有直接的关系，电子因素不仅影响原子间距，还会影响其他性质。一般 d%可用于解释多种催化剂的活性大小，而不能说明不同晶面上的活性差别。

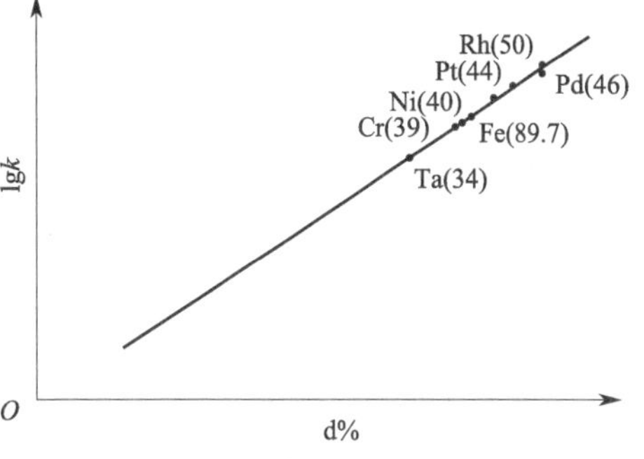

图 5-7 D、H 同位素交换反应的 lg*k* 与金属催化剂 d%的关系

（三）晶格间距与催化活性

晶格间距对于了解金属催化活性有一定的重要性。实验发现，用不同的金属膜催化乙烯加氢，其催化活性与晶格间距有一定的关系，如图 5-8 所示。活性用固定温度的反应速率作判据，Fe、Ta、W 等体心晶格金属，取［110］面的原子间距作为晶格参数；Rh、Pd、Pt 等面心晶格金属，取单位晶胞的 a_0 作为晶格参数。活性最高的金属为 Rh，其晶格间距为 0.375nm。这种结果与以 d%表达的结果（除金属 W 以外）完全一致。

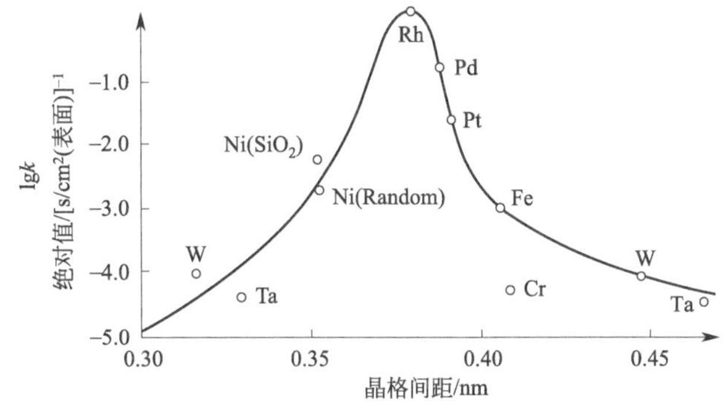

图 5-8 金属膜催化乙烯加氢的活性与晶格中金属原子对间距的关系

Валанднн 的多位理论对解释某些金属催化加氢和脱氢反应有较好的效果，得到不少实验研究的支持。其中心思想是：一种催化剂的活性在很大程度上取决于是否存在正确的原子空间群晶格，以便聚集反应分子和产物分子。以苯加氢和环己烷脱氢为例，只有原子的排布呈六角形且原子间距为 0.24～0.28nm 的金属才具有催化活性，Pt、Pd、Ni 金属符合这种要求，是良好的催化剂，而 Fe、Th、Ca 则不是。

然而，低能电子衍射技术和透射电子显微镜对固体表面的研究发现，金属吸附气体后表面会发生重排，表面进行催化反应时也有类似的现象，有的还发生原子迁移和原子间距增大等。这些都说明，金属催化剂的活性反映的是反应区间的动态过程，与静态晶格相对应的观点值得怀疑。晶格间距表达的只能是催化体系所需的某种几何参数而已。

四、块状金属催化剂

整体式块状载体是一种具有连续而单一通道结构的整块载体，此种载体往往具有许多平行通道。这些通道的形状为六角形，具有类似于蜂窝的形状，常被人们称为“蜂窝状载体”。除此以外，通道还有环形、方形、三角形或正弦曲线形状，但它们的使用远不及蜂窝状载体那样普遍。

陶瓷蜂窝状载体曾经采用浇铸法制备：将氧化物与过量的水研磨制成黏稠悬浮液，倾入预成形磨具中经浇铸、干燥和煅烧而成。整体式陶瓷载体的波纹法制备：将粒度为1～50μm的氧化铝和氧化铍，亦可用氧化锆、堇青石、钛酸钡或碳化硅与有机胶黏剂及增塑剂相混，在球磨机中研磨数小时后，将悬浮浆液涂在纸板上，将纸板制成波纹形。一层波纹和一层波纹交替卷成卷并交叉排列，经高温灼烧，当纸板烧尽后，则形成具有波纹形状孔隙的整体式载体。

而整体式陶瓷载体的挤压成型法制备是将起始原料细粉中加入增塑剂和液体造形剂，制成可塑性混合物，然后在特制压膜中挤压成整体块状，焙烧去掉有机物和液体后再经高温烧制而成。

蜂窝构造的陶瓷曾在建筑上使用以及用于再生热交换器中。1966年首次应用于硝酸车间尾气NO_x的脱色。20世纪70年代中期，美国与日本将其用于汽车尾气的处理转化器，以处理NO_x、CO和未完全燃烧的烃类。目前，90%的汽车尾气催化转化器都是采用这种整体块状的陶瓷蜂窝状载体，其余为金属基蜂窝整体式块状载体。蜂窝状载体是排气控制催化剂中应用最广泛的几种催化剂之一。

（一）整体式块状载体的结构

整体载体壁的微观结构或相分布是界定它物理性质的重要因素。晶体和玻璃相的排列和大小、孔结构和化学组成都决定热膨胀性质、热导率、强度、熔点、表面积和其他的重要物理性质。最终产品的微观结构取决于相平衡、相变动力学和晶粒增长，也取决于原料、制作技术、焙烧温度和时间。

整体式块状载体的空隙率由制造方法、起始材料和最后的烧结温度和时间支配。在某些情况下，在分批配料时，加入一种在烧结过程中能烧尽的材料，以增加最终产品的空隙率。标准组成与整体的几何形状、通道壁孔腺的性质和数量对整体载体的物理性质有很大的影响。像密度、热导率、薄涂层黏着力等性质都显著地受壁上孔的数目、形状和大小分布的影响。传统设计的陶瓷空隙率低，但是整体载体中壁上有30%～40%的开放性孔，平均孔径1～10pm。改变工艺技术，通道壁上的总孔隙率和孔径分布可以变化。为使高表面积薄涂层对整体载体有很好的黏着性，大部分孔具有较大的孔径（10μm）是重要的。

（二）整体式块状载体的性质特点

1. 体相传质

整体式块状催化剂的外形与极限传质转化率无关，也就是说瘦长形的整体式块状催化剂与粗短形的整体式块状催化剂在流速相同时的性能相同，这就是整体式块状催化剂能用于水平式反应器的原因。这一特点尤其适合于汽车尾气净化催化剂的安装。反应组分（气态或液态）一旦进入整体式催化剂通道就不再发生混合，因此反应组分在进入整体式催化床前必须充分混合，以保证在反应器内能均匀分散。

2. 颗粒内扩散

催化剂颗粒内扩散是影响催化反应速率的又一传质限制，细孔颗粒催化剂的活性表面主要在颗粒孔隙内部，当反应速率比反应物向孔内扩散速率快时就会受到内孔扩散的控制。整体式催化剂几何表面积比颗粒催化剂的几何表面积大。就孔隙率来说，散式床层典型范围为0.3～0.5，而整体式床层的范围则在0.5～0.7，典型的整体式催化剂空隙率密度为30～60孔/cm^2。由于整体式催化床层有很高的空隙率，故其用量可比颗粒催化剂少5%～50%。

3. 层床层压降

在床层高度和反应组分流速相同时，整体式催化剂床层压降要比相应的颗粒催化剂床层降低2～3个数量级，甚至在很高的气体流速下也能保持较低的床层压降，并且不会导致转化效率下降。

4. 传热

整体催化剂最重要的特征之一是无气体的径向扩散，因而不存在径向传热。此外透过通道壁的径向热导也很低，对于热导很低的陶瓷整体式载体则更低。由于整体式催化剂的绝热性质，会使放热反应的温度和反应速率迅速提高，这对汽车冷启动时迅速使汽车尾气催化净化处理装置达到工作状态十分有利。但对吸热反应，整体式催化剂则比颗粒催化剂更容易出现反应骤然停止的现象，整体式载体由于表面积大、比热容小、气体向表面传热快，对汽车催化剂十分有利。相比之下，颗粒催化剂用于汽车尾气处理净化热容比较大，起燃时间就长得多。整体催化剂辐射传热也与颗粒催化剂不同，高孔隙率的直通式通道使向上或向下的辐射损失热量要比颗粒催化剂的大。

（三）整体块状载体负载活性组分的方法

① 在整体块状载体成型前，将活性组分加到载体氧化物混合物中，此法由于部分活性组分嵌入基体，不能显示催化活性，故只适用于引进廉价活性组分。如1～50μm的Al_2O_3与NiO混合，添加适当胶黏剂与增塑剂，混合均匀挤压成型，再经烧结而成。

② 用浸渍法使活性组分金属盐直接沉积在整体载体上。此法由于载体表面积小，比表面积仅为0.1～1.0m^2/g，负载的活性金属分散度不高。

③ 整体块状载体涂覆上薄层后再浸渍活性组分。此法可以增大表面积，有利于催化活性金属组分的分散。在已制好的整体载体上涂敷薄层的方法有3种：将细粉制浆后滴在整体载体上；将载体浸渍于铝盐溶液中，取出后加热分解形成Al_2O_3薄涂层；将含铝的无机盐或有机盐与载体接触，加入沉淀剂生成胶体$Al(OH)_3$，加热烧制后制成$\gamma\text{-}Al_2O_3$涂层。

④ 将活性组分与铝胶混合在一起涂于整体式载体上，用此法同时沉淀高比表面积涂层和活性组分，因活性组分的金属利用率低，尤其不适合贵重金属的制备。

⑤ 金属壁与催化层一体化催化剂的制备。将金属铝经阳极氧化形成氧化铝膜后，再经水合处理、高温焙烧后形成多孔性载体。采用浸渍法将催化剂组分负载到载体上，然后经高温处理焙烧而成。

五、合金催化剂及其催化作用

金属的特性会因加入其他金属形成合金而改变。研究表明，它们对化学吸附的强度、催化活性与选择性等，都会有影响。故合金催化剂是金属催化剂中新的一类，应单独讨论。

（一）合金催化剂的重要性及其类型

双金属合金催化剂的应用，在多相催化发展史上曾写下过辉煌的一页。炼油工业中

Pt-Re及Pt-Ir重整催化剂的应用，开创了无铅汽油的生产。汽车废气催化燃烧所用的Pt-Rh及Pt-Pd催化剂，对防治空气污染起到了重要的作用。这两类催化剂的应用，对改善人类生活环境起着极为重要的作用。

双金属系中作为合金催化剂研究的主要有三大类。第一类为第Ⅷ族和第ⅠB族元素所组成的双金属系，如Ni-Cu、Pd-Au等；第二类为两种第ⅠB族元素所组成的双金属系，如Ag-Au、Cu-Au等；第三类为两种第Ⅷ族元素所组成的双金属系，如Pr-Ir、Pr-Fe等。第一类催化剂用于烃的氢解、加氨和脱氢等反应，曾对它们的催化特性做过广泛的研究；第二类催化剂曾用于改善部分氧化反应的选择性；第三类催化剂曾用于增强催化剂活性的稳定性。

（二）合金催化剂的催化特征及其理论解释

合金催化剂虽已得到广泛应用，但对其催化特征了解甚少，较单金属催化剂的性质复杂得多，主要来自组合成分间的协同效应，不能用加和的原则由单组分推测合金催化剂的催化性能。例如，Ni-Cu催化剂可用于乙烷的氢解，也可用于环已烷脱氢。只要加入5%的铜，该催化剂对乙烷的氢解活性是纯Ni的千分之一。继续加入Cu，活性下降，但速度较缓慢。这一现象说明Ni与Cu之间发生了合金化相互作用，如果两种金属的微晶粒独立存在而彼此不影响，则加入少量Cu后，催化剂的比催化活性与Ni单独的催化活性相近。实验研究证实了上述论点。

由此可以看出，金属催化剂对反应的选择性可通过合金化加以调变。以环已烷转化为例，用Ni催化剂可使之脱氢生成苯（目的产物），也可经由副反应氢解生成甲烷等低碳烃。当加入Cu后，氢解活性大幅度下降，而脱氢影响甚少，因此具有良好的脱氢选择性。

合金化不仅改善催化剂的选择性，也能促进稳定性。例如，轻油重整的Pt-Ir催化剂，较之Pt催化剂的稳定性大为提高，其主要原因是Pt-Ir形成合金，避免或减少了表面烧结。Ir有强的氢解活性，抑制了表面积炭的生成，促进活性的继续维持。

六、非晶态金属催化反应材料

物质的结构决定了其性质。物质材料按其结构分类，可分为晶体和非晶体两大类。常见的金属材料从结构上看一般都属于晶体材料，近几十年来，人们发现金属存在的另一种结构形式——非晶态。如果金属的凝固速度非常快（例如以10^6℃/s的冷却速率将铁-硼合金熔体凝固），原子来不及整齐排列便被冻结，最终的原子排列方式类似于液体，是混乱的，这就是非晶金属。非晶态是相对晶态而言的，非晶态金属结构是一种亚稳态结构，在一定的条件下（比如高温、强冲击作用）会向更稳定的状态——晶态转变而变成普通晶态金属，非晶态金属结构与“硬球无规密堆模型”相近，属于长程无序、短程有序的结构。

非晶态合金通常是指熔体金属经快速淬冷而得到的合金，它的结构独特，不同于晶态合金，其原子排列是短程有序、长程无序状态，类似于普通玻璃的结构，因而又称金属玻璃。由非晶态合金材料制成的催化剂就称为非晶态合金催化剂，其特点是：可以在很大的组成范围内改变合金的组成，从而连续控制其电子性质；催化活性中心可以单一的形式均匀地分布于化学环境之中；非晶态结构是非多孔性的，传统非均相催化剂存在的扩散阻力问题不影响非晶态合金催化剂。

非晶态合金材料的发展大致经历了三个阶段：条状或带状非晶态合金、超细非晶态合金与负载型非晶态合金。非晶态合金催化剂在催化中表现出优良的催化活性、高选择性和加氢性能，尤其是在加氢反应中有可能取代在制备过程中污染环境的骨架镍，甚至贵金属钯等催化剂，是一种有着广阔发展前景的新型高效绿色催化材料。

（一）非晶态合金催化材料的分类

非晶态的合金，大致可以分为两大类：①过渡金属元素与类金属元素（例如 P、S、B、C 等）形成的合金。例如 $Fe_{80}B_{20}$、$Fe_{40}Ni_{40}P_{14}O_6$ 和 $Fe_5Co_{70}Si_{15}B_{10}$ 等。一般类金属元素在合金中的含量约为 13%～15%（原子比），然而，超出这个成分范围的合金在急冷下也能形成非晶态金属的结构。另外，在金属溶剂中加入原子尺寸和化学特性相差较大的溶质原子能得到金属类金属型催化剂，如 B、P 等类金属，通过增大金属结晶过程中原子扩散重排的难度，可形成结构稳定的非晶态。实践证明，在二元合金中若加入某些第三种元素，更容易形成非晶态材料。②过渡金属元素之间形成的合金。这类合金在很宽的温度范围内熔点都比较低，形成非晶态的成分范围较宽。典型的有 $Cu_{60}Zr_{40}$、$La_{76}Au_{24}$、$U_{70}Cr_{30}$ 等。此外，也有人将含 La 系、Ac 系元素的非晶态合金归为另外一类。

（二）非晶态合金催化材料的结构与催化特性

非晶态金属得以广泛研究和应用的原因是它具有结晶金属不具备的各种优良特性。影响物质性能的根本因素除了其成分外，就是原子的排列以及电子状态。非晶态金属结构特点是：①结构长程无序。非晶态金属是一种无序结构，其原子排列不再具有长程周期性。②短程有序。在非晶态合金中，最近邻原子间距与晶体的差距很小，配位数也很相近，但是，在次近邻原子的关系上就可能有显著的差别。③均匀性是非晶态合金的一个显著特点。非晶态合金的均匀性包含两种含义：一是结构均匀，各向同性，它是单相无定形结构，没有像晶体那样的结构缺陷，如晶界、孪晶、晶格缺陷、位错、层错等；二是成分均匀性，在非晶态合金的形成过程中，没有晶体那样的异相、析出物、偏析以及其他成分起伏。④非晶态合金的结构处于热力学上的亚稳态，因此总有进一步转变为稳定晶态的倾向，在适当条件下，非晶态结构可以完成晶化过程而变成晶态结构。

由于非晶态合金长程无序，是一种没有三维空间原子周期排列的材料，其表面保持液态时原子的混乱排列，有利于反应物的吸附，易形成具有某些特点的催化活性中心。从结晶学观点来看，非晶态合金不存在通常结晶态合金中所存在的晶粒界限、位错和积层等缺陷，在化学上保持近理想的均匀性，不会出现偏析、相分凝等不利于催化的现象。由于非晶态合金的各向同性、具有表面高度不饱和中心以及化学和结构环境均一的催化中心，使其不仅作为模型催化剂而且作为实用型催化剂，都具有十分重要的意义。

非晶态合金的结构和成分决定了其作为催化剂具有很多独特的性质。非晶态合金又称无定形合金，可连续改变成分，也可以在很大的范围内改变合金的组成，从而连续控制其电子性质来制备合适的催化活性中心。非晶态合金短程有序，含有很多配位不饱和原子，赋予反应活性，从而具有较多的表面活性中心，而且催化活性中心可以单一的形式均匀地分布于化学均匀的环境中，因而其催化活性和选择性一般要优于相应的晶态催化剂；非晶态合金长程无序，其表面保持液态时原子混乱排列，有利于反应物的吸附；非晶态结构是非多孔性的，传统非均相催化剂存在的扩散阻力问题并不影响非晶态合金催化剂；非晶态金属大都是多元素合金，从均匀的液体状态快速冷却、凝固，使各元素能均匀分布，形成一个固溶体。添加各种不同的元素会使非晶态金属具有各种不同性质，这种在成分上自由调节的特殊性给非晶态金属带来了很大影响。这些优良特点使非晶态合金催化剂在多相催化中很具有吸引力，展示了这种新型催化材料的美好前景。由于非晶态合金表面上存在着结晶合金中所没有的催化活性中心，其活性高于相应的晶态合金，有特殊的选择性，且成本较低，不会造成污染，是一种新型绿色催化材料。

（三）非晶态合金催化材料的制备、改性与应用

1. 非晶态合金催化材料的制备

要获得非晶态，必须要有足够快的冷却速度（$>10^6$K/s），制备方法大致可以分为三类：a. 由气相直接凝聚成非晶态固体，如真空蒸发、溅射、化学气相沉积等，用这种方法非晶材料生长速率相当低，一般只用来制备薄膜；b. 由液态快速淬火获得非晶态固体，这是目前应用最广的制备方法；c. 将结晶材料通过辐射、离子注入等方法，在金属表面产生400μm 厚度的非晶层。此外，还有电化学法、化学还原法、发泡法等。从 20 世纪 90 年代末开始，负载型非晶态合金催化剂成为研究的新热点，而且用作催化剂的非晶态合金主要有三种：a. 骤冷法制备的非晶态合金，通常呈粉状；b. 化学沉积法制备的超细非晶态合金粒子；c. 化学还原浸渍法制备的负载型非晶态合金。

（1）液体急冷法　急冷法是采用特殊手段使熔融的合金液冷却速度足够快（$>10^6$K/s），使合金迅速越过结晶温度而快速凝固，形成非晶态结构。

一般的制备方法是：将一定组成的物料加入熔化炉中使其熔融并合金化，然后用惰性气体将熔融的合金从熔化炉下部的喷嘴压喷到高速旋转并通有冷却水的铜辊上，使其快速冷却并沿铜辊切线抛出，形成带状非晶态合金。通常情况下带速为 30m/s，带宽为 5mm，带厚为 30μm。将条带磨成细粉在一定氢压和温度下脆化成粉末，即成为非晶态合金催化剂。

这种制备方法的优点：a. 组成可以在较大范围内变化，有利于调变其电子结构；b. 催化活性中心可以均匀地分布在化学均匀的环境中；c. 具有较高的配位不饱和活性位，使其催化活性和选择性优于相应的晶态催化剂。

采用液体急冷法制备非晶态合金虽已形成工业规模，但仍存在不少问题。例如，合金组成需要在其共熔点附近，以致组成受到限制，合金比表面积小（$<1m^2/g$），表面不均匀；在制备时表面被氧化层覆盖，催化活性小，热稳定性差。因此，采用液体急冷法制备的非晶态合金在使用前表面须进行预处理，工业应用的可能性不大。

（2）沉积法　沉积法又可以分为气相沉积法、电沉积法和化学沉积法。气相沉积法是通过加热、溅射等各种手段使金属先变成原子、分子、离子或原子团状态，然后沉积到基板上，形成非晶态金属。此法大体上又可以分为两大类：一类是物理气相沉积法，包括真空蒸镀法、溅射法、离子束法、ICB（ion cluster beam）法等；另一类是化学气相沉积法，包括热 CVD 法、光 CVD 法和等离子体 CVD 法。气相沉积法是至今获得非晶态纯金属（如 Fe、Co、Ni）的唯一方法。

电沉积法是利用电化学的原理，以金属作阳极，载体作阴极，待沉积金属在阳极溶解，在阴极被还原沉积。此种方法制备的合金主要有金属-金属系，如 Fe-Mo、Co-Mo、Ni-Mo、Fe-W、Co-W 等；金属-非金属系，如 Ni-S、Ni-P、Ni-B、Fe-P、Pd-As 等。研究表明这些合金镀层多为非晶态结构。与液体急冷等物理方法相比，电化学法制备非晶态合金可获得其他方法所不能得到的非晶态镀层，改变电镀条件可制备不同组成的非晶态合金镀层和多层镀层，可制备形状复杂的非晶态合金材料，制备工艺条件较为简单，可以在非金属基材上获得非晶态镀层，能量消耗低，适于连续作业和大量生产。由于此法是在溶液中靠电极反应而生成膜，因此控制溶液的种类、温度及电解条件等都很重要。

化学沉积的方法是利用强还原剂（如 KBH_4 和 NaH_2PO_2）将溶液中的可溶性盐还原而

得到非晶态的沉淀物。

化学还原法制备的非晶态合金粒度可以达到纳米级，使非晶态合金的比表面积有很大程度的提高。如利用化学还原法制备的 Ni-B 非晶态合金比表面积达到 $200m^2/g$，其活性也是利用骤冷法制备相应组分催化剂的 50～100 倍。利用这种方法制备了 Ni-P、Ni-B、Ni-P-B、NiFeP-B 等各种超细非晶态粒子。例如，将金属（M）粒子与 BH_4^- 在水或醇溶液中进行反应，其主要反应式包括：

$$BH_4^- + 2H_2O \longrightarrow BO_2^- + 4H_2\uparrow \tag{5-13}$$

$$BH_4^- + 2M^+ + 2H_2O \longrightarrow 2M\downarrow + BO_2^- + 2H^+ + 3H_2\uparrow \tag{5-14}$$

$$2BH_4^- + 2H_2O \longrightarrow 2B + 2OH^- + 5H_2\uparrow \tag{5-15}$$

反应式(5-14) 和反应式(5-15) 的系数就决定了非晶态合金的组成。在负载型非晶态合金催化剂的制备中，上述 3 个反应的速度除了与金属离子和反应条件有关以外，还与载体的性质有密切的关系。另外，载体孔结构会对传质过程产生影响，进而影响非晶态合金催化剂的组成。二价金属与 $H_2PO_2^-$ 在水溶液中的反应，用 Ni^{2+} 与 $H_2PO_2^-$ 在水溶液中反应为例加以说明：

$$H_2PO_2^- + Ni^{2+} + H_2O \longrightarrow H_2PO_3^- + 2H^+ + Ni\downarrow \tag{5-16}$$

$$H_2PO_2^- + H_2O \longrightarrow H_2PO_3^- + H_2\uparrow \tag{5-17}$$

$$H_2PO_2^- \longrightarrow P\downarrow + OH^- \tag{5-18}$$

在反应中加入少量的诱导剂（如硼氢化物），可以使反应在常温下迅速进行。用这种方法可制得粒径为 100nm 超细尺寸的非晶态 Ni-P 合金。

这种方法能制备出超细非晶态合金。由于超细粒子具有表面原子数多、表面积大和表面能高的特点，再加上非晶态合金短程有序、长程无序的结构特点，超细粒子非晶态合金催化剂是一种理想的催化材料，它具有很高的催化活性和选择性。但该法也存在着一些不足之处：a. 由于催化剂活性很高，很容易被空气中的氧气氧化失活，储存条件苛刻；b. 同骤冷法制备非晶态合金催化剂相比成本较高；c. 超细非晶态合金催化剂的高分散性、高表面活性导致其热稳定性差，受热易晶化。

（3）发泡法　发泡法是在熔融的金属中加入发泡剂，搅拌均匀后，发泡剂分解产生的气体膨胀扩散并分布于液体中，冷却后即可获得发泡金属。若是金属盐的水溶液，则需加热到一定温度蒸发，得到大量泡沫固体，继续加热数小时，使得固体泡沫完全干燥，然后在一定温度下焙烧一段时间即可。发泡金属又称泡沫金属，是一种新型的功能材料，它具有很多诱人的特性：质量轻，密度仅有母体金属的 2%～60%；比表面积大，可高达 $106m^2/m^3$；通透性好，对液体和气体流的阻力很小；催化活性良好。例如，利用该法制得的发泡非晶态 Ni-P 合金催化剂，就具有发泡金属和非晶态合金催化剂的优点，在对苯加氢生成环己烷的实验中，连续反应 360 h，发泡非晶态 Ni-P 合金催化剂的活性没有显著变化；它不仅具有发泡金属的三维网状结构，孔隙率高，通性好，比表面积大，而且具有非晶态合金催化剂的高活性、高选择性，是综合了二者优点的新型催化材料；而且这种催化剂没有明显的诱导期，无需经过预处理就有很好的加氢催化活性，并且具有较好的稳定性，有望成为工业催化剂。

（4）注入法　例如采用注入法将 Ni 和 Al 按一定质量比（通常 Ni 质量分数为 42%～50%，Al 质量分数为 50%～58%）制备非晶态合金时，先将铝（熔点 658℃）在熔炉中加热到 1000℃，再将镍（熔点 1452℃）每次少量逐步加入。因镍的熔解热，熔炉内温度可达 1500℃。镍加完后，将熔融液移置在圆盘上迅速冷却，便制得 Ni-Al 非晶态合金。注入法可以制备出具有高应力密度和位错密度的非晶态合金。这种合金用作催化剂时，具有很强的加氢、脱氢活性，主要用于食品（油脂硬化）及类似精细化学品的中间体加氢。

（5）其他制备方法　非晶态合金催化剂除以上方法外，还有离子溅射、真空蒸发、辉光放电、化学镀等方法。

2. 非晶态合金催化剂的改性

采用液体急冷法技术制备的非晶态合金催化剂，其催化剂内在结构中活性组分仍呈聚集状态，没有实现有效分散和隔离状态，因而非晶态活性组分易晶化，稳定性差、比表面积较小，但要作为催化材料，必须具有较高的热稳定性和较大的比表面积；采用化学沉积法制备的非晶态合金兼有非晶态和纳米级超细微粒的特点，无须预处理就有良好的催化活性和选择性，但由于热稳定性很差，催化剂成本高，很难工业化应用，因此使用前必须进行表面改性。

非晶态合金催化剂改性的方法主要有增加比表面积、添加金属以及非晶态合金负载化，其中最有效的方法是将活性组分分散在多孔、大比表面积的载体上来提高其稳定性和催化活性。例如，用液体急冷法制备 Ni-P 非晶态合金材料，其比表面积只有 0.1～0.2m^2/g，引入 Al 形成 Ni-P-Al 合金，然后将合金中的 Al 用 NaOH 溶液抽出，得到的催化剂比表面积高达 107m^2/g。用化学还原法制备的非负载 Ni-P 化非晶态合金催化剂比表面积一般在 4～20m^2/g，将其负载在 SiO_2 上，得到的 Ni-P/SiO_2 非晶态催化剂比表面积达 120m^2/g。非晶态合金负载化，既可提高非晶态合金的热稳定性，又可提高它的催化活性和抗毒性能。如利用 Ni-B 作为引导剂，将 Ni-P 完全定向沉积到载体上，使 Ni^{2+} 与 $H_2PO_2^-$ 的反应在 Ni-B 表面进行，生成的 NiP 覆盖在 NiB 的表面，并代替 Ni-B 继续起催化作用，使非晶态合金的颗粒逐渐长大，提高了 Ni-P 的收率。由于不用络合剂，也使 Ni^{2+} 的还原率大大增加，制备的负载型 Ni-P(B) 为超细非晶态合金，由于少量 B 的存在，使其比相应的 Ni-P 或 Ni-B 具有更高的热稳定性。不同的载体对非晶态合金催化性能将产生影响，通常情况下，负载型非晶态活性与载体的比表面积成正比关系，高比表面积的载体更有利于合金的分散，使催化剂具有更多的活性位。如非晶态 Ni-B 合金负载在不同的载体上表现出不同的分散状态，载体的引入提高了非晶态合金的热稳定性。为此，通常可将非晶态 Ni-B 合金负载在 Al_2O_3、SiO_2 等载体上，可以使合金高度分散，从而暴露出更多的活性位，并且避免颗粒的聚集。

（四）非晶态合金催化剂的应用

近年来，非晶态合金催化剂作为一种新的催化材料，在加氢反应中有可能取代在制备过程中污染环境，且使用不安全的骨架镍甚至贵金属的催化剂，因而引起了催化工作者的极大兴趣。目前，负载型非晶态合金催化剂主要应用于以下几个领域。

1. 催化加氢

负载型非晶态合金催化剂由于活性组分在催化剂表面分布的各向同性和低温高活性，对产物具有很高的选择性。例如，应用负载型非晶态合金催化剂进行二烯烃的选择加氢主要集中在环戊二烯选择加氢制环戊烯和苯选择加氢制环已烯等方面。采用制备的负载型非晶态 Ni-B 催化剂在反应温度为 100℃，氢烃摩尔比为 1.2～1.7、环戊二烯液相空速为 1.5h^{-1} 的条件下进行环戊二烯的连续加氢制环戊烯，环戊二烯转化率为 100%，环戊烯选择性在 95% 以上。经过长时间运转证明，在反应条件下没有催化剂活性组分的流失和晶化现象的发生。

采用新型 Ru-B/SiO_2 负载型非晶合金催化剂催化苯的选择加氢制环已烯取得了良好的效果。

工业上乙烯中微量乙炔选择性加氢的主要目的是使乙炔浓度减少到低于 10μg/g，同时乙烯含量不变，这就对加氢催化剂的活性和选择性提出了特殊要求。将稀土 Sm 或载体 Al_2O_3 引入非晶态 Ni-B 合金后，由于 Sm 或 Al_2O_3 与 Ni-B 之间存在着某种相互作用，使得 Ni-B 合金催化剂表面性质发生变化，显著提高了催化剂对乙炔加氢反应的活性、选择性和稳定性，增强了催化剂的抗积炭能力。通过载体引入，提高了非晶态合金热稳定性，阻止了超细 Ni-B 聚集。在对卤代硝基苯液相加氢反应中还发现 Ni-B 非晶态合金催化剂的催化活性和选择性均显著优于其他 Ni 基催化剂，采用 Ni-B 非晶态合金催化剂可大幅度降低加氢脱卤，很好地解决了卤代硝基化合物加氢脱卤的难题，催化剂具有很大的优越性和潜在的工业化应用前景。

非晶态合金催化剂具有良好的磁性，磁稳定床兼有固定床和流化床的许多优点，将二者结合开发了具有我国自主知识产权的己内酰胺加氢精制新技术。在 2001 年中国石化巴陵分公司建成 8 千吨/年磁稳定床己内酰胺加氢精制工业示范装置后，于 2003 年在中国石化石家庄化纤有限责任公司建成 3.5 万吨/年工业生产装置并开车成功。己内酰胺均达到优级品，生产效率比釜式加氢过程提高了 4 倍，催化剂消耗减少 50%，年经济效益近 1000 万元。若采用目前工业上常用的连续搅拌釜反应器，反应器体积为 $10m^3$；而采用磁稳定床反应器，反应器体积仅为 $1.8m^3$。不仅提高了产品质量和收率，还简化了工艺流程，减少了环境污染。己内酰胺生产的苯甲酸加氢单元在 Pd/C 催化剂反应体系中加入非晶态合金催化剂后，减少了氢气中 CO 对 Pd/C 催化剂的中毒反应，提高了 Pd/C 催化剂活性，从而提高了产品质量，使 Pd/C 催化剂消耗降低 40%。

2. 电催化反应

非晶态合金制备的电解氯化钠水溶液的改性电极可以提高耐腐蚀性、延长使用寿命；同时提高了电极反应的选择性，使与氯释放过程相竞争的氧释放过程减少到最低限度，克服了氧气对氯气的污染。Pd-Ti-P 非晶态合金电极在阳极极化时具有优良的耐腐蚀性。$Pd_{73}Ti_{18}P_{19}$ 对释放氧具有高的过电压（2mol/L、4mol/L 水溶液，pH＝4，室温）。用 Ru、Pt 及 Ir 等取代 Ti 形成的电极，可以在保持耐腐蚀性优点的同时，提高催化活性。如 $Pd_{41}Ir_{40}P_{19}$ 比常用的 RuO_2/Ti 电极具有更高的氯释放活性和更低的氧释放活性，使电极的催化选择性也得到提高。

在水的电解方面，在用非晶态合金制备的电极中，$Fe_{60}Co_{20}Si_{20}B_{10}$ 具有最低的过电压、最高的释放氢活性。其结果优于多晶体的 Pt 和 Ni。另外，(Fe、Ni、Co)-(Si、B) 及 $Ni_{60}Pd_{20}P_{20}$ 非晶态合金用作阳极的放氧速率及活性均高于晶体镍。电解水的比较好的电极组合是 $Fe_{60}Co_{20}Si_{20}B_{10}$ 作阴极，$Co_{50}Ni_{25}Si_{15}B_{10}$ 作阳极。与 Ni/Ni 电极电解水相比，可以节省 10%的能量。

（五）非晶态合金催化材料发展趋势

非晶态合金催化剂经过近二十年的发展，其制备技术已基本成熟，并在不饱和化合物加氢等领域得到了广泛研究和应用。通过研究开发证明，将非晶态活性组分还原负载在某种多孔大比表面积的载体材料上来制备负载型催化剂，是一种行之有效的制备手段。目前在制备方法上如何进一步提高非晶催化剂的热稳定性和化学稳定性以及在石油化工应用中抗硫、抗氮等毒物性能，防止晶化和活性组分流失是关系到非晶催化材料能否在众多工业催化过程中得到广泛应用的关键问题。通过添加某些助催化剂或改性剂稳定非晶态的亚稳结构，提高其晶相转变温度和分散间隔程度，有可能成为消除制约非晶态催化材料大规模工业应用因素的突破点。另外，深入研究还原沉积机理和过程、降低还原成本是实现工业催化剂经济可行性的关键。负载型非晶态合金催化剂的应用技术重点应放在不饱和化合物的选择加氢研究开发上，尤其是在乙烯裂解馏分的选择加氢除炔烃或二烯烃等有害杂质的脱除上。用非晶态合金代替传统的工业用催化剂如 Raney Ni 等，不仅有利于提高催化效率，而且可以大大降低环境污染，是 21 世纪有望开发的一种高效和环境友好的新型催化材料。

七、负载型金属催化剂

负载型固体催化剂也称负载型多相催化剂，简称负载型催化剂，指使用载体的固体催化剂，是将活性组分负载于载体上所组成，常用的载体有氧化铝、硅胶、活性炭、硅藻土、分子筛等。由于载体在催化剂中具有许多作用及功能，通过载体可以灵活地调节催化剂的物化性质及孔结构，在石油化工、炼油及精细化工等中，更多地使用负载型催化剂。此外，在负载型催化剂中，也常常添加助剂或其他催化元素以改善催化剂性能。

（一）负载型金属催化剂的特征

金属催化剂尤其是贵金属，由于价格昂贵，常将其分散成微小的颗粒附着于高比表面积和大空隙的载体之上，以节省用量、增加金属原子暴露于表面的机会。这样就给负载型的金属催化剂带来一些新的特征。

1. 金属的分散度

金属在载体上微细的程度用分散度 D 表示，其定义为每克催化剂中表面的金属原子数占总的金属原子数的比例。

$$D=\frac{n_s}{n_t}=\frac{\text{表面的金属原子数}}{\text{总的金属原子数}} \tag{5-19}$$

因为催化反应都是在位于表面上的原子处进行，故分散度好的催化剂，一般其催化效果就好。当 $D=1$ 时意味着金属原子全部暴露。后来，IUPAC 建议用暴露百分数（P. E.）代替 D。对于一个正八面体晶格的 Pt，其颗粒大小与 P. E. 的对应关系如表 5-1 所示。

表 5-1　Pt 颗粒大小与 P. E. 的对应关系

Pt 颗粒的棱长	P. E.	Pt 颗粒的棱长	P. E.
1.2nm	0.78	5.0nm	0.30
2.8nm	0.49	1.0μm	0.001

一般工业重整催化剂，其 Pt 的 P. E. 大于 0.5。关于 D 或 P. E. 的测试方法，可参阅催化剂表征的有关书刊。

金属在载体上微细分散的程度，直接关系到表面金属原子的状态，影响这种负载型催化剂的活性。通常晶面上的原子有三种类型，有的位于晶角上，有的位于晶棱上，有的位于晶面上。以削顶的正八面体晶面为例，其表面位的分布如图 5-9 所示。这是一种理想的结构形式，只存在（100）和（111）面。显然，位于角顶和棱边上的原子，较之位于面上的配位数要低。随着晶粒大小的变化，不同配位数位的比重也会变，相对应的原子数也随之改变，如图 5-10 所示。这样的分布表明，涉及低配位数位的吸附和反应，表面位的分数将随晶粒的变小而增加；而位于面上的位，表面位的分数将随晶粒的增大而增加。

2. 载体的效应

此处仅就负载金属的还原做些分析。研究发现，在氢气氛中，非负载的 NiO 粉末可在 673K 下完全还原成金属，而分散在 SiO_2 或 Al_2O_3 载体上的 NiO，还原就困难多了，可见金属的还原性因分散在载体上而改变了。一般载体在活性组分还原操作条件下（通常在 673K 以下）本不应还原，因为已还原的金属具有催化活性，会把化学吸附吸附在表面原子上的氢转到载体上，使之随着还原。

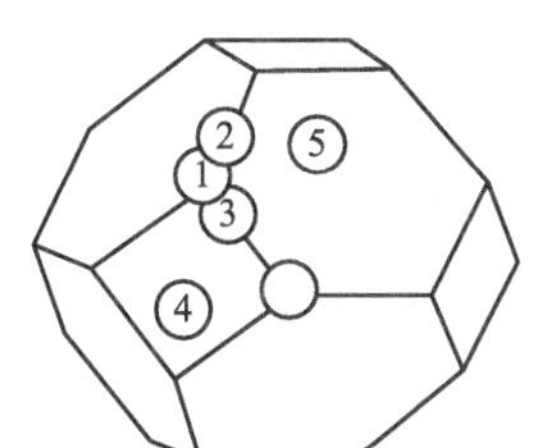

图 5-9 削顶正八面体晶体表面位分布

1—顶位；2—棱位（111)-(111)；3—棱位（111)-(100)；4—面位（100)；5—面位（111)

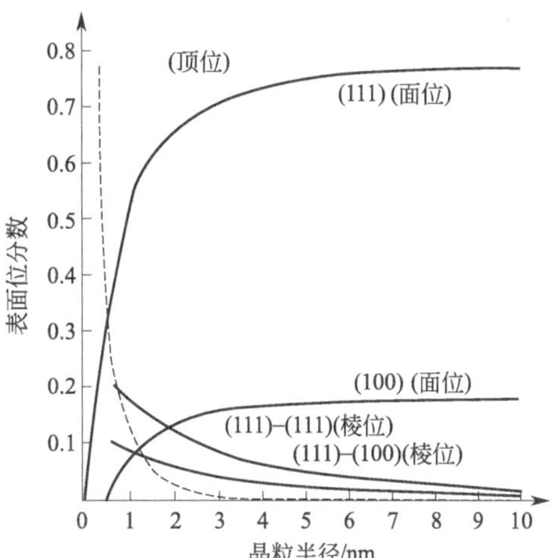

图 5-10 各种表面位分数随晶粒大小的变化

除阻滞金属离子的还原外，载体也会影响金属的化学吸附，这是由于金属与载体之间有强相互作用，受此作用的影响，金属催化的性质可以分为两类：一类是烃类的加氢、脱氢反应，其活性受到很大的抑制：另一类是有 CO 参与的反应，如 $CO+H_2$ 反应，CO+NO 反应，其活性得到很大提高，选择性也增强。后一类反应的结果，从实际应用角度来说，利用 SMSI 以解决能源及环保等问题具有潜在意义。

3. 结构非敏感和敏感反应

对于金属负载型的催化剂，Boudart 等总结归纳出影响转换频率（活性表达的一种新概念）的三种因素，即：在临界范围内颗粒大小的影响和单晶的取向；一种活性的第Ⅷ族金属与一种较低活性的ⅠB 族金属，如 Ni-Cu 合金的影响；从一种第Ⅷ族金属替换成同族中另一种金属的影响。根据对这三种影响因素敏感性的不同，催化反应可以区分成两大类：一类是涉及 H-H、C-H 或 O-H 的断裂或生成的反应，它们对结构的变化、合金化的变化或金属性质的变化敏感性不大，称为结构非敏感反应，另一类是涉及 C-C、N-N 或 C- O 的断裂或生成的反应，对结构的变化、合金化的变化或金属性质的变化敏感性较大，称为结构敏感反应。例如，环丙烷加氢就是一种结构非敏感反应。用宏观的单晶 Pt 作催化剂（无分散，$D\approx0$）与用负载在 Al_2O_3 或 SiO_2 上的微晶（1～1.5nm）作催化剂（$D\approx1$），测得的转化频率基本相同。氨在负载铁催化剂上的合成是一种结构敏感的反应，因为该反应的转化频率随铁分散度的增加而增加。反应的活性中心为配位数等于 7 的特定表面原子 C_7，其化学吸附 N_2 成为速率控制步骤。根据理论计算，它的相对浓度在小晶粒上较之在大晶粒上要少。Fe[111] 面暴露 C_7 原子较其他晶面大 2 个数量级，故 Fe[111] 面催化合成 NH_3 的活性与之相对应。所有这些都已得到实验证实。

造成催化反应结构非敏感性的解释，Boudart 归纳为三种不同的情况。

(1) 表面再构　在负载 Pt 催化剂上，H_2-O_2反应的结构非敏感性是由于氧过剩，致使 Pt 表面几乎完全为氧吸附单层所覆盖，将原来 Pt 表面的细微结构掩盖了，造成结构非敏感。

(2) 提取式的化学吸附　结构非敏感反应与正常情况相悖，活性组分晶粒分散度低的（扁平的面）较之高的（顶与棱）更活泼，二叔丁基乙炔在 Pt 上的加氢就是如此。因为催化中间物的形成，金属原子是从它们的正常部位提取出的，故是结构非敏感的。

(3) 与基质的作用　这种结构非敏感的原因是活性部位不是位于表面上的金属原子，而是金属原子与基质相互作用形成的金属烷基物。环己烯在 Pt 和 Pd 上的加氢，就是由于这种原因造成的结构不敏感反应。

以上几种解释并未形成定论，还有待进一步研究。

（二）负载型催化材料的制备

负载型金属催化剂的制备方法分两大类，常常用其中第一类方法制备。第一类方法就是用金属盐溶液浸渍氧化物粉末。如果需要制备双金属催化剂，即把两种金属载在表面上的催化剂，就使用两种盐的混合物。金属盐的浓度决定具有催化活性的金属在氧化物上的“载荷量”。昂贵的催化剂，如铂催化剂，载荷量一般选择在 1%（质量分数）左右。这保证氧化物只有一小部分被金属所覆盖，从而使表面上形成很小的金属颗粒。颗粒小正是所希望的，因为颗粒小可以使暴露在表面上的原子所占的分率加大。然后再把浸渍过的氧化物干燥，并把盐还原成金属。还原的具体方法因催化剂而异，而且对确定最终样品的活性具有决定性的作用。如果需要高的载荷量而不是低的载荷量，例如贱金属催化剂的制备，则可能倾向采用第二大类制备方法，即把金属（常常是以氢氧化物的形式）沉积到载体表面上。一个典型过程是，把硝酸镍的水溶液与氧化铝在一起搅拌，再把氢氧化铵加到此浆液中，氢氧化镍就沉淀到氧化铝上了。经过滤、干燥之后，再在 500～600℃通过氢还原生成金属镍。

八、双金属催化剂催化去除水中硝酸盐

随着人口的增长和经济的快速发展，人类对水资源的需求日益增加，而地球上适于饮用的淡水仅占全球水资源的 4.9%，同时又受到各种污染。因此，保护水资源、提高水质安全保障是目前全人类共同关注的问题。天然水中硝酸盐的污染，近些年来已经上升为世界各国最严重的问题之一。20 世纪 90 年代，由于过量使用天然和合成的肥料，使美国和欧洲的部分地区地下水中的 NO_3^- 浓度高达 200mg/L。调查发现，我国大部分大中城市地下水也已经受到了硝酸盐的污染，如北京郊区地下水中 NO_3^- 浓度严重超标。NO_3^- 的污染对人类健康尤其是婴幼儿的危害极大，诱发诸如婴幼儿高铁血红蛋白症以及先天性心脏功能缺陷综合征等疾病。因而，世界卫生组织和美国国家环保局、欧盟及我国制定的引用水中硝态氮最高允许浓度分别为 10mg/L、11.3mg/L 及 20mg/L。

硝酸盐在水中溶解度高，化学性质稳定，可以长期在地下水中积累，传统给水处理工艺技术难以将其除去，所以地下水中的 NO_3^- 污染与防治值得我们密切关注。目前脱硝酸盐的技术有物理化学法、生物反硝化法和催化还原法。物理化学法（如离子交换法、反渗透）使硝酸盐在反应过程中只是发生了转移，浓缩在副产的废水中，仍需要进一步处理，费用较高，而且这些处理方法对于硝酸盐没有选择性；微生物法是目前最有前途的工艺，但也存在脱硝酸盐过程慢的缺点，有时反硝化过程进行得不完全，会释放大量的 NO_2^-、NO_x 和 N_2O，而且产生的大量剩余生物污泥需后处理，因此需要使用更有利于环境保护的技术。德国学者 Vorlop 等最早提出以通入的氢气为还原剂，在负载型的二元金属催化剂（如 Pd-Cu/Al_2O_3）的作用下，将硝酸根还原为氮气的化学催化法。催化法是在催化剂的作用下，将水中硝酸盐和亚硝酸盐催化加氢还原生成氮气，反应条件温和，反应速率快，可以将绝大部分硝酸盐氮转化为氮气，不会造成二次污染，是一种经济、没有废水产生的脱硝酸盐新技术。

（一）双金属催化还原硝酸根的原理

化学催化还原硝酸根指以氢气、甲酸等为还原剂，在反应中加入适当的催化剂，以减少副产物的生成，也就是利用催化剂的催化作用将硝酸盐氮还原，反应如下：

$$2NO_3^- + 5H_2 \xlongequal{} N_2 + 2OH^- + 4H_2O \tag{5-20}$$

$$NO_3^- + 4H_2 \xlongequal{} NH_4^+ + 2OH^- + H_2O \tag{5-21}$$

Horold 等用 Pd-Cu 二元金属作催化剂，对水样中的硝酸盐氮进行了试验，结果表明：溶液 pH 值为 6.5、NO_3^- 的初始浓度为 100mg/L 时，NO_3^- 离子的转化率可达 100%，同时对氮气的选择性可达 82%，催化剂去除硝酸根的活性为 3.13mg/[min・g（催化剂）]，比微生物反硝化的活性要高 30 倍。通过这种方法实现对 100mg/L 的硝酸根离子的完全还原，而又使反应产物中的 NH_4^+ 浓度不超过排放标准（如 0.5mg/L）是完全可能的。Batista 等也在相同条件下对不同方法制备的 Pd-Cu 双金属催化剂进行了测试，结果表明在该双金属催化剂中，如果金属 Cu 被一层 Pd 所包覆，则该反应对氮气的选择性可达到 90%。以上实验结果表明，催化反硝化法对水中硝酸盐氮有较好的去除效果，并且减轻了后续处理工艺的处理负荷。该工艺能适应不同反应条件，易于运行管理。由于上述过程可以在地下水的水质和水温条件（10℃，pH 值为 6～8）下进行，并且易于自动化和操作，适于小型水处理。若以氢气为还原剂不会对被处理水产生二次污染，因此这一处理工艺受到密切关注，并被认为是最有发展前景的饮用水脱硝工艺。

（二）反应动力学及反应机理

对于多相催化反应，反应物质在催化剂表面会发生扩散、吸附、物质传输和化学反应、脱附等过程，而每一步骤都可能成为速率控制步骤。因此，进一步研究化学催化还原硝酸根动力学及催化反应机理，对于研究者设计、优化优良催化剂具有深刻的理论指导意义，从而进一步提高化学催化还原硝酸根的反应活性和选择性。

有关硝酸盐催化还原的动力学研究主要集中在使用粉末状 Pd-Cu/Al_2O_3 催化剂上。Vorlop 等利用粉末状催化剂的相关理论模型提出硝酸盐催化还原的速率方程，NO_3^- 与还原剂首先吸附在催化剂表面相邻的吸附位上，再发生表面反应，即符合 L-H 机理。Prusse 采用 Pd 基催化剂，以氢气和甲酸两种还原剂还原硝酸根，对反应机理进行了研究。作者认为催化剂表面的活性金属有两种形式，一种是双金属微晶，一种是纯 Pd 微晶，它们分布在惰性载体表面。硝酸根仅能吸附在双金属微晶表面，被还原为亚硝酸根，但生成的亚硝酸根不能在双金属催化剂表面进一步被还原，而是先脱附后再重新被单金属 Pd 微晶吸附，然后还原为低价态的含氮化合物，如图 5-11 所示。还原剂甲酸或者氢气仅能吸附在单金属 Pd 表面产生吸附和分解，氢气离解为活性氢原子，产生的活性氢原子一部分在单金属 Pd 表面将氮氧化物还原，另一部分转移到附近的双金属催化剂表面将硝酸根还原，如图 5-12 所示。反应的选择性是由单金属 Pd 表面吸附的含氮物种和还原剂的比例决定的，如果含氮物种和所用的还原剂比例改变，那么反应的选择性将发生变化。

Pintar 等采用 L-H 模型很好地描述了 NO_3^- 的加氢还原速率和反应的非竞争性，同时认为游离态氢的吸附和催化剂表面发生的不可逆双分子表面反应过程控制着整个反应的速率。在混合型反应器中观察到的反应动力学表明：中间产物 NO_2^- 的出现对反应生成 N_2 的选择性没有影响，而在反应过程中水溶液的 pH 变化与 NO_3^- 去除速度成反比。另外，一些学者依据反应过程中检测到的中间体如 NO_2^-、NO、N_2、NH_4^+ 和研究结果提出了相关的基元反应步骤。Ilinitch 等认为在贵金属表面产生的 NO 是一个关键的中间产物，游离态 NO 的吸附控制着 Pd 表面上 NO 的还原，并提出了 Pd 和 Pd-Cu 催化剂加氢催化还原 NO_3^-、NO_2^- 的基元反应过程。

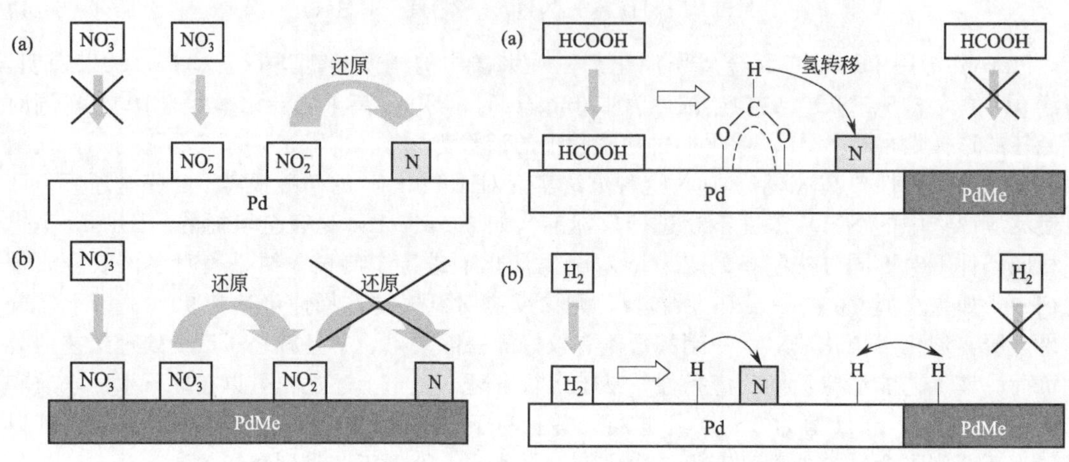

图 5-11　硝酸根在单金属 Pd 和双金属 Pd Me 催化剂表面吸附还原示意图（Me 为助催化剂，N 为还原的氮物质）

图 5-12　分别以氢气和甲酸为还原剂在催化剂表面的吸附还原示意图（Me 为助催化剂，N 为还原的氮物质）

第四节 金属氧化物催化材料

一、概述

金属氧化物因可以作为主催化剂、助催化剂和载体在催化领域中被广泛使用。这类作为氧化用的氧化物催化剂，可分成三类：第一类是金属氧化物，用于氧化的活性组分为化学吸附型氧种，吸附态可以是分子态、原子态乃至间隙氧；第二类是过渡金属氧化物，易从其晶格中传递出氧给反应物分子，组成含有 2 种以上且价态可变的阳离子，属非计量的化合物，晶格中的阳离子常能交叉互溶，形成相当复杂的结构；第三类不是氧化物，而是金属，但其表面吸附氧形成氧化层，如 Ag 对乙烯、甲醇的氧化，Pt 对氨的氧化。

就主催化剂而言，金属氧化物催化剂可分为过渡金属氧化物催化剂（简称为氧化物催化剂）和非过渡金属氧化物催化剂（常简称为固体酸碱催化剂）。周期表中ⅠA 和ⅡA 族碱金属和碱土金属的氧化物以及 Al_2O_3、SiO_2 等，其金属离子最高占有轨道和最低空轨道，都不是 d 轨道或 f 轨道，具有不变价的倾向。这些氧化物大多数具有很高的熔点，并抗烧结，可作为耐高温的载体或结构助催化剂，如 Al_2O_3、MgO、SiO_2 等。另外，它们具有不同程度的酸碱性，对离子型（或正碳离子型）反应，具有酸碱催化活性。而且它们之间适当组合，可以制成酸碱多功能催化剂。如 MgO-SiO_2 在乙醇制丁二烯的反应中，同时具有酸碱催化活性。催化裂化的酸催化剂，从无定形的凝胶发展到结晶形的分子筛，可以说是催化裂化工业中一项重大的改革。使用分子筛的突出优点是活性高、选择性及稳定性好。

过渡金属氧化物，金属离子最高占有轨道与（或）最低空轨道，是 d 轨道或 f 轨道，或是 d 和 f 杂化的轨道，具有容易变价的倾向，具有较强的氧化还原性。广泛用于氧化、加氢、脱氢、聚合、加合等催化反应中。实际应用中，仅含一个组分的氧化物催化剂一般不常见，通常是在主催化剂中加入多种添加剂，制成多组分氧化物催化剂。这些氧化物催化剂的存在形式可能有三种：①复合氧化物。如，尖晶石型（或钙钛矿型）复合氧化物、含氧酸盐、杂多酸等。②固溶体。如 NO 或 ZnO 与 LiO 或 Cr_2O_3、Fe_2O 与 Cr_2O_3 生成固溶体。在 V_2O 中能固溶约 25%（摩尔分数）的 MoO、5%的 P_2O_3。③各成分独立的氧化物。即使是在这种情况下，由于晶粒界面上的相互作用，也必然会引起催化性能的改变，因而也不能以单独的混合物来看待，要注意到它们的复合效应。如 SiO_2 和 Al_2O_3 都是弱酸，但形成 $SiO \cdot Al_2O_3$ 凝胶后酸强度增加了。

随着固体电子理论的发展，由于所使用的过渡金属氧化物催化剂通常属于半导体，现代科学相互渗透，就必然会把半导体物理学中的一些概念引用到催化领域中来。由于半导体的电子能带结构比较清楚，能带反映半导体整体的电性质，曾用能带概念来解释催化现象，这种概念能够描写半导体催化剂和反应分子间电子传递的能力。例如，催化剂从反应分子得到电子，或是催化剂上的电子给予反应分子，这是催化反应现象中的一方面。但对催化反应更重要的是反应分子和催化剂表面局部原子起作用形成的化学键性质，这种化学键与稳定的分子内部的化学键本质不同，属于络合键类型。如将催化剂的半导体性质和表面局部原子与反应分子间的化学键性质结合起来研究催化作用会更全面。

二、半导体的类型及导电性质

（一）半导体的能带结构

固体按导电性能可分为导体、半导体和绝缘体。金属是电的良导体，电阻率约为 $10^{-2}\Omega/cm$。绝缘体的导电性能较弱，电阻率约在 $10^{10}\Omega/cm$ 以上，半导体的导电性能介于导体与绝缘体两者之间，电阻率一般在 $10^5 \sim 10^{10}\Omega/cm$。金属的电阻随温度的升高而增加，半导体的电阻随温度的升高而降低，绝缘体的电阻基本上不随温度而变化。在正常情况下，电子总要处于较低的能级，也就是说，电子首先填充能量最低的能带，而较高的能带可能没有被完全充满。凡是没有被电子充满的能带，在外电场的影响下可以导电，所以称为导带（即在外电场的影响下导带中的电子很容易从一个能级跳到另一个能级）。凡是已被电子充满的能带称为满带，满带中的电子不能从满带中的一个能级跃迁到另一个能级上去，它不能导电，绝缘体的能带都是满带。金属、半导体与绝缘体三者的能带有很大的区别，如图 5-13 所示。

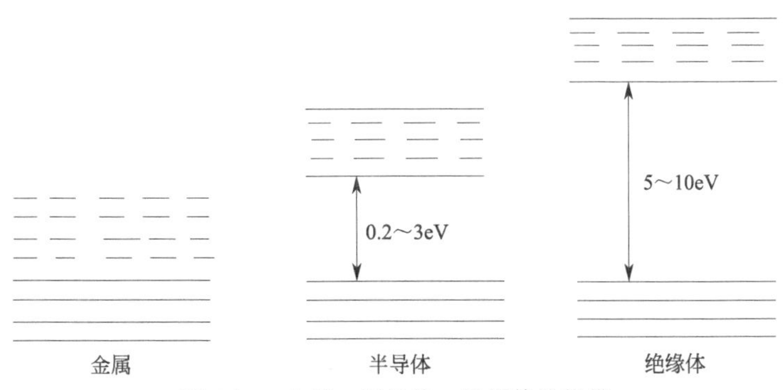

图 5-13 金属、半导体、绝缘体的能带

金属的能带：满带和导带紧连在一起，在导带中有自由电子，在电场的作用下，这些自由电子就移动产生电流，故其电阻率特别小。当温度增加时，这些自由电子碰撞的机会就增加，因而电阻也随之增加。绝缘体的禁带宽度较宽，一般在5～10eV，满带中的价电子不易激发到导带中，没有自由电子或空穴，所以电阻很大，随温度的变化也较小。半导体的禁带宽度则介于二者之间，一般在0.2～3eV之间。由于半导体的禁带宽度相对来说较窄，只有在热力学温度零度时满带才被电子完全充满，此时半导体和绝缘体没有区别。而在有限温度时，电子热运动的结果，总有少数电子从满带激发到没有被电子充满的空带上去，见图5-14。

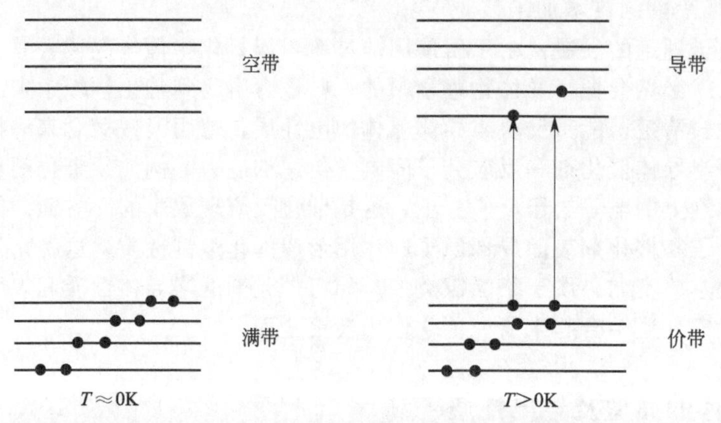

图5-14 在有限温度下半导体电子的能级跃迁

当满带的电子激发到空带，空带就变成了导带，导带中的电子即能导电。这种由于导带中电子的导电叫作电子导电。满带放走了电子之后，由本来的中和状态（不带电）变为带正电，也叫作正空穴（或简称空穴）。空穴也可以导电，它的导电原理是临近的电子补充了空穴的位置，产生了新的空穴，而新的空穴又被其临近的电子所补充，如此继续下去，好像空穴也在流动一样（实际上仍是电子的流动而引起空穴位置的变化）。电子导电又叫N型导电，空穴导电叫P型导电。有时又把导带中的电子和满带中的空穴统称为载流子。

（二）费米（Fermi）能级

Fermi能级 E_f 是表征半导体性质的一个重要物理量，可用以衡量固体中电子逸出的难易，它与电子的逸出功 ϕ 直接相关。ϕ 是将一个电子从固体内部拉到外部变成自由电子所需的能量，此能量用以克服电子的平均位能 E_f。因此，从 E_f 到导带顶的能量差就是逸出功 ϕ，如图5-15(a)所示。显然，E_f 越高电子逸出越容易。本征半导体的 E_f 在禁带中间；N型半导体的 E_f 在施主能级与导带之间；P型半导体的 E_f 在受主能级与满带之间。

当半导体表面吸附杂质电荷时，其表面带正电荷或负电荷，导致表面附近的能带弯曲，不再像体相能级一样呈一条平行直线。表面带正电荷时，能级向下弯曲，使 E_f 更接近于导带，即相当于 E_f 提高，使电子逸出变容易；表面带负电荷时，能级向上弯曲，使 E_f 更远离导带，即相当于 E_f 降低，使电子逸出变困难，如图5-15(b)所示。E_f 的这些变化会影响半导体催化剂的催化性能。下面用研究众多的探针反应——氧化亚氮的催化分解为例进行说明。其反应为：

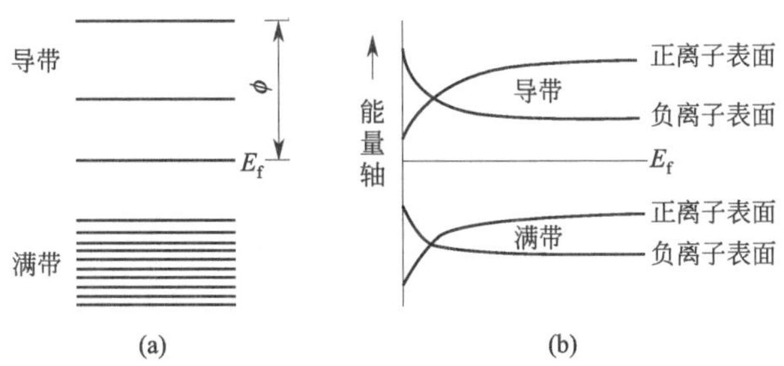

图 5-15 E_f 与 ϕ 的关系（a）和表面负荷与能带弯曲（b）

$$2N_2O = 2N_2 + O_2 \tag{5-22}$$

反应机理是下述步骤：

$$N_2O + e^-(\text{来自催化剂表面}) \rightleftharpoons N_2 + O^-_{吸} \tag{5-23}$$

$$O_{吸} + N_2O \rightleftharpoons N_2 + O_2 + e^-(\text{去催化剂}) \tag{5-24}$$

研究指出，如果反应(5-24)为控制步骤，则P型半导体氧化物（如NO）是较好的催化剂，因为只有当催化剂表面的Fermi能级E_f低于吸附O需要的电离势时，才有电子自O向表面转移的可能，P型半导体较N型半导体更符合这种要求，因为P型半导体的Fermi能级更低，实验研究表明许多种半导体氧化物都能使N_2O催化分解，且P型半导体较N型半导体具有更高的活性，当确定以NO为催化剂时加入少量Li_2O作助催化剂，催化分解活性更好；若加入少量的Cr_2O_3作助催化剂，则产生相反的效果。这是因为Li_2O的加入形成了受主能级，使E_f降低，故催化活性得到促进；而加入Cr_2O_3形成施主能级，使E_f升高，故抑制了催化活性。

从上述的N_2O催化分解反应的分析可以看出，对于给定的晶格结构，Fermi能级E_f的位置对于它的催化活性具有重要意义。故在多相金属和半导体氧化物催化剂的研制中，常采用添加少量助催化剂的方法以调变主催化剂的E_f位置，达到改善催化剂活性、选择性的目的。应该看到，将催化剂活性仅关联到E_f位置的模型过于简化，若把它与表面化学键合的性质结合在一起，会得出更为满意的结论。

三、过渡态金属氧化物催化剂特征

过渡态金属氧化物催化剂的主要特征有以下几个方面。

1. 半导体性

由于金属氧化物中金属离子不直接接触，金属中间的电子无法直接转移，只有通过氧才能传递，所以阻力大。在低温下几乎不导电，只有提高温度，使电子处于激发状态，才能导电，所以是半导体。

其导电分为两种情况：一种是电子导电，就是带负电荷的电子移动；另一种是空穴导电，亦称为正电荷导电。按照能带理论，绝缘体中没有电子的空带和填满电子的满带之间存在着一个禁带，禁带的宽度较宽，在5～10eV。由于满带中的电子难以激发到空带中去，空带中就无电子，满带中无空穴，所以不能导电。相反，若禁带较窄，满带中的电子就可以跃迁到空带中去，空带中有电子，电子就可以自由运动，使空带变成导带；满带中由于电子跃迁出去留下空穴，也可以以空穴运动的形式导电。

半导体可分为P型半导体和N型半导体，从催化角度看，P型半导体，即低价氧化物如Cu_2O、NiO、CoO等，有利于氧吸附，有利于深度氧化反应；而N型半导体，即高价氧化物如ZnO、Fe_2O、V_2O_5、TiO_2等，不利于氧吸附，有利于部分氧化。而加氢与氧化过程刚好相反，N型半导体作加氢、脱氢催化剂效果较好。

对于CO在NO催化剂上的氧化反应，用P型半导体NO作催化剂，掺入杂质Li^+和Cr^{3+}，其中Li^+起受主杂质的作用，增大NO P型半导体的电导率，Cr^{3+}起施主杂质的作用，减小NO P型半导体的电导率。这些结果可以用CO的吸附为控制步骤的假设来说明：掺入Li^+后增加催化剂的空穴数，电导率增大同时更有利于接受CO的电子，因而加速了CO表面吸附（正离子吸附）这一控制步骤的进行，相应降低了CO表面的氧化活化能；相反，加入Cr^{3+}后，减少空穴数，不利于接受CO的电子，不利于CO吸附这一步骤的进行，相应地提高了反应活化能。

2. 酸碱性

金属氧化物有的具有酸性，有的具有碱性。一般来说，高价态氧化物具有酸性，有接受电子的趋向；低价氧化物具有碱性，有提供电子的趋向。酸碱性的不同，将会影响其催化性能。以丙烯部分氧化为例，实验发现，在酸性氧化物MoO_3、Sb_2O_4、V_2O_5的催化下，生成的产物是丙烯醛；在碱性氧化物ZnO的催化下，生成的产物是二聚环化苯。如果用酸碱性都不明显的SnO_2作催化剂，两种产物都有，说明催化剂的酸碱性对反应方向有明显的影响。原子内部结构对催化性质的影响首先是电子构型的影响，比较一系列氧化物加氢和H_2/D_2交换等的催化活性，发现其活性高低与氧化物中金属的d电子组态有关。

活性高的：$Cr^{3+}(3d^3)$、$Co^{3+}(3d^6)$、$Co^{2+}(3d^7)$、$Ni^+(3d^8)$

活性低的：$Mn^{2+}(3d^5)$，$Fe^{3+}(3d^5)$，$Ti^{4+}(3d^0)$，$Zn^{2+}(3d^{10})$

全充满及半充满的d由于结构稳定，催化活性低，而不是全充满或半充满的状态由于结构不稳定而催化活性高。

其次是键型的影响。金属氧化物中有两种键型：一种是M—O—M型，另一种是M═O型。它们在红外光谱上的特征峰分别为$800\sim900cm^{-1}$和$900\sim1100cm^{-1}$处。在对氧同位素交换和氧化碳的反应速率和对丙烯、甲醇氧化反应的活化及选择性研究中发现，MnO_2、Co_3O_4、NiO、CuO等不含M—O键的化合物是深度氧化催化剂，另一类含有M═O键（晶体中也含有M—O—M键）的化合物，如MoO_3、Sb_2O_3、V_2O_5、Bi_2O_3-MoO_3等，是选择性氧化（部分氧化）的催化剂。

再次是吸附氧与晶格的影响。氧在表面上的吸附有多种形态，观察表明，在氧化物表面上吸附氧依下转变：

$$(O_2)_{吸}\rightarrow(O_2^-)_{吸}\rightarrow(O^-)_{吸}\rightarrow(O^{2-})_{吸}$$

氧作为电子受体被吸附在氧化物的表面上，温度越高越易生成后面的吸附物种。到了O_2^-已与晶体中的氧没有区别，可以深入体相中，补充到O_2^-晶体空位中去。因此，金属氧化物氧化就有了吸附氧和晶格氧的区别。通常认为，选择性氧化涉及有效的晶格氧，而无选择性的完全氧化反应，吸附氧和晶格氧都参与反应。吸附氧以O_2^-和O^-形式存在的物种是一种很强的亲电试剂，它进攻有机物分子中电荷密度最大的区域，如烯烃中的双键，形成一种过氧化或环氧化性的中间络合物，因此氧的活化导致完全氧化。

四、金属氧化物催化剂的结构

（一）典型金属氧化物的晶体结构

一般固体物质具有何种结合形式和晶体结构，强烈依赖组成原子的电负性大小等因素。氧化物晶体的结合形式有离子性结合、共价结合、金属性结合及范德瓦尔斯结合，前两种形式尤其重要。原子或分子以范德瓦尔斯结合为主凝聚成晶体（分子晶体）的例子，在金属氧化物中很少，只有 RuO_4、Sb_4O_3 等几种。众所周知，电负性大的氧同电负性小的金属形成的化合物主要是离子性结合化合物（离子晶体），离子的大小是决定其结构的一个重要因素。

现实中既不存在纯粹的离子晶体，也不存在纯粹的共价晶体，实际氧化物多少处于两者中间的状态，构造复杂。下面将按照氧化物的化学式概要说明它们的晶体结构。

1. M_2O 型氧化物

M_2O 型氧化物有反萤石型、Cu_2O 型和反碘化镉型 3 种晶体结构，反萤石结构有离子性强的碱金属氧化物，它是在萤石 CaF 中以 O^{2-} 代替 Ca^{2+} 的位置，以 M^+ 代替 F^- 的位置，两者的配位数各为 8 和 4，但是 Cs_2O 并不是反萤石结构，而是反碘化镉结构。ⅠB 族 Cu 和 Ag 的氧化物具有共价成分较多的 Cu_2O 晶体结构，金属的配位数是直线型 2 配位（sp 杂化），O 的配位数是四面体形 4 配位（sp^3 杂化），M 和 O 的配位结构各与方英石中 O 和 Si 的配位结构相同，可以看作是两个方英石晶格组合而成。

2. MO 型氧化物

代表性结构是 NaCl 型和纤维锌矿型，形成哪一种晶型主要取决于结合是离子性的还是共价性的，也与阳离子同阴离子半径比有关。纤维锌矿型结构中 4 个 M^{2+}-O^{2-} 键不一定等价，如 ZnO 中 3 个键长 1.973Å，剩下一个键长 1.992Å。

第一过渡金属的 2 价氧化物是 NaCl 型结构，FeO、MnO、CoO 在高温下是立方晶系，但是低温下偏离理想结构，前两个歪扭为三方晶系，CoO 歪扭为四方晶系，NiO 甚至常温下也以三方晶系为稳定，另外，过渡金属氧化物受气氛和杂质原子的影响容易偏离化学计量组成，这给它的物理和化学性质带来很大影响。

CuO、PdO、PtO 晶体结构表现出共价结合特征，金属离子依据 dsp^2 杂化轨道形成平面正方形 4 配位，氧离子则处于四面体形 4 配位中，CuO 的对称性比 PdO、PtO 要低，AgO 同 CuO 有类似结构，根据晶体学在 AgO 中有两种银离子，不是 $Ag^{2+}O$ 的形式，而是 $Ag^+Ag^{3+}O_2$，直线上的 2 个 Ag^+-O^{2-} 键长 2.18Å，其他 2 个键长 2.66Å，而 4 个 Ag^{3+}-O^{2-} 键长都是 2.05Å。

Pb^{2+} 和 Sn^{2+} 最外层电子数不是 18，而是 2，因此氧化物具有特殊的结构，PbO（红色、四方晶系）和 SnO 的晶体结构相同，都是层状结构，Pb^{2+}（Sn^{2+}）是正方锥型 4 配位，O^{2-} 是四面体形 4 配位，4 个 Pb-O 键长 2.30Å。黄色变晶 PbO（斜方晶系）虽然也是层状结构，每层内 Pb 同 O 的配置不相同，NbO 中 Nb^{2+} 和 O^{2-} 都是平面 4 配位结构，这一结构也可以看作是有缺陷的 NaCl 晶型，这是一个缺陷位置有规则排列的特殊复合缺陷结构的例子。

（二）复合组分氧化物的晶体结构

单组分金属氧化物单独用作催化剂的例子很少，多数是两种以上组合成多组分氧化物使用。过渡态金属氧化物催化剂常常是由复合氧化物组成，有二元复合氧化物如 V_2O_5-MoO_3、Bi_2O_3-MoO_3，也有三元复合氧化物如 TiO_2-V_2O_5-P_2O_5，还有更多元甚至七组分氧化物。

尖晶石是典型的复合组分氧化物之一，其化学组成是 $MgAl_2O_4$，是 MgO 和 Al_2O_3 的复合氧化物，也可以写为 $MgO \cdot Al_2O_3$。属于这个类型的化合物，结构通式用 AB_2O_4 表示，称为尖晶石型化合物。在这类化合物中，由于氧离子的体积大于金属离子的体积，形成晶体时金属离子在中心，氧在其周围。A 原子与氧构成正四面体，A 在正四面体的中心，几个顶角为氧。B 原子和氧原子的关系是 B 在正八面体的中心，上下、前后、左右共有 6 个氧原子与其配位。尖晶石型化合物单位晶胞含有 32 个氧离子，组成立方紧密堆积结构，对应于式 $A_8B_{16}O_{32}$。尖晶石型催化剂在工业上一般应用于催化氧化反应中，包括烃类的氧化脱氢，例如丁烯氧化脱氢制丁二烯。

第五节 压电材料

一、压电材料简介

压电材料在受到机械负载时会产生电荷[见图 5-16(a)]。该效应通常称为“压电效应”。相反，当压电材料受到电压电应力时，其尺寸会发生变化[见图 5-16(b)]，这种现象被称为“逆压电效应”。

压电效应是一个多世纪以前由皮埃尔·居里和雅克·居里兄弟首先发现的，当将机械应力施加到电气石、托帕石、石英、罗谢尔盐和蔗糖等晶体上时，会出现电荷，并且该电压与应力成正比。

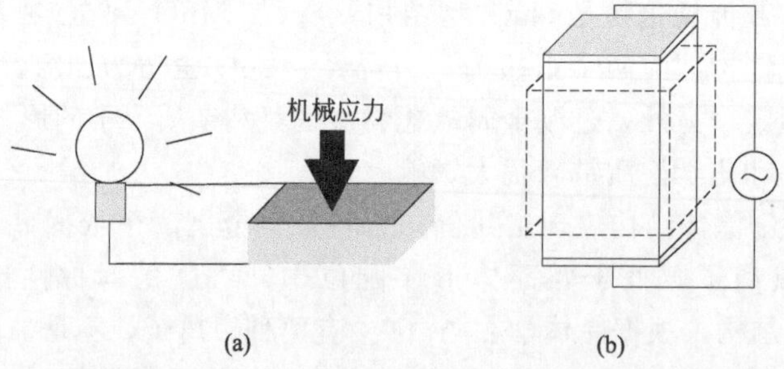

图 5-16 压电中的电弹性耦合压电效应：力感应电压（a）和逆压电效应：电压引起的应变（b）

然而，居里等人并未预测到直接压电效应（来自施加应力的电）的晶体也将呈现出逆压电效应（响应于施加电场的应变）。一年后，该特性是基于 Lippmann 的热力学考虑从理论上预测的，他提出压电、热电等必须存在相反的效应。随后，通过实验确定了逆压电效应(见图 5-17)，他开始获得压电晶体中机电变形的完全可逆性的定量证明。以上这些事件可以看作是压电历史的开始，压电效应的有趣发现促进了信息技术、光电技术等的快速发展。

压电材料的这些特性可实现机械振动（声波）和交流电的互相转换，因而压电材料是一种能够实现电能与机械能相互转化的材料，由于压电材料的这一性能，以及制作简单、成本

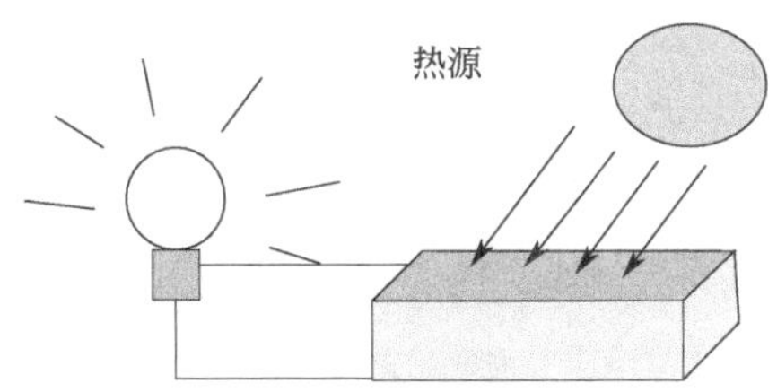

图 5-17 逆压电效应示意

低、换能效率高等优点，压电陶瓷被广泛应用于热、光、声、电子学等领域。电材料广泛用于传感器元件中，例如地震传感器，力、速度和加速度的测量元件以及电声传感器等。这类材料被广泛运用，举一个很生活化的例子，打火机的火花即运用此技术。

二、典型的压电材料

通常，压电效应仅在非导电材料中发生。压电材料可分为两大类：晶体和陶瓷。晶体中最知名的压电材料是石英（SiO_2），这是一种三角形结晶的二氧化硅，被称为地球表面上最常见的晶体之一。在陶瓷中，典型的压电材料是钛酸钡（$BaTiO_3$），即钡和钛的氧化物。

（一）石英晶体

尽管石英材料本身具有科学意义，但其使用量和应用范围决定了其技术重要性。α-石英的技术优势很大程度上源于压电的存在以及极低的声损耗。它是 1880 年居里兄弟公司用以建立压电效应的矿物之一。在 20 世纪 20 年代初，石英谐振器首次用于频率稳定化。在 20 世纪 30 年代引入了温度补偿定向（AT 和 BT 剪切切口），并确保了该技术的成功。到 20 世纪 50 年代末期，培养棒的生长已在商业上可行，并且在 20 世纪 70 年代初，用于电子应用的培养石英的使用首次超过了自然品种。20 世纪 70 年代发现了解决应力和温度瞬变效应补偿问题的切缝，并导致了诸如 SC 的复合切缝的引入，SC 既具有频率的零温度系数，又可同时进行应力补偿。到 2000 年，每年从低于 1 kHz 到高于 10 GHz 的频率生产 109～1010 个石英装置。应用类别包括谐振器、滤波器、延迟线、传感器、信号处理器和执行器。特别值得一提的是体波谐振器和表面波谐振器。它们的用途涵盖了从一次性钟表到用于位置定位和皮秒计时的最高精度振荡器的整个范围。还可以执行严格的高冲击和高压传感器操作。表 5-2 显示了石英晶体的主要应用。

（二）压电陶瓷

压电陶瓷是电介质陶瓷的一个重要组成部分，在载流子极少的电介质中间，其介电特性与组成它的原子的排列密切相关，即晶体本身在构成原子的离子电荷缺少对称性时呈现介电性。用于固体无机材料的陶瓷，一般是用把必要成分的原料进行混合、成型和高温烧结的方法，由粉粒之间的固相反应和烧结过程而获得的微细晶粒不规则集合而成的多晶体。因此，烧结状态的铁电陶瓷不呈现压电效应。但是，当在铁电陶瓷上施加直流强电场进行极化处理时，则陶瓷各个晶粒的自发极化方向将平均地取向于电场方向，因而具有近似于单晶的极性，并呈现出明显的压电效应。利用此种压电效应将铁电性陶瓷进行极化处理所获得的陶瓷就是压电陶瓷。

表 5-2　石英晶体的主要应用

军事与航空	研究与计量	工业	消费品	汽车行业
通信导航 敌我识别系统 雷达传感器 制导系统 引信 电子战 声呐浮标	原子钟 仪器 测量学 空间跟踪 天体导航	通信 远程通信 航空业 航海业 测试系统 计算机 数字系统 显示系统 磁盘驱动器 调制解调器	钟表 移动电话 有线电视 家用电脑 摄影机 起搏器	引擎控制 车载电脑 导航/GPS

因压力而产生变形，离子电荷的对称性被破坏时呈压电性。在压电晶体中，具有自发极化的晶体，其大小能随晶体温度的变化而变化，称为热释电性。在热释电晶体中，其自发极化方向随外加电场而转向的材料称为铁电体。电介质陶瓷与压电陶瓷、热释电陶瓷及铁电陶瓷的关系如图 5-18 所示。

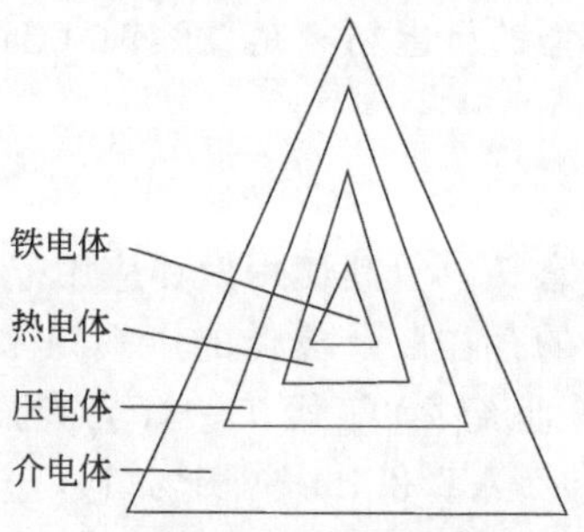

图 5-18　电介质陶瓷与压电陶瓷、热释电陶瓷及铁电陶瓷的关系

晶体按对称性分为 32 个晶族，其中有对称中心的 11 个晶族不呈现压电效应，而无对称中心的 21 个晶族中的 20 个呈现压电效应。属于这种压电性晶体的 10 个晶族的晶体因存在自发极化现象，有时称为极性晶体，又因受热产生电荷，有时又称为热电性晶体。在这些极性晶体中，因外部电场作用而改变自发极化方向，而且电位移矢量与电场强度之间的关系呈电滞回线现象的晶体称为铁电晶体。

从晶体结构来看，属于钙钛矿型、钨青铜型、焦绿石型、含铋层结构的陶瓷材料具有压电性。目前应用最广泛的压电陶瓷有钛酸钡、钛酸铅、锆钛酸铅等。

压电陶瓷生产工艺大致与普通陶瓷工艺相似，同时又有自己的工艺特点。压电陶瓷生产的主要工艺流程是：配料→球磨→过滤、干燥→预烧→二次球磨→过滤、干燥→过筛→成型→排塑→烧结→精修→上电极→烧银→极化→测试。

三、压电材料的催化机理

压电材料及其特殊性质近年来被广泛研究，并逐渐应用到环境领域中来。其主要集中在利用压电传感技术检测有关环境污染物和利用压电材料降解难降解有机物。

压电极化引起的压电效应已广泛应用于纳米发电机、压电场效应晶体管和柔性自供电系统。最近，在环境净化和水分解产生氢气中的压电催化引起了人们的广泛关注。压电催化的驱动力来自由机械能（局部振动）引起的变形引起的电荷分离，这已被广泛接受。目前，压电催化研究主要集中于一维（1D）或二维（2D）压电/铁电材料，例如 $BaTiO_3$ 棒状结构、ZnO 纳米棒、单层和多层 MoS_2 纳米填料。

压电催化反应的一般机理是，当将 1D 或 2D 压电材料机械振动时，在 1D 或 2D 压电材料的侧面或顶部/底部空间的相对侧会产生相反的电荷极性，从而形成压电场。由于具有柔韧性，一维或二维纳米材料往往会由于机械力而弯曲。许多文献报道了这种现象，并通过原位透射电子显微镜和原子力显微镜进行了记录。这种电势可以通过湿化学环境中的电子转移诱导吸附在压电材料上的水分子或染料分子发生氧化还原反应。压电过程产生的电荷导致染料分子发生水分解或降解，这与直接光催化反应机理相似。然而，在光催化反应中，极化电荷与光生电子-空穴对的自由态不同。它的形成是由于在外力作用下正负电荷中心的相对位移引起的偶极矩的叠加，不能迁移。

K. S. Hong 提出了染料压电催化降解的假想机理[反应(5-25)～反应(5-30)]：

$$BaTiO_3 + \text{vibration} \longrightarrow BaTiO_3(e^- + h^+) \tag{5-25}$$

$$e^- + H_2O \longrightarrow OH^- + \cdot H \tag{5-26}$$

$$h^+ + OH^- \longrightarrow \cdot OH \tag{5-27}$$

$$\cdot OH + \text{dye} \longrightarrow \text{degradation production} \tag{5-28}$$

$$h^+ + \text{dye} \longrightarrow \text{degradation production} \tag{5-29}$$

$$e^- + \text{dye} \longrightarrow \text{degradation production} \tag{5-30}$$

压电化学效应（压电催化效应）即压电效应产生的电荷直接参与化学反应的现象，在这个过程中，机械能转化为化学能。2010 年，Xu 等报道了压电材料 ZnO 与 $BaTiO_3$ 在超声波作用下能够将 H_2O 分解为 H_2 和 O_2，并基于此研究提出了压电化学效应，在后来的研究中压电效应又被称为压电催化效应。该报道引起了世界上研究人员的高度关注，相关的研究日渐兴起。

四、压电材料催化的环境应用

将水热合成的四方 $BaTiO_3$ 纳米/微米级颗粒用作压电催化剂，并选择低频超声辐照作为振动能以引起四方 $BaTiO_3$ 变形。变形产生的压电势不仅可以成功降解 4-氯苯酚，而且还可以对其进行有效的脱氯。尽管在压电过程中产生了各种活性物质，包括 h^+、e^-、$\cdot H$、$\cdot OH$、$\cdot O_2^-$、O_2 和 H_2O_2，脱氯主要归因于 $\cdot OH$ 自由基，这些 $\cdot OH$ 自由基主要来自 O_2 的电子还原，部分来自 H_2O 的空穴氧化。由此表明，压电催化是一种新兴的有效的先进氧化技术，可以用于有机污染物的降解和脱氯。

通常，t-$BaTiO_3$ 压电系统的 $\cdot OH$ 自由基可主要通过两种途径产生。一种是通过压电感应的电子减少溶解氧产生，另一种是通过压电感应的空穴氧化吸附的水分子产生。相关反应如下：

$$e^- + O_2 \longrightarrow \cdot O_2^- \tag{5-31}$$

$$\cdot O_2^- + H^+ \longrightarrow \cdot OOH \tag{5-32}$$

$$e^- + \cdot OOH + H_2O \longrightarrow H_2O_2 + OH^- \tag{5-33}$$

$$e^- + H_2O_2 + H^+ \longrightarrow \cdot OH + H_2O \tag{5-34}$$

$$h^+ + 2H_2O \longrightarrow O_2 + 4H^+ \tag{5-35}$$

$$h^+ + H_2O \longrightarrow \cdot OH + H^+ \tag{5-36}$$

压电催化效应的本质是压电效应产生电荷，电荷参与化学反应。近年来压电催化领域的研究范围从压电催化产生 H_2 以及压电催化降解污染物拓展至压电催化聚合反应、压电催化原子转移反应等领域。压电催化领域涉及的材料从传统的压电材料拓展至二维过渡金属硫化物。压电催化效应的发展也催生了一些新的研究分支如光-压电协同催化，压电-锂电/电容自充电系统。

机械能广泛存在于自然与人类社会之中，是一类重要的绿色可持续的能源。目前对于机械能的利用方式主要是建立水力发电站和风力发电站，一定程度上缓解了能源紧张。小的机械能，如肌肉收缩、声音等产生的机械能也如光能一般无处不在。但小的机械能能量极小，且分布不集中，采集与转化是一个挑战。纳米发电机技术是近十年来发展起来的基于压电效应收集机械能转化为电能的技术。压电-电化学联用（纳米发电机与电催化联用）降解有机污染物是近两年来提出的新概念。随着纳米发电机的发展，一些小的机械能的收集和转化迅速引起了人们的关注。低功率的振动能存在于自然与人类社会的各个角落且不受空间与时间的限制，如何利用这些振动能实现缓解能源危机与环境的治理是一个重要的研究课题。

压电催化过程中的能量输入形式主要是超声波，也包括次声与可听声。压电催化效应与其他类型化学反应的协同作用也得到了发展，比如光-压电协同催化，压电-锂电池联用。压电催化效应的提出既开辟了一个新的研究分支，也为其他领域的研究带来了新的启发与思路。

第六节 催化材料在环境中的应用

一、双金属催化还原三氯乙烯

把催化加氢与还原法结合利用的方法称为双金属还原降解法。目前应用最多的过渡金属是 Pd、Ni、Au 和 Pt。这四种金属对氢都有很好的吸附和解离效果，在加氢转移过程中起着至关重要的作用。而近年来提出的双金属催化比单金属催化剂具有更好的脱氯效果，效率更高，且副产物少。目前研究较为广泛的就是在铁作还原剂下引入另外一种金属，例如 Pd/Fe 催化剂，研究者直接把其投入地下水中进行原位修复，对被三氯乙烯和其他氯代脂肪烃污染的地下水进行地下水原位修复。3 周后发现三氯乙烯的还原降解效率达到 97%以上。这种催化剂可以降解更多的有机污染物。通过合适的制备方法，可以制备出尺寸极小（一般为 1～100nm）、比表面积更高的纳米颗粒。使其既具有铁可传递的优势，又能使效率提高。

Muflikian 利用 Pd/ Fe 双金属对溶液中多种氯代有机物进行了降解实验，实验发现 Pd/Fe 表现出了极好的活性，目标污染物均在几分钟之内降解为氯离子和对应的无毒烃类，所以相比于用普通铁粉半衰期来说，其效率得到了很大提高。

Engelmann 对两种多氯联苯和 DDT 用双金属 Pd/Fe 和 Pd/Mg 进行了还原脱氯，并分析了中间和最终产物。初始浓度为 110μg/L 的 DDT 可以被 Pd/Fe 和 Pd/Mg 两种双金属完全脱氯，最终生成 1,1-二氯苯基乙烷。添加有机溶剂丙酮对金属腐蚀有一定的缓解，但是用量过大也会影响处理效率。

纳米 Pd/Fe 体系能够快速有效地降解水中的污染物，主要是因为首先 Fe 在水中发生氧化还原反应，产生氢气，然后氢气会吸附到 Pd 表面形成 Pd-H，使其发生加氢脱氯的反应，进而去还原降解水中的氯代有机物，反应途径如图 5-19 所示。

二、负载金属催化剂降解三氯乙烯

在上述双金属催化剂中，Fe 主要是在水中发生电极腐蚀产氢为反应提供氢源，Pd 主要是起到富集 H_2 的作用。目前很多研究者发现，可以把类似于 Pd 这样的催化剂负载到适宜

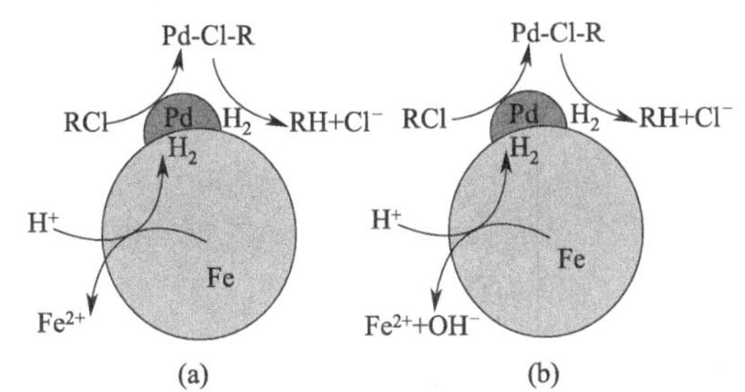

图 5-19 Pd/Fe 双金属颗粒对氯代有机物催化脱氯机理图

（a）酸性溶液腐蚀；（b）中性或碱性溶液腐蚀

的载体上，然后利用新型氢源，如肼、醇、甲酸及其盐类等作为新型氢源，从而达到对氯代有机物还原脱氯的效果。我们知道催化剂载体的选择直接影响催化剂本身的催化效果。同时为了提高催化剂的稳定性、活性以及选择性，负载型催化剂也可以引入另外一种助催化剂，例如在 Pd 中加入金，可以抑制 Pd 的氧化从而提高 Pd 基催化剂寿命。

Pd 是作为催化剂加入纳米零价铁中来处理废水，可以除去外加氢源的需要，进而提高反应速率。负载型 Pd 基催化剂以及 Pd 基双金属催化剂均已经逐步被公认为是一种非常高效的废水处理手段。

（一）Pd 基催化剂

Muftikian 首先报道了将钯（Pd）用于还原脱氯，Pd 能与氯代有机物中的氯相结合形成过渡络合物，降低氯代有机物活化能，加快脱氯反应进行，Pd 对 H_2 有良好的吸附效果，常温下 $1cm^3$ 钯可吸附约 1000 mL 的 H_2，最大吸附量可达 2800 mL，且钯能够很快地将吸附在其表面的 H_2 分解为还原性更强的原子 H。通常 Pd 基催化剂和其他的金属如 Pt、Ir、Rh、Cu、Zn 和 Ru 相比，通常具有更稳定、更有活性、毒性更小并且对目标产物更具选择性等优势。所以 Pd 基催化剂可以有效地活化氢气，催化降解转移大部分废水中的有毒有害物质。比如一些酸根离子（NO_3^-、NO_2^-、BrO_3^-、ClO_3^-、ClO_4^-），亚硝胺（NCMA）、卤代烷烃（四氯化碳、1,2-二氯乙烷、三氯乙烯、四氯乙烯），还有一些芳香族化合物（PCB）。

目前脱氯反应多在有机相内进行，但是大多数的氯代有机物都存在于废水中，催化剂在水相中容易失活，所以结合上述两方面原因，发展水相脱氯是以后工作的重点所在。利用新型的载体负载金属 Pd 或者加入助金属形成金属间的协同作用提高催化剂的活性。乙烯吡咯烷酮（PVP）-蒙脱土作为载体，其作用在于其氧、氮原子与金属离子配位，有利于金属颗粒在载体上的分散。对于加入第二种载体，如 Au 在 Pd-Au 双金属催化剂中就起到了提高催化剂分散度、稳定性，提高活性的作用。同时利用现在的新型氢源甲酸作氢源来还原降解氯代有机物已经得到了很好的研究，且脱氯效果较好。

（二）催化氢转移体系

催化转移加氢是通过还原剂（甲酸、甲酸盐、零价铁、氢气等）提供氢源，作为氢的给予体，定量释放氢，来实现加氢脱氯进而降解有机氯化物，这是一种应用非常广泛并且有效的还原手段。但是催化转移加氢的过程并不是生成的氢气来参与反应，这里氢的转移可以是发生在同一个分子内、同一种分子间或不同分子之间。

催化转移氢化（CTH）是采用含氢的多原子分子作氢源，称作氢供体或氢给予体，如甲酸及其盐、肼、烃、醇等来参与反应。所以和氢气直接参与反应相比，反应操作条件温和，常温常压下即可反应，对设备的要求不高，降低了反应的危险性。以往向地下注入氢气的方式来修复地下水的方法，其操作不易实现，而且对于氢气的储存和运输都很不方便。所以现在用催化转移加氢的方式来修复地下水得到了广泛的应用，是一种新型的修复手段。

三、双金属纳米材料在脱卤中的应用

（一）卤代有机物的环境危害

卤代有机物，如氯代有机物、含溴有机物等，是指脂肪烃或者是芳香烃及其衍生物分子中的一个或者是多个 H 原子被卤素原子（X）所取代的有机物。卤代有机物在很低的浓度下就具有非常高的毒性，并且该类有机物还是一种非常难降解的化合物，在持久性有机污染物中大部分也是卤代有机物，因此，卤代有机物具有高毒性、高富集性、高环境残留的特点。并且卤代有机物还具有“致癌、致畸、致突变”的效应，而且美国环保局还把卤代有机物列入“优先控制污染物”。

卤代有机物广泛应用于工业生产中，比如干洗、金属零件加工、电子设备制造、有机农药等行业。由于在储藏、运输及使用过程中会造成泄漏和产生废弃物，从而造成了大量的含卤有机溶剂进入环境中，严重污染了大气、地表水、地下水和土壤。

（二）双金属纳米材料的脱卤机理

卤代有机物具有很大的环境危害，因此，对卤代有机物的降解研究受到了人们的广泛关注，将卤代有机物进行还原脱卤素（X）使其变为更容易生化降解的有机物是一种重要的处理手段。利用 Ni/Fe 双金属纳米材料对卤代有机物还原脱卤素是一种非常高效和经济的方法，因此该材料在加氢脱卤方面的研究广受报道。下面就以 Ni/Fe 双金属纳米材料为例，阐述双金属纳米材料的脱卤机理。

作为脱卤素应用的双金属纳米材料，一般是具有两个氧化还原电势高低不同的金属材料：低电势金属还原性强，扮演电子供体的角色；高电势金属一般是具有高催化能力的金属，扮演催化剂的角色。金属 Fe 具有较低的氧化还原电位，因此 Fe 很容易被氧化变成 Fe^{2+}，Fe 也就具有非常好的还原能力。相对于 Fe，金属 Ni 具有较高的氧化还原电位，Ni 具有很好的催化能力。在 Ni/Fe 双金属材料中，由于这两种金属的此种性质，使得该双金属具有很强的催化加氢能力。在溶液中，该材料对卤代有机物的催化加氢反应可以总结为以下几个反应式：

Fe 表面的反应：

$$Fe^{0} \longrightarrow Fe^{2+} + 2e^{-} \tag{5-37}$$

$$Fe^{2+} + 2OH^{-} \longrightarrow Fe(OH)_2 \downarrow \tag{5-38}$$

$$2H^{+} + 2e^{-} \longrightarrow H_2 (\text{酸性环境}) \tag{5-39}$$

$$2H_2O + 2e^{-} \longrightarrow H_2 + 2OH^{-} (\text{中性或碱性环境}) \tag{5-40}$$

Ni 的表面反应：

$$H_2 \xrightarrow{Ni} 2H^{*} \tag{5-41}$$

$$H^{+} + e^{-} \xrightarrow{Ni} H^{*} \tag{5-42}$$

脱卤总反应：

$$RX + 2H^{*} \longrightarrow RH + H^{+} + X^{-} \tag{5-43}$$

$$RX+Fe^0+H^+ \xrightarrow{Ni} RH+Fe^{2+}+X^- \tag{5-44}$$

由以上式子可以看出，Ni/Fe 双金属材料对卤代有机物的催化脱卤加氢步骤可以分为 Fe 和 Ni 两个金属表面的反应。在 Fe 的表面，零价铁在溶液中先被氧化失去电子成为二价铁离子[式(5-37)]。在酸性环境中，零价铁提供的电子可以与水中的 H^+ 结合形成 H_2[式(5-39)]；在中性或者碱性环境下，零价铁所提供的电子则与溶液中的水结合，形成 H_2 和氢氧根离子[式(5-40)]。在 Ni 金属的表面，具有催化能力的镍可以将之前产生的 H_2 催化形成具有很强还原性的活性氢 H^*[式(5-41)]，同时，Ni 还可以利用 Fe 氧化所提供的电子将水中的氢离子直接催化形成活性氢[式(5-42)]，因此，Ni 表面的反应主要是产生活性氢 H^* 的过程。通过上述的反应过程，所产生的具有高还原性的活性氢 H^* 被吸附在 Ni 金属的表面，并且很容易与溶液中的卤代有机物 RX 反应，将其上面的 X 原子取代下来，完成对卤代有机物的还原[式(5-43)]。从整个反应的方程式[式(5-44)]中可以看出，该反应是不断消耗零价 Fe 和水中 H^+ 的过程，其中的金属 Ni 则作为催化剂使得该反应快速进行。所以在 Ni/Fe 双金属催化降解卤代有机物的过程中，Fe 扮演电子供体的角色，而 Ni 则扮演的是催化剂的角色，如图 5-20。

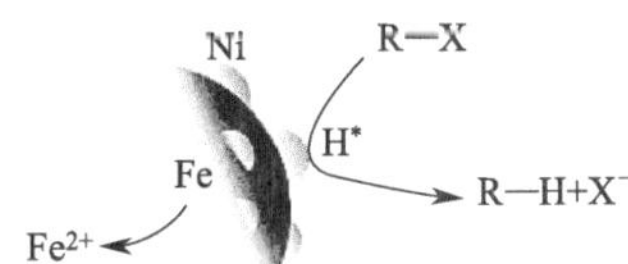

图5-20 Ni/Fe 双金属催化剂催化原理示意

此外，Ni/Fe 双金属纳米材料中所含有的结构缺陷也可以增强材料对催化加氢反应的催化活性。利用机械作用所制备的 Ni/Fe 双金属中具有大量的位错，其含有很高的缺陷含量，这些缺陷在催化反应中也起到了非常重要的作用。

四、金属氧化物的环境应用

（一）半导体催化剂的环境催化应用

ZnO 是一种具有宽的直接禁带宽度（3.37eV）、大的激发结合能（60meV）和深紫外/边缘紫外吸收的半导体。它是一种优良的半导体氧化物，具有良好的电气、机械和光学性能，类似于 TiO_2。此外，ZnO 不仅具有防污抗菌性能，而且具有良好的光催化活性。据有关学者报道，氧化锌的生产成本比 TiO_2 和 Al_2O_3 纳米颗粒低 75%。由于 ZnO 优于 TiO_2，已被认为可以用于多相光催化。当光子能量（$h\nu$）等于或大于激发能的太阳光诱导氧化锌时，来自填充价带（VB）的 e^- 被提升为空导带（CB）。这一光诱导过程产生电子-空穴（e^-/h^+）对，如式（5-45）所示。电子-空穴对可以迁移到氧化锌表面并参与氧化还原反应，如式(5-46)～式(5-48)所示，其中 H^+ 与水和氢氧化物离子反应生成羟基自由基，而 e^- 与氧反应生成超氧化物自由基阴离子，然后生成过氧化氢[式(5-49)]。过氧化氢与超氧自由基反应生成羟基自由基[式(5-50)～式(5-53)]。然后，生成的羟基自由基作为强有力的氧化剂，会降解吸附在 ZnO 表面的污染物，迅速生成中间化合物。中间体最终将转化为 CO_2、H_2O 等小分子化合物[式(5-55)]。图 5-21 表示出了光催化过程中发生的氧化还原反应。通过氧化还原反应，ZnO 在太阳辐射下光降解有机化合物的机理可以总结如下：

$$ZnO \xrightarrow{h\nu} ZnO(e_{CB}^-)+(h_{VB}^+) \tag{5-45}$$

$$ZnO(h_{VB}^{+})+H_2O \longrightarrow ZnO+H^{+}+OH\cdot \quad (5\text{-}46)$$

$$ZnO(h_{VB}^{+})+OH^{-} \longrightarrow ZnO+OH\cdot \quad (5\text{-}47)$$

$$ZnO(e_{CB}^{-})+O_2 \longrightarrow ZnO+O_2^{-}\cdot \quad (5\text{-}48)$$

$$O_2^{-}\cdot+H^{+} \longrightarrow HO_2\cdot \quad (5\text{-}49)$$

$$HO_2\cdot+HO_2\cdot \longrightarrow H_2O_2+O_2 \quad (5\text{-}50)$$

$$ZnO(e_{CB}^{-})+H_2O_2 \longrightarrow OH\cdot+OH^{-} \quad (5\text{-}51)$$

$$H_2O_2+O_2^{-}\cdot \longrightarrow OH\cdot+OH^{-}+O_2 \quad (5\text{-}52)$$

$$H_2O_2+h\nu \longrightarrow 2OH\cdot \quad (5\text{-}53)$$

$$\text{organic pollutants}+OH\cdot \longrightarrow \text{intermediates} \quad (5\text{-}54)$$

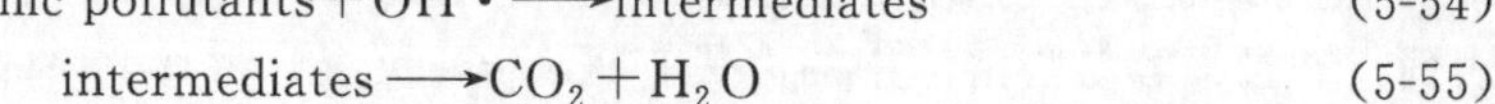

$$\text{intermediates} \longrightarrow CO_2+H_2O \quad (5\text{-}55)$$

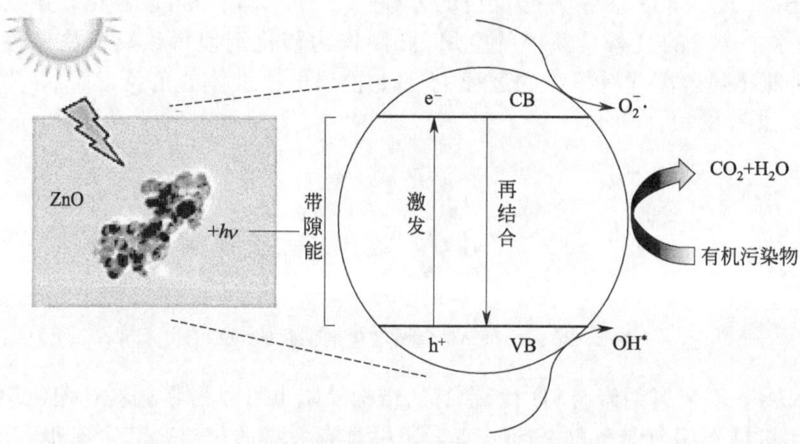

图 5-21　太阳光下氧化锌降解有机污染物的研究

羟基自由基是光催化反应的一种主要活性物质，对光催化氧化起决定作用，吸附于催化剂表面的氧及水合悬浮液中的 OH^{-}、H_2O 等均可产生该物质。氧化既可以通过表面键合羟基的间接氧化，即粒子表面捕获的空穴氧化；又可在粒子内部或颗粒表面经价带空穴直接氧化；或同时起作用视具体情况有所不同。表面吸附分子氧的存在会影响光催化速率和量子产率。

（二）氧化钼催化剂（晶体结构）

MoO_3 系列催化剂主要用于非芳烃系列烯烃的部分氧化及加氢脱硫反应。

$CoO\text{-}MoO_3/Al_2O_3$ 是常用的一种加氢脱硫催化剂，在合成氨工业和炼油工业中有着重要的用途。含 S、O、N、Cl、P、As 的化合物，对贵金属催化剂起毒化作用，所以要把这些有害的杂质除去。

① 炼油工业中，在原料油进入铂重整催化反应器之前，需用钴钼催化剂将有机硫化物、氧化物等杂质通过加氢反应转化成易于除去的 H_2S 和 H_2O 等无机气体，保证铂重整催化剂不中毒。这步工序叫作预加氢。经重整后的汽油，所含的烯烃和双烯烃会影响产品质量，又需要用钴钼催化剂进行选择加氢，除去烯烃。这个过程在重整之后，故称为后加氢。

② 合成氨工业中，轻质石脑油所含的有机硫化物会引起蒸气转化镍催化剂、氨合成熔铁催化剂中毒。用钴钼催化剂先把有机杂质转变成无机物，然后用 ZnO 脱硫（$ZnO+H_2S \longrightarrow ZnS+H_2O$），用干燥剂去水。

工业催化剂通常是附载在 A_2O_3 载体上的钴和钼的氧化物，制成片剂或条剂，典型的颗粒尺寸为1.6～3.2mm。

思考题

1. 什么叫催化反应材料？简述催化反应材料的分类、作用和意义。

2. 分子筛是什么？它的结构和性质有哪些？简述分子筛的制备和改性方法。分子筛在环境治理中的应用主要表现在哪些方面？

3. 整体式块状催化剂载体的材料主要包括哪些？试述整体式块状催化剂载体的结构和特性。简述整体式块状催化剂载体的制备方法以及一种理想催化剂的载体应具备的条件。

4. 陶瓷蜂窝状整体式催化剂已成功应用于汽车尾气催化转化器，与传统的颗粒状催化剂相比，该催化剂有什么显著特点？

5. 简述纤维状催化剂的特点及其主要应用。纤维状催化剂的制备方法有哪些？制备中应注意哪些影响因素？简述纤维状催化剂在环境治理中的应用，其脱除二氧化硫的机理是什么？试述纳米催化剂的分类和特点。简述纳米催化剂在空气净化中的优点。

6. 试述非晶态金属催化材料的特点、结构和分类。非晶态金属催化材料的制备方法有哪些？并写出其相应的反应式。通常要对非晶态金属催化材料进行改性，其依据是什么？

7. 杂多酸是一种绿色催化材料，其结构与特性之间的关系怎样？简述目前杂多酸催化剂的固载方法。举例说明杂多酸催化材料在环境治理中的应用。

8. 纳米二氧化钛的制备方法有哪些？其各自的优缺点是什么？纳米二氧化钛光催化的机理是什么？影响光催化性能的因素有哪些？画出有机污染物光催化降解示意图。

9. 试述提高二氧化钛光催化性能的主要途径及其理论依据。简述二氧化钛光催化的应用，目前还存在哪些不足？

主要参考文献

[1] 华坚，朱晓帆，尹华强．环境污染控制工程材料［M］．北京：化学工业出版社，2009.
[2] 贺泓，李俊华，何洪，等．环境催化——原理及应用［M］．北京：科学出版社，2008.
[3] 朱洪法．催化剂生产与应用技术问答［M］．北京：中国石化出版社，2016.
[4] 黄仲涛，耿建铭．工业催化［M］3版．北京：化学工业出版社，2014.
[5] 吴忠标，蒋新，赵伟荣．环境催化原理及应用［M］．北京：化学工业出版社，2005.
[6] 汪济奎，郭卫红，李秋影，等．新型功能材料导论［M］．上海：华东理工大学出版社，2014.
[7] Gasser R P H. 金属的化学吸附和催化作用导论［M］．赵壁英，等译．北京：北京大学出版社，1991.

第六章 生物炭

第一节 概 述

生物质是指通过光合作用而形成的各种有机体，包括所有的动植物和微生物。人类很早就学会了对生物质的开发和利用。早在西周时期，我国农民就认识到将杂草和枯枝落叶燃烧成草木灰还田有利于作物的生长；14 世纪初叶，王祯在《农书·粪壤篇》中已把草木灰列为一类农家肥料；北魏时期，农学家贾思勰在其著作《齐民要术》中就提到以松烟制墨（黑炭）的方法。这些都是人们早期利用生物质炭的相关记载。而现代关于生物质炭科学价值的探索和发现起源于科学家对南美洲亚马孙流域分布着的一种黑色的、与周边贫瘠酸性土壤具有明显差别的人工土壤的研究。20 世纪 60 年代荷兰土壤学家 Wim Sombroek 在巴西亚马孙河流域进行土壤考察时，发现该地区有一种富含黑炭的土壤十分肥沃，其上部深褐色的富碳层厚达 35cm，含有大量生物来源的黑炭、有机质，氮、磷、钙、锌、锰等植物营养元素含量极为丰富，该类土壤被早期的欧洲殖民者称为“Terra Preta”，意思为印第安人的黑色土壤。研究发现，这种生物质转化来的“黑炭”在土壤的更新周期至少为 1000 年，其对于维持土壤生产能力和肥力具有极其重要的作用。

在生物质炭研究的初期阶段，国际上对生物质炭的概念和内涵没有统一的标准，不同研究领域的学者对生物质炭的理解也不尽相同，因此出现了许多不同的名称如木炭（charcoal）、焦炭（char）、黑炭（black carbon）、炭（char）、生物炭、生物质炭等。随着对生物质炭的广泛关注，越来越多的研究者试图对生物质炭的名称和定义进行统一，以规范生物质炭相关理论和技术的研究与应用。国际生物质炭协会于 2013 年对生物质炭的定义作了如下表述：生物质炭（biochar）是生物质在缺氧条件下通过热化学转化得到的固态产物，它可以单独或作为添加剂使用，能够改良土壤、提高资源利用效率、改善或者避免特定的环境污染，以及作为温室气体减排的有效手段。这一概念从功能上对生物质炭（生物炭）与其他炭化产物进行了区分，强调了生物质炭在农业和环境领域的应用，明确了其主要用于土壤肥力改良、大气碳库增汇减排以及受污染环境修复等方面。而焦炭和木炭的制备过程和性质与生物质炭相似，多使用木材、煤炭为原料，而其主要应用于燃料、冶炼、储能和化工等领域。黑炭包含的范围更为广泛，包括各类有机质不完全碳化生成的残渣，生物质炭也属于黑炭所包含的范畴。而炭（char）泛指炭材料，尤其强调在自然生态系统中生物质经火烧后所产生的炭化固态产物。

近年来，生物质废弃物生物炭转化技术作为一种促进农业可持续发展的有效途径，在土壤改良、温室气体减排以及受污染环境修复等方面均表现出了广阔的应用前景，也为解决粮食危机、全球气候变化等环境问题，提供了新思路。本章将从生物质炭的组成和结构、生物质炭的制备及改性、生物质炭的固碳效应、生物质炭对土壤的改良效应、生物质炭对环境污染物的吸附钝化等方面较系统地介绍生物质炭的理化特性及其在土壤环境领域应用的最新研究进展。

第二节 生物炭的形成与理化特性

生物炭是一种多相非均一的碳质材料，有机碳含量可达 70%～80%，其中以烷烃和芳香碳环结构为主要成分。微观结构上，生物炭多由层状和片状的芳香片层结构组成，它们极度地卷曲折叠在一起从而形成了大量近似于分子大小的孔隙，在芳香环边缘形成较多的含氧基团（主要包括酚羟基、羧基、羰基等）。生物炭独特的理化性质使其在固碳减排、污染物吸附、土壤改良等方面具有广阔的应用前景。

一、生物炭的形成

生物炭的形成是一个复杂的物理化学过程，其反应机制主要依赖于原料中生物质（纤维素、半纤维素和木质素）的裂解反应，高温条件下不同生物质组分间的相互作用，以及原料中无机组分（例如矿质元素）对生物质裂解反应的影响。

目前认为，原料性质以及炭化温度是决定生物质热转化过程以及生物炭理化特性的最主要因素。图 6-1 展示了随着炭化温度的升高生物质逐渐裂解转化为生物炭的反应过程。纤维素、半纤维素和木质素发生热解的温度和机制各有不同。半纤维素的热解温度区间为 220～315℃，纤维素的热解温度区间为 315～400℃，木质素的热解温度区间为 160～900℃。在第一个热解阶段中，生物质的质量损失主要来自不稳定组分的分解或破碎化，例如脱水、大分子解聚反应、糖苷键断裂、自由基的生成，以及羰基、羧基的形成等。在第二个热解阶段中，解聚反应进一步加强，纤维素、半纤维素发生强烈的解聚而生成低聚糖以及醛类等，由于分解产物聚合度的降低，最终形成密度较低的液态和气态产物即生物油和合成气，而剩余的重组分则向形成生物炭的方向发展。生物质的质量损失主要发生在此阶段。之后进入第三个热解阶段，密度较高的生物质组分通过缩聚反应形成芳香化碳层结构，生物炭的形成主要发生在此阶段。

Keiluweit 等根据热解机制将植物源生物炭的形成大致分为 4 个阶段：

①过渡态生物炭（transition chars）。炭化温度在 250～350℃，在此过程中，纤维素、半纤维素和木质素发生脱水和解聚反应，形成大量可挥发性组分，然而纤维素和木质素仍能保持其完整的晶体结构。②无定形碳（amorphous chars）。炭化温度在 350～450℃，在此过程中，脂肪碳结构快速向芳香碳结构转化，形成的生物炭是以一些耐高温的脂肪碳以及新形成的片段化芳香碳结构单元为主的混合物。③复合炭（composite chars）。温度范围为 450～700℃，在这一过程中发生较剧烈的芳构化和缩合聚合反应，形成的大量石墨化碳微晶结构混杂在低密度的无定形碳中间，此时虽然多孔结构已经形成，然而由于一些未完全炭化的易挥发性组分还残留于孔隙中，生物炭的比表面积还未达到最大值。④乱层炭（turbostratic chars）。温度在 700℃以上，持续的缩合聚合反应使得一些片段的石墨化碳微晶结构逐渐生长延伸成为具有纳米孔隙的石墨化碳片层结构。在此过程中，无定形碳持续向石墨化炭转化，由于石墨化炭密度大于无定形碳，造成大量微孔结构的形成，因此生物炭的比表面积显著增大。

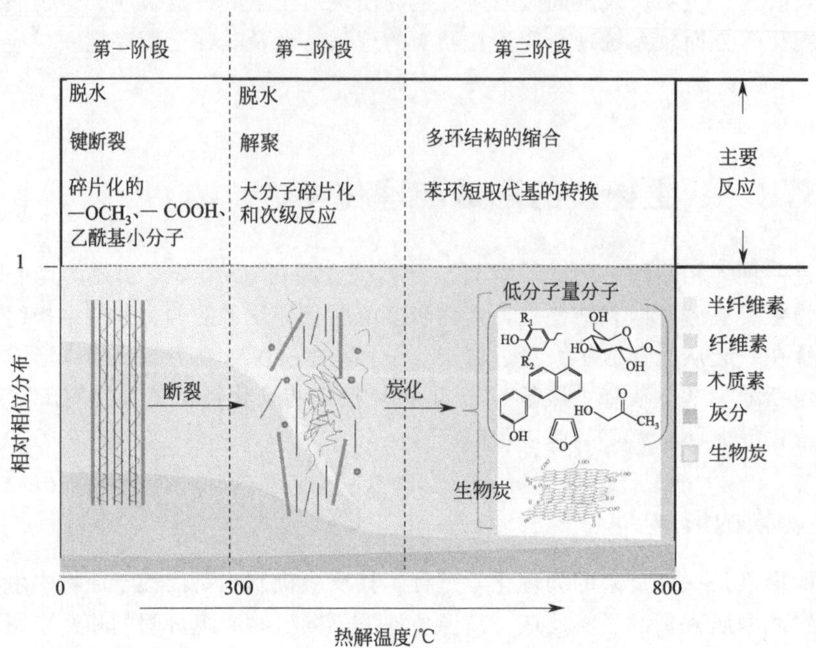

图 6-1 生物质不同组分（纤维素、半纤维素、木质素）随炭化温度升高的裂解机制以及生物炭的形成过程

二、生物炭的元素组成

生物炭主要由C、H、O、N以及矿质元素组成。其中C主要以芳香碳环结构为主，H、O和N主要以官能团形式存在于炭环表面或边缘，而矿质元素则以碳酸盐、磷酸盐或氧化物形式存在于灰分中。生物炭中还包含一定量的无定形碳，主要为未完全碳化的生物质和脂肪酸、醇类、酚类、酯类化合物，以及类似于腐殖酸、胡敏酸物质的组分等，这些无定形碳的稳定性相对较差，易被土壤微生物利用或发生化学氧化，是生物炭中较活跃的有机组分。

生物炭中的元素组成与原材料密切相关。通常，纤维素类生物炭的碳含量高于非纤维素类生物炭，其中木材、竹子生物炭的碳含量较高。而非纤维素类生物炭的矿物含量（Ca、Mg、N、P）要高于纤维素类生物炭。例如，以动物粪或污泥为原料制备的生物炭比木屑、树叶生物炭具有更高的矿物含量以及含氧量。不同类型生物炭元素组成及含量的差异可能导致其不同的环境功能及应用。生物炭表面含氧量是影响生物炭理化特性的重要因素。其表面常见的含氧官能团主要包括酚羟基、羧基、羰基等，含氧量越高、官能团越丰富，表明生物炭具有更强的亲水性、电子传递能力以及氧化还原活性等。除了含氧基团，含氮基团对生物炭的表面化学特性也具有重要调控作用。然而，关于氮形态与组成随炭化温度的变化和机理的相关研究目前还相对较少。最近研究表明，生物炭表面的氮元素主要以氮氧化合物氮、吡咯氮、吡啶氮以及石墨化氮的形式存在，随着炭化温度的升高，氮氧化合物氮、吡咯氮和吡啶氮的含量逐渐降低，而石墨化氮含量逐渐升高。此外，生物炭中的矿质组分通常以碳酸盐、磷酸盐或氧化物等形式存在，它们在一定程度上也会影响生物炭在养分供给、吸附、改土固碳等方面的能力。

除了原材料，炭化温度也是影响生物炭元素组分及含量的重要因素。在生物炭的制备过程中，温度通常包含升温速率和最高炭化温度两方面的含义。升温速率反映的是制备生物炭过程中设备内部温度变化的剧烈程度，通常以℃/s或℃/min为单位。升温速率是区分快速热解法和慢速热解法制备生物炭的重要依据。快速热解法通常得到的生物炭产率低于慢速热解法，因而快速热解法更多被用于可燃气体或生物油的制备，而慢速热解法则多用于固态产物即生物炭的制备。最高炭化温度是指整个制备过程中的最高反应温度，即通常所说的炭化温度、制备温度或热解温度。随着炭化温度的增加，挥发性物质减少，碳元素相对含量增加，生物炭产率降低，比表面积和孔径随之增大。同时，生物炭中的碱金属及其矿物化合物含量随炭化温度升高而增加，而氮、氢、氧等元素的含量则随炭化温度的升高而降低。生物炭中矿物组分因温度升高更易结晶从而降低其在水中的溶解性。随着炭化温度的增加，生物炭的芳香化程度也随之提高，结构异质性减弱，化学稳定性增强。此外，生物炭中脂肪族化合物也随之减少，而芳香化合物比例随之增大。同时，炭化温度还会影响生物炭芳香碳簇的大小。有研究者利用核磁共振技术发现，生物炭的芳香化程度随温度升高而加剧，500℃以上制备的生物炭芳香化程度超过 90%，500℃以下制备的生物炭芳香环数目少于 7 个，而 500℃以上制备的生物炭芳香环数目多于 19 个。

三、生物炭的理化特性

孔隙结构和比表面积是生物炭至关重要的理化特征之一。国际纯粹与应用化学联合会依据孔隙大小的不同，将孔分为三类：孔隙直径大于 50 nm 的称为大孔，介于 2～50nm 的称为中孔，小于 2 nm 的称为微孔。生物炭具有发达的孔隙结构，因而可形成较大的比表面积，其孔隙结构根据原材料和炭化条件的不同而差异显著（图 6-2）。通常，生物炭的孔体积和比表面积随着炭化温度的升高而逐渐增大，且孔隙结构以微孔为主，然而在高温条件下，生物炭中的多孔结构可能会部分坍塌而堵塞孔隙或破坏某些微孔结构，进而导致平均孔径变大、孔体积减小以及比表面积降低。

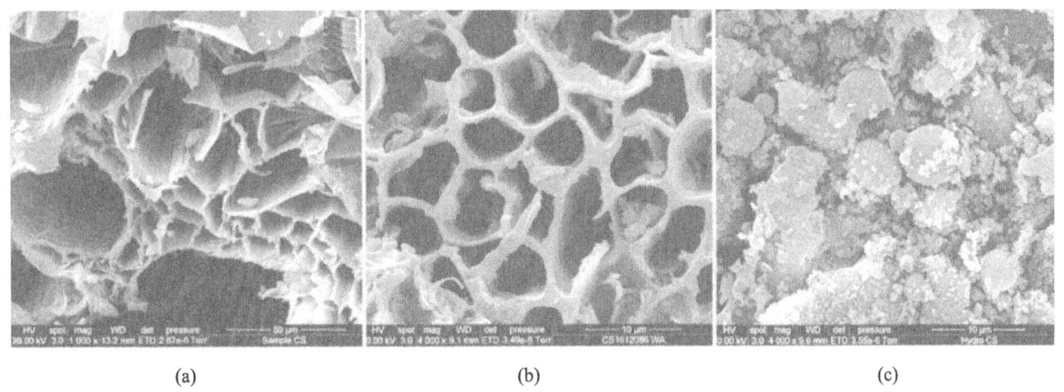

(a) (b) (c)

图 6-2 (a) 玉米秸秆扫描电镜图谱（SEM）；(b) 高温炭化法制备的玉米秸秆生物炭 SEM；(c) 水热炭化法制备的玉米秸秆生物炭 SEM

比表面积是指单位质量物料所具有的总面积，可分为外表面积和内表面积，国际单位为 m^2/g。生物炭属于多孔材料，不仅具有不规则的外表面，还有更复杂的内表面。比表面积是评价多孔材料吸附和催化特性的重要指标之一。通常纤维素类生物质因其内部多孔结构丰富，炭化后形成的生物炭比表面积往往较高，而非纤维素类生物质自身孔隙并不丰富，所以其比表面积要小于纤维素类生物炭。此外，炭化温度低于 400℃时，生物质的孔隙率较低，其与生物质中挥发性物质炭化不完全有关，而随着炭化温度升高，生物质表面释放出更多的挥发物，从而形成更多孔隙和更大表面积，炭化过程中形成的石墨化碳层表面也会形成大量的微孔结构。

生物炭的酸碱特性是决定其环境行为以及功能的重要指标之一。生物炭的pH值通常在4～12之间，然而生物炭通常呈碱性，因而可用于酸性土壤的改良以及重金属污染修复等领域。一般情况下，生物质原料中的灰分含量越高，其制备的生物炭pH值越大，这是由于灰分中与有机物结合的矿质元素（如K、Ca、Na、Mg等）在热解过程中逐渐向氧化态和碳酸盐形式转变，炭化温度越高，形态转化越彻底，这些氧化态矿物质和碳酸盐在进入土壤溶于水后呈碱性。因此，在相同炭化工艺条件下，pH值通常表现为：禽畜粪便生物炭＞草本植物生物炭＞木本植物生物炭。

生物炭的pH值也随着炭化温度的升高而增加，较高的炭化温度有助于酸性官能团（如—COOH和—OH）的分解。有学者研究发现，当温度由200℃升高到800℃时，针叶木生物炭的pH值从7.37上升到12.4，表面碱性官能团由0.15mmol/g增加到3.55mmol/g，而酸性官能团则由4.17mmol/g减少到0.22mmol/g。

阳离子交换量（cation exchange capacity，CEC）是决定生物炭表面化学性质的重要因素之一，也是衡量生物炭对阳离子吸附能力的重要指标。生物炭表面含有丰富的含氧官能团，具有较强的阳离子交换能力，生物炭进入土壤以后其CEC也是影响土壤养分性质变化的重要因素。生物炭的CEC与原材料、热解温度密切相关。一般而言，非纤维素生物炭的CEC高于纤维素类生物炭。不同炭化温度条件下，生物炭的CEC表现为随温度升高而降低。当炭化温度升高时，生物炭中总官能团减少，官能团密度降低。生物炭表面含氧官能团的含量随热解温度的升高而减少，含氧官能团的解离产生负电荷，因此，生物炭表面的负电荷减少。较低的表面负电荷使得生物炭的CEC降低。炭化温度较低时，生物炭中的含氧官能团较多，生物炭具有较高的O/C值以及较大的CEC值。此外，生物炭的CEC值与生物炭中氧原子和碳原子的比值相关，O/C和CEC之间有较好的正相关关系。生物炭施入土壤后，由于微生物等作用导致表面官能团氧化形成更多含氧官能团，其表面CEC也会相应增加。

第三节 生物炭的制备、表征及改性

生物炭是由生物质经热裂解制备得到的一种富碳物质，通过对生物炭理化特性的表征，如比表面积、阳离子交换量、官能团和吸附能力等，能更精准和有效地将生物炭应用于土壤改良、污染物去除、固碳减排等领域。根据实际需求，对生物炭进行改性，使其在应对气候变化、环境污染治理和农业应用等方面具有更大的应用潜力，已成为当前生物炭技术的一个研究热点。

一、生物炭的制备

制备生物炭的原料来源广泛，有作物秸秆、核桃壳、草类等农业废弃物，也有枝条、锯末、园林修剪物等林业废弃物，以及禽畜粪便、生活垃圾、市政污泥等固废生物质等，其原料中的生物质主要由纤维素、半纤维素和木质素组成。生物炭的制备是生物质发生热裂解，热裂解反应将生物质分解成小分子的燃料物质（固态炭、可燃气和生物油）。其中伴随有脂肪烃脱水缩聚形成芳香环，羟基、羧基等极性官能团脱除等过程。

生物炭的制备历史悠久，在数千年前已经有烧制的记载。最初生物炭只是通过临时窑炉或简易堆积制备获得。随着炭化技术的发展，生物炭制备经历了池窑、堆窑、砖窑、移动式金属窑和水泥窑等不同的炭化设备和工艺。传统工艺产出生物炭的量比较低且波动范围较大，如池窑和堆窑的生物炭产率分别为12.5%～30%和2%～24%。除了传统的窑炉式炭化之外，随着生物炭制备技术的不断革新，慢慢形成了不同特色的制备工艺，如慢速热解法、快速热解法、气化热解法、水热炭化法以及微波热裂解法，不同制备技术得到的生物炭产率、碳含量及炭化率也不尽相同（见表6-1）。

表6-1 不同生物炭制备技术得到生物炭的产率、碳含量及炭化率

制备过程	制备温度/℃	保留时间	固体产率/%	碳含量/%	碳产率/%
烘焙	约290	10～60min	61～84	51～55	67～85
慢速热解	约400	几分钟至几天	约30	95	约58
快速热解	约500	约1s	12～26	74	20～26
气化热解	约800	约10～20s	约10	—	—
水热法	约180～250	1～12h	<66	<70	约88
闪蒸炭化	约300～600	<30min	37	约85	约65

（一）慢速热解法

慢速热解法，也称传统炭化法，是指生物质以一个相对较低的速率加热，经过较长的裂解时间（几小时至数天）制备生物炭的过程。传统的炭化法制备生物炭的技术已经相当成熟且已有数百年的历史，该方法对设备和条件要求不高，许多研究直接利用普通的马弗炉通过控制温度就可以实现。通常情况下，慢速热解制备生物炭是在相对较低的反应温度和较长的反应时间条件下进行的，其生物炭的产率比较高。由于需要的设备简单、易于操作和控制等优点，应用比较广泛。

（二）快速热解法

快速热解法，即生物质在无氧或限氧、常压、超高加热速率条件下，加热到较高反应温度（常压下500℃左右），从而使生物质大分子发生热解转化，生成气体小分子、挥发分以及焦油等产物的过程。与慢速热解法相比，快速热解具有升温速率快、加热时间短、生物油产率较高，而生物炭产率较低等特点，且制备的生物炭密度高、偏酸性（pH=2.8～3.8）、具有较高的含水量（15%～30%）以及较低的发热量。快速热解通常是在流化床反应器内进行的。一些快速裂解的技术工艺有：涡旋反应器裂解工艺、烧蚀裂解工艺、旋转锥式反应工艺、沸腾流化床裂解工艺、循环流化床裂解工艺、热循环真空裂解工艺、携带床反应器工艺、奥格窑裂解工艺和旋风裂解工艺等。

（三）气化热解法

气化热解法是指生物质源在较高温度（高于700℃）和控制氧化剂含量的基础上转为气体混合物（包括CO、H_2、CO_2、CH_4等气体产物以及少量碳水化合物）的过程。气化热解法生物炭的产率通常是生物质原料的5%～10%。在气化阶段所使用的氧化剂可以是氧气、空气，或者这两种气体的混合气体。空气气化产生的合成气热值较低，为4～7MJ/(N·m^3)，而混合气气化产生合成气热值较高，为10～14MJ/(N·m^3)。由于气化热解温度较高，与快速热解类似，该方法制备得到生物炭的产率要明显低于慢速热解的产率，获得的主要产物为气体。

（四）水热炭化法

水热炭化是在一定温度和压强下，生物质以饱和水为反应介质，在催化剂的作用下发生水解、脱水、脱羧、缩聚和芳香化等反应生成生物炭的过程。该方法按照炭化温度的不同又可以分为低温水热炭化法（低于 300℃）和高温水热炭化法（300～800℃）。由于高温水热炭化反应所需要的条件要远高于大多数有机物质的稳定条件，所以在此阶段水热反应主要产物为气体产物（如 CH_4 和 H_2）。

（五）微波热裂解法

微波热裂解技术是近年来兴起的技术，能够提供快速均匀的辐射，生物质源与发射源和加热器不发生直接接触。对生物质的微波裂解过程是在无氧的条件下，将生物质加热至 400～500℃，短时间内微波反应生成低分子有机蒸气，快速冷却后可制得液体燃料，不可冷凝的蒸气部分是气态产物，不可汽化的是固体产物部分。与传统的加热方式相比，微波加热具有物质升温快、可选择加热、具有灵活性和适应性、无滞后性、清洁卫生以及可控制等优势。

二、生物炭的表征

了解生物炭的理化特性需要对其进行表征分析。如果可以对不同类型的生物炭实行类似“指纹识别”的分类鉴定，不同的生物炭产品都可以由该方法追踪到其原料构成，对于生物炭的应用是十分有利的。此外，通过生物炭的表征，可以进一步评估生物炭的（碳库）寿命、预测其在土壤系统中的生物地球化学反应，该工作是生物炭的环境风险评估和管理中很重要的内容。生物炭的表征技术还有助于理解生物炭产品在土壤的施用过程中所发挥的确切作用。从实践的角度来看，表征方法的主要任务是使生物炭的特征得到快速有效的确认，这样才会令生物炭得以更为广泛地应用。

我们在此章中列举了生物炭研究中一些常见的表征方法。

（一）元素分析

元素组成是生物炭的基本理化性质。通过元素组成的分析，可以明确各种元素的占比情况。也可以间接地说明在经过高温裂解后，生物质原材料中的各类元素变化情况，例如，(N＋O)/C 是评价生物极性的重要参数，而 H/C 可以反映生物炭的芳香性。因此，通过元素比例可以更好地得知及描述生物炭的相关特性。

生物炭的 C、H、O、N、S 元素可利用元素分析仪进行测定。生物炭的元素组成依赖于原料、热裂解方法和炭化温度。原料来源是决定生物炭元素组成的重要因素（见表 6-2），但对于同一种生物质，裂解产品的元素组成受裂解温度和停留时间的影响非常大。生物质来源相同而热解条件不同制备的生物炭，其内部形态不尽相同，元素含量分布亦有区别。

表 6-2　不同原料生物炭的元素组成

产物	元素组成/%					
	C	H	N	O	S	灰分
香蕉杆	36.33	4.80	1.59	38.24	0.17	18.87
香蕉杆生物炭	45.93	2.69	1.63	26.58	0.41	22.76
玉米芯	42.99	5.62	0.68	46.52	0.03	4.16

续表

产物	元素组成/%					
	C	H	N	O	S	灰分
玉米芯生物炭	76.00	3.10	1.79	14.50	0.04	4.57
泥炭土	29.05	3.46	1.89	24.08	0.52	41.00
泥炭土生物炭	31.36	1.96	1.85	21.92	0.85	42.06
草海底泥	22.20	2.98	1.56	27.89	1.48	43.89
草海底泥生物炭	19.13	1.04	1.05	26.62	2.28	49.88

通常来说，生物炭的元素组成体现着其原料的营养物质含量。由植物秸秆（香蕉杆和玉米芯）制备的生物炭C含量相对较高，而由泥炭土和草海底泥生成的生物炭C含量相对较低，其他元素含量高低与原料成分呈现高度一致性。元素表征数据显示，几乎所有的生物炭与其来源生物质（除草海底泥外）或沉积物相比，C含量均显著升高，O和H含量相对减少，说明原料在厌氧裂解过程中有机组分的组织形式发生了变化，伴随着长链的断裂以及稠环的形成，制得的生物炭比生物质化学性质更加稳定。热解温度会影响生物炭元素的含量和有效性（见表6-3），对于同一种原料，需要获得不同产品元素的组成，此时，裂解温度和方式成为关键因素。

表6-3 不同裂解温度下棉秆生物炭元素含量

裂解温度/℃	元素组成/%					
	C	H	N	O	S	灰分
350	55.90	3.84	1.40	24.63	0.84	13.39
450	65.27	3.35	1.57	10.27	0.84	18.70
550	66.63	2.61	1.60	7.41	0.85	20.91
650	63.10	1.98	1.44	5.43	1.02	27.03
750	60.57	1.67	1.44	5.36	1.30	29.66

（二）灰分含量

生物炭在高温裂解时，发生一系列物理和化学变化，最后大部分H、O、N元素可挥发逸散，而无机成分（主要是无机盐和氧化物）则留存下来，这些剩余物称为生物炭的灰分。生物炭灰分含量的多少与组成主要受生物炭的原料来源和热解条件的影响，进而影响生物炭的本身性能。以木质原料制备生物炭时，通常来说其灰分含量较低；而对于以秸秆为原料的生物炭，其硅含量较高，制备出的生物炭中通常有高达20%以上的灰分。值得注意的是，当制备生物炭的原料含有较高含量的硅时，生产过程中可能会释放含硅的粉尘，这些粉尘很可能会引发人类的硅沉着病。因此，在生产生物炭时应当采取适当的预防措施。

生物炭的灰分含量受生物质源的影响已经达到普遍共识，然而热解温度影响也是不容忽视的因素，相同原料制备的生物炭中灰分含量与热解温度存在一定相关性（见表6-4）。对于生物炭施用于土壤时，部分灰分可作为无机盐被作物吸收利用，同时高灰分还可提高土壤pH值，起到改良酸性土壤的作用。

表6-4 苹果树枝在不同温度下生成生物炭的灰分含量

样品		热解温度/℃			
		300	400	500	600
生物炭	产率/%	47.94±1.27	35.49±1.39	31.73±1.02	28.48±0.72
	灰分/%	6.72±0.02	7.85±0.04	10.06±0.15	9.40±0.21
	挥发性物质/%	60.77±0.86	29.85±0.90	23.19±0.34	14.86±0.63
	固定碳/%	32.50±0.86	62.30±0.93	66.75±0.28	75.73±0.76

生物炭灰分测定方法一般是，准确称取定量的生物质原料及各阶段产物样品于坩埚中，在电炉中炭化至无烟，然后在500～800℃（具体温度根据原料的不同按国家标准测定方法而定）马弗炉中灼烧到灰白色（大约4 h），之后冷却到200℃，再将处理物放入干燥皿冷却到室温后，称量。计算公式为：

$$A=\frac{M_2-M_1}{M}\times 100\% \tag{6-1}$$

式中，A 为样品中灰分百分含量，%；M 为灼烧前生物炭的质量，g；M_1 为空坩埚质量，g；M_2 为灰分和坩埚质量，g。

（三）微观形貌表征

扫描电子显微镜（SEM）经常用于生物炭的表面结构特征表征，SEM图更加直观地展示了不同温度制备的生物炭表面孔隙结构的变化特征（见图6-3）。

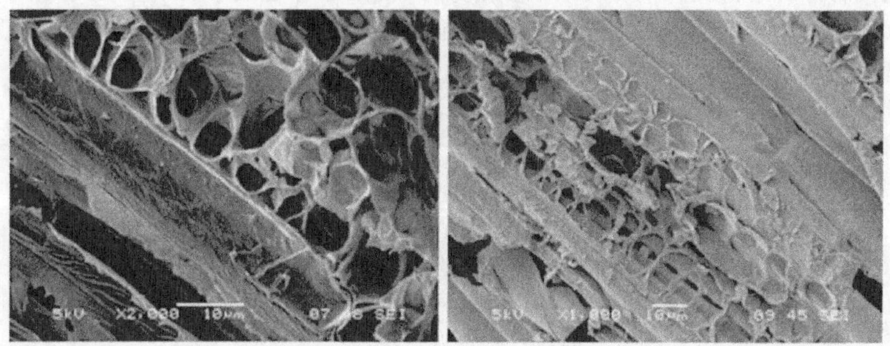

图6-3　秸秆经350℃（左）和700℃（右）炭化后的扫描电子显微照片

实验方法一般是，使用SEM进行表面和断面扫描，把生物炭样品放于SEM的试样台上进行观测。

表面样品的制备：将生物质原料及各阶段产物样品截取1 cm^2 左右，用双面胶将其粘贴于样品池上，采用离子溅射将其喷金导电处理后，即可放入电镜观测。

断面样品的制备：将生物质原料及各阶段产物样品通过液氮淬断后，用双面胶将其粘贴于样品池上，采用离子溅射将其喷金导电处理后，即可放入电镜观测。

（四）表面含氧官能团的测定

生物炭表面官能团的种类和数量决定其表面化学性质。普遍认为，生物炭含氧官能团数量与生物质原料和炭化条件密切相关，不同原料在相同炭化温度下制得的生物炭所含表面含氧官能团种类和总量相近（表6-5）。生物炭表面含氧官能团含量可采用傅里叶变换红外光谱或Boehm滴定法进行测定。

表6-5　生物炭表面含氧官能团种类及含量

原料	热解温度/℃	羧基/(mmol/g)	内脂基/(mmol/g)	酚羟基/(mmol/g)	羰基/(mmol/g)	酸总量/(mmol/g)	表面含氧官能团总量/(mmol/g)
小麦秸秆	350	0.76	0.58	0.42	0.08	1.84	1.84
	550	0.72	0.54	0.37	0.13	1.76	1.76
	750	0.66	0.49	0.32	0.16	1.63	1.63

续表

原料	热解温度/℃	羧基/(mmol/g)	内脂基/(mmol/g)	酚羟基/(mmol/g)	羰基/(mmol/g)	酸总量/(mmol/g)	表面含氧官能团总量/(mmol/g)
稻壳	350	0.67	0.54	0.48	0.14	1.83	1.83
	550	0.68	0.53	0.38	0.15	1.74	1.74
	750	0.62	0.46	0.35	0.19	1.62	1.62
木屑	350	0.75	0.61	0.42	0.07	1.85	1.85
	550	0.78	0.55	0.34	0.10	1.77	1.77
	750	0.70	0.46	0.31	0.16	1.63	1.63

傅里叶变换红外光谱（FTIR）主要用于对生物炭表面官能团进行定性定量分析。这些官能团不仅可以影响其吸附性能和化学反应（氧化还原、电子传递等），还是影响细胞黏附生长的重要因素之一。芳香聚醚类等刚性结构不利于细胞黏附，而羧基、磺酸基、氨基、亚胺基和酰胺基等有利于细胞的黏附和增殖。

从红外光谱分析的角度，主要是利用特征吸收谱带的频率，推断分子存在某一基团或键，进而再由特征吸收谱带频率的位移推断邻接基团或键，确定分子的化学结构，以及由特征吸收谱带强度的改变（见图 6-4），对其混合物和化合物进行定性分析。

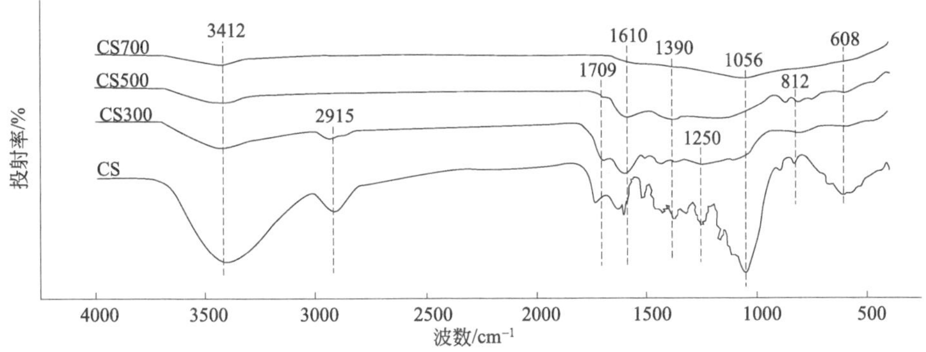

图 6-4　不同裂解温度下制备的生物炭 FTIR 光谱

实验方法一般是，将原材料及各阶段产物样品粉碎为细粉末，过筛后，取 100 目左右（具体目数根据测定方法而定）样品为成分分析样品；采用傅里叶变换红外光谱仪，对生物炭进行红外光谱测试；将 1～2 mg 试样与约 200 mg 纯化试剂研细混合，烘干后把混合物压成薄片；用傅里叶红外-拉曼光谱仪在特定的波数范围内记录图谱。

Boehm 滴定的实验方法为，将生物炭用稀盐酸（pH＝2）浸泡 48h，用于除去灰分和溶解性盐溶液或其他干扰物，再用 0.45μm 滤膜过滤和用去离子水反复淋洗至中性。收集固体生物炭样品，在烘箱内 80℃下烘 24h。准确称取 0.2g（干重）的生物炭样品分别与 NaOH、$NaHCO_3$ 或者 Na_2CO_3 混合。再在室温下震荡（150r/min）24 h。震荡结束后，将混合物过滤（0.45μm），取 5mL 滤液用盐酸滴定至终点，甲基橙为终点指示剂。生物炭表面的官能团含量是基于 $NaHCO_3$ 溶液仅能中和羰基，Na_2CO_3 溶液可以中和内酯基和羧基官能团，而 NaOH 溶液能中和所有的酸性物质。生物炭表面酚羟基官能团的含量可以通过 NaOH 和 Na_2CO_3 物质的量之差进行计算得到。

（五）表面晶体结构分析

生物炭的表面晶体结构可用 X 射线衍射（XRD）仪进行定性定量分析。将具有一定波长的X射线照射到结晶性物质上时，X射线因在结晶内遇到规则排列的原子或离子而发生散射，散射的X射线在某些方向上相位得到加强，从而显示与结晶结构相对应的特有的衍射现象。X射线衍射法是当前测定物质晶体结构的重要手段，应用范围较广。X射线衍射方法具有不损伤样品、无污染、快捷、测量精度高、能得到有关晶体完整性的大量信息等优点。

对反应前后的材料样品进行XRD表征。小角衍射范围为0.6°～5°，广角衍射角范围为3°～90°。测试结果利用Jade 6.5软件进行分析。

（六）Zeta电位分析

Zeta电位（Zeta potential）是指材料剪切面的电位，是表征分散体系稳定程度和材料表面电荷的重要指标。颗粒之间相互排斥或吸引力的强度用Zeta电位来衡量，Zeta电位的绝对值（正或负）越高，体系越稳定，即溶解或分散可以抵抗聚集。Zeta电位是评价带电微粒表明电荷极其重要的参数，可以用来解释生物炭吸附的宏观现象。生物炭本身性质对Zeta电位有重要影响，同时也受热解温度、颗粒大小、浓度以及pH等因素的影响。

实验方法：将生物质原料及各阶段产物样品磨碎、过筛（100目，视情况而定），溶于水，置于数控超声波清洗仪超声，使其均匀分散悬浮，取悬浮液于Zeta电位分析仪中测定电位。

（七）比表面积及孔径分布

比表面积和孔径分布是多孔固体物质的两个重要参数，也是表征颗粒大小的一种量度，也可以表示固体颗粒的吸附能力。生物炭在制备过程中，内部呈多孔结构，其表面固定着各种物质尤其是营养物质，一般认为，生物炭颗粒越小，生物炭表面微孔数目越多，微孔孔径越小，比表面积就越大。生物炭的制备温度越高，比表面积呈现越大的趋势，吸附性能越好，吸附速率越快（见表6-6）。

表6-6 不同热解温度下的稻壳（RH）和棉花秸秆（CS）的比表面积（BET）及孔径分布

指标	RH					CS				
	300℃	400℃	500℃	600℃	700℃	300℃	400℃	500℃	600℃	700℃
BET/(m^2/g)	78.4	101.3	292.6	377.7	406.2	35.3	117.5	300.1	500.8	553.7
平均孔径/nm	3.697	3.67	3.772	3.815	3.82	3.417	3.065	4.096	3.807	3.785
微孔体积/(cm^3/g)	0.009	0.008	0.015	0.032	0.049	0.01	0.011	0.013	0.014	0.052

目前，常用实验方法是，将生物质原料及各阶段产物样品进行干燥处理，再用比表面积分析仪脱气，然后以N_2或CO_2为吸附气体进行分析，得出数据可用BET或DFT的方法处理。

（八）pH值的测定

根据生物炭所用的原料和热解的条件不同，其pH值范围为4～12（见表6-7）。研究发现，提高裂解温度可以增大生物炭的pH值。测定生物炭pH值的常用实验方法是，采用pH复合电极，即用pH玻璃电极和参比电极组合在一起的电极对生物炭的pH值进行测定。先用pH缓冲液校正pH计，再将电极置入去离子水中晃动并擦干，然后将电极插入生物质原料及各阶段产物与水呈一定比例（如1∶1）的混合溶液中，搅拌晃动几下再静止放置进行pH值测定。

表 6-7 不同热解温度下的稻壳和棉花秸秆的 pH 值

原料	稻壳					棉花秸秆				
热解温度/℃	300	400	500	600	700	300	400	500	600	700
pH 值	5.31	6.49	8.19	9.2	9.42	6.61	8.51	9.72	10.24	10.42

（九）热重分析

生物质原料在热解过程中发生的各种反应（如水分和挥发性组分的挥发等）以及复杂的热解行为以及制备生物炭的热稳定性可以用热重分析仪进行分析。热重分析（TG 或 TGA），是指在一定的程序控制温度下测量样品的质量随温度变化关系的一种热分析技术，通常用于研究材料的热稳定性和组分特性。热重分析可以分为动态法和静态法。而动态法是进行热重分析的，同时对热重分析进行导数分析（derivative thermogravimetry，简称 DTG），DTG 即是热重曲线对时间（或温度）的一阶导数，以表示物质的质量随时间或温度的变化速率。

实验方法一般是，将待测生物炭均匀研磨，称取 5 mg 左右生物炭置于坩埚中。每次称量样品的质量尽量保持一致，以减少热质转换过程中产生的误差。将装有样品的坩埚置于热重分析仪的分析室中进行分析。实验测试温度范围为 30～1000℃，升温速率设为 10℃/min。以高纯度（为 99.99%）的氮气作为载气，流速为 100 mL/min。实验过程中，热重仪器自动记录实验数据。

三、生物炭的改性

目前，生物炭的改性技术主要包括在不同条件（化学、物理或生物）下对生物炭的特性进行改性；或在生物炭（热解前后）结构内部或表面添加元素或化合物，这些元素或化合物的引入将导致生物炭的特定行为或提高其功效。这种具有特定功能的改性的生物炭被称为改性生物炭。一般而言，生物炭的改性方法可分为：化学改性法（酸、碱和过氧化氢）、物理改性法（蒸汽、球磨和微波）、浸没在矿物或无机吸附剂中的表面负载法、生物法（消化）和磁改性法等。

（一）化学改性法

化学改性法一般是在炭化过程中或炭化后，通过化学试剂（酸、碱和过氧化氢等活化剂）优化生物炭表面的物理化学结构，使其具有更多的官能团、微孔结构，更大的比表面积和阳离子交换容量等，从而提高生物炭的表面静电吸引力、络合力或沉淀作用，使得其与重金属、营养元素和有机污染物吸附亲和力增加。目前普遍认为，通过添加氧化剂［H_2O_2、$KMnO_4$、$(NH_4)_2S_2O_8$ 或 O_3］来增加表面含氧官能团，可以达到提高生物炭吸附容量的目的。例如，生物炭表面引入氨基，大大提高了对 Cr（Ⅵ）的吸附量；同时，也可利用 H_2O_2 改性生物炭，增加表面含氧官能团，提升对 Pb^{2+}、Cu^{2+}、Cd^{2+}、Ni^{2+} 重金属的吸附能力。化学改性还可以增强生物炭与芳香性有机污染物之间 π-π 共用电子相互作用力，从而增大对芳香性有机污染物的吸附。化学法改性能够显著改变生物炭吸附性能，但实际应用中存在成本高的问题，此外还会产生废弃酸、碱废液排放问题。

（二）物理改性法

物理改性主要是通过改善生物炭的孔隙结构，增加微孔和介孔数量，增加生物炭比表面积，增加表面官能团种类及含量等，从而改善生物炭性能的方法，其比化学改性更加清洁且易于控制。物理法改性通常有蒸汽活化改性、CO_2 及空气等改性。如蒸汽活化生物炭，与未活化生物炭相比，其对重金属、营养元素和有机污染物的吸附能力有所提高，且羧基和苯酚官能团的分解降低了生物炭的极性，利用蒸汽活化生物炭的优点是不引入任何杂质且成本低。同时，也可采用高温 CO_2 和氨气混合气体来改性生物炭，其中氨气可在生物炭表面引入氨基，高温 CO_2 则可以增加生物炭的微孔结构，从而提升生物炭对 CO_2 气体的吸附能力。球磨法是一种强有力的非平衡加工方法，广泛应用于工程纳米材料的生产。对于生物炭的改性，球磨法还处于起步阶段。根据目前的研究，球磨法不仅可以通过减小生物炭的晶粒尺寸来增大外表面积，还可以通过打开生物炭内部的空穴网络结构来增大内表面积。此外，球磨法还能在生物炭表面引入含氧官能团（例如羧基和羟基），而这些酸性官能团会降低生物炭表面的 Zeta 电位，使球磨生物炭在水中具有优异的分散性能，对废水有良好的处理能力。

（三）表面负载法

生物炭表面负载复合材料是在生物炭热解不同阶段对其表面进行覆盖或浸渍不同的金属氧化物、黏土矿物和碳质材料（如石墨烯或碳纳米管）等材料来改性生物炭的一种方法。表面负载法提高了生物炭的比表面积、含氧官能团含量和离子交换能力等，增加了生物炭对重金属和有机物的吸附能力。如负载金属氧化物（$MgCl_2$、$AlCl_3$、$FeCl_3$ 以及 $KMnO_4$ 等）改性，能够为生物炭表面提供更多吸附位点。具体来说，利用 $KMnO_4$ 受热分解的特性在生物炭上负载锰的氧化物，改性后的生物炭表面附着锰氧化物颗粒，改性生物炭具有更大的比表面积和更多的含氧官能团，得到的改性炭对水溶液 Pb^{2+}、Cu^{2+}、Cd^{2+} 离子的吸附量分别比原始炭高出 2.1、2.8、5.9 倍。氧化石墨烯-生物炭复合材料相比原始生物炭对 Pb(Ⅱ)、Cd(Ⅱ)、Cu(Ⅱ)、Cr(Ⅵ)、Hg(Ⅱ）等对应离子的吸附量有显著提高；同时，也有的利用胡桃木屑与碳纳米管悬浮液混合、搅拌、烘干再热解成功制备炭纳米-生物炭复合材料，显著增加了炭材表面积、孔隙度及负电荷，显著提高了对 Pb(Ⅱ）的吸附去除效率。

（四）生物法

生物法是利用厌氧细菌将有机物质转化为沼气和消化物，从消化残留物中获取生物炭。经过消化的生物炭展现出更高的比表面积和 pH 值、更强的阴离子交换能力。经过消化改性的生物炭起到固碳减排的作用，生物法改性生物炭不仅降低制备的成本，同时也提高了对重金属和营养元素的吸附能力，在土壤改良和污染修复中具有巨大的应用潜力。

作物秸秆的主要成分是纤维素、半纤维素和木质素等，还包括一些硅化物质、蜡质等。根据生物质主要成分不同，生物法改性分为三类：

1. 微生物对纤维素和半纤维素的降解改性

在秸秆降解过程中，细菌和真菌产生的纤维素酶对纤维素、半纤维素进行降解以达到对生物质改性目的。目前研究较多的是真菌分泌的纤维素酶，它是一个复杂的酶系，根据功能上的差异可分为 3 类，即内切葡聚糖酶（endo-1，4-β-D-glucanase，EG）、外切葡聚糖酶（exo-1，4-β-D-glucanase，CBH）和葡萄糖苷酶（β-1，4-glucosidase，BG）。实际上，它们对纤维素的降解破坏作用方式分为 2 种，一种是自外而内，先降解外部组织结构，然后向内发展。如细菌，先是黏附在纤维上，自接触点降解纤维，向内发展，纤维组织表面呈现出锯齿状降解蚀痕。另一种是自内而外的降解方式，如真菌。真菌在降解纤维素时，菌丝可以穿透次生壁进入胞内，并不断生长，自内部降解纤维素，使纤维结构逐步降解。

2. 微生物对木质素的降解

木质素是具有芳香族特性的天然聚合物，由苯酚和非苯酚结构单元通过醚键和碳-碳键等连接而成，组分和连接键类型具有多样性，结构具有异质性与不规则性。这些特征使其生物降解具有复杂性和特殊性。木质素与半纤维素通过共价键结合，纤维素分子包埋在木质素和纤维素中间，纤维素酶很难直接接触纤维素分子。木质素不溶于水、化学结构复杂。这些特点导致秸秆很难在常规条件下降解。自然界中，在真菌、细菌等微生物群共同作用下，木质素被降解，降解中真菌起主导作用。真菌具有穿透作用，可以进入植物的组织结构内部，分泌酶类，降解木质素和纤维素。直接参与降解木质素的主要酶类有：木质素过氧化物酶（Lignin Peroxidase）、漆酶（Laccase）和锰过氧化物酶（Manganese Peroxidas）等。

3. 微生物复合菌系在降解秸秆过程中的协同作用

秸秆成分和结构复杂，单一菌株又难以分泌降解秸秆所需的完整酶系，因此，秸秆的完全降解需要多种微生物协同作用。如在纤维素降解过程中，单一酶系对纤维素的降解表现出的活性不高，通常只能水解特定结构纤维素及其衍生物，而多种酶协同作用，则能表现出较高的降解活性，加速秸秆的降解。同样，木质素降解也需要多种菌群的协同作用。

（五）磁改性法

粉末生物炭较难从固液混合态中分离回收，所以研究者拟改性生物炭使之具有磁性进而便于分离再生。生物炭的磁性改性类似于将磁性材料负载在生物炭表面，将磁性材料负载到生物炭上，不仅可以提高生物炭的吸附能力，而且还可以赋予生物炭磁性，使生物炭得到循环利用。例如，将 $FeCl_3$ 处理后的生物质在管式炉中热解制备生物炭，将磁性 γ-Fe_2O_3 负载于生物炭中，其磁性强度与纯 γ-Fe_2O_3 相当。磁性改性生物炭用于废水处理后便于回收利用，同时磁性颗粒的增加也降低了生物炭表面的负电荷，提高了其对阴离子污染物的吸附性能。

第四节 生物炭与土壤固碳

气候变暖是当今国际社会普遍关注的全球性问题，也是人类面临的最为严峻的环境问题之一。减少温室气体排放是减缓气候变化的重要手段。土壤是生态系统中重要的碳库和碳汇，其碳储量可达 27000 亿吨，如何有效减少土地利用中温室气体排放、增加陆地生态系统固碳减排能力是当前环境与生态领域科学家共同关注的热点问题。生物炭主要由芳香烃和烷基结构紧密堆叠而成，具有极强的化学稳定性、热稳定性和生物稳定性，因此在减少陆地生态系统碳排放方面表现出巨大应用潜力。

一、生物炭的稳定性

生物炭的稳定性直接决定着生物炭的固碳效果。生物炭主要由芳香烃和烷基结构组成，这种结构特点使其表现出高度的化学和微生物惰性，进入土壤后很难被氧化以及被微生物分解利用。另一方面，生物炭表面丰富的官能团能够通过多种吸附作用力与土壤矿物形成有机-无机复合体，即土壤团聚体，生物炭可被封存其中，通过团聚体的物理保护作用降低土壤微生物对生物炭的分解风险，从而保持其稳定。二氧化碳经由光合作用进入植物体内，由生物体完成向生物质的转化，最后以生物炭的稳定形式将碳素稳定封存在土壤碳库中，实现土壤对碳的固定。相比生物质以非炭化形式直接进入土壤而被较彻底地降解为二氧化碳这一途径，生物炭的产生能够留存至少 40％的有机碳。当碳素转化为生物炭后，即使通过沉降、掩埋、风化等地质年代的循环过程，仍然能在土壤和沉积物中大量存在，继续发挥碳汇作用，形成稳定的土壤碳库。生物炭在自身惰性以及团聚作用的保护下，目前普遍认为其在土壤中可稳定存在上千年之久。

生物炭的稳定性受其原材料性质、热解条件影响较大。不同生物质和热解条件能够显著影响生物炭的理化性质，进而影响生物炭在环境中的稳定性。因此，可以根据生物炭组成成分与其稳定性的相互关系来深入了解生物炭的固碳减排机制以及主要影响因素。有机碳的组成是决定生物炭稳定性的关键因素。生物炭中的有机碳至少两种形态，即非稳态有机碳和稳态有机碳。非稳态有机碳主要由炭化程度较低的生物质裂解产物组成，如糖脂类、磷脂类大分子化合物。这部分有机碳组分容易发生矿化反应以及被微生物利用，因而是生物炭中较为活跃的组分，不利于生物炭的稳定。而稳态有机碳主要由稠环芳烃化合物组成，其结构致密，不易发生氧化分解，对于生物炭在环境中的稳定性起着至关重要的作用。通常，热解温度越高，生物炭的芳环结构堆叠越致密，碳含量越高，生物炭也越稳定；在同样热解条件下，木本生物炭比草本生物炭更为稳定。生物炭的氧/碳（O/C）和氢/碳（H/C）是目前评价生物炭稳定性的重要参数。有研究发现，生物炭 O/C 与非稳态有机碳组分表现出正相关关系，与生物炭稳定性表现出负相关关系；O/C 越小，生物炭在环境中的平均停留时间越长；当 O/C 小于 0.2 时，生物炭的平均停留时间（mean residence time）至少为 1000 年。此外，生物炭中适量的矿质元素（如硅、钙、铁等）能够促进芳香碳的形成从而提高生物炭在环境中的稳定性。例如，生物炭中的硅元素在高温裂解条件下可以与碳元素形成 Si—C 键，二者能够起到相互保护的作用，增强了碳、硅在生物炭中的稳定性。然而，生物质原料中如果含有过多矿物质，会不利于芳香碳结构的形成，造成生物炭结构的不稳定。Singh 等人分别以桉树枝、桉树叶、纸浆、鸡粪、牛粪为原料，在 400℃和 550℃条件下制备生物炭，施用于土壤中，开展了 5 年的生物炭矿化监测实验。结果表明（图 6-5），生物炭在 5 年间的矿化率为 0.5％～8.9％，动物粪基生物炭的矿化率高于植物基生物炭，400℃的矿化率高于 550℃。生物炭的平均停留时间大致为 90～1600 年。

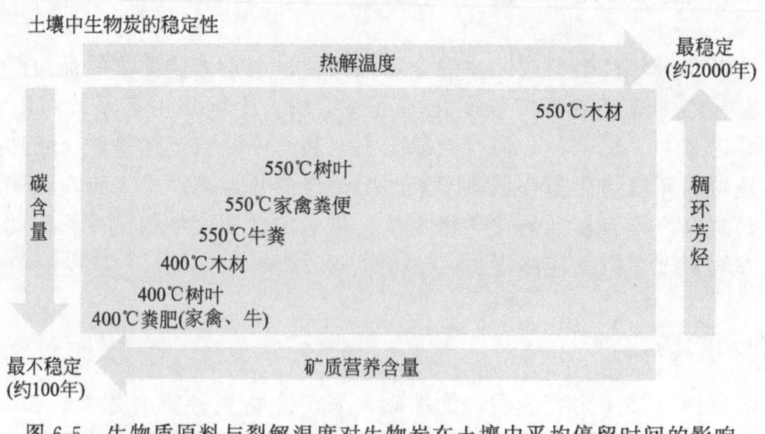

图 6-5 生物质原料与裂解温度对生物炭在土壤中平均停留时间的影响

生物炭在环境中的稳定性还受到周围环境条件的影响，如土壤湿度、温度、pH、土壤有机质以及土壤矿物等。研究表明，生物炭的矿化程度与土壤湿度密切相关。土壤水非饱和以及干湿交替容易造成生物炭颗粒表面氧化，因而能够促进其矿化分解。然而在水分饱和的土壤（例如沉积物、水稻土）中，生物炭在缺氧条件下不易氧化，且能够促进其芳香烃和烷基结构的形成，有利于其在环境中长期稳定存在。对于温度而言，高温能够促进生物炭的降解；其中，表面氧化是最重要的降解机制之一，即生物炭表面 O 和 H 元素含量增加，形成更多的含氧基团（如羧基、羟基、羰基等），增加了生物炭表面负电性。因此，生物炭的降解速率受当地气候条件（主要是温度）的影响很大。通过对比生物炭理化特性与当地不同年份气候曲线可以发现，土壤中生物炭的氧化程度与平均气温呈显著正相关关系。关于土壤 pH 对生物炭稳定性的影响研究相对较少，有研究者发现，酸性土壤能够提高生物炭表面的粗糙程度以及亲水性；生物炭在 pH 值较高的土壤中矿化率高于在 pH 值较低的土壤。更为重要的是，土壤 pH 可能通过影响微生物种类、土壤酶活性以及生物化学过程等而间接调控生物炭的稳定程度。土壤有机质以及土壤矿物对生物炭稳定性的影响较为复杂，其中包括多种作用机制。生物炭的多孔结构有利于其吸附土壤中的有机质而形成团聚结构，被吸附的有机质可以阻隔空气、水分以及微生物进入生物炭孔隙，因而在一定程度上对生物炭可以起到物理保护作用。土壤矿物同样能够与生物炭结合形成生物炭-矿物复合结构从而提高生物炭的稳定性。然而，生物炭、有机质与矿物三者之间的亲和力大小很大程度上依赖于它们的表面理化特性（如疏水性、电负性、官能团等）。例如，鸡粪生物炭表面含有大量含氧官能团，因而其更有利于与土壤矿物相结合，然而纸浆生物炭表面的 Ca、Al 含量较高，其更倾向先与土壤有机质结合再吸附于矿物表面。因此，土壤有机质与土壤矿物对生物炭稳定性的影响是一个包含了界面反应、构型变化、微生物作用等复杂的生物地球化学过程。

二、生物炭固碳减排机制

巴西亚马孙流域“Terra Preta”土壤中的黑炭经过几个世纪的矿化分解，其 C 含量仍高达 35%。许多研究也表明生物炭在土壤中的更新周期至少在百年以上。因此，将生物炭添加于土壤中对提高土壤碳库、减缓温室气体排放、改善土壤质量、提高作物产量等方面均具有重要作用。如图 6-6 所示，在陆地生态系统中，由植物经光合作用固定的 CO_2，50%用于植物呼吸作用，另外 50%则通过凋落物的形式进入土壤，在土壤微生物的作用下矿化分解为 CO_2 再次返回到大气中，整个大气 C 消减为零（即 100% C 吸收－50% C 呼吸－50% C 凋落物＝0），这个过程被称为“碳中和（carbon neutral）”。而如果将凋落物热解转化为生物炭，凋落物中 25%的 C 可被固定于生物炭中，由于生物炭自身的稳定性，生物炭中的 C 只有 5%可经过土壤微生物的作用被重新释放回大气中，剩余的 20%的 C 就成为土壤碳的净吸收，整个大气 C 消减为 20%（即 100% C 吸收－50%C 呼吸－25% C 生物能＝20%），这个过程被称为“碳负性（carbon negative）”。由此可见，生物质废弃物生物炭转化技术是一种有效的碳汇途径，能够将大气中的 CO_2 源源不断地固定并封存于土壤中。我国具有丰富的生物质废弃物，各种农作物秸秆总产量每年高达 7 亿吨，其中水稻、小麦、玉米主要农作物秸秆在 5 亿吨左右，每年大量的秸秆被露天焚烧，造成资源的浪费以及环境污染。如果将这些生物质废弃物转化为生物炭，既可以减少固体废弃物存量又能够消减温室气体的排放。

施入土壤的生物炭同时具有抑制 CH_4、N_2O 等温室气体排放的作用。土壤 CH_4 排放是产甲烷菌和甲烷氧化菌平衡作用的结果，影响土壤 CH_4 排放的土壤理化性质主要包括氧化

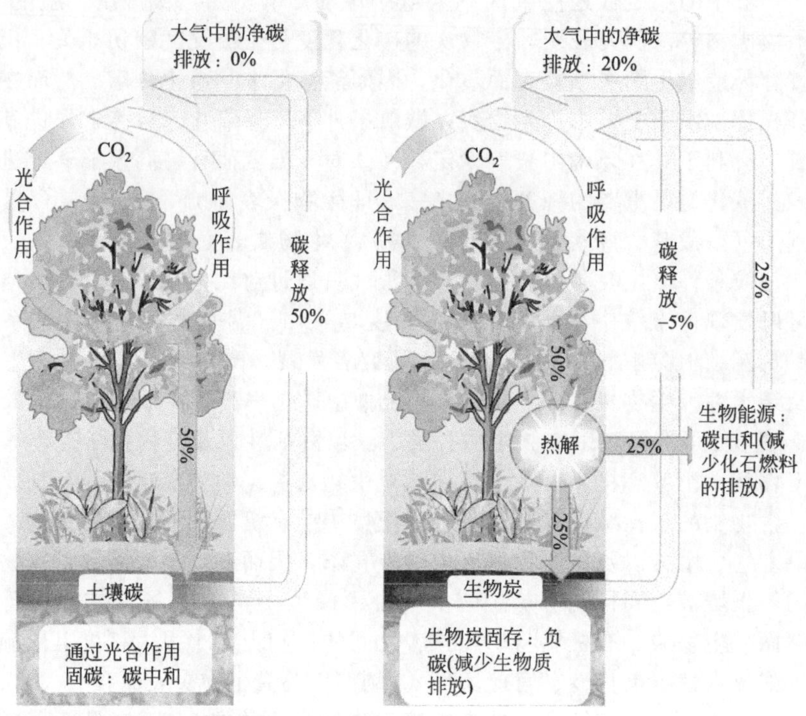

图 6-6　生物炭对大气中 CO_2 固定减排模式图

还原电位、pH、有机质含量、含水量、温度、氮含量等。而土壤 N_2O 的形成主要源于微生物对土壤氮素的转化过程，即在硝化和反硝化作用的不同阶段作为副产物出现。一般认为，影响土壤 N_2O 排放的主要因素包括氮肥的施用、有机碳含量、土壤温湿度、pH、植被类型等。生物炭可通过不同作用机制减少 CH_4、N_2O 等温室气体的排放：①调节土壤理化特性，抑制温室气体的排放。例如，生物炭可以改善土壤透气性，提高土壤 O_2 含量，从而减少反硝化作用中 N_2O 的产生。同时，O_2 也是限制甲烷氧化菌利用 CH_4 的重要因素，O_2 含量增加也可以抑制 CH_4 的生成。生物炭的施用还能够提高土壤 pH 值，同时由于生物炭较高的 C/N 比，限制了氮素的微生物转化和反硝化反应。CH_4 的产生需要厌氧环境和较低氧化还原电位，而反硝化作用在厌氧环境中也更容易进行，生物炭的施用提高了土壤氧化还原电位，因而不利于 CH_4 和 N_2O 的生成。②降低酶活性，抑制 N 矿化，有助于提高土壤 N 含量。③影响土壤微生物群落结构及功能，抑制某些微生物的活性，从而减缓对有机质的降解，减少 C、N 排放。不同土壤中反硝化菌群的组成结构是造成土壤 N_2O 释放差异的重要原因。生物炭的施入能够改变反硝化菌和硝化菌的种类，从而抑制 N_2O 的排放。④生物炭与土壤有机质、矿物颗粒相互结合形成有机-无机团聚复合结构，其有利于对有机质的保护，减少 CH_4 和 N_2O 排放。

此外，也有一些研究表明，土壤施加生物炭对土壤固碳可能具有负效应。可溶性有机质是土壤中移动性最强、生物有效性最高的组分之一，在土壤碳循环过程中起关键控制作用，可溶性有机质含量越高，矿化作用越强烈。生物炭中除了芳构化的炭环结构，还含有炭化程度较低的脂类以及不同类型小分子有机化合物，这部分组分在生物炭老化过程中更易从生物炭迁移至土壤中，增加了土壤可溶性有机质的含量，因而在一定程度上促进了有机碳的矿化。另外，这一部分有机质容易被微生物分解利用，因而可能促进微生物数量及活性的增加。表 6-8 总结了土壤中添加生物炭对温室气体排放的正负效应及作用机制。随着研究的深入，目前普遍认为生物炭施入土壤的初期阶段有可能对固碳起到负效应，然而从更长的时间尺度来看，生物炭的固碳减排作用更加明显。

表 6-8　生物炭对温室气体排放的影响及机制

固碳减排机制	促进排放机制
提高土壤养分含量，促进作物生长，提高碳利用效率； 提高土壤含水量、作物水分利用率，促进作物生长； 提高土壤 pH 值，提高 N_2O 还原酶活性，降低 N_2O 含量； 生物炭对 CO_2 的吸附作用促进稳定团聚体结构的形成； 改变微生物群落及功能，降低有机质的分解； 降低酶活性，抑制土壤呼吸； 调节土壤氧化还原环境，抑制 N_2O 产生； 稳定性高，利于长期固存； 减少化肥施用	提高盐基离子含量，促进本土有机质矿化，促进可溶性有机质释放； 提高土壤含水量及温度，促进矿化； 提高 pH 值，促进可溶性有机质释放，促进矿化生物炭中可溶性有机物的释放及矿化； 提高生物炭活性及生物量，促进有机质矿化； 提高酶活性，促进矿化

生物炭在减缓气候变化以及提高陆地生态系统碳汇方面具有至关重要的作用。据推测，全球每年可产生大约 50～270Tg 生物炭，而其中 80%的生物炭会赋存于土壤当中。有研究者提出，采用有效的生物黑炭还田技术预计到 2100 年可使土壤潜在碳汇达到 9.5Pg。因此，发展生物炭技术是提高土壤固碳减排能力的有效途径，也为改善全球生态系统物质循环、促进农业可持续健康发展提供了新的思路。

第五节　生物炭与土壤改良

土壤质量指土壤在生态系统中保持生物的生产力、维持环境质量、促进动植物健康的能力。近年来，由于人类的过度开发和不当的耕作方式使得土壤出现肥力退化、污染等诸多问题。生物炭因其多孔性、高比表面积、高阳离子交换能力、高芳香化、表面官能团丰富等特性，是一种应用前景广阔的土壤改良剂。生物炭作为土壤改良剂施用是一种改善贫瘠或退化土地的有价值的手段。生物炭施用到土壤，可以增加植物的营养供应，并改善土壤的物理性质和生物特性。但是，因为生物炭施用具有不可逆性，研究人员需要进行长期的研究，以确保施用生物炭不会对土壤的健康和生产力带来不利的影响。

一、生物炭对土壤物理性质的影响

土壤的物理条件如持水能力、通气状况和团聚体数量等，直接影响土壤生产力和作物产量。通过改善退化土壤的土壤结构、孔隙率、持水力等物理性质，可以增加土壤团聚体的数量，增强土壤的保水保肥能力，为土壤有益微生物的生长提供更好的环境，从而达到改良土壤的效果。土壤有机质是影响土壤物理性质的主要因素之一。有机物可通过增加土壤的团聚体数目来改善土壤结构，由于其多孔的结构而增加了土壤的孔隙度，其较强的吸附能力和较高的比表面积可增加土壤吸收养分和保水的能力。而生物炭作为由生物质在缺氧的条件下，经高温热解而产生的一类富碳、大比表面积、多孔隙且稳定性高的物质，是良好的土壤改良剂。

生物炭具有良好的物理特性，孔隙率高、比表面积大。由于它含有较多的芳香族结构，具有较高的稳定性。生物炭在土壤中的稳定期是有机质的 10～1000 倍。生物炭的性质取决于制备原料的类型以及热解条件，如炭化时间、速度和温度等。不同类型的生物炭具有不同的特性，特定类型的生物炭可以在特定的气候条件下改善特定类型土壤的物理特性。

生物炭施加到土壤中后，能提高土壤孔隙度和通气性，使土壤保水保肥性能增加，促进土壤团聚体的形成，对土壤物理性质有积极影响。土壤密度即反应土壤结构和紧密程度的物理性质，土壤密度较小时其结构相对松散，透水性和透气性都较好，反之，土壤过于紧密则渗透性较差。生物炭本身结构疏松多孔，密度通常在 0.05～0.57kg/m^3，添加到土壤中可不同程度地改良土壤密度。有研究将生物炭添加到干旱、半干旱区的黏质粉土中以探究其对土壤密度和渗透性的改良作用，结果表明，当生物炭添加量在 1～5kg/m^2 时，土壤密度可下降 4.05%～10.14%。生物炭能有效提高土壤总孔隙率，有研究表明，将秸秆生物炭和砂土混合后土壤孔隙率可提高 9.2%～12.9%，但是当生物炭的添加量小于10%时，土壤孔隙率显著下降。另外土壤持水性也是反映土壤物理结构的重要指标，研究显示，对于砂质土壤，当生物炭添加量为 88t/(h·m^2) 时，砂质土壤持水量有显著改善。生物炭还可以增深土壤颜色，提高土壤的吸热能力，从而提高土壤温度。

土壤孔隙度是反应土壤物理性质的一项重要指标。土壤中存在三种类型的孔隙（大孔、中孔和微孔），根据大小进行分类。这些孔隙对土壤中气体、养分和水分的迁移和固持起到了重要的作用，也为土壤中的微生物提供了生存空间。施用生物炭可以增加土壤的总孔隙度，但孔隙度的变化也受生物炭的类型和土壤类型的影响。根据生物炭和土壤类型的不同，三种类型的孔隙对土壤孔隙度总增量的相对贡献也不同（表 6-9）。

表 6-9 不同类型和不同添加比例生物炭对不同类型土壤孔隙度的影响

土壤类型	生物炭类型	研究类型（规模）	生物炭施用率/%	土壤孔隙度/[%或(cm^3/cm^3)]	参考文献
砂质壤土	花生壳慢热解（500℃）	实验室	0	0.50	(Leonard Githinji,2013)
			25	0.55	
			50	0.61	
			75	0.69	
			100	0.78	
淤泥壤土	玉米秸秆	Column 土柱	1.73	Increase 13	(Herath et al.,2013)
	玉米秸秆(350℃)		1.13	10	
	玉米秸秆(550℃)		1	19	
水铝英石	松木炭快速热解（650℃）	实验室	0	69.64	(Rehman et al.,2011)
			12.5	71.28	
			25	72.05	
淤泥壤土	桦木(400℃)	田间	0	50.9	(Karhu et al.,2011)
			1.2	52.8	

土壤容重是表示土壤松紧程度的一项指标。土壤容重对土壤性质和植物生长都有重要影响。Mukherjee 等的研究表明，施用生物炭降低了土壤的容重，因为生物炭的孔隙度很高、黏性差，施入土壤后，通过增加孔隙体积显著降低了土壤容重。Leonard Githinji 的研究结果显示，随着生物炭施用量的增加，土壤的容重也显著降低（见表 6-10）。

表 6-10 不同类型和不同添加比例生物炭对不同类型土壤容重的影响

土壤类型	生物炭类型	研究类型（规模）	生物炭施用率/%	堆积密度/(g/cm^3)	参考文献
砂质壤土	山核桃壳(700℃)	实验室	0	1.52	(Bussher et al.,2011)
			2.1	1.45	

续表

土壤类型	生物炭类型	研究类型（规模）	生物炭施用率/%	堆积密度/(g/cm^3)	参考文献
砂质壤土	花生壳(400℃)	实验室	0	1.30	(Leonard Githinji,2013)
			25	1.15	
			50	0.85	
			75	0.60	
			100	0.38	
Anthrosol 人为土壤	小麦秸秆(350-550℃)	田间	0	0.99	(Mankasingh et al.，2011)
			1.1	0.96	
			2.2	0.91	
			4.4	0.89	
淤泥壤土	玉米秸秆	Column 土柱	0	1.01	(Herath et al.，2013)
	玉米秸秆		1.73	0.93	
	玉米秸秆(350℃)		1.13	0.94	
	玉米秸秆(550℃)		1	0.91	

土壤胶体颗粒之间依靠净吸力黏附在一起，形成土壤团聚体。从土体结构的角度来看，这一特性是非常重要的，团聚性好的土壤具有良好的结构。施用生物炭可促进土壤微生物，特别是VA 菌侵染，从而可能促进微生物对矿物的分解及多糖的分泌，对土壤团聚体的形成和稳定起到积极的作用。不同类型和不同添加比例生物炭对不同类型土壤堆积密度的影响见表 6-11。

表 6-11 不同类型和不同添加比例生物炭对不同类型土壤堆积密度的影响

土壤类型	生物炭类型	研究类型（规模）	生物炭施用率/%	堆积密度/(g/cm^3)	参考文献
砂质壤土	山核桃壳(700℃)	实验室	0	14.3	(Busscher et al.，2011)
			2.1	12.9	
Albicluvisol 漂白淋溶土	Hydrochar 水焦 220℃	实验室及温室	0	49.8	(George et al.，2012)
			5	69	
			10	65.1	
			0	10.3	
			5	20.8	
			10	33.8	
砂质壤土	花生壳慢热解(400℃)	实验室	0	9.95	(Busscher et al.，2010)
			0.5	9.53	
			1	10.7	
			2	9.23	

土壤持水能力是指土壤可以容纳或保持的最大水量。土壤持水能力强，可以降低农业生产中人为灌溉的频率，更利于作物生长。研究表明，施用生物炭可使土壤的有效水含量高达97%，饱和水含量高达 56%。Laird 等人的研究结果也显示，经生物炭改良后的土壤持水能力比对照处理高出 15%。在土壤中施用生物炭可以增加土壤的保水能力（表 6-12），但这种作用与土壤质地有关，也与生物炭的孔隙度、吸附性能和表面官能团的性质有关。

表 6-12 不同类型和不同添加比例生物炭对不同类型土壤保水能力的影响

土壤类型	生物炭类型	研究类型（规模）	生物炭施用率/%	保水能力/(g/cm^3)	参考文献
砂质壤土	黄皮松	实验室	0	11.9	(Briggs et al.，2012)
			0.5	12.4	
			1	13	
			5	18.8	

续表

土壤类型	生物炭类型	研究类型（规模）	生物炭施用率/%		保水能力/(g/cm^3)	参考文献
沙土	刺槐	实验室	0		0.28	(Uzoma et al., 2010)
			10t/ha	300℃	0.285	
				400℃	0.315	
				500℃	0.37	
			20t/ha	300℃	0.39	
				400℃	0.42	
				500℃	0.53	

二、生物炭对土壤化学性质的影响

（一）土壤 pH 值

生物炭含有可溶态的灰分和碱金属元素（如 K、Ca、Mg 等），施入土壤可提高酸性土壤的碱基饱和度，提高土壤的 pH 值。此外，生物炭疏松多孔的结构和表面含有的各种有机官能团使其能够吸附更多的盐基离子，从而提高土壤的盐基饱和度。因此，生物炭也可代替石灰，提高土壤盐基饱和度，从而降低土壤中可交换铝的含量，消耗土壤质子而提高酸性土壤的 pH 值。许多研究表明，施用生物炭会改变许多类型土壤的 pH 值，但其 pH 值变化也与生物炭的原料类型和热解温度有关。例如，木料生物炭就比作物秸秆生物炭和粪肥生物炭拥有更高的 pH 值。生物炭因其制备原料不同而 pH 值有所不同，但大多数生物炭因为含有有机官能团，能吸附土壤中的 H^+，所以大多呈碱性，或者具有较大的石灰当量值。因此，在土壤中添加生物炭可提高土壤的 pH 值，这对酸性土壤的改良极为有效。有研究表明，对美国东南沿海平原地区土壤，在施用以山核桃壳为原料的生物炭 67 天后，土壤 pH 值增加。另外，生物炭表面含有的大量负电荷和酚基、羧基和羟基等官能团也会对土壤 pH 值产生影响，它们与土壤溶液中的 H^+ 结合，从而降低了土壤溶液中 H^+ 浓度并提高了土壤 pH 值。生物炭含有的硅酸盐、碳酸盐和碳酸氢盐也能够与 H^+ 结合从而降低它们在土壤中的浓度，也有助于提高土壤 pH 值。生物炭在热解过程形成的碳酸盐含量和有机酸量会因为热解温度的不同而发生改变，高热解温度会形成更多的碳酸盐，而低温热解会形成较多的有机酸。

（二）土壤电导率

不同生物炭因其制备原料的不同，电导率（EC）也存在差异，施入土壤后对土壤 EC 值的影响也不尽相同（图 6-7）。研究发现，以作物秸秆、玫瑰桉和污泥为原料制备的生物炭 EC 在 0.4～3.2dS/m，其中玫瑰桉生物炭电导率最低，作物秸秆电导率最高。以杏核为原料制备的生物炭施入土壤后可降低次生盐渍化土壤的 EC 值，以 2.5%的添加比例施入对降低土壤可溶性盐分效果最好，EC 值降幅可达 67%。玉米秸秆生物炭施入不同类型土壤中后，水稻土和红壤的电导率增加，潮褐土和潮土电导率较空白差异不大，但随着生物炭施用量增大，各类型土壤电导率都增加。

（三）土壤阳离子交换量

土壤阳离子交换量（CEC）是土壤保持阳离子养分和提供微生物活动所需养分能力的重要指标。生物炭本身具有极高的 CEC，所以施用生物炭会对土壤的 CEC 产生影响。研究表明，生物炭对土壤 CEC 的作用主要受土壤类型、生物炭类型和作用时间的限制。一般情况

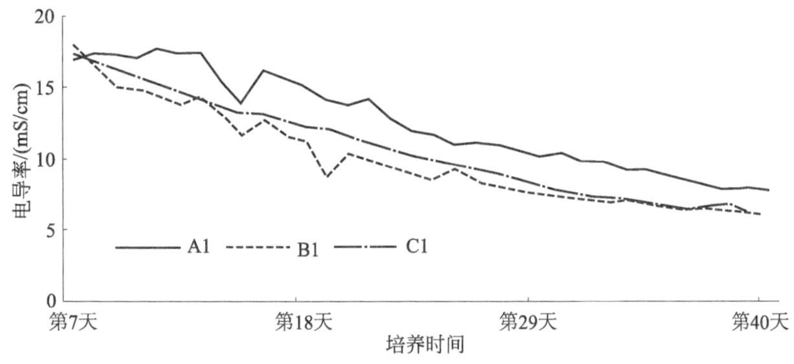

图 6-7 不同生物碳对土壤电导率的影响

下，生物炭对低 CEC 和低 pH 值的酸性土壤中的 CEC 改良效果更明显。其作用效果也和生物炭原料的碱度、有机氮的矿化和土壤中铵根离子的硝化作用有关。有研究表明，在酸性及砂质土壤上施用生物炭可以大大提高土壤对 K^+、Na^+、Ca^{2+}、Mg^{2+} 和 NH_4^+ 的吸持能力。

生物炭施入土壤后可以和有机矿物复合物的负电荷功能位结合，减少了阳离子的淋失，从而增加土壤 CEC。此外，生物炭 CEC 与热解温度有关，高热解温度（>600℃）条件下产生的生物炭具有较大比表面积和高 pH 值，即生物炭有较强的表面氧化能力及表面阳离子吸附能力，对土壤阳离子交换量增加有较强的积极作用。但是目前温度对生物炭 CEC 影响的研究并不统一，一些研究表明生物炭在中低热解温度下 CEC 达到最大，而另一些研究表明生物炭的 CEC 值随着热解温度增加而升高。生物炭对土壤 CEC 的影响也与 pH 有关，当环境 pH 值增加时，土壤 CEC 也增加，表明 pH 值与被生物炭修复的土壤 CEC 之间有着相互关系。生物炭对土壤 CEC 的改善能力，主要还是取决于原料类型和热解程序参数（如温度、加热速率和热解时间），这些因素能影响生物炭官能团类型与数量。

（四）土壤养分

生物炭中富含有机碳，可以增加土壤有机碳含量，使土壤有机质或腐殖质含量升高，从而提高土壤的养分吸收。生物炭的结构和有机质不同，但却能提高土壤肥力并增加土壤有机质的稳定性和含量，其影响程度取决于制备生物炭的原料的种类和性质以及作用土壤的类型。生物炭含有一定量的矿质养分，可提高土壤中矿质养分含量，特别是畜禽粪便生物炭具有较高含量矿质养分，对养分贫瘠土壤及沙质土壤起到很好的养分补充作用。不同处理生物炭对土壤化学性质的影响见表 6-13。

表 6-13 不同处理生物炭对土壤化学性质的影响

处理	pH 值	EC/(μS/cm)	CEC/(cmol/kg)	有机质/(g/kg)
空白对照	7.82±0.00	451.0±11.31	33.15±2.0	18.59±0.6
有机空白对照	7.87±0.02	432.0±26.87	38.58±0.4	17.93±0.5
玉米秸秆生物炭	7.29±0.02	1093.5±21.92	36.85±3.1	79.74±0.7
玉米秸秆生物炭纯碳结构	7.63±0.00	414.5±17.68	34.20±2.8	88.82±0.2

生物炭具有高的吸附能力、CEC 及化学反应性，因此，可作为肥料缓释载体，延缓肥料养分在土壤中的释放，降低肥料养分的淋失及固定等损失，提高肥料养分利用率。生物炭基肥料在其养分释放完后，仍可发挥土壤改良剂的作用。生物炭的孔隙结构及水肥吸附作用

使其成为土壤微生物的良好栖息环境，为土壤有益微生物提供保护，特别是菌根真菌，促进有益微生物繁殖及提高其活性。

生物炭固然可以作为一种肥料使用，但是一般而言，生物炭更重要的用途是作为养分转化的驱动剂使用，而不是直接作为营养物质的来源使用。

氮是植物生长所必需的一种养分。在土壤中施用生物炭有助于土壤氮素的转化，进而改善其对植物的有效性。土壤生物负责大气氮的生物固定和氮矿化。氮矿化是指将有机形式（如腐殖质和腐烂的动植物物质）的氮转化为可供植物根系吸收的形式，即铵和硝酸盐。矿化由两个主要转变组成，它们由不同的生物群组催化。首先，有机氮被氨化成铵，然后再硝化成硝酸盐（图 6-8）。

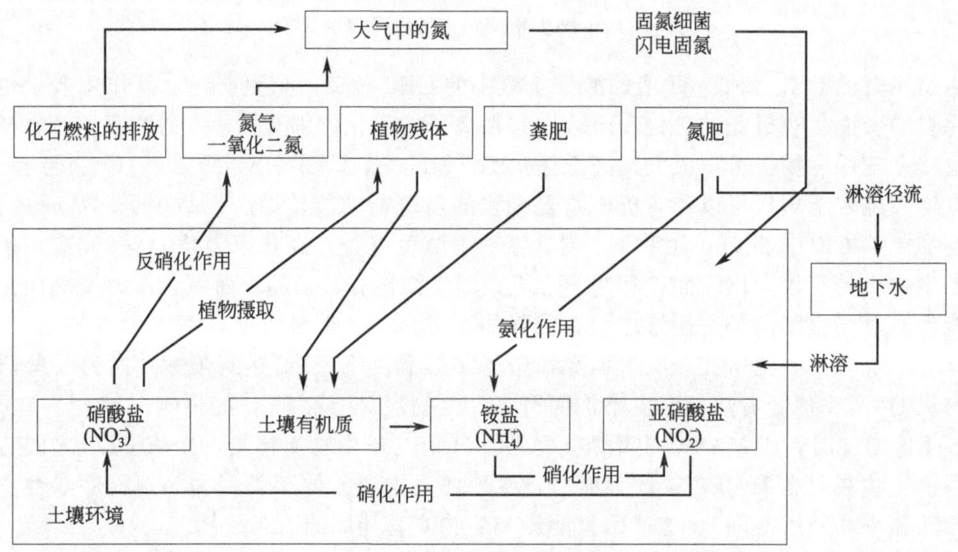

图 6-8　土壤环境下的氮循环

如图 6-8，施肥或动物粪便施用的氮转化为铵（氨化）。铵被氧化成亚硝酸盐，亚硝酸盐再转化为硝酸盐（硝化作用），硝酸盐还原为一氧化二氮或氮气（反硝化作用）。硝酸盐也会被植物吸收并转化为蛋白质。

已有研究发现，生物炭可以提高天然森林土壤的硝化速率，而天然森林土壤的自然硝化速率非常低。但是，在已经具有明显硝化速率的农业土壤中，生物炭对硝化作用的影响微乎其微。在某些情况下，向农业土壤中添加生物炭还降低了表观氨化率（即有机形态氮向铵的分解）。类似地，Granatstein 等研究发现，在土壤中添加生物炭导致土壤硝酸盐含量（硝化作用）减少，植物可利用的氮含量减少。

DeLuca 通过大量试验研究表明，生物炭降低了热带农业土壤中氮素的有效性，而增加了植物的氮素吸收。生物炭能够结合土壤溶液中的铵离子，从而降低它们在土壤溶液中的浓度（有效性），增加它们在生物炭颗粒中的浓度。生物炭对氮素的固定能减少土壤中氮素的淋溶损失。氮素也可以通过氨的挥发和硝酸盐转化为氮气或通过中间产物一氧化氮和一氧化二氮的反硝化作用从土壤中流失。

研究认为，生物炭可以降低土壤中氨的挥发，因为它减少了土壤溶液中的有效铵，并适度提高了土壤的 pH 值；这两种条件都不利于氨的形成和挥发。此外，生物炭还能够催化一氧化二氮还原为氮气，从而完成反硝化，减少进入大气的一氧化二氮等温室气体。van Zwieten 等（2010）的研究认为，一些生物炭还可以增强植物根瘤的生物固氮作用。生物固氮在氮肥投入极少的土壤生态系统中非常重要，例如在发展中国家。生物固氮在澳大利亚作物轮作（使用绿肥作物，如豆类作物）和改良牧场方面具有重要的作用。Rondon 等人的研究发现，添加生物炭显著增加了根瘤菌的生物固氮能力。同时，与常规施肥（在没有生物炭的情况下）土壤的生产力相比，施用生物炭后的土壤生物固氮能力和生物量都有明显的改善。自由生活的固氮菌在土壤中普遍存在，但没有研究表明生物炭的施用对这类固氮菌的氮同化有直接影响。这方面还需要进一步的研究来证明。

磷也是植物生长所必需的养分。土壤中微生物活动和有机质分解都会影响土壤磷的矿化，从而调节其对植物的有效性。一些研究已经证明，在生物炭存在的情况下，植物对磷的吸收能力增强，但对这种增强吸收的潜在机制的研究很少。这些机制很可能包括：

① 生物炭作为磷的直接营养源。

② 通过其阴离子交换能力存储结合到表面位置的磷。

③ 作为土壤 pH 调节剂，从而改变磷化合物随 pH 变化的溶解度特征。

④ 作为微生物活性和磷矿化的促进剂。

研究认为，生物炭还提高了土壤中硫的生物有效性，硫是一种重要的营养物质，依赖于有机形式硫的矿化在土壤中循环。添加生物炭对土壤的整体养分影响是增加了土壤储存或保持养分的能力，而不是直接增加了养分含量。这也说明施用生物炭可以减少通过淋溶造成的土壤养分的流失。

三、生物炭对土壤生物的影响

土壤动物是土壤中具有生命力的主要成分，是指栖息在土壤中（包括枯枝落叶层）的生物的总称，包括土壤动物、土壤微生物和植物根系。土壤生物是土壤污染物降解的主力军，土壤生物的生活状态可以直接反映土壤质量和健康状况的好坏。

生物炭对土壤生物活性的影响可以看作是对复杂的有机体群落的影响，它们随着土壤特性、气候和耕作管理因素，特别是有机质的添加而不断变化。在土壤中添加生物炭会影响土壤生物群落的丰富度、活性和多样性。但是，与添加新鲜有机质（生物量）相比，在土壤中添加生物炭对土壤生物群（所有生活在土壤中的生物）的影响可能是不同的。因为生物炭的性质更稳定，而且与新鲜有机物相比，生物炭缺乏可被土壤生物直接利用的能量和碳。

（一）土壤微生物

土壤微生物在土壤生物中分布最广，数目最大，种类也是最多的，是土壤中最活跃的部分。土壤微生物既能反映土壤物理化学因素对生物分布、群落组成及其相互关系的影响和作用，也能反映微生物对植物生长、土壤环境物质循环和能量流动的影响和作用。土壤微生物主要包括原核微生物、真核微生物和病毒三大类。

添加到土壤中的生物炭可以刺激土壤中微生物的活动，潜在地影响土壤的微生物特性。生物炭不是为微生物提供主要营养来源，而是通过改善土壤中的物理和化学环境，为微生物提供更有利的栖息地。生物炭因其多孔、高比表面积以及吸附可溶性有机物和无机营养物质的能力，为微生物提供了一个非常适宜的栖息地。细菌、放线菌和丛枝菌根真菌等某些类型的真菌可能会根据自身的物化特性优先在生物炭上定居。生物炭的孔隙还可以作为一些微生物的避难所，保护它们远离竞争和免受被捕食。微生物的丰度、多样性和活性受土壤 pH 的影响很大。生物炭具有较强的阳离子交换能力，可以提高土壤的缓冲能力（即土壤溶液抵抗环境 pH 变化的能力)，有助于维持土壤适当的 pH 条件，并将生物炭颗粒内微生物环境的 pH 波动降至最低。

生物炭具有相对化学稳定性，在土壤中停留时间长，这意味着对土壤生物来说，它不是土壤生物群的良好基质（食物）。但是，新添加到土壤中的生物炭可能含有支持微生物生长的合适底物。根据原料类型和生产条件的不同，一些生物炭可能含有生物油或再浓缩的有机化合物，它们可以支持某些微生物群体的生长和繁殖，也就是说会对微生物种群有一定的选择性。这意味着，生物炭一旦被施入土壤中，生物炭中的微生物群落结构就会随着时间的推移而发生变化，邻近微生物群落的生态作用产生伴随性的变化。也就是说，对农业有利的生态功能例如养分循环或有机质矿化，会因为生物炭的施用而随着时间的推移得以发展。

挥发性有机化合物（VOCs）是生物质热解过程中研究最广泛的一类有机化合物，已有研究表明，生物炭可能含有 140 多种 VOCs。生物炭排放的挥发性有机化合物对土壤微生物的影响如表 6-14 所示。

表 6-14　生物炭挥发性有机物对微生物的影响

生物炭原料	热解温度/℃	挥发性有机物及其对微生物的影响	参考文献
蒸汽活性炭和 12 种不同的生物炭	350～550	抑制与乙烯作用有关的硝化作用	Spokas et al. (2010)
玉米秸秆、生长真菌和稻草的基质	450	酚类化合物含量增多降低了黏液芽孢杆菌的数量	Sun et al. (2015)
木屑	400、500、600	荧光素显示生物发光菌株恶臭假单胞菌和铜绿假单胞菌在 500℃比 400℃或 600℃获得更高的生物炭毒性,这与某些有毒化合物的存在有关	Knox et al. (2018)
稻草	400～500	在增加生物多样性和扩大基质使用范围的同时,堆肥中微生物群落也发生了变化	Sun et al. (2016a, b)
稻壳、木屑、菖蒲	650	以铜绿假单胞菌为指示物,从木屑和稻壳中提取的生物炭毒性较小,而从菖蒲中提取的生物炭由于含有低分子量的芳香族化合物而具有较高的毒性	Wang,et al. (2016a,b)
纤维素、木质素和松木	300、400、500	生物炭对蓝藻聚球藻的毒性作用与木材和木质素中酚类化合物的形成以及纤维素中有机酸的形成有关,在这种情况下,随着热解温度的升高,毒性降低	Smith et al. (2016)

（二）中型土壤生物

除了蚯蚓，目前关于生物炭与土壤中型动物之间的相互关系的研究还比较少。

生物炭的原料以及生物炭的施加量都会影响土壤生物。Weyers 等研究认为用鸡粪制成的生物炭当施用量超过 $67t/(h \cdot m^2)$ 时，会对蚯蚓造成不利影响。可能是因为生物炭提高了土壤的 pH 值和盐度水平，造成蚯蚓的死亡率增加。同时他们指出在用松树制备的生物炭作改良剂的土壤中，蚯蚓的活性要比在鸡粪生物炭作为改良剂的土壤中高，因此他们认为不同来源的生物炭对土壤生物的影响也不相同。蚯蚓对不同来源的生物炭的喜好程度不同，但其中的原因还有待进一步地研究。

已有研究人员研究木炭的吸收对蚯蚓的影响，结果表明，当木炭和土壤颗粒被蚯蚓吸收进入体内之后，这两者在蚯蚓食管内与黏液混合，并在肌肉质的砂囊中充分磨碎。当被排出体外时，木炭和土壤通过范德华力结合得非常坚固，干燥后变成一团黑色的腐殖质。Ponge等指出在实验条件下，与纯土壤颗粒和纯木炭颗粒相比，黄颈透钙蚓更倾向于吸收土壤和木炭的混合物，因此得出黄颈透钙蚓能够促进木炭以沙粒大小的形式进入表层土中，这种沙粒大小的颗粒有助于形成亚马孙流域黑土中的稳定的腐殖质。

在进一步研究木炭对蚯蚓种群的试验中，Topoliantz 和 Ponge 发现从森林土壤和休耕土壤中分离得到的同一种属的蚯蚓（P. corethrurus）的不同种群在适应木炭环境的方式上存在差别。试验结果表明，木炭的添加能够对蚯蚓产生有选择性的影响，虽然这些影响具体还不是很清楚。他们同样指出 P. corethrurus 对木炭在土壤中的迁移过程起到了重要作用。

目前几乎没有研究调查土壤中生物炭对土壤微型节肢动物，如弹尾目和壁虱，以及其他生物（如轮虫类和缓步类动物）的影响。而且似乎只有当生物炭包含有污染物成分，且污染物具有生物可利用性时，才可能对这些土壤生物造成负面影响。生物炭对微生物群落和土壤无脊椎动物的影响是否一致，可能与捕食者接触的微生物量是否增加有关。如果增加的微生物量大部分出现在土壤生物炭的孔隙内，那么土壤微生物就可能不会被土壤无脊椎动物捕食。但是，如果预测的生物量的增加也同样发生在土壤生物炭孔隙的外面，土壤无脊椎动物就有可能增加。表 6-15 所示为生物炭对土壤中型动物的影响总结。

表 6-15　生物炭对土壤中型动物的影响总结

土壤动物	已解决问题	待解决问题
土壤蚯蚓	不同添加时间对蚯蚓的影响； 生物炭施加量超过一定量时会增加蚯蚓的死亡率； 不同来源的生物炭对不同土壤类型中的蚯蚓造成的影响也不同； 蚯蚓能够影响生物炭在土壤中的迁移	不同来源的生物炭对蚯蚓的影响； 不同土壤类型的影响； 生物炭不同添加时间对蚯蚓的影响
其他中型动物	生物炭内含有的污染成分会对生物产生影响； 生物炭对微生物的影响可能间接影响土壤动物	生物炭成分的生物可利用性对土壤动物的影响； 生物炭通过微生物影响土壤动物的机制

（三）大型土壤动物

几乎没有文献报道土壤中生物炭或木炭对土壤大型动物的影响，如獾、鼹鼠以及其他脊椎动物。由于这些动物一般不出现在可耕作的田间环境中，因此生物炭仅作为农业土壤添加剂时，对它们的影响可能是非常小的。但是，生物炭是否能够添加到其他土壤中，如森林土壤，还需要进一步调查任何可能的影响以做评估。

生物炭对改良土壤以外的区域也可能存在影响，如生物炭包含的重金属就有可能随着生物链进行迁移。这对于捕食蚯蚓的鼹鼠来说尤其重要。正如前面所提到的，蚯蚓可吸收土壤剖面中存在的木炭，鼹鼠反过来可能通过消化吸收蚯蚓而吸收木炭颗粒。但是到目前仍不清楚的是，如果可能的话，有多少重金属可通过生物炭进行迁移，如果存在的话又有多少进入其他生物的组织中，这方面需要大量的研究以确保包含有重金属的生物炭对土壤的安全问题。

土壤大型动物，如兔子、獾、狐狸等接触生物炭的主要方式是皮肤接触，尤其是当动物筑巢或在巢内栖息时。除了汞，重金属通过皮肤的吸收是非常有限的。部分微小生物炭颗粒也可能直接进入生物体的消化系统或呼吸道，或生物炭通过生物体消化吸收蚯蚓间接进入生物体内。

消化吸收并不是土壤大型动物摄取生物炭碎片的唯一途径，生物炭灰尘颗粒也可能通过动物的呼吸进入组织中。但是，在现有的文献中并没有看到报道有关木炭对土壤大型动物呼吸道的影响，并且这种粗略的预测还需要进一步的研究来证明。表 6-16 所示为生物炭对土壤大型动物影响总结。

表 6-16　生物炭对土壤大型动物影响总结

土壤动物	已解决问题	待解决问题
大型动物	生物炭仅作为农业土壤添加剂时，对它们的影响可能是非常小的； 大型动物接触生物炭的方式； 生物炭添加到山羊饲料中能促进山羊的生长	生物炭添加到非农业土壤中的影响作用； 生物炭进入动物体内的影响； 生物炭对动物呼吸道的影响

第六节　生物炭与环境污染物

环境污染物是指进入环境后使环境的正常组成和性质发生变化、直接或间接有害于人类生存或造成自然生态环境衰退的物质。近年来，由于工业生产、采矿活动、废弃物的不合理利用、污水灌溉、农药化肥以及其他化学品在农业生产过程中的大量使用，使越来越多的土壤和水体受到不同程度的污染，主要包括有机污染物和重金属污染。生物炭表面特殊的微孔结构和表面化学特性使其对有机污染物和重金属具有很强的吸附能力，因此在农业和生态环境保护领域均具有广阔的应用前景。

一、生物炭与有机污染物

释放到水土环境中的有机污染物，大部分会通过吸附行为与环境介质（包括土壤有机质、土壤矿物等）相结合。有机污染物的吸附主要是指有机污染物在气-固或液-固两相介质中，使其在液相或气相中浓度降低，在固相中浓度升高的过程，它包括一切使溶质从气相或液相转入固相的反应，如静电吸附、化学吸附、分配、沉淀、络合及共沉淀等反应。

生物炭对吸附质的吸附，实际上是吸附质分子碰撞到生物炭表面被截留在生物炭表面的过程（吸附）和生物炭表面截留的吸附质分子脱离生物炭表面的过程（解吸）。随着吸附质在生物炭表面数量的增加，解吸速率逐渐加快，当吸附速率和解吸速率达到平衡时，宏观上表现为吸附量不再继续增加，即达到了吸附平衡。当温度保持一定时，根据吸附量与浓度的关系可以绘制吸附等温线，吸附等温线是描述吸附过程最常用的基础数据。常见的吸附等温线有 Langmuir 型和 Freundlich 型，目前还没有一种理论能够解释所有的吸附行为，大多数方程都是在一定条件下可以对某些吸附系统的吸附现象进行解释。

美国物理化学家 Langmuir 根据固体表面原子力的不饱和性和分子间作用力与分子间距离成反比的事实，提出了 Langmuir 吸附等温方程，其假设条件为：单层表面吸附、所有的吸附位点均相同、被吸附的粒子完全独立。Langmuir 吸附等温方程可表示为：

$$q_e = q_{max} \frac{K_L C_e}{1+K_L C_e} \tag{6-2}$$

式中，q_e 为吸附达到平衡时吸附剂的吸附量；q_{max} 为吸附剂最大吸附量；K_L 为吸附平衡常数；C_e 为吸附质的平衡浓度。K_L 与吸附剂、吸附质的种类及温度高低有关，K_L 值越大，表示吸附能力越强，且 K_L 具有浓度倒数的量纲。

Freundlich 等温吸附式是一个经验方程，其是在 Langmuir 吸附等温方程的基础上推导得出的，Freundlich 等温方程的理论假设为，吸附剂表面不均匀，吸附剂的吸附位点遵循能量指数分布，吸附为表面多层吸附。Freundlich 方程表达如下：

$$q_e = KC_e^{1/n} \tag{6-3}$$

或

$$\lg q_e = \lg K + \frac{1}{n}\lg C_e \tag{6-4}$$

式中，q_e 为吸附达到平衡时吸附剂的吸附量；C_e 代表了吸附质的平衡浓度；K 为 Freundlich 吸附平衡常数；$1/n$ 为与吸附强度相关的特征常数。当 $1/n$ 在 0.1～1 范围时，其值的大小表示浓度对吸附量影响的强弱；$1/n$ 的数值越小，说明吸附剂与被吸附的物质间的作用力越强；当 $1/n = 1$ 时，说明被吸附的物质对吸附剂上的所有吸附位点都有相同的吸附能；当 $1/n > 2$ 时，则表示难以吸附。

对土壤或沉积物等吸附介质而言，有机污染物的吸附主要与它们自身的亲/疏水性、极性、可极化度及其空间构型等密切相关。与活性炭不同，生物炭通常在较低炭化温度下制得，且未经过活化过程，因此原料中的生物质炭化程度较低。生物炭中炭化程度高的组分对有机污染物主要以表面吸附为主（adsorption），而炭化程度低的组分对有机污染物主要以分配作用（partition）为主，二者共同决定着生物炭的吸附行为。表面吸附是指有机污染物在固相表面上的吸附现象，是一种固定点位吸附作用，其特征为非线性吸附，共存的吸附质对活性吸附点位存在竞争吸附关系；而分配作用是指生物炭中的有机物质对外来污染物类似于溶解的吸收过程，其特征为线性吸附，共存的吸附质之间不存在竞争吸附关系。表面吸附是化合物向一个两维表面的迁移，而分配可以理解为化合物在三维体系内的运动。目前已知的生物炭对有机污染物的吸附机制除了表面吸附和分配作用外，还包括氢键、π-π 键作用力、库仑力、Lewis 酸-碱吸附等。

图 6-9 总结了目前关于有机污染物在不同炭化程度生物炭上吸附的分子机制以及可离子化有机污染物、疏水性有机污染物随 pH 值的变化趋势。可离子化有机污染物的共同特点是它们在水中至少有 2 种存在形态，即离子态和非离子态。这类化合物解离后会生成带正电荷的氢离子，其解离程度、赋存形态以及吸附行为与溶液 pH 值密切相关，如抗生素、染料、苯酚、苯胺和苯甲酸类化合物等都属于可离子化有机污染物。相反，疏水性有机污染物如有机氯农药、拟除虫菊酯类农药、多环芳烃等化合物，普遍具有较大的辛醇/水分配系数，水溶性很低，疏水性强，其在水溶液中很难发生电离，吸附行为受溶液 pH 值影响较小。普遍认为，随着炭化温度的升高，疏水性有机污染物在生物炭表面的吸附行为是一个从分配吸附向表面吸附过渡的过程，这是因为生物炭的孔隙度与疏水性随炭化温度的升高而显著增加。在此过程中，由于生物炭组成和结构的变化，相应地分配作用和氢键作用对吸附的贡献率逐渐降低，而疏水作用、π-π 键对吸附的贡献率逐渐增强。在低温制备的生物炭中，存在着较多炭化程度较低的有机质，其类似于土壤有机质，根据相似相溶原理，有机污染物尤其是疏水性有机污染物能够通过分配作用而被生物炭吸附；此外，这些有机质含氧量较高，因此其表面丰富的含氧基团也有利于污染物、生物炭之间氢键的形成。随着炭化温度的升高，如前所述生物炭逐渐由无定形向石墨化碳方向转化，在此过程中，生物质进一步裂解炭化，生物炭表面疏水性增强、孔隙度增加、含氧基团含量降低，这些变化更有利于疏水作用的增强和 π-π 键的形成。此外，库仑力和 Lewis 酸-碱吸附也能够促进有机污染物在生物炭上的吸附，它们的作用力大小更加依赖于生物炭表面电荷密度以及官能团的种类。

可离子化有机污染物在生物炭表面的吸附根据溶液 pH 值的变化一般可分为两种趋势：

①当溶液 pH 值小于生物炭的零电荷点（point of zero charge，PZC）时，其吸附量变化不明显[图 6-9(c)]，然而当溶液 pH 值大于生物炭的零电荷点时，其吸附量随着 pH 值的增加而显著下降；②当溶液 pH 值小于生物炭的零电荷点时，污染物在生物炭上的吸附随着 pH 值的增加而增强，然而当溶液 pH 值大于生物炭的零电荷点时，其吸附同样表现出随着 pH 值的增加而显著下降的趋势。这些变化主要取决于生物炭与污染物之间两种相反作用力即静电斥力和吸附亲和力的相对强弱，而生物炭的零电荷点在其中起到关键作用。当溶液中决定电位离子的浓度为某一特定值时，固体表面上的净电荷等于零，两相（固/液）之间由自由电荷引起的电位差也为零，此时溶液中决定电位的离子浓度称为零电荷点（PZC），当溶液 pH 值较低时，因 H^+ 被吸附到吸附层而使生物炭带正电荷；当溶液 pH 值较高时，H^+ 从—OH 基团中释放，故而带负电荷。也就是说，生物炭表面上的电荷，在某一确定的 pH 值时，其电荷数值为零，这一点即是生物炭的零电荷点（pH_{PZC}）。多数研究表明，生物炭的零电荷点高于 4.0，而且由于生物炭含有不同类型的酸/碱基团，其解离常数（pK_a）不是一个固定的常数，而是在较大的 pH 值范围内（2～11）都可能发生解离。解离常数是化合物酸强度的标志，pK_a 越小，酸性越强。当溶液 pH 值小于生物炭 pH_{PZC} 时，生物炭通常带正电，而当溶液 pH 值大于生物炭 pH_{PZC} 时，生物炭通常带负电。因此，当生物炭和污染物都带正电，且二者之间的静电斥力起主导作用时，污染物在生物炭上的吸附符合上述第二种趋势，即先增加后降低。然而如果二者之间的吸附亲和力强于静电斥力，则其吸附符合上述第一种趋势。例如，质子化的抗生素药物磺胺甲噁唑的疏水性明显小于分子形态，然而二者在生物炭上表现出相似的吸附能力，这是因为带正电荷的氨基基团对电子的捕获能力增强，因而磺胺甲噁唑分子发生质子化以后对 π 电子具有更强的接受能力，与生物炭的碳层表面可形成 π^+-π 键，因此提高了其吸附能力。此外，在溶液 pH 值小于生物炭 pH_{PZC} 条件下，对于带有氨基的可离子化有机污染物（如泰乐菌素），Lewis 酸-碱反应能够促进该化合物（Lewis 酸）与生物炭的含氧基团（Lewis 碱）之间的结合，从而提高其吸附能力。在碱性条件下，当可离子化有机污染物的 pK_a 与生物炭 pH_{PZC} 值较接近时，在污染物与生物炭之间可形成一种特殊的负电荷辅助氢键（negative charge-assisted H bond），其能够较明显地促进可离子化有机污染物在生物炭上的吸附。

对于疏水性有机污染物，随着溶液 pH 值的增加，其在生物炭上的吸附通常可表现出 3 种趋势，即吸附能力保持不变、增强或减弱。非极性有机污染物，例如多环芳烃、多氯联苯、氯苯等，在生物炭上的吸附几乎不受溶液 pH 的影响（趋势Ⅳ），因为生物炭与吸附质电荷密度的变化不影响二者之间的吸附机制。然而有研究发现，带有硝基的芳香化合物在生物炭上的吸附随着溶液 pH 值的升高表现出增强的趋势（Ⅲ），这是因为当 pH 值较高时生物炭表面的酸性基团（—COOH、—OH）发生解离，—COO—比—COOH 具有更强的提供电子的能力，因此解离有利于生物炭对硝基芳香化合物（π 电子受体）的吸附。因此，对于那些非电离的疏水性有机污染物，疏水作用力以及 π-π 键在吸附过程中起主导作用；而对于可电离的疏水性有机污染物如抗生素类化合物，随着溶液 pH 值升高，其形态逐渐由分子态过渡到离子态，疏水性减弱，因此在生物炭上的吸附显著降低（趋势Ⅴ）。总之，有机污染物在生物炭上的吸附主要取决于吸附亲和力与吸附阻力之间的平衡，因此在研究吸附作用时应全面考虑生物炭和污染物的理化特性，以及环境条件的变化。

生物炭对有机污染物还可以起到催化降解的功能。生物炭表面丰富的官能团以及芳香碳层结构使其具有良好的储存和传递电子的能力，因此可以催化还原一些有机污染物（如硝基化合物）。这种催化降解过程促使有毒的有机污染物降解为无毒或低毒的有机化合物。不同的有机污染物化学组成不同，化合物本身所含的取代基的种类也不同，如硝基、卤素和氨基

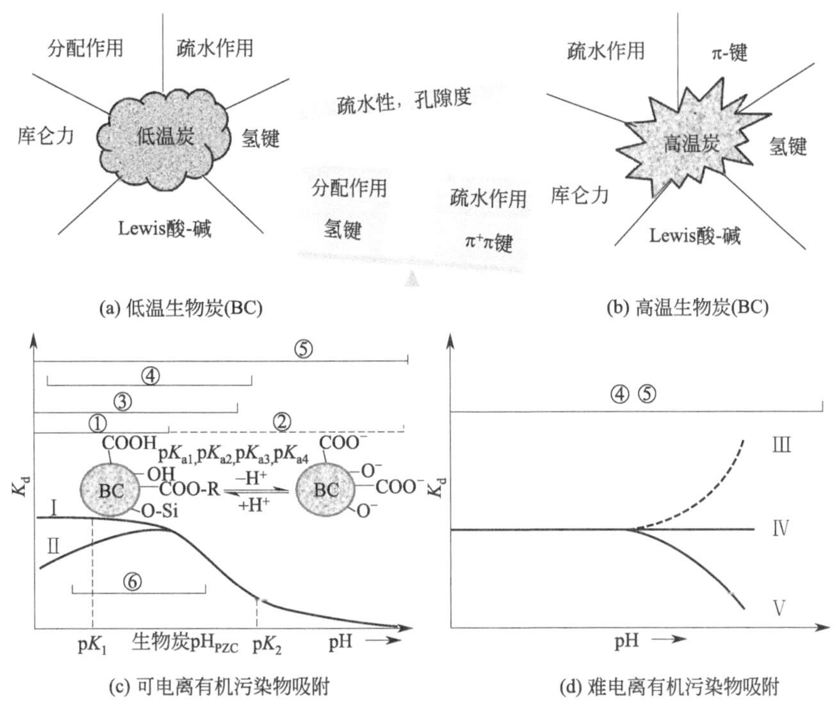

图 6-9 低温与高温生物炭对有机物的吸附机制与生物炭对可电离以及难电离有机污染物吸附亲和力随溶液 pH 值的变化趋势

等往往能通过与生物炭之间得失电子从而发生结构的转化。此外，对于高温炭化得到的生物炭，其芳香碳层结构更加致密和发达，这种石墨化碳层结构有很强的电子传递能力，也能够催化被吸附的有机污染物发生电子得失，即氧化还原反应。目前普遍认为，对于低温生物炭，其催化活性位点主要由含氧官能团（如醌类和半醌基团）构成；对于高温生物炭，其催化活性位点主要由石墨化碳层结构构成。

二、生物炭与重金属

重金属如镉、铅、汞等是环境中典型的污染物，它们可以通过矿藏开采、冶炼、污水污泥农用、化肥和农药的使用、化石燃料燃烧等途径进入土壤和水生态环境系统，造成水土环境的污染，并最终可能影响农产品的品质及人体健康。因此，自 20 世纪 60 年代至今，重金属污染一直是国内外学者研究的热点问题。重金属与有机化合物不同，其在生物炭表面的吸附主要受静电吸附作用以及与官能团之间的吸附、沉淀反应的影响。因此，重金属的吸附能力主要取决于生物炭表面化学性质，而不是其比表面积和孔容的大小。通常，重金属离子能够通过静电吸附作用而固持在与其带相反电荷的生物炭表面。通过静电作用被固持的重金属离子一般为水合离子，位于静电双电层的外层，属于外层吸附。因此，这些重金属离子容易被其他离子所取代，稳定性较差，具有较高的淋溶性。除了静电作用，目前被普遍接受的生物炭吸附重金属的机制还有离子交换（ion-exchange）、金属-配体络合反应（metal-ligand complexation）、阳离子-π 键（cation-π bonding）、表面（共）沉淀（precipitation）（图 6-10）。离子交换是最常被报道的生物炭吸附重金属的机制之一，生物炭表面的 Na^+、K^+、Ca^{2+}、Mg^{2+} 等阳离子通常是与重金属离子发生交换的吸附点位。对于金属-配体络合反应，被吸附的重金属离子能够发生部分水解并与生物炭的含氧基团发生络合反应形成内层或外层金属-配体络合物，此金属离子不容易被溶液中的其他离子所置换，因此较为稳定。阳离子-π键更容易在重金属离子（电子接受体）与具有离域π电子的基团（如C═C、C═O，电子供体）之间形成。例如，有研究表明，镉离子（Cd^{2+}）在低温生物炭上的吸附主要是通过与配体（如C═O）在生物炭表面形成Cd^{2+}-π键。此外，生物炭表面含有的CO_3^{2-}、SiO_3^{2-}、PO_4^{3-}等官能团，还能够与重金属离子发生反应而沉淀，从而促进重金属的吸附。

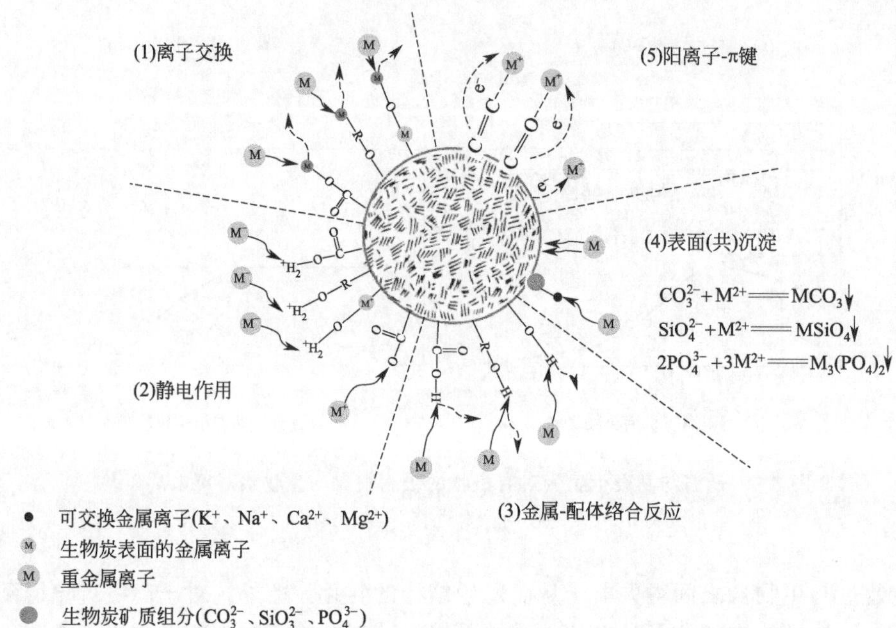

图 6-10 重金属在生物炭表面的吸附机制

生物炭对重金属的吸附机制和效率研究已被广泛报道，然而由于生物炭表面理化特性的多样性，生物炭结构与重金属吸附机制之间的本质联系还没有完全建立起来。例如，有研究发现重金属Cd和Pb在不同原料（椰壳、果核、小麦秸秆、葡萄茎、葡萄皮）600℃条件下制备的生物炭表面的吸附机制均以离子交换为主。然而，另有研究表明，以水葫芦为原料，450℃条件下制备的生物炭对Cd的吸附主要以离子交换和发生表面络合反应为主。有研究者以10种生物质为原料，在300～600℃条件下制备生物炭，试图剖析不同类型生物炭对Pb的吸附机制和规律。结果表明，随着炭化温度的升高，Pb与生物炭的表面络合作用逐渐减弱，而Pb^{2+}-π作用机制逐渐增强。根据大量的文献数据，我们可以总结出以下规律：①离子交换作用是重金属在低温炭化生物炭表面的最重要的吸附机制之一。然而，随着炭化温度的升高，官能团含量开始降低而石墨化碳结构开始形成，因而离子交换作用逐渐被其他吸附机制所取代，如（共）沉淀、阳离子-π作用等。②生物炭的矿质元素也能够为重金属吸附提供活性位点，促进其吸附；同时，这些矿质元素可以提高生物炭表面的pH值，从而在一定程度上可造成重金属发生沉淀。③生物炭在裂解过程中的结构的转化也能够影响对重金属的吸附能力，包括挥发性物质的分解、芳香碳结构的变化（如石墨微晶的大小、堆叠程度等），以及碳层中其他元素（如N、Si、S等）对C得失电子能力以及极化度的影响。此外，这些作用机制还受到环境因素的影响，主要有pH、共存离子等。因此，对于复杂的环境系统，可以运用一些高级的统计方法如 meta 分析、多元化学计量学等来筛选和甄别对重金属吸附的主要机制，以及量化这些机制各自的贡献率。

思考题

1. 请简述生物炭的形成过程。
2. 请简述植物源生物炭形成的 4 个阶段。
3. 生物炭的元素组成主要受哪些因素的影响？
4. 生物炭有哪些主要的理化特征？
5. 制备生物炭的性质主要受哪些因素的影响？
6. 生物炭作为土壤改良剂时，请简述其对土壤理化性质的影响？
7. 生物炭的稳定性主要受哪些因素的影响？
8. 为什么说生物炭具有极强的固碳能力？
9. 请简述生物炭的固碳减排机制。
10. 生物炭抑制 CH_4、N_2O 等温室气体排放的主要机制有哪些？
11. 施用生物炭会对土壤的理化性质产生哪些影响？
12. 简述生物炭如何参与并影响土壤中氮、磷的循环？
13. 生物炭的存在会对土壤生物产生哪些影响？
14. 生物炭对有机污染物的吸附主要包括哪些作用机制？
15. 生物炭对重金属的吸附主要包括哪些作用机制？
16. 可离子化有机污染物与不可电离有机污染物在生物炭表面的吸附有何不同？

主要参考文献

[1] Lehmann J. Black is the new green [J]. Nature, 2006, 442: 10.

[2] IBI-STD-01. 1. Standardized product definition and product testing guidelines for biochar that is used in soil International Biochar Initiative 2013.

[3] Yang H, Yan R, Chen H, et al. Characteristics of hemicellulose, cellulose and lignin pyrolysis [J]. Fuel, 2007, 86 (12-13): 1781-1788.

[4] Collard F X. Blin J. A review on pyrolysis of biomass constituents: Mechanisms and composition of the products obtained from the conversion of cellulose, hemicelluloses and lignin [J]. Renewable & Sustainable Energy Reviews, 2014, 38: 594-608.

[5] Keiluweit M, Nico P S, Johnson M G, et al. Dynamic molecular structure of plant biomass-derived black carbon (biochar) [J]. Environ Sci Technol, 2010, 44 (4): 1247-1253.

[6] Lian F, Cui G N, Liu Z Q, et al. One-step synthesis of a novel N-doped microporous biochar derived from crop straws with high dye adsorption capacity [J]. Journal of Environmental Management, 2016, 176: 61-68.

[7] McBeath A V, Smernik R J, Schneider M P W, et al. Determination of the aromaticity and the degree of aromatic condensation of a thermosequence of wood charcoal using NMR [J]. Org Geochem, 2011, 42 (10): 1194-1202.

[8] Fuertes A B, Arbestain M C, Sevilla M, et al. Chemical and structural properties of carbonaceous products obtained by pyrolysis and hydrothermal carbonisation of corn stover [J]. Aust J Soil Res, 2010, 48 (6-7): 618-626.

[9] Al-Wabel M I, Al-Omran A, El-Naggar A H, et al. Pyrolysis temperature induced changes in characteristics and chemical composition of biochar produced from conocarpus wastes [J]. Bioresource Technol, 2013, 131: 374-379.

[10] 林珈羽. 生物炭的制备及其性能研究 [J]. 环境科学与技术, 2015, 38 (12): 54-58.

[11] Kammen D M. Review of technologies for the production and use of charcoal [R]. Renewable and Appropriate Energy Laboratory, Berkeley University, 2005.

[12] Nizamuddin S, Baloch H A, Siddiqui M T H, et al. An overview of microwave hydrothermal carbonization and microwave pyrolysis of biomass [J]. Environmental Science and Bio-technology, 2018, 17 (4): 813-837.

[13] Bridgwater A V. The production of biofuels and renewable chemicals by fast pyrolysis of biomass [J]. International Journal of Global Energy Issues, 2007, 27: 160-203.

[14] Yan W. Thermal pretreatment of lignocellulosic biomass [J]. Environmental Progress & Sustainable Energy, 2010, 28: 435-440.

[15] Antal M J. The art, science, and technology of charcoal production [J]. Industrial & Engineering Chemistry Research, 2003, 42: 1619-1640.

[16] Libra J A, Ro K S Kammann C, et al. Hydrothermal carbonization of biomass residuals: a comparative review of the chemistry, processes and applications of wet and dry pyrolysis [J]. Biofuels, 2011, 2: 71-106.

[17] Oliver D P. Sorption of pesticides by a mineral sand mining by product, neutralised used acid (NUA) [J]. Science of the Total Environment, 2013, 442: 255-262.

[18] 陈静文．两类生物炭的元素组分分析及其热稳定性［J］．环境化学，2014，33（03）：417-422.

[19] 何云勇．裂解温度对新疆棉秆生物炭物理化学性质的影响［J］．地球与环境，2016，44（01）：19-24.

[20] Zhao S X, Wang X D. Effect of Temperature on the Structural and Physicochemical Properties of Biochar with Apple Tree Branches as Feedstock Material [J]. Energies, 2017, 10 (9): 1293.

[21] Luo Y. Short term soil priming effects and the mineralisation of biochar following its incorporation to soils of different pH [J]. Soil Biology and Biochemistry, 2011, 43 (11): 2304-2314.

[22] Bekiaris G, Peltre C, Sensen L S, et al. Using FTIR-photoacoustic spectroscopy for phosphorus speciation analysis of biochars [J]. Spectrochimica Acta Part A: Molecular and Biomolecular Spectroscopy. 2016, 168 (5): 29-36.

[23] 刘杰．不同热解温度生物炭对 Pb（Ⅱ）的吸附研究［J］．农业环境科学学报，2018，37（11）：2586-2593.

[24] Xue Y W, Gao B, Yao Y, et al. Hydrogen peroxide modification enhances the ability of biochar (hydrochar) produced from hydrothermal carbonization of peanut hull to remove aqueous heavy metals: Batch and column tests [J]. Chemical Engineering Journal, 2012, 200 - 202 (34): 673-680.

[25] Yang G X. Amino modification of biochar for enhanced adsorption of copper ions from synthetic wastewater [J]. Water Research, 2014, 48 (1): 396-405.

[26] 李力．生物炭的环境效应及其应用的研究进展［J］．环境化学，2011，30（08）：1411-1421.

[27] Singh B P, Cowie A L, Smernik R J. Biochar carbon stability in a clayey soil as a function of feedstock and pyrolysis temperature [J]. Environ Sci Technol, 2012, 46 (21): 11770-11778.

[28] Spokas K A. Review of the stability of biochar in soils: predictability of O: C molar ratios [J]. Carbon Management, 2010, 1 (2): 289-303.

[29] Nguyen B T, Lehmann J, Hockaday W C, et al. Temperature Sensitivity of Black Carbon Decomposition and Oxidation [J]. Environ Sci Technol, 2010, 44 (9): 3324-3331.

[30] Nguyen B T, Lehmann J. Black carbon decomposition under varying water regimes [J]. Org Geochem, 2009, 40 (8): 846-853.

[31] Lin Y, Munroe P, Joseph S, et al. Nanoscale organo-mineral reactions of biochars in ferrosol: an investigation using microscopy [J]. Plant Soil, 2012, 357 (1-2): 369-380.

[32] Lehmann J, Gaunt J, Rondon M. Biochar Sequestration in Terrestrial Ecosystems - A Review [J]. Mitigation and Adaptation Strategies for Global Change, 2006, 11 (2): 395-419.

[33] Lehmann J. A handful of carbon [J]. Nature, 2007, 447 (7141): 143-144.

[34] 王彩绒．土壤中氧化亚氮的产生及减少排放量的措施［J］．土壤与环境，2001，10（2）：143-148.

[35] 徐敏．生物炭施用的固碳减排潜力及农田效应［J］．生态学报，2018，38（2）：393-404.

[36] 张阿凤．生物黑炭及其增汇减排与改良土壤意义［J］．农业环境科学学报，2009，28（12）：2459-2463.

[37] 颜永豪．生物炭对土壤 N_2O 和 CH_4 排放影响的研究进展［J］．中国农学通报，2013，29（8）：140-146.

[38] Kuhlbusch T A J. Black carbon and the carbon cycle [J]. Science, 1998, 280 (5371): 1903-1904.

[39] Lehmann J, Gaunt M, Rondon J. Biochar sequestration in terrestrial ecosystems - a review [J]. Mitigation and Adaptation Strategies for Global Change, 2006, 11 (2): 395-419.

[40] Benjamin J G, Nielsen D C, Vigil M F. Quantifying effects of soil conditions on plant growth and crop production

[J] . Geoderma. 2003，116：137-148.
[41] van Zwieten L，Morris S，Chan K Y，et al. Effects of biochar from slow pyrolysis of paper mill waste on agronomic performance and soil fertility [J] . Plant Sci，2010，327：235-246.
[42] Christopher J A，Fitzgerald J D，Hipps N A. Potential mechanisms for achieving agricultural benefits from biochar application to temperate soils a review [J] . Plant Soil，2010，337：1-18.
[43] Mukherjee A，Lal R. Biochar impacts on soil physical properties and greenhouse gas emissions [J] . Agronomy，2013，313-339.
[44] Herath H M S K，Arbestain M C，Hedley M. Effect of biochar on soil physical properties in two contrasting soils：An Alfisol and an Andisol [J] . Geoderma，2013，209-210：188-197.
[45] Rousk J Bååth E，Brookes P C，et al. Soil bacterial and fungal communities across a pH gradient in an arable soil [J] . Isme Journal Multidisciplinary Journal of Microbial Ecology，2010，4 (10)：1340.
[46] Spokas K A，Novak J M，Stewart C E，et al.. Qualitative analysis of volatile organic compounds on biochar [J] . Chemosphere，2011，85 (5)：869-882.
[47] 田丹．生物炭对不同质地土壤结构及水力特征参数影响试验研究 [D] . 内蒙古农业大学，2013.
[48] Glaser B. Prehistorically modified soils of central amazonia：a model for sustainable agriculture in the twenty-first century [J] . Philosophical Transactions of the Royal Society of London，2007，362 (1478)：187.
[49] Githinji L. Effect of biochar application rate on soil physical properties of a sandy loam [J] . Agriculture and Environmental Sciences，2014，4 (60)：457-470.
[50] Zeeshan Aslam，Muhammad Khalid，Muhammad Aon. Impact of biochar on soil physical properties [J] . Scholarly Journal of Agricultural Science，2014，4 (5)：280-284.
[51] 孙红文．生物炭与环境 [M] . 北京：化学工业出版社，2013.
[52] Uzoma K C. Inoue M，Andry H，et al. Influence of biochar on sandy soil hydraulic properties and nutrient retention [J] . Journal of Food Agriculture & Environment. 2010，9 (3)：1137-1143.
[53] Laird D，Fleming P，Wang B Q，et al. Biochar impact on nutrient leaching from a midwestern agricultural soil [J] . Geoderma，2010，158 (3-4)：436-442.
[54] Gul S. Physico-chemical properties and microbial responses in biochar-amended soils：Mechanisms and future directions [J] . Agriculture Ecosystems & Environment，2015，206：46-59.
[55] Novak J M，Busscher W J，Laird D L，et al. Impact of Biochar amendment on fertility of a southeastern coastal plain soil [J] . Soil Science，2009，174 (2)：105-107.
[56] Chintala R，Schumacher T E，Kumar S，et al. Molecular characterization of biochars and their influence on microbiological properties of soil [J] . Journal of Hazardous Materials，2014，279：244-256.
[57] Gaskin J W，Steiner C，Harris K，et al. Effect of low-temperature pyrolysis conditions on biochar for agricultural use [J] . Transactions of the Asabe，2008，51 (6)：2061-2069.
[58] Deenik J L，Mcclellan T，Uehara G，et al. Charcoal volatile matter content influences plant growth and soil nitrogen transformations [J] . Soil Science Society of America Journal，2010，74 (4)：1259-1270.
[59] 谢文达，智燕彩，李玘，等．杏壳生物炭对温室次生盐渍化土壤修复效应的研究 [J] . 土壤通报，2019，50 (02)：407-413.
[60] 才吉卓玛．生物炭对不同类型土壤中磷有效性的影响研究 [D] . 中国农业科学院，2013.
[61] 何绪生，张树清．生物炭对土壤肥料的作用及未来研究 [J] . 中国农学通报，2011，27 (15)：16-25.
[62] 刘俊峰，祝怡斌，杨晓松，等．生物炭去除重金属的研究进展 [J] . 植物生理学报．2014，50 (5)：591-598.
[63] Yuan J H，Xu R K，Zhang H. The forms of alkalis in the biochar produced from crop residues at different temperatures [J] . Bioresource Technology，2011，102 (3)：3488-3497.
[64] 杨妍玘．秸秆生物炭对土壤理化性质和微生物多样性的影响研究 [D] . 四川农业大学，2018.
[65] Sparkes J，Stoutjesdijk P. Biochar：implications for agricultural productivity，Technical Report 11.06，Australian Bureau of Agricultural and Resource Economics and Sciences，2011.
[66] DeLuca T H. Biochar effects on soil nutrient transformations，in Lehmann，J & Joseph，S，Biochar for environmental management：science and technology [M] . Earthscan：United Kingdom，2009，251-270.
[67] Granatstein D，Kruger C E，Collins H，et al. Use of biochar from the pyrolysis of waste organic material as a soil amendment：final project report [R] . Centre for Sustaining Agriculture and Natural Resources，2009.
[68] Rondon M A，Lehmann J，Ramírez J et al. Biological nitrogen fixation by common beans (Phaseolus vulgaris L.)

increases with bio-char additions [J]. Biology and Fertility of Soils, 2007, 43 (6): 699-708.

[69] Hammes K. Changes of biochar in soil, in Lehmann, J & Joseph, S, Biochar for environmental management: science and technology [M]. Earthscan, United Kingdom, 2009, 169-82.

[70] Spokas K A, Baker J M, Reicosky D C. Ethylene: potential key for biochar amendment impacts [J]. Plant and Soil, 2010, 333 (1-2): 443-452.

第七章

纳米材料

第一节 概　述

纳米技术作为全球最强大的技术之一，有着广阔的应用前景，如航空航天、交通和基础设施、电子、纺织服装品、能源、药品、水净化和监测、农业和食品安全等，对国家安全、经济增长和创造就业等方面都有着重要影响。其中，人工纳米材料（engineered nanomaterials，ENMs）是整个纳米技术的基础，是《中国制造 2025》中重点布局和研制的战略性前沿材料。ENMs 是指三维空间中至少有一维处于纳米尺度范围（1～100nm）或由它们作为基本单元构成的材料。国际标准化组织（International Organization for Standardization，ISO）根据材料形状，将 ENMs 分为三类：纳米颗粒（engineered nanoparticles，NPs，三个维度空间尺寸都小于 100nm）、纳米纤维（nanofibre，在两个维度空间上尺寸小于 100nm）、纳米片（nanoplate，只有一个维度尺寸小于 100 nm）。由于 ENMs 微小的尺寸和较大的比表面积，它往往具有独特的机械、光学和电学传导性能以及较强的生物化学反应能力，因此被逐渐广泛应用于光电工业、化工业、能源、环保和生物医药等领域。美国纳米技术与纳米科学网“Nanowerk”数据库显示全球 ENMs 已达 4000 多种。ENMs 制品在 2006 至 2011 五年间，从 212 种增加至 1317 种，其中以银（Ag，313 个产品）、碳（C，91 个产品）和二氧化钛（TiO_2，59 个产品）ENMs 为主。截至 2016 年，ENMs 制品已超过 1800 种。

目前，纳米技术的研发重点集中于国家安全、经济健康发展、民众就业及生活质量的提高。2016 年，美国发布新一轮国家纳米技术计划（National Nanotechnology Initiative，NNI）发展战略。NNI 始于 2001 年，由 20 个联邦部门、独立机构和委员会构成，在国家科学技术委员会（National Science and Technology Council，NSTC）框架内运作。NNI 战略计划的总体目标是既要处理好当前及未来有关纳米技术应用的问题，又要确保纳米技术及其应用在这一关键研发领域不断取得进展。2016 年其发展目标更新为：①推进世界级的纳米技术研发项目。拓宽纳米技术领域的研发工作并加强各学科领域的交叉，鼓励在 ENMs 和设备的开发、测试与评估等方面综合方法的开发。例如，纳米科学联名计划（Nanotechnology Signature Initiatives，NSIs），主要研究方向包括可持续纳米制造产业，2020 年及未来纳米电子学计划，纳米科学知识基建计划，在健康、安全、环境领域的纳米科学与传感器计划和可持续水资源计划。②促进新技术成果商业化，推动纳米科学由实验室走向市场，并处理与纳米技术相关的知识产权、环保、健康、安全及社会问题。③维护和发展教育资源、劳动力，推动建立纳米技术动态基础设施。加强纳米技术教育，鼓励高校进行纳米技术课程教学研究，培养、扩充纳米技术人员。④发展纳米技术维护环境和人类健康。建立综合系统用于评估纳米技术对环境及人类健康与安全的潜在风险和益处，将可持续发展纳入纳米技术承担的发展责任中。2018 年 NNI 预算共计 12 亿美元，2020 年美国财政预算为 NNI 提供 14 亿美金，作为国家纳米战略，凸显纳米技术在美国政府创新议程中的重要作用。全球纳米技术市场发展趋势如图 7-1 所示。

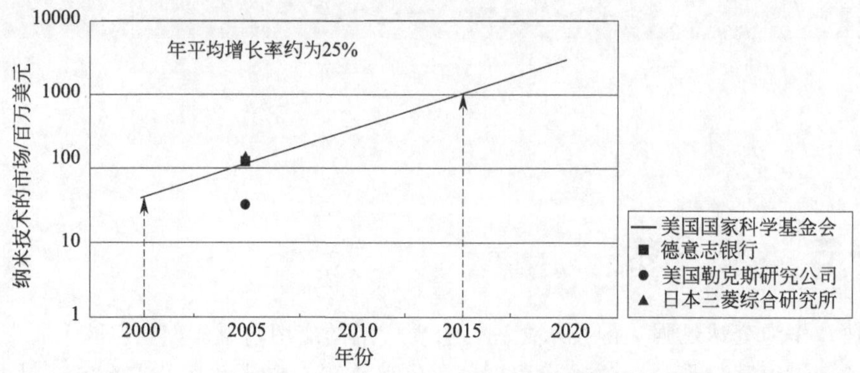

图 7-1　全球纳米技术市场发展趋势

ENMs 的研究以其制备和表征为基础，延伸扩展至纳米组装系统、纳米光子和等离子体、纳米能量、纳米流体、纳米生态学、纳米毒理学、纳米医药和遗传学、合成生物学、纳米农业等前沿领域。研究重点从 ENMs 的基础研究扩展到利用这些材料开发纳米技术系统，实现纳米技术由实验室到市场的转移。在 NNI 计划中，高性能 ENMs 的功能包括：快速、有效地检测有害物质，清除水和空气中最细微的污染物（分别为 300 nm 和 50 nm），使环境和饮用水更加清洁，使净化海水所需的能量是目前的十分之一以下。环境科学和 ENMs 与纳米技术产品的风险评估与管理是 NNI 纳米环境、健康和安全研究战略计划（nanoEHS）的核心研究领域。

人类所造成的污染正在急剧增加，清洁用水和优质食物的供应正在减少，污染问题正威胁人类的健康，传统污染处理方法存在一定的局限性，因此急需寻求更高效、绿色的修复技术。近年来随着分子科学的快速发展，ENMs 在环境污染检测及修复中的应用越来越受到重视。2006 年，Tratnyek 和 Johnson 首次提出将 NPs 通过注射方式注入土壤中对污染土壤进行修复。土壤污染已成为急需解决的重要环境问题之一。在“十五”期间，我国的土壤污染修复技术研究得到重视，列入了高技术研究规划发展计划。国务院在 2016 年 5 月 28 日印发的《土壤污染防治行动计划》提出，到 2020 年和 2030 年，污染地块安全利用率分别达到 90%以上和 95%以上的目标。目前，国内外针对土壤的重金属、无机污染物和有机污染已发展了一系列的修复技术。土壤污染修复常用方法有淋滤法、客土法等物理方法，以及生物化学还原法、络合浸提法等化学方法。这些方法往往投资昂贵、需要有复杂设备条件或打乱土层结构，对大面积污染无可奈何。利用植物对污染土壤进行修复虽然有投资和维护成本低、二次污染风险小等优点，但大多数修复植物有生长缓慢、生物量低以及对生存条件要求严苛等缺点。此外，水环境污染一直是全球关注的热点问题，中国一些地区水环境质量差、水生态受损严重、环境隐患多等问题十分突出，影响和损害群众健康，不利于经济社会持续发展（水十条）。在 2015 年国务院印发的《水污染防治行动计划》中提到，2030 年力争全国水环境质量总体改善，水生态系统功能初步恢复。与传统的环境修复技术相比，表面效应、体积效应、量子尺寸和宏观量子隧道效应赋予了 ENMs 特有的性能，如巨大的比表面积、表面大量的悬挂键或未饱和键，对周围介质具有很强的吸附能力与很高的反应活性。

ENMs在对重金属、有机污染物的表面吸附、专性吸附及增强的催化降解、氧化-还原反应等方面的优势是传统物理、化学方法和材料所无法代替的。因此，利用ENMs对环境污染进行修复已成为当今环境领域的研究热点。

ENMs作为在土壤和水体污染修复与治理方面可以提供具有成本-效益解决方案的一项新技术，已受到越来越多的关注，在污染控制和生态环境保护中的作用与贡献也逐渐彰显。近年来，ENMs在植物科学研究以及农业应用上也展示出了巨大的潜力。粮食与环境之间的冲突正因人口的增多而不断加剧，据估计，到2050年全球人口预计将达98亿，粮食需求量将增加50%。有限的耕地资源和粮食不足的现状意味着我们对于高效、安全农业的强烈需求，而ENMs为现代农业的发展带来了新的希望。对此，本章节主要针对ENMs的类型、制备与改性技术，ENMs在环境污染监测和修复领域的应用，以及ENMs在农业领域的最新研究进展进行详细介绍，并提出该项技术存在的问题以及对今后研究方向的展望。

第二节 人工纳米材料的分类

Nanowerk数据库显示现有4285种ENMs中有纳米管（nanotubes）663种、富勒烯（fullerenes）136种、石墨烯（graphene）191种、NPs 2861种、量子点（quantum dots，QDs）271种、纳米纤维（nanofibers）47种、纳米丝（nanowires）116种（图7-2）。根据ISO发布的ISO/TS 27687：2008标准，将ENMs按照化学组成和物理结构分类为：碳基ENMs（carbon-based nanomaterials）、聚合物（dendrimers）、金属或金属氧化物ENMs（metal-/metal oxide-based nanomaterials）和QDs。目前用于环境领域的ENMs主要有金属类ENMs、磁性复合材料、碳基ENMs和有机聚合物类ENMs。

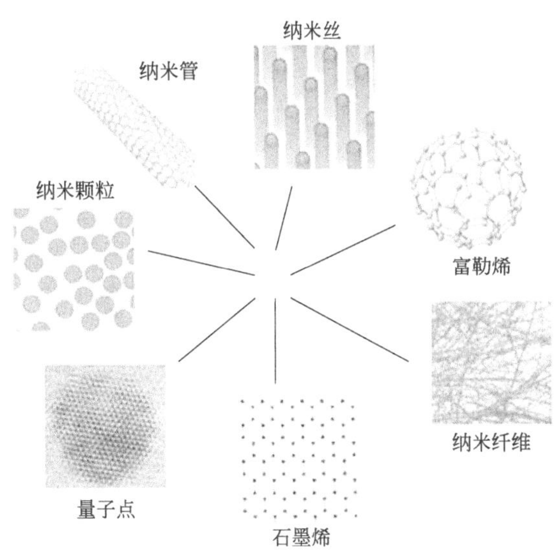

图7-2 ENMs的分类

一、金属类人工纳米材料

金属类ENMs包括零价金属（zero-valent）ENMs和金属氧化物ENMs。零价金属即金属盐被还原所得的产物，包括纳米零价铁（nanoscale zero-valent iron，nZVI）、铝（Al）、锌（Zn）等；金属氧化物类包括纳米二氧化钛（nano-TiO_2）、纳米氧化锌（nano-ZnO）等。纳米金属对金属污染物离子的吸附作用主要是物理吸附、离子交换和化学吸附三种方式。物理吸附是指 ENMs 表面・OH 因为所处液体的 pH 值不断改变而使得材料质子化（原子、分子或离子获得质子）表面带正电、去质子化（分子中脱去质子产生其共轭碱）表面带负电，从而由于静电吸附将金属离子吸附。化学吸附是指纳米金属氧化物的氢键将金属离子键合于自身表面。离子交换是 ENMs 与待吸附离子与材料表面的离子交换。

（一）纳米零价铁

nZVI 是近年来环境净化最常用的材料之一。新制备的 nZVI 具有高比表面积、强还原能力和高反应活性。研究表明，nZVI 对无机盐、有机物、重金属类污染物都有很好的去除效果，具有良好的应用前景。虽然 nZVI 已得到较为广泛的应用，但由于其特殊的理化性质，使其在实际应用中还存在以下问题：①由于 nZVI 粒径小、比表面积和表面能大及自身的磁性，很容易团聚形成微米级的颗粒，极大降低了反应的比表面积，导致降解效率的降低；②在空气中极易被氧化，形成钝化层而降低活性，有的甚至可以发生自燃，从而限制了 nZVI 在地下水和土壤修复中的应用；③对有机卤代物的低吸附及降解率，有机卤代物因其亲脂性而易被环境中有机质吸附，从而降低了吸附到 nZVI 表面的速率，影响了降解效率；④潜在二次污染，由于 nZVI 本身具有一定的生物毒性，在具体应用中，nZVI 易流失而造成污染；⑤在不同介质中的差异。nZVI 在疏松介质中传递较快，在非疏松介质中传递较慢，从而限制了 nZVI 在土壤修复中的应用。

（二）光催化剂类

金属氧化物类纳米颗粒由于节能、安全以及其优良的光催化活性而被广泛应用于环境修复。nano-TiO_2 比普通 TiO_2 具有更高的光催化能力。但在实际应用中却存在着量子效率低、光吸收波长窄、太阳能利用率低（3%～5%）等缺点。目前，表面修饰技术是弥补其自身不足的常用手段。nano-ZnO 无毒、无害，可重复使用，它可将有机污染物完全矿化成 H_2O 和无机离子从而避免二次污染。

（三）合金纳米材料类

Pd/Fe、Pt/Fe 和 Ni/Fe 是最常见的合金 ENMs。这些金属是以 Fe 为电子供体，Pd、Pt 和 Ni 等贵金属作为催化剂的新型环境修复材料。

二、磁性复合材料

磁性复合材料是具有磁性元素的纳米颗粒与无机/有机分子共同组成的复合 ENMs。例如，通过共沉淀将铁盐与腐殖酸钠制备成磁性复合纳米颗粒（Fe_3O_4/HA），可迅速去除 Hg、Pb 等，并可通过外加磁场对样品进行快速回收。

三、碳基人工纳米材料

碳基 ENMs 主要包括碳纳米管（carbon nanotubes，CNTs）、碳量子点（carbon quatum dots，CQDs）、富勒烯和石墨烯等，因其具有孔隙率高、比表面积大、结构形态独特等特点，对许多强疏水性和非极性有机污染物（如多环芳香烃、多氯联苯、二噁英等）有很强的吸附力，被应用于土壤污染的修复研究中。

（一）碳纳米管

CNTs是由Iijima于20世纪90年代使用类似用于C_{60}合成的电弧放电蒸发方法生产，针在用于电弧放电的电极负端生长。电子显微镜显示每个针包括石墨片的同轴管，数量范围从2到约50。在每个管上，碳原子六边形围绕针轴以螺旋方式排列。螺旋螺距在针与针之间以及在单针内从管到管变化。这些针，直径从几纳米到几十纳米，表明碳结构远远大于C_{60}。CNTs具有高弹性、高强度和导热导电性。CNTs按石墨烯片的层数又可分为单壁碳纳米管（single-walled carbon nanotubes，SWCNTs）和多壁碳纳米管（multi-walled carbon nanotubes，MWCNTs）。

（二）碳量子点

CQDs是一种碳基零维材料，尺寸通常在10 nm以下，具有低毒性、良好的水溶性和生物相容性、荧光性质，合成方法简易，应用领域包括环境监测、医学成像、传感器、催化剂制备等。

（三）富勒烯类

该材料包括C_{60}、C_{70}及其衍生物等，均是由碳原子组成的球体或椭球体。C_{60}是一种完全由碳组成的中空分子，具有独特的球状结构和理化性质。近年来已被广泛应用于环境领域。C_{60}良好的流动性可增强被吸附有机污染物的迁移能力。

（四）石墨烯基材料

石墨烯基材料是一种在热、电、力学和化学性能等方面，均具有独特优势的新型碳材料。包括石墨烯、氧化石墨烯（graphene oxide，GO）以及还原氧化石墨烯（reduced graphene oide，rGO）。石墨烯是一种二维碳ENMs，由碳原子和sp^2杂化轨道组成。由于其比表面积高、苯环结构大、水溶性低，在污染修复领域得到了广泛应用，已有研究报道其与污染物的相互作用以及促进降解和钝化污染物的机制。

四、有机聚合物类人工纳米材料

树枝状聚合物（dentrimer）通常包含诸多枝状结构的分子，为对称形和球形，为其他分子提供内腔，并具有独特的表面功能，可通过“捕捉”金属污染物颗粒从而修复污染。目前国内外研究最成熟，并且在国内外实现工业化生产的当属聚酰胺-胺（polyamindoamine，PAMAM）（ISO/TS 27687：2008）。PAMAM型类树枝状聚合物是一种新型纳米级螯合剂，最初应用于重金属污染水体的修复。由于PAMAM型类树枝状聚合物良好的水溶性和特殊的纳米分枝结构，可以有效去除污染土壤中的金属，并且去除效率明显高于普通螯合剂，普通的螯合剂重复利用性差，且容易产生二次污染。在pH＝6.0条件下对污染土壤中Cu^{2+}的去除效果可达到90％；同时，经纳米螯合剂处理后的Cu主要为不易移动和不可被生物利用的有机结合态Cu，因此避免了土壤的二次污染。而且，该螯合剂经纳米膜和酸处理后可被重复利用，并表现出良好的重复利用性。对于有机污染，双亲性纳米聚合物由于内部亲油表面亲水的独特结构，不仅能有效去除土壤中疏水性有机污染物，且不易被土壤吸附，从而避免了纳米聚合物在处理土壤污染时浓度的降低，更适合长期使用。其他有机聚合物 ENMs 如壳聚糖等则较多地应用在传感器、医药载体和生物标记等方面。

第三节 人工纳米材料的制备、表征和改性

一、人工纳米材料的制备

ENMs 的制备和表征是 ENMs 研究的基础。当前，使用多种方法生产 ENMs，这些方法为形成所需形状、尺寸和化学组成的 ENMs 提供条件。ENMs 的表征则主要为了确定 ENMs 的物理化学特性，如形貌、尺寸、粒径、化学组成、晶型结构、吸光性等。

ENMs 制备的关键在于如何控制材料的大小及其均匀一致性。制备方法一般分为物理法、化学法和生物法。

（一）物理法

物理方法分为“自上而下”和“自下而上”的方法。在“自上而下”方法中，较大的材料通过机械研磨粉碎成更小的颗粒。这种方法的主要缺点是较难获得所需粒径和形状。在液相或气相的“自下而上”方法中，ENMs 经冷凝形成。

1. 机械粉碎法

机械粉碎法包括研磨、铣削和合金化，这些是通过“自上而下”的方法制造 ENMs。该方法通过施加能量将材料分解为越来越小的颗粒，来减小较大散装材料的尺寸。该技术被称为纳米化或超细研磨。例如，机械合金法就是利用高能球磨的方法，控制适当的球磨条件以获得纳米级晶粒的纯元素、合金或复合材料。该方法工艺简单、制备效率高，并能制备出常规方法难以获得的高熔点金属和合金 ENMs，成本较低，不仅适用于制备纯金属 ENMs，还可制得互不相溶体系的固溶体、纳米金属间化合物及纳米金属陶瓷复合材料等。但制备中易引入杂质，导致纯度不高，颗粒分布也不均匀。

2. 气相沉积法

气相沉积法包括火焰热解、高温蒸发和等离子体形成等。该过程通过超饱和蒸气的均匀成核来生成纳米颗粒。当将固态、液态或气态形式的原料注入反应器时，纳米颗粒在高温下于反应器中形成。这些前体通过膨胀过饱和，并在开始有核生长之前冷却凝结。最终材料的尺寸和组成取决于所用材料和工艺参数。此法制备的材料具有纯度高、结晶组织好、力度可控的优点，但对设备要求较高。

（二）化学法

该方法包含了多种“自下而上”的合成技术。该方法主要适用于气相或液相，可获得纯净且受控的粒度。方法的选择取决于 ENMs 的尺寸、类型、方法的简便性和纳米复合材料的性质。主要有溶胶-凝胶法、共沉淀法、水热技术、溶剂热法、声化学法、热解法、气相沉积法、微乳液法、微波辅助法、离子交换法和回流法等。

1. 溶胶-凝胶法

溶胶-凝胶法起初用于在低温下制备玻璃和陶瓷材料，其基本反应有水解反应和聚合反

应。在该方法中，首先在酸或碱条件下，金属醇盐溶液经水解，然后缩聚。由于缩聚作用除去溶液中的水分子，液相变成了凝胶相，溶液黏度有所增加。在所有水分子冷凝后，凝胶相变为粉末相。再通过加热使粉末具有良好的结晶性质。该方法的主要优点是其过程简单。但是由于该方法中会形成复合物，故而纯度较低。因此，需要后处理以纯化样品。

2. 共沉淀法

共沉淀法是简单且常见的方法，已广泛用于制备各种 ENMs。将沉淀剂加入混合后的金属盐溶液中，促使各组分均匀混合沉淀，然后加热分解以获得超微颗粒。纳米颗粒的形成过程涉及成核、生长、粗化、附聚和稳定化过程。采用该法时，通过添加常见的还原剂（例如氨溶液、氢氧化钠溶液等）来保持所需 pH 值，以及使用封端剂形成稳定的纳米颗粒。纳米颗粒的尺寸取决于所选盐的比例、溶液的 pH、反应介质的温度以及所用碱的类型。

3. 水热合成法

水溶液或蒸汽等流体在高温高压下合成物质，为了得到均匀的溶液，在不断搅拌下将有机溶剂混合至上述溶液中。然后将溶液引入密封容器或高压灭菌器中。通过加热产生压力将溶剂升高到其沸点以上。再经分离和热处理得到 ENMs。水热条件下可使离子反应和水解反应得以加速。通过选择合适的溶剂并调节温度、压力、pH、反应物浓度和时间等因素，控制 ENMs 的尺寸、形态和表面化学性质，通过本方法可制备纯度高、均匀的 ENMs，如典型的磁性纳米铁/铜复合体，此外，本方法还适用于单晶、沸石、硒化物和硫化物等物质的制备。

（三）生物法

化学合成 ENMs 可能需要使用有毒溶剂，甚至产生有毒副产品，而生物合成法，通过使用细菌、真菌、藻类等微生物或植物在体内或体外合成 ENMs，具有无毒、成本低和对环境友好的优点。

1. 细菌合成法

本方法经生物矿化过程，即在细菌内的蛋白质作用下合成 ENMs。例如，趋磁细菌在厌氧条件下可利用磁小体合成磁性颗粒，该磁小体是一种被蛋白质包裹的可用于合成纳米级磁性氧化铁晶体的材料。这些磁性纳米颗粒常被用于去除重金属、类金属等。光合细菌如荚膜红假单胞菌，可通过烟酰胺腺嘌呤二核苷酸（NADH）依赖性还原酶将金离子还原成 10～20nm 的金纳米颗粒。Chidambaram（2010）在巴氏梭菌（*Clostridium pasteurianum*）细胞质和细胞壁上合成了钯 NPs。这种生物合成的钯 NPs 可用于还原具有强毒性的多氯联苯（PCBs），仅 50 mg/L 的生物钯 NPs 就可还原 27%的 PCBs，而若使用普通商业的钯 NPs 则需使用 500 mg/L 才能达到相同的效果。假单胞菌（*Pseudomonas* sp.）和尖孢镰刀菌（*Fusarium oxysporum*）以及杂草马樱丹（*Canadian camara*）叶的提取物被用于合成 Cu NPs，从而用于电子废物的生物修复。枯草芽孢杆菌（*Bacillus subtilis*）能够在室温和常压下与氯化金发生反应，在细胞内将 Au^{3+} 还原成纳米级尺寸（5～25nm）的八面体金颗粒。

2. 真菌、藻类合成法

与细菌相比，真菌细胞可分泌更多的蛋白质，例如尖孢镰刀菌可分泌 NADH 还原酶用于制备稳定的 Ag NPs。藻类如马尾藻属（*Sargassum wightii*）可在 12h 内合成 Au NPs，合成效率高达 95%。

3. 植物合成法

植物及其提取物可用于合成纳米颗粒。植物体内的黄酮、有机酸、醌等物质可作为制备金属纳米颗粒的还原剂。例如，紫花苜蓿（*Medicago sativa*）和香叶天竺葵（*Pelargonium graveolens*），可用于合成不同形状的 Au NPs。印度苦楝树叶片中的糖或萜类化合物可作为还原剂用于合成金银双金属纳米颗粒。此外，芸苔属（*Brassica juncea*）、向日葵（*Helianthus annuus*）可用于合成 Zn、Au、Ni、Co 和 Cu 的纳米颗粒。用长春花（*Catharanthus roseus*）叶提取物可以合成壳聚糖 NPs，并通过优化壳聚糖和叶提取物的比例可以在 30min 内合成粒径最小为 45nm 的壳聚糖 NPs。

二、人工纳米材料的表征

ENMs 具有不同的理化性质，需用不同的仪器进行表征。常用的仪器包括扫描电子显微镜（scanning electron microscopy，SEM）、透射电子显微镜（transmission electron microscopy，TEM）、傅里叶变换红外光谱（fourier transform infrared spectroscopy，FTIR）、原子力显微镜（atomic force microscopy，AFM）、能量色散 X 射线能谱（energy dispersive X-ray spectroscopy，EDX）、X 射线光电子能谱（X-ray photoelectron spectroscopy，XPS）等。

（一）形貌分析

尺寸和形状是 ENMs 的主要物理性质，通常使用 SEM、TEM、AFM 表征这些性质。SEM 可通过使用聚焦的电子束对样品进行扫描来生成图像。样品中原子与电子的相互作用会产生含有表面形貌特征和组成信息的信号。TEM 产生的电子束可以穿透超薄的样品。电子在穿透样品的同时会与之发生相互作用，产生关于样本内部结构的信息。与 SEM 比较，TEM 可提供 ENMs 的组成、形态和结晶度的信息。AFM 也可发挥与 SEM、TEM 相同的功能，它通过检测待测样品表面和一个微型力敏感元件之间的极微弱的原子间相互作用力，来获得纳米级分辨率的表面形貌结构信息及表面粗糙度信息，但 AFM 仅适用于干样品。TEM 可以高分辨率捕获图像，获得有关纳米颗粒的详细而清晰的信息，例如，晶体的生长方向、电子结构、晶格间距和电子相移等。此外，纳米粒度仪用于表征 ENMs 的颗粒大小，比表面仪（surface area analyzer）可用于测定纳米颗粒的表面积。

（二）元素成分和晶体结构分析

当 EDX 与 SEM 和 TEM 连用时，可确定元素的组成和表面形态。电感耦合等离子体质谱（inductively coupled plasma mass spectroscopy，ICP-MS）和原子吸收光谱（atomic absorption spectroscopy，AAS）可用于元素含量的计算，这两种方法需要对样品进行溶解才能进行测定。X 射线荧光光谱分析法（X-ray fluorescence，XRF）是一种非破坏性分析方法，可对固体 ENMs 的成分直接测定。XRD 是基于多晶样品对 X 射线的衍射效应，对样品组分的形态进行分析，可用于确定团聚的晶体纳米颗粒的矿物组成、结晶度和晶胞尺寸。FTIR、XPS、拉曼光谱（raman spectroscopy，RS）和 X 射线吸收光谱（X-ray absorption spectroscopy，XAS）可用于表征 ENMs 的结构和化学键特性。FTIR 和 XPS 可用于表征金属氧键，XPS 可测定 ENMs 的表面或微小区域的性质，如氧化状态、化学组成、化学键能等。RS 被用于结构和晶格的鉴定，XAS 可提供有关氧化状态、相邻原子、配位数、键长、电子结构等信息。

三、人工纳米材料的改性

ENMs的高表面活性很容易导致其发生团聚和钝化，从而影响它在土壤介质中的稳定性、反应活性和迁移能力。例如，nZVI因为其具有磁性，易发生团聚，从而影响其应用。nZVI在氧气存在的情况下，极易氧化成二价铁或者三价铁；另外，溶解氧和其他氧化物会造成nZVI表面钝化，阻止反应进一步进行，同时也造成了相当一部分nZVI的损失，为了解决这些问题，越来越多的nZVI改性技术应运而生，如聚合物包覆、活性炭负载及羧甲基纤维素（CMC）稳定等。nZVI的改性，普遍采用的方法有：①物理辅助方法，如超声；②添加化学物质，如添加环糊精；③对nZVI进行修饰负载：钝化nZVI、分散剂和稳定剂改造、双金属复合nZVI（钯-nZVI复合的材料、镍合金纳米颗粒）。Schrick等（2002）在对丙烯酸（PAA）负载的纳米物质进行研究时发现，对纳米颗粒进行负载可以提高纳米颗粒在土壤中的分散性。用蒙脱土修饰纳米Ni/Fe双金属，增大了对含氯持久性有机污染物（persistent organic pollutants，POPs）的脱氯活性，大大降低了POPs的毒性，并优化制备了Ni@FeO_x、$CoFe_2O_4$、$Ni(OH)_2/CoMn_2O_4$和MFe_2O_4四种降解农药滴滴涕的ENMs的高效催化剂。利用球磨技术，实现了高活性片状微/纳结构零价铁材料的宏量制备。因此各种金属材料的改性已经成为目前研究的热点。目前表面改性技术主要包括表面涂层技术、表面薄膜技术、表面修饰技术，可增强ENMs在介质中的界面相容性，使ENMs更易在介质中分散。

第四节 人工纳米材料在环境中的应用

ENMs的飞速发展及独特的优势，为环境领域的研究提供了新的路径和支持，已逐渐被应用于解决环境问题。环境污染对生态系统和人类健康都具有极大危害，建立快速、灵敏、便捷的污染监测技术对评价环境质量具有重要的现实意义。对于已受污染的环境，开发高效、无二次污染的环境修复技术十分必要。因此，如何检测和去除环境中的污染物成为环境保护的关键。此外，如何在不破坏现有环境的基础上，绿色发展与人类健康生活密切相关的农业技术，对维护环境的可持续性意义重大。目前，ENMs在环境监测、污染修复及现代农业技术中的应用都已崭露头角。

一、人工纳米材料在环境监测中的应用

环境污染问题是人类现今面临的巨大威胁与挑战，尽管大部分污染物已被鉴定和归类，但各种环境介质（水、土壤、空气）中污染物的检测过程仍十分复杂。环境监测是环境质量评价的重要环节。现有监测技术对仪器设备有一定的依赖性，例如，气相色谱-质谱、高效液相色谱、电感耦合等离子发射光谱、原子吸收光谱是美国国家环境保护局（EPA）和职业安全健康局（NIOSH）常用的环境分析手段。这些检测技术都需进行复杂的样品前处理，对检测条件和时间有一定的要求，且难以实现现场原位快速检测。基于电化学系统的传感系统因其独立性、高效性、易制备和低成本而成为环境监测的首选。电化学传感器由两部分组成：①化学或生物感应元件；②将感应器上的信号传递至电路的物理传感部件（电极）。传感器的灵敏度、选择性、响应度决定了其检测污染物的能力。随着纳米技术和ENMs的兴起，其独特的电催化能力、高比表面积、快速响应性、高灵敏度、低成本、微型化及实时监控的潜力，为新一代传感器带来了新的机遇（图7-3）。基于ENMs的传感器在各领域都已显示出极大优势，其在环境监测中的应用主要体现在对传感器电极的修饰作用，ENMs

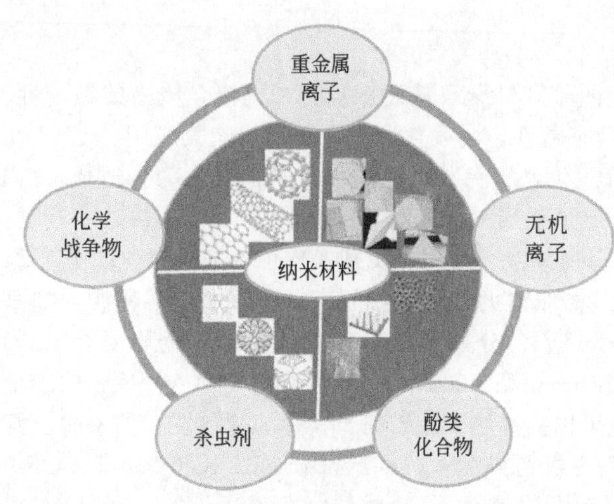

图 7-3　用于电化学传感器的 ENMs

修饰的电极具有更高的电荷转移能力，可提高传感器的感应能力并可进一步放大信号。

（一）应用于电化学传感器的人工纳米材料

金属类 ENMs（如 Au、Ag、Pt、ZnO、TiO_2、CuO）因其良好的光电、催化和热性能而成为 ENMs 主要的研究对象。这些优异的性能为重金属的现场快速检测提供了可能。例如 ENMs 修饰的检测电极，具有高比表面积，可显著提高检测灵敏度、降低检测限，已被用于检测重金属离子。2,3-二巯基丁二酸修饰的 Au NPs 可与铬离子配位，导致 Au NPs 的聚集，这种与重金属螯合配位导致 ENMs 团聚或尺寸形貌的改变，可引发 ENMs 吸收光谱的改变。此外，含吡啶的荧光基团修饰 Au NPs 因表面能量转移（SET）效应而导致荧光猝灭，铜离子与吡啶基有更强的配位能力从而替换 Au NPs，恢复荧光染料的荧光，这种荧光信号的变化与铜离子的浓度成比例，从而实现金属离子的检测。Au、Pt、Pd 以及 Pt-Pd NPs 常被用于构建检测有毒物质的电化学传感器。例如，负载有 Au NPs 的倍半硅氧烷电化学传感器可检测硝基酚异构体。TiO_2、ZnO、CeO_2、MnO_2 等 ENMs 都具有良好的光催化特性和生物相容性。TiO_2 NPs 因其简单的制备过程、良好的均匀性和稳定性而备受关注，其电化学特性与晶型，表面性质，孔隙大小、结构和分布有关。TiO_2 NPs 多用于检测 CO、NO 和 CH_4，以及辅助有机污染物如燃料、农药等物质的降解。基于 Au NPs 修饰的 TiO_2 NTs 电极构建的电化学传感器可被用于检测 Cr。CeO_2 NPs 稳定的结构、高氧化性使其被用于多相催化、感应气体和环境修复中烃类化合物的氧化。MnO_2 和 CeO_2 都具有过氧化氢传感器的催化活性位点，因而被用于电化学传感器中的酶促反应，例如基于 CeO_2 ENMs 的无酶过氧化氢传感器。ZnO NPs 可同时感测和降解水中的有机污染物如 4-氯邻苯二酚。这种催化降解与检测的耦合为进一步发展环境监测提供了可能。磁性氧化铁纳米颗粒在环境中有许多应用，包括环境修复、生物传感、细胞标记和分离。作为免疫磁分离中的捕获探针，磁性纳米颗粒可结合并浓缩目标分析物，在磁场作用下与样品分离，过程简单易操作，并有利于检测浓度极低的污染物。利用磁性 ENMs 对重金属离子的分离富集，提高了检测灵敏度，减少了干扰。例如，磁硅球纳米颗粒可分离富集 Ag、Cr、Cu、Pb 等的离子，用于进一步检测分析。

碳基 ENMs 中，SWCNTs、MWCNTs 和石墨烯常被用于环境监测。CNTs 的小尺寸（如 SWCNTs 1.5nm 的直径）、表面活性基团和极高的表面积以及电子特性使之成为生物化学传感器中电极部分的理想材料。CNTs 通过增强与物质的结合能力，促进氧化还原蛋白与电极表面之间的电子传递，由此实现在低电位和无电子介质条件下，最大程度地减少干扰，从而检测目标物质如农药。CNTs 也常被用于构建电化学生物传感器，例如将乙酰胆碱酯酶（AChE）和有机磷水解酶（OPH）固定在 CNTs/混合复合材料上从而搭建传感器，用于监测有机磷农药、生物毒素、酚类化合物和除草剂等。还原性氧化石墨烯修饰的 GC 电极比基于导电聚合物的传感器表现出更好的性能。含有石墨烯复合材料的电极，对金属离子有很好的选择性，此外，石墨烯的高比表面积和良好的导电性，提高了电化学信号的灵敏度。通过在石墨烯中加入 N、P、S 等原子有利于加快电荷传输速率，用于 Pb、Cd、Cu、Hg 的选择性检测。石墨烯的高导电效率可实现对 NH_3、NO_2、CO、SO_2 等小分子气体的快速吸收和检测。石墨烯有机污染物传感器主要针对有机磷、酚类物质的检测。基于石墨烯的高活性位点、比表面积、电子传输率，建立金纳米颗粒/石墨烯复合材料修饰的电极，两者协同作用，可显著放大传输信号，提高对有机磷和农药残留物的检测。

QDs 具有独特的光物理特性，光学性质取决于其大小、组成和表面状态，在环境领域，QDs 被用作金属离子、农药、酚和硝基芳族物质的传感探针。使用更高带隙的无机半导体材料（如 CdSe、ZnS）涂覆 QDs 可提高其光致发光量子产率及光稳定性。CdS QDs、CdSe QDs、CdS@ZnS QDs、CdTe QDs 可用于 Cu(Ⅱ)、Ag(Ⅱ)、I^-、Ag(Ⅰ)、CN^- 的检测。QDs 还与酶偶联，如制造 AChE 标记的 CdS 和 OPH-(CdSe)ZnS，用于检测农药。荧光 QDs 可吸附金属离子或无机离子，通过检测荧光强度的降低，从而鉴定污染物离子的浓度。例如，铜离子可与 CdSe QDs 的 Cd 置换，导致 CdSe QDs 荧光猝灭。此外，荧光 QDs 还可吸附微生物，如通过与大肠杆菌的蛋白质特异性结合，从而增强荧光强度，实现微生物的检测。

树枝状聚合物具有极高的表面官能团密度、三维（3D）分支和纳米级高分子结构，已在环境和工业应用中得到推广。静电作用、范德华力、氢键等是树状聚合物内客体封装的主要驱动力。树状聚合物封装的金属纳米颗粒和以树状聚合物为核心的金属纳米颗粒在催化和传感器方面有很大的应用潜力。已有研究表明，使用 PAMAM 树枝状大分子稳定的 Ag NPs 可作为电化学传感器来检测亚硝酸盐。此外，它还能作为高容量纳米螯合剂用于去除和回收水净化系统中的重金属，并去除有机化合物。

（二）基于人工纳米材料的电化学传感器

常见的电化学传感器包括免疫传感器、酶基电化学系统、分子印迹聚合物（表 7-1）。免疫传感器可针对多种目标污染物进行原位免疫分析。免疫测定的原理是利用抗体（Ab）和其相应的特异性抗原（Ag）之间的强特异性相互作用，在环境监测中，抗原对应的即是目标污染物。免疫传感器因其高灵敏度、低成本和微型化而受重视，ENMs 所具有的电化学传导性和亲和性为进一步发展免疫传感器提供了可能。现已有多种 ENMs 如 Au NPs 和 QDs 被广泛用于免疫分析，从而降低了非特异性反应发生的机率并获得扩增的优质信号。例如，几丁质和 Au NPs 复合膜被用于检测除草剂毒莠定，其中，纳米颗粒将电子从标记抗体的过氧化氢酶传递至电极表面，该系统最低检测限为 21nmol/L。此外，三维 Au NPs 网络结构材料显著增加了其比表面积，提升了与目标分子的结合力及电子交换能力，从而进一步降低了检测限。

表 7-1 基于 ENMs 的电化学传感器

识别原理	污染物	纳米材料	识别元件	检出限	样本基体
免疫分析	毒莠啶	Au NPs	抗毒莠啶抗体	21nmol/L	生菜
	毒莠啶	3D 铜纳米簇	抗毒莠啶抗体	0.5ng/mL	桃
	莠去津	Au NPs	抗莠去津抗体	0.034μg/L	红酒
	对氧磷	CdS@ZnS	磷酸化丝氨酸 p 抗体	0.15ng/mL	血浆
	对氧磷	ZrO_2 NPs	ZrO_2 NPs	8.0pmol/L	加标人类血浆样本
	微囊藻毒素	Ag 介孔纳米材料	抗微囊藻毒素 LR 抗体	0.2ng/mL	水
	莠去津	碳纳米管	抗莠去津 PB	0.001ng/mL	饮用水
	对氧磷	乙酰胆碱酯酶-Au NPs 修饰的凝胶	乙酰胆碱酯酶抑制物	6pmol/L	河水

续表

识别原理	污染物	纳米材料	识别元件	检出限	样本基体
酶促	对氧磷	Au NPs-MWCNTs	乙酰胆碱酯酶抑制物	0.1nmol/L	—
	甲基对硫磷	Au NPs-MWCNTs-CdTe QDs	甲基膦酸二脂水解物	1.0ng/mL	加标大蒜
	甲基对硫磷	AuNPs-MWCNTs	甲基膦酸二脂催化水解物	0.3ng/mL	加标大蒜
	对氧磷	AuNPs/石墨烯 纳米片	乙酰胆碱酯酶抑制物	0.1pmol/L	—
	对氧磷	碳纳米颗粒	丁酰胆碱酯酶抑制物	5μg/L	—
	对氧磷	CB/CoPc 杂化纳米复合材料	丁酰胆碱酯酶抑制物	18nmol/L	—
	马拉硫磷和胺甲萘	还原氧化石墨烯/Au NPs	乙酰胆碱酯酶抑制物	4.14pg/mL 和 1.15pg/mL	—
	邻苯二酚/苯酚	Bi NPs	酪氨酸氢氧化物	26/62nmol/L	—
	邻苯二酚 丙二酚	石墨烯	酪氨酸氢氧化物	0.23/ 0.75nmol/L	饮用瓶装水
	邻苯二酚	PdCu 纳米颗粒负载氧化石墨烯	漆酶氧化物	2μmol/L	茶
	双酚 A	石墨烯-纳米金复合物	络氨酸氧化酶	1nmol/L	—
	酚类混合物/毒死蜱	氧化铱	络氨酸氧化酶	0.08/ 0.003μmol/L	自来水和河水
	有机磷酸酯类	CdS@ZnS QDs	抗丁酰胆碱酯酶抗体/丁酰胆碱酯酶抑制物	0.5nmol/L	加标人类血浆
免疫分析/酶促	毒死蜱	Au NPs	分子印迹	3.3×10^{-7} mol/L	加标自来水
主-客体	乐果	Ag NPs	分子印迹	0.5mg/mL	—
	二嗪农	MWCNTs	分子印迹	1.3×10^{-10} mol/L	—
	4-壬基苯酚	石墨烯纳米带	分子印迹	8nmol/L	水
	磺胺甲恶唑	Fe_3O_4 超顺磁纳米颗粒	分子印迹	1×10^{-12} mol/L	—
	二嗪农	MWCNTs	分子印迹	1.3×10^{-10} mol/L	自来水和河水
	除线磷	TiO_2 NPs	SS-DNA	2.0 nmol/L	青菜
其他方法	氯氰菊酯/苄氯菊酯	壳聚糖 Fe_3O_4 纳米生物复合物	农药与 ssCT-DNA 相结合	8nmol/L/ 2.5μmol/L	—
	甲基对硫磷	CNTs		1.0nmol/L	—
	Ni^{2+}	CdSe QDs	脱氧核糖核酸酶	6.67nmol/L	水
	Hg^{2+}	石墨烯	DNA	0.001amol/L	水

酶基电化学系统主要检测污染物对酶系统的抑制作用。污染物会对附着于纳米电化学传导器上的乙酰胆碱酯酶（AChE）产生抑制作用。ENMs 表面的亲脂或带电基团可与酶的一些官能团如—COOH、—NH_2、—SH 等结合，从而强化酶的固着，并有助于更多的酶加载于传感器之上，提高酶系统的稳定性和功效。图 7-4 展示了基于 ENMs/酶复合电化学传感器的制备过程。表 7-2 为常见的 ENMs 酶基电化学系统。Au NPs、碳基 ENMs 及其两者复合物常被用于此系统。AChE-Au NPs 共轭系统可用于检测环境中的对氧磷（检测限低至 6pmol/L）。碳基 ENMs 如 MWCNTs 在增加表面积与酶活性和稳定性方面有突出的优势，负载 Au NPs 和 AChE 的 MWCNTs 具有更高的稳定性和分散性，可更好地检测对氧磷。除了 AChE，络氨酸酶也常被用于环境监测的酶传感器，可检测 2,4-D 和酚类物质，络氨酸酶常被加载于 Au NPs 或 MWCNTs 上，此外还可与量子点形成复合物，通过量子点的荧光猝灭来检测酚类物质。

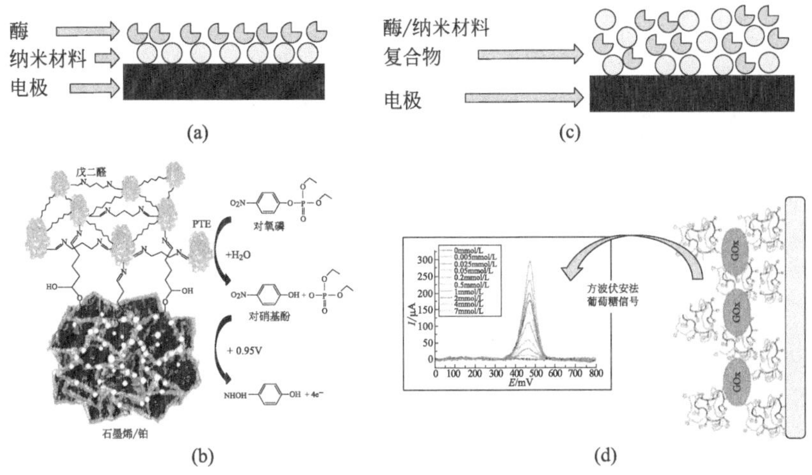

图 7-4 基于 ENMs/酶复合电化学传感器的制备过程

表 7-2 常见的 ENMs 酶基电化学系统

敏感元件	分析物	检测方法	LOD	实际样品
乙酰胆碱酯酶/ZnO/SPE	对氧磷	CA	0.035μmol/L	N/D
乙酰胆碱酯酶/Fe_3O_4 NP/CNT/ITO	马拉硫磷，毒死蜱，久效磷，硫丹	CV	0.1nmol/L	白菜、洋葱、菠菜、土壤
胆固醇酯酶/胆固醇氧化酶/量子点 Cds/壳聚糖	胆固醇和胆固醇酯类	CV	0.47mmol/L	N/D
葡萄糖氧化酶/CNT/Pt NP/GCE	葡萄糖	CA	6μmol/L	N/D
葡萄糖氧化酶/Pd NP/CNT	葡萄糖	CV	150μmol/L	N/D
谷氨酸氧化酶/CNT/Au NP/AuE	谷氨酸	CA	1.6μmol/L	人血清
辣根过氧化物酶/TiO_2 NT	过氧化氢酶	CA	0.1μmol/L	N/D
辣根过氧化物酶/TiO_2 NT	过氧化氢酶	检测光电流	0.7nmol/L	N/D
虫激酶/Au NP/AuE	伐虫脒	SWV	0.095μmol/L	芒果、葡萄
乳酸氧化酶/Ag NP	乳酸	CA	1mmol/L	N/D
酪氨酸酶/量子点 Cds/壳聚糖	酚类化合物	CA	0.3nmol/L	水

注：AuE——金电极；CA——计时电流法；CNT——碳纳米管；CV——循环伏安法；GCE——玻璃碳电极；ITO——铟锡氧化物；N/D——无数据；NP——纳米颗粒；NT——纳米管；SPE——丝网印刷电极；SWV——方波伏安法。

虽然免疫传感器和酶传感器在环境监测中都有良好的表现，但在实际应用中，仍存在一定问题，例如，免疫传感器针对特异性污染物的抗体制备与研发，酶传感器对极端恶劣污染环境的耐受性等。鉴于此，分子印迹聚合物（MIP）已被提倡用以替代传统的识别污染物的部件。通常在目标分子或污染物存在的情况下，通过聚合反应制备 MIP，移除目标物后获得大小、形状精确的纳米空穴，因此可实现与目标污染物的准确特异性结合（图 7-5）。

虽然 MIP 具有高效、低成本、低检测限等优点，但较低的电催化能力和导电性限制了其在传感器方面的应用。纳米颗粒与 MIP 的一体化为快速筛查和监测开辟了新的途径，这种新型传感器芯片在环境监测中具有卓越的优势。新型固相压印方法为纳米 MIP 的制造带来了变革。纳米 MIP 因其高比表面积、快速结合动力学、易于去除模板、无需表面修饰、良好的分散性以及对不同纳米元件的高度适应性而备受关注。现有研究多集中于对 Au NPs-MIP 和其他类型 ENMs 的新型多重复合材料的探索。例如，Au NPs@MIPs 与 CNTs、GO、TiO_2 的复合体，磁性纳米颗粒与 MIPs 的纳米复合体，碳化钼（Mo_2C）与 MIPs 的纳米复合体等。Au NPs 和 CNTs 与印迹聚合物的结合可提供大量的印迹区域，增加表面积和对目标分析物的催化氧化以及增强电子从识别位点到电极表面的转移。最新研究制备了一

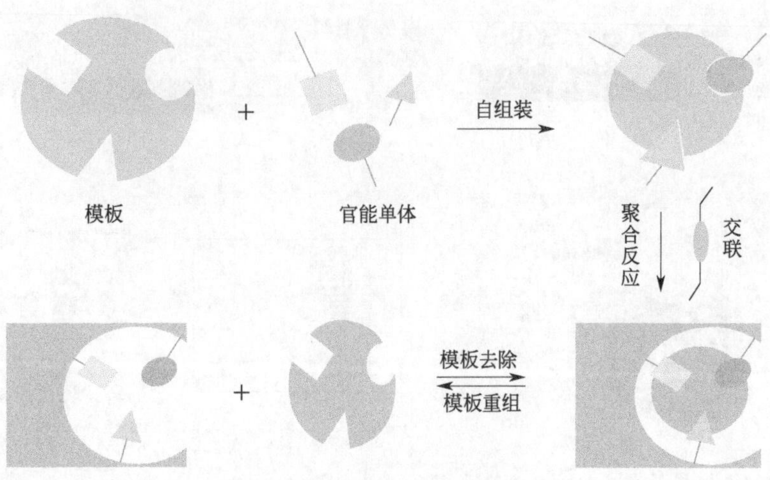

图 7-5　MIP 的制备过程

种新颖而简单的用于快速特异性检测丙溴磷的印迹聚合物。此聚合物以 3D-CNTs@MIP/GCE 为基础，通过溶胶-凝胶法将四乙氧基硅烷涂覆在羧化 CNTs 上从而形成 CNTs-SiO_2，再将乙烯基三甲氧基硅烷添加至被改性的表面，以生成 CNT-SiO_2-乙烯基。最后，分别以甲基丙烯酸为单体和 PFF 为模板将 MIP 有效嫁接到 CNTs 核心上。加载有 3D-CNTs-MIP 的传感器增加了导电和电催化性能，进而增强了 PFF 的信号响应，使得检测限低至 0.002μmol/L（检测示意图 7-6）。

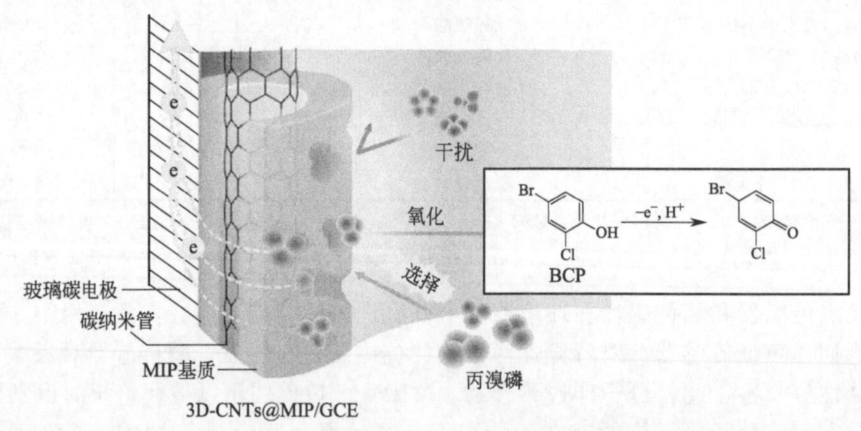

图 7-6　基于 3D-CNTs@MIP/GCE 的改性 MIP 检测机理

ENMs 特殊的光、电、化学性质，使其在环境污染检测方面得到快速发展。基于金属 ENMs、磁性 ENMs、荧光量子点和碳基 ENMs 的检测传感器具有灵敏度高、检测快、操作简单的优点。但目前多数研究成果仍限于实验室模拟阶段，对于影响 ENMs 功能的环境条件及其生物安全性仍有待深入研究，以为实现单一及复合污染物的高灵敏、高通量检测和预警工作提供理论和技术支撑。

二、人工纳米材料在环境修复中的应用

随着工农业生产的快速发展以及人口的不断增长，环境污染问题日益突出。有机污染

物、病原菌等是常见的地表和地下水污染物。污染的水体和恶劣的卫生条件会加剧霍乱、痢疾等疾病的传播。土壤中的污染物以重金属和农药为主。水体和土壤之间的相互作用会使一些污染物进入地下水降低水质。环境污染制约着中国社会与经济的可持续发展，并且影响人体健康。由此可见，修复污染环境已刻不容缓。

吸附、吸收、光催化和过滤是修复污染环境的主要过程。目前已有越来越多的 ENMs 被用于环境修复领域。研究表明，ENMs 在过滤和净化污染水体方面有突出的表现，通过将 ENMs 嵌入膜或其他结构介质中，可快速净化水体中的污染物，并将有毒物质的浓度降至 μg/L 或 μg/kg 以下。Fe、Ag、Au、TiO_2、Fe_2O_3 等金属类 ENMs 常用于环境修复。Ag NPs 具有良好的杀菌作用，可处理污水中的有害微生物，还可去除有毒的氯代有机物、Hg 以及净化空气。TiO_2 NPs 可分解水体中的卤化物，去除染料和有毒金属离子。Au NPs 与 TiO_2 NPs 复合物可将 SO_2 转化为硫。碳基 ENMs 可吸附微生物、重金属和二氯苯等。与尺寸更大的相同材料相比，ENMs 在化学或生物表面介导的反应活性更高，其小尺寸使其能专一地与污染物分子相互作用。ENMs 的高比表面积和大量的反应位点使其易于与污染物结合，并有助于污染物的降解。此外，与传统技术相比，ENMs 具有更好的灵活性和潜力，通过将靶向定位目标污染物的官能团修饰在 ENMs 表面，并对 ENMs 尺寸、形态、孔隙度、化学组成进行有针对性的调节，将进一步提高 ENMs 的修复效率。本章节将重点介绍金属类 ENMs、磁性 ENMs、碳基 ENMs 和聚合物 ENMs 在环境修复中的作用和机理（图 7-7），并概述当前环境修复对 ENMs 的需求。

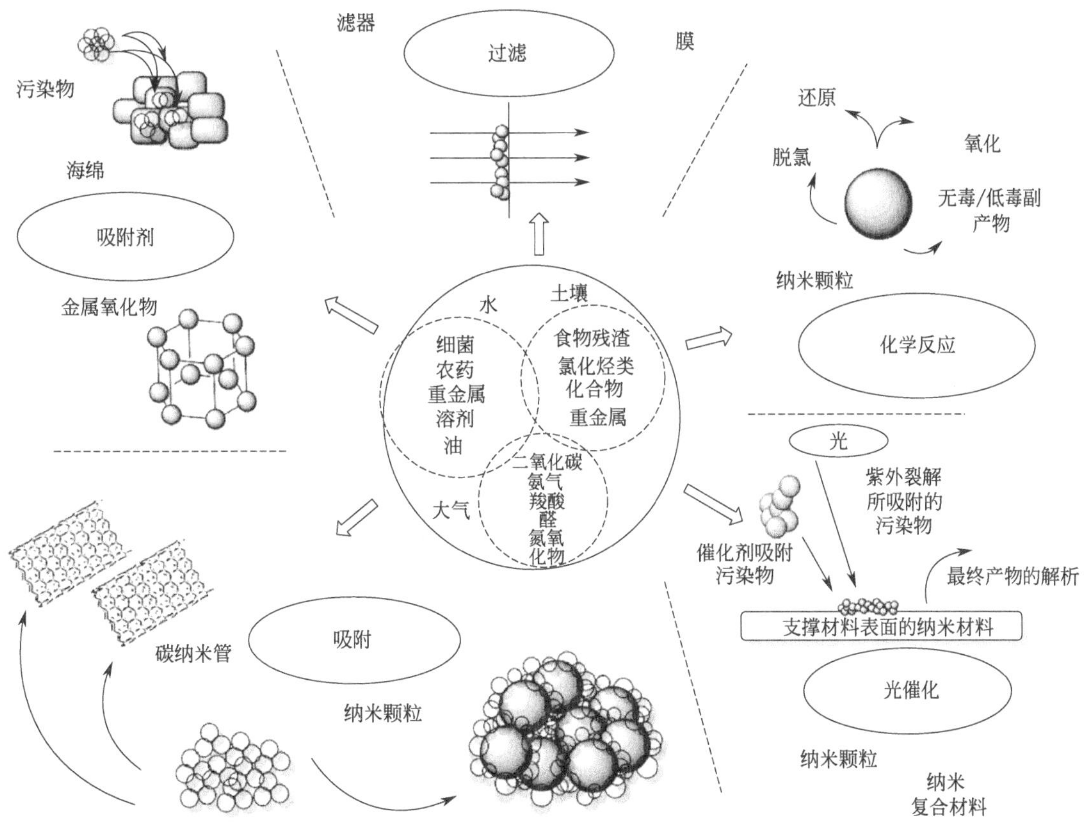

图 7-7 ENMs 修复环境污染的作用机理

（一）人工纳米材料对环境污染的修复

金属类 ENMs，如 nZVI、TiO_2、Fe_2O_3、Al_2O_3（表 7-3），因其快速动力学、高吸附性和低成本而被越来越多地用于原位或异位吸附或降解污染物，尤其是土壤和水体中的重金属和氯代有机污染物。

nZVI 是处理污染水体和土壤的典型 ENMs，与纳米碳管、nano-TiO_2、nano-ZnO 和纳米螯合剂相比，nZVI 易得、成本低廉，并可还原和催化环境中多种污染物。自 20 世纪 90 年代初以来，微米级的零价铁被用于原位处理含氯溶剂，鉴于此成功经验，许多研究开始重点研发纳米级零价铁原位处理污染技术。nZVI 的小尺寸有助于其在污染物中快速分散，较大的比表面积提供了更多的反应位点，从而有利于污染物的快速降解。nZVI 具有核-壳结构，分别对应 Fe^0（核）和 Fe(Ⅱ) 和 Fe(Ⅲ) 的混合物（壳）。核所含有的 Fe^0 驱动了 nZVI 的化学反应，在氧化剂的帮助下，Fe^0 被氧化为亚铁离子（Fe^{2+}），所释放的两个电子可用于还原氯代物和重金属等污染物。nZVI 可通过改变有毒重金属离子的价态，从而降低其毒性。

表 7-3　典型环境修复的金属类 ENMs

材料	应用
Ag NPs/Ag 离子	水消毒剂-大肠杆菌
TiO_2 NPs	水消毒剂、土壤-MS-2 噬菌体、大肠杆菌、乙型肝炎病毒、芳香烃、生物固氮、菲
金属掺杂 TiO_2	水体污染物-2-氯酚、内毒素、大肠杆菌、若丹明 B、葡萄球菌
钛酸盐纳米管	气态氮氧化物
双分子混合氧化物	水-亚甲蓝染料
铁基	重金属、含氯有机溶剂
双金属纳米颗粒	水、土壤-含氯和溴污染物

nZVI 可将铬(Ⅵ) 还原为铬(Ⅲ) 从而降低毒性，当 ·OH 存在时，铬(Ⅲ) 可以进一步以沉淀形式析出，从而达到水体修复的目的。nZVI 对砷（As）的去除主要通过形成 H_2O_2 和 ·OH 将 As 由三价氧化为五价，从而减轻其毒性。nZVI 还可通过脱硝作用去除土壤中的硝酸盐，硝酸盐与亚硝酸盐通过食物链进入人体后，可导致人体中毒，nZVI 修复土壤中 PCB、TCE 的机理主要为脱氯作用。在有氧条件下，Fe^0 可与溶解氧反应形成亚铁离子和水。Fe^0 还可与水发生还原反应，生成亚铁离子、氢气和氢氧根离子。反应如下：

$$Fe^0 + 4H^+ + O_2 \longrightarrow Fe^{2+} + 2H_2O \tag{7-1}$$

$$Fe^0 + H_2O \longrightarrow Fe^{2+} + H_2 + 2OH^- \tag{7-2}$$

当用于降解含氯物质如四氯乙烯（PCE）时，将通过氢解和 β-消除进行还原性脱氯。nZVI 可形成还原性的条件，通过氢解还原四氯乙烯，反应如下：

$$\text{PCE} \rightarrow \text{三氯乙烯(TCE)} \rightarrow \text{二氯乙烯(DCE)} \rightarrow \text{氯乙烯(VC)} \rightarrow \text{乙烯(ET)} \tag{7-3}$$

当污染物直接与元素铁（Fe^0）接触时会发生 β-消除反应，反应如下：

$$\text{TCE} + Fe^0 \rightarrow \text{氯乙炔} \rightarrow \text{烃} + Cl^- + Fe^{2+}/Fe^{3+} \tag{7-4}$$

当用于修复水体或治理土壤铬污染时，Fe^0 被氧化为亚铁离子，而六价铬则被还原为毒性较低的三价铬，反应如下：

$$3Fe^0 + 8H_2O + 2CrO_4^{2-} = 3Fe^{2+} + 2Cr^{3+} + 16OH^- \tag{7-5}$$

nZVI 易受环境条件的影响而发生团聚，或与土壤、水体中其他物质发生异相团聚，而导致其修复效率降低。因此需要对其表面进行改性，以增强其稳定性，例如添加聚合电解质等涂层以提高其流动性，或使用乳化剂增强其稳定性。近年来，纳米氧化铁由于其吸附能力强、操作便捷和资源丰富性而在污水处理方面备受关注，针铁矿和赤铁矿因其基质中含有一系列重要的离子而被作为去除各种污染物的有效且低成本的吸附剂。另外，具有磁性的铁ENMs因其易被回收和分离而被推广用于去除 Cd^{2+}、Co^{2+}、Cu^{2+} 等金属离子。具有高磁化和超顺磁性的ENMs（如 Fe_3O_4@C 纳米粒子）可进行磁分离回收，实现污染物的快速分离。双磁性复合ENMs可进一步加强其修复功能，例如，负载卵磷脂的Ni/Fe NPs对四氯联苯有高效的去除能力。卵磷脂在此被用作生物表面活性剂，有助于形成分散且稳定的复合ENMs以高效结合目标污染物。

TiO_2 NPs被广泛用于废物处理、污水处理和净化空气。TiO_2 NPs成本低、无毒，具有半导体、光催化、气体感应和能量转换的特性，常被用作杀菌剂、催化降解除草剂和杀虫剂。nano-TiO_2 光催化剂表面产生的强氧化性·OH可有效分解有机氧化物。此外，nano-TiO_2 还可降解水面上的油污，并抑制原油在自然氧化过程中形成的有害物。为增强 TiO_2 NPs的光催化特性，有研究通过溶胶-凝胶电纺丝技术制备银修饰的 TiO_2 纳米纤维。与普通 TiO_2 纳米纤维相比，修饰后的具有更强的催化降解2-氯苯酚的能力。这可能是由于表面修饰的银可有效捕获光致电子和空穴并将这些电子快速转移至纳米纤维表面吸附的氧，以及表面羟基数量的增加和可见光区域光响应范围的扩大。

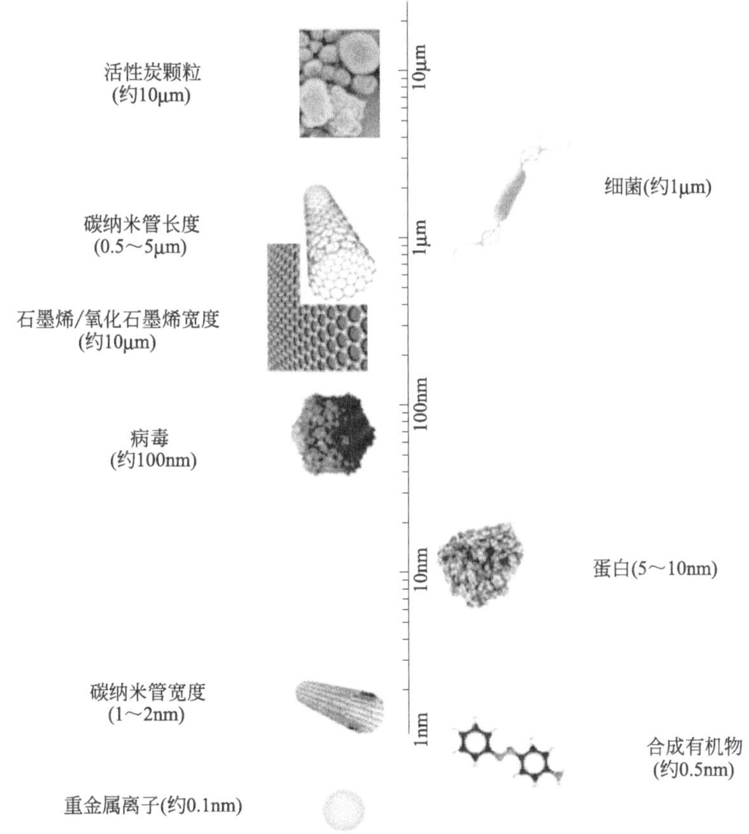

图7-8 常见碳基ENMs与水体污染物的尺寸

nano-ZnO的光催化机理是当能量大于禁带宽度的光子照射ZnO时，产生电子-空穴对，电子和空穴分别迁移到半导体表面，经历氧化或还原后吸附在表面上。光生电子还可与吸附的氧或过氧化氢反应形成强氧化性羟基（OH·）和超氧阴离子（O_2^-），它们可氧化和降解有机物质。

双金属纳米颗粒（bimetallic nanoparticles，BNPs）也常被用于修复土壤和地下水污染。BNPs 通常由铁或其他金属颗粒以及金属催化剂（例如 Pt、Au、Ni 和 Pd）组成，这种金属组合增强了氧化还原反应。研究显示，Fe/Pd BNPs 降解污染物的能力比单一金属纳米颗粒要高两个数量级，但 Pd 的使用增加了修复的成本。nZVI 和 BNP 可有效还原以下污染物：PCE、TCE、顺式 1,2-二氯乙烯(c-DCE)、VC、1,1,1,2-四氯乙烷（1,1,1,2-TTCE)、多氯联苯（PCBs)、卤代芳族化合物、硝基芳族化合物、金属（如砷和铬）以及硝酸盐、高氯酸盐、硫酸盐和氰化物。

用于环境修复的碳基 ENMs 主要包括石墨烯、氧化石墨烯、SWCNTs 和 MWCNTs。碳基 ENMs 及其复合物在去除微生物污染物、有机和无机污染物方面有优异的表现。图 7-8 对比了常见碳基 ENMs 与水体污染物的尺寸。碳基 ENMs 主要通过光催化修复污染物。在紫外线照射下，能量大于或等于 CNTs 带隙的光子会导致价带孔和导带电子的产生，这些孔可形成羟基自由基用于氧化氯化有机物，导带电子可形成超氧化物自由基用于还原重金属污染物（图 7-9)。用 HNO_3、H_2SO_4 将 CNTs 氧化，可提高其对 Pb^{2+}、Cd^{2+}、Cu^{2+} 等金属离子的吸附性。CNTs 吸附污染物机理主要为氢键或路易斯酸碱作用、极性作用、偶极力和 π-π 共轭效应等。石墨烯优良的吸附和催化污染物的性能，使其在环境污染治理修复方面有良好的应用前景。污水处理厂常用活性炭吸附重金属离子，但对低浓度的重金属离子吸附效率较低，而石墨烯和 CNTs 对这些重金属离子的吸附性极高。羟基化或羧基化的石墨烯和 CNTs 可增强其水溶性和分散性以便与污染物反应。此外，石墨烯可通过物理破坏、氧化胁迫、破坏细胞膜磷脂从而杀灭有害微生物，因而常被用于修复微生物污染。与金属氧化物复合的氧化石墨烯具有更强的吸附金属离子的能力。石墨烯为 Fe_3O_4、TiO_2、Ag 和 Au 等纳米颗粒提供了丰富的“固定”位点，可形成例如石墨烯-TiO_2-磁铁矿和石墨烯-Au-磁铁矿复合物，当 ZnO-石墨烯混合物中的石墨烯含量为 1%时，对镉的去除率可达 98%。

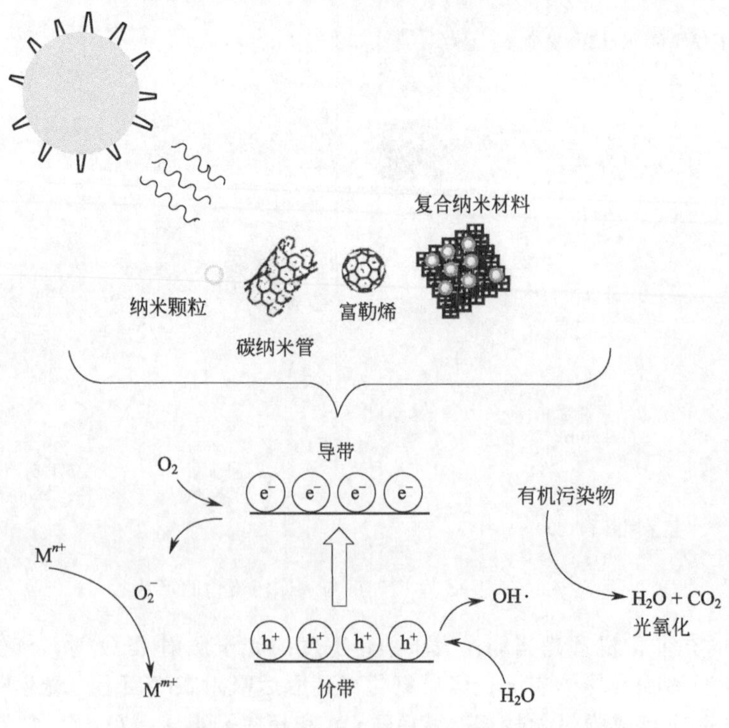

图 7-9　ENMs 光催化降解金属及有机污染物的机理

硅 ENMs，尤其是介孔二氧化硅材料在吸附和催化方面获得了特别关注。作为优异的吸附剂，硅 ENMs 可用于净化气体。二氧化硅材料表面的羟基对进一步表面改性、气体吸附很重要。目前，将官能团加载到孔壁是设计吸附剂和催化剂的一种新策略，例如，胺表面改性的二氧化硅干凝胶和有序介孔二氧化硅，其表面的胺官能团可从天然气中选择性去除 CO_2 和 H_2S，且在 30～35min 内去除效率达 80%。此外，羧基、氨基或巯基功能化的硅 ENMs 可用于去除重金属离子。

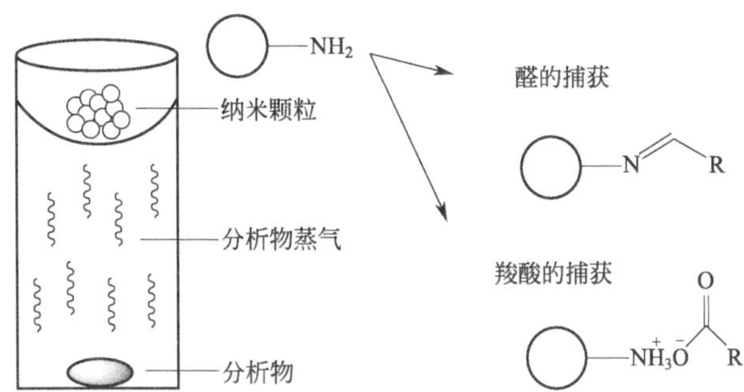

图 7-10 PEI 修饰的聚合物纳米颗粒去除醛和羧酸的机理

聚合物材料常被用于检测和去除污染物。聚合物（例如表面活性剂、乳化剂、稳定剂等）有助于增强常规 ENMs 的稳定性、机械强度、耐久性和可回收性。目前，两性聚氨酯（amphiphilic polyurethane，APU）纳米颗粒已被开发用于修复土壤中的多环芳香烃，该纳米颗粒表面的亲水基团有利于增强其在土壤中的迁移性，而其内部的疏水基团增强了其对疏水有机污染物的亲和力。APU NPs 对含沙层中菲的去除效率已达 80%，此外，增加离子基团的数量可减少 APU NPs 团聚的可能性。PAMAM 常被用于处理含有重金属的污水，这种纳米聚合物含有伯胺基、羧酸盐基和异羟肟酸酯基等可包被多种阳离子（如 Cu^{2+}、Ag^{+}、Fe^{3+}、Ni^{2+}）的官能团，这些官能团是净化水体重金属离子的螯合剂或超滤剂。PAMAM 具有单分散性和球形结构，与分子量相近的线性聚合物相比，PAMAM 不易穿过超滤膜孔。因此，可被用于改善超滤（ultrafiltration）和微滤（microfiltration）工艺，将 PAMAM 与污水混合，然后将与污染物结合的 PAMAM 转移至超滤或微滤装置中，以回收清洁水。Guerra 及其团队制备了一种可生物降解且无毒的聚合物 ENMs，专门用于去除挥发性有机化合物（VOCs）。他们将聚亚乙基亚胺（PEI）中的胺官能团掺入 PLA-PEG 聚合物纳米颗粒的表面，通过形成亚胺以及酸/碱反应捕获带有醛和羧酸官能团的 VOCs。这种靶向特异性反应加速了对气相污染物的去除过程和效率（去除率高达 98%）。图 7-10 展示了 PEI 修饰的聚合物纳米颗粒去除醛和羧酸的机理。

虽然目前关于 ENMs 修复环境污染的研究主要集中于重金属和有机污染物方面，但 ENMs 对其他类型污染物的去除也有良好的应用潜力。例如，对放射性污染物和抗生素耐药性基因（antibiotic resistance genes，ARGs）的处理。人类广泛使用放射性核素的同时，对土壤环境造成潜在污染风险。放射性污染核素以 ^{137}Cs、^{90}Sr 和 U 为主，总体迁移速率缓慢；土壤中矿物质含量、物理组成、有机物组成、离子交换水平、土壤湿度和土壤 pH 等环境因素会影响放射性核素在土壤中的迁移速率；放射性核素在土壤中以离子态存在，被植物吸收后影响植物生长。此外，核电工业的发展，伴随着一定量放射性废水的产生，危及水生态环境安全。ENMs 在处理放射性污染物中已表现出一定前景。ENMs 处理放射性废水的原理分为吸附和膜分离，涉及的反应机理主要包括内/外层表面络合、表面共沉淀、氧化还原反应等。TiO_2 和 ZnO ENMs 可通过羟基与放射性核素形成配合物，对 Th^{4+} 的去除率可

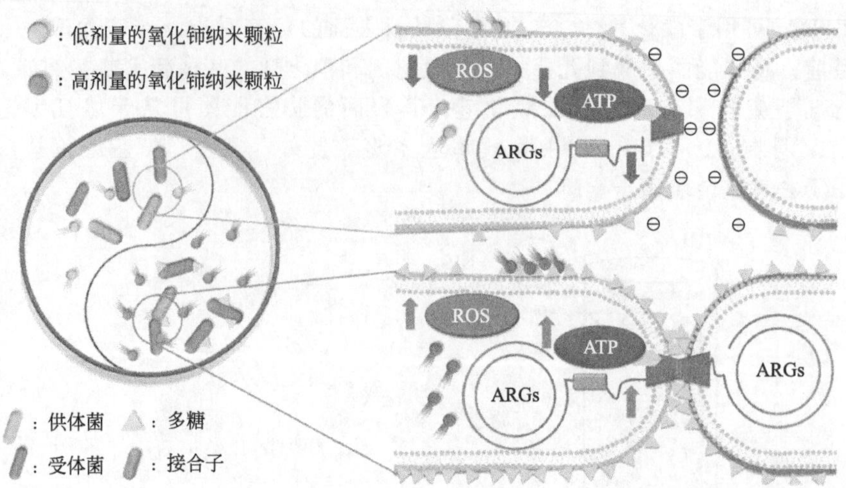

图 7-11 CeO_2 NPs 调控 ARGs 结合转移的机制图

达 97%。Fe_3O_4 NPs 因其具有磁性，可吸附放射性元素并通过磁分离实现便捷分离。而 Ag_2O NPs 则可与放射性 I^- 生成沉淀从而实现有效去除。nZVI 通过氧化还原反应与 UO_2^{2+} 生成铀氧化物沉淀。碳基 ENMs 如钛酸盐纳米管/纤维（T3NT/T3NF）具有较强的离子交换能力，可在吸附放射性离子（如 Cs^+、UO_2^{2+}）后，从亚稳态晶相结构转为稳态，实现对放射性核素的永久固化。此外，复合 ENMs 如 Ag_2O-T3NT 具有三维纳米结构，可同时去除放射性阳离子和阴离子。三维 ENMs 结合了多种 ENMs 的特性，具有较高的去除效率，但其制作工艺相对更复杂。ENMs 可作为膜材料或添加剂提高膜分离技术对放射性污染的处理效果。如 CNTs、石墨烯可利用其空腔结构或纳米孔分离放射性分子、离子，但这类材料的稳定性有待提高。用 ENMs 修饰分离膜制成改性/杂化复合膜，可实现对 I^- 的高选择性去除。目前关于 ENMs 去除放射性污染物的实际应用研究较少，尤其是关于辐射对 ENMs 自身结构的影响方面有待进一步加深。ARGs 在环境中的累积与传播已引起高度关注。随着人类长期大量使用抗生素类药物以及对这类药物的不恰当/低效处理，导致抗生素进入环境并累积。此外，畜禽养殖业长期使用的抗生素大多不能被动物完全吸收，在动物肠道中诱导出耐抗生素细菌和 ARGs，并随粪便排出体外，通过堆粪、施肥等农业活动进入土壤环境中，造成抗生素污染。环境中的抗生素会给细菌造成选择压力促进 ARGs 的产生和传播。当细菌因突变或从外源获得 ARGs 后，可产生耐药性，从而削弱抗生素治疗细菌感染疾病的效率。目前，ARGs 作为一种新型环境污染物，具有持久残留性和远距离传播性，已成为全球环境问题。ARGs 可通过水平转移的方式在细菌间传播，并在细菌死亡后进入环境被其他细菌获取，在土壤、水体等介质中进一步扩散，目前在城市污水处理厂、地表水、土壤中均能检测到 ARGs。目前关于 ENMs 对 ARGs 归趋的研究已陆续开展，虽然有报道指出纳米颗粒如 Al_2O_3 NPs、CuO NPs、Ag NPs 可通过诱导活性氧（reactive oxygen species，ROS）累积、破坏细胞结构诱发 SOS 途径等，促进 ARGs 的接合转移甚至突变，但也有研究指出 Ag NPs 显著降低了土壤肠道微生物组中 ARGs 和转移元件（mobile gene elements，MEGs）的丰度。此外，Fe_2O_3@MoS_2 NPs 可显著抑制 RP4 质粒上接合转移相关基因表达，从而抑制了 ARGs 在细菌间的接合转移。最新研究表明，低浓度的 CeO_2 NPs（1mg/kg 或 mg/L 和 5mg/kg 或 mg/L）因其自身活跃的 Ce^{4+} 和 Ce^{3+} 转化及清除 ROS 的能力，可干扰细菌的电子传递链，减少 ROS 的累积，最终抑制细菌胞外分泌物和 ATP 的合成，降低细胞间黏性，减少细菌间的接触及降低 ARGs 接合转移所需的能量，最终抑制了 ARGs 的接合转移，降低了 ARGs 在土壤中的丰度，但值得注意的是，高浓度（25mg/kg 或 mg/L 和 50mg/kg 或 mg/L）的 CeO_2 NPs 可促进以上过程从而增加 ARGs 的丰度，体现出 ARGs 接合转移对纳米颗粒的浓度依赖性，为有效利用纳米颗粒控制 ARGs 传播提供了新思路。CeO_2 NPs 调控 ARGs 结合转移的机制见图 7-11。

值得注意的是，用于修复环境污染的 ENMs 本身不能成为另一种环境污染物，且应避免修复过程产生副产品。因此，研发可生物降解的 ENMs 十分必要。可生物降解的 ENMs 不仅具有较好的生物相容性，而且具有一定的市场接受度，同时还能降低材料本身所带来的毒性和减少修复过程中所可能产生的废弃物，从而实现绿色清洁的环境修复。Mystrioti 及其团队使用了五种植物提取物和果汁制备纳米铁悬浮液，提取物中的多酚可作为制备纳米铁的还原剂。这种纳米铁可有效去除 Cr^{6+}，每毫克纳米铁可还原 500mg Cr^{6+}，还原率远高于 nZVI。nZVI 也可通过天然还原剂如绿茶、桉树、榆树、百香果、樱桃、杏叶的提取物，或柠檬汁制备而成。壳聚糖、羧甲基纤维素（CMC），聚羟基链烷酸酯（PHA）、聚乳酸（PLA）等可用作合成基于生物聚合物的 ENMs。由于这些 ENMs 具有无毒和可生物降解的特性，已成功被应用于食品、医药和重金属的环境修复领域。例如，聚 γ-谷氨酸（γ-PLA）可絮凝各种有机和无机化合物。这些通过生物合成法制备的 ENMs 主要通过以下过程修复金属及有机污染（图 7-12）：①由表面和离子相互作用介导的放热吸附过程；②氧化或还原反应介导的转化过程；③光催化形成的电子对和空穴所引发的氧化或还原反应过程。

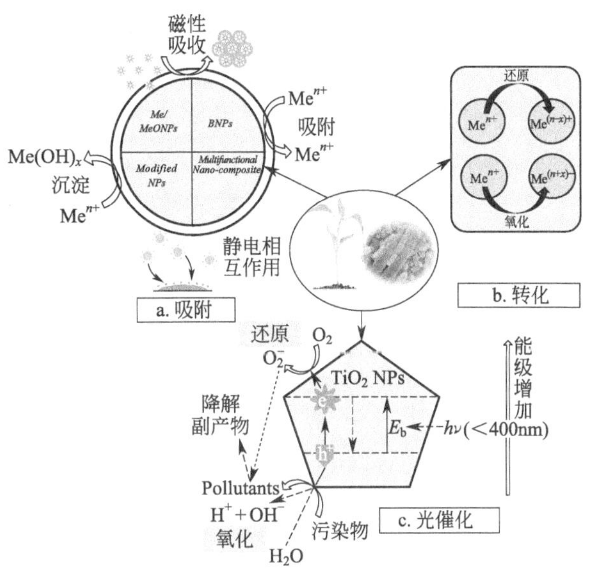

图 7-12　生物合成的 ENMs 修复金属及有机污染的机制图

影响 ENMs 修复污染环境的因素主要包括以下三类：①污染物的种类、浓度和分布特征。ENMs 对不同污染物的去除机理各有不同。②ENMs 本身的特性。例如活性基团（如羟基、羰基、氨基）的含量影响了吸附容量、特异性，活性基团越多越有利于 ENMs 与污染物发生反应。ENMs 所带电荷情况，主要包括电荷的性质、密度和分布。③污染环境本身的理化性质，在进行环境修复前，应了解污染地的地质、水文条件，进而评估 ENMs 的注入能否实现预期的结果，此外，土壤种类、pH、土壤中有机质（如腐殖酸）、离子强度、地下水位等会影响 ENMs 在污染环境中的分散性和迁移性，如高离子强度会导致 ENMs 发生团聚而降低其有效性。

（二）人工纳米材料修复环境污染的实用化技术

尽管已有较多关于 ENMs 在环境修复中的应用，但关于 ENMs 在实际现场修复研究的报道较少。与异位修复相比，原位修复污染物的方法具有耗费资源少、所需基础设施和服务简单、成本低的优势。不同于常规原位修复方法，无机纳米颗粒可以淤浆或粉末形式被注入地下去除地下污染物，并不受污染物所在区域深度和位置的限制，当达到一定注入量后，纳米颗粒可与污染物发生反应并形成固体沉淀。淤浆的形式更有利于 ENMs 扩散至污染物区域，且维持 ENMs 悬浮溶液的稳定性，此外，加压注射 ENMs 时，使用氮气或压缩空气，可防止纳米颗粒聚集并确保材料分散至目的区。ENMs 原位修复污染的实用化技术因修复场地特性不同而异。所使用的注入方法、注入点的间距和分布取决于污染区域的地质类型、污染物的类型和分布以及所使用 ENMs 的类别。

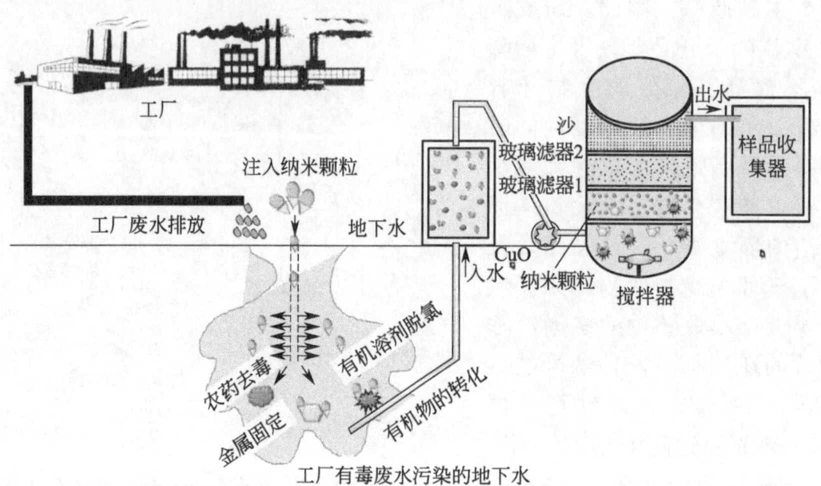

图 7-13　nZVI 原位修复有机化合物/重金属的应用

nZVI 是原位修复的首选材料之一，能够将有机或无机污染物转化为危害较小或无害的物质。常被用于原位处理工业废水、有机溶剂脱氯、治理重金属污染等（图 7-13）。nZVI 常通过重力或压力直接注入污染区域，并在注入 ENMs 的同时，抽取地下水并将其重新注入处理区。这些处理过程，使污染物持续地与 nZVI 接触，并能防止 nZVI 团聚沉淀。吸附污染物的 nZVI 可通过重力离心或磁性回收。

将 ENMs 加入污染区域的方法还包括压力脉冲技术、液体雾化注入、气动压裂和水力压裂等。压力脉冲技术通过使用大幅度的压力脉冲将 nZVI 浆液插入地下水位的多孔介质中，通过压力激发介质并增加液位和流量。液体雾化注入是 ARS Technologies 专有的技术，使用载气将 nZVI 流体混合物引入地下，nZVI 液态气体组合物会发生雾化，从而有助于 nZVI 的扩散，这种方法可用于渗透率较低的地质构造。压裂注射（气动或液压）是一种高压注射技术，它使用压缩气体、水体、高黏度的含砂浆，使岩石或其他低渗透性地层破裂，从而使液体和蒸气快速通过裂隙岩石传输，气动压裂使污染物更易与 ENMs 接触并反应。

乳化零价铁（EZVI）纳米颗粒原位处理地下水中含氯挥发性有机化合物（CVOCs），经过两年半的检测发现 CVOCs 总量显著降低了 86%。修复过程主要通过纳米铁直接进行非生物性脱氯，及乳液配方中玉米油刺激发生的生物还原性脱氯。此外，还有报道关于使用胶体活性炭和纳米铁的复合材料修复污染场地中的四氯乙烯。修复过程首先进行一次测试注射，注入较小量的复合材料，在测试注射后约 15 个月进行第二次大规模的注射。四氯乙烯的起始浓度约为 20mg/L，在第二次注射 200 天后，浓度降至 1.5μg/L。此外，孟国文等开发了重度污染土壤治理的实用化 ENMs 技术，利用改性的天然矿物羟基磷灰石结合植物巨菌草，在江西贵溪某冶炼厂附近，建立了 $1000m^2$ 的微/纳米材料修复重金属 Cd、Cu 重度污染土壤的田间试验示范区，对土壤中重金属元素的活性去除率达 50%。还发展了微/纳米材料活化过硫酸盐或协同微生物高效降解 POPs 的方法，并筛选高效降解菌株，针对重度有机氯污染的土壤，开发了微生物与铁基 ENMs 协同洗脱吸附和降解的方法。

目前 ENMs 在环境中的应用仍处于起始阶段，关于实际应用过程中的成本问题，尚未有太多报道。在 nZVI 应用之初，因供应商有限，其成本为每千克 500 美元，到 2006 年，降至每千克 50～100 美元。ENMs 成本的降低和质量的改善使其在环境修复领域逐渐受到重视。此外，除了制备 ENMs 的费用，在修复过程中所涉及的其他成本也应考虑在内，例如针对不同类型污染物进行不同预处理所需费用等。同时，具有高重复利用性的 ENMs 也有待开发，更高的循环利用率将进一步降低纳米技术的成本。

三、纳米农业技术

随着纳米技术的飞速发展，ENMs 已逐渐应用到农业可持续生产中，特别是在作物增产、品质改善和病虫害管控方面，正受到全世界学者前所未有的关注和探究。针对自然资源的减少、人口激增对能源、食品和药品稀缺性造成的巨大压力，亟需发展生态环境友好型的高效农业，加快研发满足高质农产品绿色生产要求的农业投入品，以及安全、高效、低成本、可复制的绿色循环技术、产品与装备。研究发现，纳米农用化学品比传统产品的功效高 20%～30%。过去 10 年间，越来越多的 ENMs 产品（如纳米肥料、纳米杀虫剂、纳米传感器等）成功应用到农业生产和管理上。研究表明，人工 ENMs 可提高农作物产量和品质，增强农作物对胁迫的防御能力，减缓不利环境对农作物造成的伤害。植物纳米生物学已成为前沿交叉学科，目前，人工 ENMs 在促进植物生长、抵抗生物及非生物胁迫等方面均有突破，并已在植物科学研究及农业应用中展现出了巨大潜力。

（一）人工纳米材料对植物的促生作用

人工 ENMs 不仅可作为植物所需营养元素的来源，还可促进植物吸收养分和水分、提高作物产量和品质。例如，250mg/kg TiO_2 NPs、ZnO NPs 可显著增加番茄植株高度、根长和生物量，其中番茄红素的含量在施加 100mg/kg 纳米颗粒后达到峰值，番茄红素是最有效的天然抗氧化剂之一，TiO_2 NPs 有助于增加植物的光吸收和叶绿素含量，ZnO NPs 则可作为植物微量元素和转移营养元素的辅助因子。Wang 等人于 2020 年发表在 Environment International 上的最新研究综述指出，人工 ENMs（如 CeO_2 ENMs、Cu ENMs、CuO ENMs、Fe_3O_4 ENMs、ZnO ENMs）对植物的效应通常表现出“低促高抑”的趋势，且此趋势因材料种类而异。例如，低于 100mg/kg（mg/L）的 CeO_2 ENMs 具有显著的促生效应，当浓度高于 1000mg/kg（mg/L）时将会抑制植物生长；＜20mg/kg（mg/L）、20～50mg/kg（mg/L）、≥50mg/kg（mg/L）的 Fe_3O_4 ENMs 对植物的促生效率分别为 95%、87%和 67%；而 Cu ENMs 在＜1mg/kg（mg/L）时具有显著促生性，当浓度超过 50mg/kg（mg/L）则对植物生长呈现出明显的抑制性。＞50mg/kg（mg/L）的 CuO ENMs 也同样具有抑制植物生长的作用，但＜200mg/kg（mg/L）的 ZnO ENMs 都具有促生作用。

纳米形式的养分元素具有较高的生物有效性。铁（Fe）在自然耕作土壤中的低生物有效性是农业生产上限制作物产量的重要因素之一。与常规 Fe 肥相比，纳米 Fe 肥具有较高的生物有效性和反应活性，其对植物的促生抗逆作用可能与铁离子释放、植物 Fe 吸收的相关转运蛋白基因表达上调、植物初生和次生代谢加速、植物激素合成、抗氧化酶活性增强等因素有关。研究表明，水培条件下 50mg/L 的 $\gamma\text{-}Fe_2O_3$ NPs 分别提高柚子幼苗叶绿素含量和根系活力 23.2%和 23.8%；土培条件下，10mg/kg 和 50mg/kg 的 $\gamma\text{-}Fe_2O_3$ NPs 能够增加花生植株的根长、株高、生物量。50～100mg/kg 的 Se NPs 能够促进烟草愈伤组织器官的形成和根系生长。叶施10mg/L或20mg/L Se NPs可增加草莓中有机酸（如苹果酸、柠檬酸、琥珀酸）和糖类（葡萄糖、果糖、蔗糖）的含量，并提高草莓果实的品质和营养价值。

目前，关于ENMs对植物促生作用的研究与日俱增，近期研究发现，150mg/kg CuO ENMs可促进Ca（86%）和Fe（71%）在大蒜根部累积，并增加球茎中Ca（67%）和Mg（108%）的含量。500mg/L抗氧化剂（聚丙烯酸）修饰的CeO_2 NPs浸种棉花可增加其根长（56%）和生物量（8%～41%）。这些研究都已体现出ENMs巨大的农业应用潜力，但有关ENMs对植物促进效应的调控机制和ENMs的世代传播及其影响仍有待进一步研究。

（二）人工纳米材料对植物抗逆的诱导作用

在可持续农业生产中，ENMs不仅可作为纳米肥料提高植物营养、促进植物生长，还可用作纳米杀菌/虫剂控制植物病虫害。农作物抗病虫性的研究作为一个世界性的难题，一直是农业环境生态领域的研究热点。近年来，随着纳米技术的兴起，具有高化学活性和生物有效性的ENMs为发展高效、安全的抗病虫技术建立了可能。研究表明，一些ENMs不仅本身具有杀菌效应，在一定浓度下还能诱导植物防御反应促进抗性物质的合成。因此，ENMs可作为植物免疫系统的外源诱导因子，提高植物抗性，控制植物病虫害，增强植物对非生物胁迫的适应性。

目前关于ENMs对植物抗病虫害的机制研究主要分为三类：①ENMs作为载体将杀菌剂、杀虫剂有效释放到作用部位。②ENMs的直接致毒性。ENMs本身可作为杀菌剂、杀虫剂，破坏病原菌细胞、扰乱昆虫消化系统，最终消灭病原菌。③ENMs诱导植物的抗病虫性。目前国内外对于①和②的研究较为深入，而关于③的研究尚处于起步阶段。

ENMs植物抗菌/虫剂，例如GO，可包裹、破坏病原菌细胞膜，破坏细菌膜电位，导致真菌孢子电解质外流，最终杀死病原菌细胞。叶施纳米硅能有效防御番茄斑潜蝇对番茄叶片和果实的危害。Au NPs可与昆虫消化道的胰蛋白酶特异性结合扰乱其生理活动。有报道指出，大豆种子经Ag NPs预处理可降低幼苗感染猝死综合征病菌（*Fusarium virguliforme*）的风险。番茄幼苗经250mg/L CeO_2 NPs预处理后，可降低其尖孢镰刀菌（*Fusarium oxysporum*）的发病率，同时还能提高番茄叶绿素的含量。这些都意味着ENMs可能诱导了农作物自身的抗病性，而关于ENMs诱导农作物的抗虫性目前鲜有报道。叶施Cu NPs诱导的番茄对溃疡病菌的抗性，与苯丙氨酸氨裂合酶（phenylalanine ammonia-lyase，PAL）及谷胱甘肽过氧化物酶（glutathione peroxidase，GPX）活性、抗性物质番茄红素和β-胡萝卜素含量的增加密切相关。叶施100μg/mL SiO_2 NPs或ZnO NPs在促进烟草生长的同时，不仅可使烟草花叶病毒（tobacco mosaic virus，TMV）团聚并失活，从而抑制TMV进入植物细胞，还可诱导烟草自身的抗性，上调与植物自身防御机制相关的基因，增加具有防御性能植物激素的含量。Suriyaprabha等提出这些植物抗性的提升是由ENMs的纳米效应所致。与普通SiO_2相比，SiO_2 NPs可使玉米叶片累积更多的Si，形成物理屏障阻止真菌菌丝入侵，SiO_2 NPs处理还可使抗菌物质-酚类化合物的含量也显著增加，因此，SiO_2 NPs更有效地提高了玉米对尖孢镰刀菌和黑曲霉（*Aspergillus niger*）的抗性。

复合ENMs在提高植物抗病性方面具有突出的表现，复合ENMs具有易合成、纯度高、施用量小、低环境暴露剂量等优点。Antonoglou等提出，复合金属NPs没有半导体特性，不会产生过量的ROS，因此不易对植物产生负面影响。使用复合MoS_2-Cu ENMs（2μg/mL、4μg/mL、8μg/mL）预处理水稻种子，并在出苗后喷洒MoS_2-Cu ENMs（4μg/mL、8μg/mL、16μg/mL、32μg/mL）可在水稻叶片表面形成保护层，抑制病原菌活性，并增加分泌抗菌物质的毛状体密度，从而有效抑制水稻白叶枯病（*Xanthomonas oryzae* pv. *oryzae*），同时，该ENMs还可促进水稻茎长、根鲜重、叶绿素含量。Young等发现，使用负载在硅胶上的Cu NPs（3～6nm）与ZnO的复合物（ZnO-nCuSi），只需较低的施用量即可有效抵御柑橘类病原菌。另外，叶施几丁质与铜复合的NPs（CuCh NPs）增加了龙爪稷（*Finger millet*）叶片数量和长度、株高和果实产量。CuCh NPs不仅具有抗真菌的功能，还可提高蛋白酶、β-1,3-葡聚糖酶、过氧化物酶、多元酚氧化酶的活性，增强龙爪稷自身的抵抗力。

当植物处于非生物胁迫时，ENMs可缓解非生物胁迫对植物造成的损伤。例如，Cu NPs可提高番茄的耐盐性，经Cu NPs处理后番茄抗氧化酶（抗坏血酸过氧化物酶、超氧化物歧化酶、过氧化氢酶、谷胱甘肽过氧化物酶）的活性和番茄红素的含量显著提高。在强光、高温、低温光抑制下，拟南芥叶绿体中会积累大量氧自由基（ROS），500mg/L抗氧化剂（聚丙烯酸）修饰的CeO_2 NPs可增加棉花抗氧化酶基因的表达，通过Ca^{2+}、Mg^{2+}信号途径缓解盐胁迫，并在胁迫下增强根系活力（114%）。100～2000mg/L的SiO_2 NPs可缓解Hg对大豆生长的抑制性，并减少（45%～83.6%）Hg在大豆根、茎、叶的累积，减缓Hg对叶绿素含量的破坏。100μg/L GO有助于杨山牡丹应对干旱胁迫，GO所含有的亲水性含氧官能团可固持水分，防止土壤水分蒸发，此外，GO还可维持细胞膜的稳定性，减少叶肉细胞和器官的损伤，并促进与木质素合成、光合作用相关基因的表达，从而更好地应对干旱胁迫。

（三）人工纳米材料诱导植物抗性的分子机制

目前尚未见关于ENMs诱导农作物抗虫性机制的研究报道，而ENMs诱导农作物抗病性的机制研究表明，ENMs主要通过激发植物的信号通路诱导植物的抗病性。MgO NPs诱导的番茄对青枯菌（*Ralstonia solanacearum*）的抗性与茉莉酸（JA）、水杨酸（SA）、乙烯（ET）信号通路有关。几丁质NPs刺激下茶树体内黄酮类防御性物质的合成可能与一氧化氮（NO）相关。JA、SA、ET、NO等物质在植物感知、防御和适应胁迫过程中起了关键作用，它们可作为信号分子诱导植物对病原菌、食草动物及非生物胁迫的防御反应。这些信号物质调控了抗氧化酶和防御酶活性、相关基因的表达以及防御物质的合成。SiO_2 NPs能显著增加抗菌物质-酚类化合物的含量，从而有效防御尖孢镰刀菌和黑曲霉的入侵。目前，关于NPs诱导抗病性现象的描述及其生理生化机制的探索，已开始深入分子机理的研究阶段，其中，影响信号分子的合成和转导路径的研究尚处于起始阶段。MgO NPs诱导产生的苯氧自由基可能触发JA和SA信号途径。Sosan等提出Ag NPs可氧化抗坏血酸产生抗坏血酸自由基，该自由基激活了细胞膜上的Ca^{2+}通道，使Ca^{2+}流入细胞质内激发细胞的信号反应。钙离子作为第二信使，在启动防御系统的信号转导中具有重要作用。Marslin等提出NPs可导致植物ROS的升高、胞内Ca^{2+}的增加，以及MAPK的激活，然后影响蛋白质和次级代谢物质的合成。水稻根部经Ag NPs处理后，显著增加了钙结合信使蛋白尤其是钙调蛋白的含量，钙调蛋白是细胞内主要的Ca^{2+}受体，Ag NPs可能会替代Ca^{2+}与Ca^{2+}受体结合，或者调控Ca^{2+}通道和钙/钠ATP泵，影响细胞代谢，激活与抵御胁迫相关的基因。Ag NPs可诱导拟南芥、芝麻菜合成SA、IAA和ABA的基因表达，并显著上调信号转导基因的表达。信号传到细胞核后，可诱导一系列防御基因的表达、防御反应化学物质（例如，防御蛋白）的合成，改变次级代谢活动，调节植物的防御反应。Imada等发现，在没有病原菌侵染的情况下，MgO NPs可促进抗性（resistance，R）基因的表达，提高番茄的抗病性。基因表达的改变，可影响防御物质和次级代谢产物的合成，如蜡质层、几丁质、木质素、侵填体、植物凝集素、病原相关蛋白（pathogenesis-related protein，PR）等。此外，Al_2O_3 NPs可显著提高烟草的miRNA表达，miRNA在植物非生物胁迫响应中起重要作用。

（四）人工纳米材料生物有效性的调控

ENMs的生物有效性对以上有益效应起到关键的调控作用。ENMs进入土壤后会发生一系列复杂的环境地球化学（吸附、团聚、溶解、氧化还原）过程。土壤中的矿物颗粒会与ENMs发生异相团聚进而阻碍ENMs在土壤中的迁移。根际环境是植物-土壤相互联系的微型生态系统，是植物根系汲取微量元素的重要通道。而根际环境中的可溶性有机酸和还原性物质可增加ENMs的溶解和氧化-还原性转化，从而提高ENMs的生物有效性，进而发挥其促生和防御作用。研究表明，根系分泌物能通过吸附、包裹ENMs改变其表面电荷，根系分泌物还可造成TiO_2 NPs、Fe_3O_4 NPs、Ag_2S NPs的溶解，进而增加NPs的生物有效性。此外，低分子量的根系分泌物（如琥珀酸、苹果酸和草酸）不仅促进CeO_2 NPs在根系表面的溶解，还能作为还原剂催化CeO_2 NPs转化为Ce^{3+}，增强植物对CeO_2 NPs的吸收和累积。同样，SiO_2 NPs在根际过程作用下，增加了土壤中可被玉米吸收的Si和其他营养元素的含量，进而促进了玉米生长并提升其对生物和非生物胁迫的抗性。另外，ENMs能改变根系分泌物的组成成分和含量。在水培条件下，CeO_2 NPs和Ag NPs能促使大豆和水蕴草根系分泌更多的有机物质。CuO NPs通过促进根毛的形成，提升小麦根系有机物的分泌量，从而进一步增强NPs的解团聚。根系分泌物还有利于根系在土壤中的伸长生长，增加植物与ENMs互作的机会。然而，根系分泌物如何改变ENMs在根际环境中的溶解和氧化-还原性转化，并如何影响ENMs从根际环境迁移到农作物体内仍有待进一步研究。

不同的ENMs施用方式也会影响ENMs的植物效应。Wang等（2020）研究综述指出，叶面喷施Fe_3O_4 ENMs对植物的促生作用显著高于根部施用的效果，且叶施具有低成本和高效应的优点。同样，Adisa等发现，番茄叶施CeO_2 NPs降低了57%的尖孢镰刀菌发病率，而土施则降低了53%。未来的研究将更关注于探究高效的叶施ENMs技术，包括合适的ENMs浓度、提高ENMs在叶面的持久性及增强叶面对ENMs的吸收等。

综上所述，ENMs可以作为植物抗性激活剂，促进茉莉酸、水杨酸和NO等信号分子的产生，激活抗氧化酶和防御酶活性，从而提高植物先天免疫力以抵抗逆境。然而，关于ENMs激发信号分子的途径以及这些信号分子引发特异性免疫反应的信号转导路径尚未明确，且其诱导的植物抗性是否具有传递性，这些方面还有待从细胞水平和分子水平进行深入研究。在了解ENMs的植物效应和调控机制的基础上，筛选具有独特物理化学特性的ENMs，用于提高植物光合作用、帮助植物抗逆，开拓纳米抗逆生物学应用及纳米智能作物的构建从而推动纳米技术的农业应用。

第五节 人工纳米材料的环境风险评估

ENMs在各领域的广泛应用，使其环境释放问题也随之产生，然而其对生态安全和人类健康的影响暂不明晰。ENMs特定的尺寸使它们可以穿越物理、生物屏障从而富集于生物体及环境中。例如一些ENMs可跨越内皮层进入植物体导管，也可在土壤沉积物—胶体—水体中轻易地移动，这些特性使其在环境修复和农业生产中得到广泛应用的同时也产生了潜在的环境风险。国际化学品管理大会已提出在ENMs商业化的同时，应关注ENMs从生产、使用到废弃的整个过程对人类、环境、社会产生的潜在影响。所以，加强ENMs在环境中的稳定性、迁移性及其潜在生态毒性效应的研究具有十分重要的意义，为最大限度地识别 ENMs 的负面效应、高效发挥 ENMs 的优势提供有效依据。NNI 发布的纳米环境、健康和安全研究战略计划（nano-EHS），包括六个核心研究领域：ENMs 测量基础设施、预测性建模和信息学、人体照射、人类健康、环境科学和人工 ENMs 与纳米技术产品的风险评估与管理。NNI 将继续研发风险评估和管理工具，推动测量工具和决策模型的发展；发挥其参与和主导作用，解决纳米技术的伦理、法律和社会影响，将可持续发展理念融入纳米技术发展中。

ENMs 的环境释放是其环境风险评估非常重要的环节，因此，需要对环境系统中 ENMs 的预期释放量和浓度进行评估，并开展 ENMs 的环境行为和毒性研究。目前，关于实际测定 ENMs 的环境浓度或模型计算其浓度的方法尚未统一，且关于 ENMs 在环境中的行为研究还有待加深。这主要是因为 ENMs 环境行为的多样性和复杂性，增加了准确预估其在实际环境中的迁移、团聚、转化、沉淀过程的难度。目前用物质流分析法对 ENMs 释放和环境行为进行建模分析，是一种被广为应用的方法。

Garner 等开发了动态多介质归趋模型（nano-Fate），以预测金属 ENMs 在环境中的累积。与过去大多数的模型相比，nano-Fate 考虑了范围更广的过程和环境区间（如城市、农业）中不同 ENMs 的使用和处置方式。该模型模拟了 10 年间旧金山湾地区纳米 CeO_2、CuO、TiO_2 和 ZnO 的释放。结果表明，即使可溶性金属氧化物 ENMs 也会以 NPs 的形式在环境中累积，并且浓度超过淡水和土壤中的最低毒性阈值，其中 TiO_2 ENMs 和 ZnO ENMs 因其高产量而最有可能在环境中过量累积。这些 ENMs 的归趋多数以团聚或溶解形式存在于农田、淡水或海洋沉积物中。与先前的模型相比，此模型更强调了气候和时空因素对 ENMs 的环境释放浓度的影响。

目前有关 ENMs 在生物毒理学和健康危害的研究较为广泛，研究结果指出，ENMs 对环境和人体可能产生潜在危害，但 ENMs 独特的理化性质和复杂的环境影响因素，使其评估结果并不完全一致。多数研究采用简化的实验室模拟暴露方式，其结果可能与实际应用中的暴露有所差别。此外，ENMs 的属性特征与生物结构和功能之间存在着复杂的相互作用，目前环境毒理领域常用的理论体系，如线性回归模型、生物配体模型等，很难准确揭示 ENMs 属性特征与生物效应之间的复杂关系。ENMs 进入生物流体或组织中会迅速在其表面形成蛋白冠，进而参与调节其与细胞、组织的相互作用，识别蛋白冠形成对纳米生物效应的影响是科学认识 ENMs 生物效应的重要途径之一。我国学者近期发表在《美国国家科学院院刊》(Proceedings of National Academy of Sciences of the United States of America) 的研究，在 ENMs 环境毒性效应的精准预测方面取得进展。研究团队构建了 40 种 ENMs、50 种表面修饰和 21 种影响因素的小型 ENMs 蛋白冠数据库，通过优化机器学习（machine learning)，采用随机森林算法，结合数据库内部数据和细胞实验双重验证，实现了 ENMs 蛋白冠中功能蛋白的准确预测以及功能性蛋白冠介导的细胞识别，解决了定量预测 ENMs 蛋白冠形成及其生物效应的难题。运用该方法预测 ENMs 的细胞识别及其毒性的研究，为 ENMs 环境风险的准确评估和预测提供了一种有效的量化手段，实现了环境毒理学研究领域人工智能运用的新突破。

ENMs 在生态系统中（包括生物体和食物链）的迁移、转化和循环过程是其环境地球化学过程中至关重要的环节，植物作为初级生产者和第一营养级，对维持生态系统的稳定性起关键作用。纳米农业技术在促进植物生长、提高抗性的同时，ENMs 在植物体内的蓄积和对植物营养、人体健康的影响是关注的重点。目前研究均发现 ENMs 可在陆生二级或者三级食物链中进行传递，但其中生物放大效应、粒径效应、ENMs 的转化过程等关键问题并不清楚。Au NPs 和 CeO_2 NPs 分别在烟草-烟草天蛾幼虫和四季豆-墨西哥瓢虫-刺肩蝽这两条食物链中存在生物放大效应，但是其他有关这两种 NPs 的研究均未报道该效应。由此推测，ENMs 的生物放大效应可能跟食物链中初级消费者的摄食和蓄积特征有关。CuO NPs、ZnO NPs 等在经植物吸收后，多数以离子的形式存在于植物体内。较为难溶的 CeO_2 NPs，在植物体内也会通过氧化-还原性转化生成 $CePO_4$。Y_2O_3 NPs 在进入植物细胞前，易与培养介质中的磷酸盐反应形成毒性较低的多孔非晶形态的 YPO_4，从而缓解了 ENMs 对植物造成的毒性。目前，关于 ENMs 在食物链中的传递和转化过程仍需进行深入研究，此外，对于 ENMs 在生物和环境中转化产物的生物毒性和食物链传递性也有待进一步评估。

ENMs 不仅可以应用于解决环境问题，而且为精准农业提供了新的发展途径，在环境监测、污染修复和农业生产中具有良好的应用潜力。现有研究表明，ENMs 的加入能提高土壤肥力，改善土壤的理化性质和结构，改变重金属和有机污染物在土壤中的迁移性，从而稳定土壤成分、减轻土壤风化。此外，纳米肥和纳米农药在促进农业增产方面具有突出的作用。目前，关于 ENMs 在土壤介质中的分配、反应、行为、归趋和对环境的生态毒理等尚缺乏系统的了解，对其环境安全性和生态系统风险还缺乏科学评估。随着科研工作的深入，ENMs 的潜力将会得到更多的发展。有关如何制备价格低廉的 ENMs，增强与植物修复技术的结合促进污染物的土壤解吸，提高 ENMs 对污染物的治理效果，以及如何高效利用 ENMs 进行原位修复、简化修复步骤、减少投资，如何调控 ENMs 增加其生物有效性，最大发挥其对植物促生、提高抗性和改善品质的作用，同时规避 ENMs 的潜在风险等问题都将是未来的研究热点。

思考题

1. 简述纳米材料的主要类型和特点。
2. 简述纳米材料在环境监测中的显著优势。
3. 如何利用纳米材料修复环境污染？
4. 简述纳米技术在促进植物生长和提高植物抗性中的作用，试举例说明。
5. 简述纳米材料的发展和应用前景。

主要参考文献

[1] Hodson L，Geraci C，Schulte P. Cincinnati，O H. Continuing to Protect the Nanotechnology Workforce：NIOSH Nanotechnology Research Plan for 2018—2025 [N/OL]. US Department of Health and Human Services，Centers for Disease Control and Prevention，National Institute for Occupational Safety and Health，DHHS (NIOSH) Publication，2019-01-23 [2020-07-10]. https：//www. cdc. gov/niosh/docs/2019-116/.

[2] Lingamdinne L P，Koduru J R，Karri R R. A Comprehensive review of applications of magnetic graphene oxide based nanocomposites for sustainable water purification [J]. J Environ Manage，2019，231：622-634.

[3] International Organization for Standardization. Nanotechnologies—terminology and definitions for nano-objects — nanoparticle，nanofibre and nanoplate：ISO/TS 27687：2008—2008.

[4] Chen G，Wang Y，Xie R，et al. A Review on core-shell structured unimolecular nanoparticles for biomedical applications [J]. Adv Drug Deliv Rev，2018，130：58-72.

[5] Nanowerk. Nanomaterials Database [N/OL]. Nanowerk LLC，2021 [2021-04-12]. https：//www. nanowerk. com/nanomaterial-database. php.

[6] Roco M C. International perspective on government nanotechnology funding in 2005 [J]. Journal of Nanoparticle Research, 2005, 7 (6): 707-712.

[7] Lowry G V, Avellan A, Gilbertson L M. Opportunities and challenges for nanotechnology in the agri-tech revolution [J]. Nat Nanotechnol, 2019, 14 (6): 517-522.

[8] Lim S Y, Shen W, Gao Z. Carbon quantum dots and their applications [J]. Chem Soc Rev, 2015, 44 (1): 362-381.

[9] Kolahalam L A, Kasi Viswanath I V, Diwakar B S, et al. Review on nanomaterials: synthesis and applications [J]. Materials Today: Proceedings, 2019, 18: 2182-2190.

[10] Das S, Chakraborty J, Chatterjee S, et al. Prospects of biosynthesized nanomaterials for the remediation of organic and inorganic environmental contaminants [J]. Environmental Science: Nano, 2018, 5 (12): 2784-2808.

[11] Chidambaram D, Hennebel T, Taghavi S, et al. Concomitant microbial generation of palladium nps and hydrogen to immobilize chromate [J]. Enviromental Science and Technology, 2010, 44 (19): 7635-7640.

[12] Gordon Southam T J B. The in vitro formation of placer gold by bacteria [J]. Geochimica et Cosmochimica Acta, 58 (20): 4527-4530.

[13] Singaravelu G, Arockiamary J S, Kumar V G, Et Al. A novel extracellular ssynthesis of monodisperse gold nanoparticles using marine alga, sargassum wightii greville [J]. Colloids and Surfaces B: Biointerfaces, 2007, 57 (1): 97-101.

[14] Lin P C, Lin S, Wang P C, et al. Techniques for physicochemical characterization of nanomaterials [J]. Biotechnology Advances, 2014, 32 (4): 711-726.

[15] Palchetti I, Hansen P D, Barcelo D. Comprehensive Analytical Chemistry [M]. Netherlands: Elsevier, 2017.

[16] Govindhan M, Adhikari B R, Chen A. Nanomaterials-based electrochemical detection of chemical contaminants [J]. RSC Advances, 2014, 4 (109): 63741-63760.

[17] Andreescu S, Njagi J, Ispas C, et al. JEM spotlight: applications of advanced nanomaterials for environmental monitoring [J]. Journal of Environmental Monitoring, 2009, 11 (1): 27-40.

[18] Tang L, Zeng G M, Shen G L, et al. Rapid detection of picloram in agricultural field samples using a disposable immunomembrane-based electrochemical sensor [J]. Environ Sci Technol, 2008, 42 (4): 1207-1212.

[19] Kucherenko I S, Soldatkin O O, Kucherenko D Y, et al. Advances in nanomaterial application in enzyme-based electrochemical biosensors: A review [J]. Nanoscale Advances, 2019, 1 (12): 4560-4577.

[20] Mahmoudpour M, Torbati M, Mousavi M-M, Et al. Nanomaterial-based molecularly imprinted polymers for pesticides detection: Recent trends and future prospects [J]. TrAC Trends in Analytical Chemistry, 2020, 129: 115943.

[21] Amatatongchai M, Sroysee W, Sodkrathok P, et al. Novel three-dimensional molecularly imprinted polymer-coated carbon nanotubes (3D-CNTs@MIP) for selective detection of profenofos in food [J]. Analytica Chimica Acta, 2019, 1076: 64-72.

[22] Guerra F D, Attia M F, Whitehead D C, et al. Nanotechnology for environmental remediation: materials and applications [J]. Molecules, 2018, 23 (7): 1760.

[23] Ding S, Zhao L, Qi Y, et al. Preparation and characterization of lecithin-nano ni/fe for effective removal of PCB77 [J]. Journal of Nanomaterials, 2014, 2014: 678489.

[24] Wang X, Chen C, Chang Y, et al. Dechlorination of chlorinated methanes by pd/fe bimetallic nanoparticles [J]. Journal of Hazardous Materials, 2009, 161 (2): 815-823.

[25] Smith S C, Rodrigues D F. Carbon-based nanomaterials for removal of chemical and biological contaminants from water: A review of mechanisms and applications [J]. Carbon, 2015, 91: 122-143.

[26] Zhang Y, Tang Z-R, Fu X, et al. TiO_2-graphene nanocomposites for gas-phase photocatalytic degradation of volatile aromatic pollutant: Is TiO_2-graphene truly different from other tio2-carbon composite materials? [J]. ACS Nano, 2010, 4 (12): 7303-7314.

[27] Liu X, Pan L, Lv T, et al. Microwave-assisted synthesis of zno - graphene composite for photocatalytic reduction of Cr (vi) [J]. Catalysis Science & Technology, 2011, 1 (7): 1189-1193.

[28] Huang H Y, Yang R T, Chinn D, et al. Amine-grafted mcm-48 and silica xerogel as superior sorbents for acidic gas removal from natural gas [J]. Industrial & Engineering Chemistry Research, 2003, 42 (12): 2427-2433.

[29] Tungittiplakorn W, Lion L W, Cohen C, et al. engineered polymeric nanoparticles for soil remediation [J]. Environ

Sci Technol, 2004, 38 (5): 1605-1610.

[30] Zhu D, Zheng F, Chen Q L, et al. Exposure of a soil collembolan to ag nanoparticles and $AgNO_3$ disturbs its associated microbiota and lowers the incidence of antibiotic resistance genes in the gut [J]. Environ Sci Technol, 2018, 52 (21): 12748-12756.

[31] Wang H G, Qi H C, Zhu M, et al. MoS_2 decorated nanocomposite: Fe_2O_3@MoS_2 inhibits the conjugative transfer of antibiotic resistance genes [J]. Ecotox Environ Safe, 2019, 186: 8.

[32] Yu K, Chen, F, Yue, L, Luo, Y, Wang, Z, Xing, B. CeO_2 nanoparticles regulate the propagation of antibiotic resistance genes by altering cellular contact and plasmid transfer [J]. Environ Sci Technol, 2020, 54 (16): 10012-10021.

[33] Mystrioti C, Xanthopoulou T D, Tsakiridis P, et al. Comparative evaluation of five plant extracts and juices for nanoiron synthesis and application for hexavalent chromium reduction [J]. Science of The Total Environment, 2016, 539: 105-113.

[34] Zhang W X. nanoscale iron particles for environmental remediation: An overview [J]. Journal of Nanoparticle Research, 2003, 5 (3): 323-332.

[35] Mackenzie K, Bleyl S, Kopinke F D, et al. Carbo-iron as improvement of the nanoiron technology: from laboratory design to the field test [J]. Science of The Total Environment, 2016, 563-564: 641-648.

[36] Kah M, Kookana R S, Gogos A, et al. A critical evaluation of nanopesticides and nanofertilizers against their conventional analogues [J]. Nat Nanotechnol, 2018, 13 (8): 677-684.

[37] Vankova R, Landa P, Podlipna R, et al. ZnO nanoparticle effects on hormonal pools in *Arabidopsis thaliana* [J]. Science of The Total Environment, 2017, 593-594: 535-542.

[38] Mishra S, Keswani C, Abhilash P C, et al. integrated approach of agri-nanotechnology: challenges and future trends [J]. Frontiers in Plant Science, 2017, 8 (471).

[39] Hernández-Hernández H, González-Morales S, Benavides-Mendoza A, et al. effects of chitosan-PVA and Cu nanoparticles on the growth and antioxidant capacity of tomato under saline stress [J]. Molecules, 2018, 23 (1): 178.

[40] Raliya R, Nair R, Chavalmane S, et al. mechanistic evaluation of translocation and physiological impact of titanium dioxide and zinc oxide nanoparticles on the tomato (*Solanum lycopersicum* L.) Plant [J]. Metallomics, 2015, 7 (12): 1584-1594.

[41] Wang Z, Yue L, Dhankher O P, et al. Nano-enabled improvements of growth and nutritional quality in food plants driven by rhizosphere processes [J]. Environment International, 2020, 142: 105831.

[42] Wang Y, Deng C, Cota-Ruiz K, et al. Improvement of nutrient elements and allicin content in green oonion (*Allium fistulosum*) plants exposed to CuO nanoparticles [J]. Science of The Total Environment, 2020, 725: 138387.

[43] Fouad H A, El-Gepaly H M K H, Fouad O A. Nanosilica and jasmonic acid as alternative methods for control *Tuta bsoluta* (Meyrick) in tomato crop under field conditions [J]. Archives of Phytopathology and Plant Protection, 2016, 49 (13-14): 362-370.

[44] Adisa I O, Reddy Pullagurala V L, Rawat S, Et al. Role of cerium compounds in fusarium wilt suppression and growth enhancement in tomato (*Solanum lycopersicum*) [J]. Journal of Agricultural and Food Chemistry, 2018, 66 (24): 5959-5970.

[45] Cumplido-Nájera C F, González-Morales S, Ortega-Ortíz H, et al. The application of copper nanoparticles and potassium silicate stimulate the tolerance to *Clavibacter michiganensis* in tomato plants [J]. Scientia Horticulturae, 2019, 245, 82-89.

[46] Cai L, Liu C, Fan G, et al. Preventing viral disease by ZnO NPs through directly deactivating TMV and activating plant immunity in *Nicotiana benthamiana* [J]. Environmental Science: Nano, 2019, 6 (12): 3653-3669.

[47] Young M, Ozcan A, Myers M E, et al. multimodal generally recognized as safe zno/nanocopper composite: a novel antimicrobial material for the management of citrus phytopathogens [J]. Journal of Agricultural and Food Chemistry, 2018, 66 (26): 6604-6608.

[48] Antonoglou O, Moustaka J, Adamakis I D S, et al. Nanobrass CuZn nanoparticles as foliar spray nonphytotoxic fungicides [J]. ACS Applied Materials & Interfaces, 2018, 10 (5): 4450-4461.

[49] Li Y, Zhu N, Liang X, Et Al. Silica nanoparticles alleviate mercury toxicity via immobilization and inactivation of Hg (ii) in soybean (*Glycine max*) [J]. Environmental Science: Nano, 2020, 7 (6): 1807-1817.

[50] Zhao D, Fang Z, Tang Y, Et al. Graphene oxide as an effective soil water retention agent can confer drought stress

tolerance to *Paeonia ostii* without toxicity [J]. Environ Sci Technol, 2020, 54 (13): 8269-8279.

[51] Sosan A, Svistunenko D, Straltsova D, et al. Engineered silver nanoparticles are sensed at the plasma membrane and dramatically modify the physiology of *Arabidopsis thaliana* plants [J]. The Plant Journal, 2016, 85 (2): 245-257.

[52] Marslin G, Sheeba C J, Franklin G. Nanoparticles alter secondary metabolism in plants via ROS burst [J]. Frontiers in Plant Science, 2017, 8: 832.

[53] Burklew C E, Ashlock J, Winfrey W B, et al. Effects of aluminum oxide nanoparticles on the growth, development, and microRNA expression of tobacco (*Nicotiana tabacum*) [J]. PloS one, 2012, 7 (5): 34783.

[54] Rico C M, Johnson M G, Marcus M A. Cerium oxide nanoparticles transformation at the root - soil interface of barley (*Hordeum vulgare* L.) [J]. Environmental Science: Nano, 2018, 5 (8): 1807-1812.

[55] Rangaraj S, Gopalu K, Rathinam Y, et al. Effect of silica nanoparticles on microbial biomass and silica availability in maize rhizosphere [J]. Biotechnology and Applied Biochemistry, 2014, 61 (6): 668-675.

[56] Bone A J, Colman B P, Gondikas A P, et al. Biotic and abiotic interactions in aquatic microcosms determine fate and toxicity of ag nanoparticles: Part 2 - toxicity and Ag speciation [J]. Environ Sci Technol, 2012, 46 (13): 6925-6933.

[57] Mcmanus P, Hortin J, Anderson A J, et al. Rhizosphere nteractions between copper oxide nanoparticles and wheat root exudates in a sand matrix: Influences on copper bioavailability and uptake [J]. Environmental Toxicology and Chemistry, 2018, 37 (10): 2619-2632.

[58] National Nanotechnology Initiative, 2016 NNI strategic plan.

[59] Garner K L, Suh S, Keller A A. Assessing the risk of engineered nanomaterials in the environment: development and application of the nanofate model [J]. Environ Sci Technol, 2017, 51 (10): 5541-5551.

[60] Ban Z, Yuan P, Yu F, et al. Machine learning predicts the functional composition of the protein corona and the cellular recognition of nanoparticles [J]. Proceedings of the National Academy of Sciences, 2020, 117 (19): 10492.

[61] Judy J D, Unrine J M, Bertsch P M. Evidence for biomagnification of gold nanoparticles within a terrestrial food chain [J]. Environ Sci Technol, 2011, 45 (2): 776-781.

[62] Majumdar S, Trujillo-Reyes J, Hernandez-Viezcas J A, et al. Cerium biomagnification in a terrestrial food chain: Influence of particle size and growth stage [J]. Environ Sci Technol, 2016, 50 (13): 6782-6792.

[63] Wang Z, Xu L, Zhao J, et al. CuO nanoparticle interaction with *Arabidopsis thaliana*: toxicity, parent-progeny transfer, and gene expression [J]. Environ Sci Technol, 2016, 50 (11): 6008-6016.

[64] Yu X, Cao X, Yue L, et al. Phosphate induced surface transformation alleviated the cytotoxicity of Y_2O_3 nanoparticles to tobacco BY-2 Cells [J]. Science of the Total Environment, 2020, 732: 139276.

第八章 微生物菌剂

第一节 概述

环保用微生物菌剂是环境功能材料的重要组成部分，涉及生物学、化学、工程学的理论知识和技术手段，它涵盖微生物菌种的分离纯化、培养、菌剂制备及其环境安全评估等内容。环保用微生物菌剂的应用遍及废水、废气及固体废弃物中污染物的转化和去除，是消除环境污染物的不良环境影响、缓解环境压力、提高环境领域科学技术水平的重要手段。

一、环保用微生物菌剂的定义及分类

微生物菌剂是指目标微生物（有效菌）经过工业化生产扩繁后，加工制成的活菌制剂。由两种或两种以上微生物菌种（株）组成的微生物菌剂称为复合微生物菌剂，复合微生物菌剂具有现实和潜在的巨大用途，现已广泛应用于农业、工业、医药和环保等各个领域。环保用微生物菌剂指由一种或多种从自然界分离纯化，通过自然或人工选育（未经基因改造）所获得的微生物菌种（株）所组成的，应用于生态环境保护和污染防治的微生物菌剂。在环境保护领域，复合微生物菌剂具有见效快、投资少、操作简单、无二次污染等优势，显示出其巨大的发展前景。

按处理对象分类，环保用微生物菌剂包括水处理微生物菌剂、大气污染治理微生物菌剂、固体废弃物处理及资源化微生物菌剂、土壤修复微生物菌剂。按菌剂的剂型分类，包括液态微生物菌剂、干粉菌剂和固态微生物菌剂。按功能分类，环保用微生物菌剂包括环境吸附剂、微生物絮凝剂、生物催化剂、生物破乳剂、特种环境微生物菌剂和生物肥料等。

二、环保用微生物菌剂的作用机理

微生物对环境污染物的降解作用，在没有人工干预的情况下，主要依靠土著微生物的分解代谢进行自然净化。通常，自然净化在缺乏溶解氧、营养盐的环境下进行，微生物生长缓慢，污染物的降解效率不高。添加高效微生物菌剂可提高降解速度，促进净化过程。

微生物菌剂应用于环境保护领域的基本原理是利用微生物本身及其代谢产物将环境中的污染物分解或转化，这是一种由一系列物理、化学和生物反应所组成的极其复杂的过程。从相关研究来看，微生物菌剂在环境保护方面的作用机理包括以下三个方面：①微生物通过代谢反应将污染物氧化分解为 CO_2 和 H_2O 等终产物，或转化为微生物的营养物质，促进自身的生长繁殖，就像光合细菌和芽孢杆菌等能将 H_2S 转化成自身生长所需要的硫元素；②微

生物的比表面积大并含有多糖类黏性物质，可以吸附环境中的一些污染物，有利于这些污染物的分解或转化；③当环境中投加微生物菌剂后，这些微生物成为了环境中的优势菌，它们能有效抑制一些病原菌和腐败菌的生长，如乳酸菌等成为优势菌后就能抑制体系中大肠杆菌等的生长，从而减少氨气及臭味的产生，改善环境质量。

三、环保用微生物菌剂的应用特点

环保用微生物菌剂应具备良好的功能性、生产性、生态适应性、安全性和微生物之间的协同性。

① 提高对目标污染物的去除效果。通过添加微生物菌剂强化有机污染物的分解，提高对 BOD、COD、TOC 或特定污染物的去除效果，也可去除氮、磷等营养物质。在污水处理过程中，该技术不仅可以有效消除污泥膨胀，促进絮凝体形成，增强污泥沉降性能，而且还能有效分解胶体物质，大大减少污泥的产生，同时提高出水水质。污泥的沉降性良好也可减少有机或无机絮凝剂的投加，节省药剂投加费用。

② 加快系统启动。投加一定量的优势菌种，可增大系统中有效菌种的比率，大大缩短系统启动的时间，使污染物快速达到较好的去除效果。例如生物硝化工艺的主要缺点就是启动时间长、污泥流失和遭受冲击负荷后很难恢复。这些问题的产生主要是由于硝化菌生长速率缓慢，世代周期长，硝化菌产率低。生物除磷的关键是提高聚磷菌在活性污泥系统中所占比例，同时使其在系统运行过程中大量增长繁殖。通过投加高效稳定的脱氮除磷菌剂，保持脱氮菌和聚磷菌在活性污泥中较高的比例，对加快系统启动效果显著。

③ 在系统运行状况不佳时，加速反应系统的恢复。在污染治理系统的负荷波动较大、机械设备出现故障而使系统无效时，菌剂的使用可较快恢复生物活性和系统的处理能力。投加一定量的高效降解菌株，可提高有效微生物浓度，增大处理系统中有效菌株的比率，增强系统的耐冲击负荷能力以及系统的稳定性。当遇到寒冷季节时，也可通过此技术提高生化系统在低温环境下的处理能力。

环保用微生物菌剂的成功应用取决于以下几个方面：第一，高效菌种（株）的选育，其要求投加的高效菌种（株）对于目标污染物有明显降解作用；第二，菌剂的投加方式、投加次数和投加量等；第三，投加到目标污染系统时，微生物具有生存能力，且具有活性，能融入土著微生物中并成为优势菌群；第四，投加的菌剂能适应投放的环境条件才会正常发挥作用，此项更需受到重视。

并非所有的微生物菌剂都能达到预期的目标，其原因为：环境中的污染物成分复杂，而通常投加的一种功能菌只作用于一种或几种污染物，其他污染物不能得到去除；污染环境中营养物浓度过低或营养不均衡，会造成微生物无法生长或生长缓慢，从而造成处理效果较差；溶解氧、pH、温度等环境条件对微生物降解作用产生了不利影响。

四、环保用微生物菌剂的研发现状

微生物无处不在，大到整个地球生物圈，从陆地到海洋，从食品工业、石油工业到纺织、制革、制药等涉及有机物质的各种工业工艺，小到各种动植物包括我们每一个人的体表和体内，特别是肠胃消化系统，都有无数肉眼看不见的微生物在默默地工作着。它们虽然个体极小，但分布广、种类多、繁殖快、新陈代谢旺盛，具有强大的分解能力，它们的活动保障着生态系统的物质循环，净化着生态环境，协调着生态平衡。但是许多重要的生化过程靠单一微生物不能完成或只能微弱进行，必须依靠两种或多种微生物共存、共生、共荣、共养，使微生物的有害作用朝着出现有益效果的方向发展，从而完成预期的生化过程。自 20 世纪 70 年代以来，欧美和日本等国家相继成功研制出多种复合微生物菌剂，很多菌剂已经开始进行大规模生产，并形成了系列化产品。其中，由日本琉球大学比嘉照夫教授于 20 世纪 80 年代初期研制的有效微生物菌剂（EM）已经被广泛用于种植业、养殖业及环境治理方面。我国关于微生物菌剂的研究开始于 20 世纪 80 年代，虽然起步较晚，但也逐渐取得了一些进展。

国内市场环保用微生物菌剂主要有三个来源：第一类是国外进口，份额占总量的 60%以上，代表厂家为丹麦诺维信（Novozymes）、美国碧沃丰（Bioform）、日本琉球大学（EM 菌）等；第二类为国内企业生产，占市场份额的 30%左右，代表厂家有广州农冠（台资）生物科技有限公司、青岛蔚蓝生物股份有限公司、安徽广宇生物技术有限公司等；第三类是国内高校科研院所开发生产，占到 5%～10%的份额，主要代表为中科院微生物研究所等。国内专业从事环保用微生物菌剂生产的企业有 35 家左右，其中有 80%以上厂家生产的菌剂是由日本引进的 EM 菌以及相关菌剂的复配为主；有 10%左右的企业与国内科研院所联合开展环保专用菌剂的开发与生产。

从现状看，国内从事环保用菌剂生产的企业较多，但企业生产规模较小，约 5～50t/a，行业的集中度低，所生产的菌剂以仿制日本的 EM 菌为主，对废水的处理效果不如进口菌剂有针对性。国内高校科研院所研发的环保专用菌剂，效果能与进口菌剂媲美，但产品转化较慢，基本还处在自产自销阶段，未能真正形成规模。因此，目前市场上用于生物强化处理的还是进口菌剂。

国内环保用高效降解菌方面的研究和应用主要集中在高校、科研院所，以实验室研究阶段为主，研究的范围广，少数已经进入中试和工程示范阶段。开发微生物菌剂对难降解有机废水进行生物强化处理是目前研究的主要方向，实验主要从两个方面展开，一是从特定环境条件下筛选具有生长优势的土著菌种进行生物强化处理；二是通过分子手段构建出具有特殊降解功能的工程菌。通过传统方法富集、筛选和通过基因改良技术获得高效降解菌株的生物强化技术，均能大大增强对特定污染物的降解能力，改善生化体系对含难降解物质废水的处理效果。相对而言，工程菌的降解特性更有针对性，其前景很被看好，但现阶段工程菌的大规模应用主要有两个方面问题亟待研究：工程菌不是自然界中原本存在的，应用过程中有可能会发生生长失控、因遗传物质漂移而产生新的有害生物等重大生态安全问题；工程菌强大的降解性能由其特殊的遗传物质所决定，在细菌生长繁殖的过程中，工程菌对复杂的实际生境的适应性和遗传稳定性问题均待研究解决。

第二节 微生物菌剂的菌种及培养

一、常用菌种

用于环保用微生物菌剂制备的菌种应满足以下要求：①安全性。要求菌种在分类学上属于有益菌，无致病性，不产生内外毒素，不与病原微生物产生杂交种，毒性试验合格。②有效性。菌种应与环境污染物治理系统中的土著微生物良好相容，进入系统后才能够顺利定植，竞争性生长繁殖，抑制致病菌的增殖，维持系统的微生态平衡。③耐受性。菌种能够适应相对变化的环境条件，包括温度、pH、溶解氧等环境条件的变化，以保证正常存活且发挥功效。④稳定性。菌种活性不易受外界环境（如温度、膨化、制粒）影响，便于长期储存及运输。

目前，国内外研制成功的环保用微生物菌剂以及有关微生物菌剂的研究报道中使用最多的菌种主要是光合细菌、乳酸菌、酵母菌、放线菌等。各类微生物都各自发挥着重要作用，核心作用是光合细菌和嗜酸性乳杆菌为主导，其合成能力支撑着其他微生物的活动，同时也利用其他微生物产生的物质，形成共生共荣的关系，保证微生物菌剂稳定、高效。

（一）光合细菌

光合细菌在好氧和厌氧条件下均可生长，厌氧条件下大都能以硫化物或元素硫作电子供体光能自养生长，它们利用光（或紫外线）将 H_2S、NH_3 和烃类化合物中的氢分离出来，将其转化为无害及营养物质，如糖、氨基酸及维生素等简单有机物，具有除臭的作用，并为植物及其他微生物提供养分。典型的光合细菌有着色杆菌科、外硫红螺菌科和紫色非硫细菌等。

（二）乳酸菌

乳酸菌无芽孢，大多为杆状，革兰氏阳性，营养琼脂上菌落突起粗糙、全缘无色，直径2～5mm，可在无氧条件下生长。乳酸菌发酵产生的乳酸有很强的杀菌能力，能有效抑制一些有害微生物的繁殖，加剧有机物的腐烂分解，还能促进木质素、纤维素等难降解有机物的分解。典型的乳酸菌有德式乳杆菌，1h 所产生的乳酸约为其体重的 1000～10000 倍，最适生长温度为 40～44℃，最适 pH 值为 5.5～5.8。另有凝结芽孢杆菌等也可产乳酸。

（三）酵母菌

酵母菌可在好氧或兼氧条件下生长，适宜生长于偏酸性的潮湿含糖环境中，有 490 余种，大多为球形或卵形，个体大，菌落有光泽。它们可以合成促进根系生长和细胞分裂的活性物质，为乳酸菌和放线菌提供养分。典型酵母菌是酿酒酵母，它不耐盐，以糖为原料生产乙醇，菌落黏稠，易挑起，另有毕赤酵母、异常汉逊酵母、栗酒裂殖酵母、产阮假丝酵母和白地霉等。

（四）放线菌

放线菌为好氧菌，产孢子，菌落呈放射状、圆形、秃平或有许多褶皱和呈地衣状，不易挑起，菌体比细菌大，菌丝宽度远小于霉菌。它们合成的抗生素抑制病原菌生长，也通过与之竞争营养抑制其生长，分解纤维素、甲壳素等，促进固氮菌和丛枝菌根菌（VA，可在植物根部形成泡囊-丛枝结构的一类菌根）的增殖。典型放线菌是链霉菌属，为气生菌丝科，生长丰茂，孢子丝长链，成熟时呈各种颜色，生长于含水量低、通气好的环境中。链霉菌属有 1000 多种。

环保用微生物菌剂中常见的菌种以芽孢杆菌属最多，常用微生物菌种及其功能如表 8-1 所示。芽胞杆菌菌剂易于生产与剂型加工，又易于存活与繁殖，批量生产工艺简单，成本也较低，施用方便，而且该类菌剂的稳定性强，储存期长，是较理想的环保用微生物。芽胞杆菌属中枯草芽胞杆菌（*Bacil lussubtilis*）、地衣芽胞杆菌（*Bacil luslicheniformis*）、巨大芽胞杆菌（*Bacilusmegaterium*）、短小芽胞杆菌（*Baciluspumilus*）和环状芽胞杆菌（*Baciluscirculans*）由于能产生多种酶、细菌素、肽类抗生素等物质，其细胞壁的肽聚糖以及糖被又是重金属的主要螯合位，能够吸附金属阳离子，已作为微生物菌剂广泛应用于污水处理和植物病害防治中。

二、菌种的分离与筛选

优良菌种的获得是研发环保用微生物菌剂的前提。从自然界中分离筛选菌种就是从自然界生物资源中有目的、快速、准确地选出符合生产和使用要求的菌种。菌种有时可以根据资料直接向有关科研单位或工厂索取或购买，并通过性能测定，选取其中符合要求者，用于微生物菌剂的生产。但是现有的菌种是有限的，而且其性能也不一定完全符合生产的要求，所以选择新种是一项必需而又重要的任务。

表 8-1　环保用微生物菌剂、典型菌种及功能

菌剂类型	典型菌种	功　能
硝化菌群	*Nitrosomonas*，*Nitrosospira*，*Nitrobacter*，*Nitrospira*	降低氨氮浓度
反硝化菌群	*Pseudomonas aeruginosa*，*Paracoccus denitrificans*，*Pseudo-monas stutzeri*，*Pseudomonas mendocina*	降低硝酸盐氮和总氮浓度
有机物降解菌	枯草芽孢杆菌、苔藓菌、多黏菌、曲霉菌、诺卡氏菌等	降解不同类型的有机物
脂肪降解菌	枯草芽孢杆菌等	降解工业脂肪、油和油脂等
嗜低温降解菌	真细菌、蓝细菌、酵母菌、真菌及藻类等	4～10℃低温条件下降解城市废物、酚类物质、表面活性剂和其他工业废料
EM菌剂	由光合细菌、乳酸菌群、酵母菌群、放线菌群和丝状菌群等5科10属80余种微生物组成	净化水质、消除臭味、抑制腐败
石油降解菌	*Rhodococcus sp.*，*Ochrobactrum sp.*，*Pseudomonas sp.*	降解直链烷烃、环烷烃、芳香烃及产生表面活性剂等
微生物絮凝剂	*Rhodococcus erythropolis*，*Aspergillus*	使不易降解的固体悬浮颗粒和胶体颗粒絮凝、沉淀

自然界中微生物种类是非常之多的，土壤，水，植物的根、茎、花、果、叶和动植物的腐败残骸都是微生物大量活动的场所。但是，由于地理条件的差异，水土的不同，甚至在不同的基质上，微生物的区系也是不同的，他们都以各种形式混杂的状态生长繁殖在同一环境中。然而每一种菌种的特性、嗜好、形态是不同的，因此新种的分离工作不仅要把混杂的各种微生物单个分开，而且还要依照生产实际和使用的要求、菌种的特性，灵活地、有的放矢地采用各种筛选方法，快速、准确地把所需要的菌种从中挑选出来。

微生物纯种分离技术不仅适用于从各种菌源样品中分离新种，也适用于实验室或生产用菌的分离纯化和育种过程中优良菌种的筛选，在确定分离筛选方案后，新种的分离与筛选的步骤一般为：样品采集、增殖培养、纯种分离、筛选等。

（一）样品采集

采样就是从自然界中采集含有目的菌的样品。从何处采样，这要根据筛选的目的、微生物的分布概况及菌种的主要特征与外界环境关系等，综合地、具体地分析来决定。通常，从相应的环境污染治理体系采集样品是明智的选择。由于土壤是微生物的大本营，尤其细菌和放线菌在土壤中存在得更多，水和空气中的微生物主要也是从土壤中散发出去的，所以，如果不知道某种产品的产生菌的属类或某些特征时，一般都可以土壤为样品进行分离。

采集土样时，应在选好适当地点后，用不锈钢采样铲除去表土，取离地面 5～15 cm 处的土几十克，盛入预先消毒过的牛皮纸袋、塑料袋或玻璃瓶中，密封好，记录采样时间、地点、环境情况等，以备查考。由于采样后的环境与天然条件有着不同程度的差异，微生物会因逐渐死亡而减少，种类也会变化，所以应尽快分离。

（二）增殖培养

由于土壤或其他样品中所含的各种微生物数量有很大差别，如果目的菌的数量足够多时便可以直接进行单菌分离。但对于很多样品，由于目的菌含量较少，会给分离筛选工作增加工作量和难度，在此情况下，可以对采集到的样品进行一次甚至多次增殖培养。增殖培养就是通过控制培养基的营养成分和培养条件，使样品中的目的菌得以大量繁殖，而非目的菌的生长受到抑制或繁殖减缓，从而提高样品总目的菌的数量和比例。增殖培养的条件应依据预定的技术路线和菌种特性而确定，主要通过控制营养成分、酸碱度、热处理、添加抑制剂和控制培养温度来实现。

控制增殖培养基的营养成分对“浓缩”目的菌是行之有效的一种手段，例如，若目的菌是分解纤维素的微生物，可以使用纤维素作为增殖培养基的唯一碳源，能够分解利用纤维素的微生物在这种培养基上可以正常生长繁殖，而不具备该能力的微生物生长较差。但是，可被许多种微生物利用的碳源、氮源（如葡萄糖、蛋白胨等）就不适合作为控制因素。在控制营养成分的基础上，将培养基调至一定的 pH 值，更有利于促进目的菌的增殖和控制非目的菌的繁殖。对于筛选一些产有机酸类型的菌种，采用控制 pH 值的方法更为有效。热处理是根据芽孢和营养细胞对热耐性之间的差异而淘汰不产芽孢的细菌和其他微生物。一般情况下，微生物的营养型细胞对热敏感，在 60～70℃温度下 10min 即被杀死，而芽孢能抵抗 100℃或更高的温度。如果目的菌为芽孢杆菌，就可先将样品稀释液经过 80℃、10min 的水浴处理，将所有营养细胞（包括芽孢杆菌的营养细胞）全部杀死而保留芽孢，然后再进行增殖或直接分离，这样的筛选效果就很好。在培养基中添加一些专一性抑制剂，这样选择性效果还会提高。例如，在增殖放线菌时，在增殖培养基中加 10%酚数滴，可以抑制霉菌和细菌的生长；在培养基中添加一定量的氨苄青霉素、青霉素、链霉素或新霉素可以抑制细菌和放线菌的生长。不同类型的抑制剂抑菌谱不同，对不同的分离对象，使用浓度也不同。

（三）纯种分离

从自然界采集的样品中含有多种微生物，即使通过增殖培养也只能使目的菌在数量和相对比例上得以提高，还不能得到微生物的纯种。纯种分离的目的是将目的菌从混合的微生物中分离出来，获得纯培养。如果样品没有经增殖培养而直接进行分离，那么要得到具有某一特性的纯种，就更应细致、谨慎地操作。

纯种分离常用的方法有四种，即涂布平板分离法、倾注平板分离法、平板划线分离法和组织分离法。涂布平板分离法是将样品经无菌生理盐水稀释后用玻璃涂布棒均匀涂布至琼脂培养基的表面，而倾注平板分离法则是将无菌生理盐水稀释后的样品先加入无菌培养皿，再加入融化并冷却至 45℃左右的琼脂培养基，混合均匀，待培养基凝固后倒置培养。培养后，前者在培养基的表面形成单菌落，而后者则是在培养基内部及表面形成单菌落。控制每个平板中微生物的菌落数在一定的范围可获得理想的分离效果，对于细菌和酵母菌，以每平板 100～200 菌落为佳，对于丝状菌，则应控制每平板菌落数 30～50 或更少。分离菌丝呈蔓延性生长的丝状菌如根霉、毛霉等，则可以在培养基中添加 0.1%左右的去氧胆酸钠或山梨糖，这样可防止菌丝蔓延，便于挑取。

平板划线法也能达到纯种分离的目的。用接种环蘸取少许样品或样品稀释液在琼脂平板平面上分区进行划线，经培养后会得到呈分散状态的单菌落。组织分离法适用于从子实体的植株上分离高等真菌或植物致病菌。

（四）筛选

由于纯种分离后得到的菌株数目一般比较大，尤其是在缺乏有效的平皿反应快速检出方法的情况下，往往需要对数百株乃至数千株分离菌株进行筛选。筛选即对分离获得的纯培养菌株进行性能测试，从中选出适合生产要求的菌株。

如果每一株都做全面或精确的性能测定，工作量就十分巨大，而且没有必要。在实际工作中，常把筛选工作分为初筛和复筛两步进行。初筛以量为主，对所有分离菌株进行了粗放的生产性能测试，如可以直接将斜面培养物接种摇瓶，每菌株接种一个摇瓶，选出其中10%～20%生产潜力较大的菌株。复筛以质为主，对初筛所获得的少量生产潜力较大菌株进行比较精确的生产性能测试，如一般先培养液体种子，每个菌株接 3～5 个摇瓶，考察生长的稳定性等，从中选出 10%～20%的优秀菌株再次进行复筛。复筛可反复进行多次，直至选出最优的数个菌株。必要的话，还应对最终筛选菌株再进行一次纯种分离，以保证最终菌株的纯度。

三、菌种的降解功能评价

为了提高筛选工作效率，在纯种分离时可以设计或选用平皿快速检出法，即根据分离培养基上的特异反应来挑选具有特定降解功能的目的菌。

（一）纸片培养显色法

将饱浸有某种指示剂的固体培养基的滤纸搁置于培养皿中，用牛津杯架空，下放小团浸有 3%甘油的脱脂棉保湿，用接种环将适量细胞悬液接于滤纸杯上，保温培养，得到分散的单菌落，菌落周围形成对应的颜色变化。指示剂变色圈与菌落直径之比值大者表示某种污染物的降解酶产量高，由此可挑选出特定污染物的优良降解菌株。所用的指示剂是酸碱指示剂或能与产物反应产生有色物质的其他指示剂。

（二）透明圈法

利用浑浊的底物被分解后形成的透明圈大小，可检出微生物分解利用此物质的能力。可溶性淀粉常温下在培养基中不混浊，但在低温环境中溶解度急剧下降而出现混浊。若在分离培养基中加入可溶性淀粉，待单菌落形成后，将平板置于冰箱中过夜，如果某菌落周围形成透明圈，则说明其能分泌淀粉酶，可以较好地降解淀粉。同样，含有粉末碳酸钙或酪素的培养基可分别用于检出有机酸或蛋白酶的产生菌。

（三）变色圈法

直接将显色剂或指示剂掺入培养基中，或喷洒至已形成菌落的培养基的表面，根据显色圈或变色圈等形成而对目的菌进行检出。在筛选淀粉酶产生菌时可选用稀碘液作为显色剂，碘与培养基中的可溶性淀粉及其不同长度的分解产物结合可呈蓝色、棕色、红棕色乃至无色。由变色圈的颜色及大小可粗略知道某菌落所分泌淀粉酶的种类及能力。刚果红与葡萄糖、羧甲基几丁质等多糖结合呈红色，可用于检出葡聚糖酶、几丁质酶等多糖降解酶的产生菌。

（四）生长圈法

生长圈法是根据工具菌在目的菌周围形成生长圈而对目的菌进行检出。工具菌一般为某种生长因子的营养缺陷型，而目的菌能在缺乏该生长因子的琼脂培养基上生长并分泌该生长因子或生长后分泌的某种酶能使前体转化成该生长因子。经培养后，工具菌就会在目的菌的菌落周围形成一生长圈。生长圈法常用于检出氨基酸、核苷酸以及维生素等产生菌。

（五）抑制圈法

抑制圈法是根据工具菌在目的菌周围的生长被抑制而形成一个抑制圈而对目的菌进行检出。目的菌在生长过程中能分泌抗生物质或能分泌某种酶将无抑菌作用的前体物质转化成抗生物质，而工具菌则为对该抗生物质敏感的菌株。此法可以直接在分离培养基中对目的菌进行检出。但由于微生物要到生长晚期才能分泌抗生物质，需要培养的时间较长，各菌所产生的抗生物质之间会相互干扰，所以往往需要优化上述操作步骤才能检出。

四、菌种的鉴定

通常可把微生物的分类鉴定方法分为四个不同水平。

（一）细胞的形态和习性水平

例如，用经典的研究方法，观察微生物的形态特征、运动性、酶反应、营养要求、生长条件、代谢特性、致病性、抗原性和生态学特性等。

由于微生物个体表面结构、分裂方式、运动能力、生理特性及产生色素的能力各不相同，因而个体及它们的群体在固体培养基上生长状况也不一样，按菌落特征可初辨是何种类型的微生物，应注意菌落的形状、大小、表面结构、边缘结构、菌丛高度、颜色、透明度、气味、黏滞性、质地软硬情况、表面光滑与粗糙情况等。通常，细菌菌落多数光滑、湿润、质地软，表面结构及边缘结构特征很多，具有各种颜色。但也有干燥、粗糙的，甚至呈霉状但不起绒毛。酵母菌菌落呈圆形，大小接近细菌，表面光滑、质地软、颜色多为白色和红色。放线菌的菌落硬度较大，干燥致密，且与基质结合紧密，不易被针挑取。菌落表面呈粉状或皱折呈龟裂状，具有各种颜色，正面和背面颜色不同。霉菌菌落呈绒状或棉絮状，能扩散生长，疏松，用接种环很易挑取，也具有各种颜色，正面和背面不尽相同。

（二）细胞组分水平

包括细胞壁、脂类、醌类和光合色素等成分的分析，所用的技术除常规技术外，还使用红外光谱、气相色谱、高效液相色谱和质谱分析等新技术。

（三）蛋白质水平

包括氨基酸序列分析、凝胶电泳和各种免疫标记技术等。

（四）核酸水平

包括（G+C）mol%值的测定，核酸分子杂交，16S或18SrRNA等保守基因的核苷酸序列分析、重要基因序列分析和全基因组测序等。

在微生物分类学发展的早期，主要的分类、鉴定指标尚局限于利用常规方法鉴定微生物细胞的形态、构造和习性等表型特征水平上，这可称为经典的分类鉴定方法。通常在生产中常用微生物的分类鉴定还是采用形态和生理特性为基础的方法。

五、菌种的保藏与复壮

（一）菌种的保藏

无论何种保藏方法，其原理都是根据微生物生理、生化特点，人工地创造环境条件，使微生物长期处于代谢不活泼、生长繁殖受抑制的休眠状态。这些人工造成的环境主要是低温、干燥和缺氧环境，避光、缺乏营养、添加保护剂或酸度中和剂等也能有效提高保藏效果。若选择微生物的休眠体，如分生孢子、芽孢等进行保藏，则保藏效果更佳。

1. 琼脂斜面低温保藏法

① 挑选特征典型的纯菌菌落。

② 制备碳源比例略低的琼脂培养基斜面。

③ 将纯菌菌落接种在斜面（某些特殊菌种可用液体培养基）上，按规定的温度和时间培养，待充分生长后，放在4℃冰箱保藏。

④ 注意事项。

a. 该保藏方法适用于细菌、酵母菌、霉菌等。铜绿假单胞菌在冰箱中易菌体自溶而死亡，不宜采用本法保存。

b. 保藏的菌种应是生命力旺盛的至少是第三代的新鲜培养物，并应检查纯度。

c. 细菌保藏用营养琼脂培养基，酵母菌用麦芽汁琼脂培养基，霉菌用查氏琼脂培养基，放线菌用高氏一号琼脂培养基。

d. 保藏菌种的培养基应以无糖或含糖低于2%为宜，以免产酸过多，影响菌种存活。

e. 为减缓培养基的水分蒸发，延长保藏时间，可将菌种保藏管的棉花塞换成橡胶塞。如发现斜面干燥，需重新移种。

f. 定期检查冰箱温度，检查橡胶塞是否松动或生霉，检查保藏菌种，观察是否有变化。若有变化，改变保藏方法。

g. 每次移种后，应与原菌种的编号、名称逐一核对，确证培养特征和纯度无误后再继续保藏。

h. 细菌的芽孢杆菌每隔3～6个月移种一次，其他细菌每隔1～2个月移种一次。酵母菌每隔4～6个月移种一次。丝状真菌每隔4个月移种一次。

i. 若用半固体培养基穿刺培养，一般可保藏6～12个月，甚至更长时间。

j. 该保藏方法简单经济，但培养基易干枯、菌体自溶、基因突变，不宜作生产菌种的长期保藏方法。

2. 液体石蜡保藏法

采用石蜡将培养物与空气隔绝，降低菌种生理生化水平，防止水分蒸发，延长菌种保藏期。

① 将菌种接种于斜面或穿刺于0.3%～0.5%半固体琼脂培养基中，备用。

② 取化学纯液体石蜡装于试管中，每管10～15mL，加棉塞纸包好后，于121℃高压灭菌30min，取出置于37℃温箱或110～170℃烤箱中1～2h，或置于干燥器内除去液体石蜡中的水分。

③ 将上述液体石蜡加入培养好的菌种试管中，液面以高出培养基1cm为宜，将试管直立，放入4℃冰箱保藏。

④ 注意事项。

a. 该保藏方法适用于霉菌、酵母菌和放线菌，但细菌的保藏效果较差。

b. 一般可保藏1～10年。

c. 其他注意事项同琼脂斜面低温保藏法。

3. 冷冻干燥保藏法

将菌种制成悬浮液，与保护剂（一般为脱脂牛奶或血清等）混合，用低温酒精或干冰（－15℃以下）速冻，真空泵抽干，最后真空密封，低温保存。

该方法适用于大多数微生物，且菌种不易变异，保存期为5～10年。

（二）菌种的复壮

传代和保藏后，菌种的原有性能下降。原因是：菌种遗传特性改变和生理特性改变。后者主要是培养条件不适当导致的。防止菌种退化的方法：减少传代、经常对菌种进行纯化、创造良好的培养条件、采用有效的菌种保藏方法。

如果发现菌种的原有性能下降，则需复壮，即对已衰退的菌种进行纯种分离和选择性培养，使其中未衰退的个体获得大量繁殖，重新成为纯种群体的措施。复壮的方法有：纯种分离、淘汰已衰退的个体。

（三）主要菌种保藏机构

国外对菌种保藏工作甚为重视，各大专院校、研究室几乎都有自己的微生物典型标本收藏机构。许多保藏单位有专门刊物以交流菌种保藏情况，许多非营利单位还进行菌种交换，转赠供教学活动使用的菌种。目前，美国主要的菌种收藏机构有美国典型培养物保藏中心（ATCC）、北方开发利用研究部（NRRL）和霉菌中心保藏所（CBS）。德国微生物保藏中心是该国的国家菌种保藏中心，是欧洲规模最大的生物资源中心，保藏细菌9400株，真菌2400株，酵母500株。日本的菌种保藏单位较多，其中保藏菌种千株以上的单位不下10处，多数为大学，其中最大的保藏单位是大阪发酵研究所（IFO），保藏近1万株。协和发酵和味之素公司保存的菌种也都在1万株以上。俄罗斯、东欧各国对菌种保藏工作也极为重视。罗马尼亚、保加利亚都保藏有几千株菌株，主要是用冷冻干燥方法保藏。国内菌种保藏由中国微生物菌种保藏管理委员会负责，下设7个保藏中心、12个保藏机构。

六、菌种的发酵条件优化

工业生产中，为了追求经济效益，生产规模不断扩大，由于反应器结构不当或控制不合理引起的投资风险也急剧增加，要规避这种风险，就必须首先在实验室中对发酵过程优化进行研究。实验室中的过程优化研究一般分为摇瓶实验，发酵小试、中试等实验。每一个阶段的研究对象和解决的问题都不尽相同，但都是为了弄清楚细胞生长与外部物理化学环境之间的关系，找到关键控制点，实现工业化生产的同时，降低生产成本。

菌种培养条件的优化包括发酵配方优化和控制条件的优化，该过程一般会在实验室规模的实验中完成，小试与中试阶段仅仅能进行小范围的改变。发酵配方的选择与确定是菌种培养条件优化的关键与基础，最佳配方的确定是关系到最终细胞产率最重要的因素。发酵配方设计与优化通常分为两个阶段：基础培养基配方的确定和发酵培养基的优化。控制条件的优化可以与配方优化同时进行，并可考察控制条件与配方之间的交互作用。控制条件的优化可一直延续至中试甚至产业化阶段。

菌种的发酵工艺分为固态发酵和液态发酵。固态发酵又称固体发酵，是指利用麸皮、米糠、稻壳等纤维颗粒作为碳源及氮源，或利用惰性固体颗粒作底物，在基本无游离水的固态基质上发酵的过程。该发酵体系中基质不仅为微生物繁殖提供必需的营养，也为其生长提供固着位点，整个发酵过程接近于微生物自然发酵。作为传统生产工艺，固态发酵原材料来源丰富，一般为农副产品或工业下脚料，发酵过程粗放，不需要无菌环境，从而降低了生产成本；芽生孢子具有较强的抗旱性，在干燥环境下更稳定；菌体代谢产物活性较高，如各类酶系、维生素、有机酸等。

液态发酵又称液体深层发酵，是以液体为介质，将活化的菌株接种到生物反应器中，进行深层液态培养，可分为连续发酵和分批发酵。该发酵工艺流程包括菌种接种培养、种子罐培养、发酵罐培养、收集培养液、成品加工处理。与固态发酵相比，液态发酵的菌体、底物和代谢产物处于悬浮状态，易于扩散，便于检测与控制；发酵速度快，周期短且产量高，适宜规模产业化生产。下面以液态发酵为例，介绍菌种发酵条件优化的一般方法。

（一）微生物生长的影响因素

了解微生物生长的影响因素，对菌种发酵条件优化具有一定的指导作用。

1. 营养条件

在微生物生命活动的过程中，必须从环境中吸取一些物质，以获得能量、进行新陈代谢并合成细胞物质，表现为微生物的生长与繁殖。这些物质统称为营养物质，在环境污染治理中则称为污染物，吸取和利用污染物的过程即为环境污染净化。在环境保护过程中，环境污染物作为微生物的营养物质应满足下列两个条件：能直接或在胞外被水解成小分子物质通过细胞膜进入细胞；进入细胞后在胞内的酶体系作用下直接或经化学变化后构成细胞的原生质和细胞结构物质，并为细胞生命活动提供能量。

微生物能够利用的营养物质及污染物多种多样，既有无机化合物，也有有机化合物，这些物质都具有一定的功能。根据营养物质在机体中生理功能的不同，可将它们分为水、碳源、氮源、无机盐类、生长因子和能源 6 大类。

（1）水　水是微生物细胞的重要组成部分，它是微生物进行代谢活动的介质，同时还直接参与一部分生化反应。污染物的吸收、代谢降解与能量的排出均是以水为媒介的。微生物离开了水就不能进行生命活动。但在有些情况下，由于水与溶质或其他分子结合而不能被微生物所利用，这种状态的水称为“结合水”，而可以被微生物所利用的水称为“游离水”。细菌、酵母菌和小型丝状真菌细胞的含水率分别为 75%～85%、70%～80%和 85%～90%。

（2）碳源　在微生物细胞的干物质中，碳占了 50%左右。因此，在微生物的各种营养需求中，对碳的需要量最大。凡是可以作为微生物细胞结构或代谢产物中碳架来源的营养物质，均可作为微生物的碳源。在这种意义上，废水及废弃物中的糖类及其衍生物（包括单糖、寡糖、多糖、醇和多元醇）、有机酸（包括氨基酸）、脂肪、烃类甚至二氧化碳或碳酸盐类均可以作为微生物的碳源。其中，除二氧化碳和碳酸盐是无机含碳化合物以外，其余均为有机营养物质。

绝大多数有机营养物质和细胞的有机成分处于同等的氧化水平，所以它们作为微生物的碳源不需要先经还原。它们除了满足生物合成的需要外，还能为细胞提供能量。为了综合治理“三废”，人们还有目的地分离到了能利用酚、氰化物等有毒物质的微生物（如诺卡氏菌）菌种。由于无机碳均为碳的最高氧化形式，所以必须先经过预还原才能转化为细胞有机物质的碳架，这个过程需要能量。大多数需要有机碳源的微生物（指异养菌）也需要二氧化碳，因为有些生物合成反应需要二氧化碳参与，只是需要量较少而已。

（3）氮源 微生物细胞的干物质中氮的含量仅次于碳和氧，它是构成微生物细胞中核酸和蛋白质的重要元素。在各类微生物细胞中其含量有较大的差别，细菌和酵母细胞中含氮量较高，霉菌中含氮量较低。

凡是构成微生物细胞物质和代谢产物中氮素来源的营养物质均称为氮源。藻细胞的有机物质中，氮主要以还原形式—NH_2 基团存在，实践中常以含有—NH_2 的有机营养物来满足微生物对氮的需要。氮源一般不提供能量，只有少数细菌如硝化细菌（化能自养型、严格好气）能利用铵盐、亚硝酸盐作为氮源和能源。

氮源可以是含氮的无机盐或含氮的有机化合物，俗称无机氮或有机氮。若将微生物作为一个整体看待，则从分子态氮到复杂的含氮有机化合物，包括环境或废水及废弃物中的分子态氮、硝酸盐、铵盐、尿素、胺、酰胺、嘌呤碱、嘧啶碱、氨基酸、蛋白质、氰化物等都可被利用。但就不同类型的微生物而言，由于它们具有营养生理的差异，因此对氮营养的需要有很大的区别。

无机氮源主要是硝酸盐和铵盐。因为只有铵离子才能进入有机分子中，硝酸盐必须先还原成 NH_4^+ 离子后，才能用于生物合成。凡能利用无机氮源的微生物，一般也能利用有机氮源，但有些微生物在只含无机氮源的培养基中不能生长，因为它们没有从无机氮化合物合成某些或某种有机氮化合物的能力。蛋白质一般不是微生物的良好的有机氮源，但某些微生物可以通过自身分泌的胞外蛋白水解酶将蛋白质降解后加以利用，因此含蛋白质的有机氮源称为迟效性氮源，而无机氮源或以蛋白质的各种降解产物形式存在的有机氮源则被称为速效氮源。

（4）无机盐类 除了含氮无机盐可以作微生物的速效氮源外，含下述元素的盐类也是微生物生长所必需的营养物质。磷、硫、钾、钠、钙、镁等元素的盐参与细胞结构物质的组成，并有能量转移、细胞透性调节等功能，故微生物对他们的需求量相对大些，为 10^{-4}～10^{-3}mol/L，它们有宏量元素之称。没有它们，微生物就不会生长。铁、锰、铜、钴、锌、钼等元素的盐类进入细胞一般是作为酶的辅酶因子，故微生物对它们的需求量甚少，一般为 10^{-8}～10^{-6}mol/L，因而它们有微量元素之称。以上这些元素最终均参与基础代谢，因此各类群的微生物均需要它们，尽管所需要的量不同。微生物对营养的需要可能是互相依赖的，例如，钾的浓度较低，钠就可能代替钾满足微生物的某些需要。其他一些营养成分可能不是生长所必需的，例如钙，但它对维持产物的稳定性则是必需的。在少数微生物的代谢过程中无机离子还起着特殊的作用，如铁细菌和硫细菌利用大量的铁和硫。

过量的微量元素会起毒害作用，特别是只有某单一微量元素存在时，毒害更严重。各种微量元素之间应有恰当的比例关系。由于这些微量元素常含混在其他营养物和水中，所以培养基中一般不另行添加。

（5）生长因子 自养型微生物不依赖外源的有机质，只要用无机化合物就可以合成其全部细胞物质。大部分异养型微生物除了利用有机氮源外，也可以在无机氮源或其他矿物质的环境中生长，故称为“原养型”微生物。但有些异氧型微生物由于失去了（或从未有过）合成一种和多种组成细胞所必需的有机化合物的能力，必须由外源提供这些有机化合物才能生长。通常把微生物生长必需的、又不能自身合成的，而且需要量很少的有机物质称为生长因子，其中包括氨基酸、维生素、嘌呤、嘧啶。缺乏合成生长因子能力的微生物称为“营养缺陷型”微生物。

必须注意，各种微生物所需要的生长因子是不同的，有的需要多种，有的仅需一种，有的则不需要，而且，一种微生物所需要的外源生长因子不是固定不变的，它会随条件的变化而变化。这些条件主要指培养基的化学组成（是否含所需生长因子的前体物质）、通气条件、pH 值、温度等。

维生素只是作为酶的活性基，所以需要量一般很少，其浓度范围为 1～50μg/L，甚至更低。微生物生长需要 L-氨基酸，它是组成蛋白质和酶结构物质的主要成分，故需要量较大，其浓度范围为 20～50μg/mL。某些细菌的生长需要嘌呤和嘧啶，以合成核苷酸，最大生长量需要的浓度是 10μg/mL。

(6) 能源　凡是能为微生物生命活动提供最初能量来源的营养物质或辐射能称为能源。辐射能是光能自养和光能异氧型微生物的能源。化能异养型微生物的能源是有机物，而且与碳源相同。化能自养型微生物的能源与碳源是不同的，他们都是一些还原态的无机物，如 NH_4^+、NO_2^-、S、Fe^{2+} 等。

2. 环境因素

微生物除了需要营养外，还需要合适的环境生存因子，包括温度、水活度、氧气与氧化还原电位、pH 等。如果环境条件不正常，会影响微生物的生命活动，甚至使微生物发生变异或死亡。

(1) 温度　温度是影响微生物生长和生存的最重要的环境因素之一。温度通过影响微生物细胞膜的液晶结构、酶和蛋白质的合成和活性、RNA 结构及转录等影响微生物的生命活动。具体表现在，一方面随着微生物所处的环境温度的上升，细胞中生物化学反应速率加快，生长速率逐渐增加直到达最大生长速率为止；另一方面，随着温度继续升高，细胞中对温度更加敏感的组分物质会受到不可逆转的破坏，生长速率迅速下降。

各类微生物的适宜温度范围随其原来寄居的环境不同而异。根据微生物的最适生长温度不同，可将微生物分为四类：嗜冷微生物、嗜温微生物、嗜热微生物和极端嗜热微生物。嗜冷微生物的最佳生长温度为 15℃，可在 10～20℃范围内生长，室温下很快被杀死。嗜温微生物可在 20～40℃范围内生长，这类微生物分为寄生型和腐生型两种，前者最佳生长温度为 37℃（如大肠杆菌），后者最佳生长温度为 25℃（如黑曲霉、酿酒酵母、枯草芽孢杆菌等）。嗜热微生物最佳生长温度为 55℃，可在 50～60℃范围内生长，分布在草堆、温泉和地热区土壤中。极端嗜热微生物的最适生长温度在 80℃以上，它们主要分布在热喷泉及海底火山口附近。到目前为止，已发现的极端嗜热微生物绝大多数是古细菌。由于嗜热微生物具有生长快速、代谢活力强和在培养时不怕杂菌污染等优点，所以嗜热微生物在生产实践和科学研究中有着广泛的应用。

(2) 水活度　微生物的生命离不开水。可以被微生物所利用的水称为“游离水”。游离水的多少可用水活度来表示，它是指在相同的温度和压力下，体系中溶液的水的蒸气压与纯水的蒸气压之比。纯水的活度为 1.00，当有溶质溶于水时，该值下降。不同微生物对水的需要是有差别的，主要表现为对环境或培养基的水活度要求不同。微生物能在水活度值为 0.63～0.99 的培养基中生长，在正常的水活度环境下，微生物生长良好；当水活度降低时，生长明显受到抑制；在极低的水活度环境中，细胞便会脱水，引起质壁分离或死亡。对任何一种微生物来说，这个数值是一定的，并且不决定于溶质的性质。饱和 NaCl 溶液即每 100mL 水中 NaCl 为 30g 时，水活度值为 0.80。

微生物在固体物质上生长，通常受基质水活度控制。在水活度值低于 0.60～0.70 的干燥条件下，多数微生物都不能生长。干燥会使代谢停止，使微生物处于休眠状态，严重时导致死亡。因此可以用干燥的方法来保存物品和保藏部分菌种。

(3) 氧气与氧化还原电位　氧对微生物的生命活动有着极其重要的影响。根据微生物对氧的要求，可将微生物粗分为好氧微生物和厌氧微生物两大类。其中，好氧微生物又可分为专性好氧菌、兼性好氧菌和微好氧菌三种，它们最适生长的 O_2 体积分数分别为等于或大于

20%、有氧或无氧、2%～10%，代谢类型分别为有氧呼吸、有氧呼吸/无氧呼吸/发酵、有氧呼吸；厌氧微生物可分为耐氧菌和专性厌氧菌两种，前者不需要氧气，但有氧存在时无害，后者不需要氧气，有氧时死亡，代谢类型分别为发酵、发酵/无氧呼吸。

分子氧是微生物进行有氧呼吸时的最终电子受体，但另一方面，氧对一切生物而言都会使其产生有毒害作用的代谢产物，如超氧基化合物与 H_2O_2，这两种代谢产物互相作用还会产生毒性很强的自由基·OH。

值得注意的是，有些微生物在有氧存在时不能生长，但若在培养基中加入一些还原剂如抗坏血酸、H_2S 或含巯基（—SH）的有机化合物（如半胱氨酸、二硫乙醇钠、二硫戊糖醇和谷胱甘肽等）来降低氧化还原电位，这些微生物就可以生长，所以微生物有需氧和厌氧之分，不仅仅是分子氧存在与否，还要强调培养液中氧化还原电位影响微生物代谢途径。

在自然环境中，氧化还原电位的上限是+0.82V，是环境中存在高浓度的 O_2，却没有利用 O_2 的电子传递系统时的情况。下限是-0.42V，这是环境中富含氢气的情况。在微生物生长过程中，培养基中氧化还原电位会发生变化。一般来说，在 pH 值为 7.0 时，专性厌氧菌开始生长的电位约为-0.3V，需氧菌开始良好生长的电位为+0.3V。而微生物通过其代谢过程常使环境的氧化还原电位降低，其主要原因是氧的消耗，其次是一些代谢产物的产生、pH 值的变化等，一些 pH 缓冲剂可使体系的氧化还原电位固定，则原代谢情况会改变。

(4) pH 值　溶液的酸碱度常用 pH 值来表示。它的影响是多方面的，因为环境的 pH 值会影响细胞膜所带的电荷，从而引起细胞对营养物质吸收状况的改变。此外，还可以通过改变培养基中有机化合物的离子化程度，而对细胞施加间接的影响，改变某些化合物分子进入细胞的状态，从而促进或抑制微生物的生长。

微生物作为一个整体来说，其生长需要的 pH 值范围极宽（pH 值在 2.0～10.0）。绝大多数微生物生长 pH 值在 5.0～9.0 之间。细菌的最佳生长 pH 值为 7.0～8.0，可生长 pH 值为 5.0～10.0。放线菌的最佳生长 pH 值为 7.5～8.0，可生长 pH 值为 5.0～10.0。酵母的最佳生长 pH 值为 5.0～6.0，可生长 pH 值为 2.0～8.0。霉菌的最佳生长 pH 值为 5.0～6.0，可生长 pH 值为 1.5～10.0。

值得注意的是，虽然微生物能够生长的 pH 值范围比较广泛，但细胞内部的 pH 值却相当稳定，一般都接近中性。这是因为细胞内的 DNA、ATP 等对酸敏感，而 RNA 和磷脂类等对碱敏感，所以微生物细胞具有控制氢离子进出细胞的能力，可维持细胞内环境中性。

（二）基础培养基的选择

培养基组成中碳源、氮源是基础，其他无机盐离子和微量元素是辅助，因此首先应该根据菌株特性选择合适的碳源和氮源，然后再考虑其他辅助因子，这些组分的选择方法目前而言几乎没有捷径可言，只有不断地试验和摸索。微生物对碳源的需求主要适用于菌体生长及能量消耗，对不同糖的利用效率排序为单糖＞双糖＞戊糖＞多糖。葡萄糖的作用在于启动细胞的整个代谢途径，产生细胞生长初期所需要的能量，浓度太低会导致细胞生长缓慢，浓度过高会造成分解代谢阻遏。

实验设计前，一般会对培养基配方进行初步优化，通常情况下首先固定某些成分，如碳源，进而筛选不同的氮源，包括有机氮源、无机氮源及其组合，以获得促使发酵达到最高水平的最佳氮源。然后，再固定氮源等成分，筛选不同碳源，包括单糖、双糖、多糖及其不同组合对细胞生长的影响，获得最佳碳源。在固定碳源、氮源的基础上，广泛筛选无机盐离子、微量元素或者特殊因子在促进细胞生长中的作用。尽管这种设计方案没有将上述各种营养要素之间的相互作用考虑进去，有一定的局限性，但在多种因素互相交叉难以确定的情况下，通过以上设计方案，依然能够探索一些制约发酵水平的规律，了解影响该特定菌株发酵的主要营养因素，从而使基础培养基得到初步优化。

（三）实验设计与优化

发酵培养基的最佳配方设计是在培养基类型基本确定并掌握了影响该菌种生长的主要营养因素之后进行的，一般分为四个步骤：确定最重要的因素、确定因素的范围、最佳条件优化、最佳条件的验证。首先是要确定最重要的因素和这些因素的范围，我们把这一过程也称为析因设计。然而影响发酵结果的因素除了培养基组成外，还应该考虑发酵物理条件对发酵结果的影响，比如温度、pH、装液量、接种量等，若将这些因素全部考虑进来可能有十种甚至更多的因素需要考查。如何找到对发酵结果影响最显著的结果，就需要实验者进行大量的实验，并考察因素之间的交叉影响。

为了尽可能地减少实验次数，而又尽可能全面地考察影响因素，统计学家发明了多种非正规的析因设计，如正交设计、均匀设计、部分析因设计、中心组合设计、响应面法优化、人工神经网络优化法等，可选择其一或更多进行实验，以获得特定微生物的最佳发酵条件。

第三节 微生物菌剂的制备

一、概述

借鉴发酵工程、食品科学与工程领域的理论和技术手段，在获得优势土著微生物纯菌种（株）的基础上，通过菌种（株）降解功能识别及分子鉴定，结合其生理生化特性及产芽孢特性研究，确认优秀菌种（株），并对其培养条件进行优化，再通过科学复配即可获得复合微生物菌剂。复合微生物菌剂的应用效果与其所含有的活菌数密切相关，有效活菌数是衡量微生物菌剂品质优劣的重要参数。通常，随着保存时间的延长，复合微生物菌剂的有效活菌数会不断降低，最终失效。将微生物菌剂制备成各种剂型的菌剂产品，尽可能延长产品的保质期，是实现微生物菌剂的工业化生产并推动其实际应用的重要环节。

① 微生物菌剂制备过程中，通常采用缺氧、缺乏营养、低 pH 值、低温或低含水率等方式使有效微生物处于休眠状态，可有效提高保存期间菌剂中的活菌数，有利于保持使用后微生物的活力，提高其降解或转化环境中污染物的效果，降低用量，提高应用稳定性，延长菌剂货架期。

② 由于菌剂中的有效微生物处于休眠状态，其对保存条件要求较低，一般在密封、阴凉、干燥的地方保存即可，无需低温贮存和冷链运输，菌剂保存及运输的成本大大降低。

二、菌剂的剂型

目前，商品化微生物菌剂的主要剂型有液态菌剂、干粉菌剂和固态菌剂等。影响微生物菌剂剂型选择的因素很多，菌剂中为活的菌体，因此要考虑在保质期内维持菌体生命力的问题，其次是贮藏、包装、运输等问题，这就需要根据不同的菌种（株）特性，筛选出最佳的贮存介质，以延缓其衰退。

（一）液态微生物菌剂

通常，液态微生物菌剂只需要经过微生物发酵或把菌体发酵液稍加浓缩、加工、包装即可，可通过添加增稠剂、防腐剂等延长贮存期。液态微生物菌剂具有制备流程简单、易保存、运输方便、启动及活化时间短、成本低等特点，可达到快速启动反应器和提高处理效率的目的，在实践中极具开发潜力和应用前景。然而，液态菌剂如调配不当，其稳定性较差，易腐败变质，活菌数量下降快，藏期短，携带运输不便，容易污染，同时，易受外界条件的影响，微生物存在老化、失活等现象，影响使用效果。因此，如何保持液态微生物菌剂中有效微生物的活菌数、提高其稳定性和防腐十分重要。

（二）干粉菌剂

通过干燥过程可将液态微生物菌剂制备成干粉菌剂，干粉菌剂具有贮存周期长、运输方便、贮存及运输成本低、使用效果稳定、施用简单等特点。干燥可分自然干燥和人工干燥两种，并有喷雾干燥、真空干燥、冷冻干燥、气流干燥、微波干燥、红外线干燥和高频率干燥等方法。微生物菌剂的干燥过程中必须注意以下两个问题：一是菌剂具有热敏性，而干燥时涉及热量传递的扩散分离过程，所以在干燥过程中必须严格控制操作温度和操作时间，在最短时间内完成干燥处理；二是干燥操作必须在洁净的环境中进行，防止干燥过程中以及干燥前后的微生物污染。因此，选用的干燥设备必须满足无菌操作的要求。

（三）固态微生物菌剂

固态微生物菌剂的制备方法主要有两种，一是吸附法，二是包埋法。

固态微生物菌剂可以风化褐煤、炭化秸秆、草炭、蛙石、硅藻土、珍珠岩和轻质碳酸钙等作为载体（吸附剂）制备而成。由于该剂型的微生物易存活，保存时间长，运输方便且成本低，有较长的有效期和较高的活菌数而为各生产厂家普遍采用，并已逐渐成为当代微生物菌剂生产的主要剂型。好的载体（吸附剂）应具有持水量高、容易灭菌、理化性能单一、无毒易降解、不易污染、中性且易调整、能快速释放菌体到环境污染治理系统中、易于制成粉剂或颗粒、原料充足、价格便宜等特点。采用吸附法制备固态微生物菌剂的过程中，为了提高菌体保存期，除了载体吸附剂外，还添加保护剂和抑菌剂等，主要是为了使菌体免受外界环境伤害和抑制菌剂中的杂菌生长，从而起到保护菌体的作用。另有研究证明，混合载体比单一载体吸附菌体的效果好，且保存期长。

除了吸附法可制备固态微生物菌剂外，也可采用特殊手段将微生物包埋而成微小致密的胶囊，在一定的环境条件下，其内含的菌体可以被控制释放。制备活菌细胞微胶囊，一般采用对生物体无毒副作用的食用凝胶，如海藻酸钠、阿拉伯胶、果胶、明胶等，作为包埋载体，并与一定比例的增塑剂和交联剂配成胶液，然后与收集的菌泥混合均匀，喷入一定浓度的盐溶液中，固化形成一定直径大小的固定化细胞微胶囊。由于微胶囊避免了基质中酸和氧对菌体的直接伤害，延缓了菌体的内外物质交换，提供了有利于菌体存活的微环境，使菌体的保藏期得以延长。该方法最初使用高熔点黄油包埋双歧杆菌保藏在酸奶基质中，延长活菌保藏期限。其不足之处是细胞经包埋固定后，传质阻力增大，细胞活性下降，同时有关颗粒大小、微胶囊的控制释放、使用效果以及实现工业化生产的设备等问题尚需进一步研究解决。

三、液态微生物菌剂的制备

由于液态微生物菌剂的活性成分是有生命的，易被环境条件和化学物质改变其稳定性，在菌剂中加入适当的增稠剂、乳化剂等，能够提高其稳定性。

（一）增稠剂

增稠剂是一类有黏度，具有分散、稳定作用的物质，它可以增加体系的黏稠度，减慢蛋白质分子的运动，降低蛋白颗粒因重力而沉降的作用，延长体系的稳定时间，此外，增稠剂能在蛋白质粒子表面形成亲水性薄膜，形成包裹在蛋白质粒子上的保护胶体，防止凝集沉淀。

与琼脂和海藻酸钠相比，阿拉伯树胶对液态微生物菌剂的增稠效果较好，显示出较高的稳定性。其稳定性可能是由于乳液中胶质的胶凝性质，有更高的浊度和黏度。阿拉伯树胶是一种中性或弱酸性的支链复杂多糖，其中包含的阿拉伯半乳糖聚糖通常用作稳定乳化剂，阿拉伯半乳糖聚糖蛋白以“荆花模型”为代表，既提供疏水性多肽链，又提供亲水性碳水化合物嵌段，赋予了良好的乳化特性。

（二）乳化剂

乳化剂可以有效阻止液滴的聚结和絮凝，从而维持体系长期稳定性。吐温-20、吐温-80、月桂酸单甘油酯、柠檬酸脂肪酸甘油酯、海藻酸丙二醇酯、氢化松香甘油酯、山梨醇酐单月桂酸酯、山梨醇硬脂酸酯、丙二醇脂肪酸酯、琥珀酸单甘油酯等均是良好的乳化剂。月桂酸单甘油酯因其具有抑菌广谱性，还存在水溶性差、浓度过高会形成胶束等问题，相对而言，吐温-20是较好的乳化剂。乳化剂在配方的稳定性、微生物的均匀分散和活力中起重要作用。

（三）抗氧化剂

抗氧化剂被认为是一类能通过各种途径有效清除内源和外源性自由基或抑制氧化扩散及提高机体内抗氧化酶活性和数量，并对自由基所致病变有防治作用的物质。其中，抗坏血酸的抗氧化效果较佳。抗坏血酸是通过在L-抗坏血酸中氧化葡萄糖（葡萄糖、蜂蜜糖、玉米糖）而得到的，导致四个氢原子还原形成两个水分子。抗坏血酸作为一种极好的抗氧化剂，可以被氧化，形成相对稳定且无反应性的氧化形式（单氢抗坏血酸和脱氢抗坏血酸）。

茶多酚是茶叶中多酚类物质的总称，包括黄烷醇类、花色苷类、黄酮类、黄酮醇类和酚酸类等，为淡黄至茶褐色略带茶香的水溶液、粉状固体或结晶，具涩味，易溶于水、乙醇、乙酸乙酯，微溶于油脂。耐热性及耐酸性好，在pH值为2～7范围内均十分稳定。略有吸潮性，水溶液pH值为3～4。在碱性条件下易氧化褐变。遇铁离子生成黑绿色化合物。茶多酚是从茶叶中提取的全天然抗氧化食品，具有抗氧化能力强（甚至可达L-异坏血酸的100倍）、无毒副作用、无异味等特点。其抗氧化性能随温度的升高而增强，0.01%～0.03%即可起作用，而无合成物的潜在毒副作用。茶多酚除具有抗氧化作用外，还具有抑菌作用，如对葡萄球菌、大肠杆菌、枯草芽胞杆菌等有抑制作用。

（四）防腐剂

乳酸链球菌素（又名乳链菌肽）是一个疏水、带正电荷的小肽，它能够吸附在革兰氏阳性敏感菌的细胞膜上，与细胞壁中带负电荷的物质（如磷壁酸、糖醛酸、酸性多糖或磷脂）作用，能够通过C末端的作用侵入细胞膜中形成通透孔洞，抑制革兰氏阳性菌细胞壁的合成，改变细胞膜的通透性，引起细胞中的小分子物质流出，同时，细胞外水分子流入，最后导致细胞自溶死亡。由于乳酸链球菌素可抑制大多数革兰氏阳性细菌，并对芽孢杆菌的孢子有强烈的抑制作用，它是一种高效、无毒、安全、无副作用的天然食品防腐剂。

山梨酸及其钾盐主要通过抑制微生物体内的脱氢酶系统，从而达到抑制微生物生长和防腐的作用，对细菌等均有抑制作用，其效果随 pH 值升高而减弱，有效 pH 值范围为 3～6。苯甲酸及其钠盐在碱性介质中无杀菌、抑菌作用，防腐最佳 pH 值为 2.5～4.0。对羟基苯甲酸酯类及其钠盐（对羟基苯甲酸甲酯钠、对羟基苯甲酸乙酯及其钠盐）的防腐机理是破坏微生物的细胞膜，使蛋白质变性，其抑菌 pH 值范围为 4～8。丙酸及其钠盐也是良好的防腐剂，抑菌效果不如山梨酸钾及苯甲酸盐。

四、干粉菌剂的制备

干粉菌剂制备常用的干燥方法有喷雾干燥法和冷冻干燥法，可视组成菌剂的微生物属性进行合理选择。

（一）喷雾干燥法

喷雾干燥是利用液体雾化器将料液喷成细小的雾滴（直径为 10～200μm），增加料液与热空气的接触面积，再与干燥塔内的冷热空气或惰性气体均匀混合，进行热交换和质交换，最终使溶剂汽化和溶质固化。该技术主要包括料液的雾化、雾滴与热空气的接触和干燥后的产品分离 3 个阶段，其中第二阶段较为关键，因微生物或热敏物质对热的敏感性，若与热空气接触时间过长，会导致产品失活变性。喷雾干燥技术耗时短、效率高，成本仅为冷冻干燥的 1/6，且较好保留产品的原有性质，因此，目前在生产中被广泛使用。

1. 干燥温度

干燥温度是指干燥桶的空气温度，每一种原料因其物性，例如分子结构、密度、比热、含水率等因素，干燥时温度均有一定的限制，温度太高时会使原料中的局部添加物挥发变质或结块，太低又会使某些结晶性物料不能达到所需干燥条件。另外，在干燥桶选择上需要绝缘保温，低温喷雾干燥机要避免干燥温度漏失，造成干燥温度缺乏或能源的浪费。

2. 露点

在干燥机中，先除去湿空气，使之含有很低的残留水分（露点），然后，通过加热空气来降低它的相对湿度，这时，干空气的蒸气压较低。通过加热，颗粒内部的水分子摆脱了键合力的束缚，向颗粒周围的空气扩散。

3. 干燥时间

在颗粒周围的空气中，热量的吸收和水分子向颗粒表面扩散需要一定的时间。

4. 气流

干燥的热空气将热量传递给干燥料仓中的颗粒，除去颗粒表面的湿气，然后把湿气送回干燥器里。因此必须有足够的气流将物料加热到干燥温度。

5. 风量

风量带走原料中水分，风量大小会影响除湿效果的好坏。风量太大会造成回风温度过高，造成过热现象而影响其稳定性，风量太小则无法将原料中的水分完全带走。风量也代表除湿干燥的除湿能力。

（二）冷冻干燥法

冷冻干燥的基本原理是水在液态、气态和固态三种形态下的相互转化与共存，先将料液冷冻至共晶点温度以下，其内部水分以固态冰的形态存在，再投入真空冷冻干燥机，在真空条件下使物料中的冰不经液态直接升华为水蒸气，实现物料脱水干燥的技术。该过程包含两次干燥：第一次干燥为升华干燥，是将物料中的冰晶通过吸热升华为水蒸气逸出，可除去80％～90％的自由水；第二次干燥为解吸干燥，是将物料中剩余10％～20％的结合水除去。与其他干燥方法相比，冷冻干燥法具有如下特点：①在低温下干燥，不会使蛋白质、微生物变性或失去生物活性，因此对许多热敏性的物质特别适用。②在低温条件下，物质中的挥发性成分和受热变性的营养成分损失很小。③在冻干过程中，微生物无法生长，酶的作用几乎无法发挥，因此能较好地保持物质原有的性状。④干燥在真空条件下进行，使易氧化的物质得到保护。⑤由于在冻结的状态下进行干燥，物质的体积、形状几乎不变，保持了原来的结构，干燥后的物质疏松多孔，呈海绵状，加水后溶解迅速而完全，几乎能立即恢复原来的性状。

然而，冷冻干燥过程中，不同制品在共融点、浓度、成分升华速度、黏度、含水率等方面的要求均不一致，因此不同的菌种（株）需要不同的冻干工艺。生产工艺复杂，冷冻干燥消耗能量较大，过程时间较长，生产管理费用较高，工艺控制的要求较高，是制约该法大规模应用的主要障碍。此外，冷冻和干燥两个过程都会造成微生物细胞不同程度的损伤、死亡及某些酶蛋白分子的钝化，具体体现在以下几个方面：①机械损伤。由在冷冻过程中细胞内外生成的冰晶产生的机械力量引起。研究认为，冰晶是快速降温时产生细胞损伤的主要原因。产生的冰晶越大，机械力越强，对细胞的伤害也越大。②溶质损伤。冻干过程中，细胞内溶液由于水的冻结而浓缩，电解质浓度增加，导致细胞内外渗透压变化，从而细胞脱水，使胞内蛋白质发生变性。③细胞膜损伤。当细胞进行干燥脱水时，细胞膜中磷脂极性端密度加大，平时处于液晶状态的脂膜变成凝胶状态，相的变化使细胞膜通透性增加，胞内一些可溶性物质发生渗漏，从而导致细胞死亡。④胞内酶失活。细胞内一些关键酶在冻干时发生结构与功能的改变，从而使整个细胞代谢紊乱，导致细胞死亡。

真空冷冻干燥的关键技术就是摸索出相应活菌的冻干工艺，提高活菌的活性和抗逆性。

1. 保护剂

对于绝大多数细菌来说，冷冻干燥成功的关键在于保护剂的使用。冷冻干燥保护剂作为生物制品在冷冻干燥过程中的添加物，是为保护微生物、酶等生物大分子的生物活性，在冻结、干燥过程及其在储存中不受损害、不发生变化的一类物质。保护剂可以改变生物样品冷冻干燥时的物理、化学环境，减轻或防止冷冻干燥或再水化对细胞的损害，可尽可能保持原有的各种生理生化特性和生物活性。

冻干保护剂通常应具有以下几方面的性质。保护剂的结晶率应尽量低，最好能全部或部分玻璃化。因为保护剂的结晶常伴随着相分离，会破坏保护剂分子和生物分子之间的相互作用，从而使保护剂失去保护作用，最大冻结浓缩液的玻璃化转变温度比干物质的玻璃化转变温度高，保护剂在冷冻干燥和贮存过程中始终保持玻璃态，能最大程度地保存生物分子的活性，玻璃态物质对水分的吸收会使玻璃化转变温度显著下降，因此理想的保护剂不仅要求玻璃化转变温度高而且其吸湿性应较低。被用作保护剂的物质有很多，如多羟基化合物、多聚糖、二糖类物质、氨基酸、水解蛋白、蛋白质、矿物质、含有机酸的盐和含维生素的复合物等。冻干保护剂按作用方式可分为渗透型和非渗透型。渗透型保护剂能够进入细胞，在溶液中能够强烈地结合水分子，使溶液的黏性增加，当温度下降时，溶液内冰晶的增长速度减慢，从而降低了系统中水转化为冰的比例，减轻细胞外溶质浓度升高所造成的细胞损伤。同时，由于渗透型保护剂进入细胞，使细胞内溶质浓度升高，细胞内压力接近于细胞外压力，使得由于细胞外结冰引起的细胞脱水皱缩的程度和速度下降，减少了对细胞的损伤。非渗透型保护剂不能进入细胞，在冷干时使溶液呈过冷状态，降低了溶液结冰的速度，从而降低细胞外电解质的浓度，避免在冻干过程中由于盐类浓缩，使细胞脱水而导致细菌损伤。另外，冻干保护剂按其性质可分为多元醇类、糖类、氨基酸类、无机盐类、蛋白质类及肽类等。

2. 再水化

再水化作用在细胞冷冻干燥后的复苏过程中也是一个关键的步骤。再水化剂、细胞本身的浓度和再水化条件（温度、pH）都会显著影响细胞的成活率（复苏率)。这是因为再水化剂产生的渗透压和再水化条件（温度、pH）都有可能影响细胞膜以及酶蛋白分子的结构和性质，造成细胞损伤或死亡。常用于细菌的水化剂有磷酸缓冲液、脱脂奶粉、蔗糖和乳糖等。

3. 冷冻速率

在冷冻过程中冷冻速率也是一个重要因子。如果冷冻过慢，细胞中的水将有时间通过渗透作用流出，冰块将在细胞外形成。随着细胞外冰块的形成，水将流动到细胞外环境中，胞内内含物浓度增大，导致渗透不平衡发生。假如冷冻过程非常快速，细胞中的水没有时间减少到使细胞内外保持平衡，则冰将在细胞内形成。细胞内形成冰将会导致细胞死亡或损伤。最佳的冷冻速度（率）在不同属细菌中不同。

4. 残余含水量

冻干制品的残余含水量是一个关键指标。残余含水量越低，越有利于长期保存。长期保存过程中，由于冻干样品不断吸收环境中的水分，导致含水量不断升高，玻璃化转化温度不断降低。当其低于储存温度时，冻干品内水分子运动加剧，导致菌剂活性变化。由于干燥添加的保护剂和辅料不同，残余水分在菌剂中的存在形式也会有所不同，因此，对其含水量的控制也是十分重要的。

五、固态微生物菌剂的制备

采用吸附法和包埋法制备固态微生物菌剂的过程中，载体与保护剂的选择、含水率及干燥技术是否得当十分关键。

（一）载体

固态微生物菌剂制备用载体包括风化褐煤、秸秆、炭化秸秆、草炭、蛭石、硅藻土、珍珠岩和轻质碳酸钙等。褐煤，又名柴煤，是煤化程度最低的矿产煤（烟煤是中等煤化产物)，一种介于泥炭与沥青煤之间的棕黑色、无光泽的低级煤。其化学反应性强，在空气中容易风化碎裂，不易储运。风化褐煤富含挥发分，含有可溶于碱液的腐殖酸，是良好的固态微生物菌剂制备的载体。秸秆是一种高效、低成本、可再生的载体，目前已经受到越来越多的关注。炭化秸秆是将秸秆经烘干或晒干、粉碎，然后在制炭设备中，经干燥、干馏、冷却等工序，将松散的秸秆制成木炭的过程。炭化秸秆的比表面积较大，吸附位点较多，有利于微生物的附着，且含有丰富的 N、P、K 等营养元素，有利于微生物的活性保持。

对于堆肥微生物菌剂而言，腐熟物料含有丰富的腐殖质及营养元素，适宜微生物的生长繁殖，能够增加微生物活性。腐熟物料还具有很好的吸附能力，能够吸附更多的菌液。将腐熟物料灭菌后，接种功能微生物，能够促进功能微生物的生长繁殖，同时抑制外来微生物的生长，是一种优良的菌剂载体。

（二）保护剂

微生物菌剂的有效活菌数和储存期是质量评价的重要指标，在制备过程中需要对微生物细胞进行保护，避免菌体及活性物质在加工、储存过程中失活，也能够促进微生物在环境污染治理系统中顺利定植，提高其稳定性。保护剂对微生物的保护效果与化学结构有关，有效的保护剂应对细胞和水均有很强的亲和力。保护剂有高分子保护剂和低分子保护剂两种，前者主要是分子量较大的蛋白质、多糖物质，如脱脂奶、大豆分离蛋白、可溶性淀粉等，这类保护剂通过对菌体形成一层保护薄膜而起作用；后者主要包括单糖、双糖和醇类物质，如海藻酸钠、葡萄糖、甘油、蔗糖及山梨醇等，这类保护剂可以进入细胞，与水分子结合，提高细胞内浓度，减少细胞脱水。

脱脂牛奶、甘油和海藻糖均是良好的保护剂。在高温、冷冻和干燥等环境条件下，海藻糖具有较好的水合性，能够在细胞表面形成独特的保护膜，有效保护细胞不被破坏，这有利于提高微生物的存活率，延长微生物菌剂的储存时间。另一方面，海藻糖也是微生物可利用的碳源，能被微生物吸收利用，因此，当海藻糖浓度过高时，微生物可利用的碳源增多，使得菌剂中芽孢杆菌进行二次发酵，处于休眠状态的芽孢被激活，开始生长、分裂、繁殖，导致过早老化失活，降低菌剂的使用效果。

（三）含水率

水分是微生物细胞的重要组成部分，微生物只能吸收、利用水中溶解的营养成分。然而，较高的固态微生物菌剂含水率将显著影响菌剂的保质期。含水率越高，菌剂中活菌存活率越低，细胞越易过早老化，如果菌剂中的有效微生物为其芽孢，较高的含水率则促进芽孢的萌发，使其转化为营养细胞，不利于菌剂的长期保存，影响使用效果。较高的含水率也易使菌剂在保存过程中发霉，滋生杂菌。固态菌剂的保存效果因含水量的不同而有显著差异，通常，微生物在水活度为0.63～0.99之间的环境中生长，而当水活度下降到微生物的最适值以下时，影响微生物的生长及老化过程，最终影响菌剂中的菌体数量及使用效果。固态菌剂适宜的含水率为6%～12%。

（四）干燥技术

干燥是除去物料中湿分（水分或有机溶剂）的单元操作。它是传热和传质的复合过程，传热的推动力是温度差，传质的推动力是物料表面的饱和蒸汽气压与气流中水汽分压之差，可通过加热、真空处理、冷冻、红外线辐照和微波等方式加大该差值，提高干燥效率，据此，干燥过程可分为气流干燥、喷雾干燥、真空干燥、冷冻干燥等。物料所含的水分通常分为非结合水和结合水。非结合水是附着在固体表面和孔隙中的水分，它的蒸气压与纯水相同；结合水则与固体间存在某种物理的或化学的作用力，汽化时不但要克服水分子间的作用力，还需克服水分子与固体间结合的作用力，其蒸气压低于纯水，且与水分含量有关。由于喷雾干燥及冷冻干燥等技术的干燥成本较高，固态微生物菌剂制备过程中常用的烘干技术为气流干燥技术。

与冷冻干燥技术相比，气流干燥具有诸多优势：①气流干燥的干燥强度大。由于气流速度高，物料的分散和搅动作用好，汽化表面不断更新，可把粒子的全部表面积作为干燥的有效表面积，干燥的传热、传质过程强度较大，因此，气流干燥设备的干燥有效面积大大增加。②干燥时间短。气固两相的接触时间极短，干燥时间一般在 0.5～2s，最长为 5s。物料的热变性一般是温度和时间的函数，因此，对于热敏性或低熔点物料不会造成过热或分散而影响其质量。③处理量大。一般直径为 0.7m、长为 10～15m 的气流干燥管，每小时可以处理数十吨物料。④热效率高。气流干燥设备采用气固相并流操作，而且，在表面气化阶段，物料始终处于与其接触的气体的湿球温度，一般不超过 60～65℃，在干燥末期物料温度上升的阶段，气体温度已经大大降低，产品湿度不会超过 70～90℃，因此，可以使用高温气体。⑤设备简单。气流干燥设备简单，占地面积小，投资小。还可与粉碎、筛分、输送等联合操作，不但流程简化，而且操作易于自动控制。⑥应用范围广。气流干燥设备可用于各种粉粒状物料。在气流干燥管直接加料的情况下，粒径可达到 10mm，湿含量可在 10%～40%。

第四节 微生物菌剂在环境污染治理中的应用进展

近年来，随着环保用微生物菌剂技术的快速发展，一方面，其应用领域越来越广阔，涉及水污染治理、大气污染治理、固体废弃物资源化、水体污染修复及清洁生产等方面；另一方面，环保用微生物菌剂的使用量明显增加。表 8-2 给出了国内外环保用微生物菌剂的应用情况。目前，国内市场的环保用微生物菌剂多为外商产品，以丹麦诺维信和日本琉球大学 EM 菌剂的市场份额最高，菌剂种类多，针对性强，处理效果好，但价格较高。国内高校及科研院所对环保用微生物菌剂的研究较为深入，报道的专利及发表的文献较多，菌剂对目标污染物的去除针对性强、使用效果较好。

表 8-2 国内外环保用微生物菌剂的应用情况

菌剂名称		研发单位	应用领域
外商产品	BI-CHEM 等微生物制剂及酶制剂等	丹麦诺维信	水处理、水产养殖、农业及植物护理、公用及工业清洁
	EM	日本琉球大学	污水处理、污染地表水和土壤修复、垃圾处理、空气净化、农牧等
	BZT、OBT 系列	美国碧沃丰	污水处理、水产养殖、景观水治理、水族净化、堆肥发酵等
	生物促生系列、生物增效 PLW 系列、污泥减量剂	美国普罗生物技术有限公司	水处理、土壤修复、农业、园艺、河流湖泊生态治理
	利蒙系列	美国通用环保科技公司	污水处理、污泥减量、湖泊水质修复、水族馆及养殖业
	ALKEN Clear-Flo	美国艾尔克蒙公司	人体排泄物处理
国内产品	SKHZYE	苏柯汉(潍坊)生物工程有限公司	垃圾污水处理、水厂养殖、动物饲料添加剂、纺织酶制剂、农业等
	降解脂肪、蛋白质、淀粉和纤维素的菌株,降解氰化物、苯酚的菌株,去除氨氮菌及絮凝菌、聚磷菌、脱色菌等	常州海鸥水处理有限公司	应用于生活污水、印染废水、垃圾渗滤液、化工废水、食品废水、制革废水和工业循环水等处理
	水质净化剂、污泥堆肥菌剂	广州农冠生物科技有限公司	水质净化剂应用于公共区域污水处理,游泳池、温泉池、水族箱,湖泊地表水及人工湖景观水池;堆肥剂应用于污泥处理、城市垃圾处理等
	EM 系列	广宇生物技术有限公司	应用于养殖、种植、水产等

续表

	菌剂名称	研发单位	应用领域
国内高校及科研单位成果	石油降解菌剂、含氮废水处理菌剂	中科院成都生物所	应用于工业废水处理及污染河流或湖泊修复
	炼油及印染废水处理菌剂	清华大学	应用于含油废水及印染废水的处理
	稠油污水处理菌剂、苯胺类污染水体处理菌剂	中科院应用生态研究所	处理含稠油及苯胺类废水
	微生物絮凝剂、低温生物强化菌剂、特种废水专属高效菌剂	哈尔滨工业大学	用于污废水处理
	石油降解菌	山东省科学院	修复石油污染土壤及水体
	降解脂肪、蛋白质、淀粉、木质素和纤维素的菌株及相应的复合菌微生物剂,污泥堆肥菌剂,餐厨垃圾堆肥菌剂	江南大学	用于污废水处理、污泥及城市垃圾处理、土壤修复

一、在水污染治理中的应用

(一) 水中有机污染物的去除

有机污染物对水生态环境影响十分严重，主要归因于市政污水及工业废水等的排放。所以，大多数国家都将有机物作为主要的水质污染物质。水中多数有机污染物都可被微生物降解，运用微生物菌剂可大大提高其去除效果。对于性质不同、行业特有且难降解的有机污染物，可针对性地分离、筛选、驯化出相应耐性的降解菌株，将各菌株进行复配形成优势菌群，经过选育和驯化后往往可以取得较好的去除效果。

诺维信面向食品和饮料行业研发了生物增效剂（BG Max），该菌剂含有的微生物和酶制剂可以降解各种有机物，包括蛋白质、脂肪、糖和淀粉等。美国中西部的一家猪肉加工厂每天约产生 $8700m^3$ 富含有机物的废水（COD 高达 60g/L），废水经过除砂和溶气气浮（DAF）装置后，进入两个 $19000m^3$ 厌氧池，停留时间约 4.4d。在一年中气温下降和甲烷产量受到抑制时，添加 BG Max 菌剂可使沼气产量提高到夏季产生的平均沼气水平，产气量约为 $9100m^3/d$，同时，沼气质量未降低，甲烷含量为 60%～70%。可见，该菌剂可以提高沼气产量，改善运营稳定性，降低废水处理成本。

张强等研发了一种复合功能石油烃降解微生物菌剂，该菌剂包括如下有效活菌成分：解磷菌、固氮菌、石油烃降解菌。其中，解磷菌为荧光假单胞菌（*Pseudomonas fluorescens*）ECO，菌种保藏号 CGMCC No. 16104，石油烃降解用石油烃降解菌（*Bacillus paramycoides*），菌种保藏号 CGMCC No. 16238，使用该菌剂，采用重量法检测油泥中石油的降解率，对高盐碱环境下含油量 3%～10%的石油污染土壤或油泥的降解率在 30d 内可达 21%～50%，且该菌剂降解后的产物为 CO_2 与 H_2O，无二次污染。王秀敏等针对高浓度苯胺工业污水分离、筛选、驯化出耐受高浓度苯胺的高效苯胺降解菌株，采用与活性污泥进行组合的技术工艺，成功地进行了含苯胺类工业废水的处理，当废水苯胺的质量浓度在 500～2000mg/L，COD 为 7000～10000mg/L 时，苯胺去除率高于 98%，COD 去除率高于 90%。

(二) 水中氮磷的去除

水体富营养化的主要因素是氮、磷含量偏高。氮的自净作用主要经过氮循环中微生物的硝化作用、反硝化作用、氨化作用和微生物的固定作用得以实现。脱氮已成为工业废水处理中极其重要的一步。当氨氮和硝酸盐排放到河湖中时，氨氮被细菌氧化成硝酸盐和亚硝酸盐，会造成水体中溶解氧浓度的下降，从而引起鱼和其他水生需氧动物的死亡。氨和铵具有化学平衡关系，随着温度和 pH 值的上升，会造成越来越多氨的产生，而氨对鱼是有毒性的。硝酸盐则刺激藻类的生长，导致河湖的富营养化。磷一般通过聚磷菌厌氧释磷好氧吸磷的原理得到去除，除磷的效果取决于聚磷菌在厌氧阶段释磷的量。

诺维信公司研发了一种氨氮去除微生物菌剂，并制定了《微生物制剂 诺维信® 生物增效剂 5805》（Q/NZSB 187—2017）企业标准，该菌剂采用亚硝化单胞菌和硝化杆菌等进行发酵获得，可用于垃圾填埋场、炼油厂、食品加工厂等的污水处理，通过亚硝化单胞菌使氨氮转化为亚硝氮，通过硝化杆菌属使亚硝氮转化为硝氮。该菌剂外观为粉红色-棕色重度浑浊的液体，氨的氧化速率$\geqslant$500mg(NH_3-N)/(L·h)，pH 值为 7.0～8.0，亚硝酸氮$\leqslant$50mg/L，氨氮$\leqslant$50mg/L。凉爽、干燥地方密封贮存，避免阳光直射，严防高温和冷冻，防污染。在规定的贮存条件下，自生产之日起使用期限为 6 个月。此外，该公司还研发了一种总氮去除微生物菌剂，由多种能起到反硝化的微生物复配而成，含有多种硝化菌，耐盐、耐低温、耐毒性，主要成分为微生物、麸、砂，黄褐色粉末，通常用于废水缺氧处理系统中强化硝态氮和亚硝态氮的去除，可高效降低总氮浓度、减少藻类生长、提升透明度、缩短工期、提高系统稳定性。

李明慧等针对再生水受纳水体水质差的问题，开展了微生物净水制剂在再生水受纳水体的应用研究。微生物净水制剂对氮、磷的去除率尤其是在富营养程度较高时相对较好，综合考虑各种因素，最终的降解率可达 30%～40%。刘艳杰在改进 A^2/O 系统中筛选出低温条件下的高效菌株，用筛选出的菌株进行系统的优化，添加到改进 A^2/O 系统可显著提高污水的脱氮除磷效果，总磷去除率可达到 90%，总氮的去除率为 80%。韦能春等开展了污水系统的中试试验研究，在活性污泥中投加高效复合微生物制剂可显著提高废水氨氮去除率，同时，投加高效复合微生物制剂后，在进水水质波动较大的情况下，出水氨氮浓度仍可保持在低水平，平均浓度低于 6mg/L，说明高效复合微生物制剂的投加显著提高了系统的氨氮降解能力。

（三）废水脱色

水污染较为严重的问题之一是有色污染。例如印染和染料废水色度大，有机物浓度高，组分复杂，难生物降解物质多，含有大量的无机盐、硫化物等，属于较为主要的产色难处理的工业废水。染料分子由于其人工合成的复杂的芳香烃分子结构而更加难于去除，这些结构在设计制备时便是为了在水环境或在光照和有氧化剂的条件下稳定存在。据统计，全世界每年生产 70 万吨约 10 万种染料，其中，纺织工业排放的染料废水最多，染色工业、造纸工业、制革和涂料工业以及染料制造业也产生了大量染料废水。目前，我国染料行业进入高速发展期，生产工艺和设备不断更新换代，行业规模日趋庞大，生产技术日益复杂，增加了废水处理的难度，产生的染料废水已成为行业发展的瓶颈。

目前已有大量的可降解染料的微生物的报道。研究者一般从染料工业废水处理设备中分离出能降解染料的菌株，经扩大培养后加入活性污泥或其他生物处理系统中以提高处理效果，有时也用固定化细胞法将菌株固定在载体上进行投加。由于菌株的适应能力和退化问题，微生物菌剂法在实际应用中还不是非常普遍。但作为一种解决染料废水污染问题的有效方法，国内外专家在寻求高效菌种方面已经做了相当多的工作。

偶氮染料作为染料家族中品种最多、使用最广的成员，其对环境的污染也更受关注。一般意义上的偶氮染料生物处理是指细菌系统。大部分是在厌氧条件下，主要是偶氮键的还原，形成相应的芳香胺，由于其中许多是有毒或致癌物质，而需再处置。因此，新兴的真菌处理技术是环境生物技术发展的产物，作为白腐真菌的代表——黄孢原毛平革菌（*Phaner-*

ochaete chrysospooium Burdsall），依赖于其细胞外的、非特异性的、无需底物诱导的独特降解机制，对许多结构不同的、高毒性的、高分子量或低溶解性的化学物质具有广谱的降解能力，染料（包括偶氮染料）也是它进攻的对象之一。黄孢原毛平革菌降解能力的特殊性，为我们开拓新的污染物治理技术创造了机会。

（四）水中重金属的去除

重金属的去除一般是通过化学方法进行絮凝沉降，微生物在重金属去除中的应用也大致如此，主要作用机理是直接吸收、吸附或者分泌出利于吸收或吸附的物质。单一的微生物通过复合作用制成菌剂，可以实现许多单独投加不能达到的效果。将复合微生物制剂与化学絮凝剂相结合能达到更好的效果。魏薇通过复合型絮凝剂吸附重金属效能的各种影响因素的研究发现，生物絮凝剂与化学絮凝剂必须以一定的复合比例投加才能对重金属的去除有利，Cu^{2+}、Cd^{2+}、As^{3+}、Cr^{6+}、Pb^{2+}、Hg^{2+}的最大去除率在最优吸附条件下，可以分别达到96.19%、97.14%、80.81%、65.47%、98.5%和52.62%。郭沨等研究出一种用于被重金属污染水体治理的菌种及微生物菌剂的制备方法。所制备菌剂对Pb、Cd、As等去除率超过80%，可实现对水体中重金属的去除，或应用于工业及酸性矿山废水重金属水体污染治理。

藻类对重金属离子具有很强的富集能力，利用其生物吸附作用可从工业污水中去除有毒、放射性金属并能回收稀有、贵重金属。该法具有高效、经济、简便、选择性好等优点，尤其适用于低浓度及一般方法不易去除的金属。如用菌藻共生体从无营养液的含As(Ⅲ)、As(Ⅴ)的废水中除砷，除砷率可达80%以上，含营养液的废水As(Ⅴ)去除率大于70%，As(Ⅲ)去除率大于50%；啤酒酵母菌和盐泽螺旋藻对Cd、Ni、Cu有明显吸收作用；固定在聚砜基质上的真菌也可除去Cd、Cu、Pb和Ni。

（五）污染水体的修复

复合微生物菌剂对水中的各种物质进行吸收转化等，通过降解有机物、脱氮除磷等方式使水质得到改善。微生物菌剂既能够明显改善养殖水体的水质，又能够提高养殖动物的肉质。江瀚等研究出一种用于淡水养殖水体改良的复合微生物制剂，按照重量百分比，原料包括：枯草芽孢杆菌25%～30%；解淀粉芽孢杆菌25%～30%；脱氮硫杆菌15%～20%。刘宗丽等研发了一种处理复杂暗渠黑臭水体的微生物菌剂，该菌剂按重量份数计，粪球菌15～30份、乳酸菌5～10份、芽孢杆菌25～50份和酵母菌5～10份混合经发酵所得，将该复合高效菌剂与微纳米气泡同步逐渐由暗渠支流向干流运行，此过程中生物活性物质、氧气气泡与河道悬浮物或悬浮底泥充分混合，并迅速吸附于悬浮物颗粒之上，通过生物代谢过程降解水体污染物，经过3个月的修复，可将COD含量从200～300mg/L降低到121mg/L，使复杂暗渠内的水质得到有效改善。

复合微生物制剂可以提高水产养殖的水体功能，有报道表明，在相同条件下，使用微生物制剂的池塘较未使用的池塘水体透明度可增加10～20cm，浑浊度也有显著降低。同时透明度提高还可使光透入水的深度增加，浮游植物光合作用的水层增大，产氧能力提高，进而增加水体溶解氧浓度，提高水产品成活率和相对生长率，降低发病率，提高水产品品质。复合微生物制剂也可以改善水体的景观功能，比如降低水体的富营养化程度。庞金钊等在7～9月份对富营养化湖泊水体进行实验，当投加复合微生物菌剂浓度为200mg/L时，投菌一周后，其浊度去除率达35.3%，叶绿素的去除率达到54.7%，墨绿色水体变澄清。

二、在大气污染治理中的应用

随着人们环境保护意识的改变，人们对生活中空气质量的要求也有了提高，恶臭污染的治理引起了人们的重视。多种微生物共同作用有利于吸收、分解产生的 SO_2、H_2S 等具恶臭味的有害气体从而达到除臭的效果。同时，复合微生物中含有的发酵型微生物在其生长过程中形成的酸性环境，可以有效地抑制腐败型微生物的生长，从根本上减少恶臭物质的产生。

（一）消除畜禽粪便恶臭

畜禽粪便中有大量的含氮物质，分解后产生恶臭，臭气中的氨气和硫化氢等有害物质还对畜禽的健康和生长造成严重影响。夏晓方等从长期堆放鸡粪的土壤中分离纯化土著微生物，并从中筛选出具有高效除臭作用的菌株，对其除臭效果进行研究，发现各组合菌株的除臭效果较各单菌株的除臭效果好，四种菌株组合的除臭效果最佳，NH_3 降解率为 97.2%。何志刚等从鸡粪样品中共分离到 4 株除臭能力强的微生物菌株进行堆肥试验，结果表明，接种复合菌株后最高发酵料温达到 67.5℃，氨态氮含量下降到 250mg/kg 以下，全氮含量比自然堆制提高了 34%。张生伟等研究了数株高效除臭菌对畜禽粪便堆肥过程中的除臭效果和对堆肥物料特性的影响，结果表明，复合微生物除臭剂具有高效除臭功能，与自然堆肥相比，微生物除臭剂减少了猪粪和鸡粪堆肥中 25.84% 和 28.65% 的氮元素损失，全氮和硝态氮含量显著高于自然堆肥，同时促进硫元素向无机硫（SO_4^{2-}）形式转化，SO_4^{2-} 含量显著高于自然堆肥，表明该微生物除臭剂具有高效稳定的除臭作用。Borowski 等使用微生物矿物生物制剂对家禽、牛和猪粪中的细菌数量的影响进行研究，结果表明，在应用生物制剂后，大肠杆菌、梭菌、肠球菌数减少，根据粪便和气味剂的类型，调查的气味化合物浓度降低了 34%～78%。

（二）在污水除臭中的应用

厨房和卫生间下水道中往往会散发臭气，经常会使人感到难受甚至恶心、呕吐，影响居民的生活质量，对人们的健康造成危害。徐锐等制成了一种新型复合菌剂，测定不同浓度梯度处理过的垃圾渗滤液在自然条件下的嗅阈值，并评价该菌剂的除臭能力，结果表明，新型复合菌剂的投加会使垃圾渗滤液嗅阈值明显下降，响应面优化模型分析表明，反应 2.5d 时，投加 0.5% 的菌剂可以有效抑制 NH_3 的挥发，投加 0.2% 的菌剂可以有效抑制 H_2S 的挥发。

（三）在垃圾除臭中的应用

在目前垃圾处理过程中，如何去除垃圾中的臭味，提高垃圾处理能力，保证环境卫生和清洁，成为了垃圾处理的重要内容之一。考虑到垃圾除臭的实际难度，单纯使用化学药剂或者芳香剂不但无法达到去除垃圾臭味的目的，还容易造成二次污染，使垃圾在除臭过程中出现对环境的污染。基于垃圾除臭的现实需要以及微生物制剂的快速发展，复合微生物制剂成为了垃圾除臭的重要材料，在垃圾除臭中得到了重要应用并取得了积极效果。汪英学利用光合细菌、枯草芽孢杆菌、地衣芽孢杆菌、短小芽孢杆菌、嗜酸乳杆菌 5 种微生物的复合微生态菌剂，采用直接喷洒的方式治理湖北省钟祥市沿山头垃圾填埋场垃圾恶臭问题，结果表明，治理结束后，垃圾填埋场内采样点处 NH_3、H_2S 的浓度分别下降了 65.85% 和

87.50%，居民区采样点处 NH_3、H_2S 的浓度分别下降了 59.38%和 81.82%。

三、在固体废弃物好氧堆肥中的应用

好氧堆肥化技术是利用好氧微生物将固体废弃物中可生物降解的有机物转化为腐殖质，同时实现固体废弃物的无害化和稳定化的过程。堆肥化产品可用作有机肥料或土壤改良剂，增加土壤肥力，抑制土壤中的病原菌，降低植物病害的发生率，并为植物生长提供必需的养分，因此，堆肥化处理是实现固体废弃物无害化、资源化、稳定化和减量化的有效途径，具有广阔的应用前景。然而，传统的好氧堆肥工艺存在发酵周期长、带来二次污染、堆肥产品肥效低等问题。

复合微生物菌剂是由两种或两种以上微生物制成的混合菌剂，因微生物间的协同作用，可有效调节堆肥原料的菌群结构，加快堆肥速率，缩短堆肥周期，促进堆体腐熟。针对堆肥物料的组成，在筛选堆肥过程优势土著微生物、识别其污染物降解特征的基础上，获得可降解木质纤维素及淀粉、蛋白质、脂肪等有机物的复合微生物菌剂，对加快堆肥化进程、提高堆肥产品质量与改善堆肥卫生环境具有重要意义。顾娟分别采用新鲜菌剂、保藏 30d 和保藏 60d 的固态复合微生物菌剂进行好氧堆肥研究，结果表明，三种菌剂的堆肥效果相近，均可使堆体在 18h 左右进入 55°C 以上的高温期，高温持续时间分别为 114h、129h、132h。堆肥结束后，三个堆体中纤维素和木质素的降解效果相差不大，所得的堆肥产品理化性质也相差不大，均符合我国生物有机肥标准。

堆肥初期，堆体中营养物质和氧气充足，接种微生物菌剂能够提高堆体中微生物数量，增加微生物的丰富度，提高底物的分解速率，进而提升堆肥反应速率和热量产生速率，缩短升温期的时间。在堆肥高温期投加微生物菌剂，可以减少堆肥过程中 H_2S、NH_3 等恶臭气体的产生量，同时，提高堆体的最高温度，延长高温持续时间，有效杀灭病原菌和寄生虫卵，改善卫生状况。在堆肥后期投加微生物菌剂，能够维持微生物的活性，进一步降解堆体中难降解物质，提高堆体的稳定化、腐殖化程度。此外，特定微生物菌剂能够控制堆肥过程中氮素的代谢，减少氮损失，使得堆肥产品中保留更多的氮素，提高堆肥产品的营养成分含量。

四、在土壤污染治理中的应用

土壤生物修复主要是利用土壤中已有的微生物或人为投加的特制菌剂，将土壤中污染物质吸收或转化成其他物质，使土壤的功能得到恢复或者改善。石油类物质进入土壤中不仅破坏原有生态系统，而且严重损害人类身体健康。目前，针对石油污染土壤的微生物修复是一种新兴实用的污染物治理技术，主要包括生物刺激、生物强化、固定化微生物技术和植物-微生物联用技术，其具有成本低、效率高、消耗少、对环境影响小和无二次污染的优点，正逐步成为石油污染土壤治理的热点领域，然而，微生物修复技术在环境中的应用也同时具有不确定性和潜在的风险。

目前我国大部分地区仍然依靠大剂量地使用化学农药、化肥来抑制农作物病虫害从而保证庄稼增产增收，这使得农作物和土壤中残留大量的化学物质，对人类的生存环境产生一定的不利影响。研究表明，使用微生物杀虫剂、微生物菌肥等相关农用微生物益生菌制剂可以大大改善化学药物、化肥以及化学制剂中重金属、土壤中本身所残留的各种污染物所带来的各种危害，并且还可以在一定范围内修复受损的土壤环境。

(一)微生物修复油类污染土壤

近年来,石油污染土壤的微生物修复,主要是对土壤微生物制剂的投加种类和投加量的研究。雒晓芳等利用分离的五株石油降解菌及其复合菌剂对石油污染土壤进行了实验室模拟与现场修复研究,结果表明,经过48d的修复,复合菌剂组的降解率可达84%以上,显著高于单一株菌;降油率在10d左右增长幅度最大,20d之后逐渐减缓;复合菌剂组的脱氢酶活性明显高于单一株菌组;土壤微生物数量、脱氢酶活性和降油率三者之间呈显著的相关性;污染物中饱和烃的降解速度比非烃和沥青质快。朱欣洁分离筛选出四株高效降解石油菌株,在不同条件对降解率的影响实验中,培养时间为9d的降解效果最好,最大降解效果为45.3%;油浓度为500mg/L时效果最好,降解效果达到65.4%;在pH值为7时最大降解率为73.8%;在菌液接种量为6%时达到最佳降油效果,为63.2%;在不同添加条件对复合修复菌剂影响实验中,复合菌剂对含油量为2%的油污土壤降解率最高;综合脱氢酶活性实验投加量为10%的复合菌剂的降油效果最好,为74.7%。结合脱氢酶实验修复进行到第40d时最大降油率为73.4%。Lbkowska等进行了多重生物强化对由燃料-柴油和飞机燃料污染的土壤处理的影响研究。实验表明,与未接种的对照土壤相比,在柴油和发动机油中,本土细菌的多次接种使生物修复效率增加50%,并且与仅接种一次的土壤相比,增加30%。

(二)微生物修复农药污染土壤

土壤微生物将农药最终分解为H_2O和CO_2等,而且微生物的代谢具有多样性,几乎所有有机污染物都能被降解。因此,微生物降解土壤农药残留十分有效。

针对我国土壤普遍受到有机磷农药污染的现状,陈健等筛选出几株有机磷农药的降解菌,并通过富集和固定化技术,分别研究了这几株菌种对甲基异柳磷、对硫磷等农药的降解情况。杨东璇等在实验室模拟条件下,对白腐真菌在有机氯农药氯丹污染土壤的修复作用及影响因素进行研究,结果表明,土著微生物的竞争对白腐真菌几乎没有影响,对氯丹的去除率与土壤是否灭菌没有关系。木屑作为营养物和生长载体的强化效果最佳。相同条件下,白腐真菌接种量与氯丹的去除效果成正比,当接种量为15~20mL时氯丹去除效率最高。

(三)其他

杨琼等研发了一种复合微生物菌剂,该菌剂包括短小芽孢杆菌SEM-7、芽孢杆菌SEM-2和巨大芽孢杆菌OP6,其质量比为(4~6):(7~9):(5~7),总活菌浓度大于(2~3)$\times10^9$cfu/mL或大于(2~3)$\times10^{11}$cfu/g,该复合微生物菌剂能够有效降低土壤中的重金属镉和铬,溶解土壤中的钾长石,并且能够抑制镰刀菌的生长,防治植物枯萎病。

土壤微生物种群的数量影响着土壤生态系统安全。农田土壤生态系统的正常功能受到长期施用化肥、农药的影响。复合微生物制剂可以作为土壤改良剂改善根际土壤环境。戴丽研究了活性微生物有机肥和常规施肥条件下农田土壤微生物的变化情况。结果表明,土壤中有益微生物数量增加,土壤供肥力得到提高,提供根际微生物更好的繁殖条件,农田土壤生态环境得到明显改善。

微生物制剂在盐碱地的修复中也起到很好的作用。刘军辉在张北县盐碱试验地用复合微生物制剂进行土壤修复试验,结果表明,复合微生物制剂施用后,土壤pH值、EC值显著降低,对土壤盐碱性改良效果明显,土壤中碱解氮、速效磷、速效钾、有机质等指标呈线性增加，土壤肥力逐年提升。

黄孢原毛平革菌在实验室内对有机污染物降解的研究已经逐渐应用到工业领域中，其广谱的降解范围、低廉的营养要求、降解的彻底性、竞争的优势、对固液基质的适应性，使其在环境工程和生物补救应用中具有经济、高效、实用等多项优势。美国犹他州立大学 Aust 教授用黄孢原毛平革菌成功处理了被 TNT、DDT 等严重污染的土壤。Mycotech 公司则开拓在石油烃补救中的应用，治理重油、多环芳香烃、四氯苯酚的污染。利用黄孢原毛平革菌治理环境污染已成为黄孢原毛平革菌技术走向工业化的最活跃的研究方向。

五、存在问题与发展趋势

随着环境生物处理技术的兴起和发展，微生物菌剂在环境污染治理中的应用潜力受到了普遍的关注。环境污染治理的方法很多，但微生物菌剂法更具经济、便捷的特点，在很大程度上克服了工程处理受时间、地点等客观条件限制的问题，因而被认为是 21 世纪生物技术产业化的热点之一，具有广阔的开发应用前景。用于环境净化的微生物菌剂由于其应用范围广、使用安全、无副作用，为区域环境保护提供了新的重要手段。

（一）存在问题

目前，环保用微生物菌剂的研发及应用尚存在以下问题：

① 国内环保用微生物菌剂正处在快速发展阶段，在用于废水处理的菌剂中进口产品占 60%以上的市场份额，国内企业生产规模较小，行业的集中度低，所生产的菌剂以仿制品为主，菌剂产品针对性不强。

② 高校和科研院所在环保用高效降解菌剂方面所开展的研究内容和范围较广，多数停留在实验研究阶段，仅少数进入工程示范阶段，没有形成产业化规模。

③ 复合微生物制剂是多种微生物在特定环境条件下，经过培养驯化最终达到一个平衡的生态系统，获得最优降解效果的微生物群落。实际的工程环境复杂而且多变，环境发生变化后某些微生物因为不适应而死亡或失去生存优势，从而使复合微生物制剂的效果受到影响。

④ 不同的处理对象、投加的微生物制剂也须对应，即使使用的菌种一样，菌剂的复配比例也会不同，增加了复合微生物制剂开发的难度。

⑤ 环境生物技术是支撑环保产业发展的重要力量，是解决人类面临的生存和发展问题的核心技术之一，在国民经济和社会发展中具有重要的战略地位。为了促进国内环保用微生物菌剂市场的健康有序发展，政府有必要出台具体详实的优惠政策，鼓励高校与企业联合开发针对性强的环保用微生物菌剂产品，将相关产品做大做强，形成自主品牌。

（二）发展趋势

① 复合菌剂的组成复杂多样，其中的微生物更容易受到群体结构和环境因素的影响，导致微生物菌剂的稳定性下降，从而使菌剂的保质期和作用效果受到影响。研究并明确组成菌种（株）的降解功能及特定污染物的降解或转化途径与机理，对提高复合微生物菌剂的应用效果及稳定性具有重要意义。

② 由于混合菌系中各种微生物之间的相互作用和影响，它们的代谢途径或代谢底物可能会发生改变，使得微生物的生长繁殖过程变得十分复杂，混合培养条件下的发酵条件也较难确定和统一。优化组成菌种（株）的发酵培养条件是降低菌剂生产成本的重要手段。

③ 目前微生物菌剂的应用主要偏向于处理废水和土壤，仅限于这两种介质中。直接用微生物制剂来处理废气难度较大，微生物的基本生存条件等都受到限制，可以考虑将废气中污染物转移到水中或者土壤等介质中，在微生物满足基本生存条件的情况下采用微生物与其他处理方式联合处理，这将是一个新的研究方向。

第五节 环保用微生物菌剂的环境安全评价

一、环境安全评价的目的及意义

分析和评价环保用微生物菌剂及其使用过程中，对人畜健康及生态安全的有害影响和潜在风险，制定科学、有效、可行的防范、应急、减缓或消除措施，从而促进环保用微生物菌剂的安全应用。

二、环境安全评价的原则及重点

（一）评价原则

① 环保用微生物菌剂的环境安全评价工作应遵循对应性原则。评价的目的、内容和要求须与环保用微生物菌剂的环境安全管理的目的、内容和要求相对应。

② 环保用微生物菌剂的环境安全评价工作应遵循全面性原则。评价应涉及微生物菌剂使用的各个环节及其相关信息。

③ 环保用微生物菌剂的环境安全评价工作应遵循前瞻性原则。应根据微生物的特性、应用类型、现有的评价水平和控制水平，对环保用微生物菌剂及其使用过程中可能对人畜健康以及生态环境产生的潜在影响进行风险评估，并对不确定性进行描述和分析，以利于在有新的技术和数据出现时，进行补充评价。

（二）评价重点

① 微生物菌剂所含各菌种（株）的生物学特征及致病性。

② 微生物菌种对临床常用抗生素的抵抗性耐药性（或称耐药性）。

③ 微生物菌剂及其使用过程中各类代谢产物对人畜健康及生态安全可能产生的有害影响和潜在危害。

④ 微生物菌剂使用各环节中科学、有效、可行的防范、应急、减缓或消除措施。

三、环境安全评价的程序

环保用微生物菌剂环境安全评价的程序主要包括：环境风险识别、评价内容和重点确定、评价技术路线制定、专项检测报告编制、环境安全性评价、应急工作预案制订、评价报告编写等。

（一）环境风险识别

应分析和评价微生物菌剂及其使用过程中各类代谢产物对人畜健康及生态环境可能产生的有害影响和潜在危害，包括致病性和毒性影响等。

（二）评价内容和重点确定

应根据风险识别结果，确定微生物菌剂环境安全性评价的内容和重点。

（三）评价技术路线制定

应根据安全性评价的内容和重点，选择和确定微生物菌剂环境安全性评价的策略、依据和技术路线。

（四）专项检测报告编制

应委托具有相关资质的单位或实验室对微生物菌剂进行致病性和生态毒性影响检测，并提交相关的检测报告及原始资料。

（五）环境安全性评价

应在专项检测报告的基础上，对申报领域内的微生物菌剂进行环境安全评价。

（六）应急工作预案制定

应根据环保用微生物菌剂的特性以及使用各环节中可能出现的影响生态环境及人畜健康的问题，制订科学、有效、可行的防范、应急、减缓或消除措施。

（七）评价报告编写

应在整理、分析和研究各类数据和信息的基础上，编写微生物菌剂环境安全性评价报告。

四、环境安全评价的内容

（一）微生物菌剂评价

掌握微生物菌剂各菌种（株）的组成、来源、地理分布及自然习性及生物学特征等；确认各菌种（株）的鉴定和检测技术，对各菌种（株）病理学、生态学和生理学性状进行评价。

1. 菌剂名称

明确所评价微生物菌剂的商品名称，确定评价的主体和对象。

2. 菌剂组成

明确构成微生物菌剂的各菌种（株）组成。

3. 菌剂各菌种（株）的来源及分类

详细描述构成微生物菌剂各种菌种（株）的来源及其分类特征。

4. 菌剂各菌种（株）的地理分布及自然习性

详细描述构成微生物菌剂的各菌种（株）的地理分布及自然习性。

5. 菌剂各菌种（株）的遗传稳定性

通过传代试验和分子生物学技术试验，评价微生物菌种的基因稳定性，并确定其可能的影响因素。

6. 菌剂各菌种（株）的病理学、生态学和生理学性状

详细描述构成微生物菌剂各种菌种（株）的病理学、生态学和生理学性状特征。

（1）菌剂各菌种（株）的危害分类　根据已颁布的《病原微生物实验室生物安全管理条例》、《人间传染的病原微生物名录》和《动物病原微生物分类名录》，确定构成微生物菌剂各种菌种（株）的微生物危害分类等级。若名录中未见列入，应由各级人民政府环境保护行政主管部门组织专家评审，并通过评审报告进行菌剂各菌种（株）的危害分类。

（2）菌剂各菌种（株）的生存信息　详细描述构成微生物菌剂各种菌种（株）在生态系统中的生存信息，包括季节性形成可存活的结构。

（3）菌剂各菌种（株）的生殖信息　详细描述构成微生物菌剂各种菌种（株）在生态系统中，不同环境条件下的繁殖信息。

（4）菌剂各菌种（株）的致病性、产毒性、致敏性　通过生物遗传毒性试验和资料文献的检索查询等方法和手段，掌握各菌种（株）的致病性、产毒性、致敏性，评价其对人畜健康及生态环境安全可能产生的有害影响及潜在风险。

（5）菌剂各菌种（株）的抗药性　通过对微生物菌剂进行临床常用抗生素的抗药性试验（或称耐药性试验），掌握各组成菌种（株）对抗生素的抵抗力（耐药性），评价其对人畜健康及生态环境安全可能产生的有害影响及潜在风险。

7. 菌剂各菌种（株）的鉴定和检测技术

为便于监督管理，需要详细描述菌剂各菌种的鉴定技术和检测方法，并应按照微生物分类特点，对各菌种（株）鉴定和检测技术的敏感性、可信度（在定量方面）和特异性进行确认和评价，以提高鉴定和检测的准确率。

（二）生态安全评价

对微生物菌剂及各类终产物进行生态安全评价，包括生态毒性评价和卫生学评价。

1. 生态毒性评价

根据微生物菌剂的使用环境以及终产物的最终排放形式，可选择微生物毒性试验、藻类毒性试验、微型动物毒性试验、鱼类毒性试验、哺乳动物毒性试验、致突变试验等进行生态毒性测试，并在此基础上，完成微生物菌剂及其终产物的生态毒性评价。

若终产物排放在生态敏感区域，应对该区域特定生物类群进行群落水平的生态毒性评价。

2. 卫生学评价

根据微生物菌剂的使用环境以及终产物的最终排放形式，对终产物进行卫生学评价。

① 对终产物进行微生物指示菌包括细菌总数、粪大肠菌群等指标的检测及评价。

② 如投放的微生物菌剂中含有病原微生物，则需对终产物进行致病菌检测和评价，即单位体积中病原微生物的种类、数量及致病性强弱。

（三）使用环境信息评价

环保用微生物菌剂的环境使用和管理方式都可能对生态环境安全和人畜健康产生负面影响，须对微生物菌剂在构筑物内使用以及在开放环境中使用等的各类信息作安全性评价。

1. 构筑物内使用信息评价

① 构筑物的基本描述，包括材质、形状、结构、体积等基本信息。

② 构筑物中微生物菌剂的加料点（进口）和可能的释放点（出口）。

③ 构筑物的安放地点及其周围环境的描述，特别是对周围可能存在的生态敏感区域的描述。

④ 构筑物的安全隔离措施。

⑤ 微生物菌剂使用和处置的操作程序。

⑥ 微生物菌剂容器搬运、保存和处置程序。

⑦ 操作人员的工作活动状况和安全防护措施。

⑧ 操作人员的生物安全培训计划和记录。

⑨ 废弃物包括终产物的处置计划、实施记录等。

⑩ 突发性事故的应急工作预案。

2. 开放环境使用信息评价

(1) 使用的目的和方式

a. 开放环境使用的目的、过程以及可预见产物等。

b. 使用日期、使用时间和使用工作计划包括频率、持续时间等。

c. 使用方法及程序。

d. 使用地投放的数量、浓度等参数。

e. 使用地开放环境中对其他非使用目的的各类活动的干扰。

f. 使用及其各个环节中微生物菌剂对工作人员的影响及其防护措施。

g. 使用后使用地点的处理方案及处置计划。

h. 在使用结束后拟采取的消除或灭活的方法。

i. 类似工作的相关信息及结果。

(2) 现场环境和背景

a. 使用地的地理位置及标记。必要时，应用全球定位系统（简称 GPS）定位。

b. 使用地地理学、地质学及土壤学方面的特点。

c. 使用地以及影响区域的气候特点。

d. 使用地周边的人口密度和分布等。

e. 使用地周边环境背景，包括以自然资源利用为基础的居民及其经济活动现状。

f. 使用地周边植物和动物区系的特点，包括农作物、家畜和迁徙物种等。

g. 使用地与周边重要自然保护区、水源地等生态敏感区域的空间距离。

h. 使用地与周边人类和其他重要生物类群在物理学和生物学上的距离。

i. 受影响的目标生态系统及非目标生态系统。

j. 投放（或释放）生境的自然特征，并比较与建议投放或释放生境间的差异。

k. 微生物菌剂的投放可能会对区域发展规划产生的环境影响。

(3) 开放环境使用时与环境的相互作用的评价

a. 微生物菌剂所含菌种（株）存活、传播或作用的环境条件。

b. 微生物菌剂所含菌种（株）在环境中的生活史。

c. 微生物菌剂所含菌种（株）进入环境后发生遗传变异的能力。

d. 微生物菌剂所含菌种（株）进入环境后产生危害的程度，包括宿主范围、致病性、传染性、毒性、过敏性等影响。

e. 微生物菌剂所含菌种（株）对使用地土著生物群落结构的破坏或改变情况。

f. 微生物菌剂所含菌种（株）及其代谢产物进入环境后是否会产生新的有害物质。

g. 微生物菌剂所含菌种（株）及其代谢产物进入环境后是否会增强原有有害生物的危害性。

h. 在生物地球化学循环或生物循环过程中可能出现的其他复杂情况。

（四）其他信息评价

1. 监测技术、释放控制技术、废物处理技术和应急工作预案等信息评价

（1）监测技术

a. 微生物菌剂所含菌种（株）的分类鉴定方法以及环境影响跟踪监测方法。

b. 监测技术的特异性、敏感性和可靠性。

c. 监测方案的可行性，包括频度、样品数、保存、运输等内容。

（2）投放（或释放）控制技术

a. 为避免或减少微生物在投放地及周边区域内扩散的控制技术。

b. 投放（或释放）地点的授权保护方法和程序。

（3）废弃物处理技术

a. 微生物菌剂使用过程中所产生废物的名录及类型清单，包括废水、废气以及固体废弃物等。

b. 根据处理能力，推算出废弃物的预期数量。

c. 各类型废弃物可能存在的环境以及健康风险。

d. 各类废弃物处理技术及处置计划。

（4）应急工作预案

a. 突发事故时，控制微生物及其影响扩散的应急工作预案，包括受扩散影响区域的确定、影响区域的隔离、应急监测等工作程序及相关技术方法。

b. 事故后，受污染地区的清理和处置工作预案。

c. 事故后，受损害生态系统的修复技术方案。

2. 相关产品信息评价

① 微生物菌剂产品的名称。

② 制造商或经销商的名称、地址等联系方式。

③ 微生物菌剂产品的剂型和规格，以及使用的确切条件描述等。

④ 微生物菌剂产品预期使用的领域和对象。

⑤ 微生物意外释放或错误使用时，拟采取的应急措施等。

⑥ 微生物菌剂产品保存及处理的方法。

⑦ 微生物菌剂产品年估算产量。

⑧ 微生物菌剂产品的包装和运输方式。

⑨ 微生物菌剂产品的使用标签。

3. 产品的使用状况评价

① 微生物菌剂产品在国内外所获得的使用许可证以及其他正式使用许可证明材料。

② 微生物菌剂产品在国内外的使用数量、规模，以及相关生物安全信息。

③ 微生物菌剂产品在国内外的使用单位及通讯地址。

五、评价报告

评价报告应包括评价的依据、评价的方法、评价的结论、需要补充说明的问题四个部分。评价报告需文字简洁、准确，分条叙述，以便阅读。报告应包括以下内容：

（一）微生物菌剂的评价

微生物菌剂产品的各菌种（株）来源及其构成、生物学性状、应用技术及其使用特点、应用类型和使用范围，以及对人畜健康和生态环境安全的影响等。

（二）微生物菌剂及其使用过程的环境风险识别

根据微生物菌剂的菌种特点、应用类型和使用范围，来界定微生物菌剂及其使用过程中可能出现的人畜健康和生态环境安全的风险。

（三）微生物菌剂使用环境安全性评价的内容和重点

根据风险识别结果以及相关的管理要求，确定使用环境安全性评价的内容和重点。

（四）微生物菌剂使用环境安全性评价的策略、依据和技术路线

主要包括满足各环节安全性评价要求的前提下，确定与此相关的检验、检测方法和技术。

（五）使用环境生态安全性评价

根据获得的各环节信息，以及检验、检测结果，依据相关的规范标准，对微生物菌剂在应用领域内的使用环境生态安全性做出评价。

（六）应急工作预案

针对微生物菌剂的特性以及使用各环节中可能出现的影响生态环境安全和人畜健康的问题，制订相应科学、有效、可行的防范、应急、减缓或消除措施。

思考题

1. 环保用微生物菌剂的定义是什么？作用机理如何？
2. 环保用微生物菌剂的常用菌种有哪些？各有何特点？
3. 如何评价菌种的降解功能？

4. 环保用微生物菌剂所用菌种的发酵条件优化的意义是什么？
5. 环保用微生物菌剂的剂型有哪些？各自的制备技术有何特点？
6. 固态微生物菌剂的干燥技术有哪些？优缺点分别是什么？
7. 简述环保用微生物菌剂的应用进展、存在问题与发展趋势。
8. 环保用微生物菌剂环境安全评价的目的及意义是什么？
9. 简述环保用微生物菌剂环境安全评价的程序和内容。

▶▶ 主要参考文献

[1] 诸葛健，李华钟．微生物学［M］．北京：科学出版社，2009.
[2] 徐岩．发酵工程［M］．北京：高等教育出版社，2011.
[3] 孙彦．生物分离工程［M］．北京：化学工业出版社，2005.
[4] 国家环境保护总局科技标准司．环保用微生物菌剂环境安全评价导则：HJ/T 415—2008. 北京：中国环境科学出版社，［2008-05-01］.
[5] 肖晶晶，牛奕娜，刘洋，等．生物强化技术优势及环保菌剂研究应用现状［J］．环境科学导刊，2013，32（增）：1.
[6] 白瑞，胡阳，雷振宇，等．复合微生物制剂在环保领域中的应用［J］．应用化工，2017，46（5）：1002.
[7] 文娅，赵国柱，周传斌，等．生态工程领域微生物菌剂研究进展［J］．生态学报，2011，31（20）：6287.
[8] 蒋磊，汪多．微生态制剂工艺流程的技术浅析［J］．饲料与畜牧，2019，（12）：53.
[9] Wei Z H，Zhang X X，Ren Q，et al. The water pollution control of persistent organic pollutants：adsorption concentration，biological degradation and process analysis［J］. Environmental Chemistry，2011，30（1）：300-309.
[10] 微生物制剂 诺维信®生物增效剂 5150：Q/NZSB 188-2017.
[11] 詹祎．生防菌水剂和冻干粉剂的制备及保存技术研究［D］．南京：南京农业大学，2010.
[12] 魏薇．生物复合型絮凝剂去除水中重金属离子的效能及机制研究［D］．哈尔滨：哈尔滨工业大学，2013.
[13] 郭沨，杜刚，李勇，等．一种用于重金属污染水体治理的菌种及微生物菌剂的制备方法：CN 105441361A［P］. 2016-03-30.
[14] 江瀚，陈仁爱．一种用于养殖水体改良的复合微生物制剂及其制备方法：CN 103352018A［P］. 2013-10-16.
[15] 刘宗丽，李佳霖，王勇，等．一种处理复杂暗渠黑臭水体的微生物菌剂及其应用：CN 110791464B［P］. 2020-04-21.
[16] 张强，季蕾，王加宁，等．一种复合功能石油烃降解微生物菌剂及其制备方法与应用：CN 109321504B［P］. 2019-08-23.
[17] 微生物制剂 诺维信®生物增效剂 5805：Q/NZSB 187-2017.
[18] 微生物制剂 诺维信®生物增效剂 5150：Q/NZSB 188-2017.
[19] 李明慧，韩子乾，李岱，等．微生物制剂对再生水受纳水体富营养化治理效果研究［J］．北京水务，2016，（1）：14.
[20] 刘艳杰．低温生物脱氮除磷工艺中微生物群落及聚磷菌研究［D］．哈尔滨：东北农业大学，2012.
[21] 韦能春，刘昊，陈凡立，等．高效复合微生物制剂强化活性污泥法在农化废水脱氮处理中的应用研究［J］．山东化工，2016，45（13）：192.
[22] 顾娟．好氧堆肥复合微生物菌剂制备技术研究［D］．无锡：江南大学，2019.
[23] 杨琼，李庆荣，廖森泰，等．一种复合微生物菌剂及其应用．CN 110317764B［P］. 2020-05-12.
[24] 晏磊，张爽，杨健，等．一种嗜酸铁氧化微生物、菌剂及其用途．CN 109439586B［P］. 2020-02-21.
[25] 王秀敏，张仲信，魏呐，等．高效复合微生物菌剂降解苯胺类污水的研究［J］．工程技术：引文版，2016，（3）：289.
[26] 林静，谢冰．复合微生物制剂在环境保护中的应用［J］．环境保护，2004，（12）：7.
[27] 李明智，喻治平，陈德全，等．国内环保用微生物菌剂的研究应用情况调查［J］．工业水处理，2011，31（6）：18.
[28] Abdi J，Vossoughi M，Mahmoodi NM，et al. Synthesis of metal-organic framework hybrid nano composites based on GO and CNT with high adsorption capacity for dye removal［J］. Chemical Engineering Journal，2017，326：

1145-1158.

[29] Holkar C R，Jadhav A J，Pinjari D V，et al. A critical review on textile wastewater treatments：possible approaches [J]．Journal of Environmental Management，2016，182：351-366.

[30] 何志刚，牛世伟，娄春荣．鸡粪发酵复合微生物菌剂的筛选和应用 [J]．农业科技与装备，2009，(4)：22-23.

[31] 张生伟，黄旺洲，姚拓，等．高效微生物除臭剂在畜禽粪便堆制中的应用效果及其除臭机理研究．草业学报，2016，(9)：142-151.

[32] Borowski S，Matusiak K，Powałowski S，et al. A novel microbial-mineral preparation for the removal of offensive odors from poultry manure [J]．International Biodeterioration & Biodegradation，2017，119：299-308.

[33] 徐锐，唐昊，文娅，等．新型微生物菌剂对垃圾渗滤液的除臭效果 [J]．环境工程学报．2014，(5)：2110-2116.

[34] 汪英学．复合微生物制剂处理垃圾恶臭气体的研究 [D]．武汉：华中农业大学，2012.

[35] 雒晓芳，陈丽华，王冬梅，等．复合微生物菌剂对石油污染土壤的修复 [J]．生态学杂志．2013，(9)：2433-2438.

[36] 朱欣洁．落地原油污染土壤修复微生物菌剂开发研究 [D]．西安：西安工程大学，2016.

[37] Lbkowska M，Zborowska E，Karwowska E，et al. Bioremediation of soil polluted with fuels by sequential multiple injection of native microorganisms：Field-scale processes in Poland [J]．Ecological Engineering，2011，37 (11)：1895-1900.

[38] 陈健，胡筱敏，姜彬慧．种植基地有机磷农药污染土壤的微生物修复 [J]．环境保护与循环经济，2012，(5)：35-38.

[39] 杨东璇，肖鹏飞．白腐真菌对氯丹污染土壤的生物修复研究 [J]．中南林业科技大学学报，2015，35 (7)：105-109.

[40] 戴丽．农田土壤生态系统功能修复研究——活性微生物肥料对改善农田土壤微生物区系的试验研究 [J]．环境科学导刊，2014，(4)：45-48.

[41] 刘军辉．复合微生物制剂对盐碱地土壤修复效果研究 [J]．河北林业科技，2016，(3)：43-45.

第九章 酶制剂

第一节 概 述

近年来，生物技术与环境工程技术的结合与发展产生了一门交叉学科——环境生物技术。酶是具有高度催化能力和专一性的生物催化剂，反应条件温和，不需要高温、高压、强酸、强碱等剧烈条件，且反应产物没有毒性，安全程度高。酶制剂在有毒有害物质降解、污染物减排、酶传感器及酶联免疫监测等方面得到了广泛应用，可用于处理各种废水，包括含酚废水，食品、屠宰、酿造、印染废水及生活污水等。目前，由于技术及成本原因，我国酶制剂的研制及应用较少，但随着经济水平的提高和国家对环保的要求越来越高，酶制剂必将广泛应用于生态环境保护的各方面，高效专一、成本低廉的酶制剂将是未来的研发重点。

一、酶与环境保护

酶与酶技术作为生物技术中的主要部分之一，与环境保护的关系表现在三个层次：

① 在产品加工过程中用酶来替代化学品（为生物过程代替化学过程的典型代表）可以降低生产活动的污染水平，有利于实现工艺过程生态化或无废生产，真正实现清洁生产的目标。目前，在纺织、制革、造纸等行业，采用酶和酶技术进行传统产业的改造在国际上已是这些工业发展的必然趋势。

② 酶作为添加剂加入产品中，使产品在使用（或利用）过程中（或以后）产生的污染大大减少，利于环境保护。比如目前在饲料工业应用较为广泛的一种饲料酶制剂——植酸酶。

③ 充分地发挥酶反应条件温和、专一性强、效率高的特点，直接应用酶与酶技术进行污染物的降解和环境监测。实践证明，利用酶制剂进行污染物处理和环境监测具有效率高、速度快、可靠性强等优点。酶与酶技术在环境保护方面具有广阔的应用前景。

二、酶的定义及特性

（一）酶的定义

1. 酶的定义

酶是生物细胞所产生的一种有机催化剂，其本质是蛋白质，是由氨基酸组成的生物大分子化合物，具有一级、二级、三级和四级结构，具有两性电解质的性质，会受到某些物理因素（加热、紫外线照射等）及化学因素（酸、碱、有机溶剂等）的作用而变性、失活。酶的分子量很大，其水溶液具有亲水胶体的性质，不能透析。酶也能被蛋白酶水解而失活。有些酶是由蛋白质和核酸构成的，个别酶则仅仅是一种有催化作用的核酸。

生命体生命活动的大部分化学变化是在酶催化下有条不紊地进行的。如果没有酶，也就没有新陈代谢，也就没有生命现象。酶反应一旦失控，就会引起代谢紊乱，导致机体疾病甚至死亡。

2. 酶的组成与分类

蛋白质按其组成可分为简单蛋白质和结合蛋白质两类。同样，酶也可分为单成分酶和双成分酶。单成分酶仅由蛋白质分子所组成，其酶活性仅仅取决于它的蛋白质结构。如淀粉酶、蛋白酶、脂肪酶、脲酶等都是单成分酶。双成分酶则由蛋白质部分和非蛋白质部分组成，两个部分缺一不可。其中，蛋白质部分称为酶蛋白，非蛋白质部分称为辅助因子。只有两者结合在一起时才表现出酶的活性。酶蛋白和辅助因子结合所形成的复合物称为全酶，即：全酶＝酶蛋白＋辅助因子。

在催化反应中，酶蛋白与辅助因子所起的作用不同。酶蛋白决定了酶反应的专一性及高效率，而辅助因子则担负着传递电子、原子或某些化学基团的功能。

根据酶蛋白分子的特点，可将酶分为三类：

(1) 单体酶　单体酶由一条多肽链所组成，分子量在 13000～35000Da。一些水解酶如溶菌酶、胰蛋白酶等即属此类。

(2) 寡聚酶　寡聚酶由几个甚至几十个亚基组成，分子量从 35000Da 到几百万 Da。这些亚基可以是相同的多肽链，也可以是不同的多肽链。亚基之间不是共价结合，很容易彼此分开。

(3) 多酶体系　多酶体系是由几种酶彼此嵌合形成的复合体，分子量一般都在几百万以上。它可催化一系列反应连续进行。例如，脂肪酸合成酶系可催化脂肪酸合成中的一系列反应。

3. 酶的辅助因子

酶的辅助因子有的是金属离子，有的是一些小分子复杂有机化合物。有些蛋白质可能也可作为酶的辅助因子，称为蛋白辅酶。酶的辅助因子本身并无催化作用，它们在酶促反应中一般起携带和转移电子、原子或功能基的作用，因此有的辅助因子也被称作底物载体。

大多数辅助因子与酶蛋白的结合比较松弛，可用透析方法去除，这类辅助因子称为辅酶。辅酶能与不同的酶蛋白结合，形成不同的酶。这些酶能催化同一类型的化学反应，但所作用的底物不同。例如乙醇脱氢酶与乳酸脱氢酶的辅酶均为 NAD（烟酰胺腺嘌呤二核苷酸），与酶蛋白结合后均能催化脱氢反应。但前者只能催化乙醇脱氢，后者只能催化乳酸脱氢。

有些辅助因子以共价键与酶蛋白较牢固地结合在一起，不易透析除去，这类辅助因子称为辅基。例如细胞色素氧化酶的辅基为铁卟啉。辅基与辅酶的区别仅在于它们和酶蛋白结合的牢固程度不同，并无严格的界限。

（二）酶的催化特性

1. 酶作为催化剂的一般性质

酶是一种生物催化剂，它也具有一般化学催化剂所具有的特性。

(1) 降低反应的活化自由能　在一个化学反应体系中，只有通过反应物分子之间的有效碰撞才能发生反应。反应开始时，绝大部分反应物分子（S）尚处于“初态”，能量水平较低，必须供给一定的能量，使反应物分子成为活化态（过渡态），成为具有较高能量的活化分子，才能发生有效碰撞，打破一些原有的化学键，形成一些新的化学键，从而生成新的物质——产物（P），见图 9-1，为使反应物分子成为活化态所需供给的这部分能量叫活化自由能［其确切的定义为在一定温度下 1 mol 底物全部成为活化态所需要的自由能，单位是焦/摩尔（J/mol）］。

酶与一般化学催化剂一样，其作用在于降低化学反应所需活化自由能，只是酶催化的效率比一般化学催化剂更高。这样，只需较少的能量就可使反应物成为“活化态”，大大增加活化分子的数量，从而加快了反应速率。

（2）不改变反应平衡点　作为催化剂，酶可以缩短反应到达平衡点的时间，但不能改变化学反应的平衡点。从热力学上来看，酶不能改变任何情况。如果一个反应从能量上来说是不可能的，那么加入酶也不能使这个反应变成可能。

有一种误解，认为酶能够使一个本来没有酶存在时是不可能发生的反应变得可能发生。例如，二氧化碳和水转化成葡萄糖和氧的反应：

$$6CO_2+6H_2O \rightleftharpoons C_6H_{12}O_6+6O_2 \quad (9\text{-}1)$$

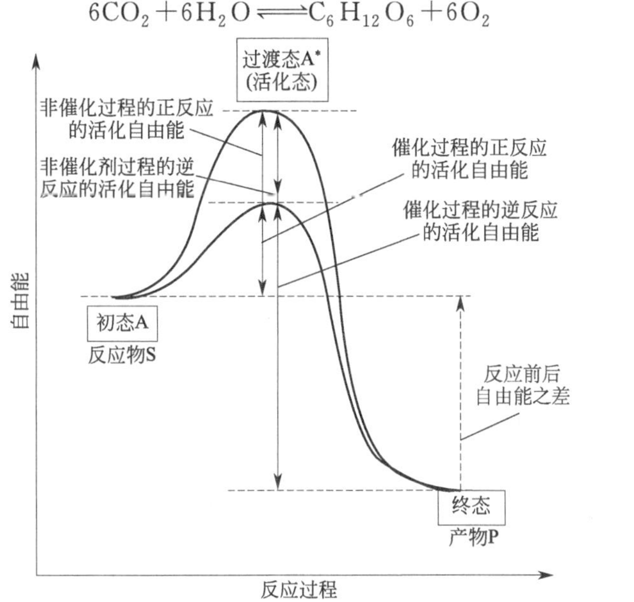

图 9-1　非催化过程及催化过程自由能的变化

在室温和大气压下，这个反应在水溶液中永远也不可能进行到可以察觉的程度。然而在植物细胞中，这个反应显然确实在进行着。但必须指出，植物细胞中所发生的过程并不是像上式那样的一个简单的反应，而是一系列反应。除了 CO_2 和水外，还有如 ATP 和 NADPH 等其他反应物。通过这一系列反应才能产生葡萄糖，同时还有其他产物，如 ADP 和 NADP，后者在放出氧时又转化成 ATP 和 NADPH。尤其是吸收的光提供了必需的自由能。酶在这些过程中的作用是十分重要的，但是酶总也不会促进一个在热力学上不可能进行的反应。

（3）用量少而催化效率高　作为催化剂，酶本身在反应前后并不发生变化。酶在参加一次化学反应后，酶分子立即恢复到原来的状态，又可继续参加反应。所以少量的酶在短时间内能催化大量底物发生变化。

2. 酶作为生物催化剂所特有的性质

酶作为生物催化剂，还有一些不同于一般化学催化剂的特点。

（1）高效率　由于酶能大大降低反应的活化自由能，所以它的催化效率非常高。酶促反应的速度比一般催化反应高 10^7～10^{13} 倍，比非催化反应高 10^8～10^{20} 倍。

(2) 温和的反应条件　由于酶促反应的活化自由能大为降低，酶能够在常温、常压和 pH 接近中性的温和条件下，以极高的效率发挥其催化功能。而一般的催化反应常需在高温、高压、强酸、强碱等剧烈条件下进行。从另一方面来看，酶比一般催化剂更为脆弱，强酸、强碱、高温等条件很容易造成酶的变性失活，故酶作用一般也要求比较温和的条件。

(3) 专一性　一种酶只能作用于某一类或某一种特定的底物，这就是酶作用的专一性。这与一般的化学催化剂不同。例如，酸碱对糖苷键、酯键、肽键等没有什么选择性，都可对其进行催化水解，而用酶催化的话，这三种键的水解就需用不同的酶来进行催化。

三、酶的分类

(一) 氧化还原酶类

这类酶催化氧化还原反应，其反应通式为：

$$A \cdot 2H + B \rightleftharpoons A + B \cdot 2H \tag{9-2}$$

例如，乳酸的 NAD^+ 氧化还原酶（乳酸脱氢酶）催化反应如下：

$$\underset{\text{乳酸}}{CH_3-\overset{\displaystyle OH}{\overset{|}{C}H}-COOH} + NAD^+ \rightleftharpoons \underset{\text{丙酮酸}}{CH_3-\overset{\displaystyle O}{\overset{\|}{C}}-COOH} + NADH + H^+ \tag{9-3}$$

(二) 转移酶类

这类酶催化功能基团的转移反应：

$$AR + B \rightleftharpoons A + BR \tag{9-4}$$

例如酮戊二酸氨基转移酶（谷丙转氨酶）即属此类。

(三) 水解酶类

这类酶催化水解反应：

$$AB + H_2O \rightleftharpoons AOH + BH \tag{9-5}$$

例如淀粉酶、蛋白酶、脂肪酶等。

(四) 裂合酶类

这类酶催化消去反应并形成双键。这类酶催化的反应都是可逆的。例如醛缩酶、水合酶、脱羧酶、脱氨酶等。

(五) 异构酶类

这类酶催化同分异构体的相互转变，如 6-磷酸葡萄糖异构酶。

$$\underset{\text{6-磷酸葡萄糖}}{\begin{array}{c} CHO \\ | \\ H-C-OH \\ | \\ HO-C-H \\ | \\ H-C-OH \\ | \\ H-C-OH \\ | \\ CH_2OPO_3H_2 \end{array}} \xrightleftharpoons{\text{6-磷酸葡萄糖异构酶}} \underset{\text{6-磷酸果糖}}{\begin{array}{c} CH_2OH \\ | \\ C=O \\ | \\ HO-C-H \\ | \\ H-C-OH \\ | \\ H-C-OH \\ | \\ CH_2OPO_3H_2 \end{array}} \tag{9-6}$$

（六）合成酶类（或称连接酶）

这类酶催化一切必须与 ATP（或其他高能的焦磷酸化合物）的分解相偶联，并由两种物质合成一种物质的反应：

$$X+Y+ATP \rightleftharpoons XY+ADP+Pi \tag{9-7}$$

例如 UTP，氨连接酶（CTP 合成酶）催化下列反应：

```
         O                                   NH2
         ‖                                    |
         C                                    C
       /   \                                /   \
     HN     CH                             N     CH
     |      ‖    + NH3 + ATP  ⇌           |     |   + ADP + Pi
     C      CH                             C     CH
   /   \   /                             /   \   /
  O      N                              O      N
         |                                     |
      R-5'-PPP                              R-5'-PPP
        UTP                                   CTP
```

(9-8)

这六大类酶的每一大类再按底物中被作用的基团或键的特点分为若干个亚类，每个亚类还可再分为若干亚-亚类。

在系统分类法中，每个酶都有一个分类编号。分类编号由四个数字组成。第一个数字表示该酶所属的大类（即上述六大类中的一类），第二、第三个数字分别表示它所属的亚类和亚-亚类，第四个数字是该酶在亚-亚类中的顺序编号，没有什么特殊规定。在分类编号之前往往冠以 EC 字样。EC 是酶学委员会（Enzyme Commission）的缩写。

四、酶的活性中心和作用机理

酶的化学本质是蛋白质，所以酶和其他蛋白质一样，也是由氨基酸组成的，也具有蛋白质的一级、二级、三级、四级结构。我们可以说，几乎所有酶分子都是蛋白质，但反过来说则不对。那么，是什么特殊性质使某些蛋白质起酶的作用呢？构成它们对某些底物专一性的基础是什么？其催化活力又是怎样控制的呢？

（一）酶的活性中心

从“锁-钥匙假说”和“诱导契合假说”可以推断，酶分子上必定存在着一个特定的区域，决定了酶与底物专一性的结合并催化其反应。这个特定区域称为“活性中心”。所谓“活性中心”是指酶蛋白上与其催化作用有关的一个特定区域，其中包括特定的底物结合部位以及催化过程中关键的催化基团。底物借助底物结合部位专一性地结合到酶分子上，在处于关键位置上催化基团的作用下发生化学变化。

对于不需要辅酶的单成分酶来说，活性中心就是酶分子中在三维结构上比较靠近的少数几个氨基酸残基或是这些残基上的某些基团，它们在一级结构上可能相距甚远，甚至位于不同的肽链上，但通过肽链的盘绕、折叠而在空间上相互靠近。对于需要辅酶的双成分酶来说，其辅酶分子，或辅酶分子上的某一部分结构往往就是活性中心的组成部分。

酶蛋白上虽然只有活性中心才具有催化能力，但酶蛋白分子中的其他部分绝不是毫无意义的。因为活性中心的形成要求酶蛋白分子具有一定的空间构象，是由整个蛋白质结构决定的。破坏酶蛋白的结构，首先就可能影响活性中心的特定结构，结果必然影响酶的催化活性。

（二）酶的催化作用机理

酶催化反应的机理，是当代生物化学研究的一个重要课题，它探讨酶作用高效率的原因以及酶反应的重要中间步骤。酶催化作用的机理是极其复杂、精细的，这里只能作一般性的介绍。

从前面的讨论已经知道，酶催化反应高效率的原因在于它能降低反应的活化自由能。那么，它是以什么方式来降低反应的活化能呢？

1. "接近效应"和"定向效应"

化学反应速率与反应物浓度成正比。在酶的活性中心区域，底物的有效浓度大大高于周围自由溶液中底物的浓度，这就大大提高了反应速率。曾有人测过某底物在溶液中的浓度为0.01mol/L，而在某酶活性中心的浓度竟达100mol/L，是溶液中浓度的一万倍。这种现象我们称为"接近效应"。

一个十分类似的效应是所谓的"定向效应"。我们知道，两个互相碰撞的分子彼此必须以正确的方位接近才能发生有效碰撞，成为过渡态。偏离此方位，就会大大增加成为过渡态所需的活化自由能。在溶液中反应物分子碰撞时的方位是随机的，而在酶分子上，反应物都已契合在特定的活性部位上，彼此的方位是完全特定的。因此，酶被认为是起着在活性部位中把两个反应物分子导向正确的轨道排列的作用（见图 9-2）。据计算，"接近效应"和"定向效应"可使反应速率增加 10^8 倍。

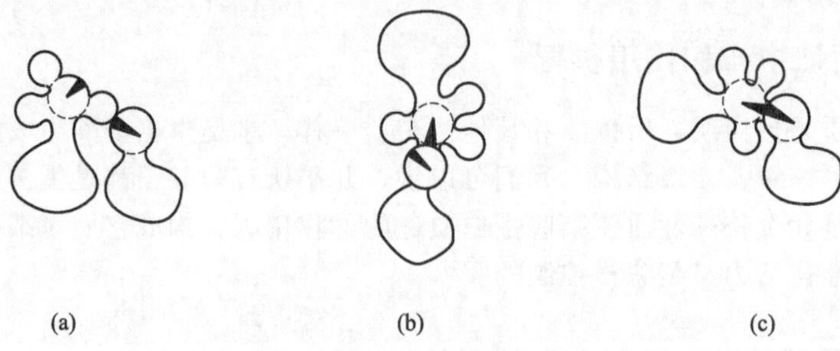

图 9-2　轨道定向假说示意图

（a）两个反应物基团既不靠近，也不彼此定向；（b）两个基团靠近，但不定向，还不利于反应；（c）两个基团既靠近，又定向，大大有利于底物形成转变态，加速反应

2. "形变效应"

酶分子中的某些基团或离子能使反应物分子中的敏感键拉长或扭转，即发生形变，而使其更易于发生反应。在酶和底物结合的过程中，往往在酶的构象发生变化的同时，底物分子也发生形变，从而形成一个互相契合的酶-底物复合物，如图 9-3 所示。这样形成的酶-底物复合物将有尽可能低的自由能。

3. 共价催化和酸碱催化

这是酶提高催化反应速率的另两种重要方式。

共价催化是通过催化剂的亲核基团对底物中亲电子碳原子的攻击，形成反应活性很高的共价中间物，这个中间物很易变为转变态，从而大大降低反应的活化自由能。酶蛋白中可以进行共价催化的强有力的亲核基团有丝氨酸的羟基、半胱氨酸的巯基和组氨酸的咪唑基。在辅酶中也含有一些亲核中心。

酶催化中的另一种形式是广义的酸碱催化，即质子供体和质子受体的催化。酶蛋白中可以起广义酸碱催化的功能基团有氨基、羧基、巯基、酚羟基、咪唑基等。

与“接近效应”、“定向效应”以及“形变效应”相比，共价催化和酸碱催化提高反应速率的幅度较小。

4. 环境效应（介电效应）

人们观察到，有些反应在低介电常数的有机溶剂中比在高介电常数的水中进行得快。而某些酶的活性中心是疏水性的，酶的催化基团被包围在低介电环境中。因此，酶可在整个水相环境中提供一种“有机的”或“油性的”微环境。在这种环境中，底物分子的敏感键和酶的催化基团间有很大的反应力，这就有助于加速酶反应。

上面，我们讨论了酶降低反应活化自由能机制的几个主要方面。所有这些效应结合起来，便构成了整个酶催化作用的基础。但对不同的酶来说，各种效应所起影响的大小是不同的。

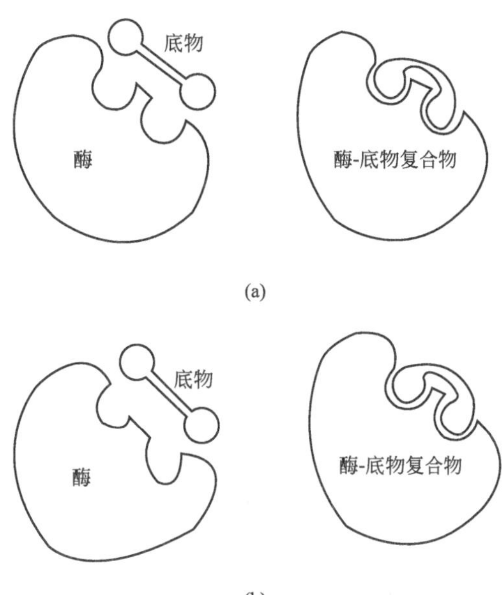

图 9-3 底物和酶结合时的构象变化示意图
(a) 底物分子发生形变；(b) 底物分子和酶都发生变形

五、影响酶催化反应速率的因素

（一）底物浓度对酶反应速率的影响

将酶反应初速度 v 对底物浓度［S］作图（见图 9-4），可以看到，当底物浓度较低时，反应速率与底物浓度成正比，表现为一级反应。随着底物浓度增加，反应速率不再按正比增大，表现为混合级反应。当底物浓度继续增加到一定程度时，反应速率不再上升，表现为零级反应。所有的酶都有这种被底物所饱和的现象。

人们曾提出各种假说，试图解释这种现象。其中有一种“中间产物假说”认为，酶（E）与底物（S）先络合形成一个络合物（ES），这个络合物再进一步分解为产物（P）和游离态酶（E）：

$$E+S \rightleftharpoons ES \longrightarrow E+P \qquad (9\text{-}9)$$

我们可以用图 9-5 来作形象化地说明。在底物浓度较低时，酶分子的活性中心未被饱和，于是反应速率随底物浓度而变。当底物分子数目增加时，活性中心更多地被底物分子结合直至饱和，这时酶已充分发挥了其效能，反应速率不再取决于底物浓度了。

在同样的时间间隔内，尽管图 9-5 中例（4）的底物大大过量，但是例（3）和例（4）产生的产物量是相同的。

Michaelis 和 Menten 经过大量定量研究，归纳出如下表示底物浓度与酶反应速率间定量关系的动力学方程：

$$v=\frac{v_{\max}[S]}{K_{m}+[S]} \qquad (9\text{-}10)$$

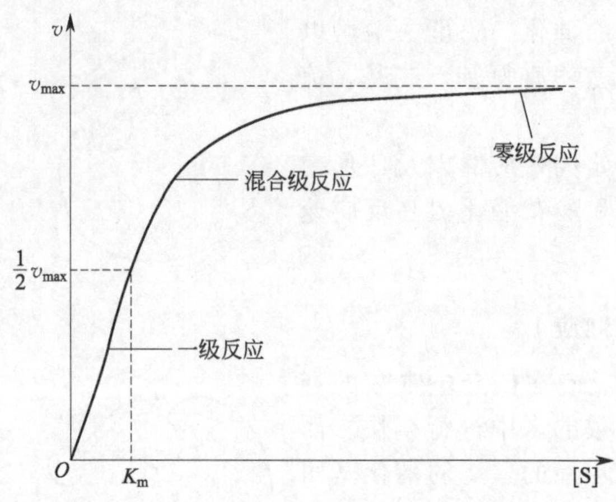

图 9-4　酶反应速率与底物浓度的关系

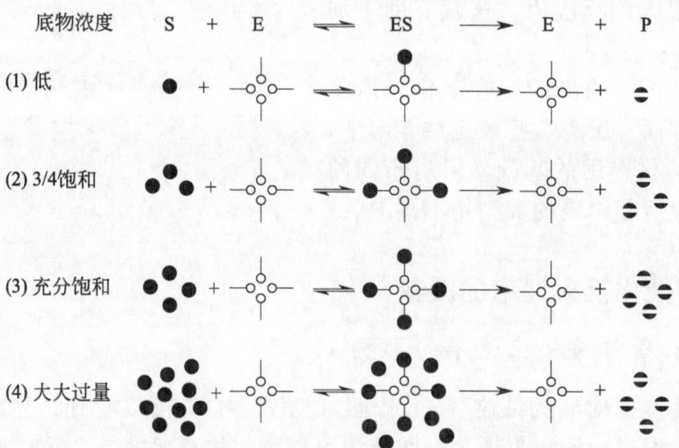

图 9-5　底物浓度对酶活性中心饱和度的影响

这就是米氏方程。其中，v 是底物浓度为［S］时测得的酶反应初速率，v_{max} 是底物浓度高到酶被饱和时反应所达到的最大速率，K_m 称为米氏常数。

米氏常数的意义：

当 $v=\frac{1}{2}v_{max}$ 时，从米氏方程可得：

$$\frac{1}{2}v_{max}=\frac{v_{max}[S]}{K_m+[S]} \tag{9-11}$$

$$\frac{1}{2}=\frac{[S]}{K_m+[S]} \tag{9-12}$$

$$K_m=[S] \tag{9-13}$$

可见，米氏常数 K_m 是当酶反应速率达到最大反应速率一半时所需的底物浓度。这就是米氏常数 K_m 的物理意义。

K_m 值是酶的特征常数之一，它与酶的浓度无关。不同的酶有不同的 K_m 值。我们可以通过测定酶的 K_m 值来鉴别不同的酶，但这种测定必须在一定的实验条件下进行，因为 K_m

值还与酶作用的底物有关。如果一个酶有几种底物，则对每一种底物各有一个特定的 K_m 值，而且，K_m 值还受 pH 值、温度的影响。因此，K_m 值作为常数，只是对一定的底物、pH 值、温度等条件而言的。

（二）抑制剂对酶反应速率的影响

有些物质能与酶分子上某些必需基团结合而引起酶活力下降甚至丧失，致使酶反应速率降低。这种现象称为抑制作用，这些引起抑制作用的物质称为酶的抑制剂。

根据抑制剂与酶的作用方式，可将抑制作用分为两大类，即可逆抑制与不可逆抑制。可逆抑制中的抑制剂与酶蛋白的结合是可逆的，可以用透析等物理方法去除抑制剂，恢复酶的活性。根据抑制剂与底物的关系，可逆抑制还可分为三种类型：①竞争性抑制。竞争性抑制剂具有与底物相类似的结构，能与酶活性中心的基团结合，从而阻止底物与酶的结合，因为酶的活性中心不能同时结合底物和抑制剂。竞争性抑制可通过增大底物浓度来解除。②非竞争性抑制。酶可以同时与底物和抑制剂结合，形成的中间物不能进一步分解，因而造成酶活性的降低。这类抑制剂与酶活性中心以外的基团结合，不与底物竞争活性中心，因而称为非竞争性抑制剂。这类抑制剂在结构上与底物没有什么关系，例如亮氨酸是精氨酸酶的一种非竞争性抑制剂。大部分非竞争性抑制都是由一些可以与酶的活性中心以外的巯基可逆结合的试剂引起的。这种巯基对于酶活性来说也是很重要的，因为它们帮助维持酶分子的构象。③反竞争性抑制。酶只有在与底物结合后，才能与抑制剂结合。也就是说，这类抑制剂只能与 ES 中间物结合而不能与游离酶结合。这类抑制作用在单底物反应中很少见，在双底物反应中时有发生。

不可逆抑制中的抑制剂往往以比较牢固的共价键与酶蛋白中的基团相连接，使酶失去催化活性。不能用透析、超滤等物理方法去除而使酶恢复活性。增加底物浓度也不能解除抑制，因此在动力学上表现为非竞争牲抑制。常见的不可逆抑制剂有：有机磷化合物、有机汞、有机砷化合物、氰化物、重金属、烷化剂等。

（三）激活剂对酶活性的影响

所谓激活剂是指能提高酶活性的物质。激活剂按分子大小可分为以下三类：①无机离子（包括金属离子、阴离子、氢离子等）。许多金属离子对酶有激活作用，如 K^+、Na^+、Mg^{2+}、Zn^{2+}、Fe^{2+}、Ca^{2+} 等。其中 Mg^{2+} 更是多种激酶和合成酶的激活剂。有些阴离子也可作酶的激活剂。例如 Cl^- 对动物唾液中的 α-淀粉酶有激活作用。②简单的有机化合物。某些还原剂如半胱氨酸、还原型谷胱甘肽、氰化物等能使酶分子中的二硫键还原为巯基，从而提高酶活性。如木瓜蛋白酶、金属整合剂 EDTA（乙二胺四乙酸）能去除酶中的重金属杂质，从而解除重金属对酶的抑制作用。③具有蛋白质性质的大分子物质。这是指对无活性酶原起激活作用的酶。

（四）pH 值对酶反应速率的影响

pH 值对酶活性的影响可能是由于 pH 值变化引起酶、底物或酶-底物络合物的电离情况发生变化。在某一 pH 值下，酶反应具有最大速率，通常称此 pH 值为酶反应的最适 pH 值。最适 pH 值并不是一个常数，它会因底物种类、浓度以及缓冲液成分不同而不同。

pH 值改变引起的酶活性降低可能是可逆的，也可能是不可逆的。过酸、过碱很可能会使酶蛋白不可逆地变性失活。将酶溶液在不同 pH 值下并于一定温度下保温一定时间，然后再调至最适 pH 值测定残存的酶活性。如果在某一 pH 值下处理后酶活性基本没有丧失，则说明在该 pH 值下酶活性的下降是可逆的，酶在该 pH 值下是稳定的，如果活性部分丧失或全部丧失，则说明有不可逆失活发生，酶在该 pH 值下不稳定。当然酶对 pH 值稳定性的测定与测定时的条件（保温的温度和时间）也有关。

（五）温度对酶反应速率的影响

温度对酶反应速率的影响有两方面，一方面，像一般的化学反应一样，温度升高，反应速率加快；另一方面，随着温度升高，酶蛋白逐渐变性，从而使酶反应速率下降。所以酶反应有一个最适温度。在低于最适温度时，前一种效应占优势，酶反应速率随温度升高而增大，当温度高于最适温度时，酶蛋白热变性的影响更大，酶反应速率迅速下降。

和最适 pH 值一样，最适温度也不是酶的特征物理常数，而是上述影响综合平衡的结果。它还与实验条件有关，尤其是与保温时间的长短有关。测定时保温时间长，则最适温度也就相应较低一些。

（六）酶浓度对酶反应速率的影响

对一个酶反应：

$$E+S \underset{k_2}{\overset{k_1}{\rightleftharpoons}} ES \xrightarrow{k_3} E+P \tag{9-14}$$

其反应速率 v 与［ES］成正比，即 $v=k_3$［ES］。

当底物浓度很高时，所有酶都被底物所饱和，转变为 ES 复合物，即有［ES］＝［E］，此时，酶促反应达到最大速率。

$$v=k_3[ES]=k_3[E] \tag{9-15}$$

可见，在底物浓度足够高时（即排除了底物浓度对酶反应速率影响的情况下），酶反应速率与酶浓度成正比。这一点在设计酶活力的测定方法时很有指导意义。

六、酶活力的测定

要研究一种酶，首先要能够测定其含量。显然，直接用重量或体积来表示酶的量是不确切的。只有测定酶催化某一特定反应的能力即酶的活力才有意义。酶活力的测定是通过测定酶催化反应的速率来实现的。由于酶催化反应的速率受温度、pH 值、离子强度、底物等各种因素的影响，所以，所谓酶活力都是指在指定的系统和条件下测得的酶反应速率。

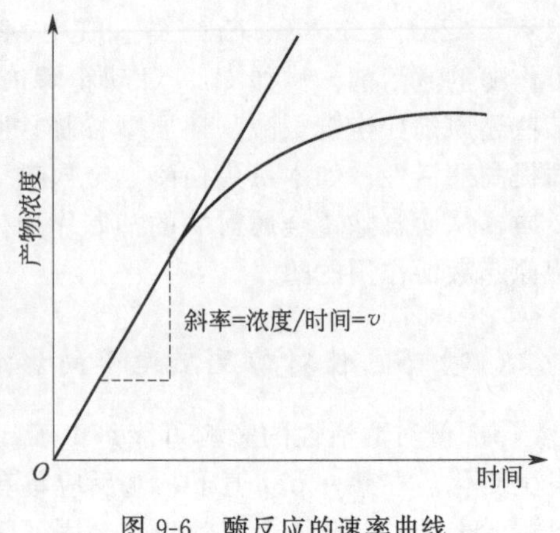

图 9-6　酶反应的速率曲线

将产物浓度对反应时间作图，得酶反应速率曲线，如图 9-6 所示，曲线的斜率即为反应速率。可见，反应速率只在反应初期才保持恒定。随着时间延长，反应速率逐渐下降。造成反应速率下降的原因很多，如底物浓度的降低，酶的部分失活，产物对酶的抑制，产物浓度增加而加速了逆反应的进行，等等。因此，只有反应初速率才能排除其他因素的干扰而真正反映酶活力的大小。

从上一节我们知道，只有在底物过量使酶完全饱和的情况下，酶反应速率才与酶浓度成正比，而不受底物浓度的影响。因此，酶活力必须在底物过量的情况下测定酶反应初速率来求得。通常所用的底物浓度至少要比酶的 K_m 大 5 倍。

酶活力的单位实际上也是用特定条件下酶反应的速率来定义的。国际酶学委员会曾规定，在特定条件下，在 1min 内转化 1×10^{-9}mol 底物所需的酶量为 1 个酶活力单位（U）。所谓特定条件是指温度为 25℃，其他条件如底物浓度、pH 值、缓冲液离子强度等采用最适条件。但是，由于这个酶活力的国际单位使用不甚方便，所以实际上人们仍沿用习惯上各自使用的定义。

在实际的测定中通常是测定产物的增加量，而不常采用测定底物的减少量。因为底物的浓度是大大过量的，反应时底物减少的量只占其总量的很小一部分，测定时不易达到一定的精确度，而产物从无到有，容易精确测定。

第二节 酶的发酵生产

一、菌种的筛选

（一）菌种来源

土壤、污水、鸟兽粪便、霉烂谷物瓜果、酸败的食物以及传统酿酒与制酱的曲子等都可以分离出相应的微生物，某些已知菌种也可以从菌种保藏机构索取，中国科学院微生物研究所设有全国菌种保藏委员会，一般非生产性菌种均可以提供，另外还有美国典型培养物保藏中心（简称 ATCC）、美国北方开发利用研究部（NRRL）等。

不同的材料栖息着不同的微生物群，从霉烂果蔬上可分离出各种能产生果胶酶的微生物，不少植物致病菌也能产生果胶酶，从酿酒厂、淀粉厂车间周围的土壤、污泥中可分离出能分泌淀粉酶的微生物，从酱油厂、制革厂原料库、屠宰场、豆制品工厂污水污泥，以及猛禽猛兽粪便中可分离出蛋白酶生产能力强的微生物，从朽木、稻草堆垛中可分离出纤维素酶菌种，等等。

土壤是微生物丰富的宝库，1g 土壤中蕴藏着亿万个微生物，尤其是耕地、森林等肥沃土壤中含菌量最高，不同酸度与不同土质的土壤、不同植被的土壤，其中所栖息的微生物类群不同。好气性细菌、放线菌、霉菌常栖居在通气环境良好的土壤中，霉菌、酵母菌常栖息在酸性的土地。盐碱地、温泉、海边土壤中分别可以分离出耐碱性、嗜碱性、耐热性、耐盐性的菌种。故根据酶的种类、性质，有的放矢分离菌种，才可达到事半功倍之效。为了避免所分离菌种的雷同重复，也应到人迹稀少的地区去采土样。采土样时应将表土刨去，挖取 5～10cm 深处土壤，盛于透气性的灭菌纸袋中（纸袋避免用浆糊黏合，可用线缝），并标明日期、土壤性质、pH 值、植被、气候等以便参考。

（二）产酶菌种分离方法

产酶菌种的分离方法可参照第八章第二节。通常用平板分离法，即含菌样品用无菌水溶解成悬浊液，再适度稀释后（以每个平板形成菌落 10～30 个为佳），涂布在琼脂平板上，置一定温度下培养 1～5d，将长出的菌落移植于斜面供筛选之用。细菌可用肉汁琼脂培养基（pH 7.0），在 37℃下培养，霉菌可用察氏琼脂培养基（pH 5.5），在 30℃下培养，为了防止霉菌菌落蔓延连成一片，可在培养基中加去氧胆酸钠 0.1%或山梨糖 0.1%。放线菌通常可用高氏培养基（pH 6.8～7.0），28～30℃左右培养。为了提高菌种分离效率，分离培养基中可添加一定量的药剂以抑制干扰微生物生长，培养基中加入 30～50U/mL 制霉菌素、克念菌素、杀霉素等多烯类抗生素和克霉唑等可抑制霉菌生长，而不妨碍细菌繁殖。若向培养基添加青霉素、链霉素（30U/mL）、四环素或孟加拉红（0.001%）则可抑制细菌而不干扰霉菌的生长。用碱性或酸性培养基，可分离耐碱耐酸微生物，用添加高浓度食盐培养基，可分离耐盐微生物，在高温下培养可筛选耐热微生物。分离芽孢杆菌，可先将样品于 80～90℃下加热 10～15min，以杀死不产芽孢微生物后再进行分离。

为了提高分离效率，还可以采用富集培养法，将土样加入培养基中或将特定底物加入土壤中，在一定温度下培养，任微生物群繁殖，再进行分离，例如添加蛋白质可富集蛋白酶生产菌种，添加淀粉质可富集淀粉酶生产菌种，添加纤维素可富集纤维素酶生产菌种，添加油脂可富集脂肪酶生产菌种，等等。

（三）产酶微生物的筛选

1. 初筛

通常是将分离出的菌种移植在一定组成的培养基上，用固体培养基或液体培养基进行培养，再测定培养物的酶活力。为了提高工作效率，在初筛阶段最好就同菌种分离相结合起来，例如筛选 α-淀粉酶生产菌种时，可向平板分离培养基添加适量可溶性淀粉（0.5%～0.1%）培养后，若生成的菌落周围产生透明的水解圈则是为生产 α-淀粉酶之证，水解圈直径愈大，说明产酶能力愈大，如用碘熏蒸则可在蓝色的背景显示出明亮的水解圈。但是这种方法不适用于筛选 β-淀粉酶及糖化酶的生产菌种，因为它们水解淀粉的方式是不同的。如欲筛选蛋白酶生产菌种，则可向分离培养基中添加一定量的酪蛋白，如有蛋白酶生成，则可在菌落周围形成透明圈，若向平板中注入三氯乙酸溶液等蛋白质沉淀剂，则可从乳白色背景上显示出清晰的透明圈。如欲筛选果胶酶生产菌种，则可向分离培养基中加入果胶，培养后向平板加入 1%溴化十六烷基三甲铵，使未水解的果胶沉淀而形成白色背景，产生果胶酶的菌落周围出现明显的透明水解圈。筛选乳糖酶则可向长有菌落的平板培养基上喷洒邻硝基苯 β-D-半乳糖苷（ONPG），由于乳糖酶可分解 ONPG 而游离出黄色邻硝基苯，使乳糖酶生产菌种得以检出。其他各种平板检出筛选法如表 9-1 所示。

表 9-1　水解圈形成法筛选产酶菌种

酶	培养基中底物	检出方法
切枝酶	0.3%普鲁兰糖	培养后浇注乙醇，产酶菌株可产生水解圈
纤维素酶	CMC、微晶纤维、纸浆等（加有 0.1% Triton 限制菌落扩散）	产酶菌落周围形成水解圈
纤维素酶	0.5%酸溶胀纤维素（加 0.1%牛胆汁或 50μg/mL 玫瑰红以限制菌落扩展）	产酶菌落周围形成水解圈
木聚糖酶	0.5%木聚糖	产酶菌落周围生产透明水解圈

需要注意的是平板培养时，水解圈的大小并不完全与实际生产一致，水解圈大的在液体深层培养或固体培养下未必是高产的菌株，因此必须通过复筛来确定。此外水解圈的大小也受到平板培养基厚度、培养皿底是否平坦等所影响。即使正常情况下水解圈的大小也不一定同酶活力成比例，酶活力大大增加时，水解圈的直径增加并不多，而且小菌落的水解圈一般较大菌落

的小，常被忽视，因此有人主张用水解圈直径（D）除以菌落直径（d）之值来进行校正。

关于透明圈直径与产酶活力间的关系可用下式来表示。

$$\lg\frac{[\mathrm{E}]}{D}=k\frac{R}{r}\times\frac{\Delta\cdot[\mathrm{c}]}{\lg t} \tag{9-16}$$

式中，［E］为产酶浓度；D 为菌体量；R 为水解圈直径；r 为菌落直径；Δ 为琼脂厚度；［c］为底物浓度；t 为培养时间；k 为常数。

平板初筛时，为了对培养温度有一个初步的概念，可将平板置于不同温度下培养来观察结果。

2. 复筛

为了从平板分离初筛得到的菌种中筛选高产菌株，需要对每一个菌株，用接近于生产的培养条件进行复筛，复筛时可用几种有代表性的培养基，在预定的几种培养条件下，对每个菌株作测定。这样做可以避免优良菌株的漏检，但工作量很大，因此一般都用 1～2 种培养基，在固定培养条件下对每一个菌株进行复筛，菌株多时对每一个菌株做一份试验，从中择优汰劣。在复筛时，剩下的菌株已经不多，于是可以增加重复份数，一个菌株同时做 3～5 份培养测定，以增加其精确性，经过反复多次重复，筛选出稳定的高产菌株。

必须知道，同一个菌株由于培养方式的不同所表现的产酶能力不同，适合于固体培养的菌种，未必也适合于液体深层培养，反之亦然。液体培养筛选菌种时，一般都用摇瓶培养，将菌种接种在三角瓶液体培养基中，在一定温度下作振荡培养，但是摇瓶培养测定的结果，也不一定与发酵罐中通气搅拌培养的结果相同，发酵罐中搅拌器造成的剪切作用，对微生物主要是真菌的生长代谢有影响。在固体培养下，为了使培养物接触空气而均匀翻拌，有时会造成菌丝断裂而对生长及产酶带来不利。摇瓶培养时，培养瓶（一般是三角瓶）中所装培养液的体积对产酶影响极大，装液量少，意味着通气量大（液体与空气接触面大）。装液量大，代表通气量小，如果在装液量多的一组试验中产酶活力高，意味着该菌株需要的通气量较少，这对生产是有利的。如果一个菌株产酶对装液量多少无明显影响，则说明该菌株对通气量的大小不敏感，对工业生产也是有利的。当然，培养基的组成、摇瓶培养的振荡速度对产酶都有影响。

为了缩小摇瓶培养同发酵罐培养之间的差别，有人主张用小发酵罐来筛选，但我们不可能用大量小发酵罐进行菌种的筛选，只有用摇瓶培养的办法，尽可能在各种条件（pH 值、温度、装液量）下进行试验，从中得到的少数菌株再用发酵罐进行模拟生产试验，由于小发酵罐与大型生产性发酵罐之间在表面积与装液体积之比、转速与搅拌条件等方面仍存在差别，所以由小发酵罐试验所得各项参数只能供生产性发酵罐试验参考。

二、酶的发酵过程优化

（一）pH 值

培养基的 pH 值对微生物的生长繁殖和代谢产物的积累有着重要的影响。pH 值能影响细胞中各种酶的活性，可对微生物代谢途径的变化产生影响；pH 值影响细胞膜上电荷的状况，可改变细胞膜的渗透性，从而影响对营养分的吸收；pH 值可影响培养基中某些成分分解或微生物中间代谢产物的解离，从而影响微生物对这些物质的利用；pH 值能改变培养基的氧化还原条件，还会影响微生物细胞的生长形态等。在酶制剂生产上，pH 值还影响目的酶的稳定性。

每种微生物均有其最适的培养 pH 值，大体上细菌的最适 pH 为中性至微碱性（7.0～8.0），放线菌为微碱性（pH 7.5～8.0），霉菌、酵母的最适 pH 为微酸性（pH 5.0～6.0）。多数微生物的水解酶其最适生长 pH 值与反应 pH 值相近，但有些微生物的最适产酶 pH 值都未必与酶的最适反应 pH 值或稳定 pH 值相一致。例如嗜碱杆菌生产碱性蛋白酶的培养基，其最适 pH 值为 9.0～11.0，然而黑曲霉生产酸性蛋白酶的最适 pH 值却是对酸性蛋白酶的稳定与酶反应极为不利的（pH 5.5～6.5），酸性蛋白酶的最适反应 pH 值与酶稳定 pH 值是 2.5，但在此 pH 值下黑曲霉的生长欠佳，产酶极少。对中性蛋白酶来说，在酶反应的最适 pH 值下培养之所以不利于酶的合成，或许同酶的自溶有关。

（二）培养温度对产酶的影响

培养温度对微生物的生长和酶的生成有极大影响，微生物根据其生长所需温度通常有嗜热菌、中温菌和低温菌之分，每种微生物的生长温度界限有最低、最适和最高之分。微生物的最适培养温度因菌种而异，一般细菌为 37℃，霉菌与放线菌为 28～30℃，而嗜热微生物则需在 40～50℃甚至更高的温度下培养。但是微生物的生长最适温度和产酶的最适温度都未必是一致的。只有控制适当，才能稳定生产，缩短培养周期和提高产量，例如栖土曲霉作固体培养时，如若将中后期的培养温度由 32℃下降至 26～28℃，则蛋白酶活力得以显著增加。降低黑曲霉培养后期温度，有利于耐酸性 α-淀粉酶的生产。果胶酶的合成温度为 12℃，远比其生产菌株黑曲霉的生长温度低。红曲霉生长温度为 35～37℃，而生产糖化酶的最适温度为 37～40℃，嗜热性微生物往往在 50℃以上培养时产酶量才高，地衣芽孢杆菌 B7，生产耐热性为 90℃α-淀粉酶的最适培养温度是 50℃，低于 30℃就不再产酶。然而也有菌在 40℃可以高产这种淀粉酶。链霉菌葡萄糖异构酶的最适反应温度为 70～80℃，可是其产酶的培养温度以 28～30℃为最适宜。还有培养温度不同可影响所产酶的热稳定性，例如在 55℃培养的凝结芽孢杆菌，其所产 α-淀粉酶中 90%为耐热性 α-淀粉酶，在 90℃保持 60min，而若在 35℃培养，则所产 α-淀粉酶，90%以上为非耐热性酶。

（三）通气条件对产酶的影响

现在工业生产的酶制剂几乎都是在好气培养下生产的，通气量对微生物生长和产酶有极大的影响，在摇瓶培养情况下，培养瓶的形状、瓶口大小、装液量、包扎瓶口纱布的层数、摇瓶方式、摇床形式、转速与振幅等都可影响培养基的溶氧量。就是用同一培养条件，同一菌种生产同一种酶，所需最适通风量也因培养基而异。

就生长细胞而言，在 A 场合通风量小者，栖土曲霉呈纸粕状生长，产酶较低。而通风量大者，生长成丸状，但产酶量高。

一般使用往复式摇床，其氧吸收系数较旋转摇床为高（表 9-2）。

表 9-2　摇床的氧吸收系数 KLa 值［$KLa \times 10^{-7}g\ (O_2)\ /\ (mL \cdot min)$］

项目	装液量/(mL/250mL)					
	10	20	30	50	80	100
往复式摇床（振幅127mm,转速 96r/min)	17.92	15.42	11.35	11.04	7.04	6.51
旋转式摇床（偏心距50mm,215r/min)	11.49	6.09	5.29	2.96	2.22	1.96

在发酵罐场合，影响培养基溶解量的因素是通风量、搅拌转速、搅拌器类型、发酵罐罐

形及内部装置等，往往由同一图纸加工的发酵罐，常出现因内部微小差别而引起产酶量的差距。此外高速搅拌引起的剪切作用，可能导致酶失活和菌丝断裂也是必须要考虑的。

在固体培养场合，通气同样是影响产酶及生长的主要因素，不少真菌酶都可用固体培养法生产，空气中合适量 CO_2 对孢子萌发和产酶有刺激作用。

三、酶的发酵方式

工业酶制剂的生产菌种都是好氧性微生物，培养过程中必须提供充分的氧气才能生长和产酶，在液体深层培养时，微生物是利用溶解于水溶液中的氧（称为溶解氧）。为了保证氧的供应而发展了种种培养方式和种种培养设备。培养方式基本上有两种，即固体培养法与液体深层培养法，但以何种为好，应视微生物及产酶的种类而异，即使同一菌种，所用培养方式不同，所产酶也会不同。

（一）固体培养法

固体培养法一般使用麸皮作为培养基，麸皮不仅富含充分的碳氮源、无机盐和微生物的生长因子，而且由于质地疏松适度，有利于通气、表面积大，因而有利于微生物的繁殖。也可用山芋渣、米糠、压扁谷粒、玉米粉、山芋粉、豆粕等作为主要原料或辅助原料，有时适当添加谷壳、稻草屑等来增加疏松度。制作培养基时，先将麸皮原料拌入适量水分或含有 Zn^{2+}、Fe^{2+}、Co^{2+}、Mn^{2+} 等微量元素的水溶液，经蒸汽灭菌后扬凉到 30℃左右，拌入种曲后，装入浅盘或帘子上，摊成薄层（厚约 1cm），在培养室中一定温度和湿度（RH 90%～100%）下，进行培养，逐日测定酶活力的消长，菌丝布满基质，酶活力达最大值不再增加时，即可终止培养，进行酶的提取，这种固体培养物叫作“麸曲”。

固体培养法的优点：①单位体积培养设备中产酶量高；②节省动力；③由污染引起的问题少，易于管理；④酶抽提液的浓度可任意调节；⑤后处理设备小。

固体培养因用天然原料，色素、杂质较多，色素较难去除，若用惰性多孔材料作为载体，采用人工配制的培养液，则可免此弊，麸曲在培养成熟后加以风干，也是减少抽提酶液时色素产生的有效措施。

影响固体培养产酶的因素中，除培养基原料配方外，原料新鲜与否、加水比、培养温度、湿度和通气量等都对产酶有影响，即使是同一菌株生产同一种酶时，由于培养基成分不同，所需的培养条件也不一样。培养温度（包括品温）、湿度、通气情况是三个相关的重要因子。

（二）液体深层培养法

在二次世界大战前，酶制剂工业都用曲盘法固体培养法生产，20 世纪 40 年代末，抗生素工业兴起，深层培养技术也随之引入酶制剂，都是使用容积 50～100m^3 的发酵罐，用通风搅拌培养法（即深层培养法）生产。影响深层培养产酶的主要因素，除菌种、培养基、温度外，通风量、搅拌速度乃是决定产酶量的重要因素，由于在深层培养下，微生物是利用培养液中溶解氧进行呼吸的，通风量愈大，搅拌转速愈快，空气被割成细泡，与培养液愈可充分混合，从而增加了气液两相的界面，提高了溶解氧的水平。与曲盘法固体培养法相比，设备占地面积小，生产可以机械化、自动化，但它需要严格的管理条件，需要高度净化的无菌空气，需要闭密良好的发酵罐，需要科学合理的管道安装，并且需要消费大量电力，一般电力消费约占生产成本之 50%。

微生物的耗氧量是同微生物的呼吸强度及细胞的浓度成正比的，当微生物在培养基中生长时，随着细胞的增殖，耗氧量逐渐增加，进入对数生长期时，呼吸增强，耗氧量迅速增大。通常氧在水中的溶解度很低，空气中氧的含量只有 1/5（体积/体积），在常压，25℃时，水中的溶解氧只有 0.25mol/L。当培养基中含大量溶质时，氧的溶解量更低，如此低的溶氧量只能维持微生物短暂的呼吸需要，如不源源补充空气，使发酵液保持一定浓度的溶解氧，微生物就会很快窒息死亡的。如何有效地提高培养基中的溶解氧是发酵罐通风搅拌设计中的一个关键。

溶氧速率受到众多相关因素的影响，例如通风量、搅拌速度、罐压、黏度、温度、搅拌器直径与发酵罐直径之比（d/D）以及发酵罐径与高度之比（D/H）、搅拌器形状、发酵罐罐形等，而搅拌器的动力消耗又同转速、搅拌器直径与发酵罐罐径比、搅拌器形状、通风量、液体黏度等有关。

通常在一定的搅拌速度下，提高通风量可以提高溶氧速率，提高罐压也可提高溶氧量，在一定通风量下提高搅拌转速，也可以增加溶氧速率。但一些研究表明，通风量超过一定范围，再继续增加风量，溶氧速率增加就不明显，风量大于 0.8vvm 时，特别在 d/D 值小时，增大风量对提高溶氧量已无多大意义。在发酵液黏度高的场合，转速愈大，溶氧速率反而可能降低，尤其在高通风量下更为明显，这是因为增加黏度，改变了气液界面的表面张力，造成气泡直径的相对增大，泡沫合并加剧，气泡更新速度降低。对于黏度高的发酵液，通风量反而应控制在较低，例如 0.5～0.8vvm 为好，在同样转速和通风量下，增大 d/D 值对增大溶氧速率有利，且在黏度高的培养液中转速愈大，这种效果愈明显。

试验表明，搅拌器直径与发酵罐罐径之比（d/D）以 0.3～0.4 为宜，对于黏度大的培养基取 0.4 较好。

在发酵过程中，随着菌体的大量繁殖，耗氧速率增加，一方面发酵液黏度增加，可引起溶氧速率下降，同时由于液体表面张力的下降而形成大量泡沫，常添加动植物油消泡，这样也可引起溶解氧量的下降，以致有可能造成溶氧供应不足，甚至达到 $C_{界}$ 以下，而导致发酵失败，为此必须采取措施来提高溶氧速率，实践上通常采用以下方法：①采用合理 d/D 值的搅拌器，适当提高搅拌转速，可有效提高溶氧速率；②适当增加通风量；③适当提高罐压或加水稀释使发酵液黏度降低，也可有效地增加溶氧速率。

第三节 酶制剂的制造

一、酶分离纯化的基础知识

发酵液中酶蛋白的含量通常只有 0.5%～1%，大量存在的是培养基残渣和微生物细胞（占 6%～8%）以及包括目的酶以外其他酶和微生物代谢产物。商品酶制剂依其使用目的不同而有不同的提纯要求。工业用酶，要求成本低廉，如其他共存物质不妨碍使用则无必要下很大精力去进行酶的精制。一般只是将发酵液（或固体曲抽提液）除去菌体残渣略加处理，经浓缩后添加防腐剂或稳定剂而成，在低温可保存 6～12 个月而不失活。例如用于棉布退浆及淀粉液化的 α-淀粉酶、用于糖化淀粉的糖化液酶，以及用于啤酒生产促进麦芽汁过滤的 β-葡聚糖酶、用于果汁加工的果胶酶，几乎都是液体酶。有些酶是胞内酶，在许多情况下，不必破碎细胞将酶抽提出来，而是可直接将细胞收集后用于酶反应，例如葡萄糖异构酶、天门氨酸酶、富马酸酶等。而用于分析或临床诊断用的酶，则必须经过提纯，做成结晶或单一蛋白的纯酶。供人体注射用的酶，则必须不含热源或微生物代谢产物，要求更高，甚至纯化用水也须先经活性炭处理。

（一）酶制剂的剂型

商品酶制剂大体有四种形式。

1. 液体酶

液体酶是发酵液澄清滤液（或麸曲抽提液、细胞抽提液）经浓缩后加入缓冲剂、防腐剂（苯甲酸钠、山梨酸钾、对羟基苯甲酸甲酯、对羟基苯甲酸丙酯、食盐等）和稳定剂（甘油、山梨酸、氯化钙、亚硫酸盐、食盐等）而成，在阴凉处一般可保存6～12个月。

2. 粉状酶

发酵滤液或细胞、麸曲的抽提液，经适当浓缩后或加入硫酸铵、硫酸钠进行盐析或在低温下加入乙醇、丙酮、异丙醇使酶沉淀析出，将酶滤出经低温干燥后磨成粉状，拌入稳定剂或填料（乳糖、麦芽糊精、碳酸钙、淀粉等）而成。也可将酶液超滤浓缩后，吸收入淀粉或其他惰性材料，干燥后磨粉。此外将超滤或蒸发浓缩之酶液，可添加或不加硫酸钠、硫酸铵，直接喷雾干燥成粉状。粉状酶的保存期更长。

3. 试剂酶

试剂酶是将酶经反复盐析、溶剂沉淀及离子交换法纯化后，做成结晶或单一酶蛋白的纯酶，主要供分析试剂或医药应用。

4. 固定化酶

将酶通过各种方法与不溶性的有机或无机载体相结合而固定化，使之不溶于水，这种固定化酶在完成催化反应后可以从反应混合物中回收而反复使用，工业上大量使用的葡萄糖异构酶、青霉素酰化酶等都是固定化形式的制品。

（二）酶制剂制造的一般步骤

从微生物培养物中提纯酶通常分为五个步骤：①发酵液的固液分离，如系胞外酶则取滤液，如系胞内酶则取细胞；②细胞的破碎（胞内酶）；③酶的抽提和酶液澄清；④酶的提取纯化（包括盐析、有机溶剂沉淀、吸附、超离心、结晶等手段）；⑤浓缩、干燥、稳定化。这五个步骤不是每种酶的提纯都是缺一不可的，而是因要求而异。而且每个步骤也不是截然分开的。如选择性的提取，它就包含分离纯化，而沉淀分离过程中却又包含了浓缩，在整个酶的制备过程中各种方法经常是交替使用的，各种方法的先后次序也因材料、产品而异，还没有适用于各种酶的通用提纯方法。为了正确指导分离提纯得以顺利进行，着手工作前应建立一个分析鉴定方法。

首先若系液体深层培养时，发酵结束应立即冷却（一般10℃左右），以防菌体或杂菌繁殖，并使酶保持稳定；如系固体培养则培养结束应予风干，然后用水或盐水在一定温度下抽提酶。其次是固液分离，利用离心或过滤机进行固液分离，取得酶液（或细胞），若发酵液（或抽提液）呈胶体状态，无法进行分离，则应使用絮凝剂，使酶液中微细悬浊粒子絮凝成大直径粒子而易于分离。如制备液体酶，则滤液经进一步澄清，即可用超滤或蒸发方法进行浓缩，在酶液浓缩倍数高的场合宜用超滤法，可将发酵液中水分及水溶性小分子物质（无机盐、残糖或代谢产物）滤去，如系浓缩倍数不高，则可用蒸发法浓缩。通常采用超滤结合蒸发的办法制造。如系制备粉状酶，则可用盐或有机溶剂，在低温下沉淀酶，通过离心或过滤将沉淀酶取出而干燥。干燥酶经粉碎、过筛，添加填料及稳定剂达到一定浓度即为产品，也可将发酵浓缩酶液直接喷雾干燥而成；或将超滤浓缩酶液拌入吸水性高的惰性载体而干燥，粉碎后作为酶制剂。在固体培养场合，如酶活力很高，则将麸曲干燥、粉碎直接作为酶制剂使用，例如用于制革脱毛、软化用的蛋白酶，制酒精用的糖化酶等。有时同一菌种发酵液含几种酶，如欲同时回收这些酶，可用选择性吸附及分段沉淀法进行提取。

二、酶液的制备

胞外酶，如系液体深层培养法，无需抽提，将发酵液滤出即可进一步处理。如系固体培养法，须用适当的溶剂（如适当离子强度的盐液、稀酸、碱液）将酶从麸曲中浸抽出来，为了减少浸抽液体积，可用多级逆流抽提法或柱状抽提法。麸曲风干后可以减少色素的溶出。

如系胞内酶，则应先将菌体细胞收集，经过破碎后，再进行抽提，不同菌种收集菌体的难易不一，培养基成分不同也影响菌体的收集。一般而言，使用黏性低而无固形物的培养基时，集菌比较容易。细菌、放线菌一般可用高速管式离心机或碗叶式离心机分离，当菌体难以沉降时，有时可添加磷酸钙凝胶、高分子凝集剂（如聚丙烯酰胺等），必要时可辅以盐析等手段帮助菌体沉淀，酵母则一般用酵母分离机浓缩，再经压滤滤干。霉菌因菌体较大，可用简单的过滤方法回收菌体。收集的菌体须采用适当方法使细胞破碎，再行抽提。微生物的胞内酶根据它是否与细胞中颗粒体结合可分为结酶和溶酶。抽提的效果与细胞破碎程度有关。至于结酶，它常同细胞中结构蛋白质、核酸、多糖、脂质形成复合物而存在，故抽提时还须考虑如何同它们分开的问题。

（一）细胞破碎

胞内酶的提取首先要破碎细胞，破碎细胞的方法通常有以下几种。

1. 机械法

机械法有研磨法、压力破碎法和超声波法。小规模处理时，可将菌体细胞悬液置于乳钵中，加石英砂、玻璃粉或氧化铝共同研磨，可有效地破碎细胞；大规模操作时，可用细胞擂碎器处理，也可将研磨剂同细胞悬液置于组织捣碎器或高速振荡器以及细菌磨中处理。工业上还普遍使用高压匀浆装置，将细胞悬液在数百千克高压下喷出，冲击在碰撞环上，反复多次挤压冲击，细胞破碎率很高，可达95%以上。用超声波破坏细胞，适合于实验室使用，处理效果与使用功率有关，通常用10kHz左右的声波处理，放线菌、革兰氏阴性菌一般数分钟到10～15min即够，革兰氏阳性菌处理30～60min，而对金黄色葡萄球菌或一些其他细菌以及孢子、酵母的处理效果较差。由于超声处理时发热，操作时应注意冷却。

2. 冻融法

将细胞用干冰-丙酮急速冰冻到－20～－15℃，再使之解冻，随着冰晶的形成，细胞内颗粒可被破碎，反复数次，抽出率大大提高，也可使结酶成为可溶态。

3. 干燥法

通过改变细胞膜透性，破坏酶蛋白与脂类的结合，也可破坏细胞而有利于酶的抽提，例如将细胞用低温真空或风干干燥法脱水可增加酶的抽出量。利用丙酮脱水效果更好，向菌体细胞加10倍量－20℃丙酮使急速脱水，过滤干燥后制成丙酮粉后，用水溶液酶很易抽提出来，由于丙酮处理可去除脂质，有时也可使结酶易于溶解。但有些酶对冷敏感，如某些链霉菌葡萄糖异构酶遇丙酮易变性，不适用此法。

（二）抽提

从破碎细胞中抽提酶的手段，因菌种和酶的不同而异，抽提时改变溶剂 pH 和盐浓度，可使酶同细胞器的结合松弛而有利于酶的抽提。

1. pH 对酶抽提的影响

通常酶同其他物质的结合以离子键的形式为多，而离子键在 pH 3～6 时容易分离，故采用这个 pH 范围来抽提酶比较理想。可是许多酶在 pH 4～6 有等电点，溶解度反而降低，因此 pH 应在等电点的偏碱一侧。为了改进酶的溶解度提高抽提效果，选择抽提溶液 pH 时，应保证在酶稳定的前提下，采用偏离等电点两侧的 pH，如碱性蛋白，应采用偏酸一侧的溶液抽提，酸性蛋白，应采用偏碱一侧的溶液抽提。例如细胞色素 C、溶菌酶等电点在碱性侧，常用稀酸液抽提，肌肉甘油醛-3-磷酸脱氢酶为酸性蛋白，常用稀碱液抽提。通常酶的抽提以中性为佳，但像胰脏核糖核酸酶、胰蛋白酶原等，因在酸性时稳定，故用 0.25mol/L 盐酸抽提效果更好，胰蛋白酶原在碱性下会激活而不能制得，只有先作成酶原后才能得到高纯度胰蛋白酶。细胞色素 C 还可用 0.15mol/L 三氯乙酸抽提。

2. 盐浓度对酶抽提的影响

大多数酶是清蛋白和球蛋白，可溶解在稀盐液、稀酸、稀碱中，为了提高酶的抽提效果，抽提液中常添加少量食盐。盐浓度同 pH 有关，偏酸或偏碱时，盐浓度宜低，NaCl 浓度以 0.15mol/L 磷酸缓冲液或焦磷酸盐缓冲液以 0.02～0.05mol/L 为常用。

有时为了螯合某些金属离子和解离酶与其他杂质的静电结合，也常用柠檬酸钠缓冲液和焦磷酸钠缓冲液。有些酶在低盐浓度溶解度低，需使用 1mol/L 以上 NaCl 提取。而某些霉菌脂肪酶则用水抽提效果比盐液好。

3. 温度对酶抽提的影响

为了防止酶变性降解，提取时大多采用低温（5℃以下），温度低抽提时间长，温度高则抽提时间短，有些酶在较高温度抽提可促进组织自溶，使杂蛋白变性分离，而改善提取效果，如胃蛋白酶在 37℃抽提效果更好。

4. 溶剂和表面活性剂对酶抽提的影响

一些与细胞膜或细胞颗粒结合在一起的酶，因同脂质结合比较牢固或分子中非极性侧链较多的酶，不溶于水、稀酸、稀减和稀盐中，因而很难抽出，常须用有机溶剂抽提，例如某些呼吸系统的酶（琥珀酸脱氢酶、碱性磷酸酯酶等）可用丁醇抽提，丁醇既具亲脂性又有亲水性，丁醇取代与酶蛋白结合的位置后，可阻止脂质重新同蛋白结合，而使酶的溶解度大大增大。

三、酶液的固液分离与净化

在酶的提取液或发酵液中，除含有细胞、细胞碎片等固形物外，尚含有大量可溶性蛋白质、黏多糖、酯类、核酸等杂质，根据提纯纯度的要求必须除去。固形物的除去，通常是使用絮凝剂处理，去除固形物后的粗酶液再用各种手段将酶提取出来。

（一）发酵液的絮凝处理

酶的发酵液是一种胶体溶液，其固液分离比较困难。尤其是细菌及放线菌的发酵液。因此，发酵液的除菌过滤与澄清，是酶制剂后处理中的一个重要环节。根据 Stokes 定律，沉降速度是随胶体粒子的增大而增加，因此应设法使悬浮粒子聚结成较大颗粒。有效的办法是添加絮凝剂。常用于生活用水及污水处理以及蔗糖汁澄清的一些絮凝剂，可用于发酵液的处理。例如无机絮凝剂有硫酸铝、碱式氯化铝、氯化铁、水溶性钙盐、锌盐等。有机絮凝剂有聚丙烯酰胺、聚丙烯酸、聚季胺酯等合成高分子聚合物，以及海藻酸、壳聚糖等多糖。

（二）酶液的净化

除去固形物的酶液，尚含其他可溶性杂质，干扰酶的提取，则应用各种方法处理将酶与杂质分开。如果酶能被某种吸附剂或离子交换树脂所吸附，则也可很方便地同杂质相分开。刀豆脲酶可溶解在31.6%丙酮中，故用丙酮抽提酶液置于低温下便使酶结晶而析出。枯草杆菌发酵液中蛋白酶可用经过酸处理的硅藻土、黏土等在 pH 6.5～8.5 下吸附，再用 2% NaCl 溶液在 pH 9～11.5 下洗脱，可以浓缩到 1/20，使用具有极大表面积非离于吸附树脂，可将蛋白酶的 70%～90%吸附而同杂质分开，由聚苯乙烯构成的阳离子大孔树脂，例如化工 D113 等，也是提取酶有效的吸附剂。

四、酶液的浓缩与酶的提取

通常发酵液中酶蛋白的浓度仅占发酵液的 0.01%～1%，必须浓缩才能进一步提取。浓缩是酶提取过程中很重要的一步。浓缩酶液的方法，通常是盐析或溶剂沉淀法、聚乙二醇浓缩法以及凝胶浓缩法、冰冻浓缩法、真空蒸发浓缩法、超滤法等。使用盐析、溶剂沉淀等方法将酶从提取液中分离是一种重要的浓缩手段，但从大量稀薄液中进行酶的浓缩颇不经济。将酶装入半渗透膜小袋内，浸入聚乙二醇中吸去水分，或者向酶液中加入葡聚糖凝胶 G25，凝胶吸水而膨胀，酶则几乎全部留在液内可浓缩到 1/5，但这些方法仅限于实验室的应用。冰冻浓缩法是利用溶质与溶剂冰点之不同，将酶液置低温处，酶液中水分逐渐结冰而浓缩，将冰除去即得浓缩酶液，但怎样控制冰晶形状，对酶的回收影响很大。工业上大生产使用的浓缩法主要为蒸发浓缩和超滤法，而盐析沉淀则既是浓缩又是分离酶的手段。

（一）蒸发浓缩法

除芽孢杆菌的 α-淀粉酶、葡萄糖异构酶等少数酶外，大多数工业酶对热有很大敏感性，不能用一般真空蒸发器进行浓缩，适用于酶液蒸发浓缩的设备是薄膜蒸发器，其工作原理是在真空下，物料（滤液）液膜通过加热面而闪急汽化，经旋风汽液分离器，将二次蒸汽分离冷凝而达到浓缩目的，由于汽化加热在瞬间完成，即使不耐热的蛋白酶，在反复浓缩多次后酶失活也不超过 10%，工业上使用的薄膜蒸发器有升膜式、降膜式、刮板式（直立式、卧式、离心刮板式）和离心式等多种，可根据物料性质而选择适用类型。对于浓厚料液或含糖较多易碳化结焦料液宜用刮板式，对于热敏性高的酶液可考虑用离心式薄膜蒸发器。升膜式或降膜式蒸发器的加热器状似换热器的一束加热管，为使加热面提供足够汽速，管长与管径之比在 100～150，管径一般为 25～28mm，升膜式蒸发器传热系数较小，为 2512.08kJ/

(m^2·h·℃)，降膜式则液膜下流速度较快，对黏度较大的液体也可成膜，传热系数较大，可达6280.2～16740.2kJ/(m^2·h·℃)。料液在真空下吸入加热管，沿管壁流动撕成薄膜瞬间汽化，汽液混合物在旋风分离器中分开。刮板蒸发器的加热管是一直筒，吸进加热器的料液被急速旋转刮板打在筒壁，形成液膜瞬间受热而汽化，为了改进设备效率，近年又发展了离心刮板薄膜蒸发器、卧式刮板薄膜蒸发器等改进型，特别是卧式刮板薄膜蒸发器与立式刮板蒸发器相比，一次蒸脱量大，适用料液黏度范围广（可达50Pa·s），可严格控制停留时间，不产生热点与焦化现象，液膜很薄，只有0.1～0.5mm。离心薄膜蒸发器是借离心力在加热面上形成液膜，液膜所受到的离心力为重力的100倍，故流速极快仅0.1mm厚，大大增强了传热效果，总传热系数K值可达14235.12～18840.6kJ/(m^2·h·℃)，立式离心刮板薄膜蒸发器K=7536.24kJ/(m^2·h·℃)，因而提高了蒸发量，且因物料受热时间极短，大大提高了产品质量，这种蒸发器尤其适用于热敏感物料的浓缩。

（二）超滤浓缩法

超滤是一种膜分离技术，属于分子水平的过滤，其工作原理是溶液在压力驱动下，流经半透性的超滤膜表面时，部分小分子的溶质和溶剂透过滤膜而成为超滤液，而大分子的溶质如蛋白质、高分子有机物以及细菌、病毒、胶体微粒则被截留，从而达到分离、提纯或浓缩的目的。而一般的过滤仅能分离较大的固体颗粒，滤去1～100μm的颗粒，细菌过滤器和微孔过滤器则为精密过滤，滤膜孔径0.1～10μm，可滤去直径0.01～1μm的颗粒。超滤膜的孔径只有数十到数百埃（Å），所能过滤的分子大小只有5～100Å，分子量大于500的物质都不能通过而截留在膜面。超滤技术已广泛用在酶制剂工业、医药工业和生物大分子物质的浓缩和提纯。用超滤法浓缩溶液的优点如下：不需加热，适用于热敏感物质的浓缩；无相态的变化，节约能源；操作简便、设备简单；适用于广泛pH范围下操作。

（三）沉淀法

1. 盐析沉淀法

大部分蛋白质特别是球蛋白，在低盐浓度中其溶解度比在纯水中为大，但在盐浓度提高时，蛋白质的水化层被破坏，电荷被中和，溶解度下降而发生沉淀。各种蛋白质在一定浓度浓盐液中的溶解度是不同的，当盐液浓度不断增加时，就相继析出而分开，这叫作盐析。盐析法由于操作简便，是酶和各种非电解质分离时常用的方法。但其缺点是产物中盐分多，需经脱盐，又因母液与酶沉淀的相对密度差小，故就不易用离心法分离，而过滤时则又需用助滤剂。

大多数酶在硫酸铵浓度高时都会发生沉淀，故盐析法的分辨力比较低。

盐析的效果因酶蛋白的性质和盐的种类而不同。蛋白质在等电点附近溶解度最小，在盐析浓度下，其等电点多少会有些变化，但溶解度受到pH变化的影响不像在无盐状态时那么敏感，故通常仍以等电点附近的pH作为盐析最适pH。温度越低，蛋白质溶解度越低，但在盐析情况下，有的例子相反。通常盐析时对温度要求并不严格。发酵液中含有各种杂质，因此盐析的条件与蛋白质单独存在时多少有些不同。虽然色素等杂质单独存在时并不会被盐析，但同蛋白质共存时常会产生共沉淀。盐浓度一定时，蛋白质浓度越高，越易沉淀，故分段盐析时饱和度的极限也越低。发酵液盐析酶所需浓度与纯酶盐析所需盐浓度不同即此理。蛋白质浓度高有利于沉淀，但也易引起杂蛋白的共沉淀，故必须选择适当浓度避免共沉淀的干扰。

2. 有机溶剂沉淀法

可与水互溶的有机溶剂能使水溶液的电解常数降低，增加蛋白质分子上不同电荷的引力，导致溶解度降低，还能破坏蛋白质的水化膜，使蛋白质脱水而沉淀。不同蛋白质在不同浓度或不同有机溶剂中的溶解度是不同的，故可据此分离各种蛋白质。溶剂沉淀法是酶制剂工业中常用的方法，其优点是溶剂易蒸发去除，产品中无盐，离心分离容易，分辨力高。但缺点是有机溶剂常易引起酶的变性，产品中常含来自发酵液的多糖等物质，使产品较易吸湿。

常用的有机溶剂是丙酮、乙醇、异丙醇等。影响溶剂沉淀效果的因素是溶剂、温度、pH、盐类及离子强度。不同溶剂沉淀蛋白质的能力不同，例如用各种溶剂沉淀麸曲抽提液中 α-淀粉酶时，沉淀效果依次是丙酮＞异丙醇＞乙醇＞甲醇。这种顺序虽然因蛋白质种类、温度、pH 等不同而异，但大体上仍是丙酮＞乙醇＞甲醇。蛋白质在溶剂存在下的溶解度显著受到温度的支配，在低温下蛋白质容易沉淀，一般采用 0℃或－20℃左右操作，不仅可防止酶的失活，还可减少溶剂用量。由于在同一溶剂浓度下，蛋白质的溶解度随温度而变化，故可借降低操作温度，进行酶的分段，但用不同浓度溶剂进行分段时，若在不同温度下操作就难达预期效果。溶剂沉淀时采用的 pH 值，仍以等电点附近较好。在有机溶剂存在下，中性盐可降低蛋白质的溶解度，减少酶的变性，例如细菌淀粉酶需有金属盐存在，才可避免变性，故采用适量（0.05mol/L 以下）中性盐，可提高沉淀效果，溶液中有多价阳离子如 Zn^{2+}、Ba^{2+} 等存在时，当 pH 在蛋白质等电点碱性侧时，蛋白质带阴电荷可同蛋白质结合成络合物，使酶蛋白的溶解度降低，而得以在较低溶剂浓度下沉淀。若两种酶在溶剂水溶液中溶解度相同，很难分开时，添加 Zn^{2+}，可提高溶剂分辨力，锌盐浓度常为 0.005～0.02mol/L。

3. 其他沉淀法

除盐析法、溶剂沉淀法外，还有不少沉淀法可供工业上应用。这些主要是利用单宁、表面活性剂（甲基十二烷基苄基氯化铵）、利凡诺、高分子聚合物等同酶结合成聚合物而共沉淀，再用适当方法将聚合物溶解，去除沉淀剂而使酶纯化，这些方法适用于工业上提取淀粉酶、蛋白酶、纤维素酶等。

（四）吸附法

吸附法也是工业上提纯酶时常用的方法，简便安全。这种方法在较低 pH 值、低离子强度下吸附，而在提高 pH 值、增加离子强度下进行解吸，可分为静态吸附和动态吸附法。皂土、活性白土、高岭土、氧化铝、活性炭等均可作为吸附剂，例如菠萝汁中蛋白酶可加入 5%有效的白土吸附，再用 pH 6.5、5%NaCl 溶液洗脱，收率为 60%～70%。发酵液中中性蛋白酶可在 pH 6.5～8.5 下，用酸处理过的硅藻土、黏土等吸附，在 pH 9～11.5 下用 2%的 NaCl 溶液将酶洗脱，浓缩 20 倍，酶的收率为 68%。但由于一般吸附材料的吸附力弱、选择性差或易引起失活或洗脱困难，实验室中提纯酶时，多数用磷酸钙凝胶、活性氢氧化铝和羟基磷灰石。

（五）亲和吸附法

亲和吸附法是利用酶作用底物的类似物或抑制剂作为吸附剂，而从酶的混合物中，专一地将特定酶吸附的一种方法，经洗脱沉淀，便达到高度精制。底物、底物类似物及酶的竞争性抑制剂同酶间有着较高的亲和力，可作为配基固定于不溶性载体，可选择性地将酶吸附而同杂质分离。

底物的亲和吸附除淀粉外，例如利用涂甲壳质的纤维素，利用溶壁小球菌溶菌酶的消化物固定于琼脂糖作为吸附剂来提纯微生物溶菌酶。用 β-半乳糖苷的结构类似物对氨基-β-D-巯基吡喃半乳苷固定于琼脂糖以吸附 β-半乳糖苷酶。利用酶抑制剂的亲和吸附，如蛋白酶抑制剂 S-SI 与经 CNBr 活化的琼脂糖结合而成为不溶性 S-SI-琼脂糖，用以提纯 α-糜蛋白酶与枯草杆菌碱性蛋白酶。利用乙酰-D-苯丙酰胺或 D-亮氨酰-丁二酰-琼脂糖提纯枯草杆菌中性蛋白酶等。

（六）离子交换法

离子交换提纯酶在酶的纯化或实验室研究中已广泛使用，理论上酶和氨基酸一样是两性电介质，各种蛋白质由于构成氨基酸不同所带电荷也不同。当溶液 pH 在蛋白质等电点的酸性一侧时，带正电荷，在碱性一侧时，带负电荷。所谓等电点是指蛋白质分子呈电性中和时的 pH 值，是各种蛋白质所固有的物理常数。

在使用阳离子交换树脂时，如环境 pH 值低于酶蛋白的等电点，则酶蛋白就带正电荷而被树脂所吸附，提高环境 pH 值，使其高于酶的等电点，则酶蛋白带负电荷而被解吸。在使用阴离子交换树脂时则相反，树脂吸附带负电荷的蛋白质，降低环境 pH 值使酶蛋白带正电荷而被解吸。

吸附于树脂的酶，除借改变 pH 值的缓冲液进行洗脱外，也可采用提高离子强度方法使蛋白质的电荷发生变化而使之洗脱，各种蛋白质的洗脱顺序视吸附力大小而决定。可是关于离子交换吸附蛋白质的行为并不这么简单，与吸附氨基酸不同，并不是简单的一种离子交换反应，吸附力的大小，主要取决于在该 pH 值时蛋白质表面所带正负离子电荷量的多少，并且还受到离子交换剂同蛋白质之间的氢键或范德华力的强烈影响，故还没有一个适当的理论来解释。

（七）凝胶过滤法

凝胶过滤是利用具有一定大小网目构造的多孔性凝胶填充柱的分子筛作用来进行层析的一种方法。各种溶质分子由于分子量分子形状不同，通过网孔的速度不同而得以分开。由于操作条件温和、pH 值和离子强度的变化少，故颇适合于酶和蛋白质的提纯，其用途仅次于 DEAE 纤维素，但工业上大多用于盐析酶的脱盐。

商品凝胶为交联右旋糖酐（Sephedex）、琼脂糖凝胶（Sephalus）以及聚丙烯酰胺凝胶（Biogel）等。以右旋糖酐为普遍，这是由右旋糖酐经环氧氯丙烷交联而成。由于凝胶分子间具有网孔构造，故可以吸水膨润。

（八）酶的结晶化

蛋白质纯化到一定程度，在适当条件下便会结晶析出，酶当然也可以结晶析出，但有些酶即使纯化到单一蛋白，往往也难达到结晶化，另外结晶化的酶也不一定是做到单一蛋白的纯态，像细菌淀粉酶，即使含有 50%不纯物，也很容易结晶。在各种酶中金属酶比较容易结晶，结晶化时，一般是将酶纯化到认为是单一物质状态时，才按以下步骤进行：①浓缩到接近饱和状态，置低温下任其自然结晶；②浓缩到原容积百分之几时，加丙酮或酒精或中性盐使达到有白色混浊出现为止，再放低温度下使之结晶。

五、酶的制剂化与保存

酶是不稳定的物质，在保存过程中也容易失活，失活原因很多，虽然作了不少研究，不明之处尚多，尤其是液体状态的酶，不宜长期久贮，保存的方法，大多还靠经验。

（一）酶液的保藏

酶液在保存前，应调节到稳定 pH，然后冷藏（4～10℃），在这种场合，最易造成失活的原因是污染微生物所分泌的蛋白酶，为此容器必须灭菌，或向酶液添加对酶无害的防腐剂与抗生素。最简单的防腐剂是甲苯与乙酸乙酯。

大多数酶浓度愈低越易引起失活，故贮藏时应尽可能保持较高浓度，一般可添加容易与目的酶相分开的白蛋白与球蛋白（0.1%左右）作为保护剂，此外添加食盐或中性盐0.5mol/L，亦有良好保护作用。

有些酶蛋白中必须含 SH 或金属离子方才稳定和有活力，这种场合酶液中应添加 SH 保护剂（巯基乙醇、L-胱氨酸、还原型谷胱甘肽等）或金属离子。

有些微生物除目的酶外同时还产生蛋白酶，不利于酶的保存，应预先去除。但在蛋白酶本身保藏时，也由于自溶而失活，不宜久贮。或者应将 pH 调节到酶作用最适 pH 之外。将酶深度冷冻（－20℃，－40℃）保藏，可防止杂菌污染，而延长保藏期，但冰冻及融解，也可能引起酶的失活，在酶浓度低时尤甚，故应预先进行试探。若酶液难以浓缩者，同样可将酶液最好浓缩到 0.1%以上，添加蛋白质以保护之。有些酶不耐冷，低于 0℃容易失活，应注意。若需进行冷冻干燥，将酶液低温（－70℃）冻结后，再真空抽干，由于应防止酶的失活，宜将酶浓缩到 1%以上，或添加适当稳定剂。工业上液体商品酶制剂，一般都浓缩 5～10 倍后，添加防腐剂或食盐为稳定剂，保存期由数月到一年不等，常用的稳定剂主要有钙盐和食盐、硼砂、醇类及糖类、表面活性剂等。

（二）固体酶的保存

粉状酶的保存期较长，一般添加 $CaCO_3$、淀粉、芒硝、乳糖等为稳定剂。

在淀粉酶液干燥时，通常添加 Ca^{2+} 为保护剂，但若有葡萄糖、山梨糖等含有羰基的化合物存在时，酶液发生氨基羰基化而失活，向酶液添加 1%谷氨酸可防止酶的失活。

第四节 酶制剂的固定化

一、概述

酶制剂在水处理中的作用早已引起人们的关注，采用酶制剂进行废水处理也已经有相当长的研究历史了，而且发展很快，例如，脂肪酶、蛋白酶和纤维素酶等混合处理生活污水等。但是，酶制剂在污染物降解和环境监测方面的迅速发展与固定化酶或固定化细胞技术的出现密切相关。

在固定化酶或固定化细胞的反应器内，废水流经固定化酶或固定化细胞后得到了有效处理，而酶和细胞不会随处理废水的排放而流失，处理出水中不会有游离菌体的出现，这样为安全有效地利用遗传工程菌和专一的酶处理废水提供了保障。目前，固定化酶和固定化细胞主要应用于环境监测和处理污染物。如环境监测方面，根据固定化酶用于化学分析方面的相同原理，可用固定化多酚氧化酶检测水中的酚类物质；检测有机磷、有机氯农药和其它痕量污染物（如过氯酸盐、氰化物和尿素等)。在处理污染物方面，应用固定化酶或固定化细胞可以组成快速、高效、连续运行的污水处理系统，包括用固定化分解氰化物的细菌去除废水中氰化物、用固定化 α-淀粉酶处理造纸厂的废水、用水解农药的细菌固定化制剂处理农药废水等。

寻找低成本载体和简单易行的固定化方法仍然是目前发展酶制剂在环境保护方面应用的技术关键之一。近年来为了更好地发挥酶的催化特性，扩大其在环境工程领域的应用范围，许多学者正致力于酶技术净化和环境监测等方面的深入研究，包括利用脱氢酶对毒物的敏感性，检测活性污泥法处理废水时污泥的活性以及废水的可生化性，利用酶对待测组分的选择性或识别能力，制成酶电极间接测定特定物质的浓度等。

总之，利用酶制剂进行污染物处理和环境监测比其它生物法效率高、速度快、可靠性强。相信随着低成本、高活性酶制剂的大量出现和生产，以及酶固定化技术、酶反应器等研究的不断成熟，酶制剂在环境保护方面将具有巨大的应用潜力，可望能在工程中得到迅速推广。

二、固定化酶的定义

（一）固定化酶的定义

酶能够在水中溶解，但由于水环境中存在温度、压力、离子强度、pH、酶修饰和降解等各种物理、化学以及生物因素，酶蛋白的空间结构极易受到破坏而导致酶的生物活性丧失。并且，即使在最适催化反应条件下，酶促反应速率也会随着反应时间的延长逐渐降低，导致酶活性降低甚至失活。反应后，溶液中的游离酶不能回收，生成物的产出还需要提纯等工艺，工业上只能采用分批法进行生产。

20 世纪 50 年代，有学者提出了固定化酶的概念和技术，很好地解决了上述难题。所谓酶的固定化（Immobilized enzyme)，就是通过物理化学等手段将酶蛋白束缚在一定的空间内或载体介质上，使酶既能保持一定的活性连续反应，载体介质不溶于溶剂，又能够在反应结束后回收再次重复使用。天然酶经过一定的物理或化学修饰，称为修饰酶，固定化酶属于修饰酶的一种。除固定化酶外，还有学者仅用化学或分子生物学的方法修饰酶分子中的某些部位，或在分子水平上改良酶等。

（二）固定化酶的制备原则

酶工程中，由于酶的品种、使用环境和应用目的不同，不同的固定化酶有不同的制备方法。这些制备方法都应遵循以下几个基本制备原则：

① 载体只能与酶蛋白分子的非活性部位结合，尽量避免酶蛋白空间结构破坏，保证酶蛋白活性中心氨基酸残基不受影响，最大程度减少酶催化活性降低。

② 载体必须有一定的力学强度，防止因机械搅拌等因素导致固定化酶微球破裂或酶脱落，使反应能够自动化、连续化进行。

③ 载体需有一定的通透性，尽量不为酶与底物的接触制造空间障碍。

④ 载体与酶之间务必牢固结合在一起，防止酶促反应时酶脱落，以利于固定化酶多次回收重复利用。

⑤ 载体具有一定惰性，不与底物、产物、溶剂等发生化学反应，而影响固定化酶的稳定性。

⑥ 成本要低，经济无毒。

三、固定化酶的性质

由于酶的固定化过程是将酶束缚在载体中，酶空间结构必然会受到载体的影响，其催化体系由均相变为异相，必然会存在微环境分配效应、扩散限制效应和空间障碍等因素变化，从而不可避免地对固定化酶的性质产生影响。

（一）固定化酶活力的变化

在相同测试条件下，一般固定化酶活力要比等物质的量原酶活力低，甚至可非专一性地作用于其他底物。可能的原因有：①固定化过程会改变酶蛋白分子空间构象，甚至影响酶活性中心氨基酸残基；②固定化过程使酶蛋白分子受载体束缚，空间自由度下降，酶活性中心不易暴露而与底物接触；③载体对底物与酶分子的扩散接近起到阻碍作用。除了载体对酶固定会影响其活力以外，底物也会对固定化酶活力有所影响。一般认为大分子底物受到的空间位阻比小分子底物大，从而使固定化酶的活力和专一性也发生改变。例如，用羧甲基纤维素作为载体对胰蛋白酶进行固定，对于小分子底物苯酰精氨酸-对硝基酰替苯胺，固定化酶的活力保持在 80%；而对高分子底物酪蛋白，酶活力只有原来的 30%。此外，也有固定化酶活力高于原酶活力的特例，可能是因为酶蛋白分子活性中心得到一定的化学修饰而使活力提高，或者固定化过程提高了酶结构的稳定性。

（二）固定化酶最适 pH 值的变化

酶作为一种水溶性蛋白质，容易受外部微环境影响，特别是受 pH 值变化影响显著。微环境 pH 的变化不仅对酶的稳定性有影响，而且还会影响酶活性中心重要氨基酸残基的电离状态，底物以及酶-底物复合物的电离状态也会受到影响，从而改变酶促反应速率。酶固定化后，其酶促反应最适 pH 值和 pH-活性曲线相较于游离酶常常发生偏移。这种偏移一般是由于载体所带电荷正负不同所引起的。若载体为阴离子聚合物，则载体表面带负电荷，会吸引溶液中的正电荷（包括 H^+）吸附在载体上，使固定化酶扩散层 H^+ 浓度相对于周围的外部环境偏高，即偏酸性，迫使外部环境的 pH 值向碱性方向偏移，中和微环境中酸碱性的变化，从而达到固定化酶的最大活力；反之，若为阳离子聚合物载体，则载体带正电荷，其最适 pH 值将向酸性方向发生偏移。酶的固定化过程会使酶的最适 pH 值向酸性或碱性方向偏移，这一现象具有十分重要的研究意义和应用价值。例如，工业生产中往往某一工艺需要几种酶协同作用，而若这几种酶的最适 pH 值不一致时，可以使用固定化的方法使不同酶的最适 pH 值彼此之间相互靠近，从而简化工艺过程，提高生产效率。例如，糖化酶的最适 pH 值为 4.6，经阴离子载体固定后，其最适 pH 值升至 6.8，接近葡萄糖异构酶的最适 pH 值 7.5，因而可以简化制备高果糖浆的工艺技术。

（三）固定化酶最适温度的变化

酶促反应的最适温度是反应速率与酶耐热性竞争的综合作用效果，反应温度升高，既加快了酶促反应速率，又加速了酶蛋白的变性。因此，酶促反应的最适温度受时间影响，在反应初始阶段，酶蛋白分子还来不及变性，反应速率随温度升高而增大；但随着反应时间的延长，酶蛋白变性的影响不可忽略，反应速率随之逐渐下降。因此反应速率存在一个极大值，所对应的反应温度即为酶促反应最适温度。

由于酶的固定化，载体对酶起到支架的作用，使酶蛋白分子不易受外界因素的干扰而变性，酶的热稳定性和最适温度随之提高，这非常有利于工业生产降低冷却过程能耗。

（四）固定化酶稳定性的变化

一般情况下，酶的固定化过程可以提高酶的稳定性，改变酶对温度、酸碱、存放条件以及操作的敏感程度。

叶鹏在1-乙基-3-（二甲氨基丙胺）碳二亚胺盐酸化物（EDC）和*N*-羟基琥珀酰亚胺（NHS）存在下，在多聚纤维薄膜表面结合壳聚糖，制备出一种拟双层生物膜，再用交联剂戊二醛将脂肪酶固定在该双层生物膜上，制得的固定化脂肪酶热稳定性和pH稳定性都有一定程度的增加，并且该固定化酶在使用10次后的活力残留为53%。

固定化酶稳定性之所以提高，可能的原因有：①酶蛋白分子侧基与载体活性官能团多点连接，起到支架作用，使酶蛋白分子构象和空间受到制约而不易伸展变形；②由于载体的扩散阻力，使酶与底物接触放缓，产生扩散限制效应，酶的活力缓慢释放；③体系中载体的存在，降低了酶蛋白分子间相互作用机会，使酶的自降解不易发生。

四、酶制剂的固定化方法

采用酶制剂进行废水处理已经有相当长的研究历史。但是，由于在以往的研究中，一般是将酶直接加入待处理的水体中，而酶通常容易溶解于水，使用后无法回收或循环使用，造成了过程的复杂和处理成本的大幅度升高，极大地影响了酶制剂在废水处理工程中的应用和推广。近10年来，随着固定化酶技术的不断发展，由于酶固定化后一方面可以基本解决酶的流失问题，另一方面可以通过将酶与载体进行共价结合，使酶的一端为无机键，另一端为有机键，从而有可能使酶从溶液中得以回收，进行循环使用，因此，这些技术的发展为酶制剂处理废水创造了有利条件。在使用酶制剂处理废水方面，我国尚处于探索性研究阶段。

固定化方法按照固定载体与作用方式不同，可分为吸附法（载体结合法）、包埋法等。

（一）吸附法

吸附法又叫载体结合法，是微生物细胞通过自然附着力（物理吸附、离子结合）等方式，固定在载体表面和内部形成生物膜，故载体（填料）的选择是关键。一般要求载体内部多孔、比表面积大、传质性能良好、性质稳定、强度高、价格低廉等。

固定化酶或细胞处理废水不仅效率高，而且具有很强的抗逆性，即在不利的条件下仍能保持较高的生物活性。研究者认为这与固定化酶或细胞所处的微环境有关。微生物不仅附着在载体的外表面，有的还深入载体内部的空隙中，废水中的污染物需扩散才能进入与之反应，经过扩散作用，造成生物膜由外向内污染物浓度逐渐降低，减轻了有毒物对微生物的毒性。

采用弱酸离子交换树脂Diaion WK-20作为支持物，加入酪氨酸酶磷酸盐缓冲溶液，每4min加入交联剂EDC，4℃下搅拌17h，用缓冲液冲洗，直到没有酶浮在表面。1h后，几乎能100%去除5mmol/L的苯酚，虽然溶液变成红色，但是树脂并未被染色，说明酚类氧化产物不与固定化酶反应并不被树脂吸附。可用壳多糖和脱乙酰壳多糖除去有色产物。脱乙酰壳多糖可加速酚的还原速度。取代酚的还原次序是儿茶酚、对甲酚、对氯酚、酚、对甲氧基苯酚。可用壳多糖和脱乙酰壳多糖除去有色产物。甚至在10次重复处理后，酶活性几乎不降低。但如果不将酪氨酸酶固定化，可溶性酪氨酸酶反应后会迅速失活。

（二）包埋法

包埋法是使细胞或酶扩散进入多孔性载体内部，或利用高聚物在形成凝胶时将细胞或酶包埋在其内部。该法操作简单，对细胞影响小，是目前研究最为广泛的固定化方法。它要求载体对酶或细胞无毒，且性质稳定，不能被其降解。载体种类很多，其中天然高分子凝胶载体以海藻酸钠为代表，有机合成高分子以聚乙烯醇（PVA）为代表。

1. 海藻酸钠

海藻酸的分子式为 $(C_8H_8O_8)_n$，聚合度可以从80到750，分子量为14000～132000。海藻酸作为一种高分子电介质，其一价盐（钠盐、钾盐、铵盐）为水溶性盐，而二价以上的盐（钙盐、铝盐）为不溶性盐，因而可形成热的凝胶或薄膜，这是海藻酸经 $CaCl_2$ 溶液钙化处理后形成固定化凝胶的重要依据。同时，海藻酸钠易与蛋白质、明胶等多种物质共溶，并可与细胞或酶混合成均匀的悬浮液。

作为一种天然高分子材料，海藻酸钠易被废水中各种离子所侵蚀，这种侵蚀作用随废水处理运行时间的延长而越来越明显，使固定化细胞或酶的三维结构遭到破坏。所以，可以考虑利用化学交联剂（如戊二醛、己二胺等）对固定化表面进行处理，通过共价交联使其机械强度增大，柔韧性增强，防止其膨大胀裂。

2. 聚乙烯醇

用聚乙烯醇固定后的细胞或酶活性损失小，保存时间比海藻酸钙包埋法长。但聚乙烯醇凝胶硬化所需时间较长，固定化要求的条件复杂。PVA浓度以7.5%～10%为宜，浓度太低，小球硬度不够，极易破碎，无法长期运行；浓度太高，小球中PVA过分致密，加大了基质与产物的传质阻力，处理效果差。当采用聚乙烯醇-硼酸小球法固定细胞时，凝胶在饱和硼酸溶液中的硬化时间应不低于18h，以24h为宜。硬化时间太短，硼酸难以完全进入小球内部，造成硬化不彻底，运行时PVA凝胶泄漏严重；硬化时间过长，由于硼酸对细胞或酶的毒害作用，会降低其残余活性。在PVA凝胶固定过程中添加多糖类（海藻酸钠等）不仅有助于改善成球性能，而且使活性提高，还可以防止出现粘连现象。硬化过程中，应使环境温度不得高于20℃，pH应控制在中性范围内。PVA固定化方法除以上提到的硼酸小球法以外，还有硼酸无纺布法与冷冻成型法。冷冻成型法还可分为球法与块法。

3. 其他

可溶性酶可以对污水脱色、去除酚类化合物等，但是热稳定性差，并会发生不可逆的酶失活。用褐藻酸盐对可溶性酶进行包埋，使其形成球形颗粒，与未包埋酶对几种工业废水的处理进行了比较研究，结果见表9-3。

表9-3　酶包埋前后处理废水的比较

废水类型	酶种类	包埋前后比较
棉纺厂废水	漆酶	氢氧化物去除效率提高3.5倍
造纸厂废水	漆酶	脱色效率提高2倍
棉纺厂含硫废水	辣根过氧化物酶	脱色效率是未包埋的9倍
棉纺厂废水	辣根过氧化物酶	氢氧化物去除效率提高20倍

研究还发现，如果使用一般酶制剂，由于酶会不断溶入废水，难以进行连续处理，如果采用细胞固定化技术，则需要不断添加碳源，增加了成本。而将漆酶或辣根过氧化物酶与酪氨酸酶聚合后形成不溶于水的共聚物包埋能更大程度地提高酶的效率。

C. Crecchio 等人利用白明胶固定栓菌 *Trametes versicolor* 漆酶和蘑菇酪氨酸酶。当白明胶浓度为 0.025g/mL 时，凝胶固着和酪氨酸酶的催化活性之间达到最大平衡，而漆酶固定化与白明胶浓度无关。尽管固定化作用使酶活性部分损失，但仍保持最适 pH。在表面活性剂（二辛基硫代琥珀酸酯）有机溶液（异辛烷）中加入少量水形成的反相胶粒，能够用来作固定酶的载体。它有三层：最里面的水相、中间的表面活性剂层以及外层的有机相。而最里面的水溶液起着非常重要的作用，描述微乳化的一般参数为水分子数/表面活性剂分子数。由于主要成分是有机溶剂，反相胶粒溶液可以转化成黏性胶体。通常的制备方法是将胶粒溶液加热到 50℃以上，不断搅拌下冷却，但是必须加入一定量的水溶液，因为如果水浓度过低的话，反相胶粒形成过程受阻。在冷却到 30℃以下时，可以加入酶溶液，当胶粒彻底形成胶体后，胶体不溶于有机溶剂，因此有机相（异辛烷）可以很容易蒸发掉。而胶体亦不溶于苯、甲醇、乙腈、氯仿等有机溶剂，在水溶液中能膨胀。4℃时，漆酶在固定化后，28d 后仍能保持 90％的催化能力，游离酶则只有 50％的催化力；酪氨酸酶在 10d 后能保持 75％的催化能力，游离酶则只有 50％的催化力。游离酶的活力随着温度的升高而递减，而固定化以后酶的热稳定性大大增加。45℃以下，酶活几乎保持不变，60℃时酶依然很稳定。游离酶的另外一个缺点是易受蛋白酶的影响，37℃时，与蛋白酶接触 8h 后，游离酶只有原来 25％的活力；而固定化酶在相同条件下几乎没有酶活损失。将固定化酶做成凝胶柱后，定期加入底物儿茶酚，并洗脱，观察洗脱液，10 次循环后，发现 50％的底物被洗脱，改变柱的尺寸、底物与酶的比率、洗脱液速度，能获得更大的去除率。证明在同一反应中固定化酶可重复使用多次，而不损失其效率。该固定化酶能去除 35％～98％的 1-萘酚、2,6-二甲基苯酚及 2,4-二氯苯酚等。

（三）新型固定化法

近年来，随着纳米技术、等离子体技术、辐射技术、磁处理等新方法的诞生和迅速发展，也有学者将这些新兴手段运用于固定化酶技术中，使酶的固定化条件更加温和，工艺更加简单，并且大幅提高了固定化酶的活性。

1. 纳米技术

将纳米材料作为酶的固定化载体，可以制备纳米固定化酶。纳米材料尺寸上的特殊效应，促使纳米固定化酶表现出特殊的理化性质、酶促反应速率，进而能够大幅提高酶的使用效率和利用率。王乐等人研究表明，纳米泡沫陶瓷孔径分布特点适合固定化脂肪酶，其制备的泡沫陶瓷固定化酶活力是传统商业化硅藻土载体固定化酶的 1000 余倍，活力回收率为 41.12％。

2. 等离子体技术

等离子体是电离了的“气体”，是自然界中除气、液、固外，物质的第四种形态。它整体呈中性，但表现出高度激发的不稳定态，是原子、分子、离子（具有不同符号和电荷）以及自由基的聚集体。载体材料可以在等离子体气氛中活化修饰，引入活性基团，使改性表面具有优异的性能。利用等离子体技术对载体改性并用于固定化酶，简单易行、作用温和，酶在载体表面可大量结合并且结合牢固。等离子体技术改性载体方法通常包括等离子体表面处理、接枝共聚以及等离子体气相沉积技术等。

3. 辐射技术

辐射技术包括超声波辐射、离子辐射、核辐射、射线辐射等。辐射技术在固定化酶技术中的运用，主要有两种方式，一种是固定前先对载体预处理，再进行酶的固定化和酶促反应；另一种是酶促反应同时进行辐射处理。辐射技术可以疏通内扩散孔道，大大缩短酶固定化所用时间，并且操作简单，酶的催化活性也得以提高。

4. 磁处理技术

磁性高分子材料，是指具有磁响应的高分子材料，通过直接包埋，或者将单体置于磁流体中进行聚合反应，而在高分子聚合物空间网状结构中加入磁性金属或磁性金属氧化物微粒。将这种新型磁性高分子材料作为固定化酶的载体，酶促反应时可以利用外部磁场来控制固定化酶定向运动，从而替代反应时传统机械方式搅拌，并在反应结束后快速分离和回收固定化酶，提高生产效率，并且操作简单，容易实现大规模连续化操作。

五、固定化酶的表征

（一）固定化过程蛋白质的测定

蛋白质含量的测定方法有许多种，主要包括凯氏定氮法、双缩脲反应法、Folin-酚试剂法、紫外分光光度计法、考马斯亮蓝结合法（Bradford 法）等。考马斯亮蓝 G250（Coomassie Brilliant Blue G250）是一种可选择性染色蛋白质的有机染料。游离状态为红棕色溶液，最大光吸收在 465nm 处，能染色蛋白质形成稳定的青蓝色溶液，与蛋白质结合形成蛋白质-色素结合物，在 595nm 处有最大吸收，一定范围内（0～1000μg/mL），其吸光度值与蛋白质含量成线性关系，因此可定量测定蛋白质含量。利用这一原理，可以定量检测固定化过程酶液中蛋白质的减少程度。该检测方法灵敏、反应迅速，可测出微克级含量的蛋白质，反应物的结合在 2min 内达到平衡，是当前使用最为普遍的蛋白质定量测定法。

（二）固定化酶的活力

固定化酶的活力用酶促反应的初速率表示，体现固定化酶催化某一指定化学反应体系的能力，单位可定义为每克或每体积固定化酶 1min 内转化底物（或生成产物）的物质的量，表示为 mol/（min · g）或 mol/（min · mL）。

酶活力测定方法多种多样，由于酶的种类不同、反应底物不同，其测定方法也不尽相同。因此固定化酶活力测定方法也是多种多样的，其酶活可以根据具体测定条件和方法自行定义。

固定化酶的相对活力，也称为比活力，是指测定的固定化酶活力与相当量游离酶活力的百分比。

（三）固定化酶的半衰期

固定化酶的半衰期，是指连续测定固定化酶酶活时，其酶活力下降为初始酶活力一半时所用的时间，以 $t_{1/2}$ 表示。半衰期可以体现固定化酶的稳定性好坏，固定化酶的操作稳定性在实际应用中具有重大意义。

半衰期的测定，既可以进行长期实际测定，也可以通过较短时间操作推算而得。在不考虑扩散限制时，固定化酶半衰期公式为：

$$t_{1/2}=0.693/K_D$$

式中，$K_D=(-2.303/t)\times\lg(E/E_0)$，称为衰减常数，其中 E/E_0 是一段时间 t 后酶活力残留的百分数。

第五节 酶制剂在环境保护中的应用

一、过氧化物酶在有毒有机物降解中的应用

酚类化合物是常见有毒有机污染物，含酚废水主要来自焦化厂、树脂厂、塑料厂、合成纤维厂、煤气厂、石油化工厂、绝缘材料厂等工业部门以及石油裂解制造乙烯、合成苯酚、聚酰胺纤维、合成染料、有机农药和酚醛树脂的生产过程，它是水体的重要污染物之一。含酚废水在我国水污染控制中被列为重点解决的有害废水之一，它的大量排放对水体、土壤造成严重的污染，进而危害人类的健康。因此，用酶的催化聚合作用来处理酚类及芳香胺类化合物的污染已经引起了国内外学者的普遍兴趣。过氧化物酶能催化 H_2O_2 氧化酚类、芳香胺类物质的聚合反应，具有反应条件温和、选择性高、催化效率高的优点。所以在含酚废水处理方面有着潜在的应用前景，近年来越来越引起人们的重视。

20 世纪 80 年代中期，研究者通过研究发现了辣根过氧化物酶能处理氯酚和苯胺，这类酶整个反应过程和以往的酶处理反应过程不同，先是酶反应，接着是化学反应。克服了酶反应中基质特异性的限制。用一种酶可以处理废水中多种含羟基的芳香族化合物。过氧化物酶可催化炼油废水脱酚，该方法中，过氧化物酶通过过氧化氢催化苯酚氧化物生成酚氧自由基，这些自由基通过酶的活性中心扩散到溶液中，和未被酶催化的物质发生反应，最终形成低聚物和聚合物，结果表明，95%～99%的苯酚都可以用过氧化物酶除掉。利用过氧化物酶的催化氧化作用来处理酚类、芳香胺类、染料类废水的污染是近年来受到重视的新方法，降解的结果有效地降低了有毒有机污染物的含量，同时也降低了毒性，是一种很有潜力的废水处理方法。但有机合成通常是在高温、强酸、强碱、高离子强度、有机溶剂等环境中进行。在这些极端条件下酶稳定性差，易失活，同时过氧化物酶本身是水溶性的，而且反应后混入催化产物等物质使纯化困难，不能重复使用。因而使用固定化酶技术，必然会降低处理废水的成本，提高酶的使用效果，也必然会受到越来越多人的关注，在工业生产的各个方面具有极大的推广价值。

二、漆酶在环境保护中的应用

工业废水中有机污染物含量高、色度大、成分复杂，还会产生一系列致癌物质，致使水体溶氧量低，而污染后的水对生物是有毒性的，不仅鱼群难以生存，且破坏生态环境。漆酶可降解酚类、三苯甲烷类染料等有害物质，能够对染料进行脱色，同时不会对环境造成二次污染，可有效地解决环境污染问题。据报道，细菌漆酶比真菌漆酶更加有效，郑苗苗等研究表明，重组漆酶对染料脱色具有较大潜力。

造纸工业中关键性的一步是去除木材中的木质素，利用氯气和氧气为基础的化学氧化剂进行处理存在成本高、回收率低、毒性大等问题。漆酶具有自身的一些优点，如稳定性好，

固定化后可重复使用，能更好地发挥作用；不需要有过氧化氢的参与；可以组合型生产，表达量高。利用漆酶处理可减少残余木素的摩尔质量，减少制浆的能源消耗，提高纤维间的黏合性，提高纸浆的强度和光泽度。因此，利用漆酶代替传统试剂降解木质素可达到很好的漂白效果，提高纸浆的性能，减少废液的排放量。

三、植酸酶在减磷排放中的应用

动物集约化养殖体系对环境造成的污染是当今农业面临的主要问题，而磷污染是其中一个主要的方面。据推算，全国每年仅养猪业就向环境中排泄150万吨左右的磷。过量的磷流入土壤后，会被土壤颗粒吸收，最终污染地表水。此外，水产养殖中由于向水体中投放大量的饲料，从而大量残饵和未被消化吸收的磷溶解于水中，造成水体磷污染。日粮中添加植酸酶可提高植酸磷的利用率，有效降低了外源磷的添加量，从而减少了磷的过剩排泄和对环境的污染。目前植酸酶已在畜禽饲料中广泛应用。但由于消化道生理特性及饲料加工特点，水产饲料中并未规模化使用植酸酶。

四、酶制剂在污泥减量中的应用

随着城市废水处理量的增加，污泥减量技术逐渐成为国际学术界共同关心的热点领域，剩余污泥的处理费用在污水处理费用中占比较高。污泥减量技术方法有很多，其中外加酶水解污泥技术不但可以缩短消化时间，改善污泥消化性能，而且经济高效，易控制，其产物对环境也无污染副作用，还可以实现废水的高效生物降解和沼气产能的增加，应用前景良好。因此，国内外酶污泥减量方面的研究较多。

按等质量比例混合的工业纤维素酶、蛋白酶和脂肪酶混合，能减少30%～50%的总悬浮固体并提高固体的沉降性。在污水处理系统中加入固定化生物催化剂来实现污泥源头减量，结果表明，固定化生物催化剂投加到污水处理系统可优化原系统微生物菌落构成，促进污水处理系统中有机物的快速降解，使其转化为CO_2、N_2和H_2O等无害物质，从源头实现减少污泥产生量，通过污水厂连续进行106d试验，发现加药池比对照池减产污泥21.04%，且加药池污泥沉降性能得到了明显改善。采用仿生态复合酶制剂在某污水处理厂进行剩余污泥减量试验，结果表明，在常规活性污泥法且运行操作相同条件下，酶制剂投加量为处理水量0.01%和0.02%条件下，剩余污泥减量较未投加酶制剂的分别达到了38.4%、56.7%，并且提高了对TN、TP的去除效果。

五、酶制剂在环境监测中的应用

近年来，酶生物传感器在水环境监测中已取得了一定成果。酶传感器由于其准确、灵敏、快速的检测优势，常用于水环境污染监测领域中农药、硝酸盐、酚类物质、重金属离子等的检测。国外在酶传感器方面的研究较多，通过一种基于固定化胆碱酯酶的电位滴定和电导生物传感器，对部分有机磷农药（甲基对苯二甲酸甲酯、甲基对氧磷、乙基对氧磷、三氯甲苯、氨基甲酸酯农药等）进行检测，表明其灵敏度较传统分析技术更适合快速的环境监测控制。采用氮掺杂的石墨烯量子点和乙酰胆碱酯酶作为生物识别元素，测定河流水中的苯氧威农药。在溶液中加入酶系统可以成功测定水样中农药的含量，快速简单。采用一种基于扩展门式的有机场效应晶体管酶传感器对水中硝酸盐进行测定，灵敏度可以与传统的检测方法相媲美，为低成本现场监测水介质中的硝酸盐开启了一种新方法。基于聚（3，4-乙烯二氧噻吩）-还原氧化石墨烯-三氧化二铁-多酚氧化酶复合改性玻碳电极，采用差示脉冲伏安法测定水中邻苯二酚，邻苯二酚检测线性范围为 $4\times10^{-8}\sim6.20\times10^{-5}$ mol/L，检测限为 7×10^{-7} mol/L，且该酶生物传感器在4℃一定浓度的缓冲液中保存时间较长（至少75d）。研究者研究了一种新型的过氧化氢酶抑制生物传感器用于间接测定有毒汞离子，并对其他重金属离子和有机农药的干扰进行了分析，表明该传感器对 Hg^{2+} 的测定效果较好，且可应用于不同类型水样中汞离子的测定。国内在酶传感器用于水环境监测方面也有研究。利用固定底物酶底物法与多管发酵法用于医疗废水中粪大肠菌群的检测，发现两种方法检测结果具有一致性，表明固定底物酶底物法可以用作评价医疗废水微生物污染的参考方法。近年来，酶免疫检测技术在环境监测中运用的范围不断扩大，该技术根据抗原抗体反应具有高度的特异性，将酶标记物的抗体作为标准试剂来鉴定未知的抗原。

漆酶在反应过程中消耗氧分子，可以通过检测消耗的氧气量来检测环境中或食品中酚类物质的含量。上述过程容易转化为电信号而用于传感器的设计，基于漆酶源的传感器具有灵敏度高、反应时间短、稳定性好、制造工艺简单等优点，因此可广泛应用于医学、国防、食品等领域，目前已有漆酶应用于传感器的研究。

思考题

1. 简述酶的定义及其作用机理。
2. 试述酶与环境保护的关系。
3. 酶制剂的制造包括哪些流程？
4. 试述酶固定化的意义及其在环境保护中的应用。

主要参考文献

[1] 陈骿声．酶制剂生产技术．北京：化学工业出版社，1992.

[2] 李珊珊，莫继先．发酵与酶工程．北京：化学工业出版社，2020

[3] 赵学超．酶在食品加工中的应用．广州：华南理工大学出版社，2017

[4] 姜锡瑞．酶制剂应用手册．北京：中国轻工业出版社，1999

[5] 李琳．竹纤维素载体固定化酶的制备及其性质研究［D］．苏州：苏州科技学院，2014.

[6] 叶鹏．丙烯腈/马来酸共聚物膜与脂肪酶的固定化［D］．杭州：浙江大学，2006.

[7] 王乐，刘松，尹艳丽，等．一株酸性脂肪酶高产菌株的筛选与鉴定［J］．食品安全质量检测学报，2017，(12)：4509-4515.

[8] Guan Z，Shui Y，Song C，et al. Efficient secretory production of CotA-laccase and its application in the decolorization and detoxification of industrial textile wastewater [J]. Environmental Science and Pollution Research International，2015，22 (22)：9515-9523.

[9] Darvish F，Moradi M，Madzak C，et al. Laccase production from sucrose by recombinant Yarrowia lipolytica and its application to decolorization of environmental pollutant dyes [J]. Ecotoxicology and Environmental Safety，2018，165：278-283.

[10] 高健，关可兴，焦晶，等．细菌漆酶结构、催化性能及其应用［J］．分子催化，2014，28 (2)：188-194.

[11] 郑苗苗，邵淑丽，张东向，等．红平菇漆酶基因异源表达及对染料脱色的研究［J］．纺织学报，2014，35 (12)：84-90.

[12] 张杰儒，张通，王艺璇，等．耐高温耐碱菌株的筛选及其芽孢漆酶对染料脱色的结果［J］．贵州农业科学，2017，45 (12)：77-81.

[13] Li Z，Zheng Y，Gao T，et al. Fabrication of biosensor based on core-shell and large void structured magnetic mesoporous microspheres immobilized with laccase for dopamine detection [J] . Journal of Materials Science，2018，53 (11)：7996-8008.

[14] 张慧珠．量热式生物传感器检测水中 2，4-二氯酚研究 [J] . 环境科学与技术，2013，36 (s2)：256-260.

[15] 胡周月，钱磊，张志军，等．漆酶在食品工业及其他领域上的应用进展 [J] . 天津农学院学报，2019，26 (3)：83-86.

[16] Sergei V D，Alexey P S，Valentina N A，et al. Early-warning electrochemical biosensor system for environmental monitoring based on enzyme inhibition [J] . Sensors and Actuators B，2005，105 (1)：81-87.

[17] Caballero-Díaz E，Benítez-Martínez S，Valcárcel M. Rapid and simple nanosensor by combination of graphene quantum dots and enzymatic inhibition mechanisms [J] . Sensors & Actuators B，2017，240：90-99.

[18] Tsuyoshi M，Yui S，Tsukuru M，et al. Selective nitrate detection by an enzymatic sensor based on an extended-gate type organic fieldeffect transistor [J] . Biosensors and Bioelectronics，2016，81：87-91.

[19] Sethuraman V，Muthuraja P，Anandha Raj J，et al. A highly sensitive electrochemical biosensor for catechol using conducting polymer reduced graphene oxidemetal oxide enzyme modified electrode [J] . Biosensors and Bioelectronics，2016，84：112-119.

[20] Elsebai B，Ghica M E，Abbas M N，et al. Catalase based hydrogen peroxide biosensor for mercury determination by inhibition measurements [J] . Journal of Hazardous Materials，2017，340：344-350.

[21] 刘信勇，陈超，沈新宇．固定酶底物法对医疗废水中粪大肠菌群监测的适用性研究 [J] . 环境研究与监测，2013，(4)：16-18.

[22] 赵华清．环境监测中的新工具-酶免疫检测技术 [J] . 上海环境科学，1998，17 (1)：39-42.

[23] Ibrahim M S，Ali H I，Taylor K E，et al. Enzyme-catalyzed removal of phenol from refinery wastewater：feasibility studies [J] . Water Environment Research，2001，73 (2)：165-172.

[24] Parmar N，Singh A，Ward O P. Enzyme treatment to reduce solids and improve settling of sewage sludge [J]. Journal of industrial microbiology & biotechnology，2001，26 (6)：383-386.

[25] 周海滨．固定化生物催化剂、用于城市污水厂污泥减量的研究 [D] . 广州：华南理工大学，2012.

[26] 陈礼洪，黄开坚，蒋柱武，等．仿生态复合酶制剂用于剩余污泥减量的试验研究 [J] . 中国给水排水，2015 (3)：90-94.

[27] 赵春红，王娟．酶制剂在水环境保护方面的研究进展 [J] . 山东化工，2019，48 (8)：61-64.